安装工程现场管理人员一本通系列丛书

# 电气施工员一本通

本书编委会　编

中国建材工业出版社

图书在版编目(CIP)数据

电气施工员一本通/《电气施工员一本通》编委会编.
—北京：中国建材工业出版社，2009.1(2017.7 重印)
(安装工程现场管理人员一本通系列丛书)
ISBN 978-7-80227-474-7

Ⅰ.电… Ⅱ.电… Ⅲ.房屋建筑设备：电气设备—建筑安装工程—工程施工 Ⅳ.TU7

中国版本图书馆 CIP 数据核字(2008)第 148978 号

**电气施工员一本通**
本书编委会 编

出版发行：中国建材工业出版社
地　　址：北京市海淀区三里河路 1 号
邮　　编：100044
经　　销：全国各地新华书店
印　　刷：北京紫瑞利印刷有限公司
开　　本：850mm×1168mm　1/32
印　　张：15
字　　数：588 千字
版　　次：2009 年 1 月第 1 版
印　　次：2017 年 7 月第 5 次
定　　价：39.00 元

---

本社网址：www.jccbs.com.cn
本书如出现印装质量问题，由我社市场营销部负责调换。电话：(010)88386906
对本书内容有任何疑问及建议，请与本书责编联系。邮箱：dayi51@sina.com

# 内容提要

本书详细阐述了建筑电气工程施工员的工作职责、专业技术知识、管理实施细则以及相关的法律法规等知识。全书共十一章，主要内容包括概述、电气施工图常用符号及标注方法、常用电气仪表、变配电工程、室内外线路安装、受电设备安装、室内外照明设备安装、应急电源安装、防雷接地、消防系统电气安装以及电气工程施工现场管理等。本书注重对建筑电气工程施工员管理能力和专业技术能力的培养，书中文字通俗易懂，叙述内容一目了然。

本书可供建筑电气工程施工员工作时使用，也可供建筑工程其他施工技术管理人员参考使用。

# 电气施工员一本通

## 编 委 会

**主　编：** 马向东　孙　斌

**副主编：** 瞿义勇　李　楠

**编　委：** 陈海霞　崔奉伟　李媛媛　梁　允
卢晓雪　王翠玲　王　可　王秋艳
王　胤　文丽华　辛国静　邢玉丽
杨丽娟　张青立

# 前　言

安装工程是基本建设的重要组成部分,不仅其投资占整个基本建设投资的比重较大,而且安装工程的质量直接影响工程项目的使用功能与长期正常运行。近年来,随着我国国民经济持续、快速、健康地发展,安装工程行业正逐步向技术标准定型化、加工过程工厂化、施工工艺机械化的目标迈进。随着能源、原材料等基础工业建设的发展和建设市场的开放,安装行业的发展更为迅速。无论是在大中型工矿企业,还是现代公共建筑、民用住宅中,安装工程都展露锋芒,尽显朝晖。安装工程施工现场的施工员、质检员、监理员、造价员等是安装工程施工所必需的管理人员,他们肩负着重要的职责。他们的管理水平和技术能力的高低直接关系到安装工程项目能否有序、高效地完成,也关系到广大安装工程施工企业的信誉和发展。

近年来为了适应安装工程行业发展的需要,国家对安装工程行业的相关标准规范进行了大范围的修改与制订,同时各种新技术、新材料、新工艺、新设备在工程中得到了广泛应用,还有国外大量安装工程先进技术的引进,这些都对安装工程施工现场管理人员提出了更高的要求,要求他们具有更高的技术水平和管理能力。为满足安装工程施工现场管理人员对技术和管理知识的需求,我们组织安装工程领域的专家学者,在深入调查安装工程现状的基础上,以安装工程施工现场管理人员为对象,编写了这套《安装工程现场管理人员一本通系列丛书》。

《安装工程现场管理人员一本通系列丛书》共包括以下分册:

1. 电气施工员一本通
2. 水暖施工员一本通
3. 钢结构施工员一本通
4. 电气造价员一本通
5. 水暖造价员一本通
6. 钢结构造价员一本通

7. 安装监理员一本通

8. 安装质检员一本通

本套丛书主要具有以下特点：

1. 丛书紧扣"一本通"的理念进行编写。丛书将安装工程施工现场管理人员工作中涉及的工作职责、专业技术知识和质量管理实施细则以及有关的专业法规、标准和规范等知识全部融为一体，内容更加翔实，解决了安装工程施工现场管理人员工作时需要到处查阅资料的问题。

2. 丛书各分册均围绕现行安装工程标准规范、与安装工程安全生产有关的法律法规和最新的工程材料标准等进行编写，切实做到应用新规范，贯彻新规范。

3. 丛书充分吸收了当前安装工程行业中使用的新材料、新技术、新工艺，体现了先进性，是一套拿来就能学、就能用的实用工具书。

4. 丛书资料丰富，内容翔实，图文并茂，编撰体例新颖，注重对安装工程施工现场管理人员管理能力和专业技术能力的培养，文字通俗易懂，叙述内容一目了然。

本套丛书的编写人员均是多年从事安装工程施工作业和现场管理的专家学者，丛书是他们多年实践工作的积累和总结，在此谨向他们表示衷心的感谢。由于编者学识和水平有限，丛书中错误及不当之处在所难免，敬请广大读者批评指正。

丛书编委会

# 目　录

# 第一章　概　述

## 第一节　施工员概述

**一、施工员的地位**

施工员是建筑施工企业各项组织管理工作在基层的具体实践者，是完成建筑安装施工任务的最基层的技术和组织管理人员，在建筑施工过程中具有极其重要的地位，具体表现在以下几个方面：

(1)施工员是单位工程施工现场的管理中心，是施工现场动态管理的体现者，是单位工程生产要素合理投入和优化组合的组织者，对单位工程项目的施工负有直接责任。

(2)施工员是协调施工现场基层专业管理人员、劳务人员等各方面关系的纽带，需要指挥和协调好预算员、质量检查员、安全员、材料员等基层专业管理人员相互之间的关系。

(3)施工员是其分管工程施工现场对外联系的枢纽。

(4)施工员对分管工程施工生产和进度等进行控制，是单位施工现场的信息集散中心。

施工员的独特地位决定了他与相关部门之间存在着密切的关系，主要表现在以下几个方面：

(1)施工员与工程建设监理。监理单位与施工单位存在着监理与被监理的关系，所以施工员应积极配合现场监理人员在施工质量控制、施工进度控制、工程投资控制等三方面所做的各种工作和检查，全面履行工程承包合同。

(2)施工员与设计单位。施工单位与设计单位之间存在着工作关系，设计单位应积极配合施工，负责交代设计意图，解释设计文件，及时解决施工中设计文件出现的问题，负责设计变更和修改预算，并参加工程竣工验收。同时，施工员在施工过程中发现了没有预料到的新情况，使工程或其中的任何部位在数量、质量和形式上发生了变化，应及时向上反映，由建设单位、设计单位和施工单位三方协商解决，办理设计变更与洽商。

(3)施工员与劳务关系。施工员是施工现场劳动力动态管理的直接责任者，负责按计划要求向项目经理或劳务管理部门申请派遣劳务人员，并签订劳务合同；按计划分配劳务人员，并下达施工任务单或承包任务书；在施工中不断进行劳动力平衡、调整，并按合同支付劳务报酬。

**二、施工员的特征**

建筑施工的特性决定了施工员具有以下特征：

(1)施工员的工作场所在工地，施工员工作的对象是单位工程或分部分项工程。

(2)施工员从事的是基层专业管理工作，具有很强的专业性和技术性。

(3)施工员的工作繁杂，在基层中需要管理的工作很多，项目经理和项目经理部各部门以及有关方面的组织管理意图都要通过基层施工员来实现。

(4)施工员的工作任务具有明确的期限和目标。

(5)施工员的工作负担沉重，条件艰苦，生活紧张。

**三、施工员应具备的条件**

电气施工员应具备以下四个条件：

(1)知识：具有电工学基础理论知识，了解电气安装工作常用仪器、仪表的工作原理，熟悉照明、动力、发电、输电、变电、配电等电气工程的基本知识，熟悉常用电气材料，高低压电器种类、规格、性能价格及选用原则，熟练掌握安全用电、施工安全的技术规范，具有施工技术资料收集、编写、整理、归档的知识。

(2)技能：能熟练阅读和准确理解电气施工安装图，熟练掌握电气设备安装与接线方法，熟悉照明、动力、发电、输电、变电、配电等电气工程的施工程序及有关国家标准，掌握工程造价方法，熟练掌握施工质量验收规范，能编写开竣工资料和交工资料。

(3)经验：有独立完成单(小)项、分项工程施工经验；有判断事物本质和预见未来的能力，有一般常见问题的处理能力，有组织指挥两个以上专业、多个班组共同展开施工的能力。

(4)人情：施工员是一线工作的领导者，与基层人员接触频繁，能掌握所领导员工的技术业务、人情特点等状况，调动员工积极性，发挥员工的工作潜力，优化组合人力，使人力资源发挥最大作用；能及时与所领导员工进行人际沟通，尊重人、理解人、包容人，协调各种人际关系，形成一个团结战斗、精益求精、争创一流的施工队伍。

## 第二节　电气施工员的主要任务

在施工全过程中，施工员的主要任务是：结合多变的现场施工条件，将参与施工的劳动力、机具、材料、构配件和采用的施工方法等，科学地、有序地协调组织起来，在时间和空间上取得最佳组合，取得最好的经济效果，保质保量保工期地完成任务。

## 一、做好施工准备工作

1. 技术准备

(1)熟悉审查施工图纸、有关技术规范和操作规程，了解设计要求及细部、节点做法，并放必要的大样，做配料单，弄清有关技术资料对工程质量的要求。

(2)调查搜集必要的原始资料。

(3)熟悉或制订施工组织设计及有关技术经济文件对施工顺序、施工方法、技术措施、施工进度及现场施工总平面布置的要求；并清楚完成施工任务中的薄弱环节和关键工序。

(4)熟悉有关合同、招标资料及有关现行消耗定额等，计算工程量，弄清人、财、物在施工中的需求消耗情况，了解和制定现场工资分配和奖励制度，签发工程任务单、限额领料单等。

2. 现场准备

(1)现场“四通一平”(即水、电供应、道路、通讯通畅、场地平整)的检验和试用。

(2)进行现场抄平、测量放线工作并进行检验。

(3)根据进度要求组织现场临时设施的搭建施工；安排好职工的住、食、行等后勤保障工作。

(4)根据进行计划和施工平面图，合理组织材料、构件、半成品、机具等陆续进场，进行检验和试运转。

(5)安排做好施工现场的安全、防汛、防火措施。

3. 组织准备

(1)根据施工进度计划和劳力需要量计划安排，分期分批组织劳动力的进场教育和各工种技术工人的配备等。

(2)确定各工种工序在各施工段的搭接，流水、交叉作业的开工、完工时间。

(3)全面安排好施工现场的一、二线，前、后台，施工生产和辅助作业，现场施工和场外协作之间的协调配合。

## 二、进行工程施工技术交底

(1)施工任务交底。向工人班组重点交代清楚任务大小、工期要求、关键工序、交叉配合关系等。

(2)施工技术措施和操作要领交底。交代清楚与工程有关的技术规范、操作规程和重点施工部位、细部、节点的做法以及质量和技术措施。

(3)施工消耗定额和经济分配方式的交底。交代清楚各施工项目劳动工日、材料消耗、机械台班数量、经济分配和奖罚制度等。

(4)安全和文明施工交底。提出有关的防护措施和要求，明确责任。

## 三、进行有目标的组织协调控制

在施工过程中，依照施工组织设计和有关技术、经济文件以及当地的实际情况，围绕质量、工期、成本等既定施工目标，在每一阶段、每一工序实施综合平衡、协调控制，使施工中的各项资源和各种关系能够配合最佳，以确保工程的顺利进行。为此，要抓好以下几个环节：

(1)检查班组作业前的各项准备工作。

(2)检查外部供应、专业施工等协作条件是否满足需要，检查进场材料和构件质量。

(3)检查工人班组的施工方法、施工操作、施工质量、施工进度以及节约、安全情况，发现问题，应立即纠正或采取补救措施解决。

(4)做好现场施工调度，解决现场劳动力、原材料、半成品、周转材料、工具、机械设备、运输车辆、安全设施、施工水电、季节施工、施工工艺技术及现场生活设施等出现的供需矛盾。

(5)监督施工中的自检、互检、交接检制度和工程隐检、预检的执行情况，督促做好分部分项工程的质量评定工作。

**四、技术资料的记录和积累**

在施工过程中，施工员应做好每项技术的记录和积累，主要包括：

(1)做好施工日志，隐蔽工程记录，填报工程完成量。

(2)做好质量事故处理记录。

(3)混凝土砂浆试块试验结果，质量“三检”情况记录的积累工作，以便工程交工验收、决算和质量评定的进行。

## 第三节　电气施工员的职责、权利与义务

**一、电气施工员的工作职责**

(1)主要负责电气专业施工的项目管理工作，以施工承包合同和设计施工图为主要依据，协调好其他各相关专业施工的交叉作业与配合，确保生产进度、安全生产、工程质量，努力实现项目工程的各项经济指标。

(2)参加相关专业的施工图审核和设计的技术交底，并提出对设计图不理解或有不同见解的问题，在设计技术交底的会议上，将问题逐个加以解决，同时做好会议记录和做好设计变更洽商，以此备案待查。

(3)配合土建总包设计的生产进度，在总计划进度中列入电气工程相应的进度计划；在项目总体施工组织设计中配合插入电气施工组织设计的内容。

(4)依据土建总包生产节点控制进度计划和总体施工组织设计的内容，制定电气专业施工进度计划和施工方案，及时组织现场实施。

(5)对电气专业施工图能够进行深化设计，提出合理化建议。

(6)对电气专业的工程变更洽商负责办理相关手续，但需将设计变更洽商、电气施工队要求办理的洽商、甲方要求办理的洽商与经济性的洽商、技术性的洽商

区分开来存放以便查阅。积累资料,办理经济性洽商,计算出其工程量,利于竣工结算。

(7)负责对电气专业所承包工程范围内工程量,编制施工预算和设备、材料计划。

(8)负责对电气专业的业务工作进行指导,工作任务分配,同时进行生产工艺技术与安全交底,并根据工程进度随机跟踪检查,并落实实施情况。

(9)负责对电气专业所管辖施工范围,进行全面技术、进度、质量、安全、成本、其他的管理工作,如发现或有人提出施工过程中的问题时,需要及时拿出协调解决方案加以解决。

(10)负责对施工现场所使用的机械设备加强管理,协调管理机械设备进、出施工现场及施工用电管理,同时要监督其操作时应有机电设备的操作规程,并有维护保养措施的保证,定期检查机电机械设备的完好率及安全用电情况。

(11)应具有与其他施工单位各方进行沟通、默契配合协调施工的能力,掌握好施工过程中关键部位或节点信息,及时进行反馈,作好各项信息处理,解决工作中疑难问题,并做好工作记录。

(12)应对电气工程已施工完的部位,制定切实可行的成品保护措施方案,经审核批准后进行成品保护的实施。

(13)负责施工过程中的施工质量,加强三检制的检查,即自检、互检、交接检,同时参与内部与外部有关的质量检查或验收工作,对所发现的问题制定整改方案,限期整改完毕。

(14)应严格执行安全文明施工管理办法,有权阻止违章指令的执行,确保安全生产和文明施工。

(15)参与电气专业工程质量和安全事故的设计调查,根据工程质量和安全事故的情节严重情况,提出处理及解决问题的要求,督促责任方限期拿出整改方案,对其整改方案经审核批准后方可实施,经实施整改后的部位,需落实检查验收其结果,以合格为准。

(16)负责配合项目经理进行全面项目的管理工作,还需调动本企业内部的管理机制,如质检员、安全员、资料员、造价员各自的职能作用,协助配合,共同搞好各项工程管理工作。

**二、电气施工员的权利**

(1)在分部分项工程、单位工程施工中,在行政管理上(如对劳动人员组合、人员调动、规章制度等)有权处理和决定,发现问题,应及时请示和报告有关部门。

(2)根据施工要求,对劳动力、施工机具和材料等,有权合理使用和调配。

(3)对上级已批准的施工组织设计、施工方案和技术安全措施等文件,要求施工班组认真贯彻执行,未经有关人员同意,不得随意变动。

(4)对不服从领导和指挥,违反劳动纪律和违反操作规程人员,经多次说服教育不改者，有权停止其工作，并作出严肃处理。

(5)发现不按施工程序施工，不能保证工程质量和安全生产的现象，有权加以制止，并提出改进意见和措施。

(6)督促检查施工班组做好考勤日报，检查验收施工班组的施工任务书，发现问题进行处理。

**三、电气施工员的义务**

电气施工员具有以下义务：

(1)努力学习和认真贯彻建筑施工方针政策和有关部门规定，学习好国家和建设部等有关部门的技术标准、施工规范、操作规程和先进单位的施工经验，不断提高施工技术和施工管理水平。

(2)牢固树立“百年大计，质量第一”的思想，以为用户服务和对国家、对人民负责的态度，坚持工程回访和质量回访制度，虚心听取用户的意见和建议。

(3)对上级下达的各项经济技术指标，应积极、主动地组织施工人员完成任务。

(4)正确树立经济效益和社会效益、环境效益统一的观点。

(5)信守合同、协议，做到文明施工，保证工期，信誉第一，不留尾巴，工完场清。

(6)积极、主动做好施工班组的思想政治工作，关心职工生活。

# 第二章　电气施工图常用符号及标注方法

## 第一节　电气施工图常用符号

### 一、电气图形符号

图形符号是构成电气图的基本单元。电气工程图形符号的种类很多，一般都画在电气系统图、平面图、原理图和接线图上，用于标明电气设备、装置、元器件及电气线路在电气系统中的位置、功能和作用。

(1)图样中采用的图形符号应符合下列规定：

1)图形符号可放大或缩小；

2)当图形符号旋转或镜像时，其中的文字宜为视图的正向；

3)当图形符号有两种表达形式时，可任选其中一种形式，但同一工程应使用同一种表达形式；

4)当现有图形符号不能满足设计要求时，可按图形符号生成原则产生新的图形符号；新产生的图形符号宜由一般符号与一个或多个相关的补充符号组合而成；

5)补充符号可置于一般符号的里面、外面或与其相交。

(2)强电图样宜采用表 2-1 的常用图形符号。

**表 2-1　　　　强电图样的常用图形符号**

| 序号 | 常用图形符号 | | 说　明 | 应用类别 |
|---|---|---|---|---|
| | 形式 1 | 形式 2 | | |
| 1 | | | 导线组(示出导线数，如示出三根导线) | 电路图、接线图、平面图、总平面图、系统图 |
| 2 | | | 软连接 | |
| 3 | | | 端子 | |
| 4 | | | 端子板 | 电路图 |
| 5 | | | T 型连接 | 电路图、接线图、平面图、总平面图、系统图 |
| 6 | | | 导线的双 T 连接 | |
| 7 | | | 跨接连接(跨越连接) | |
| 8 | | | 阴接触件(连接器的)、插座 | 电路图、接线图、系统图 |

续表

| 序号 | 常用图形符号 | | 说　明 | 应用类别 |
|---|---|---|---|---|
| | 形式 1 | 形式 2 | | |
| 9 |  | | 阳接触件(连接器的)、插头 | 电路图、接线图、平面图、系统图 |
| 10 | 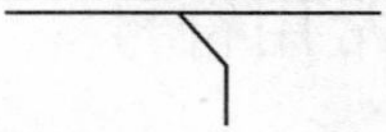 | | 定向连接 | |
| 11 | 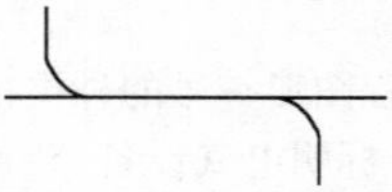 | | 进入线束的点(本符号不适用于表示电气连接) | 电路图、接线图、平面图、总平面图、系统图 |
| 12 |  | | 电阻器,一般符号 | |
| 13 |  | | 电容器,一般符号 | |
| 14 | 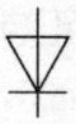 | | 半导体二极管,一般符号 | 电路图 |
| 15 |  | | 发光二极管,一般符号 | |
| 16 |  | | 双向三级闸流晶体管 | |
| 17 | 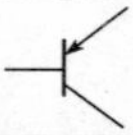 | | PNP 晶体管 | |
| 18 |  | | 电机,一般符号,见注 2 | 电路图、接线图、平面图、系统图 |
| 19 | 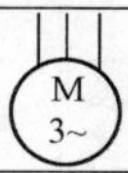 | | 三相笼式感应电动机 | 电路图 |
| 20 | 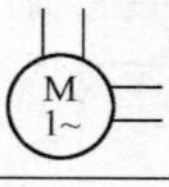 | | 单相笼式感应电动机有绕组分相引出端子 | |
| 21 | 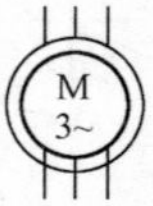 | | 三相绕线式转子感应电动机 | |
| 22 | 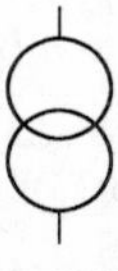 | 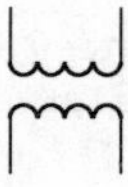 | 双绕组变压器,一般符号(形式 2 可表示瞬时电压的极性) | 电路图、接线图、平面图、总平面图、系统图<br>形式 2 只适用电路图 |

续表

| 序号 | 常用图形符号 | | 说明 | 应用类别 |
|---|---|---|---|---|
| | 形式1 | 形式2 | | |
| 23 | | | 绕组间有屏蔽的双绕组变压器 | 电路图、接线图、平面图、总平面图、系统图<br>形式2只适用电路图 |
| 24 | | | 一个绕组上有中间抽头的变压器 | |
| 25 | | | 星形—三角形连接的三相变压器 | |
| 26 | 4 | | 具有4个抽头的星形—星形连接的三相变压器 | |
| 27 | 3 | | 单相变压器组成的三相变压器，星形—三角形连接 | |
| 28 | | | 具有分接开关的三相变压器，星形—三角形连接 | 电路图、接线图、平面图、系统图<br>形式2只适用电路图 |
| 29 | | | 三相变压器，星形—星形—三角形连接 | 电路图、接线图、系统图<br>形式2只适用电路图 |
| 30 | | | 自耦变压器，一般符号 | 电路图、接线图、平面图、总平面图、系统图<br>形式2只适用电路图 |

续表

| 序号 | 常用图形符号 | | 说　明 | 应用类别 |
| --- | --- | --- | --- | --- |
| | 形式 1 | 形式 2 | | |
| 31 | 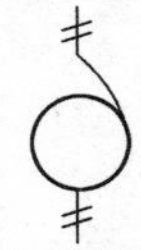 | 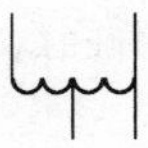 | 单相自耦变压器 | 电路图、接线图、系统图<br>形式 2 只适用电路图 |
| 32 |  | 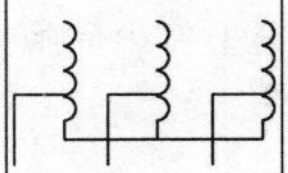 | 三相自耦变压器，星形连接 | |
| 33 | 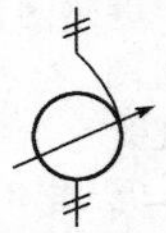 |  | 可调压的单相自耦变压器 | |
| 34 | 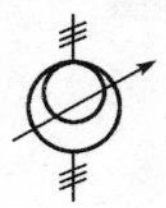 | 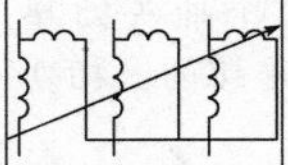 | 三相感应调压器 | |
| 35 |  |  | 电抗器，一般符号 | |
| 36 | 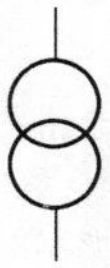 | 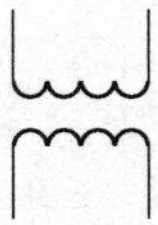 | 电压互感器 | |
| 37 |  | 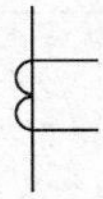 | 电流互感器，一般符号 | 电路图、接线图、平面图、总平面图、系统图<br>形式 2 只适用电路图 |
| 38 | 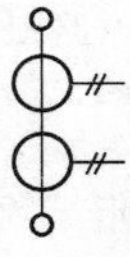 | 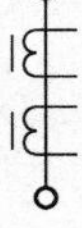 | 具有两个铁心，每个铁心有一个次级绕组的电流互感器，见注 3，其中形式 2 中的铁心符号可以略去 | 电路图、接线图、系统图<br>形式 2 只适用电路图 |

续表

| 序号 | 常用图形符号 | | 说明 | 应用类别 |
|---|---|---|---|---|
| | 形式1 | 形式2 | | |
| 39 | | | 在一个铁心上具有两个次级绕组的电流互感器，形式2中的铁心符号必须画出 | |
| 40 | 3 | | 具有三条穿线一次导体的脉冲变压器或电流互感器 | |
| 41 | 3 4 3 | L1 L2 L3 | 三个电流互感器(四个次级引线引出) | |
| 42 | 3 4 4 3 | L1 L2 L3 | 具有两个铁心，每个铁心有一个次级绕组的三个电流互感器，见注3 | 电路图、接线图、系统图<br>形式2只适用电路图 |
| 43 | 3 3 2 L1、L3 | L1 L2 L3 | 两个电流互感器，导线L1和导线L3；三个次级引线引出 | |
| 44 | 3 3 3 2 L1、L3 | L1 L2 L3 | 具有两个铁心，每个铁心有一个次级绕组的两个电流互感器，见注3 | |
| 45 | | | 物件，一般符号 | 电路图、接线图、平面图、系统图 |
| 46 | | | | |
| 47 | 注4 | | | |
| 48 | u | | 有稳定输出电压的变换器 | 电路图、接线图、系统图 |

续表

| 序号 | 常用图形符号 |  | 说　明 | 应用类别 |
|---|---|---|---|---|
|  | 形式1 | 形式2 |  |  |
| 49 |  |  | 频率由f1变到f2的变频器(f1和f2可用输入和输出频率的具体数值代替) | 电路图、系统图 |
| 50 |  |  | 直流/直流变换器 |  |
| 51 |  |  | 整流器 |  |
| 52 |  |  | 逆变器 | 电路图、接线图、系统图 |
| 53 |  |  | 整流器/逆变器 |  |
| 54 |  |  | 原电池<br>长线代表阳极，短线代表阴极 |  |
| 55 |  |  | 静止电能发生器，一般符号 | 电路图、接线图、平面图、系统图 |
| 56 |  |  | 光电发生器 | 电路图、接线图、系统图 |
| 57 |  |  | 剩余电流监视器 |  |
| 58 |  |  | 动合(常开)触点，一般符号；开关，一般符号 |  |
| 59 |  |  | 动断(常闭)触点 |  |
| 60 |  |  | 先断后合的转换触点 | 电路图、接线图 |
| 61 |  |  | 中间断开的转换触点 |  |
| 62 |  |  | 先合后断的双向转换触点 |  |

续表

| 序号 | 常用图形符号 | | 说　明 | 应用类别 |
|---|---|---|---|---|
| | 形式1 | 形式2 | | |
| 63 |  | | 延时闭合的动合触点（当带该触点的器件被吸合时，此触点延时闭合） | 电路图、接线图 |
| 64 | 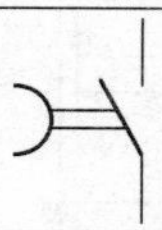 | | 延时断开的动合触点（当带该触点的器件被释放时，此触点延时断开） | |
| 65 |  | | 延时断开的动断触点（当带该触点的器件被吸合时，此触点延时断开） | |
| 66 | 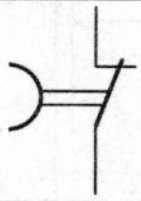 | | 延时闭合的动断触点（当带该触点的器件被释放时，此触点延时闭合） | |
| 67 | 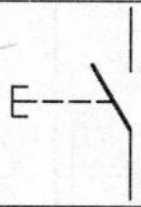 | | 自动复位的手动按钮开关 | |
| 68 | 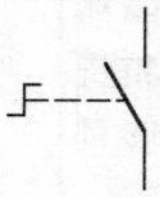 | | 无自动复位的手动旋转开关 | |
| 69 | 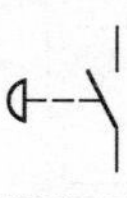 | | 具有动合触点且自动复位的蘑菇头式的应急按钮开关 | |
| 70 | 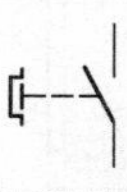 | | 带有防止无意操作的手动控制的具有动合触点的按钮开关 | |
| 71 | 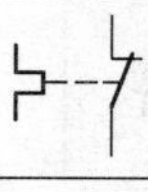 | | 热继电器，动断触点 | |
| 72 | 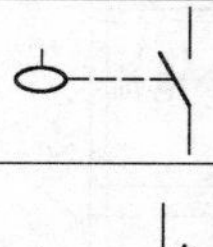 | | 液位控制开关，动合触点 | |
| 73 | 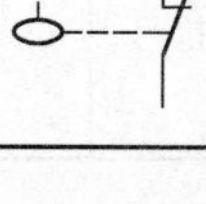 | | 液拉控制开关，动断触点 | |

续表

| 序号 | 常用图形符号 | | 说　明 | 应用类别 |
|---|---|---|---|---|
| | 形式 1 | 形式 2 | | |
| 74 | 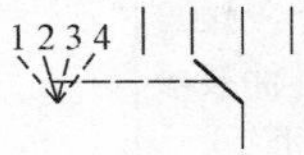 1 2 3 4 | | 带位置图示的多位开关,最多四位 | 电路图 |
| 75 |  | | 接触器;接触器的主动合触点(在非操作位置上触点断开) | 电路图、接线图 |
| 76 | 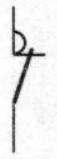 | | 接触器;接触器的主动断触点(在非操作位置上触点闭合) | |
| 77 | 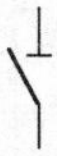 | | 隔离器 | |
| 78 |  | | 隔离开关 | |
| 79 |  | | 带自动释放功能的隔离开关(具有由内装的测量继电器或脱扣器触发的自动释放功能) | |
| 80 |  | | 断路器,一般符号 | |
| 81 |  | | 带隔离功能断路器 | |
| 82 | 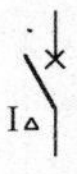 I△ | | 剩余电流动作断路器 | |
| 83 | 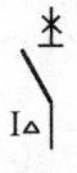 I△ | | 带隔离功能的剩余电流动作断路器 | |
| 84 | 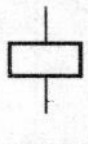 | | 继电器线圈,一般符号;驱动器件,一般符号 | |

续表

| 序号 | 常用图形符号 | | 说　明 | 应用类别 |
|---|---|---|---|---|
| | 形式 1 | 形式 2 | | |
| 85 | 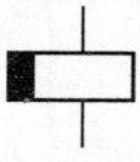 | | 缓慢释放继电器线圈 | 电路图、接线图 |
| 86 | 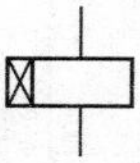 | | 缓慢吸合继电器线圈 | |
| 87 | 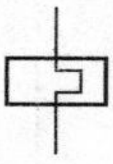 | | 热继电器的驱动器件 | |
| 88 |  | | 熔断器，一般符号 | |
| 89 |  | | 熔断器式隔离器 | |
| 90 |  | | 熔断器式隔离开关 | |
| 91 |  | | 火花间隙 | |
| 92 |  | | 避雷器 | |
| 93 |  | | 多功能电器控制与保护开关电器(CPS)(该多功能开关器件可通过使用相关功能符号表示可逆功能、断路器功能、隔离功能、接触器功能和自动脱扣功能。当使用该符号时，可省略不采用的功能符号要素) | |

续表

| 序号 | 常用图形符号 | | 说　明 | 应用类别 |
|---|---|---|---|---|
| | 形式1 | 形式2 | | |
| 94 | (V) | | 电压表 | 电路图、接线图、系统图 |
| 95 | Wh | | 电度表(瓦时计) | |
| 96 | Wh | | 复费率电度表(示出二费率) | |
| 97 | ⊗ | | 信号灯,一般符号,见注5 | 电路图、接线图、平面图、系统图 |
| 98 | | | 音响信号装置,一般符号(电喇叭、电铃、单击电铃、电动汽笛) | |
| 99 | | | 蜂鸣器 | |
| 100 | | | 发电站,规划的 | 总平面图 |
| 101 | | | 发电站,运行的 | |
| 102 | | | 热电联产发电站,规划的 | |
| 103 | | | 热电联产发电站,运行的 | |
| 104 | | | 变电站、配电所,规划的(可在符号内加上任何有关变电站详细类型的说明) | |
| 105 | | | 变电站、配电所,运行的 | |
| 106 | ● | | 接闪杆 | 接线图、平面图、总平面图、系统图 |

续表

| 序号 | 常用图形符号 | | 说明 | 应用类别 |
|---|---|---|---|---|
| | 形式1 | 形式2 | | |
| 107 |  | | 架空线路 | 总平面图 |
| 108 | 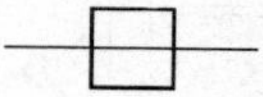 | | 电力电缆井/人孔 | 总平面图 |
| 109 | 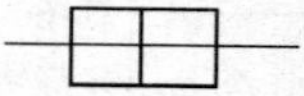 | | 手孔 | 总平面图 |
| 110 | 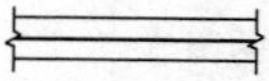 | | 电缆梯架、托盘和槽盒线路 | 平面图、总平面图 |
| 111 | 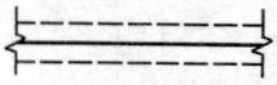 | | 电缆沟线路 | 平面图、总平面图 |
| 112 |  | | 中性线 | 电路图、平面图、系统图 |
| 113 | 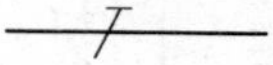 | | 保护线 | 电路图、平面图、系统图 |
| 114 | 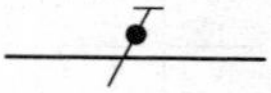 | | 保护线和中性线共用线 | 电路图、平面图、系统图 |
| 115 |  | | 带中性线和保护线的三相线路 | 电路图、平面图、系统图 |
| 116 |  | | 向上配线或布线 | 平面图 |
| 117 | 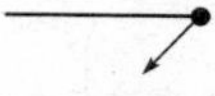 | | 向下配线或布线 | 平面图 |
| 118 |  | | 垂直通过配线或布线 | 平面图 |
| 119 | 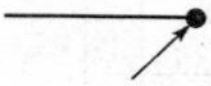 | | 由下引来配线或布线 | 平面图 |
| 120 |  | | 由上引来配线或布线 | 平面图 |
| 121 | | | 连接盒;接线盒 | 平面图 |

续表

| 序号 | 常用图形符号 | | 说　明 | 应用类别 |
|---|---|---|---|---|
| | 形式 1 | 形式 2 | | |
| 122 | | MS | 电动机启动器，一般符号 | 电路图、接线图、系统图<br>形式 2 用于平面图 |
| 123 | | SDS | 星-三角启动器 | |
| 124 | | SAT | 带自耦变压器的启动器 | |
| 125 | | ST | 带可控硅整流器的调节-启动器 | |
| 126 | | | 电源插座、插孔，一般符号(用于不带保护极的电源插座)，见注 6 | 平面图 |
| 127 | 3 | | 多个电源插座(符号表示三个插座) | |
| 128 | | | 带保护极的电源插座 | |
| 129 | | | 单相二、三极电源插座 | |
| 130 | | | 带保护极和单极开关的电源插座 | |
| 131 | | | 带隔离变压器的电源插座(剃须插座) | |
| 132 | | | 开关，一般符号(单联单控开关) | |
| 133 | | | 双联单控开关 | |

续表

| 序号 | 常用图形符号 | | 说明 | 应用类别 |
|---|---|---|---|---|
| | 形式 1 | 形式 2 | | |
| 134 |  | | 三联单控开关 | 平面图 |
| 135 |  | | n联单控开关，n＞3 | |
| 136 |  | | 带指示灯的开关（带指示灯的单联单控开关） | |
| 137 |  | | 带指示灯双联单控开关 | |
| 138 |  | | 带指示灯的三联单控开关 | |
| 139 |  | | 带指示灯的n联单控开关，n＞3 | |
| 140 |  | | 单极限时开关 | |
| 141 |  | | 单极声光控开关 | |
| 142 | 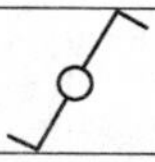 | | 双控单极开关 | |
| 143 | | | 单极拉线开关 | |
| 144 |  | | 风机盘管三速开关 | |
| 145 |  | | 按钮 | |
| 146 |  | | 带指示灯的按钮 | |
| 147 |  | | 防止无意操作的按钮（例如借助于打碎玻璃罩进行保护） | |

续表

| 序号 | 常用图形符号 | | 说　明 | 应用类别 |
|---|---|---|---|---|
| | 形式 1 | 形式 2 | | |
| 148 | ⊗ | | 灯,一般符号,见注 7 | 平面图 |
| 149 | E | | 应急疏散指示标志灯 | |
| 150 | → | | 应急疏散指示标志灯(向右) | |
| 151 | ← | | 应急疏散指示标志灯(向左) | |
| 152 | ⇄ | | 应急疏散指示标志灯(向左、向右) | |
| 153 | | | 专用电路上的应急照明灯 | |
| 154 | | | 自带电源的应急照明灯 | |
| 155 | | | 荧光灯,一般符号(单管荧光灯) | |
| 156 | | | 二管荧光灯 | |
| 157 | | | 三管荧光灯 | |
| 158 | n | | 多管荧光灯,n>3 | |
| 159 | | | 单管格栅灯 | |
| 160 | | | 双管格栅灯 | |
| 161 | | | 三管格栅灯 | |
| 162 | ⊗ | | 投光灯,一般符号 | |
| 163 | ⊗⇉ | | 聚光灯 | |
| 164 | | | 风扇;风机 | |

注:1　当电气元器件需要说明类型和敷设方式时,宜在符号旁标注下列字母:EX-防爆;EN-密闭;C-暗装。

2　当电机需要区分不同类型时,符号"★"可采用下列字母表示:G-发电机;GP-永磁发电机;GS-同步发电机;M-电动机;MG-能作为发电机或电动机使用的电机;MS-同步电动机;MGS-同步发电机-电动机等。

3　符号中加上端子符号(○)表明是一个器件,如果使用了端子代号,则端子符号可以省略。

4　▭可作为电气箱(柜、屏)的图形符号,当需要区分其类型时,宜在▭内标注下列字母:LB-照明配电箱;ELB-应急动力配电箱;PB-动力配电箱;EPB-应急动力配电箱;WB-电度表箱;SB-信号箱;TB-电源切换箱;CB-控制箱、操作箱。

5　当信号灯需要指示颜色,宜在符号旁标注下列字母:YE-黄;RD-红;GN-绿;BU-蓝;WH-白。如果需要指示光源种类,宜在符号旁标注下列字母:Na-钠气;Xe-氙;Ne-氖;IN-白炽灯;Hg-汞;I-碘;EL-电致发光的;ARC-弧光;IR-红外线的;FL-荧光的;UV-紫外线的;LED-发光二极管。

6　当电源插座需要区分不同类型时,宜在符号旁标注下列字母:1P-单相;3P-三相;1C-单相暗敷;3C-三相暗敷;1EX-单相防爆;3EX-三相防爆;1EN-单相密闭;3EN-三相密闭。

7　当灯具需要区分不同类型时,宜在符号旁标注下列字母:ST-备用照明;SA-安全照明;LL-局部照明灯;W-壁灯;C-吸顶灯;R-筒灯;EN-密闭灯;G-圆球灯;EX-防爆灯;E-应急灯;L-花灯;P-吊灯;BM-浴霸。

## 二、电气图参照代号

### 1. 参照代号的构成

(1)参照代号主要作为检索项目信息的代号。通过使用参照代号,可以表示不同层次的产品,也可以把产品的功能信息或位置信息联系起来。参照代号有三种构成方式:①前缀符号加字母代码;②前缀符号加字母代码和数字;③前缀符号加数字。前缀符号字符分为:

1)"一"表示项目的产品信息(即系统或项目的构成);

2)"＝"表示项目的功能信息(即系统或项目的作用);

3)"＋"表示项目的位置信息(即系统或项目的位置)。

(2)参照代号的主类字母代码按所涉及项目的用途和任务划分。参照代号的子类字母代码(第二字符)是依据国家标准《技术产品及技术产品文件结构原则　字母代码　按项目用途和任务划分的主类和子类》(GB/T 20939－2007)划分。由于子类字母代码的划分并没有明确的规则,因此参照代号的字母代码应优先采用单字母;只有当用单字母代码不能满足设计要求时,可采用多字母代码,以便较详细和具体地表达电气设备、装置和元器件。

(3)当电气设备的图形符号在图样中不会引起混淆时,可不标注其参照代号,例如电气平面图中的照明开关或电源插座,如果没有特殊要求时,可只绘制图形符号。当电气设备的图形符号在图样中不能清晰地表达其信息时,例如电气平面图中的照明配电箱,如果数量大于等于 2 且规格不同时,只绘制图形符号已不能区别,需要在图形符号附近加注参照代号 AL1、AL2…等。

2. 参照式代号的标注

(1)参照代号的标注:参照代号宜水平书写。当符号用于垂直布置图样时,与符号相关的参照代号应置于符号的左侧;当符号用于水平布置图样时,与符号相关的参照代号应置于符号的上方。与项目相关的参照代号,应清楚地关联到项目上,不应与项目交叉,否则可借助引出线。

(2)在功能和结构上属于同一单元的项目,可用单点长画线有规则地封闭围成围框,参照代号宜置于围框线的左上方或左方。

(3)参照代号有利于识别项目。当项目数量在 9 以内时,编号采用阿拉伯数字 1～9。数量在 99 以内时,编号采用阿拉伯数字 01～99。

3. 参照代号的应用

(1)参照代号的应用应根据实际工程的规模确定,同一个项目其参照代号可有不同的表示方式。以照明配电箱为例,如果一个建筑工程楼层超过 10 层,一个楼层的照明配电箱数量超过 10 个,每个照明配电箱参照代号的编制规则如图 2-1 所示。

参照代号 AL11B2,ALB211,+B2-ALL11,-AL11+B2,均可表示安装在地下二层的第 11 个照明配电箱。采用图 2-1(a)、(b)参照代号标注,因不会引起混淆,所以取消了前缀符号“-”。图 2-1(a)、(b)表示方式占用字符少,但参照代号的编制规则需在设计文件里说明。采用图 2-1(c)、(d)参照代号标注,对位置、数量信息表示更加清晰、直观、易懂,且前缀符号国家标准有定义,参照代号的编制规则不用再在设计文件里说明。

图 2-1 所示四种参照代号的表示方式,设计人员可任意选择使用,但同一项工程使用参照代号的表示方式应一致。

(2)如是参照代号采用前缀符号加字母代码和数字,则数字应在字母代码之后,数字可以对具有相同字母代码的项目(电气元件、配电箱等)进行编号等,数字可以代表一定的意义。

(3)参照代号分为单层参照代号和多层参照代号,单层参照代号使用 1 个前缀符号表示项目 1 个信息,多层参照代号使用 2～3 个前缀符号(相同或不同)表示项目多个信息。一般使用多层参照代号可以比较准确标识项目,如图 2-1(c)、(d)所示。

(4)图 2-1(c)、(d)中字母 B 代表地下层,地上层可用字母 F 代替,或直接写数

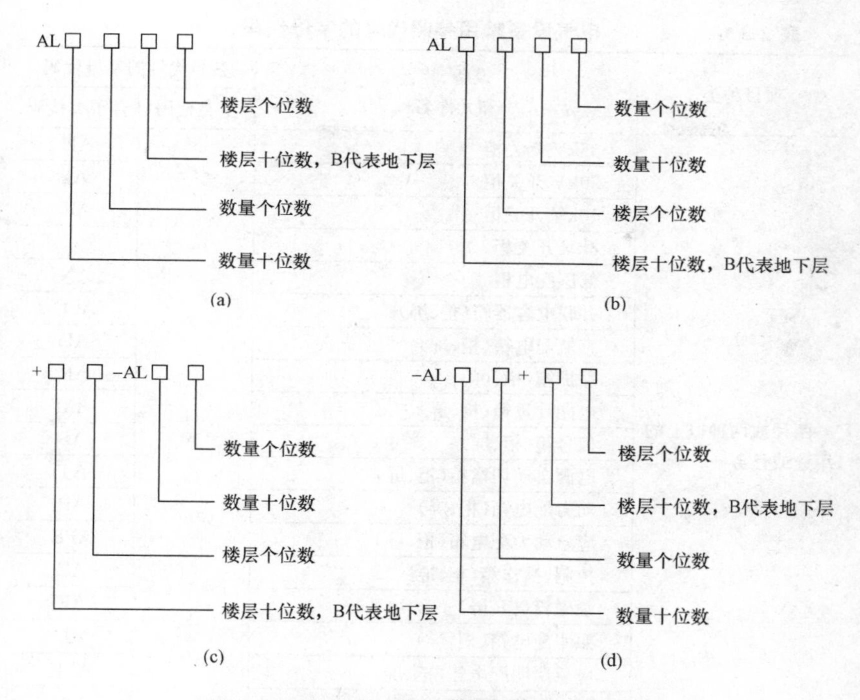


**图 2-1　照明配电箱参照代号编制规则示例**

字。例如：+F2－AL11 和+2－AL11 均表示地上 2 层第 11 个照明配电箱。位置信息可以用于表示群体建筑中的个体建筑、不同流水作业段或防火分区等。多层参照代号的使用示例见表 2-2。

**表 2-2　多层参照代号使用示例**

| 序号 | 多层参照代号示例 | 说　明 |
| --- | --- | --- |
| 1 | +I－AK1 | I 段母线的 AK1 动力配电柜 |
| 2 | +A+F2－AL11 | A 栋 2 层第 11 照明配电箱 |
| 3 | =CP01－AC1 | CP01 空压机系统第 1 控制箱 |

4. 电气图常用参照代号

电气设备常用参照代号宜采用表 2-3 所示的字母代码。

表 2-3 电气设备常用参照代号的字母代码

| 项目种类 | 设备、装置和元件名称 | 参照代号的字母代码 | |
|---|---|---|---|
| | | 主类代码 | 含子类代码 |
| 两种或两种以上的用途或任务 | 35kV 开关柜 | A | AH |
| | 20kV 开关柜 | | AJ |
| | 10kV 开关柜 | | AK |
| | 6kV 开关柜 | | — |
| | 低压配电柜 | | AN |
| | 并联电容器箱(柜、屏) | | ACC |
| | 直流配电箱(柜、屏) | | AD |
| | 保护箱(柜、屏) | | AR |
| | 电能计量箱(柜、屏) | | AM |
| | 信号箱(柜、屏) | | AS |
| | 电源自动切换箱(柜、屏) | | AT |
| | 动力配电箱(柜、屏) | | AP |
| | 应急动力配电箱(柜、屏) | | APE |
| | 控制、操作箱(柜、屏) | | AC |
| | 励磁箱(柜、屏) | | AE |
| | 照明配电箱(柜、屏) | | AL |
| | 应急照明配电箱(柜、屏) | | ALE |
| | 电度表箱(柜、屏) | | AW |
| | 弱电系统设备箱(柜、屏) | | — |
| 把某一输入变量(物理性质、条件或事件)转换为供进一步处理的信号 | 热过载继电器 | B | BB |
| | 保护继电器 | | BB |
| | 电流互感器 | | BE |
| | 电压互感器 | | BE |
| | 测量继电器 | | BE |
| | 测量电阻(分流) | | BE |
| | 测量变送器 | | BE |
| | 气表、水表 | | BF |
| | 差压传感器 | | BF |
| | 流量传感器 | | BF |
| | 接近开关、位置开关 | | BG |
| | 接近传感器 | | BG |
| | 时钟、计时器 | | BK |
| | 温度计、湿度测量传感器 | | BM |
| | 压力传感器 | | BP |
| | 烟雾(感烟)探测器 | | BR |

续表

| 项目种类 | 设备、装置和元件名称 | 参照代号的字母代码 | |
|---|---|---|---|
| | | 主类代码 | 含子类代码 |
| 把某一输入变量(物理性质、条件或事件)转换为供进一步处理的信号 | 感光(火焰)探测器 | B | BR |
| | 光电池 | | BR |
| | 速度计、转速计 | | BS |
| | 速度变换器 | | BS |
| | 温度传感器、温度计 | | BT |
| | 麦克风 | | BX |
| | 视频摄像机 | | BX |
| | 火灾探测器 | | — |
| | 气体探测器 | | |
| | 测量变换器 | | |
| | 位置测量传感器 | | BG |
| | 液位测量传感器 | | BL |
| 材料、能量或信号的存储 | 电容器 | C | CA |
| | 线圈 | | CB |
| | 硬盘 | | CF |
| | 存储器 | | CF |
| | 磁带记录仪、磁带机 | | CF |
| | 录像机 | | CF |
| 提供辐射能或热能 | 白炽灯、荧光灯 | E | EA |
| | 紫外灯 | | EA |
| | 电炉、电暖炉 | | EB |
| | 电热、电热丝 | | EB |
| | 灯、灯泡 | | — |
| | 激光器 | | |
| | 发光设备 | | |
| | 辐射器 | | |
| 直接防止(自动)能量流、信息流、人身或设备发生危险的或意外的情况,包括用于防护的系统和设备 | 热过载释放器 | F | FD |
| | 熔断器 | | FA |
| | 安全栅 | | FC |
| | 电涌保护器 | | FC |
| | 接闪器 | | FE |
| | 接闪杆 | | FE |
| | 保护阳极(阴极) | | FR |

续表

| 项目种类 | 设备、装置和元件名称 | 参照代号的字母代码 | |
|---|---|---|---|
| | | 主类代码 | 含子类代码 |
| 启动能量流或材料流，产生用作信息载体或参考源的信号。生产一种新能量、材料或产品 | 发电机 | G | GA |
| | 直流发电机 | | GA |
| | 电动发电机组 | | GA |
| | 柴油发电机组 | | GA |
| | 蓄电池、干电池 | | GB |
| | 燃料电池 | | GB |
| | 太阳能电池 | | GC |
| | 信号发生器 | | GF |
| | 不间断电源 | | GU |
| 处理（接收、加工和提供）信号或信息（用于防护的物体除外，见F类） | 继电器 | K | KF |
| | 时间继电器 | | KF |
| | 控制器（电、电子） | | KF |
| | 输入、输出模块 | | KF |
| | 接收机 | | KF |
| | 发射机 | | KF |
| | 光耦器 | | KF |
| | 控制器（光、声学） | | KG |
| | 阀门控制器 | | KH |
| | 瞬时接触继电器 | | KA |
| | 电流继电器 | | KC |
| | 电压继电器 | | KV |
| | 信号继电器 | | KS |
| | 瓦斯保护继电器 | | KB |
| | 压力继电器 | | KPR |
| 提供驱动用机械能（旋转或线性机械运动） | 电动机 | M | MA |
| | 直线电动机 | | MA |
| | 电磁驱动 | | MB |
| | 励磁线圈 | | MB |
| | 执行器 | | ML |
| | 弹簧储能装置 | | ML |

续表

| 项目种类 | 设备、装置和元件名称 | 参照代号的字母代码 | |
|---|---|---|---|
| | | 主类代码 | 含子类代码 |
| 提供信息 | 打印机 | P | PF |
| | 录音机 | | PF |
| | 电压表 | | PV |
| | 告警灯、信号灯 | | PG |
| | 监视器、显示器 | | PG |
| | LED(发光二极管) | | PG |
| | 铃、钟 | | PB |
| | 计量表 | | PG |
| | 电流表 | | PA |
| | 电度表 | | PJ |
| | 时钟、操作时间表 | | PT |
| | 无功电度表 | | PJR |
| | 最大需用量表 | | PM |
| | 有功功率表 | | PW |
| | 功率因数表 | | PPF |
| | 无功电流表 | | PAR |
| | (脉冲)计数器 | | PC |
| | 记录仪器 | | PS |
| | 频率表 | | PF |
| | 相位表 | | PPA |
| | 转速表 | | PT |
| | 同位指示器 | | PS |
| | 无色信号灯 | | PG |
| | 白色信号灯 | | PGW |
| | 红色信号灯 | | PGR |
| | 绿色信号灯 | | PGG |
| | 黄色信号灯 | | PGY |
| | 显示器 | | PC |
| | 温度计、液位计 | | PG |

续表

| 项目种类 | 设备、装置和元件名称 | 参照代号的字母代码 | |
|---|---|---|---|
| | | 主类代码 | 含子类代码 |
| 受控切换或改变能量流、信号流或材料流(对于控制电路中的信号,见K类和S类) | 断路器 | Q | QA |
| | 接触器 | | QAC |
| | 晶闸管、电动机启动器 | | QA |
| | 隔离器、隔离开关 | | QB |
| | 熔断器式隔离器 | | QB |
| | 熔断器式隔离开关 | | QB |
| | 接地开关 | | QC |
| | 旁路断路器 | | QD |
| | 电源转换开关 | | QCS |
| | 剩余电流保护断路器 | | QR |
| | 软启动器 | | QAS |
| | 综合启动器 | | QCS |
| | 星一三角启动器 | | QSD |
| | 自耦降压启动器 | | QTS |
| | 转子变阻式启动器 | | QRS |
| 限制或稳定能量、信息或材料的运动或流动 | 电阻器、二极管 | R | RA |
| | 电抗线圈 | | RA |
| | 滤波器、均衡器 | | RF |
| | 电磁锁 | | RL |
| | 限流器 | | RN |
| | 电感器 | | — |
| 把手动操作转变为进一步处理的特定信号 | 控制开关 | S | SF |
| | 按钮开关 | | SF |
| | 多位开关(选择开关) | | SAC |
| | 启动按钮 | | SF |
| | 停止按钮 | | SS |
| | 复位按钮 | | SR |
| | 试验按钮 | | ST |
| | 电压表切换开关 | | SV |
| | 电流表切换开关 | | SA |

续表

| 项目种类 | 设备、装置和元件名称 | 参照代号的字母代码 | |
|---|---|---|---|
| | | 主类代码 | 含子类代码 |
| 保持能量性质不变的能量变换，已建立的信号保持信息内容不变的变换，材料形态或形状的变换 | 变频器、频率转换器 | T | TA |
| | 电力变压器 | | TA |
| | DC/DC 转换器 | | TA |
| | 整流器、AC/DC 变换器 | | TB |
| | 天线、放大器 | | TF |
| | 调制器、解调器 | | TF |
| | 隔离变压器 | | TF |
| | 控制变压器 | | TC |
| | 整流变压器 | | TR |
| | 照明变压器 | | TL |
| | 有载调压变压器 | | TLC |
| | 自耦变压器 | | TT |
| 保护物体在一定的位置 | 支柱绝缘子 | U | UB |
| | 强电梯架、托盘和槽盒 | | UB |
| | 瓷瓶 | | UB |
| | 弱电梯架、托盘和槽盒 | | UG |
| | 绝缘子 | | — |
| 从一地到另一地导引或输送能量、信号、材料或产品 | 高压母线、母线槽 | W | WA |
| | 高压配电线缆 | | WB |
| | 低压母线、母线槽 | | WC |
| | 低压配电线缆 | | WD |
| | 数据总线 | | WF |
| | 控制电缆、测量电缆 | | WG |
| | 光缆、光纤 | | WH |
| | 信号线路 | | WS |
| | 电力(动力)线路 | | WP |
| | 照明线路 | | WL |
| | 应急电力(动力)线路 | | WPE |
| | 应急照明线路 | | WLE |
| | 滑触线 | | WT |
| 连接物 | 高压端子、接线盒 | X | XB |
| | 高压电缆头 | | XB |
| | 低压端子、端子板 | | XD |
| | 过路接线盒、接线端子箱 | | XD |
| | 低压电缆头 | | XD |
| | 插座、插座箱 | | XD |
| | 接地端子、屏蔽接地端子 | | XE |
| | 信号分配器 | | XG |
| | 信号插头连接器 | | XG |
| | (光学)信号连接 | | XH |
| | 连接器 | | — |
| | 插头 | | |

# 第二节　电气施工图常用标注方法

## 一、电气设备标注方法

绘制图样时，宜采用表 2-4 所示的电气设备标注方式表示。

**表 2-4　　电气设备的标注方式**

| 序号 | 标注方式 | 说明 | 示例 |
| --- | --- | --- | --- |
| 1 | $\frac{a}{b}$ | 用电设备标注<br>a—参照代号<br>b—额定容量(kW 或 kVA) | $\frac{-AL11}{3kW}$<br>照明配电箱 AL11，额定容量 3kW |
| 2 | －a＋b/c<br>注 1 | 系统图电气箱(柜、屏)标注<br>a—参照代号<br>b—位置信息<br>c—型号 | －AL11＋F2/▭<br>照明配电箱 AL11，位于地上二层，型号为▭ |
| 3 | －a 注 1 | 平面图电气箱(柜、屏)标注<br>a—参照代号 | －AL11 或 AL11 |
| 4 | a　b/c　d | 照明、安全、控制变压器标注<br>a—参照代号<br>b/c—一次电压/二次电压<br>d—额定容量 | TA1　220/36V　500VA<br>照明变压器 TA1，变比 220/36V，容量 500VA |
| 5 | $a-b\frac{c\times d\times L}{e}f$ | 灯具标注<br>a—数量<br>b—型号<br>c—每盏灯具的光源数量<br>d—光源安装容量<br>e—安装高度(m)<br>“—”表示吸顶安装<br>L—光源种类，参见表 2-1 注 5<br>f—安装方式，参见表 2-5 | $8-\square\frac{1\times 18\times FL}{3.5}CS$<br>8 盏单管 18W 荧光灯链吊式安装，距地 3.5m。灯具型式为▭。<br>若照明灯具的型号、光源种类在设计说明或材料表中已注明，灯具标注可省略为：<br>$8-\frac{1\times 18}{3.5}CS$ |
| 6 | $\frac{a\times b}{c}$ | 电缆梯架、托盘和槽盒标注<br>a—宽度(mm)<br>b—高度(mm)<br>c—安装高度(mm) | $\frac{400\times 100}{+3.1}$<br>宽度 400mm，高度 100mm，安装高度 3.1m |
| 7 | a/b/c | 光缆标注<br>a—型号<br>b—光纤芯数<br>c—长度 | — |

续表

| 序号 | 标注方式 | 说　明 | 示　例 |
| --- | --- | --- | --- |
| 8 | a b—c (d×e+f×g)<br>i—jh<br>注 2 | 线缆的标注<br>a—参照代号<br>b—型号<br>c—电缆根数<br>d—相导体根数<br>e—相导体截面($mm^2$)<br>f—N、PE 导体根数<br>g—N、PE 导体截面($mm^2$)<br>i—敷设方式和管径(mm)，参见表 2-6<br>j—敷设部位，参见表 2-7<br>h—安装高度(m) | 单根电缆标注示例：<br>—WD01　YJV—0.6/1kV—(3×50+1×25)CT　SC50—WS3.5<br>多根电缆标注示例：<br>—WD01　YJV—0.6/1kV—2(3×50+1×25)SC50—WS3.5<br>导线标注示例：<br>—WD24　BV—450/750V　5×2.5　SC20—FC<br>线缆的额定电压不会引起混淆时，标注可省略为：<br>—WD01　YJV—2(3×50+1×25)CT　SC50—FC<br>—WD24　BV—5×2.5　SC20—FC |
| 9 | a—b(c×2×d) e—f | 电话线缆的标注<br>a—参照代号<br>b—型号<br>c—导体对数<br>d—导体直径(mm)<br>e—敷设方式和管径(mm)，参见表 2-6<br>f—敷设部位，参见表 2-7 | —W1—HYV(5×2×0.5)SC15—WS |

注：1　前缀"—"在不会引起混淆时可省略。
　　2　当电源线缆 N 的 PE 分开标注时，应先标注 N 后标注 PE(线缆规格中的电压值在不会引起混淆时可省略)。

**表 2-5　　灯具安装方式标注的文字符号**

| 序号 | 名　称 | 文字符号 |
| --- | --- | --- |
| 1 | 线吊式 | SW |
| 2 | 链吊式 | CS |
| 3 | 管吊式 | DS |
| 4 | 壁装式 | W |
| 5 | 吸顶式 | C |
| 6 | 嵌入式 | R |
| 7 | 吊顶内安装 | CR |
| 8 | 墙壁内安装 | WR |
| 9 | 支架上安装 | S |
| 10 | 柱上安装 | CL |
| 11 | 座装 | HM |

表 2-6　线缆敷设方式标注的文字符号

| 序号 | 名称 | 文字符号 | 序号 | 名称 | 文字符号 |
|---|---|---|---|---|---|
| 1 | 穿低压流体输送用焊接钢管(钢导管)敷设 | SC | 8 | 电缆梯架敷设 | CL |
| 2 | 穿普通碳素钢电线套管敷设 | MT | 9 | 金属槽盒敷设 | MR |
| 3 | 穿可挠金属电线保护套管敷设 | CP | 10 | 塑料槽盒敷设 | PR |
| 4 | 穿硬塑料导管敷设 | PC | 11 | 钢索敷设 | M |
| 5 | 穿阻燃半硬塑料导管敷设 | FPC | 12 | 直埋敷设 | DB |
| 6 | 穿塑料波纹电线管敷设 | KPC | 13 | 电缆沟敷设 | TC |
| 7 | 电缆托盘敷设 | CT | 14 | 电缆排管敷设 | CE |

表 2-7　线缆敷设部位标注的文字符号

| 序号 | 名称 | 文字符号 | 序号 | 名称 | 文字符号 |
|---|---|---|---|---|---|
| 1 | 沿或跨梁(屋架)敷设 | AB | 7 | 暗敷设在顶板内 | CC |
| 2 | 沿或跨柱敷设 | AC | 8 | 暗敷设在梁内 | BC |
| 3 | 沿吊顶或顶板面敷设 | CE | 9 | 暗敷设在柱内 | CLC |
| 4 | 吊顶内敷设 | SCE | 10 | 暗敷设在墙内 | WC |
| 5 | 沿墙面敷设 | WS | 11 | 暗敷设在地板或地面下 | FC |
| 6 | 沿屋面敷设 | RS | | | |

## 二、电气图中其他标注方法

1. 电气线路线型符号

电气图样中的电气线路可采用表 2-8 的线型符号绘制。

表 2-8　图样中的电气线路线型符号

| 序号 | 线型符号 | | 说明 |
|---|---|---|---|
| | 形式 1 | 形式 2 | |
| 1 | S | ——S—— | 信号线路 |
| 2 | C | ——C—— | 控制线路 |
| 3 | EL | ——EL—— | 应急照明线路 |
| 4 | PE | ——PE—— | 保护接地线 |
| 5 | E | ——E—— | 接地线 |
| 6 | LP | ——LP—— | 接闪线、接闪带、接闪网 |
| 7 | TP | ——TP—— | 电话线路 |
| 8 | TD | ——TD—— | 数据线路 |
| 9 | TV | ——TV—— | 有线电视线路 |
| 10 | BC | ——BC—— | 广播线路 |
| 11 | V | ——V—— | 视频线路 |

续表

| 序号 | 线型符号 | | 说 明 |
|---|---|---|---|
| | 形式1 | 形式2 | |
| 12 | GCS | —— GCS —— | 综合布线系统线路 |
| 13 | F | —— F —— | 消防电话线路 |
| 14 | D | —— D —— | 50V 以下的电源线路 |
| 15 | DC | —— DC —— | 直流电源线路 |
| 16 | [光缆符号] | 光缆,一般符号 | |

2. 供配电系统设计文件的文字符号

供配电系统设计文件的标准宜采用表 2-9 的文字符号。

**表 2-9　　供配电系统设计文件标注的文字符号**

| 序号 | 文字符号 | 名　称 | 单位 | 序号 | 文字符号 | 名　称 | 单位 |
|---|---|---|---|---|---|---|---|
| 1 | $U_n$ | 系统标称电压,线电压(有效值) | V | 11 | $I_c$ | 计算电流 | A |
| 2 | $U_r$ | 设备的额定电压,线电压(有效值) | | 12 | $I_{st}$ | 启动电流 | A |
| 3 | $I_r$ | 额定电流 | A | 13 | $I_p$ | 尖峰电流 | A |
| 4 | f | 频率 | Hz | 14 | $I_s$ | 整定电流 | A |
| 5 | $P_r$ | 额定功率 | kW | 15 | $I_k$ | 稳态短路电流 | kA |
| 6 | $P_n$ | 设备安装功率 | kW | 16 | $\cos\varphi$ | 功率因数 | — |
| 7 | $P_c$ | 计算有功功率 | kW | 17 | $u_{kr}$ | 阻抗电压 | % |
| 8 | $Q_c$ | 计算无功功率 | kvar | 18 | $i_p$ | 短路电流峰值 | kA |
| 9 | $S_c$ | 计算视在功率 | kVA | 19 | $S''_{KQ}$ | 短路容量 | MVA |
| 10 | $S_r$ | 额定视在功率 | kVA | 20 | $K_d$ | 需要系数 | — |

3. 设备端子和导体的标志和标识

设备端子和导体宜采用表 2-10 的标志和标识。

**表 2-10　　设备端子和导体的标志和标识**

| 序号 | 导　体 | | 文字符号 | |
|---|---|---|---|---|
| | | | 设备端子标志 | 导体和导体终端标识 |
| 1 | 交流导体 | 第 1 线 | U | L1 |
| | | 第 2 线 | V | L2 |
| | | 第 3 线 | W | L3 |
| | | 中性导体 | N | N |
| 2 | 直流导体 | 正级 | ＋或 C | $L^+$ |
| | | 负极 | －或 D | $L^-$ |
| | | 中间点导体 | M | M |
| 3 | 保护导体 | | PE | PE |
| 4 | PEN 导体 | | PEN | PEN |

4. 常用辅助文字符号

电气图样中常用辅助文字符号宜按表 2-11 执行。

表 2-11 常用辅助文字符号

| 序号 | 文字符号 | 中文名称 | 序号 | 文字符号 | 中文名称 |
|---|---|---|---|---|---|
| 1 | A | 电流 | 44 | HH | 最高(较高) |
| 2 | A | 模拟 | 45 | HH | 手孔 |
| 3 | AC | 交流 | 46 | HV | 高压 |
| 4 | A、AUT | 自动 | 47 | IN | 输入 |
| 5 | ACC | 加速 | 48 | INC | 增 |
| 6 | ADD | 附加 | 49 | IND | 感应 |
| 7 | ADJ | 可调 | 50 | L | 左 |
| 8 | AUX | 辅助 | 51 | L | 限制 |
| 9 | ASY | 异步 | 52 | L | 低 |
| 10 | B、BRK | 制动 | 53 | LL | 最低(较低) |
| 11 | BC | 广播 | 54 | LA | 闭锁 |
| 12 | BK | 黑 | 55 | M | 主 |
| 13 | BU | 蓝 | 56 | M | 中 |
| 14 | BW | 向后 | 57 | M、MAN | 手动 |
| 15 | C | 控制 | 58 | MAX | 最大 |
| 16 | CCW | 逆时针 | 59 | MIN | 最小 |
| 17 | CD | 操作台(独立) | 60 | MC | 微波 |
| 18 | CO | 切换 | 61 | MD | 调制 |
| 19 | CW | 顺时针 | 62 | MH | 人孔(人井) |
| 20 | D | 延时、延迟 | 63 | MN | 监听 |
| 21 | D | 差动 | 64 | MO | 瞬间(时) |
| 22 | D | 数字 | 65 | MUX | 多路用的限定符号 |
| 23 | D | 降 | 66 | NR | 正常 |
| 24 | DC | 直流 | 67 | OFF | 断开 |
| 25 | DCD | 解调 | 68 | ON | 闭合 |
| 26 | DEC | 减 | 69 | OUT | 输出 |
| 27 | DP | 调度 | 70 | O/E | 光电转换器 |
| 28 | DR | 方向 | 71 | P | 压力 |
| 29 | DS | 失步 | 72 | P | 保护 |
| 30 | E | 接地 | 73 | PL | 脉冲 |
| 31 | EC | 编码 | 74 | PM | 调相 |
| 32 | EM | 紧急 | 75 | PO | 并机 |
| 33 | EMS | 发射 | 76 | PR | 参量 |
| 34 | EX | 防爆 | 77 | R | 记录 |
| 35 | F | 快速 | 78 | R | 右 |
| 36 | FA | 事故 | 79 | R | 反 |
| 37 | FB | 反馈 | 80 | RD | 红 |
| 38 | FM | 调频 | 81 | RES | 备用 |
| 39 | FW | 正、向前 | 82 | R、RST | 复位 |
| 40 | FX | 固定 | 83 | RTD | 热电阻 |
| 41 | G | 气体 | 84 | RUN | 运转 |
| 42 | GN | 绿 | 85 | S | 信号 |
| 43 | H | 高 | 86 | ST | 启动 |

续表

| 序号 | 文字符号 | 中文名称 | 序号 | 文字符号 | 中文名称 |
|---|---|---|---|---|---|
| 87 | S、SET | 置位、定位 | 97 | TM | 发送 |
| 88 | SAT | 饱和 | 98 | U | 升 |
| 89 | STE | 步进 | 99 | UPS | 不间断电源 |
| 90 | STP | 停止 | 100 | V | 真空 |
| 91 | SYN | 同步 | 101 | V | 速度 |
| 92 | SY | 整步 | 102 | V | 电压 |
| 93 | SP | 设定点 | 103 | VR | 可变 |
| 94 | T | 温度 | 104 | WH | 白 |
| 95 | T | 时间 | 105 | YE | 黄 |
| 96 | T | 力矩 | | | |

5. 电气设备辅助文字符号

电气设备辅助文字符号宜按表 2-12 和表 2-13 执行。

**表 2-12　强电设备辅助文字符号**

| 强电 | 文字符号 | 中文名称 | 强电 | 文字符号 | 中文名称 |
|---|---|---|---|---|---|
| 1 | DB | 配电屏(箱) | 11 | LB | 照明配电箱 |
| 2 | UPS | 不间断电源装置(箱) | 12 | ELB | 应急照明配电箱 |
| 3 | EPS | 应急电源装置(箱) | 13 | WB | 电度表箱 |
| 4 | MEB | 总等电位端子箱 | 14 | IB | 仪表箱 |
| 5 | LEB | 局部等电位端子箱 | 15 | MS | 电动机启动器 |
| 6 | SB | 信号箱 | 16 | SDS | 星—三角启动器 |
| 7 | TB | 电源切换箱 | 17 | SAT | 自耦降压启动器 |
| 8 | PB | 动力配电箱 | 18 | ST | 软启动器 |
| 9 | EPB | 应急动力配电箱 | 19 | HDR | 烘手器 |
| 10 | CB | 控制箱、操作箱 | | | |

**表 2-13　弱电设备辅助文字符号**

| 强电 | 文字符号 | 中文名称 | 强电 | 文字符号 | 中文名称 |
|---|---|---|---|---|---|
| 1 | DDC | 直接数字控制器 | 14 | KY | 操作键盘 |
| 2 | BAS | 建筑设备监控系统设备箱 | 15 | STB | 机顶盒 |
| 3 | BC | 广播系统设备箱 | 16 | VAD | 音量调节器 |
| 4 | CF | 会议系统设备箱 | 17 | DC | 门禁控制器 |
| 5 | SC | 安防系统设备箱 | 18 | VD | 视频分配器 |
| 6 | NT | 网络系统设备箱 | 19 | VS | 视频顺序切换器 |
| 7 | TP | 电话系统设备箱 | 20 | VA | 视频补偿器 |
| 8 | TV | 电视系统设备箱 | 21 | TG | 时间信号发生器 |
| 9 | HD | 家居配线箱 | 22 | CPU | 计算机 |
| 10 | HC | 家居控制器 | 23 | DVR | 数字硬盘录像机 |
| 11 | HE | 家居配电箱 | 24 | DEM | 解调器 |
| 12 | DEC | 解码器 | 25 | MO | 调制器 |
| 13 | VS | 视频服务器 | 26 | MOD | 调制解调器 |

6. 信号灯、按钮和导线的颜色标识

(1)信号灯和按钮的颜色标识宜分别按表 2-14 和表 2-15 执行。

**表 2-14　　　　信号灯的颜色标识**

| 名　　称 | 颜色标识 | |
|---|---|---|
| 状　　态 | 颜　色 | 备　注 |
| 危险指示 | 红色(RD) | — |
| 事故跳闸 | | |
| 重要的服务系统停机 | | |
| 起重机停止位置超行程 | | |
| 辅助系统的压力/温度超出安全极限 | | |
| 警告指示 | 黄色(YE) | |
| 高温报警 | | |
| 过负荷 | | |
| 异常指示 | | |
| 安全指示 | 绿色(GN) | |
| 正常指示 | | 核准继续运行 |
| 正常分闸(停机)指示 | | |
| 弹簧储能完毕指标 | | 设备在安全状态 |
| 电动机降压启动过程指示 | 蓝色(BU) | |
| 开关的合(分)或运行指示 | 白色(WH) | 单灯指示开关运行状态；双灯指示开关合时运行状态 |

**表 2-15　　　　按钮的颜色标识**

| 名　　称 | 颜色标识 |
|---|---|
| 紧停按钮 | 红色(RD) |
| 正常停和紧停合用按钮 | |
| 危险状态或紧急指令 | |
| 合闸(开机)(启动)按钮 | 绿色(GN)、白色(WH) |
| 分闸(停机)按钮 | 红色(RD)、黑色(BK) |
| 电动机降压启动结束按钮 | 白色(WH) |
| 复位按钮 | |
| 弹簧储能按钮 | 黄色(BU) |
| 异常、故障状态 | 黄色(YE) |
| 安全状态 | 绿色(GN) |

(2)导体的颜色标识宜按表 2-16 执行。

**表 2-16　　　　导体的颜色标识**

| 导体名称 | 颜色标识 |
|---|---|
| 交流导体的第 1 线 | 黄色(YE) |
| 交流导体的第 2 线 | 绿色(GN) |
| 交流导体的第 3 线 | 红色(RD) |
| 中性导体 N | 淡蓝色(BU) |
| 保护导体 PE | 绿/黄双色(GNYE) |
| PEN 导体 | 全长绿/黄色(GNYE)，终端另用淡蓝色(BU)标志或全长淡蓝色(BU)，终端另用绿/黄双色(GNYE)标志 |
| 直流导体的正极 | 棕色(BN) |
| 直流导体的负极 | 蓝色(BU) |
| 直流导体的中间点导体 | 淡蓝色(BU) |

# 第三章　常用电气仪表

## 第一节　常用电气仪表分类

电的形态很特别，它看不见，听不到，闻不着，摸不到，但它却可以借助于仪表测量出来。专门用来测量有关电磁的物理量和参数的仪表统称为电测仪表。而用于电气工程测量的仪表通常称为电工仪表。

### 一、电气仪表的分类

(1)按仪表的工作原理分类。主要有：磁电式、电磁式、电动式、感应式等。

(2)按被测量的名称(或单位)分类，见表 3-1。

**表 3-1　　按被测量名称(或单位)分类**

| 被测量名称 | 电表名称 | 表示符号 |
| --- | --- | --- |
| 电流(安培) | 电流表(安培表、毫安表、微安表) | A、mA、$\mu$A |
| 电压(伏特) | 电压表(伏特表、毫伏表) | V、mV |
| 功率(瓦特) | 功率表(瓦特表) | W |
| 相　位 | 相位表(功率因数表) | $\cos\varphi$ |
| 电阻(欧姆、兆欧) | 电阻表(欧姆表、兆欧表) | Ω、MΩ |
| 电能(千瓦时) | 电度表(千瓦时表) | kW·h |
| 频率(赫兹) | 频率表(周波表) | Hz |

(3)按使用方式分类。可分为安装式(或称配电盘表)和可携带式仪表。

(4)按仪表的工作电流分类。有直流仪表、交流仪表、交直流两用仪表。

(5)按仪表的准确度等级分类。可分为 0.1、0.2、0.5、1.0、1.5、2.5、5.0 七级。

(6)按读数装置的不同分类。可分为指针式、数字式等。

### 二、电气仪表的符号、标记

通常，每一块电工仪表的面板上都标出各种符号，表示该仪表的使用条件、结构、精确度等级和所测电气参数的范围，为该仪表的选择和使用提供重要依据。

为了正确选择和使用仪表，就必须了解这些符号的意义。现将常见的仪表标记符号和它们的意义列于表 3-2 中。

表 3-2　　常见的仪表标记与意义

| 符号 | 名称和含义 | 符号 | 名称和含义 |
|---|---|---|---|
|  | 磁电系仪表 | ⊥ | 仪表工作时垂直放置 |
|  | 电磁系仪表 | ┌┐ | 仪表工作时水平放置 |
|  | 电动系仪表 | ∠60° | 仪表工作时与水平面倾斜 60°放置 |
|  | 感应系仪表 | ☆ | 仪表绝缘强度试验电压为 500V |
| — | 直流 | ☆2 | 仪表绝缘强度试验电压为 2000V |
| ～ | 交流 | （无标记） | A 组仪表，使用条件：工作环境 0℃～＋40℃ |
| ≃ | 交直流两用 | △B | B 组仪表，使用条件：工作环境－20℃～＋50℃ |
| ≋ | 三相交流 | ▽C | C 组仪表，使用条件：工作环境－40℃～＋60℃ |
| (1.5) | 准确度等级例如 1.5 级 | Ⅲ | 防御外磁场能力第Ⅲ级 |

**三、电气仪表的选择**

要完成一项电工测量任务，首先要根据测量的要求，合理选择仪表和测量方法。所谓合理选择仪表，就是根据工作环境、经济指标和技术要求等恰当地选择仪表的类型、精度和量程，并选择正确的测量电路和测量方法，以达到要求的测量精确度。

1. 仪表精确度的选择

仪表的精确度指仪表在规定条件下工作时，在它的标度尺工作部分的全部分度线上，可能出现的基本误差。基本误差是在规定条件下工作时，仪表的绝对误差与仪表满量程之比的百分数。仪表的精确度等级用来表示基本误差的大小。精确度等级越高，基本误差越小。精确度等级与基本误差如表 3-3 所示。

表 3-3　　仪表精确度等级和基本误差值

| 仪表精确度等级 | 0.1 | 0.2 | 0.5 | 1.0 | 1.5 | 2.5 | 5.0 |
|---|---|---|---|---|---|---|---|
| 基本误差(%) | ±0.1 | ±0.2 | ±0.5 | ±1.0 | ±1.5 | ±2.5 | ±5.0 |

2. 仪表类型的选择

(1)测量对象是直流信号还是交流信号。测量直流信号,一般可选用磁电式仪表,如果用磁电式仪表测量交流电流和电压,还需要加整流器。测量交流信号一般选用电动式或电磁式仪表。

(2)被测交流信号是低频还是高频。对于50Hz工频交流信号,电磁式和电动式仪表都可以使用。

(3)被测信号的波形是正弦波还是非正弦波。若产品说明书中无专门说明,则测量仪表一般都以正弦波的有效值划分刻度。

3. 仪表量程的选择

由于基本误差是以绝对误差与满量程之比的百分数取得的,因此对同一只仪表来说,在不同量程上,其相对误差是不同的。

4. 仪表内阻的选择

测量时,电压表与被测电路并联,电流表与被测电路串联,仪表内阻对被测电路的工作状态必然产生影响。

## 第二节 常用电气仪表及其工作原理

仪表的测量机构可分为两个部分:活动部分及固定部分。用以指示被测量数值的指针就装在活动部分上。测量机构的主要作用是接受测量线路送来的电磁能量,产生转动力矩、反作用力矩和阻尼力矩,使指针稳定偏转,指示读数。由于产生转动力矩的方法各有不同,从而构成各种结构类型不同的仪表。

常见的几种指示仪表的简单工作原理如下:

(1)磁电系仪表:是利用固定的永久磁铁的磁场与通有直流电流的可动线圈间的相互作用而产生转动力矩,使指针偏转。它主要用来作直流仪表。

(2)电磁系仪表:一个通有电流的固定线圈所产生的磁场与活动部分的铁片相互作用,或处在此磁场中的固定铁片与活动铁片间的相互作用产生转动力矩。它可以作安装式仪表及一般交直流携带式仪表。

(3)电动系仪表:通有电流的固定线圈所产生的磁场与通有电流的可动线圈间的相互作用产生转动力矩。它可以制成交直流标准仪表及一般携带式仪表。

### 一、电流表

(一)一般电流表

电流表的内阻很小,使用时应串接在电路中,如图3-1所示。直流电流表使用时还须注意电流正负极性,避免接错。

(1)直流电流表的接线方法。接线前要搞清电流表极性。通常,直流电表流的接线柱旁边标有“+”和“-”两个符号,“+”接线柱接直流电路的正极,“-”接线柱接直流电路的负极。接线方法如图3-1(a)所示。

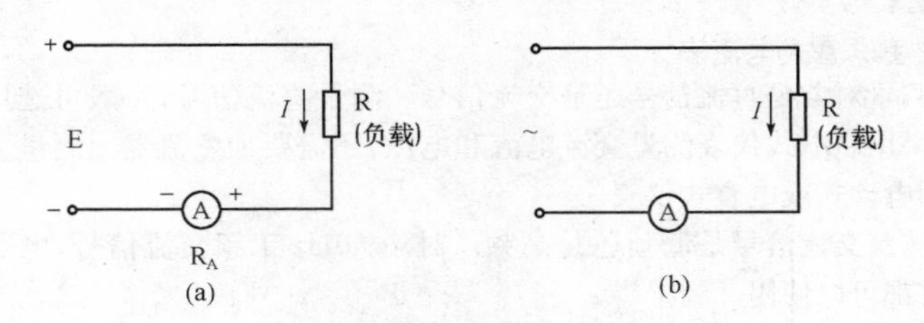


**图 3-1　电流表的接线方法**

(a)直流电流的测量;(b)交流电流的测量

分流器在电路中与负载串联,使通过电流表的电流只是负载电流的一部分,而大部分电流则从分流器中通过。这样,就扩大了电流表的测量范围(图 3-2)。

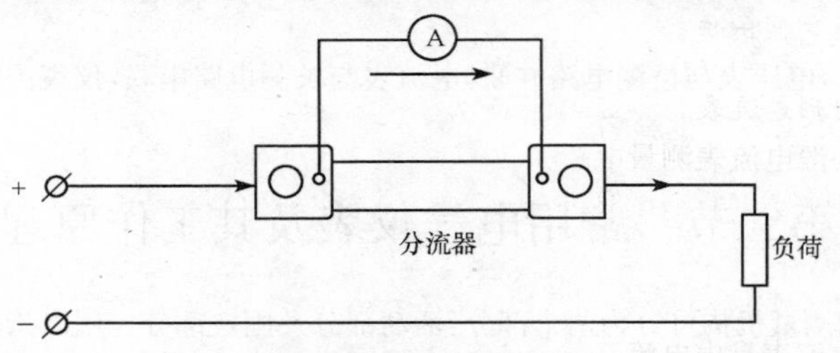


**图 3-2　附有分流器的直流电流表接线图**

如果分流器与电流表之间的距离超过了所附定值导线的长度,则可用不同截面和不同长度的导线代替,但导线电阻应在 0.035Ω±0.002Ω 以内。

(2)交流电流表的接线方法。交流电流表一般采用电磁式仪表,其测量机构与磁电式的直流电流表不同,它本身的量程比直流电流表大。在电力系统中常用的 1T1—A 型电磁式交流电流表,其量程最大为 200A。在这一量程内,电流表可以直接串联于负载电路中,接线方法如图 3-1(b)所示。

电磁式电流表采用电流互感器来扩大量程,其接线方法如图 3-3 所示。

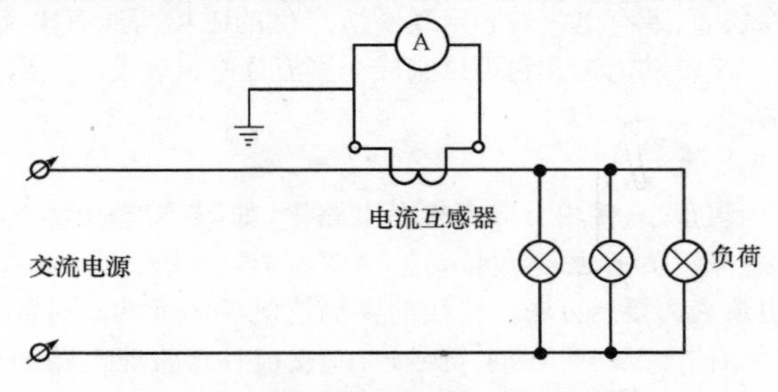


**图 3-3　交流电流表经电流互感器接线图**

双量程电磁式电流表，通常将固定线圈绕组分段，再利用各段绕组串联或并联来改变电流表的量程，如图 3-4 所示。

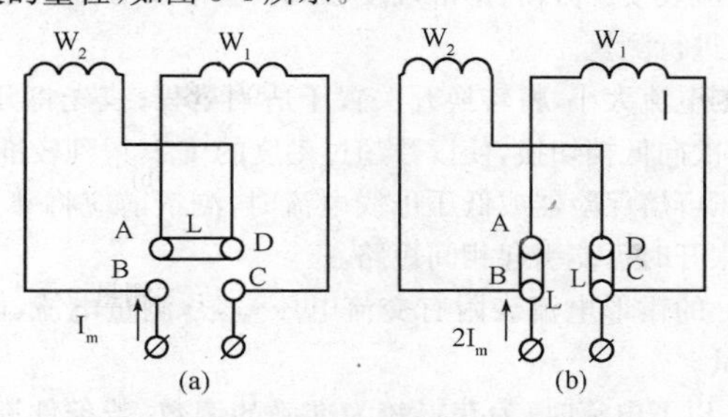


**图 3-4　双量程电磁式电流表改变量程接线图**

(a)绕组串联；(b)绕组并联

(二)钳形电流表

当用一般电流表测量电路的电流时，需要切断电路，将电流表或电流互感器的初级线圈串接到被测电路中。而用钳形电流表则可在不切断电路的情况下测量电流，使用很方便。

1. 钳形电流表的结构

钳形电流表是由电流互感器和整流系电流表组成，外形结构如图 3-5 所示，电流互感器的铁芯在捏紧扳手时即张开，如图中虚线位置，使被测电流通过的导线不必切断就可进入铁芯的窗口，然后放松扳手，使铁芯闭合。这样，通过电流的导线相当于互感器的初级绕组，而次级绕组中将出现感应电流，与次级相连接的整流系电流表指示出被测电流的数值。

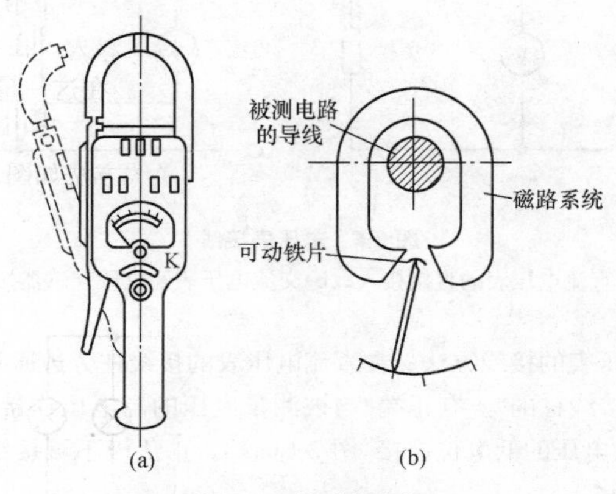


**图 3-5　钳形电流表**

(a)外形图；(b)结构示意图

2. 钳形电流表的使用

这种钳形电流表使用方便,但准确度较低。通常只用在不便于拆线或不能切断电路的情况下进行测量。

(1)估计被测电流大小,将转换开关置于适当量程;或先将开关置于最高挡,根据读数大小逐次向低挡切换,使读数超过刻度的1/2,得到较准确的读数。

(2)测量低压可熔保险器或低压母线电流时,测量前应将邻近各相用绝缘板隔离,以防钳口张开时可能引起相间短路。

(3)有些型号的钳形电流表附有交流电压量限,测量电流、电压时应分别进行,不能同时测量。

(4)测量5A以下电流时,为获得较为准确的读数,若条件许可,可将导线多绕几圈放进钳口测量,此时实际电流值为钳形表的示值除以所绕导线圈数。

(5)测量时应戴绝缘手套,站在绝缘垫上。读数时要注意安全,切勿触及其他带电部分。

(6)钳形电流表应保存在干燥的室内,钳口处应保持清洁,使用前应擦拭干净。

## 二、电压表

测量电路电压的仪表叫做电压表,也称伏特表,表盘上标有符号"V"。因量程不同,电压表又分为毫伏表、伏特表、千伏表等多种品种规格,在其表盘上分别标有mV、V、kV等字样。电压表分为直流电压表和交流电压表,二者的接线方法都与被测电路并联(图3-6)。

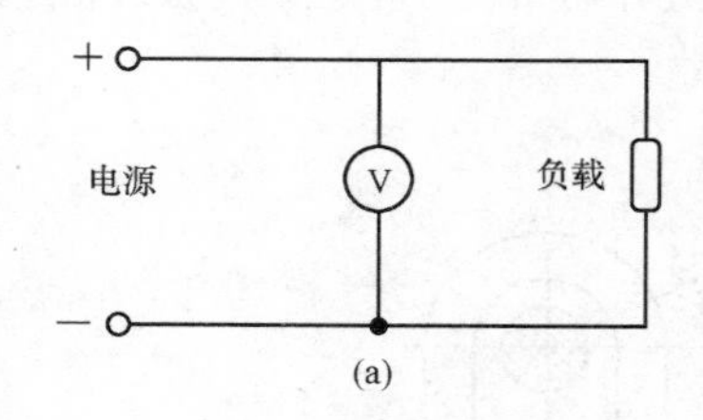


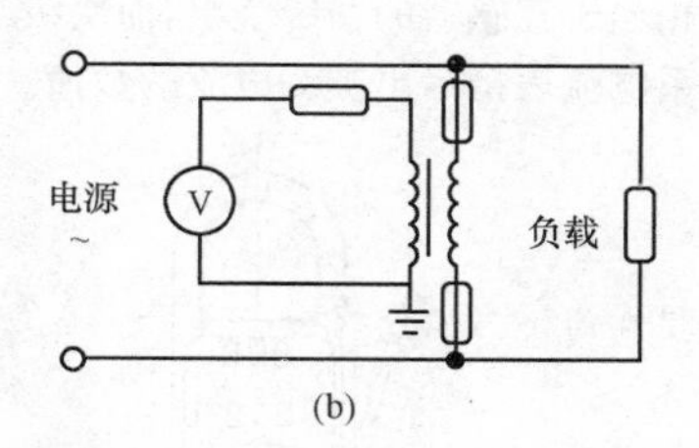


**图3-6　电压表接线**

(a)直流电压表的直接接入;(b)交流电压表经电压互感器接入

(1)直流电压表的接线方法。在直流电压表的接线柱旁边通常也标有"+"和"−"两个符号,接线柱的"+"(正端)与被测量电压的高电位连接;接线柱的"−"(负端)与被测量电压的低电位连接[图3-6(a)]。正负极不可接错,否则,指针就会因反转而打弯。

(2)交流电压表的接线方法。在低压线路中,电压表可以直接并联在被测电压的电路上。在高压线路中测量电压，由于电压高，不能用普通电压表直接测量，而应通过电压互感器将仪表接入电路[图 3-6(b)]。

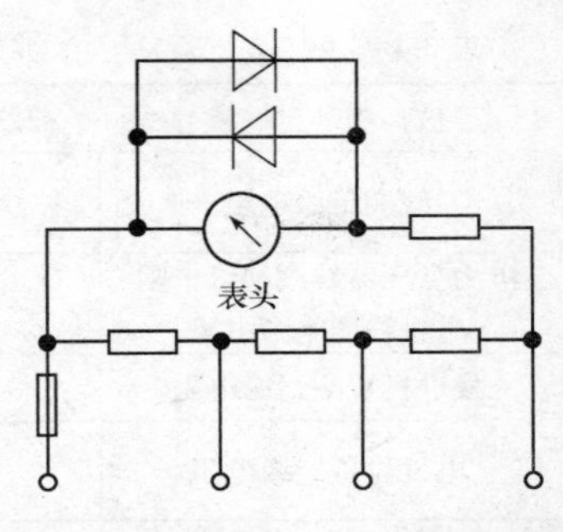

图 3-7 表头的二极管保护示意图

为了测量方便，电压互感器一般都采用标准的电压比值，例如 3000/100V、6000/100V、10000/100V 等。其二次绕组电压总是 100V。因此，可用0～100V的电压表来测量线路电压。

为了防止因电表过载而损坏，可采用二极管来保护。保护二极管的接线方法如图 3-7 所示。

### 三、兆欧表

1. 兆欧表的结构及其原理电路

在电机、电器和供用电线路中，绝缘材料的好坏对电气设备的正常运行和安全用电有着重大影响，而绝缘电阻是绝缘材料性能的重要标志。

绝缘电阻是用兆欧表来测量的，它是一种简便的测量大电阻的指示仪表，其标度尺的单位是兆欧，用 MΩ 来表示，1MΩ=1,000,000Ω。

兆欧表又称“摇表”，外形如图 3-8 所示，其原理电路如图 3-9 所示。

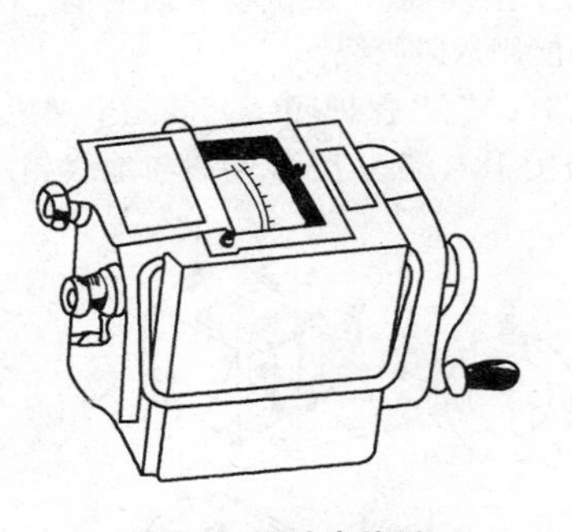
图 3-8 兆欧表外形

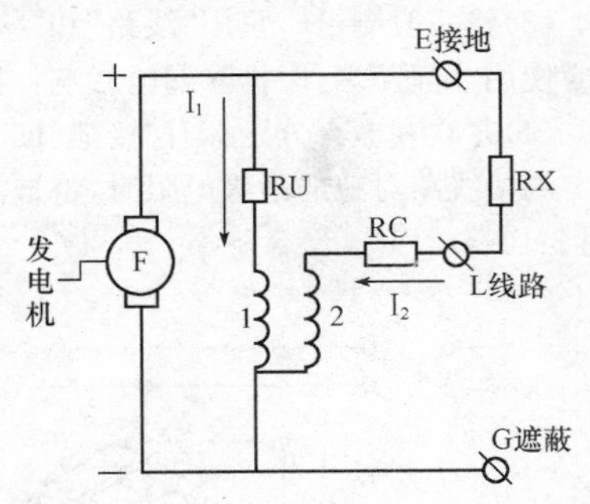

图 3-9 兆欧表的原理电路

F—发电机；RC，RU—附加电阻；
1、2—动圈；RX—待测绝缘电阻

选用兆欧表的额定电压应与被测线路或设备的工作电压相对应，兆欧表电压过低会造成测量结果不准确；过高则可能击穿绝缘。其额定电压的选择见表 3-4。另外兆欧表的量程也不要超过被测绝缘电阻值太多，以免引起测量误差。

表 3-4　　　　　　　　　　兆欧表额定电压的选择

| 被　测　对　象 | 被测设备的额定电压(V) | 兆欧表的额定电压(V) |
|---|---|---|
| 线圈绝缘电阻 | 500 以下 | 500 |
| | 500 以上 | 1000 |
| 电力变压器线圈绝缘电阻<br>电机线圈绝缘电阻 | 500 以上 | 1000～2500 |
| 发电机线圈绝缘电阻 | 300 以下 | 1000 |
| 电气设备绝缘电阻 | 500 以下 | 500～1000 |
| | 500 以上 | 2500 |
| 瓷　　瓶 | | 2500～5000 |

2. 兆欧表的正确使用

(1)测量前必须切断被测设备的电源，并接地短路放电，确实证明设备上无人工作后方可进行。被测物表面应擦拭干净，有可能感应出高电压的设备，应作好安全措施。

(2)兆欧表在测量前的准备：兆欧表应放置在平稳的地方，接线端开路，摇发电机至额定转速，指针应指在"∞"位置；然后将"线路"、"接地"两端短接，缓慢摇动发电机，指针应指在"0"位。

(3)作一般测量时只用"线路"和"接地"两个接线端，在被试物表面泄漏严重时应使用"屏蔽"端，以排除漏电影响。接线不能用双股绞线。

(4)兆欧表上有分别标有"接地(E)"、"线路(L)"和"保护环(G)"的三个端钮。

测量线路对地的绝缘电阻时，将被测线路接于 L 端钮上，E 端钮与地线相接[图 3-10(a)]；

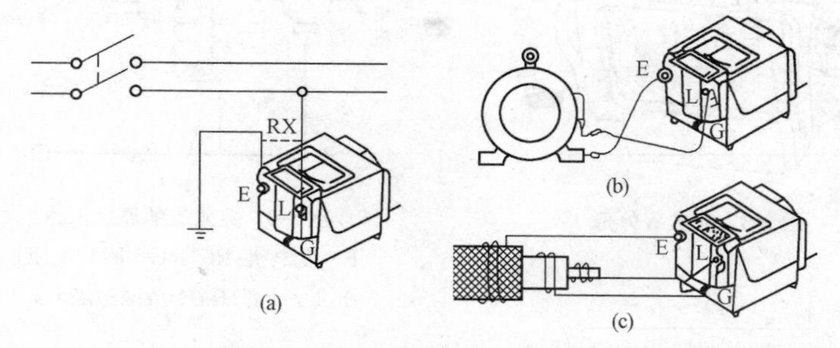


**图 3-10　用兆欧表测量绝缘电阻的接线**

(a)测线路绝缘电阻；(b)测电动机绝缘电阻；(c)测电缆绝缘电阻

测量电动机定子绕组与机壳间的绝缘电阻时，将定子绕组接在 L 端钮上，机壳与 E 端钮连接[图 3-10(b)]；

测量电缆芯线对电缆绝缘保护层的绝缘电阻时，将L端钮与电缆芯线连接，E端钮与电缆绝缘保护层外表面连接，将电缆内层绝缘层表面接于保护环端钮G上[图3-10(c)]。

保护环G的作用如图3-11所示。其中图3-11(a)为未使用保护环，两层绝缘表面的泄漏电流也流入线圈，使读数产生误差。图3-11(b)为使用保护环后，绝缘表面的泄漏电流不经过线圈而直接回到发电机。

(5)测量完后，在兆欧表没有停止转动和被测设备没有放电之前，不要用手去触及被测设备的测量部分或拆除导线，以防电击。对电容量较大的设备进行测量后，应先将被测设备对地短路后，再停摇发电机手柄，以防止电容放电而损坏兆欧表。

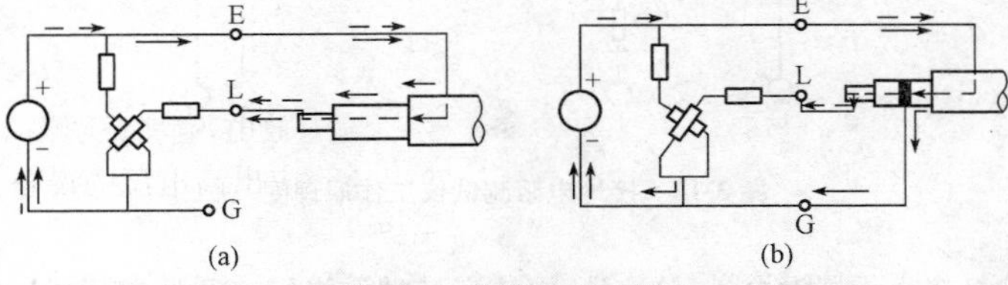


**图3-11　保护环的作用**

(a)未使用保护环；(b)使用保护环

## 四、接地电阻测试仪

在施工现场，众多接地体的电阻值是否符合安全规范要求，可使用接地电阻测试仪来测量。接地电阻测试仪除用于测量接地电阻值和低阻导体电阻值之外还可以测量土壤电阻率。

1. 接地电阻测试仪的结构原理

接地电阻测试仪又称接地摇表，目前国产常用的为ZC－8型和ZC－29型，见表3-5，它们具有体积小、重量轻、便于携带、使用方便等特点。

**表3-5　常见接地电阻测试仪型号**

| 型号 | 量限(Ω) | 最小刻度分格(Ω) | 准确度(%) | | 电源 |
|---|---|---|---|---|---|
| | | | 额定值30%以下 | 额定值30%以上 | |
| ZC－8 | 0～1 | 0.01 | 为额定值的±1.5 | 为指示值的±5 | 手摇发电机 |
| | 0～10 | 0.1 | | | |
| | 0～100 | 1 | | | |
| | 0～1000 | 10 | | | |
| ZC－29 | 0～10 | 0.1 | 为额定值的±1.5 | 为指示值的±5 | 手摇发电机 |
| | 0～100 | 1 | | | |
| | 0～1000 | 10 | | | |

测量接地电阻的基本原理如图 3-12 所示。

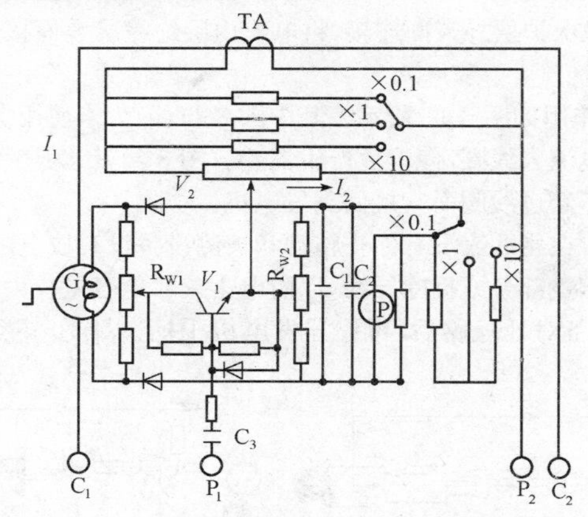


**图 3-12　接地电阻测试仪工作原理图**

接地摇表由手摇发电机、检流计、电流互感器和滑线变阻器等构成。当手摇发电机转动时，便产生交流电动势，交流电流从发电机的一个电极开始，经由电流互感器一次绕组，接地极、大地和探测针后回到发电机的另一个电极构成回路。

此时电流互感器便感应出电流，使检流计指针偏转并指示被测电阻值。

2. 接地电阻测试仪的正确使用

(1)测量前准备：测量前，应将接地装置的接地引下线与所有电气设备断开。

同时按测量接地电阻或低阻导体电阻以及测量土壤电阻率不同的使用目的，对照有关仪表的使用说明正确接线。

(2)测量：测量时，应先将仪表放在水平位置，检查检流计指针是否对在中心线上(如不在中心线上，应调整到中心线上)。然后将“倍率标度”放在最大倍数上，慢慢转动发电机摇把，同时旋转“测量标度盘”，使检流计指针平衡。

当指针接近中心线时，加快摇把转速，达到 120r/min，再调整测量标度盘，使指针指于中心线上。此时用测量标度盘的读数乘以倍率标度的倍数即得所测的接地电阻值。

**五、电能表**

1. 电能表的结构与原理接线图

电能表是专门用来测量电能的，是一种能将电能累计起来的积算式仪表。

根据工作原理，可分为感应式电能表，磁电式电能表，电子式电能表等。原理接线图如图 3-13 所示。

感应式交流电能表广泛应用于各种电能计量场所，是使用量最多的电气仪表。在结构上，三相表和单相表的电磁元件和圆盘个数不等，其他零件的种类基本相同，只是外形有所差别。其转动原理完全一样。

2. 电能表的正确使用

(1)单相电能的测量应使用单相电能表，其接线如图 3-14 所示。正确的接法是：电源的火线从电能表的 1 号端子进入电流线圈，从 2 号端子引出接负载；零线从 3 号端子进入，从 4 号端子引出。

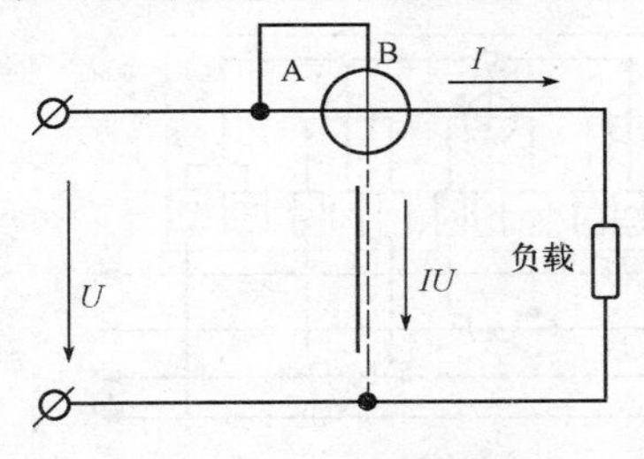


图 3-13　电能表原理接线图

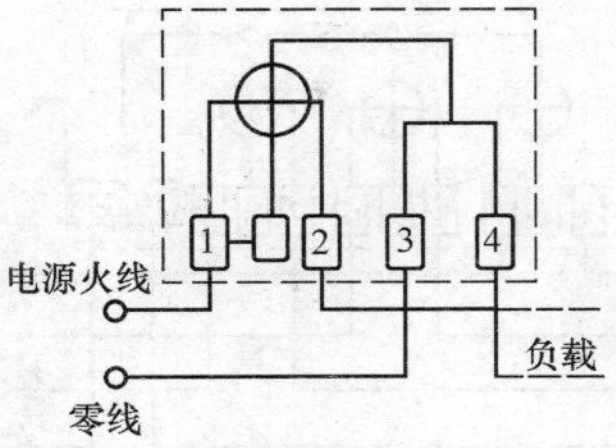

电源火线
负载
零线

图 3-14　DD 型单相电能表测量电能的接线

(2)三相电能的测量。三相三线有功电能表的接线有直接接入和间接接入两种，如图 3-15(a)、(b)、(c)所示。

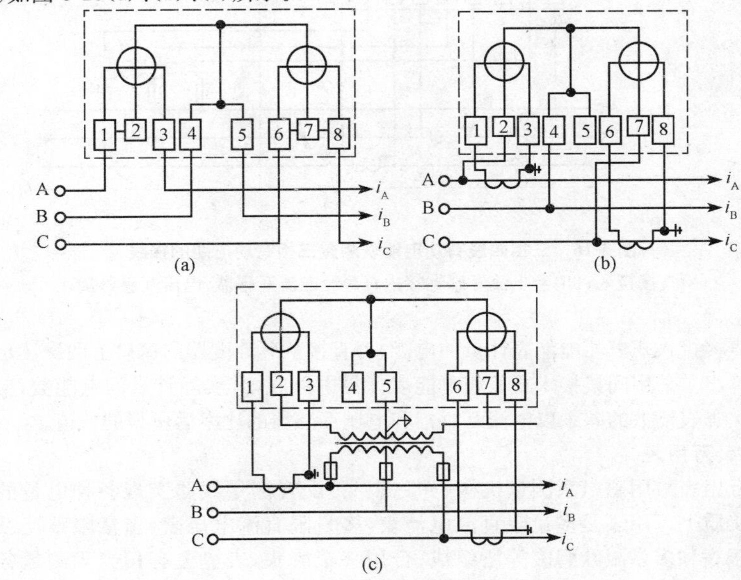


图 3-15　三相三线有功电能表测量三相有功电能的接线

(a)直接接入；(b)经电流互感器接入；(c)经电流互感器、电压互感器接入

三相有功电能的测量，可根据负荷情况，使用三相三线有功电能表或三相四线有功电能表。当三相负荷平衡时，可使用三相三线表，当三相负荷不平衡时，应使用三相四线表。

三相四线有功电能表的接线也有直接接入和间接接入两种，如图 3-16(a)、(b)、(c)所示。

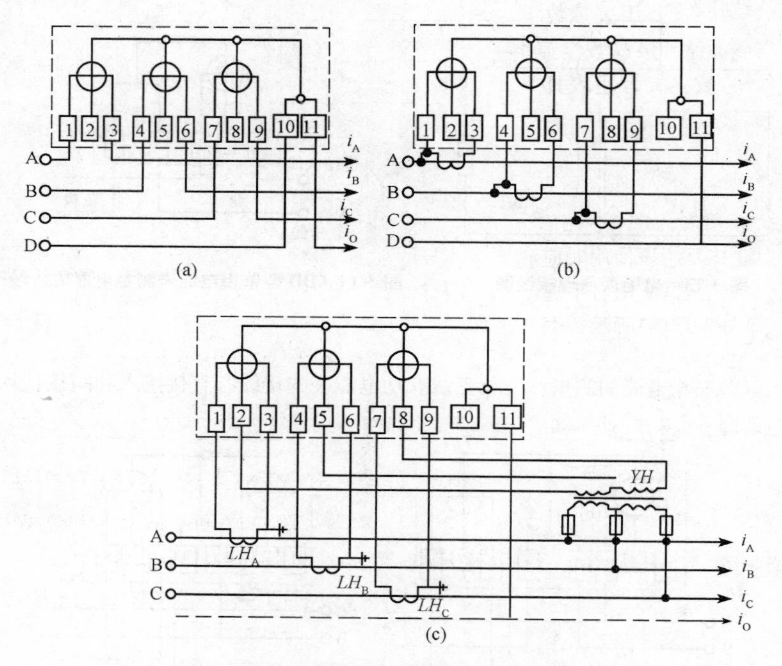


**图 3-16　三相四线有功电能表测量三相有功电能的接线**

(a)直接接入；(b)经电流互感器接入；(c)经电流互感器、电压互感器接入

直接接入式三相电能表计量的电能，可直接从其计度器的窗口上两次读出的差中算出。采用间接接入式三相电能表计量电能时，其实际计量的电能数，应是将两次查表读数的差乘以电流互感器和电压互感器的比率后所得的数值。

**六、万用表**

万用表采用磁电系测量机构(亦称表头)配合测量线路实现各种电量的测量。实质上万用表是多量限直流电流表，多量限直流电压表，多量限整流系交流电压表和多量限欧姆表等所组成；合用一个表头，表盘上有相当于测量各种量值的几条标度尺。根据不同的测量对象可以通过转换开关的选择来达到测量目的。

1. 万用表的结构

万用表主要由表头、测量线路和转换开关组成，其外形如图 3-17 所示。

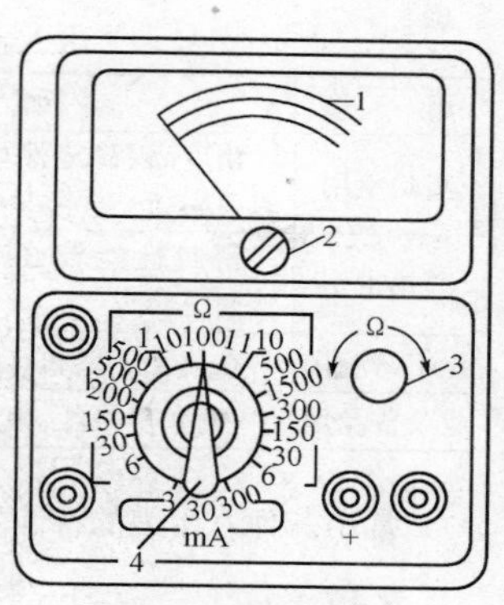


**图 3-17　万用表外形**

1—刻度表；2—表针调整旋钮；3—调零旋钮；4—转换开关

(1)指针式万用表。指针式万用表主要由指示部分、测量电路、转换装置三部分组成。

(2)数字式万用表。数字式万用表采用了大规模集成电路和液晶数字显示技术。与指针式万用表相比，数字式万用表具有许多特有的性能和优点：读数方便、直观，不会产生读数误差；准确度高；体积小，耗电省；功能多。许多数字式万用表还具有测量电容、频率、温度等功能。

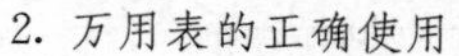

2. 万用表的正确使用

指针式万用表使用时应注意以下事项：

(1)测量时，应用右手握住两支表笔，手指不要触及表笔的金属部分和被测元器件，如图 3-18(a)所示。图 3-18(b)的握笔方法是错误的。

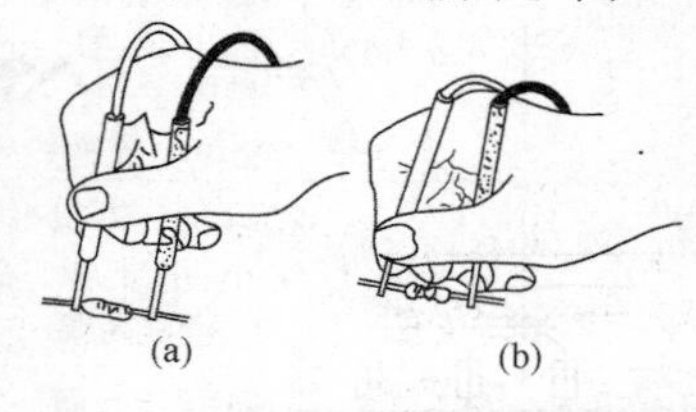


**图 3-18　万用表表笔的握法**

(a)正确；(b)错误

(2)测量过程中不可转动转换开关，以免转换开关的触头产生电弧而损坏开关和表头。

(3)使用 R×1 挡时，调零的时间应尽量缩短，以延长电池使用寿命。

(4)万用表使用后，应将转换开关旋至空挡或交流电压最大量程挡。

数字式万用表使用时应注意以下事项：

(1)不宜在阳光直射和有冲击的场所使用。不能用来测量数值很大的强电参数。

(2)长时间不使用应将电池取出，再次使用前，应检查内部电池的情况。

(3)被测元器件的引脚氧化或有锈迹，应先清除氧化层和锈迹再测量，否则无法读取正确的测量值。

(4)每次测量完毕，应将转换开关拨到空挡或交流电压最高挡。

3. 万用表的选用

根据用途的不同，应合理选用万用表(见表 3-6)。

**表 3-6　万用表的选用**

| 用　途 | 要　求 | 适用型号 |
|---|---|---|
| 电气、电讯工程用 | 灵敏度高(Ω/V 大)、频率范围广，要有电流、电压低量限挡，不需交流电流挡 | 500 型、MF12、MF10<br>MF20、MF56 |
| 电机工程用 | 要有交流电流量程，要有大电流和高电压量程，对灵敏度要求不高 | MF12、MF14 |

续表

| 用　途 | 要　求 | 适用型号 |
|---|---|---|
| 实验室用 | 精度高、稳定性好、量限多，对灵敏度要求一致 | MF12、MF14、MF18、MF35 |
| 湿热带用 | 密封性能较好，防湿热、防盐雾、防霉菌 | 500T、108T、MF6T、MF14、MF18 |
| 化工防腐用 | 在化工工厂和有腐蚀气体场合使用 | 108F(一般万用表不能长期使用) |
| 业余普及用 | 小型、价格低、使用简单 | MF15、MF30、MF40 |

常用三种万用表的特性及量程见表 3-7。

**表 3-7　常用三种万用表的特性及量程**

| 型号 | 外形尺寸(mm) | 准确度 | 直流电流(mA) | 直流电压(kΩ) | 交流电压(V) | 电阻(kΩ) | 特　点 |
|---|---|---|---|---|---|---|---|
| MF14 | 220×145×100(重量 2kg) | 高 | 1、2、5、10、25、100、500、1500 | 2.5、10、25、100、250、500、1000 | 2.5、10、25、100、500、1000 | 10、100、1000、10000 | 适用于电气工程测量，精度高、性能可靠，为携带式，有交流电流档 |
| MF30 | 135×92×46(重量 0.4kg) | 中 | 0.05、0.5、5、50、500 | 1、5、25、100、500 | 10、100、500 | 4、40、400、1000、40000 | 通用型、体积小、携带方便、性能可靠 |
| 500 型 | 178×173×84(重量 2kg) | 中 | 0.05、1、10、100、500 | 2.5、10、50、250、500、2500 | 10、50、250、500、2500 | 2、20、200、2000、20000 | 通用型，表面清晰、易于读数，携带方便 |

注：MF14 型万用表测量交流电流为 2.5mA、10mA、25mA、100mA、250mA、1A、5A。

4. 万用表测量分析

万用表使用过程中常见故障及原因分析见表 3-8 至表 3-11。

**表 3-8　万用表测量直流电压部分常见故障及原因分析**

| 序号 | 常　见　故　障 | 可能产生的原因 |
|---|---|---|
| 1 | 某一量限误差很大，而后各量限误差逐渐减小 | (1)该量限附加电阻变质或短路。<br>(2)该量限附加电阻额定容量太小，过载时阻值变大 |
| 2 | 某量限不通，而其他量限正常 | (1)转换开关与该挡接触不好或烧坏。<br>(2)转换开关与附加电阻脱焊 |
| 3 | 测量时无指示 | (1)转换开关电压部分公用、接点脱焊。<br>(2)最小量限挡附加电阻断路 |
| 4 | 某一量限以后，被校表无指示 | 某一附加电阻短路 |

表 3-9　万用表测量直流电流部分常见故障及原因分析

| 序号 | 常见故障 | 可能产生的原因 |
| --- | --- | --- |
| 1 | 在同一量限内误差率不一致 | 表头本身特性改变 |
| 2 | 各量限误差率不一致，有正、有负 | (1)分流电阻某一挡焊接不良，或阻值变大。<br>(2)分流电阻某一挡烧焦而短路，或阻值变小 |
| 3 | 测量时表头无指示 | (1)表头接线脱焊或动圈短路。<br>(2)表头被短路。<br>(3)与表头串联的电阻损坏或脱焊 |
| 4 | 小量程测量时指示很快，但较大量程时又无指示 | 分流电阻烧断或脱焊 |
| 5 | 两表均无指示(校试表和被校表) | 转换开关不通，或公共线路断开 |
| 6 | 各挡均为正误差 | (1)与表头串联的电阻短路或阻值变小。<br>(2)分流电阻值偏大。<br>(3)表头灵敏度偏高(如重绕了动圈或换了游丝) |
| 7 | 各挡均为负误差 | (1)表头灵敏度降低。<br>(2)表头串联电阻阻值增大。<br>(3)分流电阻减小 |

表 3-10　万用表测量交流电压部分常见故障及原因分析

| 序号 | 常见故障 | 可能产生的原因 |
| --- | --- | --- |
| 1 | 误差很大，有时偏低50%左右 | 全波整流器中一个元件被击穿了 |
| 2 | 读数极小或指针只有轻微摆动 | 整流器被击穿 |
| 3 | 小量限误差大，量限增大时误差减小 | (1)可变电阻活动、触点接触不良。<br>(2)最小量限挡附加电阻阻值增大 |
| 4 | 各量限指示偏低 | 整流器劣化，反向电阻减小 |

表 3-11　万用表测量电阻部分常见故障及原因分析

| 序号 | 常见故障 | 可能产生的原因 |
| --- | --- | --- |
| 1 | 两测试棒短接时，指针调节不到零位 | (1)电池容量不足。<br>(2)附加电阻值变大。<br>(3)转换开关接触不良，电阻增大 |
| 2 | 转动零欧姆调节器时，指针跳跃不定 | 零欧姆调节电位器接触不良或阻值太大 |
| 3 | 短接调零时，指针无指示 | (1)转换开关公共接触点断路。<br>(2)可调电阻接触点脱焊。<br>(3)测量回路电阻断路。<br>(4)干电池无电压输出或断路 |
| 4 | 个别量限误差很大 | 该挡分流电阻变质或烧坏 |
| 5 | 个别量限不通 | (1)该回路内电阻断路。<br>(2)转换开关接触不良 |

# 第四章　变配电工程

## 第一节　变配电装置的布置

变配电装置有户内配电装置和户外配电装置两种。户内配电装置每个电气设备应各占一个混凝土或金属做成的间隔，用一定高度的钢板或护网与巡视通道隔开，防止人员触及，并且用一定的联锁方式相互闭锁，以防误入间隔。35kV 及以下的配电装置多用户内装置。户外配电装置的布置方式有低式、中式、高式和半高式等多种。

### 一、变配电网络的特点和电压

通常把电力系统中二次降压变电所低压侧直接或降压后向用户供电的网络称为配电网络。它由架空或电缆配电线路、配电所或柱上降压变压器直接接入用户所构成。从电厂直接以发电机电压向用户供电的则称为直配电网。

1. 变配电网络的特点

目前，变配电网络的布置特点主要体现在以下几方面：

(1)常深入城市中心和居民密集点；

(2)功率和距离一般不大；

(3)供电容量、用户性质、供电质量和可靠性要求等千差万别，各不相同；

(4)在工程设计、施工和运行管理方面都有特殊要求。

2. 变配电网络的电压

1kV 以上的称为高压配电，额定电压有 35kV、6～10kV 和 3kV 等；不足 1kV 的称为低压配电，通常额定电压有单相 220V 和三相 380V。

高压配电一般采用 10kV，但如 6kV 用电设备的总容量较大，技术经济上合理时，则可采用 6kV。近年来由于负荷集中、用电量大，对供电可靠性要求更高，随着 $SF_6$ 全封闭组合电器和电缆线路的推广应用，配电电压有向 35kV 以上更高等级发展的趋势。

### 二、变配电装置的布置形式

各级变配电装置的布置形式有户外配电装置、户内配电装置及 $SF_6$ 全封闭电器配电装置，其特点和适用范围见表 4-1。

表 4-1 变配电装置的布置形式

| 布置形式 | | 简要说明 | 适用范围 |
| --- | --- | --- | --- |
| 屋外配电装置 | 普通中型布置 | 母线下一般不布置任何电气设备，施工、运行及检修都较方便，但占地面积大 | 330～500kV 配电装置；土地贫瘠或地震烈度 7 度以上地区的 110～220kV 配电装置 |
| | 分相中型布置 | 与普通中型布置的不同点是将断路器一组母线隔离开关分解为 A、B、C 三相，每相隔离开关布置在各该相母线之下，可取消复杂的双层构架，布置清晰，可节约用地 20%～30% | 一般地区的 220kV 配电装置均可采用；因 110kV 的构架不高，并缺相应的单柱隔离开关，很少采用分相分置 |
| | 半高型布置 | 抬高母线，在母线下布置断路器、电流互感器及隔离开关等；布置较集中，节省占地面积，但检修条件较差。钢耗量 220kV 时较普通中型约大 5%，110kV 时则比普通中型节约 | 人多地少或地势狭窄地区的 110～220kV 配电装置，特别是 110kV 时宜优先采用 |
| | 高型布置 | 两组母线及两组隔离开关上下重叠布置，节约用地，220kV 时可节约 50%左右；布置集中，便于巡视和操作，但钢耗量大，施工及检修不便，投资同普通中型 | 人多地少或地势狭窄地区的 110～220kV 配电装置 |
| 屋内配电装置 | | 显著节约用地，有效防止空气污染，但须充分采取防潮、防锈、防止小动物进入等措施；施工复杂，110kV 以上时屋内比屋外造价要高 | 6～10kV 因电压较低，广泛采用屋内及成套配电装置；35kV 一般采用屋内；2 级以上污秽地区或市区 110kV 最宜采用；技术经济合理时 220kV 也可采用 |
| $SF_6$ 全封闭电器配电装置 | | 占地面积大大减少，约为普通中型布置的 2%～10%；维修工作量少，检修周期长，运行安全，可避免污染及高海拔影响；但投资较大，检修较麻烦 | 大城市中心地区、水电站、用地特别狭窄或环境特别恶劣地区的 110～220kV 配电装置 |

### 三、变配电装置的安全净距

（1）屋外配电装置安全净距不应小于表 4-2 所列数值。屋外电气设备外绝缘体最低部位距地小于 2.5m 时，应装设固定遮栏。屋外配电装置的安全净距应按图 4-1～图 4-3 校验。

表 4-2　　屋外配电装置安全净距[①]　　(单位:mm)

| 符号 | 适用范围 | 系统标称电压(kV) | | | | | |
|---|---|---|---|---|---|---|---|
| | | 3～10 | 15～20 | 35 | 66 | 110J[②] | 110 |
| $A_1$[③] | 1. 带电部分至接地部分之间。<br>2. 网状遮栏向上延伸线距地 2.5m 处与遮栏上方带电部分之间 | 200 | 300 | 400 | 650 | 900 | 1000 |
| $A_2$[③] | 1. 不同相的带电部分之间。<br>2. 断路器和隔离开关的断口两侧引线带电部分之间 | 200 | 300 | 400 | 650 | 1000 | 1100 |
| $B_1$[④] | 1. 设备运输时其外廓至无遮栏带电部分之间。<br>2. 交叉的不同时停电检修的无遮栏带电部分之间。<br>3. 栅状遮栏至绝缘体和带电部分之间。<br>4. 带电作业时带电部分至接地部分之间 | 950 | 1050 | 1150 | 1400 | 1650 | 1750 |
| $B_2$ | 网状遮栏至带电部分之间 | 300 | 400 | 500 | 750 | 1000 | 1100 |
| $C$ | 1. 无遮栏裸导体至地面之间。<br>2. 无遮栏裸导体至建筑物、构筑物顶部之间 | 2700 | 2800 | 2900 | 3100 | 3400 | 3500 |
| $D$ | 1. 平行的不同时停电检修的无遮栏带电部分之间。<br>2. 带电部分与建筑物、构筑物的边沿部分之间 | 2200 | 2300 | 2400 | 2600 | 2900 | 3000 |

注:①本表所列数值不适用于制造厂生产的成套配电装置。

②110J 系指中性点接地电网。

③海拔超过 1000m 时,$A$ 值应进行修正。

④带电作业时,不同相或交叉的不同回路带电部分之间,其 $B_1$ 值可取 $A_2$+750mm。

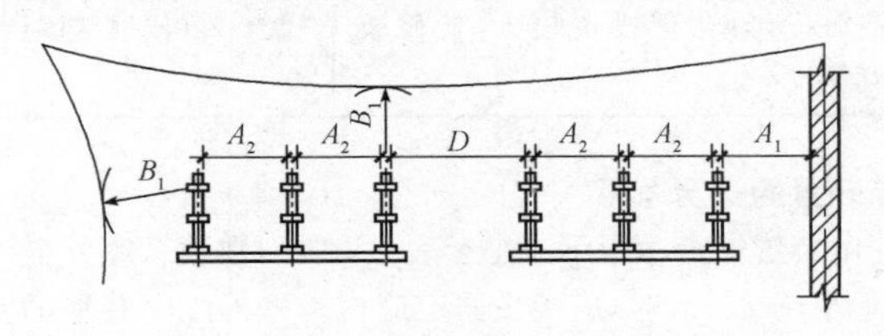


图 4-1　屋外 $A_1$、$A_2$、$B_1$、$D$ 值校验

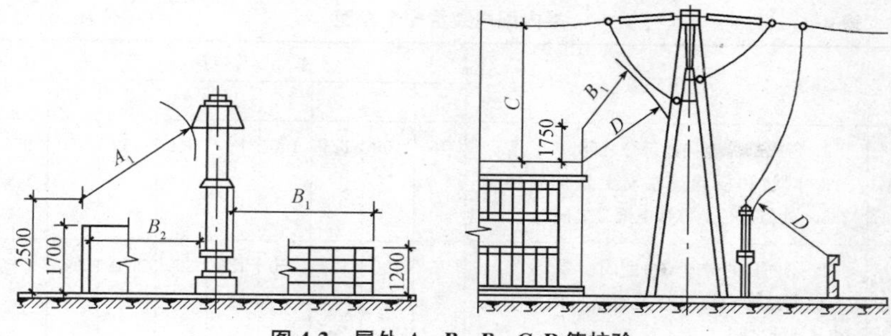


**图 4-2　屋外 $A_1$、$B_1$、$B_2$、$C$、$D$ 值校验**

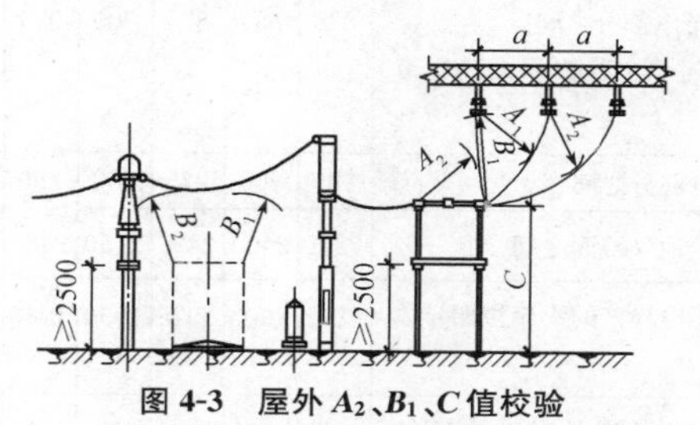


**图 4-3　屋外 $A_2$、$B_1$、$C$ 值校验**

注：$a$ 为不同相带电部分之间的距离。

(2)屋外配电装置使用软导线时，在不同条件下，带电部分至接地部分和不同相带电部分之间的最小电气距离，应根据表 4-3 进行校验，并采用其中最大数值。

**表 4-3　　在不同条件下的安全净距和计算风速**　　(单位：mm)

| 条　件 | 校验条件 | 计算风速(m/s) | A 值 | 系统标称电压(kV) | | | |
|---|---|---|---|---|---|---|---|
| | | | | 35 | 60 | 110J | 110 |
| 雷电过电压 | 雷电过电压和风偏 | 10① | $A_1$ | 400 | 650 | 900 | 1000 |
| | | | $A_2$ | 400 | 650 | 1000 | 1100 |
| 工频过电压 | 1. 最大工作电压、短路和风偏(取 10m/s 风速)<br>2. 最大工作电压和风偏(取最大设计风速) | 10 或最大设计风速 | $A_1$ | 150 | 300 | 300 | 450 |
| | | | $A_2$ | 150 | 300 | 500 | 500 |

注：在最大设计风速为 35m/s 以上，以及雷暴时风速较大等气象条件恶劣的地区用 15m/s。

(3)屋内配电装置的安全净距不应小于表 4-4 所列数值。屋内电气设备外绝缘体最低部位距地小于 2.3m 时，应装设固定遮栏。屋内配电装置的安全净距应按图 4-4 和图 4-5 校验。

**表 4-4　　屋内配电装置安全净距**　　(单位:mm)

| 符号 | 适用范围 | 系统标称电压(kV) | | | | | | | | |
|---|---|---|---|---|---|---|---|---|---|---|
| | | 3 | 6 | 10 | 15 | 20 | 35 | 60 | 110J | 110 |
| $A_1$ | 1. 带电部分至接地部分之间。<br>2. 网状和板状遮栏向上延伸线距地 2.3m 处与遮栏上方带电部分之间 | 75 | 100 | 125 | 150 | 180 | 300 | 550 | 850 | 950 |
| $A_2$ | 1. 不同相的带电部分之间。<br>2. 断路器和隔离开关的断口两侧引线带电部分之间 | 75 | 100 | 125 | 150 | 180 | 300 | 550 | 900 | 1000 |
| $B_1$ | 1. 栅状遮栏至带电部分之间。<br>2. 交叉的不同时停电检修的无遮栏带电部分之间 | 825 | 850 | 875 | 900 | 930 | 1050 | 1300 | 1600 | 1700 |
| $B_2$ | 网状遮栏至带电部分之间 | 175 | 200 | 225 | 250 | 280 | 400 | 650 | 950 | 1050 |
| $C$ | 无遮栏裸导体至地(楼)面之间 | 2375 | 2400 | 2425 | 2450 | 2480 | 2600 | 2850 | 3150 | 3250 |
| $D$ | 平行的不同时停电检修的无遮栏裸导体之间 | 1875 | 1900 | 1925 | 1950 | 1980 | 2100 | 2350 | 2650 | 2750 |
| $E$ | 通向屋外的出线套管至屋外通道的路面 | 4000 | 4000 | 4000 | 4000 | 4000 | 4000 | 4500 | 5000 | 5000 |

注:1. 110J 系指中性点直接接地电网。

2. 当为板状遮栏时,其 $B_2$ 值可取 $A_1+30$mm。

3. 通向屋外配电装置的出线套管至屋外地面的距离应不小于表 4-2 所列 $C$ 值。

4. 海拔超过 1000m 时,A 应进行修正。

5. 本表所列各值不适用于制造厂的产品设计。

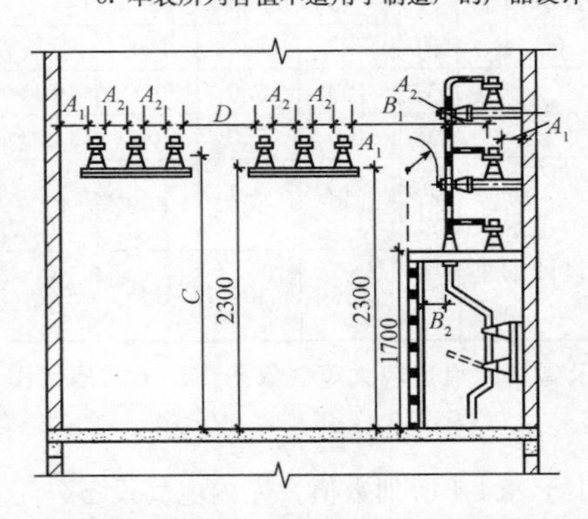


图 4-4　屋内 $A_1$、$A_2$、$B_1$、$B_2$、$C$、$D$ 值校验

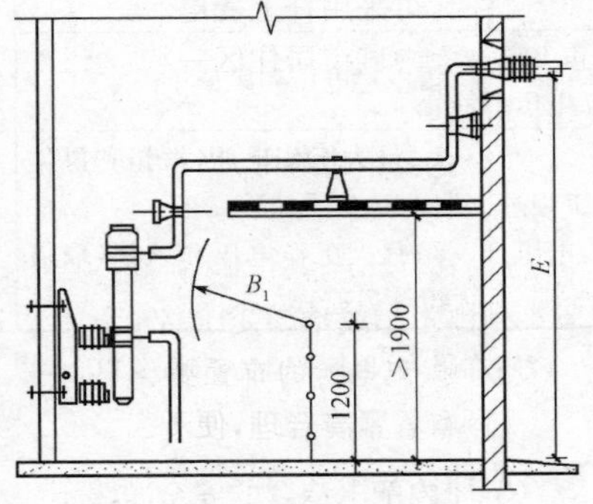


图 4-5　屋内 $B_1$、$E$ 值校验

## 四、6～10kV 变、配电所的布置

变、配电所一般为独立式建筑物，也可附于负荷较大的厂房，有时还带有车间变电所。其位置应选择在接近负荷中心，进出线方便，且便于设备运输的地方，同时又要根据需要适当考虑发展的可能。

此外，变、配电所应尽量设在污源的上风，尽量避开多尘、振动、高温、潮湿和有爆炸、火灾危险等场所；但是，不应设在厕所、浴室或生产过程中地面经常潮湿和容易积水场所的正下面。

1. 变、配电所的形式

根据设置位置的不同，变、配电所有多种形式，其特点和适用范围如下：

(1)车间内附式变电所。设于车间内与车间共用外墙，能保持车间外观整齐，但占车间面积。

(2)车间外附式变电所。附设在车间外，不占车间面积但占厂区面积。

(3)车间外附式露天变电所。与车间外附式相似，但变压器装于室外，结构简单，但使用维护条件较差。

(4)车间内变电所。设于车间内部，不与车间外墙相连，适用于负荷大的多跨厂房，能深入负荷中心，但对防火要求较严。

(5)独立式变电所。它是独立建筑物，一般用于供给分散的负荷以及有爆炸和火灾危险场所。

(6)独立式露天变电所。变压器和配电装置均装于室外，结构简单。

(7)杆上变电所。变压器设于室外杆塔上，用于小容量分散负荷。

2. 变、配电所结构形式的选择

民用建筑变、配电所的结构形式可按下列原则确定：

(1)小城市居住区、工厂生活区当变压器容量在 180kV · A 及以下且环境特征允许时，可采用杆上变电所。

(2)大中城市居住区一般采用独立式变电所，在有条件的地方可逐步推广箱式变电所。

(3)在民用建筑中，当有负荷集中的主体建筑或动力站房时，也可采用附设式变电所。

(4)在技术经济合理时，可将变电所设置在负荷比较集中的高层建筑内，此时应采用由不燃或难燃变压器及无油开关组成的成套式变电所。

3. 变、配电所的布置要求

(1)布置紧凑合理，便于设备的操作、巡视、搬运、检修和试验，还要考虑发展的可能性。

(2)尽量利用自然采光和自然通风。适当安排建筑物内各房间的相对位置，使配电室的位置便于进、出线。低压配电室应靠近变压器室。电容器室尽量与高压配电室相毗连。控制室、值班室和辅助间的位置便于运行人员工作和

管理等。

(3)变压器室和电容器室尽量避免日晒;控制室尽可能朝南。

(4)配电室、控制室、值班室等的地面,一般比室外地面高出150～300mm,当附设在车间内时则可与车间的地面相平。变压器室的地坪标高视需要而定。

(5)有人值班变、配电所应有单独的控制室或值班室,并设有其他辅助间及生活设施。车间变、配电所一般不设专职值班人员。

4. 控制室的布置

控制室一般毗连于6～10kV配电室。室内集中设置事故和预告等信号装置,室内安装的设备主要有控制屏、信号屏、所用电屏、电源屏等。

(1)控制室内各种屏的布置,要求运行、调试方便,控制电缆路径短,注意整齐美观。避免眩光和日晒,既要满足近期的需要,又要考虑有发展的可能。

(2)各种屏的排列方式视屏的数量多少而定,常采用L或一字形布置。控制屏和信号屏布置在正面,电源屏和所用电屏一般布置在侧面或正面边上。控制屏上的模拟接线应清晰,并尽量与实际配置相对应。

(3)6～10kV配电装置的继电保护和计量仪表,一般装在相应的开关柜上,就地操作,信号装置设在值班室内,当有必要时亦可在控制室集中操作。

(4)控制室各屏间及通道距离可参考表4-5所列尺寸。在工程设计中根据房间大小、屏的排列长度作适当调整。

**表4-5 控制室各屏间及通道距离** (单位:mm)

| 简图 | 符号 | 名称 | 一般值 | 最小值 |
|---|---|---|---|---|
| $b_2$, $b_1$, $b_3$, $b_4$ | $b_1$ | 屏正面—屏背面 | 1300～1500 | 1200 |
| | $b_2$ | 屏背面—墙 | 1000～1200 | 800 |
| | $b_3$ | 屏边—墙 | 1000～1200 | 800 |
| | $b_4$ | 主屏主面—墙 | 3000 | — |

5. 高压配电室的布置

(1)高压配电室长度超过7m时应开两个门,并宜布置在两端。GG－1A型开关柜的搬运门宽1.5m,高2.5～2.8m。

(2)固定式开关柜操作通道的推荐尺寸,从盘面算起,单列布置为2m,双列布置为2.5m。当开关柜的数量很多时,其通道宽度可适当加大。

(3)在高压配电室内,一般只装设高压开关柜,当柜的数量较少时(如四台及以下)也可和低压配电屏布置在同一房间内,但不宜面对面布置,单列布置时与低压配电屏之间净距不应小于2m。

(4)架空出线时,出线套管至室外地面的最小高度为 4m,出线悬挂点对地距离一般不低于 4.5m。高压配电室的高度,应根据室内外地面高差及满足上述距离而定,净空高度一般为 4.2～4.5m。

(5)室内电力电缆沟底应有坡度和集水坑,以便临时排水,沟盖宜采用花纹钢板。相邻开关柜下面的检修坑之间,宜用砖墙隔开。

(6)供给一级负荷用电的配电装置,在母线分段处应设有防火隔板或有门洞的隔墙。

6. 高压电容器室的布置

(1)高压电容器室应有良好的自然通风。通风窗的有效面积,如无准确的计算资料,可根据进风温度高低按每 100kvar 需要下部进风面积 0.1～0.3$m^2$,上部出风面积 0.2～0.4$m^2$ 估算。

(2)电容器室(指室内装设可燃性介质电容器)与高低压配电室相毗连时,中间应有防火隔墙隔开;如分开时,电容器室与建筑物的防火净距不应小于 10m。

(3)室内长超过 7m,应开两个门,并宜布置在两端。

7. 低压配电室的布置

(1)低压配电屏一般不靠墙安装,屏后离墙约 1m,屏的两端有通道时应有防护板。当屏的数量在三台及以下时,也可采用单面维护式靠墙安装。

屏前操作通道推荐尺寸,从盘面算起,单列布置 1.8m;双列布置 2.5m。

在屏后墙上装设开关时,屏后离墙距离,应视操作机构的安装位置及操作方向适当加大。

(2)低压配电室兼作值班室时,配电装置的正面距墙不宜小于 3m。

(3)当配电室长度为 8m 以上时,应设两个门,并尽量布置在两端;当低压配电室只设一个门时,此门不应通向高压配电室。

(4)低压配电装置长度大于 6m 时,其屏后应设两个通向本室或其他房间的出口。如两个出口间的距离超过 15m 时尚应增加出口。

(5)由同一低压配电室供给一级负荷用电时,母线分段处应有防火隔板或隔墙,供给一级负荷用的电缆不应通过同一电缆沟。

(6)低电配电室的高度应和变压器室综合考虑,一般可参考下列尺寸:

1)与抬高地坪变压器室相邻时,高度 4～4.5m;

2)与不抬高地坪变压器室相邻时,高度 3.5～4m;

3)配电室为电缆进线时,高度 3m。

8. 变压器室的布置

(1)每台油量为 60kg 及以上的变压器应安装在单独的变压器室内。宽面推进的变压器,低压侧宜向外;窄面推进的,油枕宜向外。

(2)变压器外廓与变压器室墙壁和门的净距不应小于表 4-6 所列数值。

表 4-6　变压器外廓与变压器室墙壁和门的最小净距　(单位:m)

| 变压器容量(kV·A) | ≤1000 | ≤1250 |
| --- | --- | --- |
| 至后壁和侧壁的净距 | 0.6 | 0.8 |
| 至门的净距 | 0.8 | 1.0 |

(3)变压器室内可安装与变压器有关的负荷开关、隔离开关和熔断器,在考虑变压器室的布置及高低压进出线位置时,应尽量使其操动机构装在近门处。

(4)确定变压器室时,应考虑有发展的可能性,一般按能安装大一级容量的变压器考虑。

(5)变压器室内不应有非本身所用的管线通过。

(6)车间内变电所的变压器室,应设置能容纳 100%油量的储油池。独立式或附设式变电所的变压器室,容量一般不大于 1250kV·A,油量不超过 1000kg,因此只要考虑能容纳 20%油量的挡油设施。在下列场所的变压器室,应设置能容纳 100%油量的挡油设施或设置能将油排到安全处所的设施。

1)位于容易沉积可燃粉尘、可燃纤维的场所;

2)附近有易燃物大量集中的露天场所;

3)变压器下面有地下室。

9. 露天变电所的安装

(1)户外落地安装的变压器应设置固定围栏,围栏高度不低于 1.7m,变压器的外廓距建筑物外墙和围栏的净距不应小于 0.8m,与相邻变压器外廓间的净距不应小于 1.5m,变压器底部距地高度不应小于 0.3m。

(2)附设于车间外的普通型变压器不宜设在屋面倾斜的低侧,以防屋面冰块和屋檐水落到变压器上;当外物有可能落到变压器或母线上时,不宜采用露天变电所。

(3)露天和半露天变电所的变压器外廓距建筑物外墙在 5m 以内时,其防火要求如下:

1)当变压器油量在 1000kg 以下时,在变压器高度加 3m 的水平线以下及外廓两侧各 1.5m 的范围内,不应有门窗和通风孔。

2)当变压器油量在 1000kg 及以上时,变压器高度加 3m 的水平线以下及外廓两侧各 3m 的范围内,不应有门窗和通风孔。

(4)露天或半露天变电所中,油量为 1000kg 及以上的变压器,应设置能容纳 100%油量的挡油设施。

(5)杆上变电所应尽量避开车辆和行人较多的场所,在布线复杂、转角、分支、进户、交叉路口等的电杆不宜装设变压器台。

单柱式杆上变电所适用于装设单台变压器,容量不超过 30kV·A;双柱式杆上变电所可用于容量为 40～320kV·A 的变压器。

## 第二节　变压器与箱式变电所安装

### 一、安装作业条件

(1)与变压器安装有关的建筑工程施工应达到下列要求：

1)与变压器安装有关的建筑物、构筑物的建筑工程质量，应符合国家现行的建筑工程施工质量验收规范中的有关规定。当设备及设计有特殊要求时，还须符合有关要求；

2)安装前，建筑工程应具备下列条件：

①屋顶、楼板、门窗等均已施工完毕，并且无渗漏，有可能损坏设备与屏柜，安装后不能再进行施工的装饰工作应全部结束；

②室内地面的基层施工完毕，并在墙上标出地面标高；

③混凝土基础及构架达到允许安装的强度，焊接构件的质量符合要求；

④预埋件及预留孔符合设计，预埋件牢固；

⑤模板及施工设施拆除，场地清理干净；

⑥具有足够的施工用场地，道路畅通；

(2)施工图纸齐备，并已经过图纸会审、设计交底。施工方案(包括吊芯检查方案、干燥方案等)已经审批。

(3)设备已到达现场，并检查其包装及密封状况良好；开箱清点，规格符合设计要求；附件、备件齐全；主材基本到齐，辅材应能满足施工进度的需要。加工件已安排加工且能保证施工的正常进行。常用的施工机具及测试仪表已齐备。

### 二、变压器的型号

电力变压器产品型号的组成形式如图4-6所示。

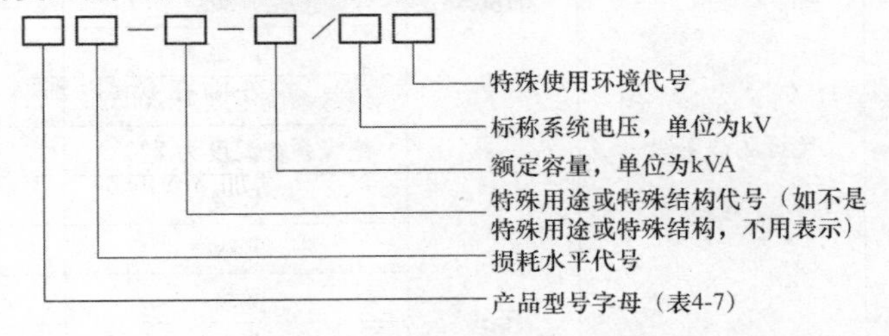


**图4-6　电力变压器产品型号的组成形式**

产品型号应采用汉语拼音大写字母(采用代表对象的第一个、第二个或某一个汉字的第一个拼音字母，必要时，也可采用其他的拼音字母)来表示产品的主要特征。为避免混淆重复，也可采用其他合适字母来表示产品的主要特征。型号字母后面可用阿拉伯数字、符号等来表示产品的损耗水平代号、设计序号或规格代号等。

(1)损耗水平代号是代表变压器产品损耗水平的数码。

(2)设计序号是指当同种类型产品改型设计时，在不涉及产品型号字母改变的情况下，为区别原设计，而在原产品型号字母的基础上加注的顺序号。

(3)损耗水平代号或设计序号的字体应与产品型号字母的字体一致。

示例：S10－M • R－200/10

表示一台三相、油浸、自冷、双绕组、无励磁调压、铜导线、一般卷铁心结构、损耗水平代号为“10”、200kVA、10kV 级密封式电力变压器。

表 4-7　　电力变压器产品型号字母排列顺序及涵义

| 序号 | 分类 | 涵义 | | 代表字母 |
|---|---|---|---|---|
| 1 | 绕组耦合方式 | 独立 | | — |
| | | 自“耦” | | O |
| 2 | 相数 | “单”相 | | D |
| | | “三”相 | | S |
| 3 | 绕组外绝缘介质 | 变压器油 | | — |
| | | 空气(“干”式) | | G |
| | | “气”体 | | Q |
| | | “成”型固体 | 浇柱式 | C |
| | | | 包“绕”式 | CR |
| | | 高“燃”点油 | | R |
| | | 植“物”油 | | W |
| 4 | 绝缘耐热等级① | 油浸式 | A 级 | — |
| | | | E 级 | E |
| | | | B 级 | B |
| | | | F 级 | F |
| | | | H 级 | H |
| | | | 绝缘系统温度为 200℃ | D |
| | | | 绝缘系统温度为 220℃ | C |
| | | 干式 | E 级 | E |
| | | | B 级 | B |
| | | | F 级 | — |
| | | | H 级 | H |
| | | | 绝缘系统温度为 200℃ | D |
| | | | 绝缘系统温度为 220℃ | C |
| 5 | 冷却装置种类 | 自然循环冷却装置 | | — |
| | | “风”冷却器 | | F |
| | | “水”冷却器 | | S |

续表

| 序号 | 分类 | 涵义 | 代表字母 |
| --- | --- | --- | --- |
| 6 | 油循环方式 | 自然循环<br>强“迫”油循环 | —<br>P |
| 7 | 绕组数 | 双绕组<br>“三”绕组<br>“分”裂绕组 | —<br>S<br>F |
| 8 | 调压方式 | 无励磁调压<br>有“载”调压 | —<br>Z |
| 9 | 线圈导线材质[②] | 铜线<br>铜“箔”<br>“铝”线<br>“铝箔”<br>“铜铝”复合[③]<br>“电缆” | —<br>B<br>L<br>LB<br>TL<br>DL |
| 10 | 铁心材质 | 电工钢片<br>非晶“合”金 | —<br>H |
| 11 | 特殊用途或特殊结构[④] | “密”封式[⑤]<br>“起”动用<br>防雷“保”护用<br>“调”容用<br>电“缆”引出<br>“隔”离用<br>电“容补”偿用<br>“油”田动力照明用<br>发电“厂”和变电所用<br>全“绝”缘[⑥]<br>同步电机“励磁”用<br>“地”下用<br>“风”力发电用<br>三相组“合”式[⑦]<br>“解体”运输 | M<br>Q<br>B<br>T<br>L<br>G<br>RB<br>Y<br>CY<br>J<br>LC<br>D<br>F<br>H<br>JT |
|  |  | 卷（“绕”）铁心　一般结构 | R |
|  |  | 卷（“绕”）铁心　“立”体结构 | RL |

注：①“绝缘耐热等级”的字母表示应用括号括上（混合绝缘应用字母“M”连同所采用的最高绝缘耐热等级所对应的字母共同表示）。

②如果调压线圈或调压段的导线材质为铜、其他导线材质为铝时表示铝。

③“铜铝”复合是指采用铜铝复合导线或采用铜铝复合线圈（如：高压线圈或低压线圈采用铜包铝复合导线；高压线圈采用铜线、低压线圈采用铝线或低压线圈采用铜线、高压线圈采用铝线）的产品。

④对于同时具有两种及以上特殊用途或特殊结构的产品，其字母之间用“·”隔开。

⑤“密”封式只适用于标称系统电压为 35kV 及以下的产品。

⑥全“绝”缘只适用于标称系统电压为 110kV 及以上的产品。

⑦三相组“合”式只适用于标称系统电压为 110kV 及以上的三相产品。

**三、基础验收**

变压器就位前，要先对基础进行验收，并填写“设备基础验收记录”。基础的中心与标高应符合工程设计需要，轨距应与变压器轮距互相吻合，具体要求：

(1)轨道水平误差不应超过 5mm。

(2)实际轨距不应小于设计轨距，误差不应超过＋5mm。

(3)轨面对设计标高的误差不应超过±5mm。

**四、开箱检查**

为了保证设备的质量，开箱后，应重点检查下列内容，并填写“设备开箱检查记录”。

(1)设备出厂合格证明及产品技术文件应齐全。

(2)设备应有铭牌，型号规格应和设计相符，附件、备件核对装箱单应齐全。

(3)变压器、电抗器外表无机械损伤，无锈蚀。

(4)油箱密封应良好，带油运输的变压器，油枕油位应正常，油液应无渗漏。

(5)变压器轮距应与设计相符。

(6)油箱盖或钟罩法兰连接螺栓齐全。

(7)充氮运输的变压器及电抗器，器身内应保持正压，压力值不低于 0.01MPa。

**五、器身检查**

变压器到达现场后，应进行器身检查。通常，器身检查可分为吊罩(或吊器身)检查和不吊罩直接进入油箱内检查。

如采用吊罩法进行器身检查，起吊前，应拆除所有与其相连的部件，器身或钟罩起吊吊索与铅锤线的夹角不宜大于 30°，必要时可使用控制吊梁。起吊过程中，器身与箱壁不得碰撞。

当器身检查完毕后，必须用合格的变压器油进行冲洗，并清洗油箱底部，不得有遗留杂物。箱壁上的阀门应开闭灵活、指示正确。导向冷却的变压器还应检查和清理进油管接头和油箱。此外，运输网的定位钉应予以拆除或反装，以免造成多点接地。

1. 器身免检的规定

当电力变压器具有下列条件之一时，可不必进行器身检查：

(1)制造厂规定可不作器身检查者。

(2)容量为 1000kV·A 及以下、运输过程中无异常情况者。

(3)就地生产仅作短途运输的变压器、电抗器，如果事先参加了制造厂的器身总装，质量符合要求，且在运输过程中进行了有效的监督，无紧急制动、剧烈振动、冲撞或严重颠簸等异常情况者。

2. 器身检查要求

(1)周围空气温度不宜低于 0℃，变压器器身温度不宜低于周围空气温度。当器身温度低于周围空气温度时，应加热器身，宜使其温度高于周围空气温度 10℃。

(2)当空气相对湿度小于 75%时，器身暴露在空气中的时间不得超过 16h。

(3)调压切换装置吊出检查、调整时，暴露在空气中的时间应符合表 4-8 规定。

表 4-8　　调压切换装置露空时间

| 环境温度(℃) | >0 | >0 | >0 | <0 |
|---|---|---|---|---|
| 空气相对湿度(%) | <65 | 65～75 | 75～85 | 不控制 |
| 持续时间不大于(h) | 24 | 16 | 10 | 8 |

(4)时间计算规定:带油运输的变压器、电抗器,由开始放油时算起;不带油运输的变压器、电抗器,由揭开顶盖或打开任一堵塞算起,到开始抽真空或注油为止。空气相对湿度或露空时间超过规定时,必须采取相应的可靠措施。

(5)器身检查时,场地四周应清洁和有防尘措施;雨雪天或雾天,不应在室外进行。

3. 器身检查的主要项目

(1)运输支撑和器身各部位应无移动现象,运输用的临时防护装置及临时支撑应予拆除,并经过清点做好记录以备查。

(2)所有螺栓应紧固,并有防松措施;绝缘螺栓应无损坏,防松绑扎完好。

(3)铁芯应无变形,铁轮与夹件间的绝缘垫应良好;铁芯应无多点接地;铁芯外引接地的变压器,拆开接地线后铁芯对地绝缘应良好;打开夹件与铁轮接地片后,铁轮螺杆与铁芯、铁轮与夹件、螺杆与夹件间的绝缘应良好;当铁轮采用钢带绑扎时,钢带对铁轮的绝缘应良好;打开铁芯屏蔽接地引线,检查屏蔽绝缘应良好;打开夹件与线圈压板的连线,检查压钉绝缘应良好;铁芯拉板及铁轮拉带应紧固,绝缘良好(无法打开检查铁芯的可不检查)。

(4)绕组绝缘层应完整,无缺损、变位现象;各绕组应排列整齐,间隙均匀,油路无堵塞;绕组的压钉应紧固,防松螺母应锁紧。

(5)绝缘围屏绑扎牢固,围屏上所有线圈引出处的封闭应良好。

(6)引出线绝缘包扎紧固,无破损、折弯现象;引出线绝缘距离应合格,固定牢靠,其固定支架应紧固;引出线的裸露部分应无毛刺或尖角,且焊接应良好;引出线与套管的连接应牢靠,接线正确。

(7)无励磁调压切换装置各分接点与线圈的连接应紧固正确;各分接头应清洁,且接触紧密,引力良好;所有接触到的部分,用规格为 0.05mm×10mm 塞尺检查,应塞不进去;转动接点应正确地停留在各个位置上,且与指示器所指位置一致;切换装置的拉杆、分接头凸轮、小轴、销子等应完整无损;转动盘应动作灵活,密封良好。

(8)有载调压切换装置的选择开关、范围开关应接触良好,分接引线应连接正确、牢固,切换开关部分密封良好。必要时抽出切换开关芯子进行检查。

(9)绝缘屏障应完好,且固定牢固,无松动现象。

(10)检查强油循环管路与下轮绝缘接口部位的密封情况;检查各部位应无油泥、水滴和金属屑末等杂物。

注:变压器有围屏者,可不必解除围屏,由于围屏遮蔽而不能检查的项目,可不予检查。

4. 充氮变压器器身检查

充氮的变压器多采用吊罩法检查。在吊罩检查前,必须让器身在空气中暴露

15min以上，使氮气充分扩散后方可进行；当须进入油箱中检查时，必须先打开顶部盖板，从油箱下面闸阀向油箱内吹入清洁干燥空气进行排气，待氮气排尽后方可进入箱内，以防窒息。

采用抽真空进行排氮时，排氮口应装设在空气流通处。进行真空时应避免潮湿空气进入。当含氧量未达到18%以上时，人员不得入内。

**六、变压器的安装**

(一)变压器干燥

1. 判定是否需要干燥

(1)对于新装的带油运输的变压器，是否需要对其进行干燥，应对下列条件进行综合分析，以最终确定：

1)绝缘油电气强度及含水量试验合格；

2)绝缘电阻及吸收比(或极化指数)符合现行国家标准《电气装置安装工程电气设备交接试验标准》的相应规定。

3)介质损耗角正切值 tanδ(%)符合规定(电压等级在35kV以下及容量在4000kV·A以下者，可不作要求)。

(2)对于新装的充气运输的变压器及电抗器，应对下列条件进行综合分析后，以确定是否需要干燥：

1)器身内压力在出厂至安装前均保持正压；

2)残油中含水量不应大于 $30\times10^{-6}$；残油电气强度试验在电压等级为330kV及以下者30kV，500kV及以上者不应低于40kV；

3)变压器及电抗器注入合格绝缘油后：绝缘油电气强度、含水量、绝缘电阻、吸收比(或极化指数)及介质损耗角正切值 tanδ 应符合现行国家标准《电气装置安装工程电气设备交接试验标准》的相应规定。

(3)当器身未能保持正压，而密封无明显破坏时，则应根据安装及试验记录全面分析作出综合判断，决定是否需要干燥。

2. 设备干燥温度的监控

(1)当为不带油干燥利用油箱加热时，箱壁温度不宜超过110℃，箱底温度不得超过100℃，绕组温度不得超过95℃。

(2)带油干燥时，上层油温不得超过85℃。

(3)热风干燥时，进风温度不得超过100℃。

(4)干式变压器进行干燥时，其绕组温度应根据其绝缘等级而定：

| | |
|---|---|
| A级绝缘 | 80℃ |
| B级绝缘 | 100℃ |
| E级绝缘 | 95℃ |
| F级绝缘 | 120℃ |
| H级绝缘 | 145℃ |

(5)干燥过程中,在保持温度不变的情况下,绕组的绝缘电阻下降后再回升,110kV及以下的变压器、电抗器持续6h保持稳定,且无凝结水产生时,可认为干燥完毕。

(6)变压器、电抗器干燥后应进行器身检查,所有螺栓压紧部分应无松动,绝缘表面应无过热等异常情况。如不能及时检查时,应先注以合格油,油温可预热至50～60℃,绕组温度应高于油温。

3. 铁损干燥

(1)磁化线圈:用耐热绝缘导线缠绕在油箱上;线圈匝数的60%分布在油箱的下部,40%分布在油箱的上部。在线圈上部或中部抽出10%作为温度调节之用。两部分线圈的间距约为箱体长度的1/4。如油箱有保温隔热层,磁化线圈则缠绕在隔热层表面上。

(2)加热电源:磁化线圈宜采用单相电源,电源容量可按下式计算:

$$S_g = \frac{P}{\cos\varphi} = \frac{\Delta P F_0}{\cos\varphi} = \frac{\Delta PHL}{\cos\varphi} \quad (\text{kV} \cdot \text{A})$$

式中　$F_0$——绕有磁化线圈的油箱侧面积($m^2$);

$L$——油箱周长(m);

$H$——绕有磁化线圈的油箱高度(m);

$\Delta P$——有效单位面积(绕有磁化线圈的油箱侧面)的功率消耗($kW/m^2$),见表4-9。

**表4-9　不保温油箱有效面积的功率消耗(ΔP)**　(单位:$kW/m^2$)

| 油箱型式 | 环境温度(℃) | | | | | | | | |
|---|---|---|---|---|---|---|---|---|---|
| | 0 | 5 | 10 | 15 | 20 | 25 | 30 | 35 | 40 |
| 平面油箱 | 2.03 | 1.94 | 1.85 | 1.75 | 1.66 | 1.57 | 1.48 | 1.38 | 1.29 |
| 管式油箱 | 2.70 | 2.58 | 2.46 | 2.34 | 2.22 | 2.09 | 1.97 | 1.85 | 1.72 |

注:$\cos\varphi=0.7$。

(3)磁化线圈参数计算:

匝数
$$N = a\frac{U}{L} \quad (\text{匝})$$

电流
$$I = \frac{P}{U\cos\varphi} \times 10^3 \quad (\text{A})$$

式中　$a$——系数(电位梯度),按表4-10确定。

**表4-10　系数$a$值**

| $\Delta P$ ($kW/m^2$) | 0.8 | 1.0 | 1.2 | 1.4 | 1.6 | 1.8 | 2.0 | 2.2 | 2.4 | 2.6 | 2.8 | 3.0 |
|---|---|---|---|---|---|---|---|---|---|---|---|---|
| $a$ | 2.26 | 2.02 | 1.84 | 1.74 | 1.65 | 1.59 | 1.59 | 1.49 | 1.44 | 1.41 | 1.38 | 1.34 |

(4)升温干燥:开始干燥时,应打开油箱下部放油阀门和顶盖上的人孔盖板,保持油箱里面的空气流通。磁化线圈接通电源后,使芯部绝缘的温度逐渐升高,

并限制每小时的升温速度不超过 5℃,最后稳定在 95℃。当绝缘电阻下降后再上升并稳定 6h 以上,即认为干燥合格。

为了提高干燥效率,在干燥过程中可以采取真空排潮措施,即当变压器芯部绝缘温度达到 80℃以上时,开始抽真空,把油箱里蒸发的潮气抽出,冷凝后,加以排除。

(5)温度调节:加热温度可采用下列任一种方法进行调节:

1)增减磁化线圈的匝数。在一定的外加磁化电压下,增、减匝数调温。

2)提高或降低磁化电压。

3)适时开停电源。

4. 铜损干燥

(1)电源容量。

$$S_g = 1.25 S_e U_d\% \quad (kV \cdot A)$$

式中　$S_e$——被干燥变压器的额定容量(kV · A);

$U_d\%$——被干燥变压器的短路电压(阻抗电压)的百分值。

(2)电源电压。

$$U_g = U_e U_d\% \quad (V)$$

式中　$U_e$——加电源侧线圈的额定电压(V)。

(3)接线:被干燥的变压器一般均由低压侧加压,高压侧线圈短接。

(4)升温操作:干燥开始时,可将电源电压提高,以 125%的额定电流加热,控制温升每小时不大于 5℃,并打开油箱顶盖上的人孔,使潮气蒸发排出。当高压线圈温度达到 80℃±5℃时,保持此温度,持续 24h,如各线圈的绝缘电阻、介质损失角正切值 $\tan\delta$ 及油耐压强度无显著变化,干燥就可以结束。

干燥过程中,如采用真空排潮措施,应将油放出少许,使油面降至顶盖下 200mm,以免抽真空时将油抽出。

5. 零序电流干燥

(1)电源容量:

$$S_g = \frac{P}{\cos\varphi}$$

式中　$P$——干燥时所需功率(kW),按表 4-11 查取;

$\cos\varphi$——功率因数,中小型变压器取 0.4～0.5(大型变压器取0.5～0.7)。

**表 4-11　　零序电流干燥法干燥变压器所需功率**

**(环境温度 15～20℃)**

| 变压器容量(kV · A) | 干燥所需功率(kW) | |
|---|---|---|
| | 油箱不保温 | 油箱保温 |
| 320 以下 | 2～4 | 1.5～3.5 |
| 560～1800 | 7～10 | 5～7.5 |
| 2400～5600 | 12～14 | 8～10 |

(2)电源电压：

三相并联接线 $U_g=\sqrt{\frac{PX_0}{3\cos\varphi}}$ (V)

开口三角接线 $U_g=\sqrt{\frac{3PX_0}{3\cos\varphi}}$ (V)

式中　$P$——干燥功率(kW),按表4-11查取；

$X_0$——变压器零序电抗(Ω),由设备说明书中查取；

$\cos\varphi$——功率因数,取0.4～0.5。

(3)干燥电源电流：

三相并联接线 $I_g=3I_0=3\frac{U_0}{X_0}$

开口三角接线 $I_g=I_0=\frac{U_0}{X_0}$

(4)接线。接电源侧为星形接线时,应将三相的引线端头连接在一起,在它们与中性点之间接进干燥电源；若为角形接线时,应将角形接线侧的一个连接点拆开,在拆开的端头之间接进干燥电源。干燥时,不通电线圈应开路；当不通电侧为角形接线,且为高压绕组时,宜将三个接点均拆开。

(5)升温操作。变压器在无油干燥时,干燥过程同铁损操作工艺；变压器在带油干燥时,干燥过程同铜损操作工艺。

6. 烘箱干燥

对小型变压器采用这种方法则很简单。干燥时只要将器身吊入烘箱,控制内部温度为95℃,每小时测一次绝缘电阻,干燥便可顺利进行。干燥过程中,烘箱上部应有出气孔以释放蒸发出来的潮气。

(二)变压器及附件的安装

1. 作业条件

(1)变压器及附件安装时,其安装场地应符合下列要求：

1)屋顶、楼板、门窗等均已施工完毕,并且无渗漏,有可能损坏设备与屏柜,安装后不能再进行施工的装饰工作应全部结束；

2)室内地面的基层施工完毕,并在墙上标出地面标高；

3)混凝土基础及构架达到允许安装的强度,焊接构件的质量符合要求；

4)预埋件及预留孔符合设计,预埋件牢固；

5)模板及施工设施拆除,场地清理干净；

6)具有足够的施工用场地,道路畅通。

(2)与电力变压器、电抗器、互感器安装有关的建筑物、构筑物的建筑工程质量,应符合国家现行的建筑工程施工质量验收规范中的有关规定。当设备及设计有特殊要求时,还须符合有关要求。

(3)变压器、箱式变电所、高压电器及电瓷制品应符合下列规定：

1)查验合格证和随带技术文件，变压器有出厂试验记录；

2)外观检查：有铭牌，附件齐全，绝缘件无缺损、裂纹，充油部分不渗漏，充气高压设备气压指示正常，涂层完整；

3)油箱及所有附件均齐全，无锈蚀及机械损伤，密封状态良好；

4)油箱箱盖、钟罩法兰及封板的连接螺栓齐全，紧固良好，无渗漏；浸油运输的附件，其油箱无渗漏；

5)充油套管的油位正常，无渗油，瓷体无损伤；

6)充气(氮)运输的变压器、电抗器，油箱由应为正压，其压力为0.01～0.03MPa。

(4)设备已到达现场，并检查其包装及密封状况良好；开箱清点，规格符合设计要求；附件、备件齐全；主材基本到齐，辅材应能满足施工进度的需要。加工件已安排加工且能保证施工的正常进行。

2. 安装方式

(1)室内变压器。在电力负荷比较集中的用电场所，如工厂的车间，常把变压器放在室内，即车间变电所。由于高压电源引入及低压引出的方向不同，变压器在室内布置的方式很多，如图4-7所示为其中常用的两种。

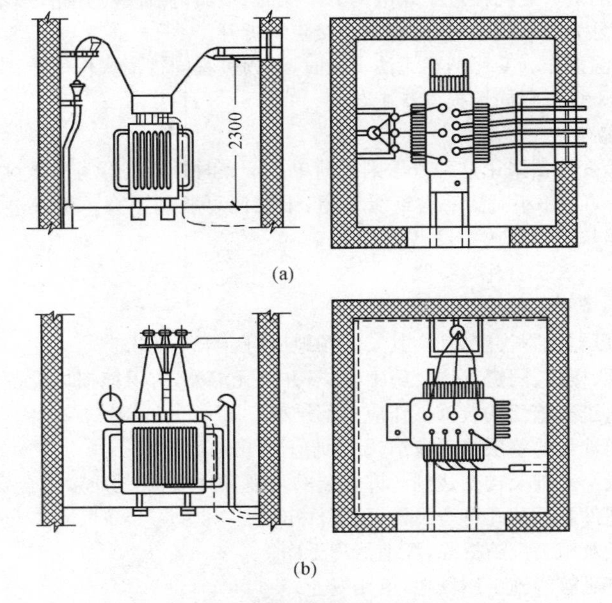


**图4-7　变压器室布置示意图**

(a)窄面推进；(b)宽面推进

(2)室外变压器。室外变压器安装方式有杆上和地上两种，如图4-8所示。

无论是杆上安装还是地上安装，变压器的周围均在明显部位悬挂警告牌。地上变压器周围应装设围栏，高度不低于1.7m，并与变压器台保持一定的距离。柱上(杆上)变压器的所有高低压引线均使用绝缘导线(低压也可使用裸母线作引线)；所用的铁件均需镀锌。

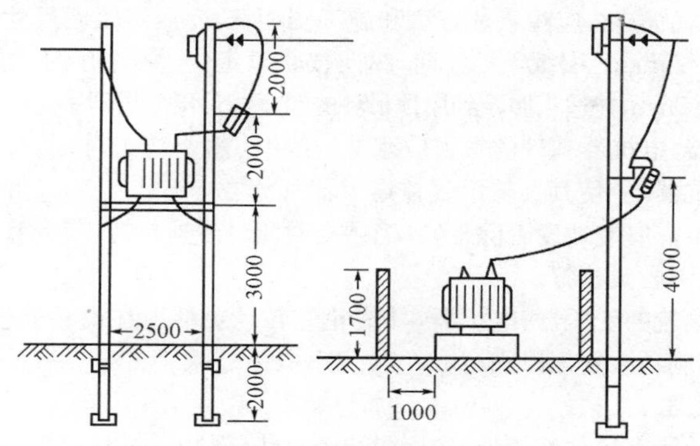


图4-8　室外变压器安装示意图

地上变压器安装的高度根据需要决定，一般使用情况是500mm。变压器台用砖砌成或用混凝土构筑，并用1∶2水泥砂浆抹面，台面上以扁钢或槽钢做变压器的轨道。轨道应水平，轨距与轮距应配合。

3. 电力变压器附件要求

(1)所有油浸式(密封式除外)电力变压器均应装储油柜，其结构应便于清洗内部。储油柜应有放油和注油装置。1000kV·A及以上电力变压器的储油柜底部应设油样活门。

(2)100kV·A及以上带有储油柜的变压器，除了有充氮保护的产品之外，均应加装带有油封的吸湿器。

(3)油浸式变压器应有装玻璃温度计的管座。

(4)1000kV·A及以上的油浸式变压器和500kV·A及以上的厂用电力变压器，均应有室外式信号温度计。信号接点容量在交流电压220V时，不低于50VA。

(5)带有储油柜的800kV·A及以上的油浸式变压器和400kV·A及以上的厂用电变压器应装有气体继电器，其接点容量不小于66VA(交流200V及110V)；200～315kV·A的厂用电变压器应装有带信号接点的气体继电器。

(6)800kV·A及以上带储油柜的油浸式电力变压器应装有安全气道；对315kV·A及以上的密封式变压器应供给保护装置。

4. 变压器的搬运就位

变压器、电抗器搬运就位由起重工为主操作，电工配合。搬运最好采用吊车和汽车，如机具缺乏或距离很短而道路又有条件时，也可以用倒链吊装、卷扬机拖运、滚杠运输等。

(1)变压器在吊装时，索具必须检查合格。钢丝绳必须系在油箱的吊钩上，变压器顶盖上盘的吊环只可作吊芯用，不得用此吊环吊装整台变压器。

(2)变压器就位时，应注意其方法和施工图相符，变压器距墙尺寸按施工图规定，允许偏差±25mm。图纸无标注时，纵向按轨道定位，横向距墙不小于800mm，距门不小于1000mm，并适当照顾到屋顶吊环的铅垂线位于变压器中心，以便于吊芯。

(3)变压器、电抗器基础的轨道应水平，轮距与轨距应配合；装有气体继电器的变压器、电抗器，应使其顶盖沿气体继电器气流方向有1%～1.5%的升高坡度(制造厂规定不需安装坡度者除外)。当须与封闭母线连接时，其套管中心线应与封闭母线安装中心线相符。

(4)装有滚轮的变压器、电抗器，其滚轮应转动灵活。在设备就位后，应将滚轮用能拆卸的制动装置加以固定。

5. 密封处理

(1)设备的所有法兰连接处，应用耐油密封垫(圈)密封；密封垫(圈)必须无扭曲、变形、裂纹和毛刺；密封垫(圈)应与法兰面的尺寸相配合。

(2)法兰连接面应平整、清洁；密封垫应擦拭干净，安装位置应准确；其搭接处的厚度应与其原厚度相同，橡胶密封垫的压缩量不宜超过其厚度的1/3。

6. 有载调压切换开关安装

有载调压切换开关的主要部件在制造厂已与变压器装配在一起，安装时只需进行检查和动作试验。如需进行安装应按制造厂说明书进行，并应符合下列要求：

(1)传动机构(包括操动机构、电动机、传动齿轮和杠杆)：应固定牢靠，连接位置正确，且操作灵活、无卡阻现象；传动机构的摩擦部分应涂以适合当地气候条件的润滑脂。

(2)切换开关的触头及铜编织线应完整无损，且接触良好；其限流电阻应完整，无断裂现象。

(3)切换装置的工作顺序应符合产品出厂要求；切换装置在极限位置时，其机械联锁与极限开关的电气联锁动作应正确。

(4)位置指示器应动作正常，指示正确。

(5)切换开关油箱内应清洁，油箱应做密封试验且密封良好；注入油箱中的绝缘油，其绝缘强度应符合产品的技术要求。

7. 大中型变压器油箱安装

(1)油箱安装之前应先安装底座。底座推放到变压器基础轨道上以后，应检查滚轮与轨距是否相符合。底座顶面应保持水平，允许偏差5mm；如果误差太大，可以调整滚轮轴的高低位置。

(2)调理油箱的位置，使其方向正确并与基础轨道的中心线一致，然后落放到底座上，插入螺栓和压板组装起来。

8. 冷却装置安装

(1)冷却器装置在安装前应按制造厂规定的压力值用气压或油压进行密封试验,并应符合下列要求:

1)散热器可用0.05MPa表压力的压缩空气检查,应无漏气;或用0.07MPa表压力的变压器油进行检查,持续30min,应无渗漏现象;

2)强迫油循环风冷却器可用0.25MPa表压力的气压或油压,持续30min进行检查,应无渗漏现象;

3)强迫油循环水冷却器用0.25MPa表压力的气压或油压进行检查,持续1h应无渗漏;水、油系统应分别检查渗漏。

(2)冷却装置安装前应用合格的绝缘油经净油机循环冲洗干净,并将残油排尽。

(3)冷却装置安装完毕后应即注满油,以免由于阀门渗漏造成本体油位降低,使绝缘部分露出油面。

(4)风扇电动机及叶片应安装牢固,并应转动灵活,无卡阻现象;试转时应无振动、过热;叶片应无扭曲变形或与风筒擦碰等情况,转向应正确;电动机的电源配线应采用具有耐油性能的绝缘导线;靠近箱壁的绝缘导线应用金属软管保护;导线排列应整齐;接线盒密封良好。

(5)管路中的阀门应操作灵活,开闭位置应正确;阀门及法兰连接处应密封良好。

(6)外接油管在安装前,应进行彻底除锈并清洗干净;管道安装后,油管应涂黄漆,水管涂黑漆,并应有流向标志。

(7)潜油泵转向应正确,转动时应无异常噪音、振动和过热现象;其密封应良好,无渗油或进气现象。

(8)差压继电器、流速继电器应经校验合格,且密封良好,动作可靠。

(9)水冷却装置停用时,应将存水放尽,以防天寒冻裂。

9. 储油柜(油枕)安装

(1)储油柜安装前应清洗干净,除去污物,并用合格的变压器油冲洗。隔膜式(或胶囊式)储油柜中的胶囊或隔膜式储油柜中的隔膜应完整无破损,并应和储油柜的长轴保持平行、不扭偏。胶囊在缓慢充气胀开后应无漏气现象。胶囊口的密封应良好,呼吸应畅通。

(2)储油柜安装前应先安装油位表;安装油位表时应注意保证放气和导油孔的畅通;玻璃管要完好。油位表动作应灵活,油位表或油标管的指示必须与储油柜的真实油位相符,不得出现假油位。油位表的信号接点位置正确,绝缘良好。

(3)储油柜利用支架安装在油箱顶盖上。油枕和支架、支架和油箱均用螺栓紧固。

10. 套管安装

(1)套管在安装前要按下列要求进行检查:

1)瓷套管表面应无裂缝、伤痕;

2)套管、法兰颈部及均压球内壁应清擦干净;

3)套管应经试验合格；

4)充油套管的油位指示正常，无渗油现象。

(2)当充油管介质损失角正切值 tanδ(%)超过标准，且确认其内部绝缘受潮时，应予干燥处理。

(3)高压套管穿缆的应力锥进入套管的均压罩内，其引出端头与套管顶部接线柱连接处应擦拭干净，接触紧密；高压套管与引出线接口的密封波纹盘结构(魏德迈结构)的安装应严格按制造厂的规定进行。

(4)套管顶部结构的密封垫应安装正确，密封应良好，连接引线时，不应使顶部结构松扣。

11. 升高座安装

(1)升高座安装前，应先完成电流互感器的试验；电流互感器出线端子板应绝缘良好，其接线螺栓和固定件的垫块应紧固，端子板应密封良好，无渗油现象。

(2)安装升高座时，应使电流互感器铭牌位置面向油箱外侧，放气塞位置应在升高座最高处。

(3)电流互感器和升高座的中心应一致。

(4)绝缘筒应安装牢固，其安装位置不应使变压器引出线与之相碰。

12. 气体继电器(瓦斯继电器)安装

(1)气体继电器应作密封试验，轻瓦斯动作容积试验，重瓦斯动作流速试验，各项指标合格后，并有合格检验证书方可使用。

(2)气体继电器应水平安装，观察窗应装在便于检查一侧，箭头方向应指向储油箱(油枕)，其与连通管连接应密封良好，其内壁应清拭干净，截油阀应位于储油箱和气体继电器之间。

(3)打开放气嘴，放出空气，直到有油溢出时，将放气嘴关上，以免有空气进入使继电保护器误动作。

(4)当操作电源为直流时，必须将电源正极接到水银侧的接点上，接线应正确，接触良好，以免断开时产生飞弧。

13. 安全气道(防爆管)安装

(1)安全气道安装前内壁应清拭干净，防爆隔膜应完整，其材质和规格应符合产品规定。

(2)安全气道斜装在油箱盖上，安装倾斜方向应按制造厂规定，厂方无明显规定时，宜斜向储油柜侧。

(3)安全气道应按产品要求与储油柜连通，但当采用隔膜式储油器和密封式安全气道时，二者不应连接。

(4)防爆隔膜信号接线应正确，接触良好。

14. 干燥器安装

(1)检查硅胶是否失效(对浅蓝色硅胶，变为浅红色即已失效；对白色硅胶一律烘烤)。如已失效,应在 115～120℃温度下烘烤 8h,使其复原或换新。

(2)安装时,必须将干燥器盖子处的橡胶垫取掉,使其畅通,并在盖子中装适量的变压器油,起滤尘作用。

(3)干燥器与储气柜间管路的连接应密封良好,管道应通畅。

(4)干燥器油封油位应在油面线上;但隔膜式储油柜变压器应按产品要求处理(或不到油封,或少放油,以便胶囊易于伸缩呼吸)。

15. 净油器安装

(1)安装前先用合格的变压器油冲洗净油器,然后同安装散热器一样,将净油器与安装孔的法兰连接起来。其滤网安装方向应正确并在出口侧。

(2)将净油器容器内装满干燥的硅胶粒后充油。油流方向应正确。

16. 温度计安装

(1)套管温度计安装,应直接安装在变压器上盖的预留孔内,并在孔内适当加些变压器油,刻度方向应便于观察。

(2)电接点温度计安装前应进行计量检定,合格后方能使用。油浸变压器一次元件应安装在变压器顶盖上的温度计套筒内,并加适当变压器油;二次仪表挂在压变压器一侧的预留板上。干式变压器一次元件应按厂家说明书位置安装,二次仪表装在便于观测的变压器护网栏上。软管不得有压扁或死弯,富余部分应盘圈并固定在温度计附近。

(3)干式变压器的电阻温度计,一次元件应预埋在变压器内,二次仪表应安装在值班室或操作台上,温度补偿导线应符合仪表要求,并加以适当的附加温度补偿电阻校验调试后方可使用。

17. 压力释放装置安装

(1)密封式结构的变压器、电抗器,其压力释放装置的安装方向应正确,使喷油口不要朝向邻近的设备,阀盖和升高座内部应清洁,密封良好。

(2)电接点应动作准确,绝缘应良好。

18. 电压切换装置安装

(1)变压器电压切换装置各分接点与线圈的连线压接正确,牢固可靠,其接触面接触紧密良好,切换电压时,转动触点停留位置正确,并与指示位置一致。

(2)电压切换装置的拉杆、分接头的凸轮、小轴销子等应完整无损,转动盘应动作灵活,密封良好。

(3)电压切换装置的传动机构(包括有载调压装置)的固定应牢靠,传动机构的摩擦部分应有足够的润滑油。

(4)有载调压切换装置的调换开关触头及铜辫子软线应完整无损,触头间应有足够的压力(一般为 8～10kg)。

(5)有载调压切换装置转动到极限位置时,应装有机械联锁与带有限开关的电气联锁。

(6)有载调压切换装置的控制箱，一般应安装在值班室或操作台上，连线应正确无误，并应调整好，手动、自动工作正常，挡位指示正确。

19. 注油

(1)绝缘油必须按规定试验合格后，方可注入变压器、电抗器中。

不同牌号的绝缘油或同牌号的新油与旧油不宜混合使用，如必须混合时，应进行混油试验。

(2)绝缘油取样：取样应在晴天、无风沙时进行，温度应在0℃以上。取油样用的大口玻璃瓶应洗刷干净，取样前用烘箱烘干。

混油试验取样应标明实际比例。油样应取自箱底或桶底。取样时，先开启放油阀，冲去阀口脏物，再将取样瓶冲洗两次，然后取样封好瓶口(如运往外地检验，瓶口宜蜡封)。

(3)绝缘油检验后，如绝缘强度(耐压)不合格，应进行过滤。

(4)为防止注油时在变压器、电抗器的芯部凝结水分，要求注入绝缘油的温度在10℃左右，芯部的温度与油温之差不宜超过5℃，并应尽量使芯部温度高于油温。

(5)注油应从油箱下部油阀进油，加补充油时应通过油枕注入。对导向强油循环的变压器，注油应按制造厂的规定执行。

(6)胶囊式储油柜注油应按制造厂规定进行，一般采取油从变压器油箱逐渐注入，慢慢将胶囊内空气排净，然后放油使储油柜内油面下降至规定油位。如果油位计也是带小胶囊结构时，应先向油表内注油，然后进行储油柜的排气和注油。

(7)冷却装置安装完毕后即应注油，以免由于阀门渗漏造成变压器绝缘部分露出油面。

(8)油注到规定油位，应从油箱、套管、散热器、防爆筒、气体继电器等处多次排气，直到排尽为止。

(9)注油完毕，在施加电压前，变压器、电抗器应进行静置，静置时间规定为：110kV及以下24h。

静置完毕后，应从变压器、电抗器的套管、升高座、冷却装置、气体继电器及压力释放装置等有关部位进行多次放气。

(三)互感器安装施工

1. 一般规定

(1)互感器在运输、保管期间应防止受潮、倾倒或遭受机械损伤；互感器的运输和放置应按产品技术要求执行。

(2)互感器整体起吊时，吊索应固定在规定的吊环上，不得利用瓷裙起吊，并不得碰伤瓷套。

(3)互感器到达现场后，除按规定进行检查外，还应作下列外观检查：

1)互感器外观应完整，附件应齐全，无锈蚀或机械损伤。

2)油浸式互感器油位应正常，密封应良好，无渗油现象。

3)电容式电压互感器的电磁装置和谐振阻尼器的封铅应完好。

2. 安装要求

(1)互感器的变比分接头的位置和极性应符合规定。

(2)二次接线板应完整,引线端子应连接牢固,绝缘良好,标志清晰。

(3)油位指示器、瓷套法兰连接处、放油阀均应无渗油现象。

(4)隔膜式储油柜的隔膜和金属膨胀器应完整无损,顶盖螺栓紧固。

(5)油浸式互感器安装面应水平;并列安装的应排列整齐,同一组互感器的极性方向应一致。

(6)具有等电位弹簧支点的母线贯穿式电流互感器,其所有弹簧支点应牢固,并与母线接触良好,母线应位于互感器中心。

(7)具有吸湿器的互感器,其吸湿器应干燥,油封油位正常。

(8)互感器的呼吸孔的塞子带有垫片时,应将垫片取下。

(9)电容器电压互感器必须根据产品成套供应的组件编号进行安装,不得互换。各组件连接处的接触面,应除去氧化层,并涂以电力复合脂;阻尼器装于室外时,应有防雨措施。

(10)具有均压环的互感器,均压环应安装牢固、水平,且方向正确。具有保护间隙的,应按制造厂规定调好距离。

(11)零序电流互感器的安装,不应使构架或其他导磁体与互感器铁芯直接接触,或与其构成分磁回路。

3. 互感器接地

互感器的下列各部位应予良好接地:

(1)分级绝缘的电压互感器,其一次绕组的接地引出端子,电容式电压互感器应按制造厂的规定执行。

(2)电容型绝缘的电流互感器,其一次绕组末屏的引出端子、铁芯引出接地端子。

(3)互感器的外壳。

(4)备用的电流互感器的二次绕组端子应先短路后接地。

(5)倒装式电流互感器二次绕组的金属导管。

(四)变压器的接地

变压器的接地既有高压部分的保护接地,又有低压部分的工作接地。低压供电系统在建筑电气工程中普遍采用 TN－S 或 TN－C－S 系统,即不同形式的保护接零系统,但是两者共用同一个接地装置。

1. PE 线和 PEN 线允许的最小截面

变压器接地所用的 PE 线和 PEN 线,其所允许的最小截面应满足使用中的机械强度和发生接地故障时的热稳定要求。

(1)机械强度。为满足使用中的机械强度要求,PE 线和 PEN 线所允许的最小截面应符合下列规定:

1)无机械保护的单根电线,不应小于 $4mm^2$;

2)采用保护套管、线槽或其他等效机械保护措施的单根电线不应小于 $2.5mm^2$;

3)电缆、护套电线不规定最小截面;

4)给全电气装置供电的干线回路中的 PEN 线,如为单芯电线,铜线不应小于 $10mm^2$,铝线不应小于 $16mm^2$。这是因为如果此 PEN 线因机械强度不足而折断,电气装置将失去接地。

(2)热稳定要求。单相接地故障也是一种短路,因此,必须校验在短路情况下 PE 线和 PEN 线的热稳定要求,其校验公式如下:

$$S \geqslant \frac{\sqrt{I^2 t}}{K}$$

式中　$S$——PE 线或 PEN 线的线芯截面($mm^2$);

$I$——故障电流方均根值(A);

$t$——保护电器切断故障时间(s);

$K$——按线芯和绝缘的材质以及环境温度确定的系数,以电缆的芯线为例,其值如表 4-12 所列值。

表 4-12　　按电缆材质确定的 **K** 值

| 线芯 \ 绝缘 | 聚氯乙烯 | 丁基橡胶 | 乙丙橡胶 | 油浸纸 |
|---|---|---|---|---|
| 铜 | 115 | 131 | 143 | 107 |
| 铝 | 76 | 87 | 94 | 71 |

注:上式仅适用于 $t=0.1\sim5s$ 的短路条件。当 $t<0.1s$ 时应考虑故障电流的非周期分量,当 $t>5s$ 时应考虑故障持续过程中热量的逸散。

由于 PE 线和 PEN 线的热稳定要求的计算十分复杂,因此,在设计中常不去计算,而是采用表 4-13 中所列的允许最小截面值。此表中所列数值不仅适用于 TN 系统,也适用于 TT 系统和 IT 系统。这是因这两个系统的一个接地故障的故障电流虽小,但从电气安全着眼,还要考虑两个接地故障的大故障电流的缘故。

表 4-13　　**PE 线和 PEN 线按短路热稳定要求的允许最小截面**　(单位:$mm^2$)

| 相线截面 $S$ | PE 线和 PEN 线允许最小截面 |
|---|---|
| $S\leqslant16$ | $S$ |
| $16<S\leqslant35$ | 16 |
| $S>35$ | $S/2$ |

2. PE 线和 PEN 线的代用原则

(1)PE 线的代用要求。除用电线、电缆芯线作专用的 PE 线外,可利用如下代用体作 PE 线:

1)电缆、护套电线的金属护套、屏蔽层、铠装等金属外皮;

2)固定安装的钢管和金属线槽、托盘、梯架；

3)某些非电气装置固定安装的金属管道和构架。

(2)利用这些代用体时应注意下列问题：

1)代用体的电导不应低于专用 PE 线的电导，以保证不降低接地故障保护电器动作的灵敏度；

2)代用体应不受机械损伤、化学腐蚀或电化学腐蚀，以保证电路的导通；

3)金属线槽、托盘、梯架等代用体应便于引出分支 PE 线；

4)利用金属水管作 PE 线时，水管管理人员在拆修水管前应通知有关电气人员到场，在拆修水管时由电气人员先接通跨接线以保证水管导通不中断；

5)煤气管严禁用作 PE 线。

(3)PEN 线的代用要求。电缆、护套电线的金属护套、屏蔽层、铠装等可作 PEN 线的代用体，但必需包以绝缘以免产生杂散电流，其他要求与 PE 线相同。

3. PE 线和 PEN 线的敷设要求

为提高 TN 系统过电流保护电器的接地故障保护灵敏度，应尽量降低故障回路阻抗以增大故障电流，由于线路导体间的距离越大，线路感抗越大，因此应尽量将 PE 线或 PEN 线紧靠相线敷设。如果敷设的电缆为四芯电缆需外加一根 PE 线时，应将此外加的 PE 线与四芯电缆捆在一起敷设以减少线路电感。

(1)在变配电室内，要求接地装置从地下引出的接地干线以最近的路径直接引至变压器壳体和变压器的中性母线 N(变压器的中性点)以及低压供电系统的 PE 干线或 PEN 干线，中间尽量减少螺栓搭接，决不允许经其他电气装置接地后串联连接过来，以确保运行中人身和电气设备的安全。

(2)由于油浸变压器箱体、干式变压器的铁芯和金属件以及有保护外壳的干式变压器金属箱体，均是电气装置中最重要的经常为人接触的非带电可接近裸露导体，为了人身及动物和设备的安全，其保护接地要十分可靠。

(3)接地装置引出的接地干线应与变压器的低压侧中性点直接相连接；变压器箱体、干式变压器的支架或外壳应接 PE 线。所有连接应可靠，紧固件及防松零件应齐全。变压器中性点的接地回路中，靠近变压器处，宜做一个可拆卸的连接点。

**七、变压器安装的检验**

1. 变压器本体安装检查

(1)变压器位置：变压器基础的轨道应水平，轮距与轨距应配合；当必须与封闭母线连接时，低压套管中心线应与封闭母线安装中心线相符。装有气体继电器的变压器顶盖沿气体继电器的气流方向应有 1%～1.5%的升高坡度(厂家规定不要求气体坡度除外)。

(2)注油情况：冷却装置安装前应用合格变压器油进行循环冲洗；安装完后即注油，注油量应准确。油面线与储油柜相应线持平，油的油位指示器应装在便于检查一侧，并有监视线。

(3)变压器接地:变压器中性接地线应固定;接地引下线应与箱体散热管绝缘;变压器底座铁板,每条一点,应有二点可靠接地。

2. 变压器附件安装检查

(1)变压器的所有法兰,连接面应平整、清洁;耐油橡胶密封垫圈安放位置应准确,压缩量不宜超过其厚度的1/3。

(2)传动机构应固定牢靠,连接位置正确操作灵活、无卡阻现象,摩擦部分应涂适合当地气候条件的润滑脂;调换开关触头及铜编织线应完好,接触良好,限流电阻无断裂现象;动作顺序正确,符合产品要求,指示器指示正确。

(3)温度计安装前应进行校验,信号接点连接正确,膨胀式温度计细金属软管弯曲半径不得小于50mm,不得压扁或急剧扭曲。

呼吸器应与油枕紧密连接,干燥剂使用浸氯化钴硅胶,一般显蓝色,如受潮则变为红色。

大型变压器的风扇电动机及叶片安装应牢固并应转动灵活、无卡阻现象,配线整齐、接线正确,温度报警装置与自动启动装置动作应可靠。试转时应无振动、过热;叶片应无扭曲变形或与风筒擦碰等情况发生;电动机的电源配线应采用具有耐油性能的绝缘导线;靠近箱壁的绝缘导线应用金属软管保护。

3. 变压器与线路连接检查

(1)变压器一、二次引线施工,不应使变压器的套管直接承受应力。

(2)变压器工作零线与中性接地线,应分别敷设,工作零线宜用绝缘导线。

(3)所有螺栓应紧固,连接螺栓的锁紧装置应齐全,固定牢固。变压器零线沿器身向下接至接地装置的线段,应固定牢靠。

(4)器身各附件间连接的导线,连接牢固,并应有保护措施。

(5)与变压器连接的母线、支架、保护管、接零线均应便于拆卸,便于变压器检修,各连接螺栓的螺纹应露出螺母2～3扣。

(6)所有支架防腐应齐全、完整。

(7)油浸变压器附件的控制线,宜用具有耐油性能的绝缘导线,靠近箱壁的导线,应加金属软管保护。

4. 整体密封检查

(1)变压器、电抗器安装完毕后,应在储油柜上用气压或油压进行整体密封试验,所加压力为油箱盖上能承受0.03MPa的压力,试验持续时间为24h,应无渗漏。油箱内变压器油的温度不应低于10℃。

(2)整体运输的变压器、电抗器可不进行整体密封试验。

**八、电力变压器试验**

1. 电力变压器试验项目

电力变压器试验的项目比较多,其具体试验项目如下:

(1)测量绕组连同套管的直流电阻;

(2)检查所有分接头的变压比；

(3)检查变压器的三相接线组别和单相变压器引出线的极性；

(4)测量绕组连同套管的绝缘电阻、吸收比或极化指数；

(5)测量绕组连同套管的介质损耗角正切值 $\tan\delta$；

(6)测量绕组连同套管的直流泄漏电流；

(7)绕组连同套管的交流耐压试验；

(8)绕组连同套管的局部放电试验；

(9)测量与铁芯绝缘的各紧固件及铁芯接地线引出套管对外壳的绝缘电阻；

(10)非纯瓷套管的试验；

(11)绝缘油试验；

(12)有载调压切换装置的检查和试验；

(13)额定电压下的冲击合闸试验；

(14)检查相位；

(15)测量噪声。

但是，并不是所有的电力变压器都必须进行上述全部试验的，不同条件下的不同的电力变压器其所需进行的试验项目并不相同。一般情况，1600kV·A 以上油浸式电力变压器必须进行全部试验，1600kV·A 及以下油浸式电力变压器只需进行其中的(1)～(4)，(7)，(9)～(12)，(14)项即可；而干式变压器只需进行其中的(1)～(4)，(7)，(9)，(12)～(14)项试验；变流、整流变压器可试验其中的(1)～(4)，(7)，(9)，(11)～(14)项；电炉变压器可试验其中的(1)～(4)，(7)，(9)，(10)～(14)项即可。

2. 绕组连同套管的测量

(1)在测量绕组连同套管的直流电阻值时，应在各分接头的所有位置上进行。其相互差值应符合下列规定：

1)1600kV·A 及以下三相变压器，各相测得值的相互差值应小于平均值的4%，线间测得的值的相互差值应小于平均值的 2%。

2)1600kV·A 以上三相变压器，各相测得值的相互差值应小于平均值的2%，线间测得值的相互差值应小于平均值的 1%。

3)如由于变压器结构等原因，差值超过上两项的规定，变压器的直流电阻与相同温度下产品出厂实测数值相比，其相应变化不应大于 2%。

(2)绝缘电阻应不低于产品出厂试验值的 70%，其最低允许值可参考表 4-14。

**表 4-14　　油浸式电力变压器绝缘电阻的温度换算系数**

| 高压绕组电压等级(kV) | 温度(℃) | | | | | | | |
|---|---|---|---|---|---|---|---|---|
| | 10 | 20 | 30 | 40 | 50 | 60 | 70 | 80 |
| 3～10 | 450 | 300 | 200 | 130 | 90 | 60 | 40 | 25 |

(3)当测量温度与产品出厂试验时的温度不符合时，可按表 4-15 换算到同一温度时的数值进行比较。

(4)当测量绝缘电阻的温度差不是表 4-15 中所列数值时，其换算系数 $A$ 可用线性插入法确定，也可按下述公式计算：

$$A=1.5K/10$$

**表 4-15　油浸式电力变压器绝缘电阻的温度换算系数**

| 温度差($K$) | 5 | 10 | 15 | 20 | 25 | 30 | 35 | 40 | 45 | 50 | 55 | 60 |
|---|---|---|---|---|---|---|---|---|---|---|---|---|
| 换算系数 $A$ | 1.2 | 1.5 | 1.8 | 2.3 | 2.8 | 3.4 | 4.1 | 5.1 | 6.2 | 7.5 | 9.2 | 11.2 |

注：表中 $K$ 为实测温度减去 20℃的绝对值。

校正到 20℃时的绝缘电阻值可用下述公式计算：

当实测温度为 20℃以上时：

$$R_{20}=AR_{t}$$

当实测温度为 20℃以下时

$$R_{20}=R_{t}/A$$

式中　$R_{20}$——校正到 20℃时的绝缘电阻值(MΩ)；

$R_{t}$——在测量温度下的绝缘电阻值(MΩ)。

3. 绕组连同套管的交流耐压试验

容量为 8000kV · A 以下，绕组额定电压在 110kV 以下的变压器，应按表 4-16所列标准进行交流耐压试验。

**表 4-16　电力变压器工频耐压试验电压标准**

[1min 工频耐受电压(kV)有效值]

| 额定电压(kV) | 3 | 6 | 10 |
|---|---|---|---|
| 最高工作电压(kV) | 3.5 | 6.9 | 11.5 |
| 试验电压(kV) | 15 | 21 | 30 |

4. 套管试验

(1)测量套管主绝缘的绝缘电阻；采用 2500V 绝缘电阻表测量，绝缘电阻值不应低于 1000MΩ。

(2)交流耐压试验，应符合下列规定：

1)试验电压应符合规定要求；

2)变压器套管、电抗器及消弧线圈套管，均可随母线或设备一起进行交流耐压试验。

5. 绝缘油试验

绝缘油试验类别应符合表 4-17 的规定，试验项目及标准应符合表 4-18 的规定。

表 4-17　电气设备绝缘油试验分类

| 试验类别 | 适用范围 |
|---|---|
| 电气强度试验 | (1)6kV以上电气设备内的绝缘油或新注入上述设备前、后的绝缘油；<br>(2)对下列情况之一者，可不进行电气强度试验；<br>1)35kV以下互感器，其主绝缘试验已合格的；<br>2)按有关规定不需取油的 |
| 简化分析 | 准备注入变压器、电抗器、互感器、套管的新油，应按表4-18中的第6～11项规定进行 |
| 全分析 | 对油的性能有怀疑时，应按表4-18中的全部项目进行 |

表 4-18　绝缘油的试验项目及标准

| 序号 | 项目 | | 标准 | 说明 |
|---|---|---|---|---|
| 1 | 外观 | | 透明，无沉淀及悬浮物 | 5℃时的透明度 |
| 2 | 苛性钠抽出 | | 不应大于2级 | |
| 3 | 安定性 | 氧化后酸值 | 不应大于0.2mg(KOH)/g油 | |
| | | 氧化后沉淀物 | 不应大于0.05% | |
| 4 | 凝点(℃) | | (1)DB－10，不应高于－10℃<br>(2)DB－25，不应高于－25℃<br>(3)DB－45，不应高于－45℃ | (1)户外断路器，油浸电容式套管，互感器用油。气温不低于－5℃的地区，凝点不应高于－10℃。<br>气温不低于－20℃的地区，凝点不应高于－25℃。<br>气温低于－20℃的地区，凝点不应高于－45℃。<br>(2)变压器用油：<br>气温不低于－10℃的地区，凝点不应高于－10℃。<br>气温低于－10℃的地区，凝点不应高于－25℃或－45℃ |
| 5 | 界面张力 | | 不应小于35mN/m | |
| 6 | 酸值 | | 不应大于0.03mg(KOH)/g油 | |

续表

<table>
<tr><th>序号</th><th>项　目</th><th colspan="4">标　准</th><th>说　明</th></tr>
<tr><td>7</td><td>水溶性酸(pH 值)</td><td colspan="4">不应小于 5.4</td><td></td></tr>
<tr><td>8</td><td>机械杂质</td><td colspan="4">无</td><td></td></tr>
<tr><td rowspan="2">9</td><td rowspan="2">闪　点</td><td>不低于</td><td>DB—10</td><td>DB—25</td><td>DB—45</td><td rowspan="2"></td></tr>
<tr><td>(℃)</td><td>140</td><td>140</td><td>135</td></tr>
<tr><td>10</td><td>电气强度试验</td><td colspan="4">使用于 15kV 及以下者，不应低于 25kV</td><td>(1)油样应取自被试设备；<br>(2)试验油杯采用平板电极；<br>(3)对注入设备的新油均不应低于本标准</td></tr>
<tr><td>11</td><td>介质损耗角正切值 tanδ(%)</td><td colspan="4">90℃时不应大于 0.5</td><td></td></tr>
</table>

注：第 11 项为新油标准，注入电气设备后的 tanδ(%)标准为 90℃时，不应大于 0.7%。

6. 有载调压切换装置的检查和试验

(1)在切换开关取出检查时，测量限流电阻的电阻值，测得值与产品出厂数值相比，应无明显差别。

(2)在切换开关取出检查时，检查切换开关切换触头的全部动作顺序，应符合产品技术条件的规定。

(3)检查切换装置在全部切换过程中，应无开路现象；电气和机械限位动作正确且符合产品要求；在操作电源电压为额定电压的 85%及以上时，其全过程的切换中应可靠动作。

(4)在变压器无电压下操作 10 个循环。在空载下按产品技术条件的规定检查切换装置的调压情况，其三相切换同步性及电压变化范围和规律，与产品出厂数据相比，应无明显差别。

(5)绝缘油注入切换开关油箱前，其电气强度应符合表 4-18 的规定。

7. 冲击合闸试验

在额定电压下应进行 5 次，每次间隔时间宜为 5min，无异常现象；冲击合闸宜在变压器高压侧进行；对中性点接地的电力系统，试验时变压器中性点必须接地；发电机变压器组中间连接无操作断开点的变压器，可不进行冲击合闸试验。

**九、变压器送电试运行**

变压器安装完成后，必须经交接试验合格，并出具相应试验报告后，才具备通电条件。同时，在变压器通电试运行前，应进行全面检查，当符合试运行条件时即可投入送电试运行。

(1)变压器第一次投入时，可全压冲击合闸，冲击合闸时一般可由高压侧投入。

(2)变压器第一次受电后，持续时间不应少于 10min，无异常情况。

(3)变压器应进行 3～5 次全压冲击合闸,并无异常情况,励磁涌流不应引起保护装置误动作。

(4)油浸变压器带电后,检查油系统不应有渗油现象。

(5)变压器试运行要注意冲击电流,空载电流,一、二次电压和温度,并做好详细记录。

(6)变压器并列运行前,应核对好相位。

(7)变压器空载运行 24h,无异常情况,方可投入负荷运行。

**十、施工工序质量控制点**

变压器、箱式变电所安装施工工序质量控制点见表 4-19。

**表 4-19　变压器、箱式变电所安装施工工序质量控制点**

| 序号 | 控制点名称 | 执行人员 | 标　准 |
|---|---|---|---|
| 1 | 变压器安装及外观检查 | 施工员<br>技术员<br>材料员 | 变压器安装应位置正确,附件齐全,油浸变压器油位正常,无渗油现象 |
| 2 | 变压器中性点、箱式变电所N和PE母线的接地连接及支架或框架接地 | | 接地装置引出的接地干线与变压器的低压侧中性点直接连接;接地干线与箱式变电所的N母线和PE母线直接连接;变压器箱体、干式变压器的支架或外壳应接地(PE)。所有连接应可靠,紧固件及防松零件齐全 |
| 3 | 变压器的交接试验 | | 变压器必须按《建筑电气工程施工质量验收规范》(GB 50303—2002)第 3.1.8 条的规定交接试验合格 |
| 4 | 箱式变电所及落地配电箱的固定、箱体的接地或接零 | 施工员<br>技术员<br>质量员 | 箱式变电所及落地式配电箱的基础应高于室外地坪,周围排水通畅。用地脚螺栓固定的螺帽齐全,拧紧牢固;自由安放的应垫平放正。金属箱式变电所及落地式配电箱,箱体应接地(PE)或接零(PEN)可靠,且有标识 |
| 5 | 箱式变电所的交接试验 | | 箱式变电所的交接试验,必须符合下列规定:<br>(1)由高压成套开关柜、低压成套开关柜和变压器三个独立单元组合成的箱式变电所高压电气设备部分,按《建筑电气工程施工质量验收规范》(GB 50303—2002)第 3.1.8 条的规定交接试验合格。<br>(2)高压开关、熔断器等与变压器组合在同一个密闭油箱内的箱式变电所,交接试验按产品提供的技术文件要求执行。<br>(3)低压成套配电柜交接试验符合《建筑电气工程施工质量验收规范》(GB 50303—2002)第 4.1.5 条的规定 |

续表

| 序号 | 控制点名称 | 执行人员 | 标　准 |
| --- | --- | --- | --- |
| 6 | 有载调压开关检查 | 施工员<br>技术员<br>材料员 | 有载调压开关的传动部分润滑应良好，动作灵活，点动给定位置与开关实际位置一致，自动调节符合产品的技术文件要求 |
| 7 | 绝缘件和测温仪表检查 | | 绝缘件应无裂纹、缺损和瓷件瓷釉损坏等缺陷，外表清洁，测温仪表指示准确 |
| 8 | 装有软件的变压器固定 | 质量员 | 装有滚轮的变压器就位后，应将滚轮用能拆卸的制动部件固定 |
| 9 | 变压器的器身检查 | 施工员<br>技术员<br>材料员 | 变压器应按产品技术文件要求进行检查器身，当满足下列条件之一时，可不检查器身。<br>(1)制造厂规定不检查器身者。<br>(2)就地生产仅做短途运输的变压器，且在运输过程中有效监督，无紧急制动、剧烈振动、冲撞或严重颠簸等异常情况者 |
| 10 | 箱式变电所内外涂层和通风口检查 | | 箱式变电所内外涂层完整、无损伤，有通风口的风口防护网完好 |
| 11 | 箱式变电所柜内接线和线路标记 | 质量员 | 箱式变电所的高低压柜内部接线完整、低压每个输出回路标记清晰，回路名称准确 |
| 12 | 装有气体继电器的变压器的坡度 | | 装有气体继电器的变压器顶盖，沿气体继电器的气流方向有1.0%～1.5%的升高坡度 |

### 十一、现场安全常见问题

(1)进行吊装作业前，索具、机具必须先经过检查，不合格不得使用。

(2)安装使用的各种电气机具要符合《施工现场临时用电安全技术规范》(JGJ 46—2005)的要求。

(3)在进行变压器、电抗器干燥、变压器油过滤时，应慎重作业，备好消防器材。

## 第三节　成套配电柜(盘)安装

### 一、施工作业条件

(1)必须具有全套正式施工图纸(包括施工说明)和有关施工规程、规范、标准和标准图册等。

(2)经过设计技术交底,编制了施工方案并且已经由上级审批。

(3)与盘、柜安装有关的建筑物、构筑物的土建工程质量应符合国家现行的建筑工程施工质量验收规范中的规定。

(4)土建工作应具备下列条件:

1)屋顶、楼板施工完毕,不得有渗漏;

2)结束室内地面工作;

3)预埋件及预留孔符合设计要求,预埋件应牢固;

4)门窗安装完毕;

5)凡进行装饰工作时有可能损坏已安装设备,或设备安装后不能再进行施工的装饰工作全部结束。

## 二、成套配电柜(盘)开箱检查

配电柜(盘)到达现场后,按进度情况进行开箱检查,主要检查以下内容并填写“设备开箱检查记录”。

(1)规格、型号是否与设计相符,而且临时在柜(盘)上标明名称、安装编号和安装位置。

(2)配电柜(盘)上零件和备品是否齐全,有无出厂图纸及技术文件。

(3)有无损坏和受潮。

## 三、成套配电柜(盘)基础施工

通常,配电柜(盘)安装在基础上,而基础大多采用槽钢或角钢,并在土建工程施工时即应埋设好。配电柜(盘)基础埋设的方法有两种,即直接埋设法和预留槽埋设法。

### 1. 直接埋设法

直接埋设法就是在土建混凝土施工时,直接将基础型钢埋设好。其具体施工方法如下:

(1)埋设前先将型钢调直,除去铁锈,按图纸尺寸下好料并钻好孔,然后在埋设位置找出型钢的中心线,再按图纸的标高尺寸,测量其安装位置,并做上记号。

(2)将型钢放在所测量的位置上,使其与记号对准,并用水平尺调好水平。其水平误差每米不超过 1mm,全长不超过 5mm。

(3)基础型钢一般为两根,埋设时应使其平行,并处于同一水平,也可用水平尺调整。如水平尺不够长,可用一平板尺放在两型钢上面,水平尺放在平板尺上,水平低的型钢可用铁片垫高。埋设的型钢可高出地表面 5～10mm(型钢是否需要高出地面,应根据设计规定)。

(4)水平调好后,可将型钢固定。固定方法一般是将型钢焊在钢筋上,也可将型钢用铁丝绑在钢筋上。为了防止钢筋下沉而影响水平,可在型钢下支设一些钢筋,使其稳固。

2. 预留槽埋设法

所谓预留槽埋设型钢就是在土建混凝土施工时，根据图纸的要求，在埋设位置预埋好用钢筋做成的钢筋钩(此钢筋钩用来焊在型钢上，使型钢基础牢固地打在混凝土内)，并且预留出型钢的空位。预留空位的方法是在浇混凝土地面的时候，在地面上埋入比型钢略大的木盒(一般大 30mm 左右)。待混凝土凝固后，将埋入的木盒取出，再埋设基础型钢。

预留槽埋设施工时，应注意以下几个问题：

(1)埋设型钢时，应先将预留的空位清扫干净。

(2)水平调好后，可把预埋的钢筋钩焊在型钢上，使其固定。型钢的周围可用 1：2 的混凝土填充并捣实。

(3)埋设的基础型钢应作良好的接地，一般多采用扁钢将其与接地网焊接。其接地不应少于两处，多是在型钢的两端各焊一扁钢与接地网相连。

(4)型钢露出地面部分应涂一层防锈漆。

(5)基础型钢安装的允许偏差值应符合相关规定。

## 四、成套配电柜(盘)安装

1. 安装要求

(1)柜(盘)安装在振动场所，应采取防震措施(如开防震沟、加弹性垫等)。

(2)柜(盘)本体及柜(盘)内设备与各构件间连接应牢固。主控制柜、继电保护柜、自动装置柜等不宜与基础型钢焊死。

(3)端子箱安装应牢固，封闭良好，安装位置应便于检查；成列安装时，应排列整齐。

(4)柜(盘)的接地应牢固良好。装有电器的可开启的柜(盘)门，应以软导线与接地的金属构架可靠地连接。成套柜应装有供携带式接地线使用的固定设施(手车式配电柜除外)。

(5)柜(盘)的漆层应完整、无损伤，固定电器的支架等应刷漆。安装于同一室内且经常监视的盘、柜，其盘面颜色宜和谐一致。

(6)直流回路中，具有水银接点的电器，应使电源正极接到水银侧接点的一端。

(7)在绝缘导线可能遭到油类污浊的地方，应采用耐油的绝缘导线，或采取防油措施。橡胶或塑料绝缘导线应防止日光直射。

(8)柜门、网门及门锁应调整得开闭灵活；检修灯要完好，有门开关的检修灯应能随着门的开闭而正常明灭。

2. 柜间隔板和柜侧挡板安装

高低压配电柜的柜间隔板和柜侧挡板安装前必须准备齐全，若不齐全应现场配置完善，并向建设单位办理“技术变更核定(洽商)单”。隔板和挡板的材料一般采用 2mm 厚的钢板，但 GG－IA 高压柜柜顶母线分段隔板最好采用 10mm 厚的酚醛层压板。

高压配电柜侧面或背面出线时，应装设保护网，如图 4-9 所示。保护网应全部采用金属结构，当低压柜的侧面靠墙安装时，挡板可以取消。

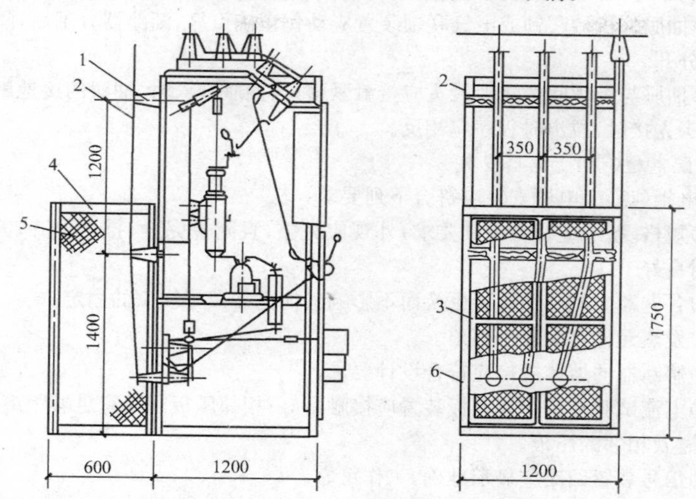


**图 4-9　高压配电柜后架空出线及保护网安装图**

1—支柱绝缘子；2—母线；3—保护网门；4—角钢横挡；5—钢丝网；6—角钢立柱

3. 普通配电柜(盘)安装

一般情况下，配电柜(盘)应在土建室内装饰完工后进行安装，并应符合下列规定：

(1)柜(盘)在室内的位置按图施工。如图纸无明确标注时：对于后面或侧面有出线的高压柜，距离墙面不得小于 600mm；如果后面或侧面无出线的高压柜，距离墙面也不得小于 200mm；靠墙安装的低压柜，距墙不小于 25mm；巡视通道宽不小于 1m。

(2)在距离配电柜顶和底各 200mm 高处，按一定的位置绷两根尼龙线作为基准线，将柜(盘)按规定的顺序比照基准线安装就位，其四角可采用开口钢垫板找平找正(钢垫板尺寸一般为 40mm×40mm×1，2，5mm)。

(3)找平找正完成后，即可将柜体与基础槽钢、柜体与柜体、柜体与两侧挡板固定牢固。柜体与柜体，柜体与两侧挡板采用螺栓连接。柜体与基础槽钢最好是采用螺栓连接，如果图纸说明是采用点焊时，按图纸制作。

4. 抽屉式配电柜安装

对于抽屉式配电柜的安装，除应满足普通配电柜的安装规定之外，还应符合下列要求：

(1)抽屉推拉应灵活轻便，无卡阻、碰撞现象。

(2)动触头与静触头的中心线应一致，触头接触应紧密。

(3)抽屉的机械联锁或电气联锁装置应动作正确可靠，断路器分闸后，隔离触头才能分开。

(4)抽屉与柜体间的接地触头应接触紧密；当抽屉推入时，抽屉的接地触头应比主触头先接触，拉出时程序应相反。

5. 配电柜(盘)上电器安装

配电柜(盘)上电器安装应符合下列要求：

(1)规格、型号应符合设计要求，外观应完整，且附件完全、排列整齐，固定可靠，密封良好。

(2)各电器应能单独拆装更换而不影响其他电器及导线束的固定。

(3)发热元件宜安装于柜顶。

(4)熔断器的熔体规格应符合设计要求。

(5)电流试验柱及切换压板装置应接触良好；相邻压板间应有足够距离，切换时不应碰及相邻的压板。

(6)信号装置回路应显示准确，工作可靠。

(7)柜(盘)上的小母线应采用直径不小于 6mm 的铜棒或铜管，小母线两侧应有标明其代号或名称的标志牌，字迹应清晰且不易脱色。

(8)柜(盘)上 1000V 及以下的交、直流母线及其分支线，其不同极的裸露载流部分之间及裸露载流部分与未经绝缘的金属体之间的电气间隙和漏电距离应符合表 4-20 的规定。

**表 4-20　1000V 及以下柜(盘)裸露母线的电气间隙和漏电距离**　(单位：mm)

| 类　　别 | 电气间隙 | 漏电距离 |
|---|---|---|
| 交直流低压盘、电容屏、动力箱 | 12 | 20 |
| 照明箱 | 10 | 15 |

6. 配电柜(盘)内配线

配电柜、盘(屏)内的配线应采用截面不小于 1.5mm、电压不低于 400V 的铜芯导线，但对电子元件回路、弱电回路采用锡焊连接时，在满足载流量和电压降及有足够机械强度的情况下，可使用较小截面的绝缘导线。对于引进柜、盘(屏)内的控制电缆及其芯线应符合下列要求：

(1)引进盘、柜的电缆应排列整齐，避免交叉，并应固定牢固，不使所接的端子板受到机械应力。

(2)铠装电缆的钢带不应进入盘、柜内；铠装钢带切断处的端部应扎紧。

(3)用于晶体管保护、控制等逻辑回路的控制电缆，当采用屏蔽电缆时，其屏蔽层应予接地；如不采用屏蔽电缆时，则其备用芯线应有一根接地。

(4)橡胶绝缘芯线应外套绝缘管保护。

(5)柜、盘内的电缆芯线，应按垂直或水平有规律地配置，不得任意歪斜交叉连接，备用芯应留有适当余度。

7. 二次回路接线

二次回路接线应按施工图纸施工，接线应当正确。除此之外，还应符合下列要求：

(1)电气回路的连接(螺栓连接、插接、焊接等)应牢固可靠。

(2)电缆芯线和所配导线的端部均应标明其回路编号，编号正确，字迹清晰且不易脱色。

(3)配线整齐、清晰、美观，导线绝缘良好，无损伤。

(4)柜、盘(屏)内的导线不应有接头。

(5)每个端子板的每侧接线一般为一根，不得超过两根。

8. 配电柜(盘)面装饰

配电柜(盘)装好后，柜(盘、屏)面油漆应完好，如漆层破坏或成列的屏(柜)面颜色不一致，应重新喷漆，使成列配电柜(盘)整齐。漆面不能出现反光眩目现象。

柜(盘)的正面及背面各电器应标明名称和编号。主控制柜面应有模拟母线，模拟母线的标志漆色应符合表 4-21 的规定。

**表 4-21　　模拟母线涂色的规定**

| 序号 | 电压(kV) | 颜　色 | 备　注 |
|---|---|---|---|
| 1 | 直流 | 褐 | (1)模拟母线的宽度一般为6～12mm。<br>(2)设备模拟的涂色应与相同电压等级的母线颜色一致。<br>(3)不适用于弱电屏以及流程模拟的屏面 |
| 2 | 交流 0.22 | 深灰 | |
| 3 | 交流 0.38 | 黄褐 | |
| 4 | 交流 3 | 深绿 | |
| 5 | 交流 6 | 深蓝 | |
| 6 | 交流 10 | 绛红 | |

## 五、低压配电柜的安装、检查与试运行

1. 低压配电柜安装

(1)低压配电柜一般利用人工、滚杠和撬棍将柜体平移稳装就位。

(2)多台低压配电柜应按顺序排列安装，先从始端或终端柜开始，在沟槽上垫好脚手板，按顺序号逐台就位。

(3)用拉线将排列的低压配电柜找平直，出现高低差时，可用钢垫片垫于螺栓

处找平，并将各柜的固定螺栓紧固牢固。同时将柜与柜之间调整好后用螺栓连接牢。各柜连接应紧密横平竖直，无明显缝隙，其安装的允许偏差应符合相关规定。

2. 低压配电柜调试检查

(1)检查柜内，将工具、杂物等清理出柜，并将柜体内外清扫干净。

(2)电器元件各紧固螺钉牢固，刀开关、低压断路器等操作机构应灵活，不应出现卡滞或操作力用力过大现象。

(3)开关电器的通断应可靠，接触面接触良好，辅助触点通断准确可靠。

(4)电工指示仪表与互感器的变比，极性应连接正确可靠。

(5)母线连接应良好，其绝缘支撑件、安装件及附件应安装牢固可靠。

(6)熔断器的熔体规格选用是否正确，继电器的整定值是否符合设计要求，动作是否准确可靠。

(7)绝缘电阻摇测，测量母线线间和对地电阻，测量二次线线间和对地电阻，应符合现行国家施工验收规范的规定。在测量二次回路电阻时，不应损坏其他半导体元件，摇测绝缘电阻时应将其断开。绝缘电阻摇测时应做记录。

(8)低压开关柜有联络柜双路电源供电时，应进行并列核实相序，并做好核相记录。

3. 低压配电柜送电试运行

(1)经过上述检查确认无误后，根据试送电操作安全程序组织施工人员进行送电操作并请无关人员远离操作室。

(2)由电工按程序逐一送电，并观察电工指示仪表电压，电流空载指示情况，如发现异常声响或局部发热等现象应及时停电进行处理解决，并将实际情况如实记录在空载运行记录上。

(3)低压开关柜带负荷试运行。经过空载运行后，可加负荷至全负载进行试运行，经观察电压、电流，随负荷变化无异常现象，经 24h 试运行无故障，即可投入正常运行，并做好调试记录。

(4)正常运行时应注意各台断路器，经过多次合、分后主触头局部有否烧伤和产生碳类物质，如出现上述现象应进行处理或更换断路器。

**六、施工工序质量控制点**

成套配电柜安装的施工质量控制点见表 4-22。

**表 4-22 成套配电柜、控制柜(屏、台)和动力、照明配电箱(盘)安装质量控制点**

| 序号 | 控制点名称 | 执行人员 | 标准 |
| --- | --- | --- | --- |
| 1 | 金属框架的接地或接零 | 施工员<br>技术员<br>质量员 | 柜、屏、台、箱、盘的金属框架及基础型钢必须接地(PE)或接零(PEN)可靠；装有电器的可开启门，门和框架的接地端子间应用裸编织铜线连接，且有标识 |

续表

<table>
<tr><th>序号</th><th>控制点名称</th><th>执行人员</th><th>标　准</th></tr>
<tr><td>2</td><td>电击保护和保护导体的截面积</td><td>施工员<br>技术员<br>质量员</td><td>低压成套配电柜、控制柜（屏、台）和动力、照明配电箱（盘）应有可靠的电击保护。柜（屏、台、箱、盘）内保护导体应有裸露的连接外部保护导体的端子，当设计无要求时，柜（屏、台、箱、盘）内保护导体最小截面积 $S_p$ 不应小于下表的规定<br><table>
<tr><th>相线的截面积 $S$（$mm^2$）</th><th>相应保护导体的最小截面积 $S_p$（$mm^2$）</th></tr>
<tr><td>$S \leqslant 16$</td><td>$S$</td></tr>
<tr><td>$16 < S \leqslant 35$</td><td>16</td></tr>
<tr><td>$35 < S \leqslant 400$</td><td>$S/2$</td></tr>
<tr><td>$400 < S \leqslant 800$</td><td>200</td></tr>
<tr><td>$S > 800$</td><td>$S/4$</td></tr>
</table>注：$S$ 指柜（屏、台、箱、盘）电源进线相线截面积，且两者（$S$、$S_p$）材质相同</td></tr>
<tr><td>3</td><td>手车式、抽出式柜的推拉和动、静触头检查</td><td></td><td>手车、抽出式成套配电柜推拉应灵活，无卡阻碰撞现象。动触头与静触头的中心线应一致，且触头接触紧密，投入时，接地触头先于主触头接触；退出时，接地触头后于主触头脱开</td></tr>
<tr><td>4</td><td>高压成套配电柜的交接试验</td><td>施工员<br>技术员</td><td>高压成套配电柜必须按《建筑电气工程施工质量验收规范》(GB 50303—2002)第 3.1.8 条的规定交接试验合格，且应符合下列规定：<br>（1）继电保护元器件、逻辑元件、变送器和控制用计算机等单体校验合格，整组试验动作正确，整定参数符合设计要求。<br>（2）凡经法定程序批准，进入市场投入使用的新高压电气设备和继电保护装置，按产品技术文件要求交接试验</td></tr>
<tr><td>5</td><td>低压成套配电柜的交接试验</td><td></td><td>低压成套配电柜交接试验，必须符合《建筑电气工程施工质量验收规范》(GB 50303—2002)第 4.1.5 条的规定</td></tr>
</table>

续表

<table>
<tr><th>序号</th><th>控制点名称</th><th>执行人员</th><th>标　准</th></tr>
<tr><td>6</td><td>柜、屏、台、箱、盘间线路绝缘电阻值测试</td><td rowspan="4">施工员<br>技术员</td><td>柜、屏、台、箱、盘间线路的线间和线对地间绝缘电阻值，馈电线路必须大于 0.5MΩ；二次回路必须大于 1MΩ</td></tr>
<tr><td>7</td><td>柜、屏、台、箱、盘间二次回路交流工频耐压试验</td><td>柜、屏、台、箱、盘间二次回路交流工频耐压试验，当绝缘电阻值大于 10MΩ 时，用 2500V 兆欧表摇测 1min，应无闪络击穿现象；当绝缘电阻值在 1～10MΩ 时，做 1000V 交流工频耐压试验，时间 1min，应无闪络击穿现象</td></tr>
<tr><td>8</td><td>直流屏试验</td><td>直流屏试验，应将屏内电子器件从线路上退出，检测主回路线间和线对地间绝缘电阻值应大于 0.5MΩ，直流屏所附蓄电池组的充、放电应符合产品技术文件要求；整流器的控制调整和输出特性试验应符合产品技术文件要求</td></tr>
<tr><td>9</td><td>箱（盘）内结线及开关动作</td><td>照明配电箱（盘）安装应符合下列规定：<br>(1)箱（盘）内配线整齐，无绞接现象。导线连接紧密，不伤芯线，不断股。垫圈下螺丝两侧压的导线截面积相同，同一端子上导线连接不多于 2 根，防松垫圈等零件齐全。<br>(2)箱（盘）内开关动作灵活可靠，带有漏电保护的回路，漏电保护装置动作电流不大于 30mA，动作时间不大于 0.1s。<br>(3)照明箱（盘）内，分别设置零线（N）和保护地线（PE 线）汇流排，零线和保护地线经汇流排配出</td></tr>
<tr><td>10</td><td>基础型钢安装</td><td rowspan="3">施工员<br>质量员</td><td>基础型钢安装应符合下表规定<br><table><tr><th rowspan="2">项目</th><th colspan="2">允许偏差</th></tr><tr><th>mm(m)</th><th>mm(全长)</th></tr><tr><td>不直度</td><td>1</td><td>5</td></tr><tr><td>水平度</td><td>1</td><td>5</td></tr><tr><td>不平行度</td><td>1</td><td>5</td></tr></table></td></tr>
<tr><td>11</td><td>柜(屏、盘、台、箱)间或与基础型钢的连接</td><td>柜、屏、台、箱、盘相互间或与基础型钢应用镀锌螺栓连接，且防松零件齐全</td></tr>
<tr><td>12</td><td>柜(屏、盘、台等)间接缝、成列安装盘偏差</td><td>柜、屏、台、箱、盘安装垂直度允许偏差为 1.5‰，相互间接缝不应大于 2mm，成列盘面偏差不应大于 5mm</td></tr>
</table>

续表

| 序号 | 控制点名称 | 执行人员 | 标　准 |
|---|---|---|---|
| 13 | 柜、屏、台、箱、盘内检查试验 | 施工员<br>技术员<br>质量员 | 柜、屏、台、箱、盘内检查试验应符合下列规定：<br>(1)控制开关及保护装置的规格、型号符合设计要求。<br>(2)闭锁装置动作准确、可靠。<br>(3)主开关的辅助开关切换动作与主开关动作一致。<br>(4)柜、屏、台、箱、盘上的标识器件标明被控设备编号及名称，或操作位置，接线端子有编号，且清晰、工整、不易脱色。<br>(5)回路中的电子元件不应参加交流工频耐压试验。48V及以下回路可不做交流工频耐压试验 |
| 14 | 低压电器组合 | | 低压电器组合应符合下列规定：<br>(1)发热元件安装在散热良好的位置。<br>(2)熔断器的熔体规格、自动开关的整定值符合设计要求。<br>(3)切换压板接触良好，相邻压板间有安全距离，切换时，不触及相邻的压板。<br>(4)信号回路的信号灯、按钮、光字牌、电铃、电笛、事故电钟等动作和信号显示准确。<br>(5)外壳需接地(PE)或接零(PEN)的，连接可靠。<br>(6)端子排安装牢固，端子有序号，强电、弱电端子隔离布置，端子规格与芯线截面积大小适配 |
| 15 | 柜(屏、盘、台等)配线 | | 柜、屏、台、箱、盘间配线：电流回路应采用额定电压不低于750V、芯线截面积不小于2.5mm$^2$的铜芯绝缘电线或电缆；除电子元件回路或类似回路外，其他回路的电线应采用额定电压不低于750V、芯线截面不小于1.5mm$^2$的铜芯绝缘电线或电缆。<br>二次回路连线应成束绑扎，不同电压等级、交流、直流线路及计算机控制线路应分别绑扎，且有标识；固定后不应妨碍手车开关或抽出式部件的拉出或推入 |
| 16 | 柜、屏、台、箱、盘面板上电器及控制台、板等可动部位的配线 | | 连接柜、屏、台、箱、盘面板上的电器及控制台、板等可动部位的电线应符合下列规定：<br>(1)采用多股铜芯软电线，敷设长度留有适当裕量。<br>(2)线束有外套塑料管等加强绝缘保护层。<br>(3)与电器连接时，端部绞紧，且有不开口的终端端子或搪锡，不松散、断股。<br>(5)可转动部位的两端用卡子固定 |

续表

| 序号 | 控制点名称 | 执行人员 | 标　准 |
| --- | --- | --- | --- |
| 17 | 照明配电箱(盘)安装 | 质量员 | 照明配电箱(盘)安装应符合下列规定：<br>(1)位置正确，部件齐全，箱体开孔与导管管径适配，暗装配电箱箱盖紧贴墙面，箱(盘)涂层完整。<br>(2)箱(盘)内接线整齐，回路编号齐全，标识正确。<br>(3)箱(盘)不采用可燃材料制作。<br>(4)箱(盘)安装牢固，垂直度允许偏差为1.5‰；底边距地面为1.5m，照明配电板底边距地面不小于1.8m |

**七、现场安全常见问题**

(1)设备安装完暂时不能送电运行的变配电室、控制室应门窗封闭。设置保安人员。注意土建施工影响，防止室内潮湿。

(2)对柜(屏、台)箱(盘)保护接地的电阻值、PE线和PEN线的规格、中性线重复接地应认真核对，要求标识明显，连接可靠。

# 第四节　高压开关柜安装

**一、基础预埋**

高压开关柜基础有直埋槽钢、混凝土台基础及手车柜基础几种。高压开关柜可根据设计图或产品生产厂家要求的柜体基础几何尺寸进行施工。固定式高压开关柜通常安装在基础上(手车式除外)。

常见的基础预埋有以下几种：

1. 直埋槽钢

(1)根据设计图进行基础测量划线。

(2)对型钢进行调直、除锈后、下料钻孔、焊接框架。

(3)将型钢框架准确地放置在测量位置上，并测出型钢的中心线、标高尺寸等。用水平尺找出误差每米不超过1mm，全长不超过5mm。水平偏低时，可用铁片垫高，埋设的型钢可高出地表面10mm(型钢是否需要高出地面应根据设计规定或产品实物情况而定)，水平调好后，可将型钢焊在预埋底座上，以使其固定。

(4)一般型钢基础应可靠接地，做法是用扁钢将其与接地网焊接，接地点不应少于两边，焊接面为扁钢宽度的二倍，应三个棱边焊牢。露出地面的型钢部分应涂防腐漆。

2. 混凝土基础台

根据设计图确定高压开关柜排列的周围尺寸，先做混凝土台，然后在基础台上面用膨胀螺栓固定开关柜，膨胀螺栓的位置确定，应事先根据设计进行划线定位，其各柜体用螺栓将扁钢与接地网连成整体，其接地固定螺栓应采用镀锌件以防腐蚀，直径不应小于10mm且有可靠的防松措施。

3. 手车柜基础

手车柜基础型钢顶面与地面平齐（不铺绝缘橡胶垫时），如果铺绝缘橡胶垫时，应考虑其厚度。

**二、立柜**

立柜应在浇筑基础型钢的混凝土凝固后进行。

(1)立柜前，先按图纸规定的顺序将配电柜作标记，然后用人力将其搬放在安装位置。

(2)立柜时，可先把每个柜调整到大致的水平位置，然后再精确地调整第一个柜，再以第一个柜为标准将其他柜逐次调整，调整顺序，可以从左到右，或从右到左，也可以先调中间一柜，然后分开调整。

(3)配电柜的水平调整，可用水平尺测量。垂直情况的调整，可在柜顶放一木棒，沿柜面悬挂一线锤，测量柜面上下端与吊线的距离，如果上下的距离相等，表示柜已垂直；如果距离不等，可用薄铁片加垫，使其达到要求。调整好的配电柜，应盘面一致，排列整齐；柜与柜之间应用螺栓拧紧，应无明显缝隙。配电柜的水平误差不应大于0.1％，垂直误差不应大于其高度的0.15％。

(4)调整完毕后再全部检查一遍，是否都合乎质量要求，然后用电焊（或连接螺栓）将配电柜底座固定在基础型钢上。

(5)如用电焊，每个柜的焊缝不应少于四处，每处焊缝长约100mm。为了美观，焊缝应在柜体的内侧。焊接时，应把垫于柜下的垫片也焊在基础钢上。

基础型钢及盘、柜安装允许偏差值见表4-23、表4-24。

**表4-23　　基础型钢安装的允许偏差值**

| 项　次 | 项　目 | 允许偏差(mm) | |
|---|---|---|---|
| 1 | 直度 | 每米<br>全长 | <1<br><5 |
| 2 | 水平度 | 每米<br>全长 | <1<br><5 |
| 3 | 位置偏差及平行度 | 全长 | <5 |

注：环型布置按设计要求。

表 4-24　　盘、柜安装的允许偏差值

| 项　次 | 项　目 | | 允许偏差(mm) |
|---|---|---|---|
| 1 | 垂直度(每米) | | <1.5 |
| 2 | 水平偏差 | 相邻两盘顶部 | <2 |
| | | 成列盘顶部 | <5 |
| 3 | 盘面偏差 | 相邻两盘边 | <5 |
| | | 成列盘面 | <5 |
| 4 | 盘间接缝 | | <2 |

**三、少油断路器安装**

少油断路器是高压断路器的一种，主要适用于发电厂、变电所及工矿企业等电力系统中，作为保护和控制高压电气设备之用，也适用于频繁操作和切断电容器组中。

高压断路器又称高压自动开关，它是用来接通和断开高压电路中的电流。当电路中出现过载或短路时，它能自动断开电路。按其灭弧和绝缘介质情况，高压断路器可分为充油、充气、磁吹、真空等类型。按其容油量多少，充油类高压断油路又可分为少油式和多油式两类。SN10—10 型少油断路器是目前较为常用的一种，见图 4-10。

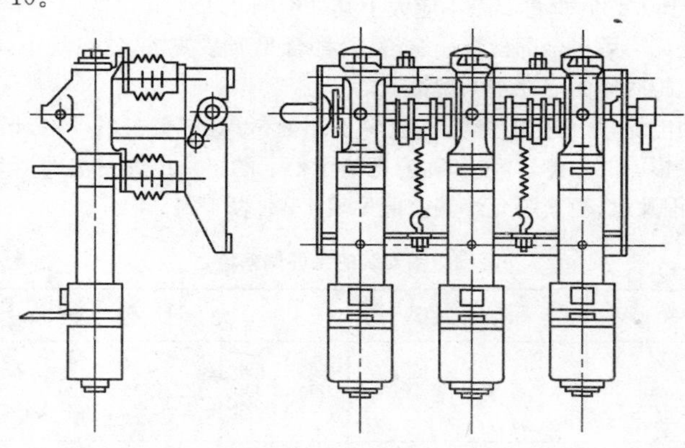

图 4-10　SN10—10 型少油断路器

1. 技术数据

电气工程中，常用少油断路器的主要技术数据见表 4-25。

表 4-25　常用少油断路器的主要技术数据表

| 型　号 | 额定电压(kV) | 额定电流(A) | 断流容量(MVA) | 动稳定电流(kA) | 热稳定电流通流时间(kA/s) | 固有分闸时　间(s) | 固有合闸时　间(s) | 配用机构型　号 | 三相油重(kg) |
|---|---|---|---|---|---|---|---|---|---|
| SN8－10/200 | 10 | 600 | 200 | 52 | 20/4 | 0.05 | 0.25 | CD2<br>CT4－G | 5 |
| SN8－10/350 | 10 | 600<br>1000 | 350 | 65 | 23/4 | 0.05 | 0.25 | CT7 | 8 |
| SN10－10/300 | 10 | 600<br>1000 | 300 | 44 | 17.3/4 | 0.06 | 0.25 | CS2<br>CT7 | 5 |
| SN10－10/500 | 10 | 1000 | 500 | 71 | 29/4 | 0.06 | 0.25 | CD10－Ⅱ<br>CT7 | 8 |
| SN10－10/750 | 10 | 1250<br>3000 | 750 | 130 | 43.3/2<br>43.3/4 | 0.06 | 0.2 | CD10－Ⅱ<br>CD10－Ⅲ | 8<br>12 |

2. 断路器的选择

选择高压断路器时，应注意以下几点：

(1)工作可靠：断路器质量好坏，直接影响着电力系统的正常运行。所以要求高压断路器工作可靠，特别是发生故障的时候尤为重要。

(2)能承受较大的瞬时功率：电力系统中发生故障时，电流很大，可超出正常额定电流的几倍到几十倍，持续时间几秒钟，所以要求断路器在这个短时间内要能承受住这样大的瞬时功率。

(3)动作时间要快：要求断路器在百分之几秒钟内迅速断开故障电流，因为这直接影响着电力系统输送功率的大小和运行的稳定性。

3. 少油断路器的组装

少油断路器的组装应符合下列要求：

(1)断路器应安装垂直，并固定牢靠，底座或支架与基础的垫片不宜超过三片，其总厚度不应大于 10mm，各片间应焊接牢固。

(2)按产品的部件编号进行组装，不得混装。

(3)同相各支持瓷套的法兰面宜在同一水平面上，各支柱中心线间距离的误差不应大于 5mm；三相联动的油断路器，其相间支持瓷套法兰面宜在同一水平面上，三相底座或油箱中心线的误差不应大于 5mm。

(4)三相联动或同相各柱之间的连杆，其拐臂应在同一水平面上，拐臂角度应一致，并使连杆与机构工作缸的活塞杆在同一中心线上；连杆拧入深度应符合产品的技术规定，防松螺母应拧紧。

(5)支持瓷套内部应清洁，卡固弹簧应穿到底；法兰密封垫应完好，安放的位置正确且紧固均匀。

(6)工作缸或定向三脚架应固定牢固，工作缸的活塞杆表面应洁净，并有防雨、防尘罩。

(7)定位连杆应固定牢固,受力均匀。

4. 少油断路器解体检查

少油断路器一般均须解体检查,但油箱铅封或说明书规定不解体者除外。外观检查合格且手动、电动合闸、分闸试验正常,4 项全部满足要求者,可不解体。制造厂规定不作解体且有具体保证的 10kV 油断路器,可进行抽查。

当对铅封的少油断路器解体检查时,应有制造厂人员参加。

(1)解体准备。少油断路器解体检查时,应做好下列各项准备工作:

1)熟悉设计资料及产品说明书要求。

2)操作场地应打扫干净。

3)油盘、油桶、漏斗、油抽子、绝缘强度合格的变压器油、泡沫塑料及拆卸调整专用工具等。

(2)解体清洗步骤。按次序拆卸顶罩及定触头、隔弧片、导电杆及传动机构、缓冲活塞及放油塞等,并依次按原配方位放在油盘中,用泡沫塑料蘸变压器油逐件清洗,并冲洗油箱。清洗时注意保持原来的次序和方位。不得用棉丝或棉布清洗少油断路器。

(3)检查内容和标准。少油断路器解体检查的内容和标准如下:

1)各部件应清洁,无油泥杂物。

2)消弧筒及隔弧片完整,装配正确。

3)导电杆无明显的弯曲,导电杆、定触头及导电滚轮的合金及镀银层完整,定触头弹力均匀,导电杆和定触头接触良好。

4)传动拐臂、连杆动作灵活无卡涩,垫圈、开口销齐全,开口销(开口处)无裂纹。

5)油封及密封件完整无损。

6)油缓冲器的油孔和活塞配合适宜,缓冲作用良好。

检查后,按解体相反的次序逐件按原方位装复,但顶罩与定触头暂不装上。

5. 导电杆行程和超行程的测量

(1)导电杆行程与超行程的测量用手动慢合闸慢分闸操作。

(2)测量:测量合闸位置与分闸位置时,导电杆顶端的高度之差,即为导电杆的行程。其数值应与表 4-26 相符。

表 4-26　导电杆行程和超行程数据表

| 断路器型号 | 行　程(mm) | 超　行　程 | |
|---|---|---|---|
| | | 基准面 | 控制尺寸(mm) |
| SN10－10Ⅰ | 145±3 | 上出线端 | 130±1.5 |
| SN10－10Ⅱ | 155±3 | 上出线端 | 110±1.5 |
| SN10－10Ⅲ | 灭弧杆 155±3 | 上出线端 | 122±2 |
| | 主触头 60±2 | | 66±2 |

超行程的数值对 SN10－10 型断路器(图 4-10)而言,不易直接测量,通常用合闸位置时导电杆顶端至某基准面的距离来控制行程。行程和超行程的调整可以变动合闸橡胶缓冲器的松紧或橡胶垫厚度,或适当调整绝缘拉杆长度。行程、超行程测量后,即可装上定触头和顶罩。

6. 三相合分闸同期性调整

(1)三相合分闸同期性调整用手动慢合闸慢分闸操作进行。采用 36V 单相工频电源,按图 4-11 接线,手动慢合闸或慢分闸时,三相灯泡应同时亮灭。相差较大时,可调整绝缘拉杆的长度使其尽量一致。如因传动机构间隙不均达不到同期合闸分闸时,以同期分闸(即灭灯)为主。

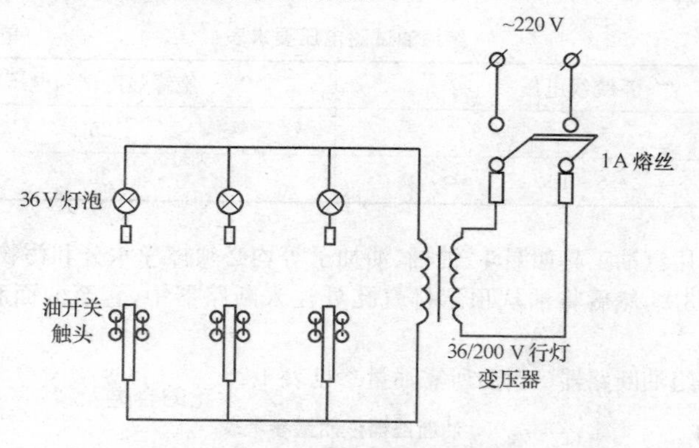


**图 4-11　三相合闸分闸同期性调整**

(2)合闸限位装置调整。合闸位置调整得是否合适,主要影响分合动作的可靠性,是通过保证死点机构的间隙和合闸限位止钉的间隙来达到的。

(3)分合闸同期性调整。调整绝缘拉杆、绝缘提升杆或导电杆的长度,以使开关分合闸的同期性符合产品厂家的要求。在调整同期性时,会影响动触头的行程,所以,在保证同期性时还应注意复测行程值,两者均应兼顾。

(4)触头行程的调整。动触头总行程、动触头接触静触头的超行程、动静触头分断时的断开距离应符合产品厂家的要求。变动传动拉杆、水平连杆或绝缘提升杆的长度,可调整动触头的总行程,同时也调整了超行程。

(5)分合闸速度调整。断路器分合闸速度不符合要求时,可按产品说明对缓冲器的压缩行程进行调整。弹簧缓冲器用于断路器合闸缓冲;油断路器缓冲用于断路器分闸缓冲。

1)油缓冲器调整时,只需增减顶杆下的垫片或拧动顶杆以改变顶杆外伸长度即可。

2)调整弹簧缓冲器时,用手拧动弹簧两端的定位螺母,或在弹簧与冲击板之间增减垫片以改变弹簧的长度即可达到调整的目的。

弹性缓冲器的调整可通过减少橡胶垫或金属片的数量即可达到调整的目的。

7. 注油

注油前，应检查断路器及其传动装置的所有连接部位应连接牢固；机构无变形，锁片销牢，防松螺母拧紧，闭口销张开；油断路器内部不得遗留任何杂物，顶盖及检查孔密封良好。注油的要求如下：

(1)注油的油箱及内部绝缘部件应用合格的绝缘油冲洗干净。

(2)所注的绝缘油的牌号和技术性能应符合制造厂的规定及国家标准的规定，并经试验合格后方可注入油断路器中。试验电压见表4-27。

**表4-27　绝缘油试验电压要求表**　（单位：kV）

| 系统线电压 | 绝缘强度试验电压 |
| --- | --- |
| <6 | 25 |
| 6～10 | 30 |

(3)所用汽油工具如漏斗、油桶、油抽子等均必须擦净水分和污物，再用合格油冲洗2～3次，然后将油从顶罩排气孔处注入断路器中，直至油面和油标刻线相合。

(4)每组油断路器（三相）所需油量参见表4-28。

**表4-28　油断路器注油量参考表**

| 型号 | | 每组断路器油量(kg) |
| --- | --- | --- |
| NS10－10Ⅰ | | 5～6 |
| NS10－10Ⅱ | 1000－500 | 8 |
| NS10－10Ⅲ | 1250－750 | 8 |
| NS10－10Ⅲ | 2000<br>3000 －750 | 12 |

(5)注油到规定油位，静置25h，再取油样作耐压试验，断缘强度应符合规定。如不符合规定，必要时重新过滤，直到合格为止。

(6)未注油的油断路器，不得进行手动及电动合、分闸操作，以免油缓冲器无油而损坏。

8. 手动合闸与分闸

(1)用手动操作工具进行油开关慢速合、分闸操作各三次，传动机构应动作正确、灵活、无卡涩现象，合闸、分闸可靠。必要时，可调整操动机构的有关调整螺栓。

(2)用手动操作工具进行油断路器手动正常合闸、快速分闸及自由脱扣操作各三次，动作应正确、灵活、可靠，必要时加以调整。

(3)合、分闸指示牌的位置应正确。

9. 电动合闸与分闸

(1)准备操作电源，其种类、电压、容量应符合操动机构的要求。

(2)用 5000V 绝缘电阻表测量合闸、分闸线圈的绝缘电阻，不得低于 1MΩ。

(3)按施工图纸将操作电源接到油断路器控制电路的接线端子。

(4)电动操作合、分闸各三次，油断路器动作应正确、灵活、可靠。

10. 断路器操动机构安装

操动机械的安装应符合下列要求：

(1)操动机构固定应牢靠，底座或支架与基础间的垫片不宜超过 3 片，总厚度不应超过 20mm，并与断路器底座标高相配合，各片间应焊牢。

(2)操动机构的零部件应齐全，各转动部分应涂以适合气候条件的润滑脂。

(3)电动机转向应正确。

(4)各种接触器、断电器、微动开关、压力开关和辅助开关的动作应准确可靠，接点应接触良好，无烧损或锈蚀。

(5)分、合闸线圈的铁芯应动作灵活，无卡阻。

(6)加热装置的绝缘及控制元件的绝缘应良好。

## 四、空气断路器安装

1. 主要技术数据

在电气工程中，常用的空气断路器的种类较多，其主要技术数据见表 4-29。

**表 4-29　　空气断路器的主要技术数据表**

| 型　号 | 额定电压(kV) | 额定电流(A) | 断流容量(MV·A) | 开断电流(kA) | 额定工作气压(大气压) | 操动电源(DC) | | 重量(kg) |
|---|---|---|---|---|---|---|---|---|
| | | | | | | 电压(V) | 电流(A) | |
| KN－35/400 | 35 | 400 | 400 | 6.6 | 10 | | 2.75 | 400 |
| KW2－110/1500 | 110 | 1500 | 2500 | 13.1 | 20 | | 2 | 4800 |
| KW2－220/1500 | 220 | 1500 | 5000 | 13.1 | 20 | | 2 | 11500 |
| KW4－110/1500 | 110 | 1500 | 5000 | 26.2 | 20 | | 2 | 3500 |
| KW4－220/1500 | 220 | 1500 | 10000 | 26.2 | 20 | 220 | 2 | 8500 |
| KW4－330/1500 | 330 | 1500 | 15000 | 26.2 | 20 | | 2 | 13000 |
| KW5－220/1000 | 220 | 1000 | 10000 | 21 | 25 | | 1.5 | 10000 |
| KW5－330/1000 | 330 | 1000 | 15000 | 21 | 25 | | 1.5 | 14500 |
| KW5－330/1200 | 330 | 1200 | 15000 | 21 | 25 | | 1.5 | 14500 |
| KW6－35/2000 | 35 | 2000 | 1200 | 20 | 20 | | 2 | 800 |

2. 解体检查

空气断路器部件的解体检查宜在室内或棚内进行，并应符合下列要求。

(1)从动阀、主阀、中间阀、控制阀、排气阀等阀门系统及灭弧动触头的传动活塞：

1)活塞、套筒、弹簧、胀圈等零件应完好、清洁、无锈蚀；滑动工作面涂以产品规定的润滑剂；

2)橡胶密封垫(圈)应无扭曲、变形、裂纹、毛刺，并应具有良好的弹性；密封垫(圈)应与法兰面或法兰面上的密封槽的尺寸配合；

3)阀门的排气孔、控制延时用的气孔以及阀门进出气管的承接口应通畅；

4)阀门的金属法兰面应清洁、平整、无砂眼；

5)组装时，活塞胀圈的张口应互相错开；活塞运动灵活，无卡阻；弹簧应保持原有的压缩程度。

(2)灭弧室的主、辅灭弧触头、并联电阻、均压电容：

1)触头零件应紧固，灭弧触指弹簧应完整，位置准确，触指上的镀银层应完好；

2)灭弧室内部应清扫干净，部件的装配尺寸及灭弧动触头传动活塞的行程应符合产品要求，喷口的安装方向正确；

3)测得的并联电阻、均压电容值应符合产品的规定。

(3)传动部件：

1)转轴应清洁，并涂以适合当地气候的润滑脂；

2)传动机构系统应动作灵活可靠。

3. 安装施工

空气断路器的安装应在无雨雪及无风沙天气下进行；安装的基础或支架应符合要求。

(1)安装前检查。空气断路器及其附件安装前，应进行下列检查：

1)外表应完好，无影响其性能的损伤。

2)环氧玻璃钢导气管不得有裂纹、剥落和破损。

3)绝缘拉杆表面应清洁无损伤，绝缘应良好，端部连接部件应牢固可靠，弯曲度不超过产品的技术规定。

4)瓷套与金属法兰间的黏合应牢固密实，法兰结合面应平整，无外伤或铸造砂眼。

5)灭弧室、分合闸阀、起动阀、主阀、中间阀、控制阀和排气阀及触头的传动活塞等应作部分或整体的解体检查，制造厂规定不作解体且具体保证的部件除外。

6)均压电容器的检查应符合下列规定：

①套管芯棒应无弯曲或滑扣。

②引出线端连接用的螺母、垫圈应齐全。

③外壳应无显著变形，外表无锈蚀，所有接缝不应有裂缝或渗油。

7)高强度支柱瓷套外观检查有疑问时，应经探伤试验，不得有裂纹、损伤，并不得修补。

(2)底座安装。空气断路器底座的安装,应符合下列要求:

1)底座应安装稳固,三相底座相间距离误差不应大于 5mm。

2)支持瓷套的法兰面应水平;三相联动的空气断路器,其相间瓷套法兰面宜在同一水平面上。

3)储气筒内部应无杂物,并应用压缩空气吹净或吸尘器吹净。

(3)断路器组装。空气断路器的组装,应符合下列要求:

1)瓷件、环氧玻璃钢导气管、绝缘拉杆等应保持清洁干燥。

2)所有部件的安装位置应正确,并保持其应有的水平或垂直位置,拉紧绝缘子的紧度应适当。

3)连接瓷套法兰所用的橡胶密封垫(圈)不应有变形、开裂或老化龟裂,并应与密封槽尺寸相配合;橡胶密封垫(圈)的压缩量不宜超过其厚度的 1/3 或按产品的技术规定执行。

4)灭弧室外接端子应光洁,连接用软导线不应有断股。

5)空气断路器与其传动部分的连接应可靠,防松螺母应拧紧,转轴应涂以适合当地气候的润滑脂。

6)气管与部件的连接,应使钢管的胀口与接头配合严密,胀口不应有裂纹,管子内部应洁净。

4. 调整与操动试验

空气断路器的调整及操动试验,应符合下列规定:

(1)调整工作应包括下列内容:

1)分、合闸及自动重合闸的最低动作气压及零气压闭锁。

2)分、合闸及自动重合闸时的气压降。

3)分、合闸及自动重合闸的动作时间。

(2)调整及操动试验的要求:

1)各项调整数据应符合产品要求;阀门系统功能良好,传动机构及缓冲器应动作灵活,无卡阻。

2)充气时应逐段增高压力,并在各段气压下进行密封检查。升到最高工作气压时,阀体、瓷套法兰、连接接头处应无漏气。

3)各辅助开关接点应动作准确,接触良好,并应与空气断路器的分、合闸和自动重合闸的动作可靠地配合,接点断开后的间隙应符合产品的技术规定。

4)分、合闸位置指示器应动作灵活可靠,指示正确。

(3)调试完毕后,应进行整组空气断路器的漏气量检查,漏气量应符合产品的技术规定。在调整过程中,应同时检查控制及通风干燥等低压系统,气路应通畅。

**五、隔离开关安装**

隔离开关中设有专门的灭弧装置,在分闸状态下具有明显的断口(包括直接和间接可见)的开关电器。在配电装置中它的容量通常是断路器的 2～4 倍。

1. 隔离开关分类

根据不同的分类标准,隔离开关大致可分为如下四类:

(1)按安装地点不同可分为户内式和户外式两种类型;

(2)按用途不同可分为一般输配电用、发电机引出线用、变压器中性点接地用和快分用4种;

(3)按断口两端是否安装接地刀情况可分为单接地(一侧有接地刀)、双接地(两侧有接地刀)和不接地(无接地刀)三种;

(4)按触头的运动方式不同可分为水平回转式、垂直回转式、伸缩式(即折架式)和直线动移式(即插拔式)四种。

2. 隔离开关的作用

隔离开关的主要用途,主要体现在以下四个方面:

(1)为设备和线路检修与分段进行电气隔离;

(2)在断口两端接近等电位条件下,倒换母线改变接线方式;

(3)分、合一定长度母线或电缆、绝缘套管和断路器的并联均压电容器中通过的小电容电流;

(4)分、合一定容量的空载变压器和电压互感器。

3. 隔离开关安装要求

(1)隔离开关合闸后,触头间的相对位置、备用行程以及分闸状态时触头间的净距或拉开角度应符合产品的技术规定。

(2)具有引弧触头的隔离开关,由分到合时,主动触头接触前,压弧触头应先接触;从合到分时,触头的断开顺序应相反。

(3)三相联动的隔离开关的触头接触时,其前后相差值应符合产品技术规定。

(4)隔离开关的导电部分应符合下列规定:

1)以0.05mm×10mm的塞尺检查:对于线接触应塞不进去;对于面接触,其塞入深度:在接触表面宽度为50mm及以下时,不应超过4mm;在接触表面宽度为60mm及以上时,不应超过6mm。

2)接触表面平整、清洁、无氧化膜,并应涂以薄层中性凡士林或复合脂;载流部分的可挠连接不得有折损,载流部分表面应无严重的凹陷及锈蚀。

3)触头间应接触紧密,两侧的接触压力应均匀,且符合产品技术规定。

4)设备接线端子应涂以薄层电力复合脂。

(5)隔离开关的闭锁装置应动作灵活、准确可靠;带有接地刀刃的隔离开关,接地刀刃与主触头间的机械或电气闭锁应准确可靠。

(6)隔离开关及负荷开关的辅助开关应安装牢固,并动作准确,接触良好,其安装位置应便于检查;装于室外时,应有防雨措施。

4. 隔离开关安装前检查

隔离开关安装前,按下列要求进行检查:

(1)开关型号、规格应符合设计要求。

(2)接线端子及载流部分应清洁,且接触良好,触头镀银层无脱落。

(3)绝缘子表面应清洁,无裂纹、破损、焊接残留斑点等缺陷;瓷体与铁件黏合应牢固。

(4)隔离开关的底座转动部分应灵活,并应涂以适合当地气候条件的润滑脂。

(5)操动机构的零部件应齐全,所有固定连接部分应紧固,转动部分应涂以适合当地气候条件的润滑脂。

5. 在墙上或钢构架上安装

(1)安装在墙上应埋好底脚螺栓或预埋铁件。安装在钢架上,应先在钢架上钻孔用紧固螺栓固定。

(2)安装操动机构时,应根据设计图纸来配制开关与机构之间的连杆。操动机构(图 4-12)固定在支架上并使其扇形板与隔离开关上的拐臂在同一垂直平面上。

(3)连杆连接之前应将弯连接头连接在开关的拐臂上,直连接头连接在扇形板的舌头上,然后把调节元件拧入直连接头。

连杆应在开关和操动机构处于合闸位置时进行装配,测好连杆的长度再下料。连杆一般用 20mm 的钢管制作。连杆加工好后将其一端与弯连接头焊接,另一端与调节元件焊接。

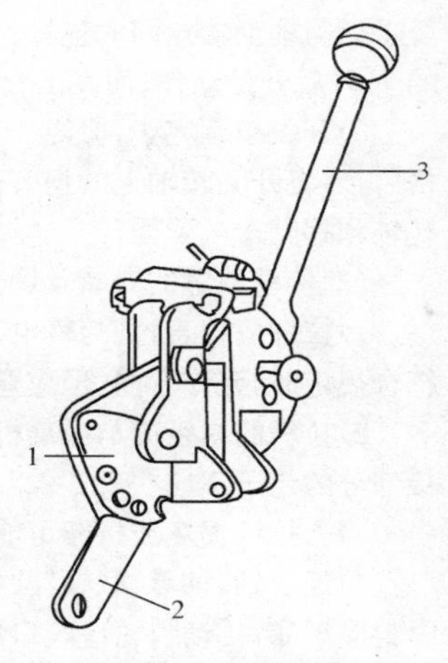


**图 4-12　手操动机构图**

1—扇形板;2—舌头;3—手柄

(4)在室内间隔墙的两面,以共同的双头螺柱安装隔离开关时,应保证其中一组隔离开关拆除后,不影响另一侧隔离开关的固定。

6. 隔离开关的组装

(1)隔离开关的相间距离与设计要求之差不应大于 10mm;相间连杆应在同一水平线上。

(2)支柱绝缘子应垂直于底座平面(V 形隔离开关除外),且连接牢固;同一绝缘子柱的各绝缘子中心线应在同一垂直线上;同相各绝缘子柱的中心线应在同一垂直平面内。

(3)隔离开关的各支柱绝缘子间应连接牢固;安装时可用金属垫片校正其水平或垂直偏差,使触头相互对准、接触良好;其缝隙应用腻子抹平后涂以油漆。

(4)均压环(罩)和屏蔽环(罩)应安装牢固、平正。

7. 隔离开关的安装

(1)调试步骤。在开关本体、操作机构、连杆全部装好后进行。步骤如下:

1)第一次操作开关时,应慢慢合闸和分闸。合闸时应观察触刀有无侧向撞击,如有穿击现象,可用改变触头的位置使触刀片刚好插入触头。触刀插入触头的深度应不小于90%，但也不应过大，以免冲击绝缘子的端部。触刀与触头的底闸应保持3～5mm间隙，否则调整直连接头而改变连杆的长度，或调节开关轴上的制动螺钉，改变轴的旋转角度，都可以调整触刀插入的深度。

2)调整三相触刀合闸的同期性，一般可借助于调整升降绝缘子连接螺钉的长度，这样可以改变触刀的位置，而使触刀能同时投入。

3)调整触刀两边的弹簧压力，使接触情况符合规定。

4)隔离开关如果带有辅助接点时，应进行调试。调整接点转臂上的一排斜孔及手柄与辅助接点间的连杆长度，使之发出分闸信号的接点在触刀通过全部行程的75%后开始动作；而发出合闸信号的接点不得在触刀与静触头闭合之前动作。

5)开关粗调完毕，应经3～5次的试操作，操作过程中再行细调，直至完全合格后，才将开关转轴上的拐臂位置固定，然后钻孔，并打入$\phi 8$～$\phi 10$的圆锥销，使转轴和拐臂永久紧固。

(2)传动装置的安装及调整。传动装置安装及调整的要求如下：

1)拉杆应校直，其与带电部分的距离应符合现行国家标准的有关规定；当不符合规定时，允许弯曲，但应弯成与原杆平行。

2)拉杆的内径应与操动机构的直径相配合，两者间的间隙不应大于1mm；连接部分的销子不应松动。

3)当拉杆损坏或折断可能接触带电部分而引起事故时，应加装保护环。

4)延长轴、轴承、联轴器、中间轴轴承及拐臂等传动部件，其安装位置应正确，固定应牢靠；传动齿轮应咬口准确，操作轻便灵活。

5)定位螺钉应按产品的技术要求进行调整，并加以固定。

6)所有传动部分应涂以适合当地气候条件的润滑脂。

7)接地刀刃转轴上的扭力弹簧或其他拉伸式弹簧应调整到操作力矩最小，并加以固定；在垂直连杆上涂以黑色油漆。

(3)操动机构的安装与调整。具体要求如下：

1)操动机构应安装牢固，同一轴线上的操动机构安装位置应一致。

2)电动或气动操作前，应先进行多次手动分、合闸，机构动作应正常。

3)电动机的转向应正确，机构的分、合闸指示应与设备的实际分、合闸位置相符。

4)机构动作应平稳，无卡阻、冲击等异常情况。

5)限位装置应准确可靠，到达规定分、合极限位置时，应可靠地切除电源或气源。

6)管路中的管接头、阀门、工作缸等不应有渗漏现象。

7)机构箱密封垫应完整。

8)气动机构的空气压缩机及空气管路还应符合有关规范的规定。

**六、负荷开关安装**

高压负荷开关分户内型和户外型。户内型有FN2、FN3、FN4等型号，其中FN4型为真空式负荷开关，是近年试制成的性能较好的一个新型产品。户外型有 FW5 型产气式负荷开关，FN1 型属于淘汰品种。

1. 负荷开关分类

高压负荷开关的分类、特点及应用范围见表 4-30。

表 4-30　　负荷开关分类

| 类　别 | 特　　点 | 应用场所 |
| --- | --- | --- |
| 压气式 | 压气活塞与动触头联动，压缩空气吹弧，开断能力较强，能频繁操作，但断口电压较低 | 供用电设备控制 |
| 油浸式 | 利用电弧能量使绝缘油分解和气化产生气体吹弧。结构简单，但开断能力低，电寿命短，有火灾危险 | 户外供电线路控制 |
| 固体产气式 | 利用电弧能量使固体产气材料分解和气化，生产气体吹弧。结构简单，但开断能力低，电寿命短，噪声大 | 农村供电支路控制 |
| 真空式 | 在真空容器中灭弧。尺寸小，重量轻，电寿命长，维护工作量少，但截流过电压较高，价格较贵 | 地下或其他特殊供电场所 |
| 压缩空气式 | 利用预先充入的压缩空气吹弧。开断能力强，能频繁操作，但结构复杂，噪声大，价格昂贵 | 国外用于高压电力线路控制 |
| $SF_6$ 式 | 利用单压式或旋弧式原理熄弧。断口电压较高，开断性能好，电寿命长，但结构较复杂，对材料和加工精度要求较高 | 高压电力线路及供用电设备控制 |

2. 技术数据

高压负荷开关的技术数据见表 4-31。

表 4-31　　高压负荷开关技术数据

| 型　号 | 额定电压(kV) | 额定电流(A) | 极限开断电流(kA) | 极限通过电流(峰值)(kA) | 热稳定电流有效值[kA(s)] |
| --- | --- | --- | --- | --- | --- |
| FN2－10 | 10 | 400 | 1.2 | 25 | 4(10) |
| FN4－10 | 10 | 600 | 3 | 7.5 | 3(4) |
| FW2－10G | 10 | 100 | 1.5 | 14 | 7.8(5) |
| FW2－10G | 10 | 200 | 1.5 | 14 | 7.8(5) |
| FW2－10G | 10 | 400 | 1.5 | 14 | 12.7(5) |
| FW5－10 | 10 | 200 | 1.8 | 10 | 4(4) |

3. 负荷开关的安装调试

负荷开关的安装调试同隔离开关。10kV 负荷开关及操作手柄在墙上安装如图 4-13 所示。

负荷开关的安装调整，还应符合下列规定：

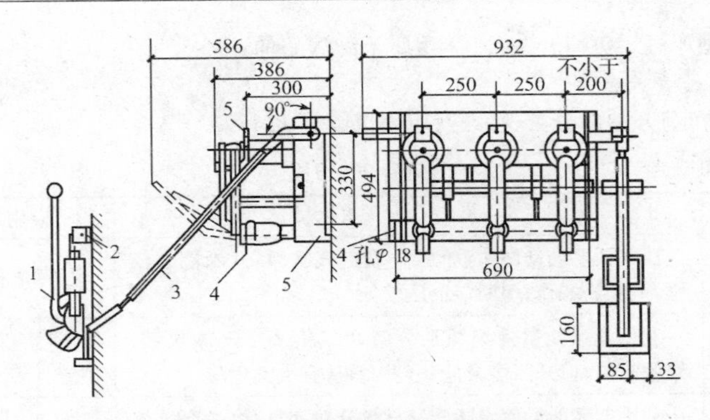


图 4-13 10kV 负荷开关在墙上安装图

1—操动机构；2—辅助开关；3—连杆；4—接线板；5—负荷开关

(1)在负荷开关合闸时，主固定触头应可靠地与主刀刃接触；分闸时，三相的灭弧刀片应同时跳离固定灭弧触头。

(2)灭弧筒内产生气体的有机绝缘物应完整无裂纹，灭弧触头与灭弧筒的间隙应符合要求。

(3)负荷开关三相触头接触的同期性和分闸状态时触头间净距及拉开角度，应符合产品的技术规定。

(4)带油的负荷开关的外露部分及油箱应清理干净，油箱内应注入合格油并无渗漏。

(5)所有传动部分应涂以适合当地气候条件的润滑脂。

## 七、柜内接线

### 1. 屏内接线

(1)屏的内部连接导线，一般采用塑料绝缘铜芯导线。

(2)安装在干燥房间里的屏，其内部接线可采用无防护层的绝缘导线，该导线能在表面经防腐处理的金属屏上直接敷设。

(3)屏内同一安装单位各设备之间的连线，一般不经过端子排。

(4)接到端子和设备上的绝缘导线和电缆芯应有标记。

### 2. 屏外接线

(1)一般采用整根控制电缆，当控制电缆的敷设长度超过制造长度时，或由于配电屏的迁移而使原有电缆长度不够时，或更换电缆的故障时，可用焊接法连接电缆（在连接处应装设连接盒），也可借用其他屏上的端子来连接。

(2)至屏上的控制电缆应接到端子排、试验盒或试验端钮上，至互感器或单独设备的电缆，允许直接接到这些设备上。

(3)控制电缆及其控制到端子和设备上的绝缘导线和电缆芯应有标记。

3. 柜内二次接线

(1)按高压开关柜配线图逐台检查柜内电气元件是否相符,额定电压、控制程序、操作电源、电压相序必须一致。

(2)检查各控制线。每根控制线顺序压接到端子板上,端子板处一孔压一根控制线,最多不能超过二根。盘圈压接时,两根导线中间应加平垫圈,并用平垫圈加弹簧垫后用螺母紧固。独根线插接时,应打回头后压牢。多股铜导线盘圈涮锡后,压接牢固。

**八、柜内外的清扫与调试**

(1)高压柜固定好,接线完毕应进行柜内部清扫,用擦布将柜内外擦干净,柜内及室内杂物清理干净。

(2)彻底清扫全部设备及变配电室、控制室的灰尘。用吸尘器清扫电器、仪表元件,清理室内其他物品,室内不得堆放闲置物品。

(3)高压试验应由当地供电部门认可的试验部门进行,试验标准应符合现行国家施工及验收规范的规定,以及当地供电部门的相关规定和产品技术文件中的产品特性要求。试验主要项目有母线、避雷器、高压瓷瓶、电压互感器、电流互感器、高压开关等。试验时应注意向油断路器内注变压器油,未注油前严禁操作。

(4)二次控制线调整试验。利用绝缘电阻表进行绝缘摇测,测试各支路二次线的绝缘电阻值应大于等于0.5MΩ。

(5)二次控制线回路进行调整试验时,注意晶体管、集成电路、电子元件回路不允许通过大电流和高电压,因此,该部的检查不准使用绝缘电阻表和试铃测试调整,否则会造成元器件损坏。使用万用表测试回路是否接通尽量采用高阻1kΩ挡进行。

(6)继电保护需要调整的主要内容。过电流继电器、时间继电器、信号继电器以及相关的机械联锁调整。

**九、高压开关柜的空载试运行**

(1)由供电部门检查合格,进行电源进线核相确认无误后,按操作程序进行合闸操作。

(2)先合进线柜开关,并检查电压表三相电压指示是否正常,电流表指示是否正常。

(3)再合变压器柜开关,观察电压、电流指示是否正常。

(4)变压器投入运行,再依次将各高压开关合闸,并观察随时电压、电流指示是否正常。如有异常,立即断开进线柜开关,查找原因。

(5)如果有高压联络柜和变压器并联运行要求时,可分别进行合闸调试运行,经调试运行电压、电流应指示正常符合设计规定。变压器并列运行应满足并列运行的技术条件,否则将造成事故。

(6)经过空载运行试验无误后,进行带负载运行试验,并观察电压、电流等指示正常,高压开关柜内无异常情况,运行正常,即可交付使用。在调试过程中应做好调试记录。

# 第五章　室内外线路安装

## 第一节　架空线路安装

**一、施工前准备**

(1)开工前,下列资料应齐备,并应进行技术交底:

1)施工图纸已经过会审,问题均已明确解决。

2)施工方案已编制好并经审批。

3)工程质量标准、施工质量验收规范均已明确。

(2)在厂区,架空电力线路附近的主干道应已通行。妨碍施工的障碍物已清除。厂区地下管网和其他地下设施已基本完工,地坪已经平整,道路基本成形。

(3)架空电力线路工程施工前必须根据设计提供的线路平面图、断面图对标定的线路中心桩位进行复核,最终确定电杆位置。若误差值超过施工质量验收规范规定,应通知设计人员查明原因予以纠正。

(4)中心桩位置确定后,应按中心桩标定必要的辅助桩作为施工及工程质量检查的依据:

1)直线单杆:顺线路方向,在中心桩(主桩)前后3m处各设一辅助桩(副桩)。

2)直线双杆:顺线路方向,在中心桩前后3～5m处各设一辅助桩,垂直于线路方向,在中心桩左右大约5m处再各设一辅助桩。

3)转角杆:除在中心桩前后各设一辅助桩外,并在转角点的夹角平分线上内外侧各设一辅助桩。

(5)厂区的架空电力线路,工程设计一般以工厂的坐标值表示杆位,施工测量时应根据线路附近的建筑物坐标、道路坐标或厂区固定的控制坐标进行定位。定位程序如下:

1)采用经纬仪和标杆测量法和目测法测量定位。

2)皮尺丈量杆间挡距,逐点定出杆位。

3)标定主、辅标桩,编号。

(6)挖杆坑前应先根据标定的中心桩位进行分坑,即划出挖坑范围。

(7)材料、机具准备:

1)主材应基本到齐。辅材应能满足连续施工需要。

2)常用机具应基本齐备。

**二、杆坑定位与划线**

1. 直线单杆杆坑

(1)杆位标桩检查。在需要检查的标桩及其前后相邻的标桩中心点上各立一根测杆，从一侧看过去，要求三根测杆都在线路中心线上。此时，在标桩前后沿线路中心线各钉一辅助标桩，以确定其他杆坑位置。

(2)用大直角尺找出线路中心线的垂直线，将直角尺放在标桩上，使直角尺中心 $A$ 与标桩中心点重合，并使其底边中心线 $AB$ 与线路中心线重合，此时直角尺底边 $CD$ 即为路线中心线垂直线(图 5-1)，在此垂直线上于标桩的左右侧各钉一辅助标桩。

(3)根据表 5-1 中的公式，计算出坑口宽度和周长(坑口四个边的总长度)。用皮尺在标桩左右两侧沿线路中心线的垂直线各量出坑口宽度的一半(即为坑口宽度)，钉上两个小木桩。再用皮尺量取坑口周长的一半，折成半个坑口形状，将皮尺的两个端头放在坑宽的小木桩上，拉紧两个折点，使两个折点与小木桩的连线平行于线路中心线，此时两折点与小木桩和两折点间的连接即为半个坑口尺寸。依此划线后，将尺翻过来按上述方法画出另半个坑口尺寸，这样即完成了坑口划线工作，如图 5-1 所示。

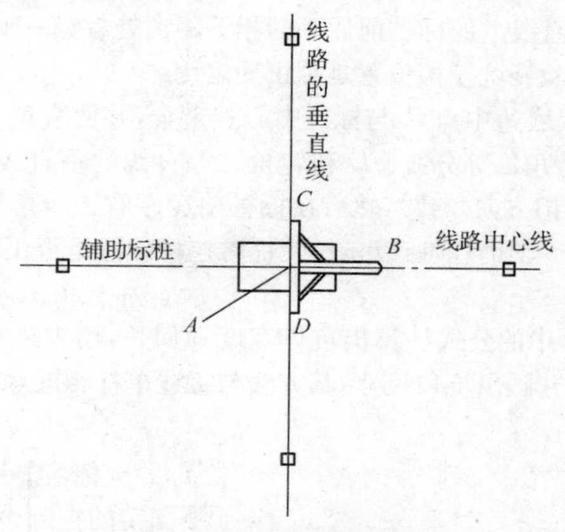


**图 5-1　直线单杆杆坑定位**

**表 5-1　　坑口尺寸加大的计算公式**

| 土质情况 | 坑壁坡度(%) | 坑口尺寸 |
|---|---|---|
| 一般黏土、砂质黏土 | 10 | $B=b+0.4+0.1h\times2$ |
| 砂砾、松土 | 30 | $B=b+0.4+0.3h\times2$ |
| 需用挡土板的松土 | — | $B=b+0.4+0.6$ |
| 松石 | 15 | $B=b+0.4+0.15h\times2$ |
| 坚石 | — | $B=b+0.4$ |

注：$h$—坑的深度(m)；

$b$—杆根宽度(不带地中横木、卡盘或底盘者)(m)；或地中横木或卡盘长度者(带地中横木或卡盘者)(m)；或底盘宽度(带底盘者)(m)。

2. 直线Ⅱ型杆杆坑

(1)检查杆位标桩。

(2)找出线路中心线的垂直线。

(3)用皮尺在标桩的左右侧沿线路中心线的垂直线各量出根开距离(两根杆中心线间的距离)的一半,各钉一杆中心桩。

(4)根据表 5-1 中的公式计算出坑口宽度和周长后,将皮尺放在两杆坑中心桩上,量出每个坑口的宽度,然后按前述方法划出两坑口尺寸,如图 5-2 所示。

(5)如为接腿杆时,根开距离应加上主杆与腿杆中心线间的距离,以使主杆中心对正杆坑中心。

3. 转角单杆杆坑

(1)检查转角杆的标桩时,在被检查的标桩前、后邻近的 4 个标桩中心点上各立直一根测杆,从两侧各看三根测杆(被检查标桩上的测杆从两侧看都包括它),若转角杆标桩上的测杆正好位于所看二直线的交叉点上,则表示该标桩位置正确。然后沿所看二直线上的标桩前后侧的相等距离处各钉一辅助标桩,以备电杆及拉线坑划线和校验杆坑挖掘位置是否正确之用。

(2)将大直角尺底边中点 $A$ 与标桩中心点重合,并使直角尺底边与二辅助标桩连线平行,划出转角二等分线 $CD$ 和转角二等分线的垂直线(即直角尺底边中心线 $AB$,此线与横担方向一致),然后在标桩前后左右于转角等分线的垂直线和转角等分角线各钉一辅助标桩,以备校验杆坑挖掘位置是否正确和电杆是否立直之用。

(3)根据表 5-1 中的公式计算出坑口宽度和周长,用皮尺在转角等分角线的垂直线上量出坑宽并画出坑口尺寸,其方法与直线单杆相同,如图 5-3 所示。

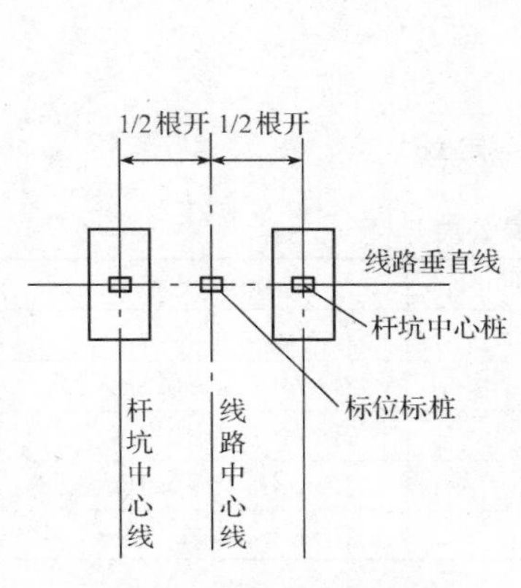


图 5-2　直线Ⅱ型杆杆坑定位

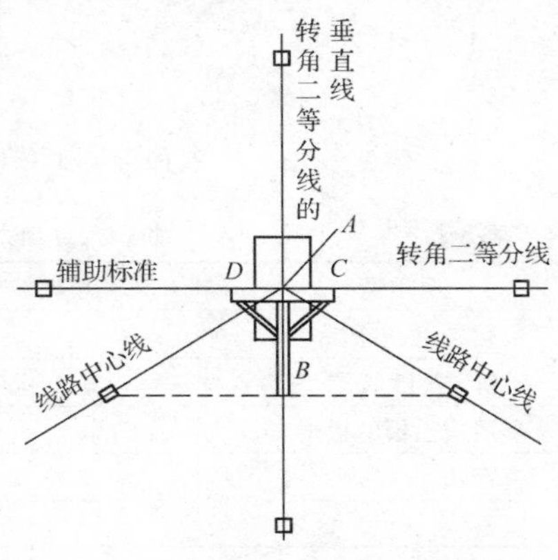


图 5-3　转角杆杆坑的定位与划线

(4)如为接腿杆时,则使杆坑中心线向转角内侧移出主杆与腿杆中心线间的距离。

4. 转角Ⅱ型杆杆坑

(1)检查杆位标桩,其方法与转角单杆相同。

(2)找出转角等分角线和转角等分角线的垂直线,其方法与转角单杆相同。

(3)画出坑口尺寸,其方法与直线Ⅱ型杆相同,如图 5-4 所示。

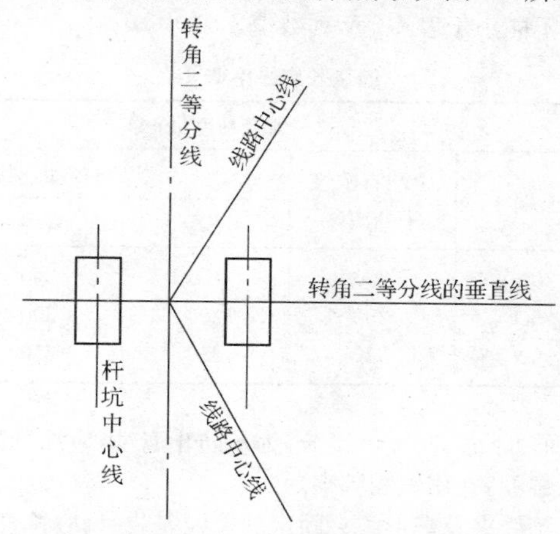


**图 5-4　转角Ⅱ型杆杆坑的定位与划线**

(4)如为接腿杆时,根开距离应加上主杆与腿杆中心线间的距离。

**三、拉线的装设**

1. 安装要求

(1)拉线与电杆之间的夹角不宜小于 45°;当受地形限制时,可适当小些,但不应小于 30°。

(2)终端杆的拉线及耐张杆承力拉线应与线路方向对正,分角拉线应与线路分角线方向对正,防风拉线应与线路方向垂直。

(3)采用绑扎固定的拉线安装时,拉线两端应设置心形环。

(4)当一根电杆上装设多股拉线时,拉线不应有过松、过紧、受力不均匀等现象。

(5)埋设拉线盘的拉线坑应有滑坡(马道),回填土应有防沉土台,拉线棒与拉线盘的连接应使用双螺母。

(6)居民区、厂矿内,混凝土电杆的拉线从导线之间穿过时,应装设拉线绝缘子。在断线情况下,拉线绝缘子距地面不应小于 2.5m。

拉线穿过公路时,对路面中心的垂直距离不应小于 6m。

(7)合股组成的镀锌铁线用作拉线时，股数不应少于三股，其单股直径不应小于4.0mm，绞合均匀，受力相等，不应出现抽筋现象。

合股组成的镀锌铁线拉线采用自身缠绕固定时，宜采用直径不小于3.2mm镀锌铁线绑扎固定。绑扎应整齐紧密，其缠绕长度为：三股线不应小于80mm，五股线不应小于150mm，花缠不应小于250mm，上端不应小于100mm。

(8)钢绞线拉线可采用直径不小于3.2mm的镀锌铁线绑扎固定。绑扎应整齐、紧密，缠绕长度不能小于表5-2所列数值。

表5-2　　缠绕长度最小值

| 钢绞线截面（$mm^2$） | 缠绕长度(mm) | | | | |
|---|---|---|---|---|---|
| | 上端 | 中端有绝缘子的两端 | 与拉棒连接处 | | |
| | | | 下端 | 花缠 | 上端 |
| 25 | 200 | 200 | 150 | 250 | 80 |
| 35 | 250 | 250 | 200 | 300 | 80 |
| 50 | 300 | 300 | 250 | 250 | 80 |

(9)拉线在地面上下各300mm部分，为了防止腐蚀，应涂刷防腐油，然后用浸过防腐油的麻布条缠卷，并用铁线绑牢。

(10)采用UT型线夹及楔形线夹固定的拉线安装时，应符合以下规定：

1)安装前丝扣上应涂润滑剂；

2)线夹舌板与拉线接触应紧密，受力后无滑动现象，线夹的凸度应在尾线侧，安装时不得损伤导线；

3)拉线弯曲部分不应有明显松股，拉线断头处与拉线主线应可靠固定。线夹处露出的尾线长度不宜超过400mm；

4)同一组拉线使用双线夹时，其尾线端的方向应作统一规定；

5)UT型线夹或花篮螺栓的螺杆应露扣，并应有不小于1/2螺杆丝扣长度可供调紧。调整后，UT型线夹的双螺母应并紧，花篮螺栓应封固。

(11)采用拉桩杆拉线的安装应符合下列规定：

1)拉杆桩埋设深度不应小于杆长的1/6；

2)拉杆桩应向张力反方向倾斜15°～20°；

3)拉杆坠线与拉桩杆夹角不应小于30°；

4)拉桩坠线上端固定点的位置距拉桩杆顶应为0.25m，距地面不应小于4.5m；

5)拉桩坠线采用镀锌铁线绑扎固定时，缠绕长度可参照表5-2所列数值。

2. 拉线盘的埋设

在埋设拉线盘之前，首先应将下把拉线棒组装好，然后再进行整体埋设。拉线坑应有斜坡，回填土时应将土块打碎后夯实。拉线坑宜设防沉层。

拉线棒应与拉线盘垂直，其外露地面部分长度应为500～700mm。目前，普遍采用的下把拉线棒为圆钢拉线棒，它的下端套有丝扣，上端有拉环，安装时拉线棒穿过水泥拉线盘孔，放好垫圈，拧上双螺母即可，如图 5-5 所示。在下把拉线棒装好之后，将拉线盘放正，使底把拉环露出地面 500～700mm，即可分层填土夯实。

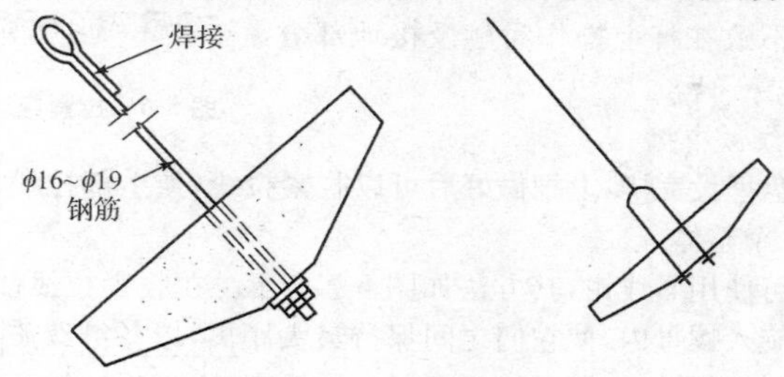


图 5-5 拉线盘

拉线盘选择及埋设深度，以及拉线底把所采用的镀锌线和镀锌钢绞线与圆钢拉线棒的换算，可参照表 5-3。

表 5-3 拉线盘的选择及埋设深度

| 拉线所受拉力 (kN) | 选用拉线规格 | | 拉线盘规格 (m) | 拉线盘埋深 (m) |
|---|---|---|---|---|
| | $\phi$4.0 镀锌铁线 (股数) | 镀锌钢绞线 (mm²) | | |
| 15 及以下 | 5 及以下 | 25 | 0.6×0.3 | 1.2 |
| 21 | 7 | 35 | 0.8×0.4 | 1.2 |
| 27 | 9 | 50 | 0.8×0.4 | 1.5 |
| 39 | 13 | 70 | 1.0×0.5 | 1.6 |
| 54 | 2×3 | 2×50 | 1.2×0.6 | 1.7 |
| 78 | 2×13 | 2×70 | 1.2×0.6 | 1.9 |

拉线棒地面上下 200～300mm 处，都要涂以沥青，泥土中含有盐碱成分较多的地方，还要从拉线棒出土 150mm 处起，缠卷 80mm 宽的麻带，缠到地面以下350mm 处，并浸透沥青，以防腐蚀。涂油和缠麻带，都应在填土前做好。

3. 拉线上把安装

拉线上把装在混凝土电杆上，须用拉线抱箍及螺栓固定。其方法是用一只螺栓将拉线抱箍抱在电杆上，然后把预制好的上把拉线环放在两片抱箍的螺孔间，穿入螺栓拧上螺母固定好。上把拉线环的内径以能穿入 $\phi$16 螺栓为宜，但不能大

于 $\phi$25。

在来往行人较多的地方，拉线上应装设拉线绝缘子。其安装位置，应使拉线断线而沿电杆下垂时，绝缘子距地面的高度在 2.5m 以上，不致触及行人。同时，使绝缘子距电杆最近距离也应保持 2.5m，使人不致在杆上操作时触及接地部分，如图 5-6 所示。

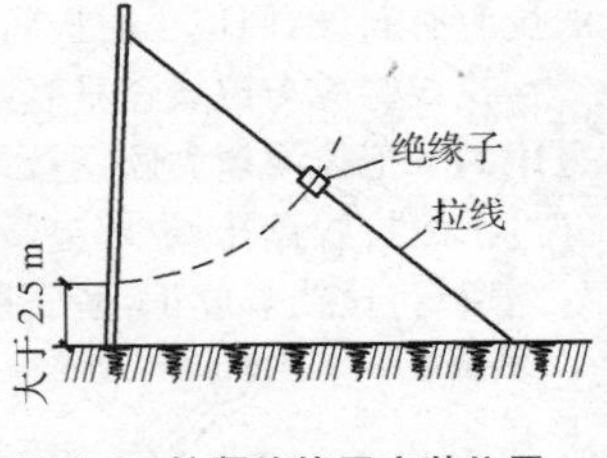


**图 5-6　拉紧绝缘子安装位置**

4. 收紧拉线做中把

下部拉线盘埋设完毕，上把做好后可以收紧拉线，使上部拉线和下部拉线连接起来，成为一个整体。

收紧拉线可使用紧线钳，其方法如图 5-7 所示。在收紧拉线前，先将花篮螺栓的两端螺杆旋入螺母内，使它们之间保持最大距离，以备继续旋入调整。然后将紧线钳的钢丝绳伸开，一只紧线钳夹握在拉线高处，再将拉线下端穿过花篮螺栓的拉环放在三角圈槽里，向上折回，并用另一只紧线钳夹住，花篮螺栓的另一端套在拉线棒的拉环上，所有准备工作做好之后，将拉线慢慢收紧，紧到一定程度时，检查一下杆身和拉线的各部位，如无问题后，再继续收紧，把电杆校正，如图 5-7(b)所示。对于终端杆和转角杆，拉线收紧后，杆顶可向拉线侧倾斜电杆梢径的 1/2，最后用自缠法或另缠法绑扎。

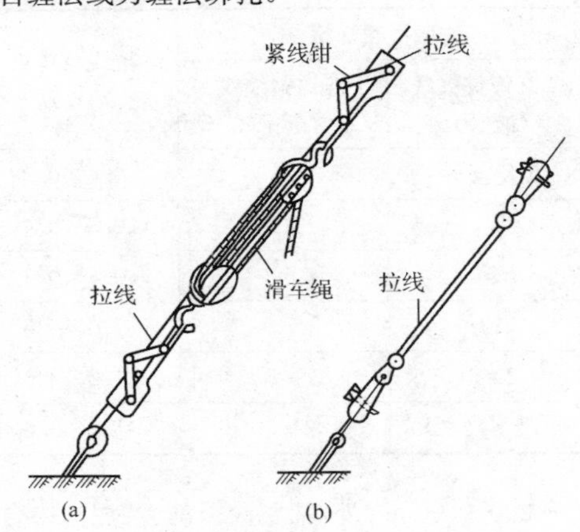


**图 5-7　收紧拉线做中把方法**

为了防止花篮螺栓螺纹倒转松退，可用一根 $\phi$4.0 镀锌铁线，两端从螺杆孔穿过，在螺栓中间绞拧二次，再分向螺母两侧绕 3 圈，最后将两端头自相扭结，使调整装置不能任意转动，如图 5-8 所示。

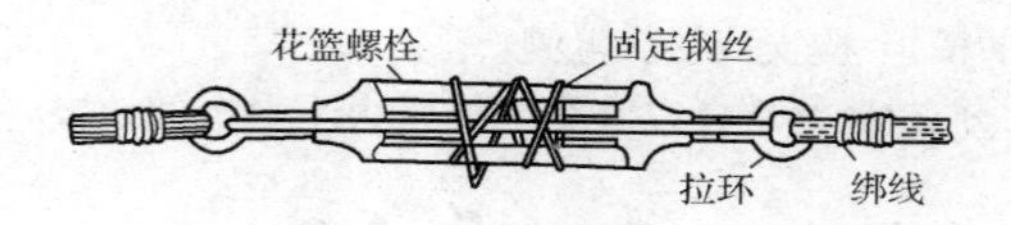


图 5-8　花篮螺栓的封缠

## 四、横担安装

为了方便施工，一般都在地面上将电杆顶部的横担、金具等全部组装完毕，然后整体立杆。如果电杆竖起后组装，则应从电杆的最上端开始安装。

1. 横担的长度及受力情况

横担的长度选择可参照表 5-4，横担类型及其受力情况参见表 5-5。

表 5-4　　横担长度选择表　　（单位：mm）

| 横担材料 | 低压线路 | | | 高压线路 | | |
|---|---|---|---|---|---|---|
| | 二线 | 四线 | 六线 | 二线 | 水平排列四线 | 陶瓷横担头部 |
| 铁 | 700 | 1500 | 2300 | 1500 | 2240 | 800 |

表 5-5　　横担类型及其受力情况

| 横担类型 | 杆　　型 | 承　受　荷　载 |
|---|---|---|
| 单横担 | 直线杆，15°以下转角杆 | 导线的垂直荷载 |
| 双横担 | 15°～45°转角杆、耐张杆（两侧导线拉力差为零） | 导线的垂直荷载 |
| | 45°以上转角杆、终端杆、分歧杆 | （1）一侧导线最大允许拉力的水平荷载；<br>（2）导线的垂直荷载 |
| | 耐张杆（两侧导线有拉力差）、大跨越杆 | （1）两侧导线拉力差的水平荷载；<br>（2）导线的垂直荷载 |
| 带斜撑的双横担 | 终端杆、分歧杆、终端型转角杆 | （1）两侧导线拉力差的水平荷载；<br>（2）导线的垂直荷载 |
| | 大跨越杆 | （1）两侧导线的拉力差的水平荷载；<br>（2）导线的垂直荷载 |

2. 横担的安装位置

杆上横担安装的位置应符合下列要求：

(1)直线杆的横担,应安装在受电侧;

(2)转角杆、分支杆、终端杆以及受导线张力不平衡的地方,横担应安装在张力的反方向侧;

(3)多层横担均应装在同一侧;

(4)有弯曲的电杆,横担均应装在弯曲侧,并使电杆的弯曲部分与线路的方向一致。

3. 横担的组装方法

(1)混凝土电杆横担组装方法如图 5-9 所示。

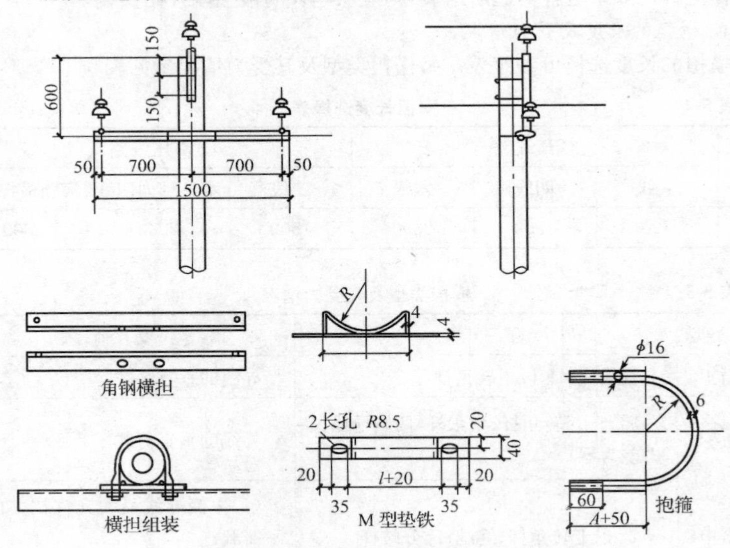


**图 5-9　直线杆横担组装方法**

(2)混凝土电杆瓷横担组装方法如图 5-10 所示。

4. 横担的安装要求

(1)直线杆单横担应装于受电侧,90°转角杆及终端杆单横担应装于拉线侧。

(2)导线为水平排列时,上层横担距杆顶距离应大于 200mm。

(3)横担安装应平整,横担端部上下歪斜、左右扭斜偏差均不得大于 20mm。

(4)带叉梁的双杆组立后,杆身和叉梁均不应有鼓肚现象。叉梁铁板、抱箍与主杆的连接牢固、局部间隙不应大于 50mm。

(5)10kV 线路与 35kV 线路同杆架设时,两条线路导线之间垂直距离不应小于 2m。

(6)高、低压同杆架设的线路,高压线路横担应在上层。架设同一电压等级的不同回路导线时,应把线路弧垂较大的横担放置在下层。

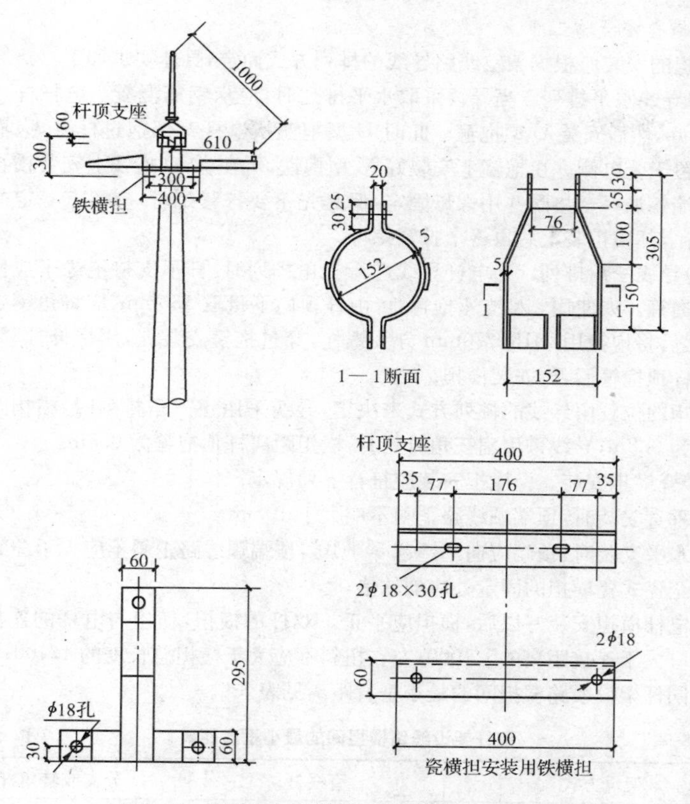


图 5-10 混凝土电杆(梢径 ϕ150)瓷横担组装方法

(7)同一电源的高、低压线路宜同杆架设。为了维修和减少停电,直线杆横担数不宜超过 4 层(包括路灯线路)。

(8)螺栓的穿入方向应符合下列规定:

1)对平面结构:顺线路方向,单面构件由送电侧穿入或按统一方向;横线路方向,两侧由内向外,中间由左向右(面向受电侧)或按统一方向;双面构件由内向外;垂直方向,由下向上。

2)对立体结构:水平方向由内向外;垂直方向,由下向上。

(9)以螺栓连接的构件应符合下列规定:

1)螺杆应与构件面垂直,螺头平面与构件间不应有空隙;

2)螺栓紧好后,螺杆丝扣露出的长度:单螺母不应少于 2 扣;双螺母可平扣。

3)必须加垫圈者,每端垫圈不应超过两个。

5. 横担安装施工

横担的安装应根据架空线路导线的排列方式而定，具体要求如下：

(1)导线水平排列。当导线采取水平排列时，应从钢筋混凝土电杆杆顶向下量 200mm，然后安装 U 型抱箍。此时 U 型抱箍从电杆背部抱过杆身，抱箍螺扣部分应置于受电侧。在抱箍上安装好 M 型抱铁，再在 M 型抱铁上安装横担。在抱箍两端各加一个垫圈并用螺母固定，但是先不要拧紧螺母，应留有一定的调节余地，待全部横担装上后再逐个拧紧螺母。

(2)导线三角排列。当电杆导线进行三角排列时，杆顶支持绝缘子应使用杆顶支座抱箍。如使用 a 型支座抱箍，可由杆顶向下量取 150mm，应将角钢置于受电侧，然后将抱箍用 M16×70mm 方头螺栓，穿过抱箍安装孔，用螺母拧紧固定。安装好杆顶抱箍后，再安装横担。

横担的位置由导线的排列方式来决定，导线采用正三角排列时，横担距离杆顶抱箍为 0.8m；导线采用扁三角排列时，横担距离杆顶抱箍为 0.5m。

(3)瓷横担安装。瓷横担安装应符合下列规定：

1)垂直安装时，顶端顺线路歪斜不应大于 10mm；

2)水平安装时，顶端应向上翘起 5°～10°，顶端顺线路歪斜不应大于 20mm；

3)全瓷式瓷横担的固定处应加软垫；

4)电杆横担安装好以后，横担应平正。双杆的横担，横担与电杆的连接处的高差不应大于连接距离的5/1000；左右扭斜不应大于横担总长度的 1/100；

5)同杆架设线路横担间的最小垂直距离见表 5-6。

**表 5-6　　同杆架设线路横担间的最小垂直距离**　　(单位：m)

| 架设方式 | 直线杆 | 分支或转角杆 |
|---|---|---|
| 1～10kV 与 1～10kV | 0.80 | 0.50 |
| 1～10kV 与 1kV 以下 | 1.20 | 1.00 |
| 1kV 以下与 1kV 以下 | 0.60 | 0.30 |

## 五、绝缘子安装

绝缘子用来固定导线，以保持导线对地的绝缘，使电流能全部在导线内流通而不致流入大地。此外，绝缘子还要承受导线的垂直荷重和水平荷重，所以它应有足够的机械强度。

绝缘子按其使用电压可分为高压绝缘子和低压绝缘子两类。按结构用途可分为高压线路刚性绝缘子、高压线路悬式绝缘子和低压线路绝缘子。

1. 外观检查

绝缘子安装前的检查，是保证安全运行的必要条件。外观检查应符合下列规定：

(1)瓷件及铁件应结合紧密,铁件镀锌良好;

(2)瓷釉光滑,无裂纹、缺釉、斑点、烧痕、气泡或瓷釉烧坏等缺陷;

(3)严禁使用硫黄浇灌的绝缘子;

(4)绝缘子上的弹簧锁、弹簧垫的弹力适宜。

2. 绝缘电阻测量

安装的绝缘子的额定电压应符合线路电压等级的要求,安装前应进行外观检查和绝缘电阻测量。35kV 架空电力线路的盘形悬式瓷绝缘子,安装前应采用不低于 5kV 的绝缘电阻表逐个进行绝缘电阻测定,及时有效地检查出绝缘子铁帽下的瓷质的裂缝。在干燥的情况下,绝缘电阻值不得小于 500MΩ。玻璃绝缘子因有自爆现象,故不规定对它逐个摇测绝缘值。

如果有条件,最好做交流耐压试验,以防止使用不合格品。悬式绝缘子的交流耐压试验电压应符合表 5-7 的规定。

表 5-7　　悬式绝缘子的交流耐压试验电压标准

| 型　号 | XP2—70 | XP—70<br>LXP1—70<br>XP1—70<br>XP—100<br>LXP—100<br>XP—120<br>LXP—120 | XP1—160<br>LXP1—160<br>XP2—160<br>LXP2—160<br>XP—160<br>LXP—160 | XP1—210<br>LXP1—210<br>XP—300<br>LXP—300 |
|---|---|---|---|---|
| 试验电压(kV) | 45 | 55 | | 60 |

3. 绝缘子安装施工

绝缘子的组装方式应防止瓷裙积水。耐张串上的弹簧销子、螺栓及穿钉应由上向下穿,当有特殊困难时,可由内向外或由左向右穿入;悬垂串上的弹簧销子、螺栓及穿钉应向受电侧穿入。

绝缘子的安装应遵守以下规定:

(1)绝缘子在安装时,应清除表面灰土、附着物及不应有的涂料,还应根据要求进行外观检查和测量绝缘电阻。

(2)安装绝缘子采用的闭口销或开口销不应有断、裂缝等现象,工程中使用闭口销比开口销具有更多的优点,当装入销口后,能自动弹开,不需将销尾弯成 45°,当拔出销孔时,也比较容易。它具有销住可靠、带电装卸灵活的特点。当采用开口销时应对称开口,开口角度应为 30°～60°。工程中严禁用线材或其他材料代替闭口销、开口销。

(3)绝缘子在直立安装时,顶端顺线路歪斜不应大于 10mm;在水平安装时,顶端宜向上翘起 5°～15°,顶端顺线路歪斜不应大于 20mm。

(4)转角杆安装瓷横担绝缘子,顶端竖直安装的瓷横担支架应安装在转角的内角侧(瓷横担绝缘子应装在支架的外角侧)。

(5)全瓷式瓷横担绝缘子的固定处应加软垫。

**六、放线**

放线就是把导线从线盘上放出来架设在电杆的横担上。常用的放线方法有施放法和展放法两种。施放法即将线盘架设在放线架上拖放导线;展放法则是将线盘架设在汽车上,行驶中展放导线。如图 5-11 所示。

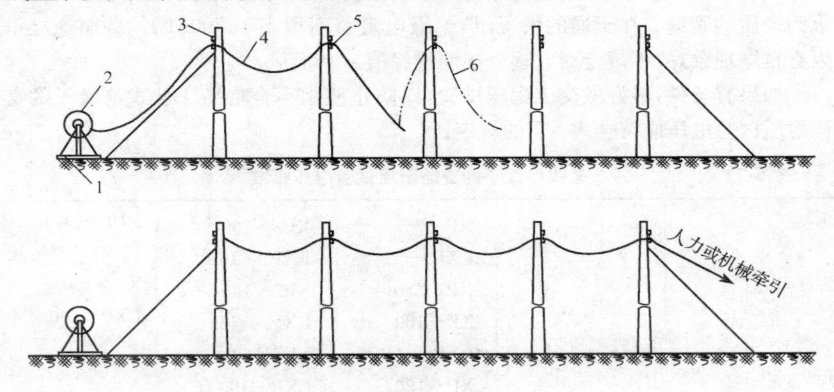


**图 5-11　放线**

1—放线架;2—线轴;3—横担;4—导线;5—放线滑轮;6—牵引绳

导线放线通常是按每个耐张段进行的,其具体操作如下:

(1)放线前,应选择合适位置,放置放线架和线盘,线盘在放线架上要使导线从上方引出。

如采用拖放法放线,施工前应沿线路清除障碍物,石砾地区应垫以隔离物(草垫),以免磨损导线。

(2)在放线段内的每根电杆上挂一个开口放线滑轮(滑轮直径应不小于导线直径的 10 倍)。铝导线必须选用铝滑轮或木滑轮,这样既省力又不会磨损导线。

(3)在放线过程中,线盘处应有专人看守,负责检查导线的质量和防止放线架的倾倒。放线速度应尽量均匀,不宜突然加快。

(4)当发现导线存在问题,而又不能及时进行处理时,应作显著标记,如缠绕红布条等,以便导线展放停止后,专门进行处理。

(5)展放导线时,还必须有可靠的联络信号,沿线还须有人看护导线不受损伤,不使导线发生环扣(导线自己绕成小圈)。导线跨越道路和跨越其他线路处也应设人看守。

(6)放线时,线路的相序排列应统一,对设计、施工、安全运行以及检修维护都是有利的。高压线路面向负荷从左侧起,导线排列相序为 $L_1$、$L_2$、$L_3$;低压线路面向负荷从左侧起,导线排列相序为 $L_1$、N、$L_2$、$L_3$。

(7)在展放导线的过程中,对已展放的导线应进行外观检查,导线不应发生磨伤、断股、扭曲、金钩、断头等现象。如有损伤,可根据导线的不同损伤情况进行修补处理。

1kV 以下电力线路采用绝缘导线架设时,展放中不应损伤导线的绝缘层和出现扭、弯等现象,对破口处应进行绝缘处理。

(8)当导线沿线路展放在电杆根旁的地面上以后,可由施工人员登上电杆,将导线用绳子提升至电杆横担上,分别摆放好。对截面较小的导线,可将 4 根导线一次吊起提升至横担上;导线截面较大时,用绳子提升时,可一次吊起两根。

### 七、导线连接

导线放完后,导线的断头都要连接起来,使其成为连通的线路。常用的连接方法有钳压连接法和爆炸压接法。

1. 钳压连接法

导线放完后,如果导线的接头在跳线处,可采用线夹法连接;如果接头处在其他位置,则采用钳接法连接。钳接法就是将要连接的两根导线的端头,穿入铝压接管中,利用压钳的压力使铝管变形,把导线挤压钳紧。目前,铝绞线及钢芯铝绞线的连接,多采用钳压法连接。铜导线可仿照铝导线压接方法进行压接。

(1)连接要求。在任何情况下,每一个挡距内的每条导线,只能有一个接头,但架空线路跨越线路、公路(Ⅰ～Ⅱ级)、河流(Ⅰ～Ⅱ级)、电力和通信线路时,导线及避雷线不能有接头;不同金属、不同截面、不同捻回方向的导线,只能在杆上跳线内连接。

导线接头处的机械强度,不应低于原导线强度的 90%。接头处的电阻,不应超过同长度导线电阻的 1.2 倍。

(2)连接管的选用。压接管和压模的型号应根据导线的型号选用。铝绞线压接管和钢芯铝绞线压接管规格不同,在实用时不能互相代用。导线与钳接用连接管的配合见表 5-8。

**表 5-8　　钳压接用连接管与导线的配合表**

| 型　号 | 截面($mm^2$) | 型　号 | 截面($mm^2$) | 型　号 | 截面($mm^2$) |
|---|---|---|---|---|---|
| QLG－35 | 35 | QL－16 | 16 | QT－16 | 16 |
| QLG－50 | 50 | QL－25 | 25 | QT－25 | 25 |
| QLG－70 | 70 | QL－35 | 35 | QT－35 | 35 |
| QLG－95 | 95 | QL－50 | 50 | QT－50 | 50 |

续表

| 型　号 | 截面($mm^2$) | 型　号 | 截面($mm^2$) | 型　号 | 截面($mm^2$) |
|---|---|---|---|---|---|
| QLG—120 | 120 | QL—70 | 70 | QT—70 | 70 |
| QLG—150 | 150 | QL—95 | 95 | QT—95 | 95 |
| QLG—185 | 185 | QL—120 | 120 | QT—120 | 120 |
| QLG—240 | 240 | QL—150 | 150 | QT—150 | 150 |
| | | QL—185 | 185 | | |

注："QLG"、"QL"、"QT"分别适用于钢芯铝绞线、铝绞线和铜绞线。

(3)施工准备。导线连接前，应先将准备连接的两个线头用绑线扎紧再锯齐，然后清除导线表面和连接管内壁的氧化膜。由于铝在空气中氧化速度很快，在短时间内即可形成一层表面氧化膜，这样就增加了连接处的接触电阻，故在导线连接前，需清除氧化膜。在清除过程中，为防止再度氧化，应先在连接管内壁和导线表面涂上一层电力复合脂，再用细钢丝刷在油层下擦刷，使之与空气隔绝。刷完后，如果电力复合脂较为干净，可不要擦掉；如电力复合脂已被沾污，则应擦掉重新涂刷一层，最后带电力复合脂进行压接。

(4)压接顺序。压接铝绞线时，压接顺序由连接管的一端开始；压接钢芯铝绞线时，压接顺序从中间开始分别向两端进行。压接铝绞线时，压接顺序由导线断头开始，按交错顺序向另一端进行，如图 5-12 所示。

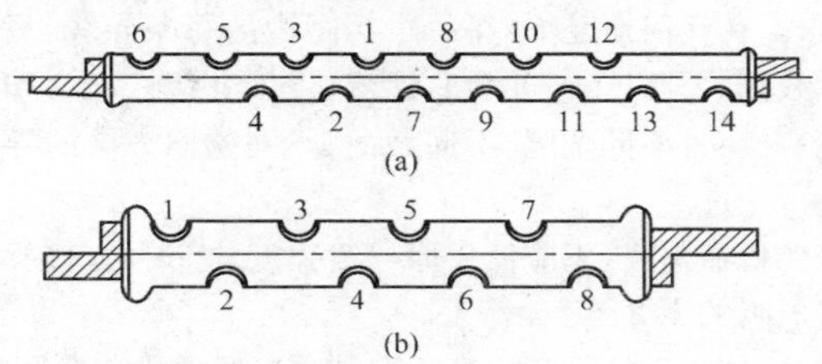


**图 5-12　导线压接顺序**

(a)钢芯铝绞线压接顺序；(b)铝绞线压接顺序

当压接 $240mm^2$ 钢芯铝绞线时，可用两只连接管串联进行，两管间的距离不应少于 15mm。每根压接管的压接顺序是由管内端向外端交错进行，如图 5-13 所示。

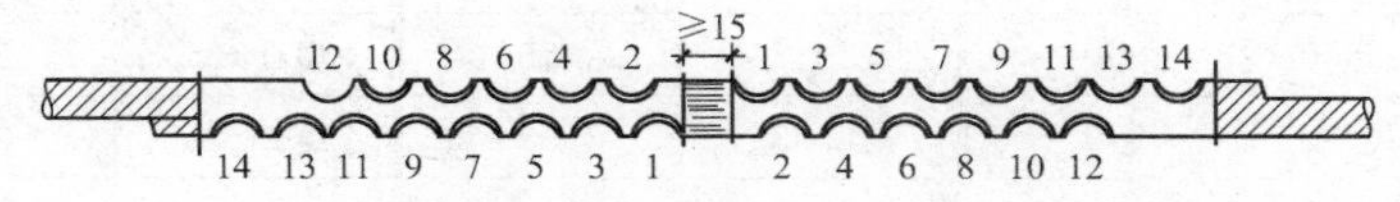


**图 5-13　$240mm^2$ 钢芯铝绞线压接顺序**

(5)压接连接。当压接钢芯铝绞线时,连接管内两导线间要夹上铝垫片,填在两导线间,可增加接头握裹力,并使接触良好。被压接的导线,应以搭接的方法,由管两端分别插入管内,使导线的两端露出管外25～30mm,并使连接管最边上的一个压坑位于被连接导线断头旁侧。压接时,导线端头应用绑线扎紧,以防松散。

每次压接时,当压接钳上杠杆碰到顶住螺钉为止。此时应保持一分钟后才能放开上杠杆,以保证压坑深度准确。压完一个,再压第二个,直到压完为止。压接后的压接管,不能有弯曲,其两端应涂以樟丹油,压后要进行检查,如压管弯曲,要用木锤调直,压管弯曲过大或有裂纹的,要重新压接。

(6)压缩高度。为了保证压缩后的高度符合设计要求,可根据导线的截面来选择压模,并适当调整压接钳上支点螺钉,使适合于压模深度,压缩处椭圆槽(凹口)距管边的高度 $h$ 值,如图5-14所示。其允许误差为:钢芯铝绞线连接管±0.5mm;铝绞线连接管±0.1mm;铜绞线连接管±0.5mm。

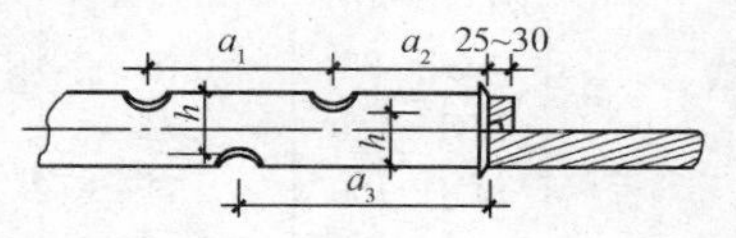

图5-14　压缩后的高度

导线压缩管上每个压坑的间距尺寸、压坑数和压缩后的高度见表5-9。

表5-9　导线钳压接技术数据　（单位:mm）

| 导线型号 | | 钳接部位尺寸 | | | 压后尺寸 | 压口数 |
|---|---|---|---|---|---|---|
| | | $a_1$ | $a_2$ | $a_3$ | $h$ | |
| 钢芯铝绞线 | LGJ—16 | 28 | 14 | 28 | 12.5 | 12 |
| | LGJ—25 | 32 | 15 | 31 | 14.5 | 14 |
| | LGJ—35 | 34 | 42.5 | 93.5 | 17.5 | 14 |
| | LGJ—50 | 38 | 48.5 | 105.5 | 20.5 | 16 |
| | LGJ—70 | 46 | 54.5 | 123.5 | 25.0 | 16 |
| | LGJ—95 | 54 | 61.5 | 142.5 | 29.0 | 20 |
| | LGJ—120 | 62 | 67.5 | 160.5 | 33.0 | 24 |
| | LGJ—150 | 64 | 70 | 166 | 36.0 | 24 |
| | LGJ—185 | 66 | 74.5 | 173.5 | 39.0 | 26 |
| | LGJ—240 | 62 | 68.5 | 161.5 | 43.0 | 2×14 |
| 铝绞线 | LGJ—16 | 28 | 20 | 34 | 10.5 | 6 |
| | LGJ—25 | 32 | 20 | 36 | 12.5 | 6 |
| | LGJ—35 | 36 | 25 | 43 | 14.0 | 6 |
| | LGJ—50 | 40 | 25 | 45 | 16.5 | 8 |
| | LGJ—70 | 44 | 28 | 50 | 19.5 | 8 |
| | LGJ—95 | 48 | 32 | 56 | 23.0 | 10 |
| | LGJ—120 | 52 | 33 | 59 | 26.0 | 10 |
| | LGJ—150 | 56 | 34 | 62 | 30.0 | 10 |
| | LGJ—185 | 60 | 35 | 65 | 33.5 | 10 |

续表

| 导线型号 | | 钳接部位尺寸 | | | 压后尺寸 $h$ | 压口数 |
|---|---|---|---|---|---|---|
| | | $a_1$ | $a_2$ | $a_3$ | | |
| 铜绞线 | LGJ－16 | 78 | 14 | 28 | 10.5 | 6 |
| | LGJ－25 | 32 | 16 | 32 | 12.0 | 6 |
| | LGJ－35 | 36 | 18 | 36 | 14.5 | 6 |
| | LGJ－50 | 40 | 20 | 40 | 17.5 | 8 |
| | LGJ－70 | 44 | 22 | 44 | 20.5 | 8 |
| | LGJ－95 | 48 | 24 | 48 | 24.0 | 10 |
| | LGJ－120 | 52 | 26 | 52 | 27.5 | 10 |
| | LGJ－150 | 56 | 28 | 56 | 31.5 | 10 |

2. 爆炸压接法

钢芯铝绞线的连接，除了可采用钳压法连接外，还可采用钳压管爆炸压接法，即用钳压管原来长度的1/3～1/4，经炸药起爆后，将导线连接起来的一种方法。适用于野外作业。

(1)采用爆炸压接法，主要材料有以下几种：

1)炸药：应用最普通的岩石2号硝铵炸药。炸药如存放过期，须检查是否合乎标准，如受潮结块变质及炸药中混有石块、铁屑等坚硬物质时，不得使用。

2)雷管：应使用8号纸壳工业雷管。

3)导火线：应使用正确燃速为180～210cm/min，缓燃速为100～120cm/min的导火线。导火线不得有破损、曲折和沾有油脂及涂料不均等现象。

4)爆压管：钢芯铝绞线截面为50～95mm²，所用爆压管的长度为钳压管长的1/3；导线截面为120～240mm² 时，为钳压管长的1/4。

(2)药包制作步骤如下：

1)用0.35～1.0mm厚的黄板纸(即马粪纸)做成锥形外壳箱；

2)用黄板纸做一小封盖，并糊在锥形外壳的小头上；

3)将爆压管从小盖的预留孔穿入锥形外壳内，两端应各露出10mm；

4)将炸药从外壳的大头装入爆压管与壳筒的中间。装药时要边装边捣实，边用手轻轻敲打外壳筒，使外壳筒成为椭圆形。必须保持爆压管位于外壳的中心，并防止炸药进入爆压管内。

5)炸药装满后，再将用黄板纸做成的大封盖糊在外壳筒的大头上。

制好的药包，应坚固成形，接缝结实，形式尺寸准确，其误差不得超过规定值的±10mm。

(3)爆炸压接的操作要点：

1)药包运到现场后，在穿线前应清除爆压管内的杂物、灰尘、水分等；

2)将连接的导线调直，并从爆压管两端分别穿过，导线端头应露出压管20mm；

3)将已穿好导线的炸药包，绑在1.5mm高的支架上，并用破布将靠近药包100mm处的导线包缠好，以防爆炸时损伤导线；

4)将已连好导火线的雷管，插入药包靠近外壳的大头内10～15mm，并做好点燃准备，然后点火起爆。起爆时，人应距起爆点30m以外。

(4)爆炸压接的质量标准和注意事项：

1)爆压前，对其接头应进行拉力和电阻等质量检查试验，试件不得少于三个，若其中一个不合格，则认为试验不合格。在查明原因后再次试验，但试件不得少于五个，试件制作条件应与施工条件相同。

2)爆炸压接后，如出现未爆部分时，应割掉重新压接。

3)爆压管横向裂纹总长度超过爆压管周长1/8时，应割掉重新压接。

4)如爆压管出现严重烧伤或鼓包时，应割掉重新压接。

5)炸药、雷管、导火线应分别存放，妥善保管。应遵守炸药、雷管、导火线等存放与使用的有关规定。

**八、紧线**

紧线方法有两种：一种是导线逐根均匀收紧，另一种是三线同时收紧或两线同时收紧，如图5-15所示。后一种方法紧线速度快，但需要有较大的牵引力，如利用卷扬机或绞磨的牵引力等。施工时可根据具体条件采用不同的方法。

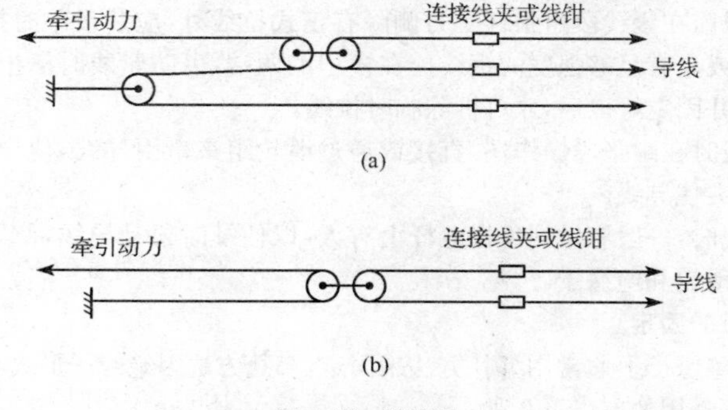


**图5-15　紧线图**

(a)三线同时收紧；(b)两线同时收紧

1. 紧线钳的应用

紧线钳多适用于一般中小型铝绞线和钢芯铝绞线紧线，如图5-16所示。先将导线通过滑轮组，用人力初步拉紧，然后将紧线钳上钢丝绳松开，固定在横担上，另一端夹住导线(导线上包缠麻布)。紧线时，横担两侧的导线应同时收紧，以免横担受力不均而歪斜。

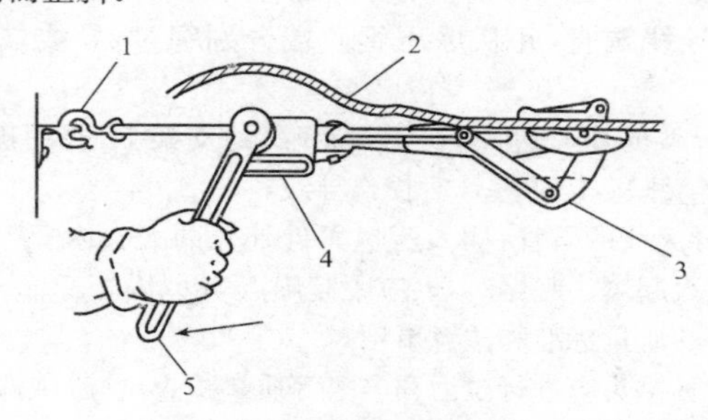


**图 5-16　紧线钳紧线示意图**

1—定位钩；2—导线；3—夹线钳头；4—收紧齿轮；5—导柄

2. 紧线施工

(1)紧线前必须先做好耐张杆、转角杆和终端杆的本身拉线，然后再分段紧线。

(2)在展放导线时，导线的展放长度应比挡距长度略有增加，平地时一般可增加 2%，山地可增加 3%，还应尽量在一个耐张段内。导线紧好后再剪断导线，避免造成浪费。

(3)在紧线前，在一端的耐张杆上，先把导线的一端在绝缘子上做终端固定，然后在另一端用紧线器紧线。

(4)紧线前在紧线段耐张杆受力侧除有正式拉线外，应装设临时拉线。一般可用钢丝绳或具有足够强度的钢线拴在横担的两端，以防紧线时横担发生偏扭。待紧完导线并固定好以后，才可拆除临时拉线。

(5)紧线时在耐张段操作端，直接或通过滑轮组来牵引导线，使导线收紧后，再用紧线器夹住导线。

(6)紧线时，一般应做到每根电杆上有人，以便及时松动导线，使导线接头能顺利地越过滑轮和绝缘子。

**九、导线的固定**

导线在绝缘子上通常用绑扎方法来固定，绑扎方法因绝缘子形式和安装地点不同而各异，常用的有以下几种：

1. 顶绑法

顶绑法适用于 1～10kV 直线杆针式绝缘子的固定绑扎。铝导线绑扎时应在导线绑扎处先绑 150mm 长的铝包带。所用铝包带宽为 10mm，厚为 1mm。绑线材料应与导线的材料相同，其直径在2.6～3.0mm 范围内。其绑扎步骤如图 5-17 所示。

(1)把绑线绕成卷，在绑线一端留出一个长为 250mm 的短头，用短头在绝缘子左侧的导线上绑 3 圈，方向是从导线外侧经导线上方，绕向导线内侧，如图 5-17(a)所示。

(2)用绑线在绝缘子颈部内侧，绕到绝缘子右侧的导线上绑 3 圈，其方向是从导线下方，经外侧绕向上方，如图 5-17(b)所示。

(3)用绑线在绝缘子颈部外侧，绕到绝缘子左侧导线上再绑 3 圈，其方向是由导线下方经内侧绕到导线上方，如图 5-17(c)所示。

(4)用绑线从绝缘子颈部内侧，绕到绝缘子右侧导线上，并再绑 3 圈，其方向是由导线下方经外侧绕向导线上方，如图 5-17(d)所示。

(5)用绑线从绝缘子外侧绕到绝缘子左侧导线下面，并从导线内侧上来，经过绝缘子顶部交叉压在导线上，然后从绝缘子右侧导线内侧绕到绝缘子颈部内侧，并从绝缘子左侧导线的下侧，经导线外侧上来，经过绝缘子顶部交叉压在导线上，此时，在导线上已有一个十字叉。

(6)重复以上方法再绑一个十字叉，把绑线从绝缘子右侧导线内侧，经下方绕到绝缘子颈部外侧，与绑线另一端的短头，在绝缘子外侧中间扭绞成 2～3 圈的麻花线，余线剪去，留下部分压平，如图 5-17(e)所示。

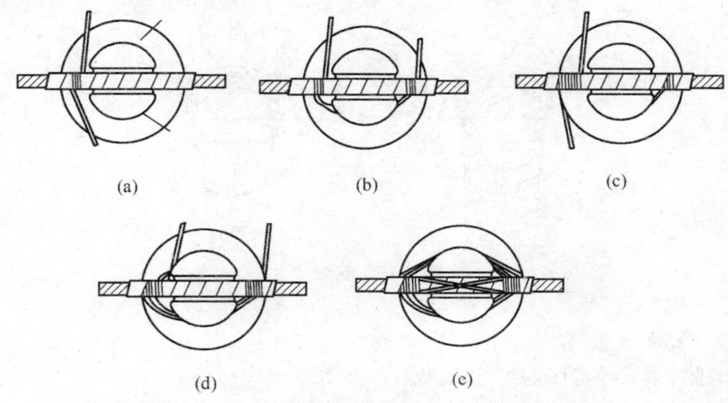


**图 5-17　顶绑法**

2. 侧绑法

转角杆针式绝缘子上的绑扎，导线应放在绝缘子颈部外侧。若由于绝缘子顶槽太浅，直线杆也可以用这种绑扎方法，侧绑法如图 5-18 所示。在导线绑扎处同样要绑以铝带。操作步骤如下：

(1)把绑线绕成卷，在绑线一端留出 250mm 的短头。用短头在绝缘子左侧的导线绑 3 圈，方向是从导线外侧，经过导线上方，绕向导线内侧，如图 5-18(a)所示。

(2)绑线从绝缘子颈部内侧绕过，绕到绝缘子右侧导线上方，交叉压在导线上,并从绝缘子左侧导线的外侧,经导线下方,绕到绝缘子颈部内侧,接着再绕到绝缘子右侧导线的下方,交叉压在导线上,再从绝缘子左侧导线上方,绕到绝缘子颈部内侧,如图 5-18(b)所示。此时导线外侧形成一个十字叉。随后,重复上述方法再绑一个十字叉。

(3)把绑线绕到右侧导线上,并绑 3 圈,方向是从导线上方绕到导线外侧,再到导线下方,如图 5-18(c)所示。

(4)把绑线从绝缘子颈部内侧,绕回到绝缘子左侧导线上,并绑 3 圈,方向是从导线下方,经过外侧绕到导线上方,然后经过绝缘子颈部内侧,回到绝缘子右侧导线上,并再绑 3 圈,方向是从导线上方,经过外侧绕到导线下方,最后回到绝缘子颈部内侧中间,与绑线短头扭绞成 2~3 圈的麻花线,余线剪去,留下部分压平,如图 5-18(d)所示。

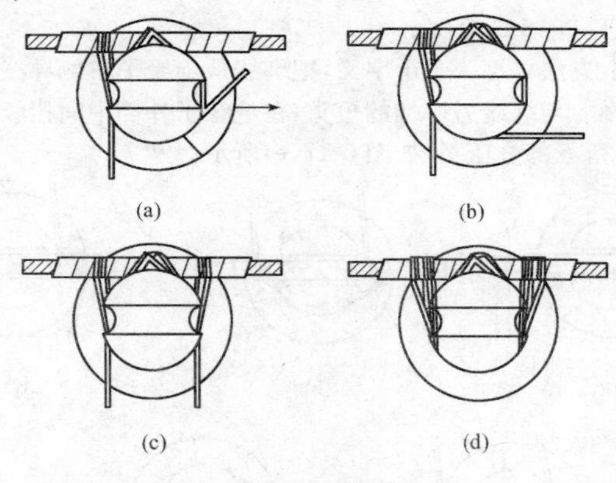


**图 5-18 侧绑法**

3. 终端绑扎法

终端杆蝶式绝缘子的绑扎,其操作步骤如下:

(1)首先在与绝缘子接触部分的铝导线上绑以铝带,然后把绑线绕成卷,在绑线一端留出一个短头,长度为 200~250mm(绑扎长度为 150mm 者,留出短头长度为 200mm;绑扎长度为 200mm 者,短头长度为 250mm)。

(2)把绑线短头夹在导线与折回导线之间,再用绑线在导线上绑扎,第一圈应离蝶式绝缘子表面 80mm,绑扎到规定长度后与短头扭绞 2~3 圈,余线剪断压平。最后把折回导线向反方向弯曲,如图 5-19 所示。

4. 耐张线夹固定导线法

该法如图 5-20 所示。操作步骤如下:

(1)用紧线钳先将导线收紧,使弧垂比所要求的数值稍小些。然后在导线需要安装线夹的部分,用同规格的线股缠绕,缠绕时,应从一端开始绕向另一端,其方向须与导线外股缠绕方向一致。缠绕长度须露出线夹两端各10mm。

(2)卸下线夹的全部U形螺栓，使耐张线夹的线槽紧贴导线缠绕部分，装上全部U形螺栓及压板，并稍拧紧。最后按顺序进行拧紧。在拧紧过程中，要使受力均衡，不要使线夹的压板偏斜和卡碰。

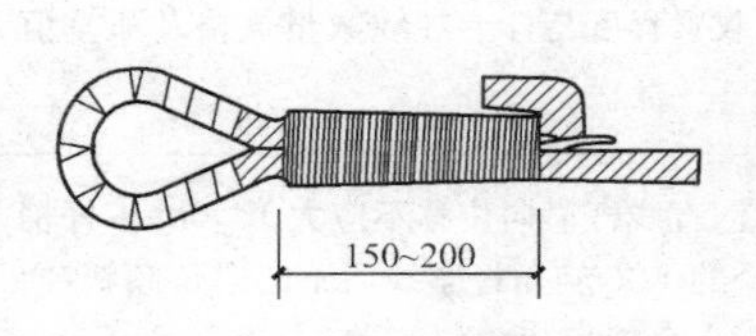


**图 5-19　终端绑扎法**

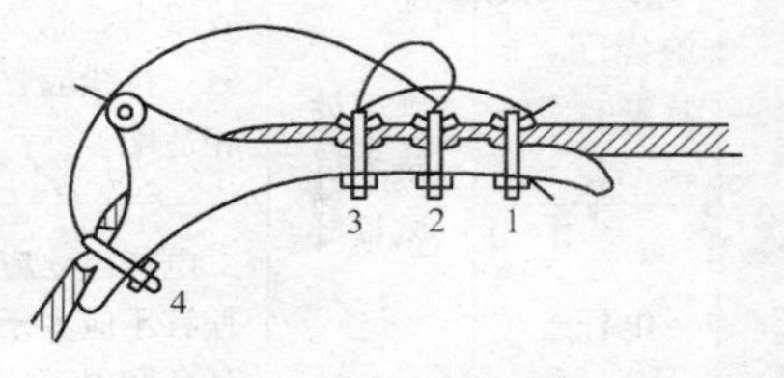


**图 5-20　耐张线夹固定导线法**

1～4—U形螺栓

## 十、施工工序质量控制点

施工工序质量控制点见表5-10。

**表 5-10　　架空线路及杆上电气设备安装施工工序质量控制点**

| 序号 | 控制点名称 | 执行人员 | 标　　准 |
|---|---|---|---|
| 1 | 电杆坑、拉线坑深度要求 | 施工员<br>技术员<br>质量员 | 电杆坑、拉线坑的深度允许偏差应不深于设计坑深100mm、不浅于设计坑深50mm |
| 2 | 架空导线要求 | | 架空导线的弧垂值，允许偏差为设计弧垂值的±5%，水平排列的同挡导线间弧垂值偏差为±50mm |
| 3 | 变压器中性点的接地及接地电阻测试 | 施工员<br>技术员 | 变压器中性点应与接地装置引出干线直接连接，接地装置的接地电阻值必须符合设计要求 |
| 4 | 杆上高压电气设备交接试验 | | 杆上变压器和高压绝缘子、高压隔离开关、跌落式熔断器、避雷器等必须按《建筑电气工程施工质量验收规范》(GB 50303—2002)第3.1.8条的规定交接试验合格 |
| 5 | 杆上低压配电装置和馈电线路交接试验 | | 杆上低压配电箱的电气装置和馈电线路交接试验应符合下列规定：<br>(1)每路配电开关及保护装置的规格、型号，应符合设计要求。<br>(2)相间和相对地间的绝缘电阻值应大于0.5MΩ。<br>(3)电气装置的交流工频耐压试验电压为1kV，当绝缘电阻值大于10MΩ时，可采用2500V兆欧表摇测替代，试验持续时间1min，无击穿闪络现象 |

续表

| 序号 | 控制点名称 | 执行人员 | 标准 |
|---|---|---|---|
| 6 | 拉线及其绝缘子、金具安装 | 施工员<br>技术员<br>质量员 | 拉线的绝缘子及金具应齐全，位置正确，承力拉线应与线路中心线方向一致，转角拉线应与线路分角线方向一致。拉线应收紧，收紧程度与杆上导线数量规格及弧垂值相适配 |
| 7 | 电杆组立 | | 电杆组立应正直，直线杆横向位移不应大于50mm，杆梢偏移不应大于梢径的1/2，转角杆紧线后不向内角倾斜，向外角倾斜不应大于1个梢径 |
| 8 | 横担安装及横担的镀锌处理 | 质量员<br>材料员 | 直线杆单横担应装于受电侧，终端杆、转角杆的单横担应装于拉线侧。横担的上下歪斜和左右扭斜，从横担端部测量不应大于20mm。横担等镀锌制品应热浸镀锌 |
| 9 | 导线架设 | 施工员<br>质量员 | 导线无断股、扭绞和死弯，与绝缘子固定可靠，金具规格应与导线规格适配 |
| 10 | 线路安全距离 | | 线路的跳线、过引线、接户线的线间和线对地间的安全距离，电压等级为6～10kV的，应大于300mm；电压等级为1kV及以下的，应大于150mm。用绝缘导线架设的线路，绝缘破口处应修补完整 |
| 11 | 杆上电气设备安装 | 质量员 | 杆上电气设备安装应符合下列规定：<br>(1)固定电气设备的支架、紧固件为热浸镀锌制品，紧固件及防松零件齐全。<br>(2)变压器油位正常、附件齐全、无渗油现象、外壳涂层完整。<br>(3)跌落式熔断器安装的相间距离不小于500mm；熔管试操动能自然打开旋下。<br>(4)杆上隔离开关分、合操动灵活，操动机构机械锁定可靠，分合时三相同期性好，分闸后，刀片与静触头间空气间隙距离不小于200mm；地面操作杆的接地(PE)可靠，且有标识。<br>(5)杆上避雷器排列整齐，相间距离不小于350mm，电源侧引线铜线截面积不小于16mm$^2$，铝线截面积不小于25mm$^2$，接地侧引线铜线截面积不小于25mm$^2$，铝线截面积不小于35mm$^2$。与接地装置引出线连接可靠 |

# 第二节 电缆敷设

## 一、施工准备

(1)电缆线路的安装工程应按已批准的设计进行施工。

(2)与电缆线路安装有关的建筑物、构筑物的土建工程质量,应符合国家现行的建筑工程施工质量验收规范中的有关规定。

电缆线路安装前,土建工作应具备下列条件:

1)预埋件符合设计要求,并埋置牢固。

2)电缆沟、隧道、竖井及人孔等处的地坪及抹面工作结束。

3)电缆层、电缆沟、隧道等处的施工临时设施、模板及建筑废料等清理干净,施工用道路畅通,盖板齐备。

4)电缆线路铺设后,不能再进行土建施工的工程项目应结束。

5)电缆沟排水畅通。

电缆线路敷设完毕后投入运行前,土建应完成的工作如下:

1)由于预埋件补遗、开孔、扩孔等需要而由土建完成的修饰工作。

2)电缆室的门窗。

3)防火隔墙。

(3)电缆线路施工方案或施工组织设计已经编制,并已审批。

(4)敷设前,应对电缆进行外观检查及绝缘电阻试验。6kV 以上电缆应作耐压和泄漏试验。1kV 以下电缆用兆欧表测试,不低于 10MΩ。

所有试验均要做好记录,以便竣工试验时作对比参考,并归档。

(5)电缆敷设前应准备好砖、砂,并运到沟边待用。同时准备好方向套(铅皮、钢字)标桩。

(6)工具及施工用料的准备。施工前要准备好架电缆的轴辊、支架及敷设用电缆托架,封铅用的喷灯、焊料、抹布、硬脂酸以及木、铁锯、铁剪,8#、16# 铅丝、编织的钢丝网套(图 5-21)、铁锹、榔头、电工工具,汽油、沥青膏等。

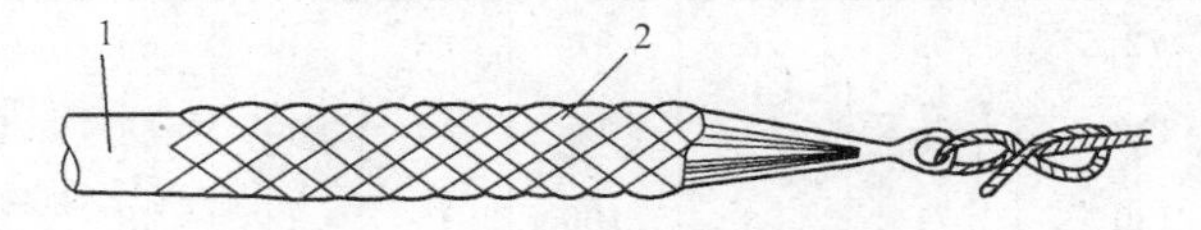


**图 5-21 敷设电缆用的钢丝网套**

1—电缆;2—16# 铅丝

(7)电缆型号、规格及长度均应与设计资料核对无误。电缆不得有扭绞、损伤及渗漏油现象。

(8)电缆线路两端连接的电气设备(或接线箱、盒)应安装完毕或已就位、敷设电缆的通道应无堵塞。

(9)如冬期施工温度低于表5-11规定时，电缆应先加温，并准备好保温草帘，以便于搬运时电缆保温使用。

表5-11　　电缆最低允许敷设温度

| 电缆类别 | 电缆结构 | 最低允许敷设温度(℃) |
| --- | --- | --- |
| 油浸纸绝缘电力电缆 | 充油电缆 | −10 |
| | 其他油浸纸绝缘电缆 | 0 |
| 橡皮绝缘电力电缆 | 橡皮或聚氯乙烯护套 | −15 |
| | 裸铅套 | −20 |
| | 铅护套钢带铠装 | −7 |
| 塑料绝缘电力电缆 | | 0 |
| 控制电缆 | 耐寒护套 | −20 |
| | 橡皮绝缘聚氯乙烯护套 | −15 |
| | 聚氯乙烯绝缘、聚氯乙烯护套 | −10 |

电缆加热通常采用两种方法：一种是室内加热，即在室内或帐篷里，用热风机或电炉提高室内温度使电缆加温；室内温度为25℃时约需1～2个昼夜；40℃时需18小时。另外一种方法是采用电流加热，将电缆线芯通入电流，使电缆本身发热。10kV以下三芯统包型电缆所需的加热电流和时间，如表5-12所示。

表5-12　　电缆加热所需电流及加热时间

| 电缆规格 | 加热时的最大允许电流(A) | 在四周温度为下列各数值时所需的加热时间(min) | | | 加热时所用电压(V) 电缆长度(m) | | | | |
| --- | --- | --- | --- | --- | --- | --- | --- | --- | --- |
| | | 0℃ | −10℃ | −20℃ | 100 | 200 | 300 | 400 | 500 |
| 3×10 | 72 | 59 | 76 | 97 | 23 | 46 | 69 | 92 | 115 |
| 3×16 | 102 | 56 | 73 | 74 | 19 | 39 | 58 | 77 | 96 |
| 3×25 | 130 | 71 | 88 | 106 | 16 | 32 | 48 | 64 | 80 |
| 3×35 | 160 | 74 | 93 | 112 | 14 | 28 | 42 | 56 | 70 |
| 3×50 | 190 | 90 | 112 | 134 | 12 | 23 | 35 | 46 | 58 |
| 3×70 | 230 | 97 | 122 | 149 | 10 | 20 | 30 | 40 | 50 |
| 3×95 | 285 | 99 | 124 | 151 | 9 | 19 | 27 | 36 | 45 |

续表

| 电缆规格 | 加热时的最大允许电流(A) | 在四周温度为下列各数值时所需的加热时间(min) | | | 加热时所用电压(V) | | | | |
|---|---|---|---|---|---|---|---|---|---|
| | | | | | 电缆长度(m) | | | | |
| | | 0℃ | －10℃ | －20℃ | 100 | 200 | 300 | 400 | 500 |
| 3×120 | 330 | 111 | 138 | 170 | 8.5 | 17 | 25 | 34 | 42 |
| 3×150 | 375 | 124 | 150 | 185 | 8 | 15 | 23 | 31 | 38 |
| 3×185 | 425 | 134 | 163 | 208 | 6 | 12 | 17 | 23 | 29 |
| 3×240 | 490 | 152 | 190 | 234 | 5.1 | 11 | 16 | 21 | 27 |

用电流法加热时，将电缆一端的线芯短路，并予铅封，以防进入潮气。并经常监控电流值及电缆表面温度。电缆表面温度不应超过下列数值(使用水银温度计)：

3kV 及以下的电缆　　40℃

6～10kV 的电缆　　35℃

20～35kV 的电缆　　25℃

加热后，电缆应尽快敷设。

(10)室外电缆沟敷设时，在电缆敷设前应进行清理，并且根据设计规定的地平标高对电缆沟的深度进行测量，以免回填土后，产生电缆埋设过深或过浅现象。

(11)电缆敷设前，还应进行下列项目的复查：

1)支架应齐全，油漆完整。

2)电缆型号、电压、规格应符合设计。

3)电缆绝缘良好；当对油浸纸绝缘电缆的密封有怀疑时，应进行潮湿判断；直埋电缆与水底电缆应经直流耐压试验合格；充油电缆的油样应试验合格。

4)充油电缆的油压不宜低于 0.15MPa。

**二、电缆直埋敷设**

电缆直接埋地敷设，是电缆敷设方法中应用最为广泛的一种，一般在电缆根数较少、敷设距离较长时采用。

电缆直埋敷设是沿已选定的线路挖掘沟道，然后把电缆埋在地下沟道内。因电缆直埋在地下，不需要其他设施，故施工简便，造价低，电缆散热也好。

(一)电缆埋设要求

(1)在电缆线路路径上有可能使电缆受到机械损伤、化学作用、地下电流、震动、热影响、腐殖物质、虫鼠等危害的地段，应采用保护措施。

(2)电缆埋设深度应符合下列要求：

1)电缆表面距地面的距离不应小于 0.7m，穿越农田时不应小于 1m；66kV 及以上的电缆不应小于 1m；只有在引入建筑物、与地下建筑交叉及绕过地下建筑物处，可埋设浅些，但应采取保护措施。

2)电缆应埋设于冻土层以下。当无法深埋时,应采取措施,防止电缆受到损坏。

(3)电缆之间、电缆与其他管道、道路、建筑物等之间平行和交叉时的最小距离,应符合表5-13的规定。严禁将电缆平行敷设于管道的上面或下面。

**表5-13　　电缆之间、电缆与管道、道路、建筑物之间平行和交叉时的最小允许净距**

<table>
<tr><th rowspan="2">序号</th><th rowspan="2" colspan="2">项　目</th><th colspan="2">最小允许净距(m)</th><th rowspan="2">备　注</th></tr>
<tr><th>平　行</th><th>交　叉</th></tr>
<tr><td rowspan="3">1</td><td colspan="2">电力电缆间及其与控制电缆间</td><td></td><td></td><td rowspan="5">(1)控制电缆间平行敷设的间距不作规定;序号1、3项,当电缆穿管或用隔板隔开时,平行净距可降低为0.1m;<br>(2)在交叉点前后1m范围内,如电缆穿入管中或用隔板隔开,交叉净距可降低为0.25m</td></tr>
<tr><td colspan="2">(1)10kV及以下</td><td>0.10</td><td>0.50</td></tr>
<tr><td colspan="2">(2)10kV及以上</td><td>0.25</td><td>0.50</td></tr>
<tr><td>2</td><td colspan="2">控制电缆</td><td>—</td><td>0.50</td></tr>
<tr><td>3</td><td colspan="2">不同使用部门的电缆间</td><td>0.50</td><td>0.50</td></tr>
<tr><td>4</td><td colspan="2">热力管道(管沟)及热力设备</td><td>2.0</td><td>0.50</td><td rowspan="12">(1)虽净距能满足要求,但检修管路可能伤及电缆时,在交叉点前后1m范围内,尚应采取保护措施;<br>(2)当交叉净距不能满足要求时,应将电缆穿入管中,则其净距可减为0.25m;<br>(3)对序号第4项,应采取隔热措施,使电缆周围土壤的温升不超过10℃;<br>(4)电缆与管径大于800mm的水管,平行间距应大于1m,如不能满足要求,应采取适当防电化腐蚀措施,特殊情况下,平行净距可酌减</td></tr>
<tr><td>5</td><td colspan="2">油管道(管沟)</td><td>1.0</td><td>0.50</td></tr>
<tr><td>6</td><td colspan="2">可燃气体及易燃液体管道(管沟)</td><td>1.0</td><td>0.50</td></tr>
<tr><td>7</td><td colspan="2">其他管道(管沟)</td><td>0.50</td><td>0.50</td></tr>
<tr><td>8</td><td colspan="2">铁路路轨</td><td>3.0</td><td>1.0</td></tr>
<tr><td rowspan="2">9</td><td rowspan="2">电气化铁路路轨</td><td>交　流</td><td>3.0</td><td>1.0</td></tr>
<tr><td>直　流</td><td>10.0</td><td>1.0</td></tr>
<tr><td>10</td><td colspan="2">公路</td><td>1.50</td><td>1.0</td></tr>
<tr><td>11</td><td colspan="2">城市街道路面</td><td>1.0</td><td>0.7</td></tr>
<tr><td>12</td><td colspan="2">电杆基础(边线)</td><td>1.0</td><td>—</td></tr>
<tr><td>13</td><td colspan="2">建筑物基础(边线)</td><td>0.6</td><td>—</td></tr>
<tr><td>14</td><td colspan="2">排水沟</td><td>1.0</td><td>0.5</td></tr>
<tr><td>15</td><td colspan="2">独立避雷针集中接地装置与电缆间</td><td colspan="2">5.0</td><td></td></tr>
</table>

注:当电缆穿管或者其他管道有防护设施(如管道保温层等)时,表中净距应从管壁或防护设施的外壁算起。

(4)电缆与铁路、公路、城市街道、厂区道路交叉时,应敷设于坚固的保护管(钢管或水泥管)或隧道内。管顶距轨道底或路面的深度不小于1m,管的两端伸出道路路基边各2m;伸出排水沟0.5m,在城市街道应伸出车道路面。

保护管的内径应比电缆的外径大1.5倍。电缆钢保护管的管径可按表5-14选择，如选用钢管，则应在埋设前将管口加工成喇叭形。

表5-14　　电缆钢保护管管径选择表

| 钢管直径(mm) | 三芯电力电缆截面($mm^2$) | | | 四芯电力电缆截面($mm^2$) |
|---|---|---|---|---|
| | 1kV | 6kV | 10kV | |
| 50 | ≤70 | ≤25 | | ≤50 |
| 70 | 95～150 | 35～70 | ≤60 | 70～120 |
| 80 | 185 | 95～150 | 70～120 | 150～185 |
| 100 | 240 | 185～240 | 150～240 | 240 |

(5)直埋电缆的上、下方须铺以不小于100mm厚的软土或沙层，并盖以混凝土保护板，其覆盖宽度应超过电缆两侧各50mm，也可用砖块代替混凝土盖板。

(6)同沟敷设两条及以上电缆时，电缆之间，电缆与管道、道路、建筑物之间平行交叉时的最小净距应符合表5-13的规定，电缆之间不得重叠、交叉、扭绞。

(7)堤坝上的电缆敷设，其要求与直埋电缆相同。

(二)挖样洞

在设计的电缆路线上先开挖试探样洞，以了解土壤情况和地下管线布置，如有问题，应及时提出解决办法。样洞大小一般长为0.4～0.5m，宽与深为1m。开挖样洞的数量可根据地下管线的复杂程度决定，一般直线部分每隔40m左右开一个样洞；在线路转弯处、交叉路口和有障碍物的地方均需开挖样洞。开挖样洞时要仔细，不要损坏地下管线设备。

根据设计图纸及开挖样洞的资料决定电缆走向，用石灰粉画出开挖范围(宽度)，一根电缆一般为0.4～0.5m，两根电缆为0.6m。

电缆需穿越道路或铁路时，应事先将过路导管全部敷设完毕，以便于敷设电缆顺利进行。

(三)开挖电缆沟

挖土时应垂直开挖，不可上狭下宽，也不能掏空挖掘。挖出的土放在距沟边0.3m的两侧。如遇有坚石、砖块和腐殖土则应清除，换填松软土壤。

施工地点处于交通道路附近或较繁华的地方，其周围应设置遮栏和警告标志(日间挂红旗、夜间挂红色桅灯)。电缆沟的挖掘深度一般要求为800mm，还须保证电缆敷设后的弯曲半径不小于规定值。电缆接头的两端以及引入建筑物和引上电杆处，要挖出备用电缆的余留坑。

(四)拉引电缆

电缆敷设时，拉引电缆的方法主要有两种，即人力拉引和机械拉引。当电缆较重时，宜采用机械拉引；当电缆较短较轻时，宜采用人力拉引。

1. 人力拉引

电缆人工拉引一般是人力拉引、滚轮和人工相结合的方法。该方法需要的施工人员较多，且人员要定位，电缆从盘的上端引出，如图 5-22 所示。电缆拉引时，应特别注意的是人力分布要均匀合理，负荷适当，并要统一指挥。为避免电缆受拖拉而损伤，常将电缆放在滚轮上。此外，电缆展放中，在电缆盘两侧还应有协助推盘及负责刹盘滚动的人员。

图 5-22　人力展放电缆

电缆人力拉引施工前，应先由指挥者做好施工交底工作。施工人员布局要合理，并要统一指挥，拉引电缆速度要均匀。电缆敷设行进的领头人，必须对施工现场(电缆走向、顺序、排列、规格、型号、编号等)十分清楚，以防返工。

2. 机械拉引

当敷设大截面、重型电缆时，宜采用机械拉引方法。机械拉引方法牵引动力有以下两种：

(1)慢速卷扬机牵引：为保证施工安全，卷扬机速度在 8m/min 左右，不可过快，电缆也不宜太长，注意防止电缆行进时受阻而被拉坏。

(2)拖拉机牵引旱船法：将电缆架在旱船上，在拖拉机牵引旱船骑沟行走的同时，将电缆放入沟内，如图 5-23 所示。这种方法适用于冬季冻土、电缆沟及土质坚硬的场所。敷设前应先检查电缆沟，平整沟的顶面，沿沟行走一段距离，试验确无问题时方可进行。在电缆沟土质松软及沟的宽度较大时不宜采用。

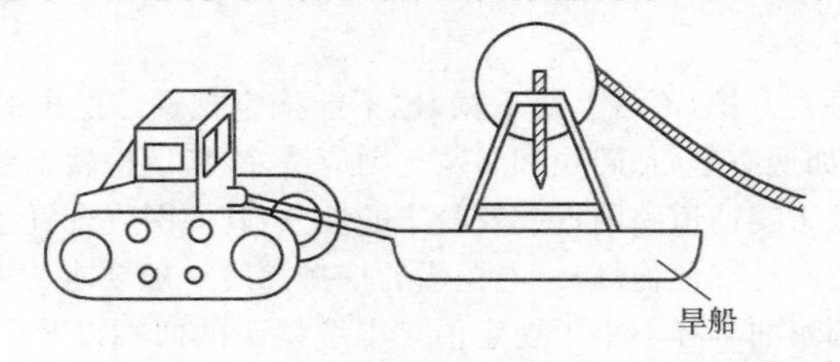


图 5-23　拖拉机牵引旱船展放电缆示意图

施工时，可用图 5-24 的做法，先将牵引端的线芯与铅(铝)包皮封焊成一体，以防线芯与外包皮之间相对移动。做法是将特制的拉杆插在电缆芯中间，用铜线绑扎后，再用焊料把拉杆、导体、铅（铝）包皮三者焊在一起（注意封焊严密，以防潮气入内）。

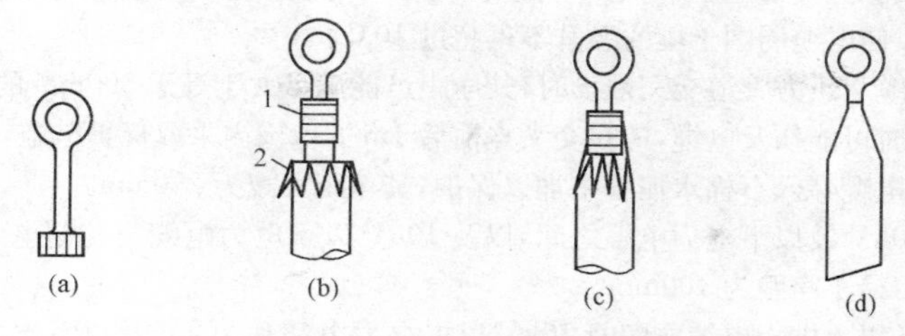


**图 5-24　电缆末端封焊拉杆做法**

(a)拉杆；(b)拉杆与电缆线芯绑扎在一起；(c)封焊前；(d)封焊后
1—绑线；2—铅（铝）包

（五）敷设电缆

(1)直埋电缆敷设前，应在铺平夯实的电缆沟内先铺一层 100mm 厚的细砂或软土，作为电缆的垫层。直埋电缆周围是铺砂好还是铺软土好，应根据各地区的情况而定。

软土或砂子中不应含有石块或其他硬质杂物。若土壤中含有酸或碱等腐蚀性物质，则不能做电缆垫层。

(2)在电缆沟内放置滚柱，其间距与电缆单位长度的重量有关，一般每隔 3～5m 放置一个（在电缆转弯处应加放一个），以不使电缆下垂碰地为原则。

(3)电缆放在沟底时，边敷设边检查电缆是否受伤。放电缆的长度不要控制过紧，应按全长预留 1.0%～1.5%的裕量，并作波浪状摆放。在电缆接头处也要留出裕量。

(4)直埋电缆敷设时，严禁将电缆平行敷设在其他管道的上方或下方，并应符合下列要求：

1)电缆与热力管线交叉或接近时，如不能满足表 5-13 所列数值要求，应在接近段或交叉点前后 1m 范围内作隔热处理，方法如图 5-25 所示，使电缆周围土壤的温升不超过 10℃。

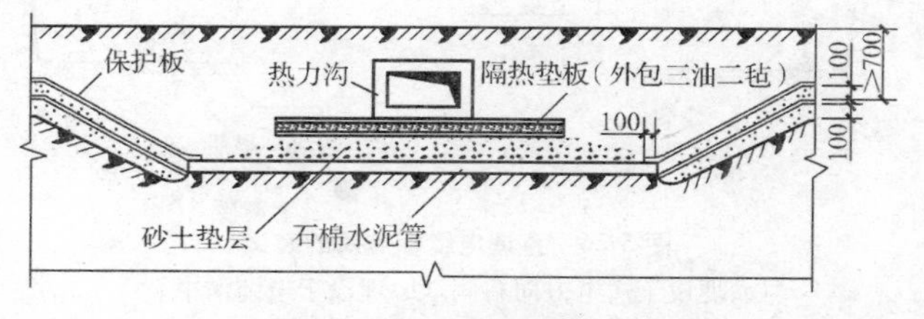


**图 5-25　电缆与热力管线交叉隔热做法**

2)电缆与热力管线平行敷设时距离不应小于 2m。若有一段不能满足要求时,可以减少但不得小于 500mm。此时,应在与电缆接近的一段热力管道上加装隔热装置,使电缆周围土壤的温升不得超过 10℃。

3)电缆与热力管道交叉敷设时,其净距虽能满足大于等于 500mm 的要求,但检修管路时可能伤及电缆,应在交叉点前后 1m 的范围内采取保护措施。

如将电缆穿入石棉水泥管中加以保护,其净距可减为 250mm。

(5)10kV 及以下电力电缆之间,以及 10kV 以下电力电缆与控制电缆之间平行敷设时,最小净距为 100mm。

10kV 以上电力电缆之间及 10kV 以上电力电缆和 10kV 及以下电力电缆或与控制电缆之间平行敷设时,最小净距为 250mm。特殊情况下,10kV 以上电缆之间及与相邻电缆间的距离可降低为 100mm,但应选用加间隔板电缆并列方案;如果电缆均穿在保护管内,并列间距也可降至为 100mm。

(6)电缆沿坡度敷设的允许高差及弯曲半径应符合要求,电缆中间接头应保持水平。多根电缆并列敷设时,中间接头的位置宜相互错开,其净距不宜小于 500mm。

(7)电缆铺设完后,再在电缆上面覆盖 100mm 的砂或软土,然后盖上保护板(或砖),覆盖宽度应超出电缆两侧各 50mm。板与板连接处应紧靠。

(8)覆土前,沟内如有积水则应抽干。覆盖土要分层夯实,最后清理场地,做好电缆走向记录,并应在电缆引出端、终端、中间接头、直线段每隔 100m 处和走向有变化的部位挂标志牌。

标志牌可采用 C15 钢筋混凝土预制,安装方法如图 5-26 所示。标志牌上应注明线路编号、电压等级、电缆型号、截面、起止地点、线路长度等内容,以便维修。标志牌规格宜统一,字迹应清晰不易脱落。标志牌挂装应牢固。

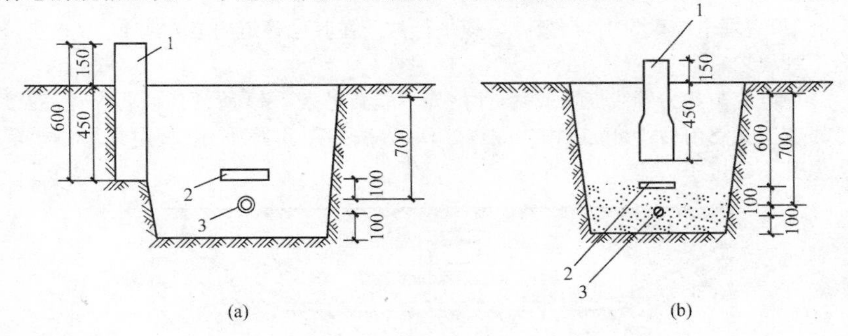


**图 5-26　直埋电缆标志牌的装设**

(a)埋设于送电方向右侧;(b)埋设于电缆沟中心

1—电缆标志牌;2—保护板;3—电缆

(9)在含有酸碱、矿渣、石灰等场所，电缆不应直埋；如必须直埋，应采用缸瓦管、水泥管等防腐保护措施。

**三、电缆沟、电缆竖井内缆敷设**

(一)电缆支架安装

1. 一般规定

(1)电缆在电缆沟内及竖井敷设前，土建专业应根据设计要求完成电缆沟及电缆支架的施工，以便电缆敷设在沟内壁的角钢支架上。

(2)电缆支架自行加工时，钢材应平直，无显著扭曲。下料后长短差应在5mm范围内，切口无卷边、毛刺。钢支架采用焊接时，不要有显著的变形。

(3)支架安装应牢固、横平竖直。同一层的横撑应在同一水平面上，其高低偏差不应大于5mm；支架上各横撑的垂直距离，其偏差不应大于2mm。

(4)在有坡度的电缆沟内，其电缆支架也要保持同一坡度(此项也适用于有坡度的建筑物上的电缆支架)。

(5)支架与预埋件焊接固定时，焊缝应饱满；用膨胀螺栓固定时，选用螺栓应适配，连接紧固，防松零件齐全。

(6)沟内钢支架必须经过防腐处理。

2. 电缆沟内支架安装

电缆在沟内敷设时，需用支架支持或固定，因而支架的安装非常重要，其相互间距是否恰当，将会影响通电后电缆的散热状况、对电缆的日常巡视、维护和检修等。

(1)当设计无要求时，电缆支架最上层至沟顶的距离不应小于150～200mm；电缆支架间平行距离不小于100mm，垂直距离为150～200mm；电缆支架最下层距沟底的距离不应小于50～100mm，如图5-27所示。

(2)室内电缆沟盖应与地面相平，对地面容易积水的地方，可用水泥砂浆将盖间的缝隙填实。室外电缆沟无覆盖时，盖板高出地面不小于100mm[图5-27(a)]；有覆盖层时，盖板在地面下300mm[图5-27(b)]。盖板搭接应有防水措施。

3. 电缆竖井支架安装

电缆在竖井内沿支架垂直敷设时，可采用扁钢支架。支架的长度W可根据电缆的直径和根数确定。

扁钢支架与建筑物的固定应采用M10×80mm的膨胀螺栓紧固。支架每隔1.5m设置1个，竖井内支架最上层距竖井顶部或楼板的距离不小于150～200mm，底部与楼(地)面的距离不宜小于300mm。

4. 电缆支架接地

为保护人身安全和供电安全，金属电缆支架、电缆导管必须与PE线或PEN线连接可靠。如果整个建筑物要求等电位联结，则更应如此。此外，接地线宜使用直径不小于$\phi$12镀锌圆钢，并应在电缆敷设前与全长支架逐一焊接。

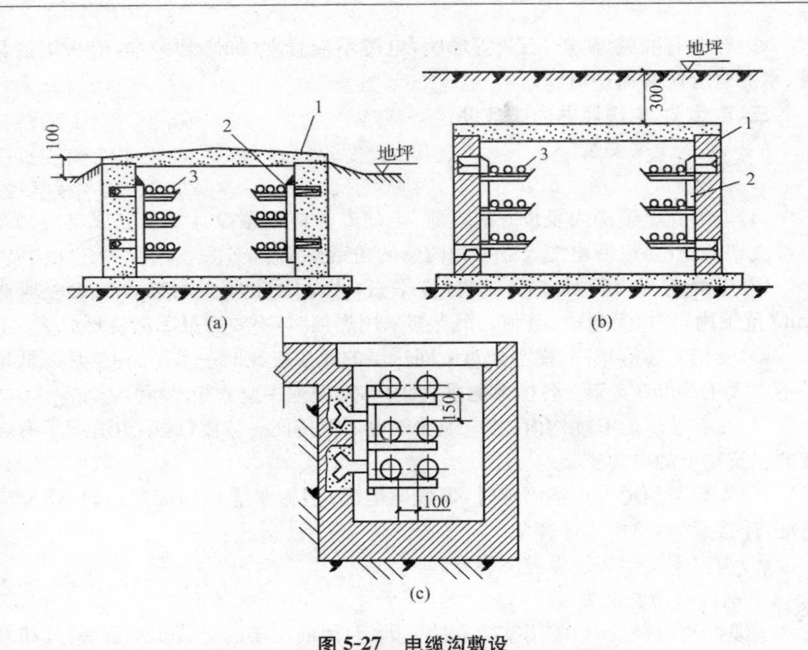


**图 5-27　电缆沟敷设**

(a)室外电缆沟无覆盖层；(b)室外电缆沟有覆盖层；(c)室内电缆沟

1—接地线；2—支架；3—电缆

(二)电缆沟内电缆敷设与固定

1. 电缆敷设

电缆在电缆沟内敷设，就是首先挖好一条电缆沟，电缆沟壁要用防水水泥砂浆抹面，然后把电缆敷设在沟壁的角钢支架上，最后盖上水泥板。电缆沟的尺寸根据电缆多少(一般不宜超过 12 根)而定。

这种敷设方式较直埋式投资高，但检修方便，能容纳较多的电缆，在厂区的变、配电所中应用很广。在容易积水的地方，应考虑开挖排水沟。

(1)电缆敷设前，应先检验电缆沟及电缆竖井，电缆沟的尺寸及电缆支架间距应满足设计要求。

(2)电缆沟应平整，且有 0.1%的坡度。沟内要保持干燥，并能防止地下水浸入。沟内应设置适当数量的积水坑，及时将沟内积水排出，一般每隔 50m 设一个，积水坑的尺寸以 400mm×400mm×400mm 为宜。

(3)敷设在支架上的电缆，按电压等级排列，高压在上面，低压在下面，控制与通信电缆在最下面。如两侧装设电缆支架，则电力电缆与控制电缆、低压电缆应分别安装在沟的两边。

(4)电缆支架横撑间的垂直净距，无设计规定时，一般对电力电缆不小于150mm；对控制电缆不小于100mm。

(5)在电缆沟内敷设电缆时，其水平间距不得小于下列数值：

1)电缆敷设在沟底时，电力电缆间为35mm，但不小于电缆外径尺寸；不同级电力电缆与控制电缆间为100mm；控制电缆间距不作规定。

2)电缆支架间的距离应按设计规定施工，当设计无规定时，则不应大于表5-15的规定值。

表5-15　　电缆支架之间的距离　　(单位：m)

| 电缆种类 | 支架敷设方式 | |
|---|---|---|
| | 水平 | 垂直 |
| 电力电缆（橡胶及其他油浸纸绝缘电缆） | 1.0 | 2.0 |
| 控制电缆 | 0.8 | 1.0 |

注：水平与垂直敷设包括沿墙壁、构架、楼板等处所非支架固定。

(6)电缆在支架上敷设时，拐弯处的最小弯曲半径应符合电缆最小允许弯曲半径。

(7)电缆表面距地面的距离不应小于0.7m，穿越农田时不应小于1m；66kV及以上电缆不应小于1m。只有在引入建筑物、与地下建筑物交叉及绕过地下建筑物处，可埋设浅些，但应采取保护措施。

(8)电缆应埋设于冻土层以下；当无法深埋时，应采取保护措施，以防止电缆受到损坏。

2. 电缆固定

(1)垂直敷设的电缆或大于45℃倾斜敷设的电缆在每个支架上均应固定。

(2)交流单芯电缆或分相后的每相电缆固定用的夹具和支架，不形成闭合铁磁回路。

(3)电缆排列应整齐，尽量减少交叉。当设计无要求时，电缆支持点的间距应符合表5-16的规定。

表5-16　　电缆支持点间距　　(单位：mm)

| 电缆种类 | | 敷设方式 | |
|---|---|---|---|
| | | 水平 | 垂直 |
| 热力管道 | 全塑性 | 400 | 1000 |
| | 除全塑性外的电缆 | 800 | 1500 |
| 控制电缆 | | 800 | 1000 |

(4)当设计无要求时,电缆与管道的最小净距应符合表 5-17 的规定,且应敷设在易燃易爆气体管道下方。

表 5-17　　电缆与管道的最小净距　　(单位:mm)

| 管道类别 | | 平行净距 | 交叉净距 |
|---|---|---|---|
| 一般工艺管道 | | 400 | 300 |
| 易燃易爆气体管道 | | 500 | 500 |
| 热力管道 | 有保温层 | 500 | 300 |
| | 无保温层 | 1000 | 500 |

(三)电缆竖井内电缆敷设

1. 电缆布线

电缆竖井内常用的布线方式为金属管、金属线槽、电缆或电缆桥架及封闭母线等。在电缆竖井内除敷设干线回路外,还可以设置各层的电力、照明分线箱及弱电线路的端子箱等电气设备。

(1)竖井内高压、低压和应急电源的电气线路,相互间应保持 0.3m 及以上距离或采取隔离措施,并且高压线路应设有明显标志。

(2)强电和弱电如受条件限制必须设在同一竖井内,应分别布置在竖井两侧,或采取隔离措施,以防止强电对弱电的干扰。

(3)电缆竖井内应敷设有接地干线和接地端子。

(4)在建筑物较高的电缆竖井内垂直布线时(有资料介绍超过 100m),需考虑以下因素:

1)顶部最大变位和层间变位对干线的影响。为保证线路的运行安全,在线路的固定、连接及分支上应采取相应的防变位措施。高层建筑物垂直线路的顶部最大变位和层间变位是建筑物由于地震或风压等外部力量的作用而产生的。建筑物的变位必然影响到布线系统,这种影响对封闭式母线、金属线槽的影响最大,金属管布线次之,电缆布线最小。

2)要考虑好电线、电缆及金属保护管、罩等自重带来的荷重影响以及导体通电以后,由于热应力、周围的环境温度经常变化而产生的反复荷载(材料的潜伸)和线路由于短路时的电磁力而产生的荷载,要充分研究支持方式及导体覆盖材料的选择。

3)垂直干线与分支干线的连接方法,直接影响供电的可靠性和工程造价,必须进行充分研究。尤其应注意铝芯导线的连接和铜一铝接头的处理问题。

2. 电缆敷设

敷设在竖井内的电缆,电缆的绝缘或护套应具有非延燃性。通常采用较多的为聚氯乙烯护套细钢丝铠装电力电缆,因为此类电缆能承受的拉力较大。

（1）在多、高层建筑中，一般低压电缆由低压配电室引出后，沿电缆隧道、电缆沟或电缆桥架进入电缆竖井，然后沿支架或桥架垂直上升。

（2）电缆在竖井内沿支架垂直布线。所用的扁钢支架与建筑物之间的固定应采用 M10×80mm 的膨胀螺栓紧固。支架设置距离为1.5m，底部支架距楼（地）面的距离不应小于 300mm。

扁钢支架上，电缆宜采用管卡子固定，各电缆之间的间距不应小于 50mm。

（3）电缆沿支架的垂直安装如图 5-28 所示。小截面电缆在电气竖井内布线，也可沿墙敷设，此时可使用管卡子或单边管卡子用 $\phi6\times30$mm 塑料胀管固定，如图 5-29 所示。

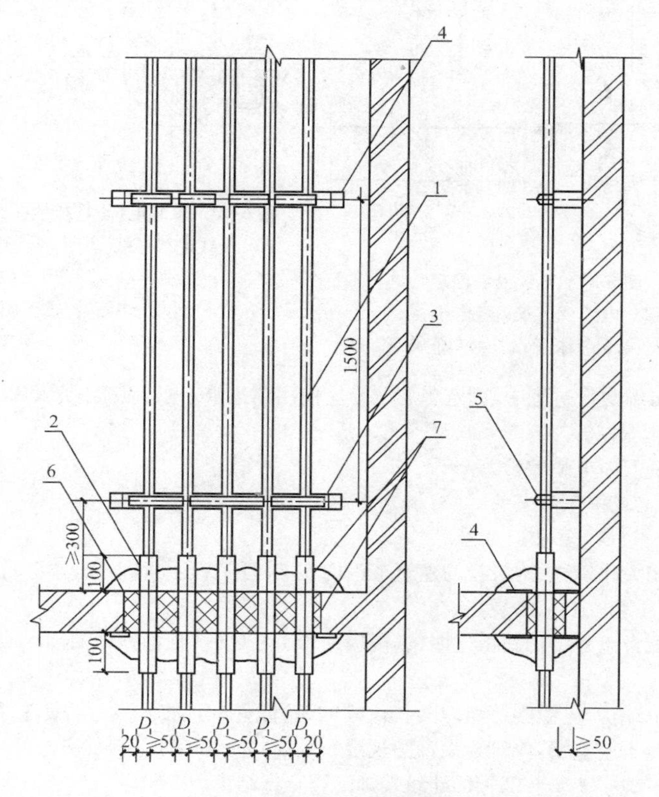


**图 5-28　电缆布线沿支架垂直安装**

1—电缆；2—电缆保护管；3—支架；4—膨胀螺栓；
5—管卡子；6—防火隔板；7—防火堵料

(4)电缆在穿过楼板或墙壁时，应设置保护管，并用防火隔板、防火堵料等做好密封隔离，保护管两端管口空隙应做密封隔离。

(5)电缆布线过程中，垂直干线与分支干线的连接通常采用"T"接方法。为了接线方便，树干式配电系统电缆应尽量采用单芯电缆；单芯电缆 T 形接头大样如图 5-30 所示。

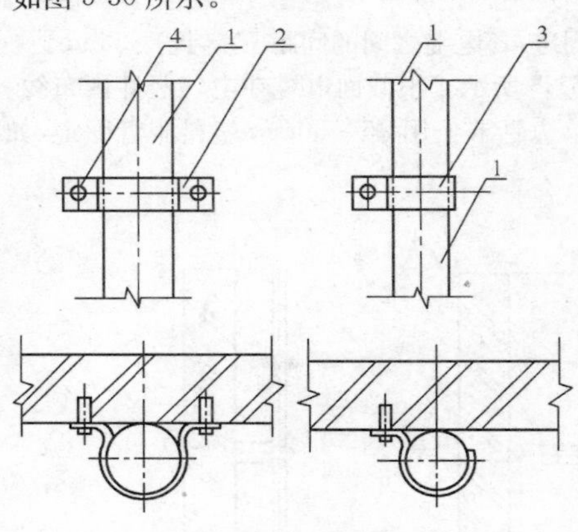


**图 5-29　电缆沿墙固定**

1—电缆；2—双边管卡子；
3—单边管卡子；4—塑料胀管

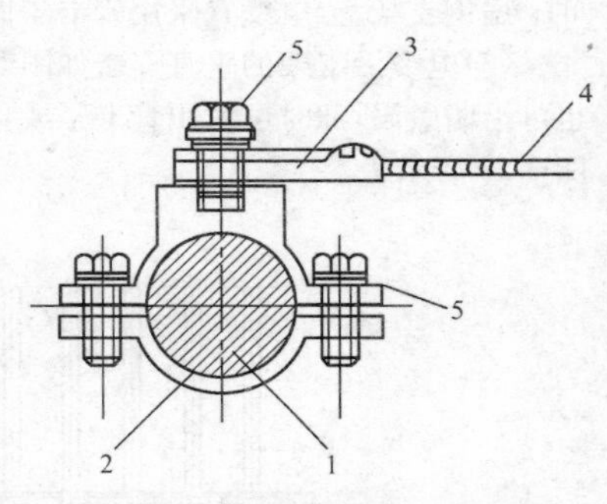


**图 5-30　单芯电缆"T"接接头大样图**

1—干线电缆芯线；2—U 形铸铜卡；
3—接线耳；4—"T"出支线；
5—螺栓、垫圈、弹簧垫圈

(6)电缆敷设过程中，固定单芯电缆应使用单边管卡子，以减少单芯电缆在支架上的感应涡流。

**四、桥架内电缆敷设**

(一)电缆桥架的安装

1. 安装技术要求

(1)相关建筑物、构筑物的建筑工程均完工，且工程质量应符合国家现行的建筑工程质量验收规范的规定。

(2)配合土建结构施工过墙、过楼板的预留孔(洞)，预埋铁件的尺寸应符合设计规定。

(3)电缆沟、电缆隧道、竖井内、顶棚内、预埋件的规格尺寸、坐标、标高、间隔距离、数量不应遗漏，应符合设计图规定。

(4)电缆桥架安装部位的建筑装饰工程全部结束。

(5)通风、暖卫等各种管道施工已经完工。

(6)材料、设备全部进入现场经检验合格。

2. 安装要求

(1)电缆桥架水平敷设时，跨距一般为 1.5～3.0m；垂直敷设时其固定点间距不宜大于 2.0m。当支撑跨距≤6m 时，需要选用大跨距电缆桥架；当跨距＞6m 时，必须进行特殊加工订货。

(2)电缆桥架在竖井中穿越楼板外，在孔洞周边抹 5cm 高的水泥防水台，待桥架布线安装完后，洞口用难燃物件封堵死。电缆桥架穿墙或楼板孔洞时，不应将孔洞抹死，桥架进出口孔洞收口平整，并留有桥架活动的余量。如孔洞需封堵时，可采用难燃的材料封堵好墙面抹平。电缆桥架在穿过防火隔墙及防火楼板时，应采取隔离措施。

(3)电缆梯架、托盘水平敷设时距地面高度不宜低于 2.5m，垂直敷设时不低于 1.8m，低于上述高度时应加装金属盖板保护，但敷设在电气专用房间(如配电室、电气竖井、电缆隧道、设备层)内除外。

(4)电缆梯架、托盘多层敷设时其层间距离一般为控制电缆间不小于 0.20m，电力电缆间不小于 0.30m，弱电电缆与电力电缆间不小于 0.5m，如有屏蔽盖板(防护罩)可减少到 0.3m，桥架上部距顶棚或其他障碍物应不小于 0.3m。

(5)电缆梯架、托盘上的电缆可无间距敷设。电缆在梯架、托盘内横断面的填充率，电力电缆应不大于 40%，控制电缆不应大于 50%。电缆桥架经过伸缩沉降缝时应断开，断开距离以 100mm 左右为宜。其桥架两端用活动插铁板连接不宜固定。电缆桥架内的电缆应在首端、尾端、转弯及每隔 50m 处设有注明电缆编号、型号、规格及起止点等标记牌。

(6)下列不同电压，不同用途的电缆如：1kV 以上和 1kV 以下电缆；向一级负荷供电的双路电源电缆；应急照明和其他照明的电缆；强电和弱电电缆等不宜敷设在同一层桥架上，如受条件限制，必须安装在同一层桥架上时，应用隔板隔开。

(7)强腐蚀或特别潮湿等环境中的梯架及托盘布线，应采取可靠而有效的防护措施。同时，敷设在腐蚀气体管道和压力管道的上方及腐蚀性液体管道的下方的电缆桥架应采用防腐隔离措施。

3. 吊(支)架的安装

吊(支)架的安装一般采用标准的托臂和立柱进行安装，也有采用自制加工吊架或支架进行安装。通常为了保证电缆桥架的工程质量，应优先采用标准附件。

(1)标准托臂与立柱的安装。当采用标准的托臂和立柱进行安装时，其要求如下：

1)成品托臂的安装。成品托臂的安装方式有沿顶板安装、沿墙安装和沿竖井安装等方式。成品托臂的固定方式多采用 M10 以上的膨胀螺栓进行固定。

2)立柱的安装。成品立柱由底座和立柱组成，其中立柱由工字钢、角钢、槽型钢、异型钢、双异型钢构成，立柱和底座的连接可采用螺栓固定和焊接。其固定方式多采用 M10 以上的膨胀螺栓进行固定。

3)方形吊架安装。成品方形吊架由吊杆、方形框组成，其固定方式可采用焊接预埋铁固定或直接固定吊杆，然后组装框架。

(2)自制支(吊)架的安装。自制吊架和支架进行安装时,应根据电缆桥架及其组装图进行定位划线,并在固定点进行打孔和固定。固定间距和螺栓规格由工程设计确定。当设计无规定时,可根据桥架重量与承载情况选用。

自行制作吊架或支架时,应按以下规定进行:

1)根据施工现场建筑物结构类型和电缆桥架造型尺寸与重量,决定选用工字钢、槽钢、角钢、圆钢或扁钢制作吊架或支架。

2)吊架或支架制作尺寸和数量,根据电缆桥架布置图确定。

3)确定选用钢材后,按尺寸进行断料制作,断料严禁气焊切割,加工尺寸允许最大误差为+5mm。

4)型钢架的搣弯宜使用台钳用手锤打制,也可使用油压搣弯器用模具顶制。

5)支架、吊架需钻孔处,孔径不得大于固定螺栓+2mm,严禁采用电焊或气焊割孔,以免产生应力集中。

4. 电缆桥架敷设安装

(1)根据电缆桥架布置安装图,对预埋件或固定点进行定位,沿建筑物敷设吊架或支架。

(2)直线段电缆桥架安装,在直线端的桥架相互接槎处,可用专用的连接板进行连接,接槎处要求缝隙平密平齐,在电缆桥架两边外侧面用螺母固定。

(3)电缆桥架在十字交叉、丁字交叉处施工时,可采用定型产品水平四通、水平三通、垂直四通、垂直三通进行连接,应以接槎边为中心向两端各≥300mm处,增加吊架或支架进行加固处理。

(4)电缆桥架在上、下、左、右转弯处,应使用定型的水平弯通、转动弯通、垂直凹(凸)弯通。上、下弯通进行连接时,其接槎边为中心两边各≥300mm处,连接时须增加吊架或支架进行加固。

(5)对于表面有坡度的建筑物,桥架敷设应随其坡度变化。可采用倾斜底座,或调角片进行倾斜调节。

(6)电缆桥架与盒、箱、柜、设备接口,应采用定型产品的引下装置进行连接,要求接口处平齐,缝隙均匀严密。

(7)电缆桥架的始端与终端应封堵牢固。

(8)电缆桥架安装时必须待整体电缆桥架调整符合设计图和规范规定后,再进行固定。

(9)电缆桥架整体与吊(支)架的垂直度与横挡的水平度,应符合规范要求;待垂直度与水平度合格,电缆桥架上、下各层都对齐后,最后将吊(支)架固定牢固。

(10)电缆桥架敷设安装完毕后,经检查确认合格,将电缆桥架内外清扫后,进行电缆线路敷设。

(11)在竖井中敷设合格电缆时,应安装防坠落卡,用来保护线路下坠。

(12)敷设在电缆桥架内的电缆不应有接头,接头应设置在接线箱内。

5. 电缆桥架保护接地

在建筑电气工程中，电缆桥架多数为钢制产品，较少采用在工业工程中为减少腐蚀而使用的非金属桥架和铝合金桥架。为了保证供电干线电路的使用安全，电缆桥架的接地或接零必须可靠。

(1)电缆桥架应装置可靠的电气接地保护系统。外露导电系统必须与保护线连接。在接地孔处，应将任何不导电涂层和类似的表层清理干净。

(2)为保证钢制电缆桥架系统有良好的接地性能，托盘、梯架之间接头处的连接电阻值不应大于 0.00033Ω。

(3)金属电缆桥架及其支架和引入或引出的金属导管必须与 PE 或 PEN 线连接可靠，且必须符合下列规定：

1)金属电缆桥架及其支架与(PE)或(PEN)连接处应不少于 2 处；

2)非镀锌电缆桥架连接板的两端跨接铜芯接地线，接地线的最小允许截面积应不小于 $4mm^2$；

3)镀锌电缆桥架间连接板的两端不跨接接地线，但连接板两端不少于 2 个有防松螺帽或防松螺圈的连接固定螺栓。

(4)为保证桥架的电气通路，在电缆桥架的伸缩缝或软连接处需采用编织铜线连接，如图 5-31 所示。

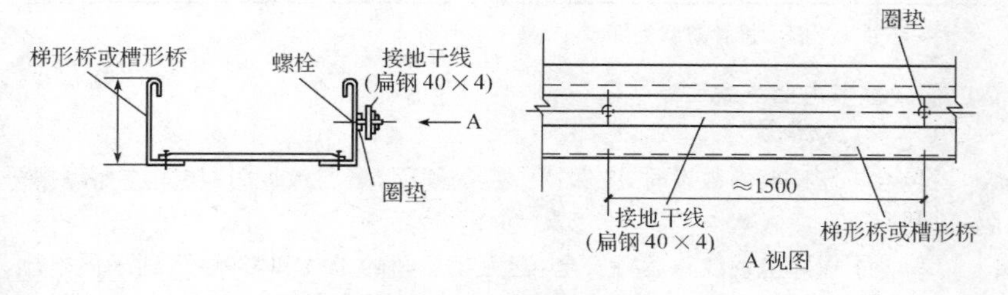


**图 5-31　接地干线安装**

(5)对于多层电缆桥架，当利用桥架的接地保护干线时，应将各层桥架的端部用 $16mm^2$ 的软铜线并联连接起来，再与总接地干线相通。长距离电缆桥架每隔 30～50m 距离接地一次。

(6)在具有爆炸危险场所安装的电缆桥架，如无法与已有的接地干线连接时，必须单独敷设接地干线进行接地。

(7)沿桥架全长敷设接地保护干线时，每段(包括非直线段)托盘、梯架应至少有一点与接地保护干线可靠连接。

(8)在有振动的场所，接地部位的连接处应装置弹簧垫圈，防止因振动引起连接螺栓松动，中断接地通路。

6. 桥架表面处理

钢制桥架的表面处理方式，应按工程环境条件、重要性、耐火性和技术经济性等因素进行选择。一般情况宜按表 5-18 选择适于工程环境条件的防腐处理方式。当采用表中“T”类防腐方式为镀锌镍合金、高纯化等其他防腐处理的桥架，应按规定试验验证，并应具有明确的技术质量指标及检测方法。

表 5-18　　　　表面防腐处理方式选择

<table>
<tr><th colspan="5">环境条件</th><th colspan="7">防腐层类别</th></tr>
<tr><th colspan="3" rowspan="2">类　型</th><th rowspan="2">代号</th><th rowspan="2">等级</th><th rowspan="2">涂漆 Q</th><th rowspan="2">电镀锌 D</th><th rowspan="2">喷涂粉末 P</th><th rowspan="2">热浸镀锌 R</th><th>DP</th><th>RQ</th><th rowspan="2">其他 T</th></tr>
<tr><th colspan="2">复合层</th></tr>
<tr><td rowspan="4">户内</td><td>一般</td><td>普通型</td><td>J</td><td>3K5L、3K6</td><td>○</td><td>○</td><td>○</td><td></td><td></td><td></td><td rowspan="6">在符合相关规定的情况下确定</td></tr>
<tr><td>0 类</td><td>湿热型</td><td>TH</td><td>3K5L</td><td>○</td><td>○</td><td>○</td><td>○</td><td></td><td></td></tr>
<tr><td>1 类</td><td>中腐蚀性</td><td>F1</td><td>3K5L、3C3</td><td>○</td><td>○</td><td>○</td><td>○</td><td>○</td><td>○</td></tr>
<tr><td>2 类</td><td>强腐蚀性</td><td>F2</td><td>3K5L、3C4</td><td></td><td></td><td>○</td><td>○</td><td>○</td><td>○</td></tr>
<tr><td rowspan="2">户外</td><td>0 类</td><td>轻腐蚀性</td><td>W</td><td>4K2、4C2</td><td>○</td><td>○</td><td></td><td>○</td><td>○</td><td>○</td></tr>
<tr><td>1 类</td><td>中腐蚀性</td><td>WF1</td><td>4K2、4C3</td><td></td><td>○</td><td></td><td>○</td><td>○</td><td>○</td></tr>
</table>

注：符号“○”表示推荐防腐类别。

（二）桥架内电缆敷设

1. 一般规定

（1）电缆在桥架内敷设时，应保持一定的间距；多层敷设时，层间应加隔栅分隔，以利通风。

（2）为了保障电缆线路运行安全，避免相互间的干扰和影响，下列不同电压、不同用途的电缆，不宜敷设在同一层桥架上；如果受条件限制需要安装在同一层桥架上时，应用隔板隔开。

1）1kV 以上和 1kV 以下的电缆；

2）同一路径向一级负荷供电的双路电源电缆；

3）应急照明和其他照明的电缆；

4）强电和弱电电缆。

（3）在有腐蚀或特别潮湿的场所采用电缆桥架布线时，宜选用外护套具有较强的耐酸、碱腐蚀能力的塑料护套电缆。

2. 电缆敷设

（1）电缆沿桥架敷设前，应防止电缆排列不整齐，出现严重交叉现象，必须事先就将电缆敷设位置排列好，规划出排列图表，按图表进行施工。

（2）施放电缆时，对于单端固定的托臂可以在地面上设置滑轮施放，放好后拿到托盘或梯架内；双吊杆固定的托盘或梯架内敷设电缆，应将电缆直接在托盘或梯架内安放滑轮施放，电缆不得直接在托盘或梯架内拖拉。

（3）电缆沿桥架敷设时，应单层敷设，电缆与电缆之间可以无间距敷设，电缆在桥架内应排列整齐，不应交叉，并敷设一根，整理一根，卡固一根。

（4）垂直敷设的电缆每隔1.5～2m处应加以固定；水平敷设的电缆，在电缆的首尾两端、转弯及每隔5～10m处进行固定，对电缆在不同标高的端部也应进行固定。大于45°倾斜敷设的电缆，每隔2m设一固定点。

（5）电缆固定可以用尼龙卡带、绑线或电缆卡子进行固定。为了运行中巡视、维护和检修方便，在桥架内电缆的首端、末端和分支处应设置标志牌。

（6）电缆出入电缆沟、竖井、建筑物、柜（盘）、台处及导管管口处等做密封处理。出入口、导管管口的封堵目的是防火、防小动物入侵、防异物跌入的需要，均是为安全供电而设置的技术防范措施。

（7）在桥架内敷设电缆，每层电缆敷设完成后应进行检查；全部敷设完成后，经检验合格，才能盖上桥架的盖板。

3. 敷设质量要求

（1）在桥架内电力电缆的总截面（包括外护层）不应大于桥架有效横断面的40％，控制电缆不应大于50％。

（2）电缆桥架内敷设的电缆，在拐弯处电缆的弯曲半径应以最大截面电缆允许弯曲半径为准，电缆敷设的弯曲半径与电缆外径的比值不应小于表5-19的规定。

**表5-19　电缆弯曲半径与电缆外径的比值**

<table>
<tr><th colspan="2" rowspan="2">电缆护套类型</th><th colspan="2">电力电缆</th><th>控制电缆</th></tr>
<tr><th>单　芯</th><th>多　芯</th><th>多　芯</th></tr>
<tr><td rowspan="3">金属护套</td><td>铅</td><td>25</td><td>15</td><td>15</td></tr>
<tr><td>铝</td><td>30</td><td>30</td><td>30</td></tr>
<tr><td>皱纹铝套和皱纹钢套</td><td>20</td><td>20</td><td>20</td></tr>
<tr><td colspan="2" rowspan="2">非金属护套</td><td rowspan="2">20</td><td rowspan="2">15</td><td>无铠装10</td></tr>
<tr><td>有铠装15</td></tr>
</table>

（3）室内电缆桥架布线时，为了防止发生火灾时火焰蔓延，电缆不应有黄麻或其他易燃材料外护层。

（4）电缆桥架内敷设的电缆，应在电缆的首端、尾端、转弯及每隔50m处，设有编号、型号及起止点等标记，标记应清晰齐全，挂装整齐无遗漏。

（5）桥架内电缆敷设完毕后，应及时清理杂物，有盖的可盖好盖板，并进行最后调整。

(三)电缆桥架送电试运行

电缆桥架经检查无误后,可进行以下电缆送电试验:

1. 高压或低压电缆进行冲击试验

将高压或低压电缆所接设备或负载全部切除,刀闸开关处于断开位置,电缆线路进行在空载情况下送额定电压,对电缆线路进行三次合闸冲击试验,如不发生异常现象,经过空载运行合格并记录运行情况。

2. 半负荷调试运行

经过空载试验合格后,将继续进行半负荷试验。经过逐渐增加负荷至半负荷试验,并观察电压、电流随负荷变化情况,同时将观测数值记录好。

3. 全负荷调试运行

在半负荷调试运行正常的基础上,将全部负载全部投入运行,在 24h 运行过程中每隔 2h 记录一次运行电压、电流等情况,经过安装无故障运行调试后检验合格,即可办理移交手续,供建设单位使用。

**五、电缆保护管敷设**

(一)电缆保护管的连接

1. 电缆保护钢管连接

电缆保护钢管连接时,应采用大一级短管套接或采用管接头螺纹连接,用短套管连接施工方便,采用管接头螺纹连接比较美观。为了保证连接后的强度,管连接处短套管或带螺纹的管接头的长度,不应小于电缆管外径的 2.2 倍。无论采用哪一种方式,均应保证连接牢固,密封良好,两连接管管口应对齐。

电缆保护钢管连接时,不宜直接对焊。当直接对焊时,可能在接缝内部出现焊瘤,穿电缆时会损伤电缆。在暗配电缆保护钢管时,在两连接管的管口处打好喇叭口再进行对焊,且两连接管对口处应在同一管轴线上。

2. 硬质聚氯乙烯电缆保护管连接

对于硬质聚氯乙烯电缆保护管,常用的连接方法有两种,即插接连接和套管连接。

(1)插接连接。硬质聚氯乙烯管在插接连接时,先将两连接端部管口进行倒角,如图 5-32所示,然后清洁两个端口接触部分的内、外面,如有油污则用汽油等溶剂擦净。接着可将连接管承口端部均匀加热,加热部分的长度为插接部分长度的 1.2～1.5 倍,待加热至柔软状态后即将金属模具(或木模具)插入管中,浇水冷却后将模具抽出。

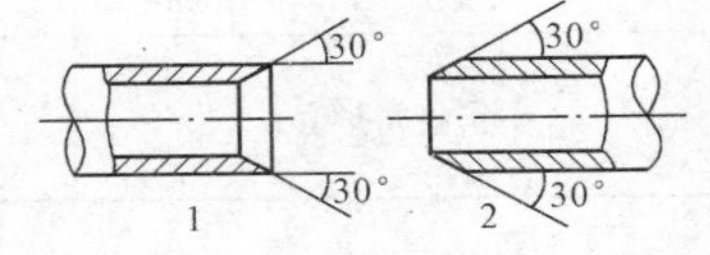

图 5-32　连接管管口加工

为了保证连接牢固可靠、密封良好,其插入深度宜为管子内径的 1.1～1.8 倍,在插接面上应涂以胶合剂粘牢密封。涂好胶合剂插入后,再次略加热承口端管子，然后急骤冷却，使其连接牢固，如图 5-33 所示。

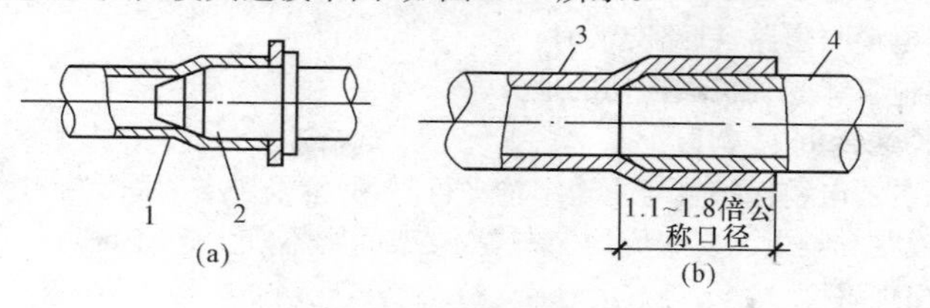


**图 5-33　管口承插做法**

(a)管端承插加工；(b)承插连接

1—硬质聚氯乙烯管；2—模具；3—阴管；4—阳管

(2)套管连接。在采用套管套接时，套管长度不应小于连接管内径的 1.5～3 倍，套管两端应以胶合剂粘接或进行封焊连接。采用套管连接时，做法如图 5-34 所示。

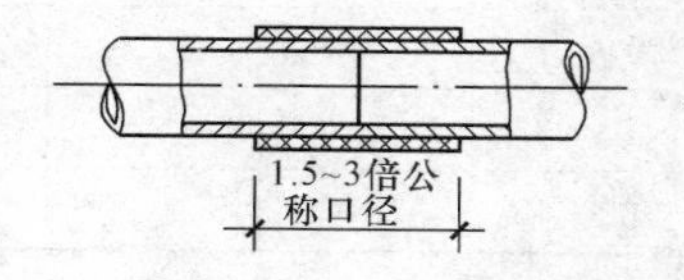


**图 5-34　硬质聚氯乙烯管套管连接**

(二)电缆保护管的敷设

1. 敷设要求

(1)直埋电缆敷设时，应按要求事先埋设好电缆保护管，待电缆敷设时穿在管内，以保护电缆避免损伤及方便更换和便于检查。

(2)电缆保护钢、塑管的埋设深度不应小于 0.7m，直埋电缆当埋设深度超过 1.1m 时，可以不再考虑上部压力的机械损伤，即不需要再埋设电缆保护管。

(3)电缆与铁路、公路、城市街道、厂区道路下交叉时应敷设于坚固的保护管内，一般多使用钢保护管，埋设深度不应小于 1m，管的长度除应满足路面的宽度外，保护管的两端还应两边各伸出道路路基 2m；伸出排水沟 0.5m；在城市街道应伸出车道路面。

(4)直埋电缆与热力管道、管沟平行或交叉敷设时，电缆应穿石棉水泥管保护，并应采取隔热措施。电缆与热力管道交叉时，敷设的保护管两端各伸出长度不应小于 2m。

(5)电缆保护管与其他管道(水、石油、煤气管)以及直埋电缆交叉时，两端各伸出长度不应小于 1m。

2. 高强度保护管的敷设地点

在下列地点，需敷设具有一定机械强度的保护管保护电缆。

(1)电缆进入建筑物及墙壁处；保护管伸入建筑物散水坡的长度不应小于 250mm，保护罩根部不应高出地面。

(2)从电缆沟引至电杆或设备，距地面高度 2m 及以下的一段，应设钢保护管保护，保护管埋入非混凝土地面的深度不应小于 100mm。

(3)电缆与地下管道接近和交叉时的距离不能满足有关规定时；

(4)当电缆与道路、铁路交叉时；

(5)其他可能受到机械损伤的地方。

3. 明敷电缆保护管

(1)明敷的电缆保护管与土建结构平行时，通常采用支架固定在建筑结构上，保护管装设在支架上。支架应均匀布置，支架间距不宜大于表5-20中的数值，以免保护管出现垂度。

**表5-20 电缆管支持点间最大允许距离** (单位:mm)

| 电缆管直径 | 硬质塑料管 | 钢管 | | 电缆管直径 | 硬质塑料管 | 钢管 | |
|---|---|---|---|---|---|---|---|
| | | 薄壁钢管 | 厚壁钢管 | | | 薄壁钢管 | 厚壁钢管 |
| 20及以下 | 1000 | 1000 | 1500 | 40～50 | — | 2000 | 2500 |
| 25～32 | — | 1500 | 2000 | 50～70 | 2000 | — | — |
| 32～40 | 1500 | — | — | 70以上 | — | 2500 | 3000 |

(2)如明敷的保护管为塑料管，其直线长度超过30m时，宜每隔30m加装一个伸缩节，以消除由于温度变化引起管子伸缩带来的应力影响。

(3)保护管与墙之间的净空距离不得小于10mm；与热表面距离不得小于200mm；交叉保护管净空距离不宜小于10mm；平行保护管间净空距离不宜小于20mm。

(4)明敷金属保护管的固定不得采用焊接方法。

4. 混凝土内保护管敷设

对于埋设在混凝土内的保护管，在浇筑混凝土前应按实际安装位置量好尺寸，下料加工。管子敷设后应加以支撑和固定，以防止在浇筑混凝土时受震而移位。保护管敷设或弯制前应进行疏通和清扫，一般采用铁丝绑上棉纱或破布穿入管内清除脏污，检查通畅情况，在保证管内光滑畅通后，将管子两端暂时封堵。

5. 电缆保护钢管顶管敷设

当电缆直埋敷设线路时，其通过的地段有时会与铁路或交通频繁的道路交叉，由于不可能较长时间地断绝交通，因此常采用不开挖路面的顶管方法。

不开挖路面的顶管方法，即在铁路或道路的两侧各挖掘一个作业坑，一般可用顶管机或油压千斤顶将钢管从道路的一侧顶到另一侧。顶管时，应将千斤顶、垫块及钢管放在轨道上用水准仪和水平仪将钢管找平调正，并应对道路的断面有充分的了解，以免将管顶坏或顶坏其他管线。被顶钢管不宜作成尖头，以平头为好，尖头容易在碰到硬物时产生偏移。

在顶管时，为防止钢管头部变形并阻止泥土进入钢管和提高顶管速度，也可在钢管头部装上圆锥体钻头，在钢管尾部装上钻尾，钻头和钻尾的规格均应与钢管直径相配套。也可以用电动机为动力，带动机械系统撞打钢管的一端，使钢管平行向前移动。

6. 电缆保护钢管接地

用钢管作电缆保护管时，如利用电缆的保护钢管作接地线时，要先焊好接地跨接线，再敷设电缆。应避免在电缆敷设后再焊接地线时烧坏电缆。

钢管有丝扣的管接头处，在接头两侧应用跨接线焊接。用圆钢作跨接线时，其直径不宜小于 12mm；用扁钢作跨接线时，扁钢厚度不应小于 4mm，截面积不应小于 $100mm^2$。

当电缆保护钢管，接间采用套管焊接时，不需再焊接地跨接线。

**六、电缆排管敷设**

电缆排管多采用石棉水泥管、混凝土管、陶土管等管材，适用于电缆数量不多（一般不超过 12 根），而道路交叉较多，路径拥挤，又不宜采用直埋或电缆沟敷设的地段。其施工较为复杂，敷设和更换电缆也不方便，散热性差；但是它的保护效果较好，使电缆不易受到外部机械损伤，且不占用空间，运行可靠。

（一）石棉水泥管排管敷设

石棉水泥管排管敷设，就是利用石棉水泥管以排管的型式周围用混凝土或钢筋混凝土包封敷设。

1. 石棉水泥管混凝土包封敷设

石棉水泥管排管在穿过铁路、公路及有重型车辆通过的场所时，应选用混凝土包封的敷设方式。

(1)在电缆管沟沟底铲平夯实后，先用混凝土打好 100mm 厚底板，在底板上再浇注适当厚度的混凝土后，再放置定向垫块，并在垫块上敷设石棉水泥管。

(2)定向垫块应在管接头处两端 300mm 处设置。

(3)石棉水泥管排放时，应注意使水泥管的套管及定向垫块相互错开。

(4)石棉水泥管混凝土包装敷设时，要预留足够的管孔，管与管之间的相互间距不应小于 80mm。如采用分层敷设时，应分层浇注混凝土并捣实。

2. 石棉水泥管钢筋混凝土包封敷设

对于直埋石棉水泥管排管，如果敷设在可能发生位移的土壤中（如流砂层、8 度及以上地震基本烈度区、回填土地段等），应选用钢筋混凝土包封敷设方式。

钢筋混凝土的包封敷设，在排管的上、下侧使用 $\phi16$ 圆钢，在侧面当排管截面高度大于 800mm 时，每 400mm 需设 $\phi12$ 钢筋一根，排管的箍筋使用 $\phi8$ 圆钢，间距 150mm，如图 5-35 所示。当石棉水泥管管顶距地面不足 500mm 时，应根据工程实际另行计算确定配筋数量。

石棉水泥管钢筋混凝土包封敷设，在排管方向及敷设标高不变时，每隔 50m 须设置变形缝。石棉水泥管在变形缝处应用橡胶套管连接，并在管端部缝隙处用沥青木丝板填充。在管接头处每隔250mm处另设置 $\phi20$ 长度为 900mm 的接头联系钢筋；在接头包封处设 $\phi25$ 长 500mm 套管，在套管内注满防水油膏，在管接头包封处，另设 $\phi6$ 间距 250mm 长的弯曲钢管，如图 5-36 所示。

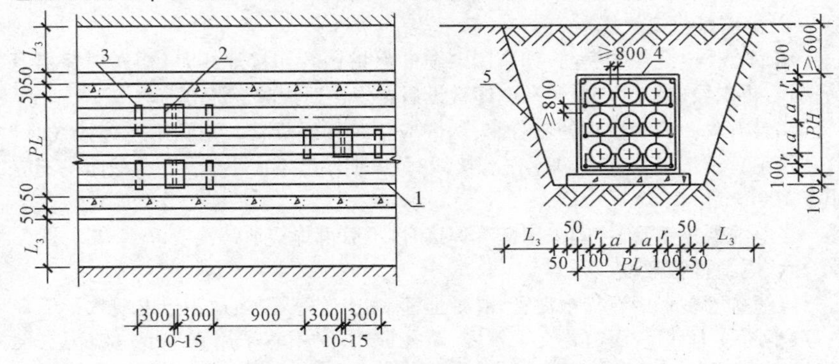


**图 5-35　石棉水泥管钢筋混凝土包封敷设**

1—石棉水泥管；2—石棉水泥套管；3—定向垫块；4—配筋；5—回填土

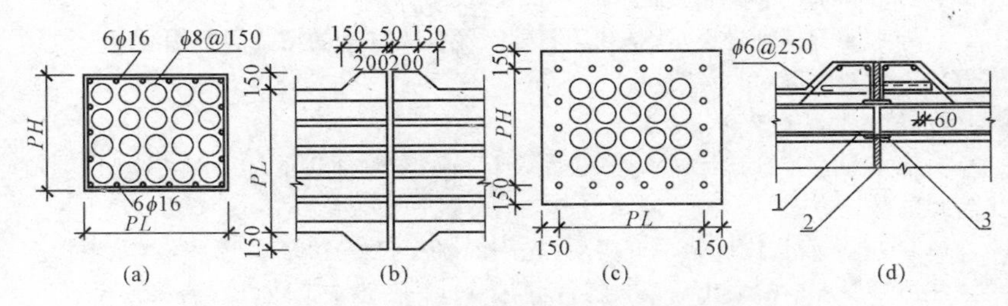


**图 5-36　钢筋混凝土包封石棉水泥管排管变形缝做法**

(a)排管断面；(b)平面图；(c)排管变形缝断面；(d)局部剖面

1—石棉水泥管；2—橡胶套管；3—沥青木丝板

3. 混凝土管块包封敷设

当混凝土管块穿过铁路、公路及有重型车辆通过的场所时，混凝土管块应采用混凝土包封的敷设方式，如图 5-37 所示。

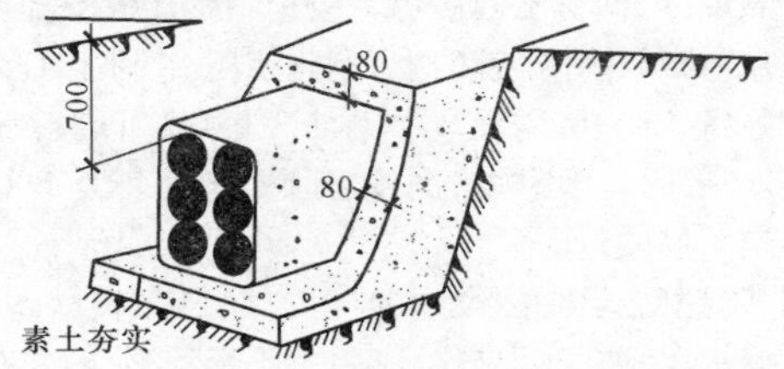


**图 5-37　混凝土管块用混凝土包封示意图**

混凝土管块的长度一般为400mm，其管孔的数量有2孔、4孔、6孔不等。现场常采用的是4孔、6孔管块。根据工程情况，混凝土管块也可在现场组合排列成一定形式进行敷设。

(1)混凝土管块混凝土包封敷设时，应先浇注底板，然后再放置混凝土管块。

(2)在混凝土管块接缝处，应缠上宽80mm、长度为管块周长加上100mm的接缝砂布、纸条或塑料胶粘布，以防止砂浆进入。

(3)缠包严密后，先用1∶2.5水泥砂浆抹缝封实，使管块接缝处严密，然后在混凝土管块周围灌注强度不小于C10的混凝土进行包封，如图5-38所示。

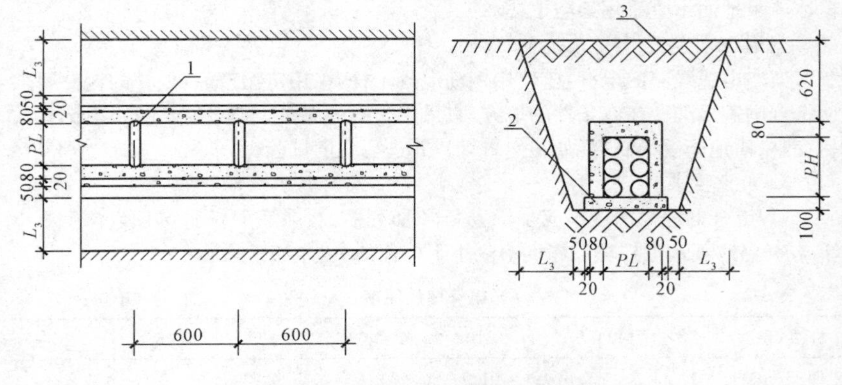


**图5-38　混凝土管块混凝土包封敷设**

1—接口处缠纱布后用水泥砂浆包封；2—C10混凝土；3—回填土

(4)混凝土管块敷设组合安装时，管块之间上下左右的接缝处，应保留15mm的间隙，用1∶25水泥砂浆填充。

(5)混凝土管块包封敷设，按规定设置工作井，混凝土管块与工作井连接时，管块距工作井内地面不应小于400mm。管块在接近工作井处，其基础应改为钢筋混凝土基础。

(二)电缆在排管内敷设

敷设在排管内的电缆，应按电缆选择的内容进行选用，或采用特殊加厚的裸铅包电缆。穿入排管中的电缆数量应符合设计规定。

电缆排管在敷设电缆前，为了确保电缆能顺利穿入排管，并不损伤电缆保护层，应进行疏通，以清除杂物。清扫排管通常采用排管扫除器，把扫除器通入管内来回拖拉，即可清除积污并刮平管内不平的地方。此外，也可采用直径不小于管孔直径0.85倍、长度约为600mm的钢管来疏通，再用与管孔等直径的钢丝刷来清除管内杂物，以免损伤电缆。

在排管中拉引电缆时，应把电缆盘放在入孔井口，然后用预先穿入排管孔眼中的钢丝绳，把电缆拉入管孔内。为了防止电缆受损伤，排管管口处应套以光滑的喇叭口，入孔井口应装设滑轮。为了使电缆更容易被拉入管内，同时减少电缆和排管壁间的摩擦阻力，电缆表面应涂上滑石粉或黄油等润滑物。

## 七、电缆低压架空及桥梁上敷设

### (一)电缆低压架空敷设

1. 适用条件

当地下情况复杂不宜采用电缆直埋敷设，且用户密度高、用户的位置和数量变动较大，今后需要扩充和调整以及总图无隐蔽要求时，可采用架空电缆。但在覆冰严重地面不宜采用架空电缆。

2. 施工材料

架空电缆线路的电杆，应使用钢筋混凝土杆，采用定型产品，电杆的构件要求应符合国家标准。在有条件的地方，宜采用岩石的底盘、卡盘和拉线盘，应选择结构完整、质地坚硬的石料(如花岗岩等)，并进行强度试验。

3. 敷设要求

(1)电杆的埋设深度不应小于表5-21所列数值，即除15m杆的埋设深度不小于2.3m外，其余电杆埋设深度不应小于杆长的1/10加0.7m。

**表 5-21　　电杆埋设深度**　　(单位:m)

| 杆高(m) | 8 | 9 | 10 | 11 | 12 | 13 | 15 |
|---|---|---|---|---|---|---|---|
| 埋深(m) | 1.5 | 1.6 | 1.7 | 1.8 | 1.9 | 2 | 2.3 |

(2)架空电缆线路应采用抱箍与不小于7根$\phi 3$的镀锌铁绞线或具有同等强度及直径的绞线作吊线敷设，每条吊线上宜架设一根电缆。

当杆上设有两层吊线时，上下两吊线的垂直距离不应小于0.3m。

(3)架空电缆与架空线路同杆敷设时，电缆应在架空线路的下面，电缆与最下层的架空线路横担的垂直间距不应小于0.6m。

(4)架空电缆在吊线上以吊钩吊挂，吊钩的间距不应大于0.5m。

(5)架空电缆与地面的最小净距不应小于表5-22所列数值。

**表 5-22　　架空电缆与地面的最小净距**　　(单位:m)

| 线路通过地区 | 线路电压 | |
|---|---|---|
| | 高压 | 低压 |
| 居民区 | 6 | 5.5 |
| 非居民区 | 5 | 4.5 |
| 交通困难地区 | 4 | 3.5 |

（二）电缆在桥梁上敷设

（1）木桥上敷设的电缆应穿在钢管中，一方面能加强电缆的机械保护，另一方面能避免因电缆绝缘击穿，发生短路故障电弧损坏木桥或引起火灾。

（2）在其他结构的桥上，如钢结构或钢筋混凝土结构的桥梁上敷设电缆，应在人行道下设电缆沟或穿入由耐火材料制成的管道中，确保电缆和桥梁的安全。在人不易接触处，电缆可在桥上裸露敷设，但是，为了不降低电缆的输送容量和避免电缆保护层加速老化，应有避免太阳直接照射的措施。

（3）悬吊架设的电缆与桥梁构架之间的净距不应小于 0.5m。

（4）在经常受到震动的桥梁上敷设的电缆，应有防震措施，以防止电缆长期受震动，造成电缆保护层疲劳龟裂，加速老化。

（5）对于桥梁上敷设的电缆，在桥墩两端和伸缩缝处的电缆，应留有松弛部分。

## 八、施工工序质量控制点

电缆沟内和电缆竖井内电缆敷设施工工序质量控制点见表 5-23。

**表 5-23　电缆沟内和电缆竖井内电缆敷设施工工序质量控制点**

<table>
<tr><th>序号</th><th>控制点名称</th><th>执行人员</th><th>标　准</th></tr>
<tr><td>1</td><td>金属电缆支架、电缆导管的接地或接零</td><td rowspan="2">施工员<br>技术员<br>材料员</td><td>金属电缆支架、电缆导管必须接地（PE）或接零（PEN）可靠</td></tr>
<tr><td>2</td><td>电缆敷设检查</td><td>电缆敷设严禁有绞拧、铠装压扁、护层断裂和表面严重划伤等缺陷</td></tr>
<tr><td>3</td><td>电缆支架安装</td><td rowspan="2">施工员<br>质量员</td><td>电缆支架安装应符合下列规定：<br>（1）当设计无要求时，电缆支架最上层至竖井顶部或楼板的距离不小于 150～200mm；电缆支架最下层至沟底或地面的距离不小于 50～100mm。<br>（2）当设计无要求时，电缆支架层间最小允许距离应符合下表的规定：<br><table><tr><th>电缆种类</th><th>支架层间最小距离</th></tr><tr><td>控制电缆</td><td>120mm</td></tr><tr><td>10kV 及以下电力电缆</td><td>150～200mm</td></tr></table>（3）支架与预埋件焊接固定时，焊缝饱满；用膨胀螺栓固定时，选用螺栓适配，连接紧固，防松零件齐全</td></tr>
<tr><td>4</td><td>电缆的弯曲半径</td><td>电缆在支架上敷设，转弯处的最小允许弯曲半径应符合设计规定</td></tr>
</table>

续表

<table>
<tr><th>序号</th><th>控制点名称</th><th>执行人员</th><th>标　准</th></tr>
<tr><td>5</td><td>电缆的敷设固定和防火措施</td><td rowspan="2">施工员<br>质量员</td><td>电缆敷设固定应符合下列规定：<br>(1)垂直敷设或大于45°倾斜敷设的电缆在每个支架上固定。<br>(2)交流单芯电缆或分相后的每相电缆固定用的夹具和支架，不形成闭合铁磁回路。<br>(3)电缆排列整齐，少交叉；当设计无要求时，电缆支持点间距，应不大于下表的规定：
<table>
<tr><th colspan="2" rowspan="2">电缆种类</th><th colspan="2">敷设方式</th></tr>
<tr><th>水平<br>(mm)</th><th>垂直<br>(mm)</th></tr>
<tr><td rowspan="2">电力<br>电缆</td><td>全塑性</td><td>400</td><td>1000</td></tr>
<tr><td>除全塑性外的电缆</td><td>800</td><td>1500</td></tr>
<tr><td colspan="2">控制电缆</td><td>800</td><td>1000</td></tr>
</table>
(4)当设计无要求时，电缆与管道的最小净距，符合《建筑电气工程施工质量验收规范》(GB 50303—2002)表12.2.1-2的规定，且敷设在易燃易爆气体管道和热力管道的下方。<br>(5)敷设电缆的电缆沟和竖井，按设计要求位置，有防火隔堵措施</td></tr>
<tr><td>6</td><td>电缆的首端、末端和分支处的标志牌</td><td>电缆的首端、末端和分支处应设标志牌</td></tr>
<tr><td>7</td><td>金属电缆桥架、支架和引入、引出的金属导管的接地或接零</td><td rowspan="2">施工员<br>技术员<br>材料员</td><td>金属电缆桥架及其支架和引入或引出的金属电缆导管必须接地(PE)或接零(PEN)可靠，且必须符合下列规定：<br>(1)金属电缆桥架及其支架全长应不少于2处与接地(PE)或接零(PEN)干线相连接。<br>(2)非镀锌电缆桥架间连接板的两端跨接铜芯接地线，接地线最小允许截面积不小于4mm$^2$。<br>(3)镀锌电缆桥架间连接板的两端不跨接接地线，但连接板两端不少于2个有防松螺帽或防松垫圈的连接固定螺栓</td></tr>
<tr><td>8</td><td>电缆敷设检查</td><td>电缆敷设严禁有绞拧、铠装压扁、护层断裂和表面严重划伤等缺陷</td></tr>
</table>

续表

<table>
<tr><th>序号</th><th>控制点名称</th><th>执行人员</th><th>标　　准</th></tr>
<tr><td>9</td><td>电缆桥架安装</td><td>施工员<br>技术员<br>质量员</td><td>
(1)直线段钢制电缆桥架长度超过 30m、铝合金或玻璃钢制电缆桥架长度超过 15m 设有伸缩节；电缆桥架跨越建筑物变形缝处设置补偿装置。<br>
(2)电缆桥架转弯处的弯曲半径，不小于桥架内电缆最小允许弯曲半径，电缆最小允许弯曲半径见下表：
<table>
<tr><th>序号</th><th>电缆种类</th><th>最小允许弯曲半径</th></tr>
<tr><td>1</td><td>无铅包钢铠护套的橡皮绝缘电力电缆</td><td>10D</td></tr>
<tr><td>2</td><td>有钢铠护套的橡皮绝缘电力电缆</td><td>20D</td></tr>
<tr><td>3</td><td>聚氯乙烯绝缘电力电缆</td><td>10D</td></tr>
<tr><td>4</td><td>交联聚氯乙烯绝缘电力电缆</td><td>15D</td></tr>
<tr><td>5</td><td>多芯控制电缆</td><td>10D</td></tr>
</table>
注：D 为电缆外径。<br>
(3)当设计无要求时，电缆桥架水平安装的支架间距为 1.5～3m；垂直安装的支架间距不大于 2m。<br>
(4)桥架与支架间螺栓、桥架连接板螺栓固定紧固无遗漏，螺母位于桥架外侧；当铝合金桥架与钢支架固定时，有相互间绝缘的防电化腐蚀措施。<br>
(5)电缆桥架敷设在易燃易爆气体管道和热力管道的下方，当设计无要求时，与管道的最小净距，应符合下表的规定：
<table>
<tr><th colspan="2">管道类别</th><th>平行净距(m)</th><th>交叉净距(m)</th></tr>
<tr><td colspan="2">一般工艺管道</td><td>0.4</td><td>0.3</td></tr>
<tr><td colspan="2">易燃易爆气体管道</td><td>0.5</td><td>0.5</td></tr>
<tr><td rowspan="2">热力管道</td><td>有保温层</td><td>0.5</td><td>0.3</td></tr>
<tr><td>无保温层</td><td>1.0</td><td>0.5</td></tr>
</table>
(6)敷设在竖井内和穿越不同防火区的桥架，按设计要求位置，有防火隔堵措施。<br>
(7)支架与预埋件焊接固定时，焊缝饱满；膨胀螺栓固定时，选用螺栓适配，连接紧固，防松零件齐全
</td></tr>
</table>

续表

<table>
<tr><th>序号</th><th>控制点名称</th><th>执行人员</th><th>标　　准</th></tr>
<tr><td>10</td><td>桥架内电缆敷设和固定</td><td>施工员<br>技术员<br>质量员</td><td>桥架内电缆敷设应符合下列规定：<br>(1)大于45°倾斜敷设的电缆每隔2m处设固定点。<br>(2)电缆出入电缆沟、竖井、建筑物、柜(盘)、台处以及管子管口处等做密封处理。<br>(3)电缆敷设排列整齐，水平敷设的电缆，首尾两端、转弯两侧及每隔5～10m处设固定点；敷设于垂直桥架内的电缆固定点间距，应不大于下表的规定<br><table><tr><th colspan="2">电缆种类</th><th>固定点的间距(mm)</th></tr><tr><td rowspan="2">电力电缆</td><td>全塑型</td><td>1000</td></tr><tr><td>除全塑型外的电缆</td><td>1500</td></tr><tr><td colspan="2">控制电缆</td><td>1000</td></tr></table></td></tr>
<tr><td>11</td><td>电缆的首端、末端和分支处的标志牌</td><td>质量员</td><td>电缆的首端、末端和分支处应设标志牌</td></tr>
</table>

## 九、现场安全常见问题

(1)采用撬杠撬动电缆盘的边框敷设电缆时，不要用力过猛；不要将身体伏在撬棍上面，并应采取措施防止撬棍脱落、折断。

(2)人力拉电缆时，用力要均匀，速度要平稳，不可猛拉猛跑，看护人员不可站于电缆盘的前方。

(3)敷设电缆时，处于电缆转向拐角的人员，必须站在电缆弯曲半径的外侧，切不可站在电缆弯曲度的内侧，以防挤伤事故发生。

(4)敷设电缆时，电缆过管处的人员必须做到：接迎电缆时，施工人员的眼睛及身体的位置不可直对管口，防止挫伤。

(5)拆除电缆盘木包装时，应随时拆除随时整理，防止钉子扎脚或损伤电缆。

(6)推盘的人员不得站在电缆盘的前方，两侧人员站位不得超过电缆盘轴心，防止压伤事故发生。

(7)在已送电运行的变电室沟内进行电缆敷设时，必须做到电缆所进入的开关柜停电；施工人员操作时应有防止触及其他带电设备的措施(如采用绝缘隔板隔离)；在任何情况下与带电体操作安全距离不得小于1m(10kV以下开关柜)；电缆敷设完毕，如余度较大，应采取措施防止电缆与带电体接触(如绑扎固定)。

(8)在交通道路附近或较繁华的地区施工电缆时，电缆沟要设栏杆和标志牌，夜间设标志灯(红色)。

# 第三节　配管及管内布线工程

## 一、施工准备

(1)与配线工程有关的建筑物和构筑物的土建工程质量,应符合现行建筑工程施工质量验收规范中的有关规定。

(2)配线工程施工前,土建工程应具备下列条件:

1)对施工有影响的模板、脚手架已拆除,杂物清除干净。

2)会使线路发生损坏或严重污染的建筑物装饰工作,应全部结束。

3)在埋有电线管的大型设备基础模板上,就标有测量电线管引出口坐标和标高用的基准许点或基准线。

4)埋入建筑物内的支架、螺栓、电线管及其他部件,应在土建施工时做好预埋工作。

5)预埋件、预留孔的位置和尺寸应符合设计要求,预埋件埋设牢固。

6)土建单位已向安装施工人员提供建筑物的标高和轴线位置。

(3)设计交底、图纸会审已经办理,施工方案已经审批。

(4)各种材料符合设计要求,并能保证按施工进度计划供应。

(5)电气配管后的管内穿线工序宜在建筑物的抹灰及地面工程结束后进行;在穿线前,应将管内积水及杂物清除。

## 二、导管穿线

室内布线用电线、电缆应按低压配电系统的额定电压、电力负荷、敷设环境及其与附近电气装置、设施之间能否产生有害的电磁感应等要求,选择合适的型号和截面。

(1)对电线、电缆导体的截面大小进行选择时,应按其敷设方式、环境温度和使用条件确定,其额定载流量不应小于预期负荷的最大计算电流,线路电压损失不应超过允许值。单相回路中的中性线应与相线等截面。

(2)室内布线若采用单芯导线作固定装置的 PEN 干线时,其截面对铜材不应小于 $10mm^2$,对铝材不应小于 $16mm^2$;当用多芯电缆的线芯作 PEN 线时,其最小截面可为 $4mm^2$。

(3)当 PE 线所用材质与相线相同时,按热稳定要求,截面不应小于表 5-24 所列规定。

**表 5-24　　保护线的最小截面　　(单位:$mm^2$)**

| 装置的相线截面 $S$ | 接地线及保护线最小截面 |
|---|---|
| $S \leqslant 16$ | $S$ |
| $16 < S \leqslant 35$ | 16 |
| $S > 35$ | $S/2$ |

(4)导线最小截面应满足机械强度的要求,不同敷设方式导线线芯的最小截面不应小于表5-25的规定。

**表5-25　　不同敷设方式导线线芯的最小截面**

<table>
<tr><th colspan="3" rowspan="2">敷设方式</th><th colspan="3">线芯最小截面(mm²)</th></tr>
<tr><th>铜芯软线</th><th>铜　线</th><th>铝　线</th></tr>
<tr><td colspan="3">敷设在室内绝缘支持件上的裸导线</td><td>—</td><td>2.5</td><td>4.0</td></tr>
<tr><td rowspan="4">敷设在室内绝缘支持件上的绝缘导线其支持点间距 $L$(m)</td><td rowspan="2">$L \leqslant 2$</td><td>室　内</td><td>—</td><td>1.0</td><td>2.5</td></tr>
<tr><td>室　外</td><td>—</td><td>1.5</td><td>2.5</td></tr>
<tr><td colspan="2">$2 < L \leqslant 6$</td><td>—</td><td>2.5</td><td>4.0</td></tr>
<tr><td colspan="2">$6 < L \leqslant 12$</td><td>—</td><td>2.5</td><td>6.0</td></tr>
<tr><td colspan="3">穿管敷设的绝缘导线</td><td>1.0</td><td>1.0</td><td>2.5</td></tr>
<tr><td colspan="3">槽板内敷设的绝缘导线</td><td>—</td><td>1.0</td><td>2.5</td></tr>
<tr><td colspan="3">塑料护套线明敷</td><td>—</td><td>1.0</td><td>2.5</td></tr>
</table>

## 三、管材的验收与加工

室内布线应用比较广的是配管安装。配管按其管子的材质可分为钢管配管、硬质塑料管配管、半硬质塑料管配管。配管按敷设部位区分有明配管和暗配管。

1. 进场验收

电气安装用导管在进场验收时,除应按批查验其合格证外,还应注意以下几点:

(1)硬质阻燃塑料管(绝缘导管):凡所使用的阻燃型(PVC)塑料管,其材质均应具有阻燃、耐冲击性能,其氧指数不应低于27%的阻燃指标,并应有检定检验报告单和产品出厂合格证。

阻燃型塑料管外壁应有间距不大于1m的连续阻燃标记和制造厂厂标,管子内、外壁应光滑、无凸棱、凹陷、针孔及气泡,内外径的尺寸应符合国家统一标准,管壁厚度应均匀一致。

(2)塑料阻燃型可挠(波纹)管:塑料阻燃型可挠(波纹)管及其附件必须阻燃,其管外壁应有间距不大于1m的连续阻燃标记和制造厂标,产品有合格证。管壁厚度均匀,无裂缝、孔洞、气泡及变形现象。管材不得在高温及露天场所存放。

管箍、管卡头、护口应使用配套的阻燃型塑料制品。

(3)钢管:镀锌钢管(或电线管)壁厚均匀,焊缝均匀规则,无劈裂、沙眼、棱刺和凹扁现象。除镀锌钢管外其他管材的内外壁需预先除锈防腐处理,埋入混凝土内可不刷防锈漆,但应进行除锈处理。镀锌钢管或刷过防腐漆的钢管表层完整,无剥落现象。

管箍丝扣要求是通丝，丝扣清晰，无乱扣现象，镀锌层完整无剥落，无劈裂，两端光滑无毛刺。

护口有用于薄、厚壁管之区别，护口要完整无损。

(4)可挠金属电线管：可挠金属电线管及其附件，应符合国家现行技术标准的有关规定，并应有合格证。同时还应具有当地消防部门出示的阻燃证明。

可挠金属电线管配线工程采用的管卡、支架、吊杆、连接件及盒箱等附件，均应镀锌或涂防锈漆。

可挠金属电线管及配套附件器材的规格型号应符合国家规范的规定和设计要求。

(5)线槽：应查验其合格证，外观应部件齐全，表面光滑、不变形。塑料线槽有阻燃标记和制造厂标。

2. 管子弯曲

(1)外观。管路弯曲处不应有起皱、凹穴等缺陷，弯扁程度不应大于管外径的10%，配管接头不宜设在弯曲处，埋地管不宜把弯曲部分表露地面，镀锌钢管不准用热揻弯使锌层脱落。

(2)弯曲半径。明配管弯曲半径一般不小于管外径的6倍；如只有一个弯时，则可不小于管外径的4倍；暗配管弯曲半径一般不小于管外径的6倍；埋设于地下或混凝土楼板内时，则不应小于管外径的10倍；半硬塑料管弯曲半径也不应小于管外径的6倍。

3. 配管连接

(1)塑料管连接。硬塑料管采用插入法连接时，插入深度为管内径的1.1～1.8倍；采用套接法连接时，套管长度为连接管口内径的1.5～3倍，连接管的对口处应位于套管的中心。用胶粘剂粘接接口并须牢固、密封。半硬塑料管用套管粘接法连接，套管长度不小于连接管外径的2倍。

(2)薄壁管连接。薄壁管严禁对口焊接连接，也不宜采用套筒连接，如必须采用丝扣连接，套丝长度一般为束节长度的1/2。

(3)厚壁管连接。厚壁管在2″及2″以下应用套丝连接，对埋入泥土或暗配管宜采用套筒焊接，焊口应焊接牢固、严密，套筒长度为连接管外径的1.5～3倍，连接管的对口应处在套管的中心。

**四、配管安装**

1. 适用场所

(1)硬塑料管敷设场所。硬塑料管适用于室内或有酸、碱等腐蚀介质的场所的明敷。明敷的硬塑料管在穿过楼板等易受机械损伤的地方，应用钢管保护；埋于地面内的硬塑料管，露出地面易受机械损伤段落，也应用钢管保护；硬塑料管不准用在高温、高热的场所(如锅炉房)，也不应在易受机械损伤的场所敷设。

(2)半硬塑料管敷设场所。半硬塑料管只适用于六层及六层以下一般民用建筑的照明工程。应敷设在预制混凝土楼板间的缝隙中，从上到下垂直敷设时，应暗敷在预留的砖缝中，并用水泥砂浆抹平，砂浆厚度不小于 15mm。半硬塑料管不得敷设在楼板平面上，也不得在吊顶及护墙夹层内及板条墙内敷设。

(3)薄壁管敷设场所。薄壁管通常用于干燥场所进行明敷。薄壁管可安装于吊顶、夹板墙内，也可暗敷于墙体及混凝土层内。

(4)厚壁管敷设场所。厚壁管用于防爆场所明敷，或在机械载重场所进行暗敷，也可经防腐处理后直接埋入泥地。镀锌管通常使用在室外，或在有腐蚀性的土层中暗敷。

2. 敷设要求

(1)明配管时，管路应沿建筑物表面横平竖直敷设，但不得在锅炉、烟道和其他发热表面上敷设。

(2)水平或垂直敷设的明配管路允许偏差值，在 2m 以内均为 3mm，全长不应超过管子内径的 1/2。

(3)暗配管时，电线保护管宜沿最近的路线敷设，并应减少弯曲，力求管路最短，节约费用，降低成本。

(4)敷设塑料管时的环境温度不应低于－15℃，并应采用配套塑料接线盒、灯头盒、开关盒等配件。

当塑料管在砖墙内剔槽敷设时，必须用强度不小于 M10 水泥砂浆抹面保护，厚度不应小于 15mm。

(5)在电线管路超过下列长度时，中间应加装接线盒或拉线盒，其位置应便于穿线。

1)管子长度每超过 45m，无弯曲时；

2)管子长度每超过 30m，有一个弯时；

3)管子长度每超过 20m，有两个弯时；

4)管子长度每超过 12m，有三个弯时。

(6)塑料管进入接线盒、灯头盒、开关盒或配电箱内，应加以固定。

钢管进入灯头盒、开关盒、拉线盒、接线盒及配电箱时，暗配管可用焊接固定，管口露出盒(箱)应小于 5mm；明配管应用锁紧螺母或护圈帽固定，露出锁紧螺母的丝扣为 2～4 扣。

(7)埋入建筑物、构筑物的电线保护管，为保证暗敷设后不露出抹灰层，防止因锈蚀造成抹灰面脱落，影响整个工程质量，管路与建筑物、构筑物主体表面的距离不应小于 15mm。

(8)无论明配、暗配管，都严禁用气、电焊切割，管内应无铁屑，管口应光滑。

1)在多尘和潮湿场所的管口，管子连接处及不进入盒(箱)的垂直敷设的上口穿线后都应密封处理；

2)与设备连接时，应将管子接到设备内，如不能接入时，应在管口处加接保护软管引入设备内，并须采用软管接头连接，在室外或潮湿房屋内，管口处还应加防水弯头。

(9)埋地管路不宜穿过设备基础，如要穿过建筑物基础时，应加保护管保护；埋入墙或混凝土内的管子，离表面的净距不应小于 15mm；暗配管管口出地坪不应低于 200mm；进入落地式配电箱的管路，排列应整齐，管口应高出基础面不小于 50mm。

(10)暗配管应尽量减少交叉，如交叉时，大口径管应放在小口径管下面，成排暗配管间距间隙应大于或等于 25mm。

(11)管路在经过建筑物伸缩缝及沉降缝处，都应有补偿装置。硬塑料管沿建筑物表面敷设时，在直线段每 30m 处应装补偿装置。

3. 配管固定

(1)明配管固定。明配管应排列整齐，固定点距均匀。管卡与管终端、转弯处中点、电气设备或接线盒边缘的距离 $l$，按管径不同而不同。$l$ 值与管径的对照见表 5-26。

**表 5-26　$l$ 值与管径对照表**

| 管径(mm) | 15～20 | 25～32 | 40～50 | 65～100 |
|---|---|---|---|---|
| $l$(mm) | 150 | 250 | 300 | 500 |

不同规格的成排管，固定间距应按小口径管距规定安装。金属软管固定间距不应大于 1m。硬塑料管中间管卡的最大距离见表 5-27。

**表 5-27　硬塑料管中间管卡最大距离**

| 硬塑料管内径(mm) | 20 以下 | 25～40 | 50 以上 |
|---|---|---|---|
| 最大允许距离(m) | 1.0 | 1.5 | 2.0 |

注：敷设方式为吊架、支架或沿墙敷设。

(2)暗配管固定。电线管暗敷在钢筋混凝土内，应沿钢筋敷设，并用电焊或铅丝与钢筋固定，间距不大于 2m；敷设在钢筋网上的波纹管，宜绑扎在钢筋的下侧，固定间距不大于 0.5m；在砖墙内剔槽敷设的硬、半硬塑料管，须用不小于 M10 水泥砂浆抹面保护，其厚度不小于 15mm。在吊顶内，电线管不宜固定在轻钢龙骨上，而应用膨胀螺栓或粘接法固定。

4. 接线盒(箱)安装

(1)各种接线盒(箱)的安装位置，应根据设计要求，并结合建筑结构来确定。

(2)接线盒(箱)的标高应符合设计要求，一般采用联通管测量、定位。

通常，暗配管开关箱标高一般为 1.3m(或按设计标高)，离门框边为 150～200mm；暗插座箱离地一般不低于 300mm，特殊场所一般不低于 150mm；相邻开关箱、插座箱、盒高低差不大于 0.5mm；同一室内开关、插座箱高低差不大于 5mm。

(3)对半硬塑料管,当管路用直线段长度超过 15m 或直角弯超过 3 个时,也应中间加装接线盒。

(4)明配管不准使用八角接线盒与镀锌接线盒,而应采用圆形接线盒。

在盒、箱上开孔,应采用机械方法,不准用气焊、电焊开孔,暗敷箱、盒一般先用水泥固定,并应采取有效防堵措施,防止水泥浆浸入。

(5)箱、盒内应清洁无杂物,用单只盒、箱并列安装时,盒、箱间拼装尺寸应一致,盒箱间用短管、锁紧螺母连接。

5. 管内配线

(1)穿在管内绝缘导线的额定电压不应低于 500V。按标准,黄、绿、红色分别为 A、B、C 三相色标,黑色线为零线,黄绿相间混合线为接地线。

(2)管内导线总截面积(包括外护层)不应超过管截面积的 40%,当管内敷设多根同一截面导线时,可参照表 5-28。

**表 5-28　管内导线与管径对照表**

| 导线根数(直径 $d$) | $1d$ | $2d$ | $3d$ | $4d$ | $5d$ | $6d$ | $7d$ | $8d$ | $9d$ | $10d$ | |
|---|---|---|---|---|---|---|---|---|---|---|---|
| 管子内径 | $1.7d$ | $3d$ | $3.2d$ | $3.6d$ | $4.0d$ | $4.5d$ | $5.6d$ | $5.6d$ | $5.8d$ | $6d$ | |
| 导线规格($mm^2$) | 2.5 | 4 | 6 | 10 | 16 | 25 | 35 | 50 | 70 | 95 | 120 |
| 导线外径(mm) | 5 | 5.5 | 6.2 | 7.8 | 8.8 | 10.6 | 11.8 | 13.8 | 16 | 18.5 | 20 |

(3)同一交流回路的导线必须穿在同一根管内。电压为 65V 及以下的回路,同一设备或生产上相互关联设备所使用的导线,同类照明回路的导线(但导线总数不应超过 8 根),各种电机、电器及用电设备的信号、控制回路的导线都可穿在同一根配管中。穿管前,应将管中积水及杂物清除干净。

(4)管内导线不得有接头和扭结,在导线出管口处,应加装护圈。

为了便于导线的检查与更换,配线所用的铜芯软线最小线芯截面不小于 $1mm^2$,铜芯绝缘线最小线芯截面不小于 $7mm^2$,铝芯绝缘线最小线芯截面不小于 $2.5mm^2$。

(5)敷设在垂直管路中的导线当导线截面分别为 $50mm^2$(及其以下)、70～$95mm^2$、120～$240mm^2$,横向长度分别超过 30m、20m、18m 时,应在管口处或接线盒中加以固定。

6. 管路接地

在 TN－S、TN－C－S 系统中,由于有专用的保护线(PE 线),可以不必利用金属电线管作保护接地或接零的导体,因而金属管和塑料管可以混用。当金属管、金属盒(箱)、塑料管、塑料盒(箱)混合使用时,但非带电的金属管和金属盒(箱)必须与保护线(PE 线)有可靠的电气连接。

对于套丝连接的薄、厚壁管,在管接头两端应跨接接地线。接地跨接线的规格见表 5-29,其焊缝截面积不应小于跨接线截面。

表 5-29　接地跨接线规格表

| 公称口径(mm) | | 跨　接　线(mm) | | | 焊接螺栓规格 |
|---|---|---|---|---|---|
| 薄壁管 | 厚壁管 | 圆　钢 | 扁　钢 | 焊接长度 | |
| ≤32 | ≤25 | $\phi$6 | | 30 | $\phi6\times20$ |
| 40 | 32 | $\phi$8 | | 40 | $\phi8\times25$ |
| 5 | 40～50 | $\phi$10 | | 50 | $\phi8\times25$ |
| | 70～80 | | 25×4 | 50 | $\phi10\times32$ |

(1)成排管路之间的跨接线,圆钢截面应按大的管径规格选择,跨接圆钢应弯曲成与管路形状相近的圆弧形。

(2)管与箱、盒间跨接线应按接入箱、盒中大的管径规格选择,明装成套配电箱应采用管端焊接接地螺栓后,用导线与箱体连接;暗装预埋箱、盒可采用跨接圆钢与箱体直接焊接,由电源箱引出的末端支管应构成环形接地。

圆钢焊接时,应在圆钢两侧焊接,不准用电焊点焊束节来代替跨接线连接。

7. 钢管防腐

钢管内外均应刷防腐漆。明敷薄壁管应刷一层水柏油;顶棚内配管有锈蚀的应刷一层水柏油;明敷的厚壁管应刷一层底漆,一层面漆;暗敷在墙(砖)内的厚壁管应刷一层防腐漆(红丹);暗敷在混凝土内配管可不刷漆;埋地黑铁管应刷二层水柏油进行防腐;埋入有腐蚀性土层内的管线,应按设计要求确定;镀锌钢管镀层剥落处应补漆;电焊跨接处应补漆;预埋箱、盒有锈蚀处应补漆;支架、配件应除锈、干净,刷一层防腐漆一层面漆。

## 五、施工工序质量控制点

施工工序质量控制点见表 5-30。

表 5-30　电线导管、电缆导管和线槽敷设质量控制点

| 序号 | 控制点名称 | 执行人员 | 标　　准 |
|---|---|---|---|
| 1 | 金属导管、金属线槽的接地或接零 | 施工员<br>技术员<br>质量员 | 金属的导管必须接地(PE)或接零(PEN)可靠,并符合下列规定:<br>(1)镀锌的钢导管和可挠性导管不得熔焊跨接接地线,以专用接地卡跨接的两卡间连线为铜芯软导线,截面积不小于 4mm$^2$。<br>(2)当非镀锌钢导管采用螺纹连接时,连接处的两端焊跨接接地线;当镀锌钢导管采用螺纹连接时,连接处的两端用专用接地卡固定跨接接地线。<br>(3)金属导管不作设备的接地导体,当设计无要求时,金属线槽全长不少于 2 处与接地(PE)或接零(PEN)干线连接 |

续表

| 序号 | 控制点名称 | 执行人员 | 标　准 |
| --- | --- | --- | --- |
| 2 | 金属导管的连接 | 施工员<br>质量员 | 金属导管严禁对口熔焊连接；镀锌和壁厚小于等于2mm的钢导管不得套管熔焊连接 |
| 3 | 防爆导管的连接 | | 防爆导管不应采用倒扣连接；当连接有困难时，应采用防爆活接头，其接合面应严密 |
| 4 | 绝缘导管在砌体剔槽埋设 | | 当绝缘导管在砌体上剔槽埋设时，应采用强度等级不小于M10的水泥砂浆抹面保护，保护层厚度大于15mm |
| 5 | 埋地导管的选择和埋设深度 | 质量员 | 室外埋地敷设的电缆导管，埋深不应小于0.7m。壁厚小于等于2mm的钢电线导管不应埋设于室外 |
| 6 | 导管的管口设置和处理 | | 室外导管的管口应设置在盒、箱内。在落地式配电箱内的管口，箱底无封板的，管口应高出基础面50～80mm。所有管口在穿入电线、电缆后应做密封处理。由箱式变电所或落地式配电箱引向建筑物的导管，建筑物一侧的导管管口应设在建筑物内 |
| 7 | 电缆导管的弯曲半径 | | 电缆导管的弯曲半径不应小于电缆最小允许弯曲半径 |
| 8 | 金属导管的防腐 | | 金属导管内外壁应防腐处理；埋设于混凝土内的导管内壁应防腐处理，外壁可不防腐处理 |
| 9 | 柜、台、箱、盘内导管管口高度 | | 室内进入落地式柜、台、箱、盘内的导管管口，应高出柜、台、箱、盘的基础面50～80mm |
| 10 | 暗配管的埋设深度，明配管的固定 | | 暗配的导管，埋设深度与建筑物、构筑物表面的距离不应小于15mm；明配的导管应排列整齐，固定点间距均匀，安装牢固；在终端、弯头中点或柜、台、箱、盘等边缘的距离150～500mm范围内设有管卡，中间直线段管卡间的最大距离应符合下表的规定： |

| 敷设方式 | 导管种类 | 导管直径(mm) | | | | |
| --- | --- | --- | --- | --- | --- | --- |
| | | 15～20 | 25～32 | 32～40 | 50～65 | 65以上 |
| | | 管卡间最大距离(m) | | | | |
| 支架或沿墙明敷 | 壁厚＞2mm刚性钢导管 | 1.5 | 2.0 | 2.5 | 2.5 | 3.5 |
| | 壁厚≤2mm刚性钢导管 | 1.0 | 1.5 | 2.0 | — | — |
| | 刚性绝缘导管 | 1.0 | 1.5 | 1.5 | 2.0 | 2.0 |

续表

| 序号 | 控制点名称 | 执行人员 | 标　　准 |
|---|---|---|---|
| 11 | 防爆导管的连接、接地、固定和防腐 | 质量员 | 防爆导管敷设应符合下列规定：<br>(1)导管间及与灯具、开关、线盒等的螺纹连接处紧密牢固，除设计有特殊要求外，连接处不跨接接地线，在螺纹上涂以电力复合酯或导电性防锈酯。<br>(2)安装牢固顺直，镀锌层锈蚀或剥落处做防腐处理 |
| 12 | 绝缘导管的连接和保护 | | 绝缘导管敷设应符合下列规定：<br>(1)管口平整光滑；管与管、管与盒(箱)等器件采用插入法连接时，连接处结合面涂专用胶合剂，接口牢固密封。<br>(2)直埋于地下或楼板内的刚性绝缘导管，在穿出地面或楼板易受机械损伤的一段，采取保护措施。<br>(3)当设计无要求时，埋设在墙内或混凝土内的绝缘导管，采用中型以上的导管。<br>(4)沿建筑物、构筑物表面和在支架上敷设的刚性绝缘导管，按设计要求装设温度补偿装置 |
| 13 | 柔性导管的长度、连接和接地 | | 金属、非金属柔性导管敷设应符合下列规定：<br>(1)刚性导管经柔性导管与电气设备、器具连接，柔性导管的长度在动力工程中不大于0.8m，在照明工程中不大于1.2m。<br>(2)可挠金属管或其他柔性导管与刚性导管或电气设备、器具间的连接采用专用接头；复合型可挠金属管或其他柔性导管的连接处密封良好，防液覆盖层完整无损。<br>(3)可挠性金属导管和金属柔性导管不能做接地(PE)或接零(PEN)的接续导体 |
| 14 | 导管在建筑物变形缝处的处理 | | 导管和线槽，在建筑物变形缝处，应设补偿装置 |
| 15 | 交流单芯电缆不得单独穿于钢导管内 | | 三相或单相的交流单芯电缆，不得单独穿于钢导管内 |
| 16 | 电线穿管 | 施工员<br>技术员<br>质量员 | 不同回路、不同电压等级和交流与直流的电线，不应穿于同一导管内；同一交流回路的电线应穿于同一金属导管内，且管内电线不得有接头 |
| 17 | 爆炸危险环境照明线路的电线、电缆选用和穿管 | | 爆炸危险环境照明线路的电线和电缆额定电压不得低于750V，且电线必须穿于钢导管内 |

续表

| 序号 | 控制点名称 | 执行人员 | 标　　准 |
| --- | --- | --- | --- |
| 18 | 电线、电缆管内清扫和管口处理 | 施工员<br>质量员 | 电线、电缆穿管前，应清除管内杂物和积水。管口应有保护措施，不进入接线盒（箱）的垂直管口穿入电线、电缆后，管口应密封 |
| 19 | 同一建筑物、构筑物内电线绝缘层颜色的选择 | | 当采用多相供电时，同一建筑物、构筑物的电线绝缘层颜色选择应一致，即保护地线（PE 线）应是黄绿相间色，零线用淡蓝色；相线用：A 相——黄色、B 相——绿色、C 相——红色 |
| 20 | 线槽敷线 | 质量员 | （1）电线在线槽内有一定余量，不得有接头。电线按回路编号分段绑扎，绑扎点间距不应大于 2m。<br>（2）同一回路的相线和零线，敷设于同一金属线槽内。<br>（3）同一电源的不同回路无抗干扰要求的线路可敷设于同一线槽内；敷设于同一线槽内有抗干扰要求的线路用隔板隔离，或采用屏蔽电线且屏蔽护套一端接地 |

## 第四节　线 槽 布 线

### 一、施工准备

（1）与配线工程有关的建筑物和构筑物的土建工程质量，应符合现行的建筑工程施工质量验收规范中的有关规定。

（2）配线工程施工前应具备下列条件：

1）对施工有影响的模板、脚手架应拆除，杂物清除干净。

2）会使电气线路发生损坏或严重污染建筑物装饰的工作，应全部结束。

3）预留孔、预埋件的位置和尺寸应符合设计要求，预埋件埋设牢固。

4）抹灰和涂（喷）层完成，并已干燥。

（3）设计交底、图纸会审已经办理，施工方案已经审批。

（4）各种材料符合设计要求，并且能保证按施工进度计划供应。

（5）槽板配线只适于在干燥房屋内明敷设，不得在潮湿和易燃的场所使用。所敷设的导线的绝缘等级应不低于 500V。

敷设塑料槽板时，环境温度不应低于－15℃。

### 二、线槽的分类和应用

在建筑电气工程中，常用的线槽有金属线槽和塑料线槽。

1. 金属线槽

金属线槽配线一般适用于正常环境的室内场所明敷，由于金属线槽多由厚度为0.4～1.5mm的钢板制成，其构造特点决定了在对金属线槽有严重腐蚀的场所不应采用金属线槽配线。具有槽盖的封闭式金属线槽，有与金属导管相当的耐火性能，可用在建筑物顶棚内敷设。

为适应现代化建筑物电气线路复杂多变的需要，金属线槽也可采取地面内暗装的布线方式。它是将电线或电缆穿在经过特制的壁厚为2mm的封闭式矩形金属线槽内，直接敷设在混凝土地面、现浇钢筋混凝土楼板或预制混凝土楼板的垫层内。

2. 塑料线槽

塑料线槽由槽底、槽盖及附件组成，是由难燃型硬质聚氯乙烯工程塑料挤压成型的，规格较多，外形美观，可起到装饰建筑物的作用。塑料线槽一般适用于正常环境的室内场所明敷设，也用于科研实验室或预制板结构而无法暗敷设的工程；还适用于旧工程改造更换线路；同时也用于弱电线路吊顶内暗敷设场所。

在高温和易受机械损伤的场所不宜采用塑料线槽布线。

**三、金属线槽的敷设**

1. 线槽的选择

金属线槽内外应光滑平整、无棱刺、扭曲和变形现象。选择时，金属线槽的规格必须符合设计要求和有关规范的规定，同时，还应考虑到导线的填充率及载流导线的根数，同时满足散热、敷设等安全要求。

金属线槽及其附件应采用表面经过镀锌或静电喷漆的定型产品，其规格和型号应符合设计要求，并有产品合格证等。

2. 测量定位

(1)金属线槽安装时，应根据施工设计图，用粉袋沿墙、顶棚或地面等处，弹出线路的中心线并根据线槽固定点的要求分出挡距，标出线槽支、吊架的固定位置。

(2)金属线槽吊点及支持点的距离，应根据工程具体条件确定，一般在直线段固定间距不应大于3m，在线槽的首端、终端、分支、转角、接头及进出接线盒处应不大于0.5m。

(3)线槽配线在穿过楼板及墙壁时，应用保护管，而且穿楼板处必须用钢管保护，其保护高度距地面不应低于1.8m。

(4)过变形缝时应做补偿处理。

(5)地面内暗装金属线槽布线时，应根据不同的结构形式和建筑布局，合理确定线路路径及敷设位置，应符合以下规定：

1)在现浇混凝土楼板的暗装敷设时，楼板厚度不应于200mm；

2)当敷设在楼板垫层内时，垫层厚度不应小于70mm，并应避免与其他管路相互交叉。

3. 线槽的固定

(1)木砖固定线槽。配合土建结构施工时预埋木砖。加气砖墙或砖墙应在剔洞后再埋木砖,梯形木砖较大的一面应朝洞里,外表面与建筑物的表面齐,然后用水泥沙浆抹平,待凝固后,再把线槽底板用木螺钉固定在木砖上。

(2)塑料胀管固定线槽。混凝土墙、砖墙可采用塑料胀管固定塑料线槽。根据胀管直径和长度选择钻头,在标出的固定点位置上钻孔,不应歪斜、豁口,应垂直钻好孔后,将孔内残存的杂物清净,用木锤把塑料胀管垂直敲入孔中,直至与建筑物表面平齐,再用石膏将缝隙填实抹平。

(3)伞形螺栓固定线槽。在石膏板墙或其他护板墙上,可用伞形螺栓固定塑料线槽。根据弹线定位的标记,找好固定点位置,把线槽的底板横平竖直地紧贴建筑物的表面。钻好孔后将伞形螺栓的两伞叶掐紧合拢插入孔中,待合拢伞叶自行张开后,再用螺母紧固即可,露出线槽内的部分应加套塑料管。固定线槽时,应先固定两端再固定中间。

4. 线槽在墙上安装

(1)金属线槽在墙上安装时,可采用塑料胀管安装。当线槽的宽度 $b\leqslant$ 100mm 时,可采用一个胀管固定;如线槽的宽度 $b>$100mm 时,应采用二个胀管并列固定。

1)金属线槽在墙上固定安装的固定间距为 500mm,每节线槽的固定点不应少于两个。

2)线槽固定螺钉紧固后,其端部应与线槽内表面光滑相连,线槽槽底应紧贴墙面固定。

3)线槽的连接应连续无间断,线槽接口应平直、严密,线槽在转角、分支处和端部均应有固定点。

(2)金属线槽在墙上水平架空安装时,既可使用托臂支承,也可使用扁钢或角钢支架支承。托臂可用膨胀螺栓进行固定,当金属线槽宽度 $b\leqslant$100mm 时,线槽在托臂上可采用一个螺栓固定。

制作角钢或扁钢支架时,下料后,长短偏差不应大于 5mm,切口处应无卷边和毛刺。支架焊接后应无明显变形,焊缝均匀平整,焊缝处不得出现裂纹、咬边、气孔、凹陷、漏焊等缺陷。

5. 线槽在吊顶上安装

(1)吊装金属线槽在吊顶内安装时,吊杆可用膨胀螺栓与建筑结构固定。当在钢结构固定时,可进行焊接固定,将吊架直接焊在钢结构的固定位置处;也可以使用万能吊具与角钢、槽钢、工字钢等钢结构进行安装(图 5-39)。

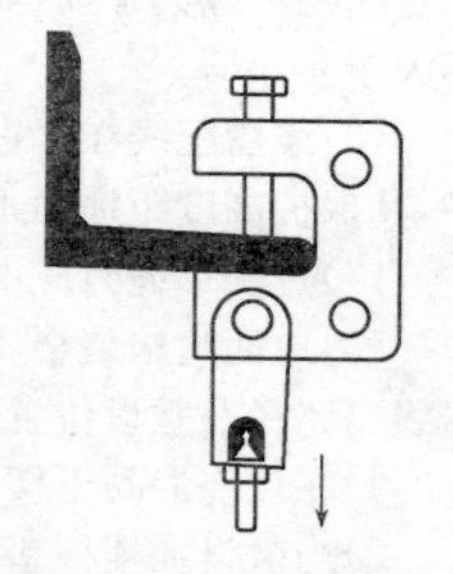

图 5-39　用万能吊具固定

(2)吊装金属线槽在吊顶下吊装时，吊杆应固定在吊顶的主龙骨上，不允许固定在副龙骨或辅助龙骨上。

6. 线槽在吊架上安装

线槽用吊架悬吊安装时，可根据吊装卡箍的不同型式采用不同的安装方法。当吊杆安装完成后，即可进行线槽的组装。

(1)吊装金属线槽时，可根据不同需要，选择口向上安装或开口向下安装。

(2)吊装金属线槽时，应先安装干线线槽，后装支线线槽。

(3)线槽安装时，应先拧开吊装器，把吊装器下半部套入线槽上，使线槽与吊杆之间通过吊装器悬吊在一起。如在线槽上安装灯具时，灯具可用蝶形螺栓或蝶形夹卡与吊装器固定在一起，然后再把线槽逐段组装成形。

(4)线槽与线槽之间应采用内连接头或外连接头连接，并用沉头或圆头螺栓配上平垫和弹簧垫圈用螺母紧固。

(5)吊装金属线槽在水平方向分支时，应采用二通接线盒、三通接线盒、四通接线盒进行分支连接。

在不同平面转弯时，在转变处应采用立上弯头或立下弯头进行连接，安装角度要适宜。

(6)在线槽出线口处应利用出线口盒[图 5-40(a)]进行连接；末端要装上封堵[图 5-40(b)]进行封闭，在盒箱出线处应采用抱脚[图 5-40(c)]进行连接。

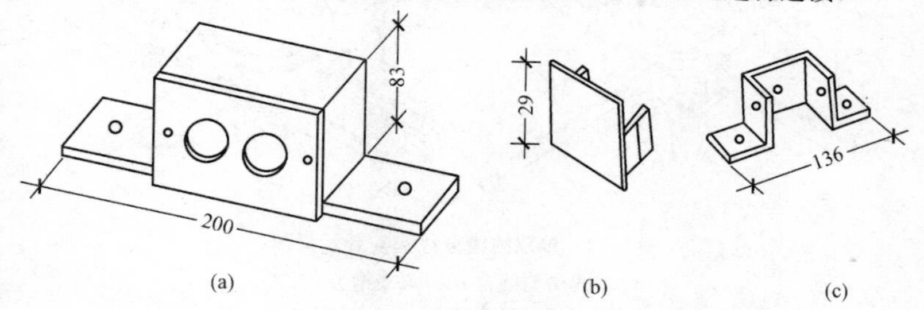


**图 5-40　金属线槽安装配件图**

(a)出线口盒；(b)封堵；(c)抱脚

7. 线槽在地面内安装

金属线槽在地面内暗装敷设时，应根据单线槽或双线槽不同结构型式选择单压板或双压板，与线槽组装好后再上好卧脚螺栓。然后将组合好的线槽及支架沿线路走向水平放置在地面或楼(地)面的抄平层或楼板的模板上，然后再进行线槽的连接。

(1)线槽支架的安装距离应视工程具体情况进行设置，一般应设置于直线段大于 3m 或在线槽接头处、线槽进入分线盒 200mm 处。

(2)地面内暗装金属线盒的制造长度一般为 3m,每 0.6m 设一个出线口。当需要线槽与线槽相互连接时,应采用线槽连接头,如图 5-41 所示。

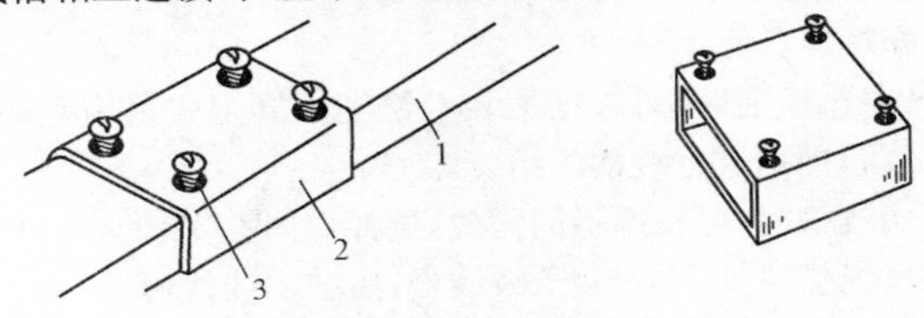


**图 5-41　线槽连接头示意图**

1—线槽;2—线槽连接头;3—紧定螺钉

线槽的对口处应在线槽连接头中间位置上,线槽接口应平直,紧定螺钉应拧紧,使线槽在同一条中心轴线上。

(3)地面内暗装金属线槽为矩形断面,不能进行线槽的弯曲加工,当遇有线路交叉、分支或弯曲转向时,必须安装分线盒,如图 5-42 所示。当线槽的直线长度超过 6m 时,为方便线槽内穿线也宜加装分线盒。

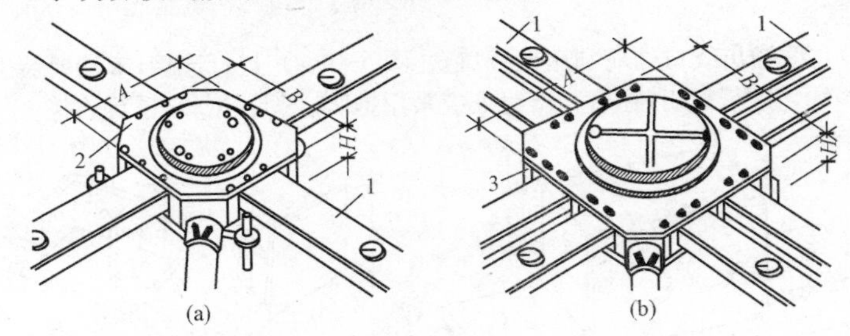


**图 5-42　单双线槽分线盒安装示意图**

(a)单线槽分线盒;(b)双线槽分线盒

1—线槽;2—单槽分线盒;3—双槽分线盒

线槽与分线盒连接时,线槽插入分线盒的长度不宜大于 10mm。分线盒与地面高度的调整依靠盒体上的调整螺栓进行。双线槽分线盒安装时,应在盒内安装便于分开的交叉隔板。

(4)组装好的地面内暗装金属线槽,不明露地面的分线盒封口盖,不应外露出地面;需露出地面的出线盒口和分线盒口不得突出地面,必须与地面平齐。

(5)地面内暗装金属线槽端部与配管连接时,应使用线槽与管过渡接头。当金属线槽的末端无连接管时,应使用封端堵头拧牢堵严。

线槽地面出线口处,应用不同需要零件与出线口安装好。

8. 线槽附件安装

线槽附件如直通、三通转角、接头、插口、盒和箱应采用相同材质的定型产品。槽底、槽盖与各种附件相对接时，接缝处应严实平整，无缝隙。

盒子均应两点固定，各种附件角、转角、三通等固定点不应少于两点（卡装式除外）。接线盒、灯头盒应采用相应插口连接。线槽的终端应采用终端头封堵。在线路分支接头处应采用相应接线箱。安装铝合金装饰板时，应牢固平整严实。

9. 金属线槽接地

金属的线槽必须与PE或PEN线有可靠电气连接，并符合下列规定：

（1）金属线槽不得熔焊跨接接地线。

（2）金属线槽不应作为设备的接地导体，当设计无要求时，金属线槽全长不少于2处与PE或PEN线干线连接。

（3）非镀锌金属线槽间连接板的两端跨接铜芯接地线，截面积不小于4mm²，镀锌线槽间连接板的两端不跨接接地线，但连接板两端不少于2个有防松螺帽或防松垫圈的连接固定螺栓。

**四、塑料线槽的敷设**

塑料线槽敷设应在建筑物墙面、顶棚抹灰或装饰工程结束后进行。敷设场所的温度不得低于－15℃。

1. 线槽的选择

选用塑料线槽时，应根据设计要求和允许容纳导线的根数来选择线槽的型号和规格。选用的线槽应有产品合格证件，线槽内外应光滑无棱刺，且不应有扭曲、翘边等现象。塑料线槽及其附件的耐火及防延燃应符合相关规定，一般氧指数不应低于27%。

电气工程中，常用的塑料线槽的型号有VXC2型、VXC25型线槽和VXCF型分线式线槽。其中，VXC2型塑料线槽可应用于潮湿和有酸碱腐蚀的场所。弱电线路多为非载流导体，自身引起火灾的可能性极小，在建筑物顶棚内敷设时，可采用难燃型带盖塑料线槽。

2. 弹线定位

塑料线槽敷设前，应先确定好盒（箱）等电气器具固定点的准确位置，从始端至终端按顺序找好水平线或垂直线。用粉线袋在线槽布线的中心处弹线，确定好各固定点的位置。在确定门旁开关线槽位置时，应能保证门旁开关盒处在距门框边0.15～0.2m的范围内。

3. 线槽固定

塑料线槽敷设时，宜沿建筑物顶棚与墙壁交角处的墙上及墙角和踢脚板上口线上敷设。线槽槽底的固定应符合下列规定：

（1）塑料线槽布线应先固定槽底，线槽槽底应根据每段所需长度切断。

（2）塑料线槽布线在分支时应做成“T”字分支，线槽在转角处槽底应锯成45°

角对接，对接连接面应严密平整，无缝隙。

(3)塑料线槽槽底可用伞形螺栓固定或用塑料胀管固定，也可用木螺丝将其固定在预先埋入在墙体内的木砖上，如图 5-43 所示。

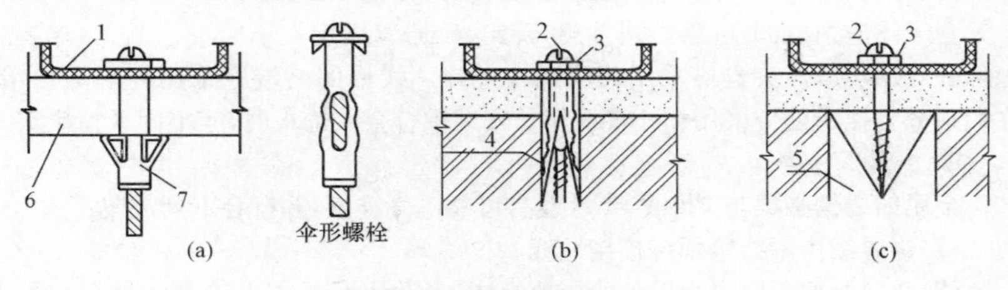


**图 5-43 线槽槽底固定**

(a)用伞形螺栓固定；(b)用塑料胀管固定；(c)用木砖固定

1—槽底；2—木螺丝；3—垫圈；4—塑料胀管；5—木砖；6—石膏壁板；7—伞形螺栓

(4)塑料线槽槽底的固定点间距应根据线槽规格而定。固定线槽时，应先固定两端再固定中间，端部固定点距槽底终点不应小于 50mm。

(5)固定好后的槽底应紧贴建筑物表面，布置合理，横平竖直，线槽的水平度与垂直度允许偏差均不应大于 5mm。

(6)线槽槽盖一般为卡装式。安装前，应比照每段线槽槽底的长度按需要切断，槽盖的长度要比槽底的长度短一些，如图 5-44 所示，其 A 段的长度应为线槽宽度的一半，在安装槽盖时供做装饰配件就位用。塑料线槽槽盖如不使用装饰配件时，槽盖与槽底应错位搭接。

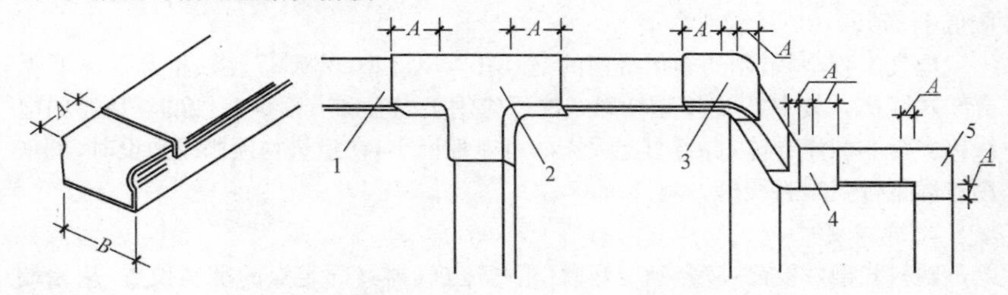


**图 5-44 线槽沿墙敷设示意图**

1—直线线槽；2—平三通；3—阳转角；4—阴转角；5—直转角

槽盖安装时，应将槽盖平行放置，对准槽底，用手一按槽盖，即可卡入槽底的凹槽中。

(7)在建筑物的墙角处线槽进行转角及分支布置时，应使用左三通或右三通。分支线槽布置在墙角左侧时使用左三通，分支线槽布置在墙角的右侧时应使用右三通。

(8)塑料线槽布线在线槽的末端应使用附件堵头封堵。

**五、线槽内导线敷设**

1. 金属线槽内导线的敷设

(1)金属线槽内配线前,应清除线槽内的积水和杂物。清扫线槽时,可用抹布擦净线槽内残存的杂物,使线槽内外保持清洁。

清扫地面内暗装的金属线槽时,可先将引线钢丝穿通至分线盒或出线口,然后将布条绑在引线一端送入线槽内,从另一端将布条拉出,反复多次即可将槽内的杂物和积水清理干净。也可用压缩空气或氧气将线槽内的杂物积水吹出。

(2)放线前应先检查导线的选择是否符合要求,导线分色是否正确。

(3)放线时应边放边整理,不应出现挤压背扣、扭结、损伤绝缘等现象。并应将导线按回路(或系统)绑扎成捆,绑扎时应采用尼龙绑扎带或线绳,不允许使用金属导线或绑线进行绑扎。导线绑扎好后,应分层排放在线槽内并做好永久性编号标志。

(4)穿线时,在金属线槽内不宜有接头,但在易于检查(可拆卸盖板)的场所,可允许在线槽内有分支接头。电线电缆和分支接头的总截面(包括外护层),不应超过该点线槽内截面的75%;在不易于拆卸盖板的线槽内,导线的接头应置于线槽的接线盒内。

(5)电线在线槽内有一定余量。线槽内电线或电缆的总截面(包括外护层)不应超过线槽内截面积的20%,载流导线不宜超过30根。当设计无此规定时,包括绝缘层在内的导线总截面积不应大于线槽截面积的60%。

控制、信号或与其相类似的线路,电线或电缆的总截面不应超过线槽内截面的50%,电线或电缆根数不限。

(6)同一回路的相线和中性线,敷设于同一金属线槽内。

(7)同一电源的不同回路无抗干扰要求的线路可敷设于同一线槽内;由于线槽内电线有相互交叉和平行紧挨现象,敷设于同一线槽内有抗干扰要求的线路用隔板隔离,或采用屏蔽电线且屏蔽护套一端接地等屏蔽和隔离措施。

(8)在金属线槽垂直或倾斜敷设时,应采取措施防止电线或电缆在线槽内移动,即使绝缘造成损坏,拉断导线或拉脱拉线盒(箱)内导线。

(9)引出金属线槽的线路,应采用镀锌钢管或普利卡金属套管,不宜采用塑料管与金属线槽连接。线槽的出线口应位置正确、光滑、无毛刺。

引出金属线槽的配管管口处应有护口,电线或电缆在引出部分不得遭受损伤。

2. 塑料线槽内导线的敷设

对于塑料线槽,导线应在线槽槽底固定后开始敷设。导线敷设完成后,再固定槽盖。导线在塑料线槽内敷设时,应注意以下几点:

(1)线槽内电线或电缆的总截面(包括外护层)不应超过线槽内截面的20%,

载流导线不宜超过 30 根(控制、信号等线路可视为非载流导线)。

(2)强、弱电线路不应同时敷设在同一根线槽内。同一路径无抗干扰要求的线路,可以敷设在同一根线槽内。

(3)放线时先将导线放开抻直,从始端到终端边放边整理,导线应顺直,不得有挤压、背扣、扭结和受损等现象。

(4)电线、电缆在塑料线槽内不得有接头,导线的分支拉头应在接线盒内进行。从室外引进室内的导线在进入墙内一段应使用橡胶绝缘导线,严禁使用塑料绝缘导线。

**六、施工工序质量控制点**

施工工序质量控制点见表 5-31。

**表 5-31　　线槽敷设质量控制点**

| 序号 | 控制点名称 | 执行人员 | 标　　准 |
|---|---|---|---|
| 1 | 金属线槽的接地或接零 | 施工员<br>技术员<br>质量员 | 线槽必须接地(PE)或接零(PEN)可靠,并符合下列规定:<br>(1)金属线槽不得熔焊跨接接地线,以专用接地卡跨接的两卡间连线为铜芯软导线,截面积不小于 4mm$^2$。<br>(2)金属线槽不作设备的接地导体,当设计无要求时,金属线槽全长不少于 2 处与接地(PE)或接零(PEN)干线连接。<br>(3)非镀锌金属线槽间连接板的两端跨接铜芯接地线,镀锌线槽间连接板的两端不跨接接地线,但连接板两端不少于 2 个有防松螺帽或防松垫圈的连接固定螺栓 |
| 11 | 线槽固定及外观检查 | 质量员 | 线槽应安装牢固,无扭曲变形,紧固件的螺母应在线槽外侧 |
| 15 | 线槽在建筑物变形缝处的处理 | 质量员 | 线槽在建筑物变形缝处,应设补偿装置 |
| 1 | 槽板配线的电线连接 | 施工员<br>技术员<br>质量员 | 槽板内电线无接头,电线连接设在器具处;槽板与各种器具连接时,电线应留有余量,器具底座应压住槽板端部 |
| 2 | 槽板敷设和木槽板阻燃处理 | 施工员<br>技术员<br>质量员 | 槽板敷设应紧贴建筑物表面,且横平竖直、固定可靠,严禁用木楔固定;木槽板应经阻燃处理,塑料槽板表面应有阻燃标识 |

续表

| 序号 | 控制点名称 | 执行人员 | 标　准 |
| --- | --- | --- | --- |
| 3 | 槽板的盖板和底板固定 | 施工员<br>质量员 | 木槽板无劈裂，塑料槽板无扭曲变形。槽板底板固定点间距应小于500mm；槽板盖板固定点间距应小于300mm；底板距终端50mm和盖板距终端30mm处应固定 |
| 4 | 槽板盖板、底板的接口设置和连接 | | 槽板的底板接口与盖板接口应错开20mm，盖板在直线段和90°转角处应成45°斜口对接，T形分支处应成三角叉接，盖板应无翘角，接口应严密整齐 |
| 5 | 槽板的保护套管和补偿装置设置 | | 槽板穿过梁、墙和楼板处应有保护套管，跨越建筑物变形缝处槽板应设补偿装置，且与槽板结合严密 |

## 第五节　钢索配线

### 一、施工准备

(1)设计交底、图纸会审已经办理，施工方案已经审批。

(2)与钢索配线工程有关的建筑物和构筑物的土建工程质量，应符合现行的建筑工程施工质量验收规范中的有关规定。

(3)钢索配线工程施工前，土建工程应具备下列条件：

1)对施工有影响的模板、脚手架应拆除，杂物清除干净。

2)会使线路发生损坏或严重污染的建筑物装饰工程应全部结束。

3)埋入建筑物内的支架、螺栓、电线及其他部件，应在土建施工时做好预埋工作。

4)预埋件、预留孔的位置和尺寸应符合设计要求，预埋件埋设牢固。

(4)钢索的终端拉环应固定牢固，并能承受钢索在全部负载下的拉力。

### 二、钢索及其附件的选择

1. 钢索

为抗锈蚀和延长使用寿命，布线的钢索应采用镀锌钢索，不应采用含油芯的钢索。由于含油芯的钢索易积贮灰尘而锈蚀，难以清扫，故而不宜使用。

为了保证钢索的强度，使用的钢索不应有扭曲、松股、断股和抽筋等缺陷。单根钢丝的直径应小于0.5mm，因为钢索在使用过程中，常会发生因经常摆动而导致钢丝过早断裂的现象，所以钢丝的直径应小，以便保持较好的柔性。在潮湿或有腐蚀性介质及易贮纤维灰尘的场所，为防止钢索发生锈蚀，影响安全运行，可选用塑料护套钢索。

选用圆钢作钢索时，在安装前应调直、预拉伸和刷防腐漆。如采用镀锌圆钢，在调直、拉伸时注意不得损坏镀锌层。

2. 钢索附件

钢索附件主要有拉环、花篮螺栓、钢索卡和索具套环及各种接线盒等。

(1)拉环。拉环用于在建筑物上固定钢索。为增加其强度，拉环应采用不小于 $\phi$16 圆钢制作。拉环的接口处应焊死，其适用于受拉≤3900N 的地方。

(2)花篮螺栓。花篮螺栓也叫做索具螺旋扣、紧线口等，用于拉紧钢绞线，并起调整松紧作用。钢索配线所用的花篮螺栓主要有 CC 型、CO 型和 OO 型三种，其外形如图 5-45 所示。

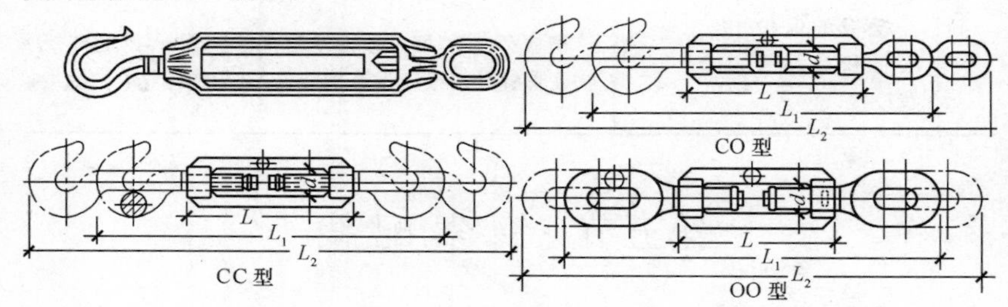


**图 5-45 花篮螺栓的外形**

钢索的松弛度受钢索的张力影响，可通过花篮螺栓进行调整。如果钢索长度过大，通过一个花篮螺栓将无法调整，此时，可适当增加花篮螺栓。通常，钢索长度在 50m 以下时，可装设一个花篮螺栓；超过 50m 时，两端均须安装花篮螺栓。同时，钢索长度每增加 50m，均应增加一个中间花篮螺栓。

(3)钢索卡。钢索卡又称钢丝绳轧头、夹线盘、钢丝绳夹等，与钢绞线用套环配合作夹紧钢绞线末端用。

(4)钢丝绳套环也叫做索具套环、三角圈、心形环，是钢绞线的固定连接附件。钢绞线与钢绞线或其他附件间连接时，钢丝绳一端嵌在套环的凹槽中，形成环状，保护钢丝绳连接弯曲部分受力时不易折断。

(5)吊灯接线盒。钢索配线常用的吊灯接线盒有以下两种：

1)胶木吊灯接线盒，适用于 $10\times(3\times4+1\times2.5)\text{mm}^2$ 及以下的聚氯乙烯电缆钢索配线的吊灯接线盒。压紧螺母内加一垫片后也可作为堵头用于线路尾端。如图 5-46 所示。

2)铸铁吊灯接线盒，适用于厚壁管 3/4″以下钢管配线和 1/2″灯头管。

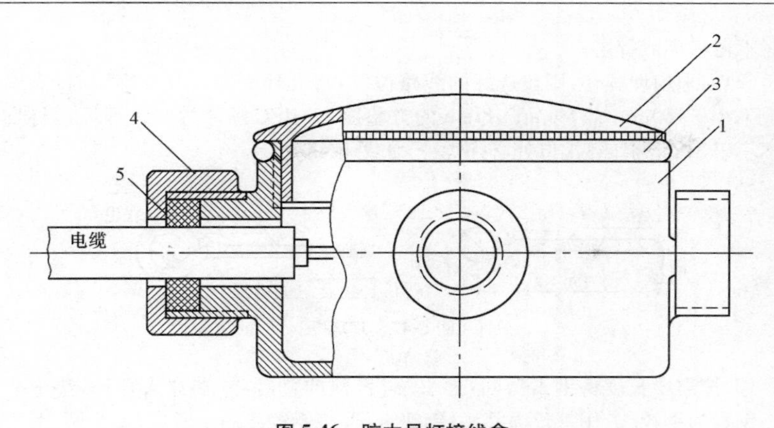


**图 5-46　胶木吊灯接线盒**

1—盒；2—盖；3—垫圈；4—压紧螺母；5—填充石棉线

## 三、钢索安装

钢索的安装应在土建工程基本结束，对施工有影响的模板、脚手架拆除完毕，杂物清理干净后进行。钢索可以安装在梁上、柱上，也可以安装在建筑物的墙上。

1. 安装要求

(1)固定电气线路的钢索，其端部固定是否可靠是影响安全的关键，所以钢索的终端拉环埋件应牢固可靠，钢索与终端拉环套接处应采用心形环，固定钢索的线卡不应少于 2 个，钢索端头应用镀锌铁线绑扎紧密。

(2)钢索中间固定点的间距不应大于 12m，中间吊钩应使用圆钢，其直径不应小于 8mm。吊钩的深度不应小于 20mm。

(3)钢索的终端拉环应固定牢固，并能承受钢索在全部负载下的拉力。

(4)钢索必须安装牢固，并做可靠的明显接地。中间加有花篮螺栓时，应做跨接地线。

钢索是电气装置的可接近的裸露导体，为了防止由于配线而造成钢索漏电，为防止触电危险，钢索端头必须与 PE 或 PEN 线连接可靠。

(5)钢索装有中间吊架，可改善钢索受力状态。为防止钢索受振动而跳出破坏整条线路，所以在吊架上要有锁定装置，锁定装置既可打开放入钢索，又可闭合防止钢索跳出。锁定装置和吊架一样，与钢索间无强制性固定。

2. 构件预加工与预埋

(1)按需要加工好吊卡、吊钩、抱箍等铁件(铁件应除锈、刷漆)，如钢索采用圆钢时，必须先抻直。

钢索如为钢绞线，其直径由设计决定，但不得小于 4.5mm；如为圆钢，其直径不得小于 8mm；钢绞线不得有背扣、松股、断股、抽筋等现象；如采用镀锌圆钢，抻直时不得损坏镀锌层。

(2)如未预埋耳环,则按选好的线路位置,将耳环固定。耳环穿墙时,靠墙侧垫上不小于150mm×150mm×8mm的方垫圈,并用双螺母拧紧。耳环钢材直径应不小于10mm,耳环接口处必须焊死,如图5-47所示。

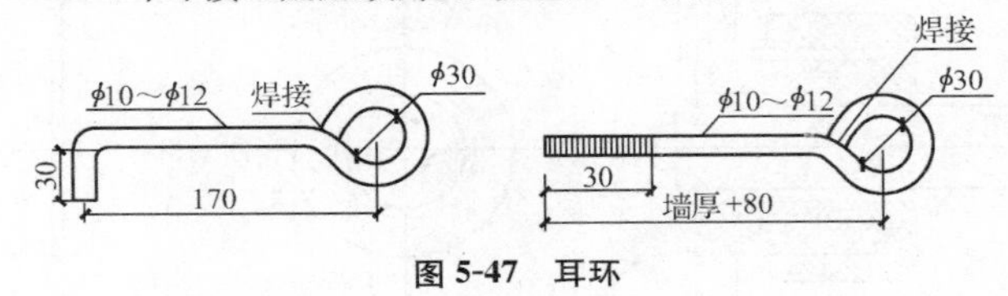


图 5-47　耳环

(3)按需要长度将钢索剪断,擦去油污,预抻直后,一端穿入耳环,垫上心形环。钢索为钢绞线,用钢丝绳扎头(钢线卡子)将钢绞线固定两道;如为圆钢,可摵成环形圈,并将圈口焊牢;当焊接有困难时,也可使用钢丝绳扎头固定两道,然后,将另一端用紧线器拉紧后,摵好环形圈与花篮螺栓相连,垫好心形环,再用钢丝绳扎头固定两道。紧线器要在花篮螺栓吃力后才能取下,花篮螺栓应紧至适当程度。最后,用钢丝将花篮螺栓绑牢,吊钩与钢索同样需要用钢丝绑牢,防止脱钩。在墙上安装好的钢索如图5-48所示。

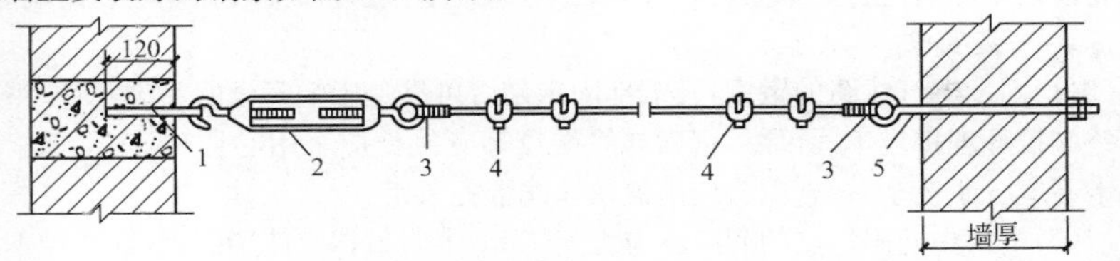


图 5-48　墙上钢索安装

1—耳环;2—花篮螺栓;3—心形环;4—钢丝绳扎头;5—耳环

3. 钢索安装施工

钢索在其他结构上安装方式如图5-49所示。图5-49中,$H$、$L$值按建筑物实际尺寸确定,$B$值按钢索直径确定。

(1)在柱上安装钢索时,可用$\phi16$圆钢抱箍固定终端支架和中间支架。抱箍的尺寸可根据柱子的大小现场制作。

(2)在工字形或T形屋面梁上安装钢索时,梁上应留有预留孔,使用螺栓穿过预留孔固定终端支架和中间吊钩。

(3)在混凝土屋架上安装钢索时,应根据屋架大小由现场决定制作钢索支架的尺寸,支架上悬挂的花篮螺栓吊环的孔眼尺寸应与花篮螺栓配合。

(4)在钢屋架上安装钢索,钢索抱箍和吊钩的尺寸应由钢屋架决定,抱箍的尺寸应由花篮螺栓配合。但钢屋架能否承受设计荷载,须征得土建专业的许可。

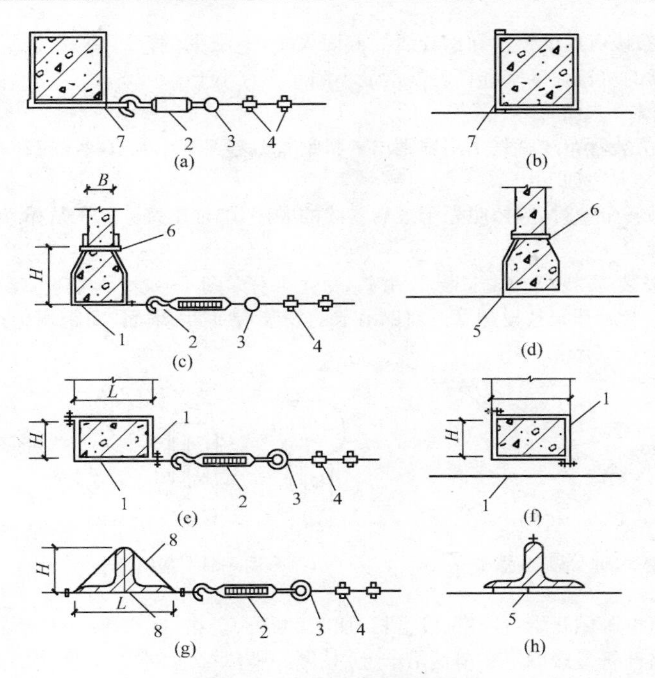


**图 5-49　柱和屋架上钢索的安装**

1—扁钢支架；2—花篮螺栓；3—心形环；4—钢丝绳扎头；
5—吊钩；6—固定螺栓；7—角钢支架；8—扁钢抱箍
(a)柱上钢索起点；(b)柱上钢索中段；(c)屋面梁上钢索起点；
(d)屋面梁上钢索的中段；(e)混凝土屋架上钢索的起点；
(f)混凝土屋架上钢索的中段；(g)钢屋架上钢索的起点；
(h)钢屋架上钢索的中段

4. 钢索弧垂调整

钢索配线的弧垂的大小应按设计要求调整，装设花篮螺栓的目的是便于调整弧垂值。弧垂值的大小要把握适当，太小会使钢索超过允许受力值；太大钢索摆动幅度大，不利于在其上固定的线路和灯具等正常运行。还要考虑其自由振荡频率与同一场所的其他建筑设备的运转频率的关系，不要产生共振现象，所以要将弧垂值调整适当。

**四、钢索布线**

根据所使用的绝缘导线和固定方式的不同，钢索布线可分为钢索吊管布线、钢索吊鼓形绝缘子布线、钢索塑料护套线布线。其中，钢索吊管布线又可分为钢索吊钢管布线和钢索吊塑料管布线。

钢索布线所用的钢丝和钢绞线的截面大小,应根据钢索跨距、钢索所承受的荷重、钢索的机械强度来选择。钢索最小截面不宜小于 $10mm^2$。

1. 钢索吊装管布线

钢索吊装管布线就是采用扁钢吊卡将钢管或塑料管以及灯具吊装在钢索上。其具体安装方法如下:

(1)吊装布管时,应按照先干线后支线的顺序,把加工好的管子从始端到终端顺序连接。

(2)按要求找好灯位,装上吊灯头盒卡子(图 5-50),再装上扁钢吊卡(图 5-51),然后开始敷设配管。扁钢吊卡的安装应垂直、牢固、间距均匀;扁钢厚度应不小于 1.0mm。

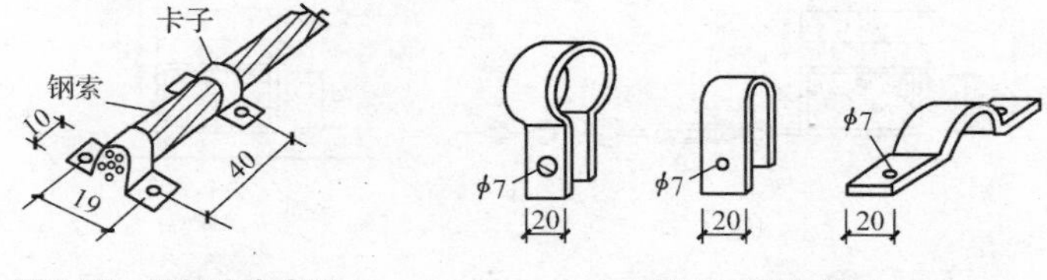


图 5-50　吊灯头盒卡子　　　图 5-51　扁钢吊卡

(3)从电源侧开始,量好每段管长,加工(断管、套扣、揻弯等)完毕后,装好灯头盒,再将配管逐段固定在扁钢吊卡上,并做好整体接地(在灯头盒两端的钢管,要用跨接地线焊牢)。

吊装钢管时,应采用铁制灯头盒;吊装硬塑料管时,可采用塑料灯头盒。

(4)钢索吊装管配线的组装如图 5-52 所示。图中 L—钢管 1.5m,塑料管 1.0m。

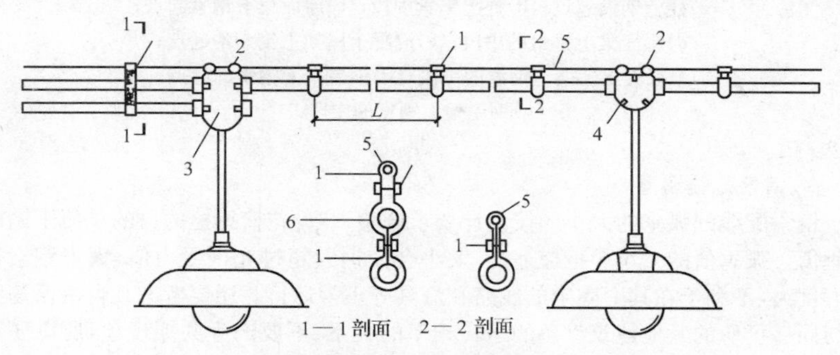


图 5-52　钢索吊装管配线组装图

1—扁钢吊卡;2—吊灯头盒卡子;3—五通灯头;
4—三通灯头盒;5—钢索;6—钢管或塑料管

对于钢管配线,吊卡距灯头盒距离应不大于 200mm,吊卡之间距离不大于

1.5m；对塑料管配线，吊卡距灯头盒不大于150mm，吊卡之间距离不大于1m。线间最小距离1mm。

2. 钢索吊装绝缘子布线

钢索吊装绝缘子布线就是采用扁钢吊架将绝缘子和灯具吊装在钢索上。其具体步骤如下：

(1)按设计要求找好灯位及吊架的位置。把绝缘子用螺栓组装在扁钢吊架上，如图5-53所示。

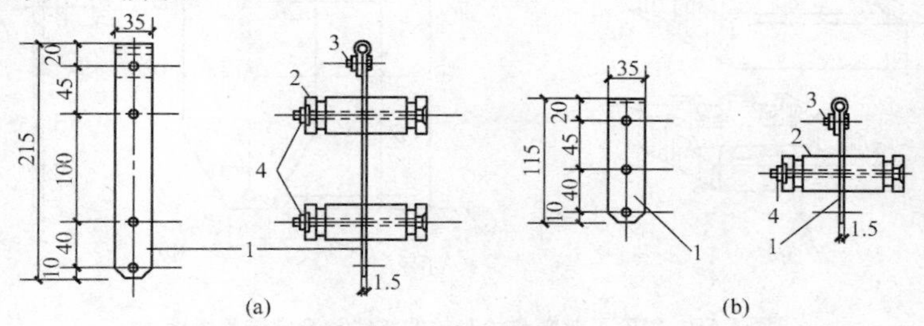


**图5-53　扁钢吊架**

(a)双绝缘子；(b)单绝缘子

1—扁钢支架；2—绝缘子；3—固定螺栓(M5)；4—绝缘子螺栓

扁钢厚度不应小于1.0mm，吊架间距应不大于1.5m，吊架与灯头盒的最大间距为100mm，导线间距应不小于35mm。

(2)为防止始端和终端吊架承受不平衡拉力，可在始、终端吊架外侧适当位置上安装固定卡子。扁钢吊架与固定卡子之间应用镀锌钢丝拉紧；扁钢吊架必须安装垂直、牢固、间距均匀。

(3)布线时，应将导线放开抻直，准备好绑线后，由一端开始将导线绑牢，另一端拉紧绑扎后，再绑扎中间各支持点。

(4)钢索吊装绝缘子配线组装后如图5-54所示。

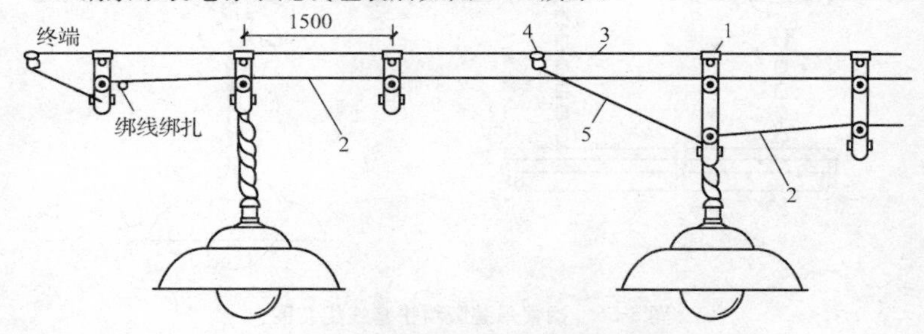


**图5-54　钢索吊装绝缘子配线组装图**

1—扁钢吊架；2—绝缘导线；3—钢索；4—固定卡子；5—$\phi$3.2镀锌钢丝

3. 钢索吊装塑料护套线布线

钢索吊装塑料护套线布线就是采用铝线卡将塑料护套线固定在钢索上，使用塑料接线盒和接线盒安装钢板把照明灯具吊装在钢索上。其安装步骤如下：

(1)按要求找好灯位，将塑料接线盒(图 5-55)及接线盒的安装钢板吊装到钢索上。

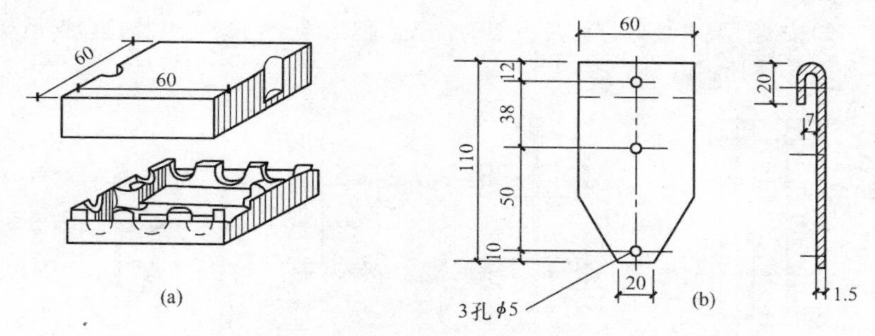


图 5-55 钢索吊装塑料护套线的接线盒及安装用钢板

(a)塑料接线盒；(b)接线盒安装钢板

(2)均分线卡间距，在钢索上作出标记。线卡最大间距为 200mm；线卡距灯头盒间的最大距离为 100mm，间距应均匀。

(3)测量出两灯具间的距离，将护套线按段剪断(要留出适当裕量)，进行调查，然后盘成盘。

(4)敷线从一端开始，一只手托线，另一只手用线卡将护套线平行卡吊于钢索上。

护套线应紧贴钢索，无垂度、缝隙、扭劲、弯曲、损伤。安装好的钢索吊装塑料护套线如图 5-56 所示。

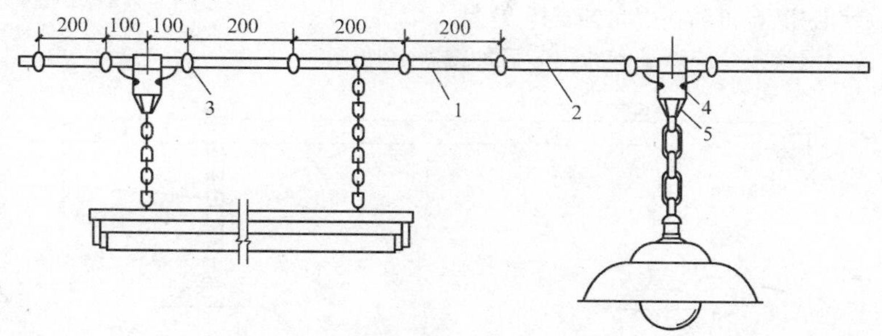


图 5-56 钢索吊装塑料护套线组装图

1—塑料护套线；2—钢索；3—铝线卡；4—塑料接线盒；5—接线盒安装钢板

### 五、施工工序质量控制点

施工工序质量控制点如表 5-32 所示。

表 5-32　　钢索配线施工工序质量控制点

<table>
<tr><th>序号</th><th>控制点名称</th><th>执行人员</th><th>标　准</th></tr>
<tr><td>1</td><td>钢索的选用</td><td>技术员<br>材料员</td><td>应采用镀锌钢索,不应采用含油芯的钢索。钢索的钢丝直径应小于 0.5mm,钢索不应有扭曲和断股等缺陷</td></tr>
<tr><td>2</td><td>钢索端固定及其接地接零</td><td rowspan="2">施工员<br>技术员<br>质量员</td><td>钢索的终端拉环埋件应牢固可靠,钢索与终端拉环套接处应采用心形环,固定钢索的线卡不应少于 2 个,钢索端头应用镀锌铁线绑扎紧密,且应接地(PE)或接零(PEN)可靠</td></tr>
<tr><td>3</td><td>张紧钢索用的花篮螺栓设置</td><td>当钢索长度在 50m 及以下时,应在钢索一端装设花篮螺栓紧固;当钢索长度大于 50m 时,应在钢索两端装设花篮螺栓紧固</td></tr>
<tr><td>4</td><td>中间吊架及防跳锁定零件</td><td>施工员<br>质量员</td><td>钢索中间吊架间距不应大于 12m,吊架与钢索连接处的吊钩深度不应小于 20mm,并应有防止钢索跳出的锁定零件</td></tr>
<tr><td>5</td><td>钢索的承载和表面检查</td><td rowspan="2">质量员</td><td>电线和灯具在钢索上安装后,钢索应承受全部负载,且钢索表面应整洁、无锈蚀</td></tr>
<tr><td>6</td><td>钢索配线零件间和线间距离</td><td>钢索配线的零件间和线间距离应符合下表的规定<table>
<tr><th>配线类别</th><th>支持件之间最大距离(mm)</th><th>支持件与灯头盒之间最大距离(mm)</th></tr>
<tr><td>钢　管</td><td>1500</td><td>200</td></tr>
<tr><td>刚性绝缘导管</td><td>1000</td><td>150</td></tr>
<tr><td>塑料护套线</td><td>200</td><td>100</td></tr>
</table></td></tr>
</table>

## 第六节　电缆头制作安装

### 一、一般规定

(1)电缆终端头或电缆接头制作工作,应由经过培训有熟练技巧的技工担任;或在前述人员的指导下进行工作。

(2)电缆终端头及电缆接头制作时,应严格遵守制作工艺规程;充油电缆还应遵守油务及真空工艺等有关规程。

(3)室外制作电缆终端头及电缆中间接头时,应在气候良好的条件下进行,并应有防止尘土和外来污染的措施。

在制作充油电缆终端头及电缆中间接头时，对周围空气的相对湿度条件应严格控制。

(4)在制作电缆终端头与电缆中间接头前应作好检查工作，并符合下列要求：

1)相位正确。

2)绝缘纸应未受潮，充油电缆的油样应合格。

3)所用绝缘材料应符合要求。

4)电缆终端头与电缆中间接头的配件应齐全，并符合要求。

(5)不同牌号的高压绝缘胶或电缆油，不宜混合使用。如需混合使用时，应经过理化及电气性能试验，符合使用要求后方可混合。

(6)电力电缆的终端头、电缆中间接头的外壳与该处的电缆金属护套及铠装层均应良好接地。接地线应采用铜绞线，其截面不宜小于 $10mm^2$。

单芯电力电缆金属护层的接地应按设计规定进行。

**二、电缆头的类型**

电缆终端头和接头的种类和型号较多，对于不同的材料，其操作技术要求也各不相同。在建筑电气工程中，常用的电缆有橡塑绝缘电缆和油浸纸绝缘电缆，其终端头和接头的型式如下：

(1)橡塑绝缘电缆常用的终端和接头型式有自粘带绕包型、热缩型、预制型、模塑型、弹性树脂浇注型等。

1)绕包型是用自粘性橡胶带绕包制作的电缆终端和接头。

2)热缩型是由热收缩管件如各种热收缩管材料、热收缩分支套、雨裙等和配套用胶在现场加热收缩组合成的电缆终端和接头。

3)预制型是由橡胶模制的一些部件如应力锥、套管、雨罩等组成，现场套装在电缆末端，构成的电缆终端和接头。

4)模塑型是用辐照交联热缩膜绕包后用模具加热，使其熔融成整体作为加强绝缘构成的电缆终端和接头。

5)弹性树脂浇注型是用热塑性、弹性体树脂现场成型的电缆终端和接头。

(2)油浸纸绝缘电缆常用的传统型式如壳体灌注型、环氧树脂型。由于沥青、环氧树脂、电缆油等与橡塑绝缘材料不相容(两种材料的硬度、膨胀系数、粘接性等性能指标相差较大)，一般不适用于橡塑绝缘电缆。

**三、电缆验潮**

对电缆进行验潮时，常用清洁干净的工具将统包绝缘纸撕下几段进行检验。检验的方法有以下三种：

(1)用火柴点燃绝缘纸，若没有嘶嘶声或白色泡沫出现，表明绝缘未受潮。

(2)将绝缘纸放在150～160℃的电缆油(如无电缆油，则可用100份变压器油及25～30份松香油的混合剂)或白蜡中，若无嘶嘶声或白色泡沫出现，表明绝缘未受潮。

(3)用钳子把导电线芯松开，浸到150℃电缆油中，如有潮气存在，则同样会看到白色的泡沫或听到嘶嘶声。

经过检验，如发现有潮气存在，应逐步将受潮部分的电缆割除，一次割量多少，视受潮程度决定。重复以上检验，直至没有潮气为止。

**四、电缆头制作**

电缆线路两端的接头称为终端头，电缆线路中间的接头称为中间接头，终端头和中间接头总称为电缆接头，亦称电缆头。电缆接头是线路绝缘的薄弱环节和运行故障的多发点。据统计，电缆事故的70%左右发生在电缆接头处。因此，确保电缆接头的制作质量，对电缆线路的安全运行具有十分重要的意义。电缆施工技术规范规定，电缆接头的制作，应由经过专业技术培训、熟悉电缆接头制作工艺的电工来完成。因此，电工应该熟悉电缆接头制作的技术要求，掌握电缆接头制作的操作工艺。

1. 基本要求

(1)连接点的电阻小：连接点的电阻与相同长度和相同截面导体的电阻之比，对于新安装的电缆接头不应大于1.0，运行中的电缆接头不应大于1.2。

(2)具有足够的机械强度：对于固定敷设的电力电缆，其连接点的抗拉强度不应低于同截面线芯抗拉强度的60%。

(3)具有足够的绝缘强度：电缆连接部位的绝缘强度不应降低，绝缘结构应能够满足电缆在设计条件下长期运行的要求。

(4)密封良好：电缆接头的密封是电缆接头制作工艺中的关键。电缆接头的密封性能差，就不能安全运行，成为电缆线路的安全隐患。

(5)便于管理和检修：电缆接头应位于容易管理和检修的地点。

2. 技术要求

(1)制作电缆头前应做好检查工作且符合下列要求：

1)相位正确；

2)所用绝缘材料符合要求；

3)电缆头的配件齐全并符合要求。

(2)室外制作电缆头时，应在天气良好的条件下进行，并应有防止尘土和外来污染的措施。

(3)电缆头的外壳与该处电缆金属护套及铠装层均应良好接地。接地线应采用铜绞线或镀锡铜编织线，其截面不应小于表5-33的规定。

**表5-33　　　　电缆终端接地线截面**

| 电缆截面($mm^2$) | 接地线截面($mm^2$) |
| --- | --- |
| 120及以下 | 16 |
| 150及以上 | 25 |

(4)电缆头从开始剥切到制作完毕必须连续进行,一次完成,以免受潮。

(5)剥切电缆时应细心,不得伤及线芯绝缘。包绕绝缘时应注意清洁,防止污秽与潮气侵入绝缘层。

(6)电缆线芯连接时,应除去线芯和连接管内壁油污及氧化层。压接模具与金具应配合恰当,压缩比应符合要求。压接后应将端子或连接管上的凸痕修理光滑,不得残留毛刺。采用锡焊连接铜芯,应使用中性焊锡膏,不得烧伤绝缘体。

(7)装配、组合电缆终端头和中间接头时,各部件间的配合或搭接处必须采取堵漏、防潮和密封措施。塑料电缆宜采用自粘带、胶粘带、胶粘剂等方式密封;塑料护套表面应打毛,粘接表面应用溶剂除去油污,粘接应良好。

(8)对于穿过零序电流互感器的电缆,其终端头的接地线应与电缆一起贯穿互感器后再接地。从终端头至穿互感器后接地点前的一段电缆,其终端头的金属外壳、金属包皮及接地线,均应与大地绝缘,终端头固定卡应加绝缘垫。并要求其对地绝缘电阻值不应小于 50kΩ。

(9)封焊电缆头。封焊时火焰应均匀分布,不应损伤电缆,未冷却时不得移动。封焊完毕后,应抹硬脂酸除去氧化层,铅封后应进行外观检查,封焊处不应有夹渣、裂纹,且表面应光滑。

3. 1kV 以下橡塑电缆中间接头制作

(1)确定接头中心位置,剥切电缆。

(2)套上塑料接头盒、端盒。

(3)切去线芯绝缘,使导体露出部分为接管一半加 3mm。

(4)导体压(焊)接后,用砂布打光擦净。

(5)用聚氯乙烯带绕包时,长度:接管长 110mm,厚度:接管外径每边 4mm,将线芯合并全部绕包三层聚氯乙烯带。

(6)两端钢带焊铜编织接地线。

(7)将接头移至中央,垫好橡胶圈,拧紧端盖。

(8)工艺结构尺寸如图 5-57 所示。

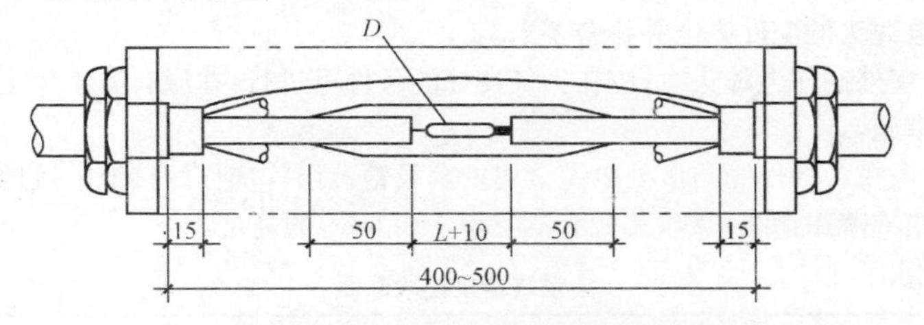


图 5-57　1kV 以下橡塑电缆中间接头结构示意图

4. 1kV 以下橡塑电缆终端头制作

(1)根据实际需要剥切电缆护套。

(2)离剖塑口 20mm 处将钢甲锯齐，将地线扣在钢皮上并用锡焊牢，并包绕两层绝缘带。

(3)套进聚氯乙烯分支手套，手套下口用绝缘带封口，再外包两层黑色聚氯乙烯带。

(4)用绝缘带封手套指口。

(5)压(焊)接线端子，并用绝缘带封住线鼻子下口。

(6)从接线端子下口起至手套叉口，绕包两层绝缘带作线芯绝缘和注明相别。

(7)工艺结构尺寸如图 5-58。

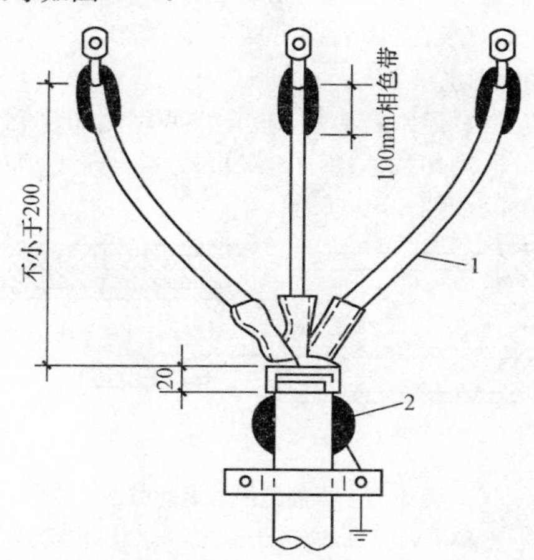


**图 5-58　1kV 以下橡塑电缆终端头示意图**

1—外包聚氯乙烯带；2—聚氯乙烯带封口

**五、焊锡的配制**

配制焊锡所用的材料为纯铅与纯锡，其重量比为 1∶1，即各占溶液质量的 50%。其配制工艺如下：

(1)将铅与锡按比例量好(如铅利用电缆的铅皮时，铅的定量应考虑油污等杂质，并予以扣除)，将铅放在铅缸内加热到 330℃左右(铅熔点为 327℃)使它全部熔化。

熔缸宜用铸铁制成，厚 20mm，以利于恒温。燃料可用焦炭或煤，也可用座式打气炉或煤油炉。

(2)铅全部熔化后，投入锡于铅溶液中，将锡全部熔化，要求在 260℃左右恒温(锡熔点 232℃)静置。

(3)在合金熔化过程中，应注意测定熔液的温度。一般以目测及简易测试的方法来确定溶液温度：

1)在合金熔化过程中,溶液表面呈紫色,随着温度升高,颜色逐渐变黄,此时温度大约为 260℃。

2)用一张白纸放在溶液表面 1～2min,若纸表面变黄即可,如果纸被熏焦或燃烧,说明温度过高,应停止加热。

(4)配制时,焊锡的熔点约为 232℃,在 188～220℃之间呈糊状,当熔液达到 260℃左右时,即可浇铸。

(5)在熔化后恒温时,必须用铁勺搅拌均匀,将铅锡混合好再进行浇铸。铸模最好专用,每条焊料重量以 2kg 左右为宜,长度约 700mm。待合金表面凝固,可在模具底面下加水冷却,全部凝固后即可从模具中倒出。

## 六、导线绝缘层的剥切

导线绝缘层剥切方法,通常有单层剥切法、分段剥切法和斜削三种。单层剥切法适用于塑料线;分段剥切法适用于绝缘层较多的导线,如橡胶线、铅皮线等;斜削法就像削铅笔一样,如图 5-59 所示。

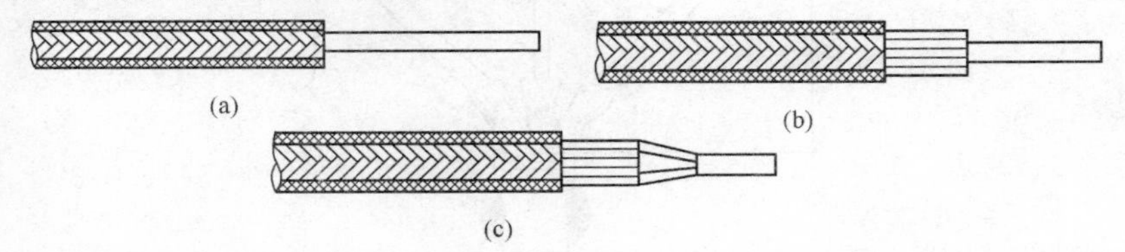


**图 5-59 导线绝缘层剥切方法**

(a)单层剥切法;(b)分段剥切法;(c)斜削法

## 七、铜、铝导线的连接

1. 铜导线连接

(1)导线连接前,为便于焊接,用砂布把导线表面残余物清除干净,使其光泽清洁。但对表面已镀有锡层的导线,可不必刮掉,因它对锡焊有利。

(2)单股铜导线的连接,有绞接和缠卷两种方法,凡是截面较小的导线,一般多用绞接法;较大截面的导线,因绞捻困难,则多用缠卷法。

(3)多股铜导线连接,有单卷、复卷和缠卷三种方法,无论何种接法,均须把多股导线顺次解开成 30°伞状,用钳子逐根拉直,并用砂布将导线表面擦净。

(4)铜导线接头处锡焊,方法因导线截面不同而不同。$10mm^2$ 及以下的铜导线接头,可用电烙铁进行锡焊;在无电源的地方,可用火烧烙铁;$16mm^2$ 及其以上的铜导线接头,则用浇焊法。

无论采用哪种方法,锡焊前,接头上均须涂一层无酸焊锡膏或天然松香溶于酒精中的糊状溶液。但以氯化锌溶于盐酸中的焊药水不宜采用,因为它有腐蚀铜质的缺陷。

2. 铝导线连接

铝导线与铜导线相比较，在物理、化学性能上有许多不同之处。由于铝在空气中极易氧化，导线表面生成一层导电性不良并难于熔化的氧化膜（铝本身的熔点为653℃，而氧化膜的熔点达到2050℃，而且比重也比铝大），当熔化时，它便沉积在铝液下面，降低了接头质量。因此，铝导线连接工艺比铜导线复杂，稍不注意，就会影响接头质量。

**八、电缆导体的连接**

（1）要求连接点的电阻小而且稳定。连接点的电阻与相同长度、相同截面的导体的电阻的比值，对于新安装的终端头和中间接头，应不大于1；对于运行中的终端头和中间接头，比值应不大于1.2。

（2）要有足够的机械强度（主要是指抗拉强度）。连接点的抗拉强度一般低于电缆导体本身的抗拉强度。对于固定敷设的电力电缆，其连接点的抗拉强度，要求不低于导体本身抗拉强度的60%。

（3）要能够耐腐蚀。如铜和铝相接触，由于这两金属标准电极电位差较大（铜为＋0.345V；铝为－1.67V），当有电解质存在时，将形成以铝为负极、铜为正极的原电池，使铝产生电化腐蚀，从而使接触电阻增大。另外，由于铜铝的弹性模数和热膨胀系数相差很大，在运行中经多次冷热（通电与断电）循环后，会使接点处产生较大间隙而影响接触，从而产生恶性循环。因此，应十分重视铜和铝的连接。一般来说，应使铜和铝两种金属分子产生相互渗透。例如采用铜铝摩擦焊、铜铝闪光焊和铜铝金属复合层等。在密封较好的场合，如中间接头，可采用铜管内壁镀锡后进行铜铝连接。

（4）要耐振动。这项要求主要通过振动（仿照一定的频率和振幅）试验后，测量接点的电阻变化来检验。即在振动条件下，接点的电阻仍应达到上述（1）项要求。

**九、电缆接线**

1. 导线与接线端子连接

（1）$10mm^2$ 及以下的单股导线，在导线端部弯一圆圈，直接接到电气设备的接线端子上，注意线头的弯曲方向与螺栓（或螺母）拧入方向一致。

（2）$4mm^2$ 以上的多股铜或铝导线，由于线粗、载流大，在线端与设备连接时，均需装接铝或铜接线端子（线鼻子），再与设备相接，这样可避免在接头处产生高热，烧毁线路。

（3）铜接线端子连接，可采用锡焊或压接方法。

1）锡焊时，应先将导线表面和接线端子用砂布擦干净，涂上一层无酸焊锡膏，将线芯搪上一层焊锡，然后把接线端子放在喷灯火焰上加热。当接线端子烧热时，把焊锡熔化在端子孔内，并将搪好锡的线芯慢慢插入，待焊锡完全渗透到线芯缝隙中后，即可停止加热，使其冷却。

2)采用压接方法时，将线芯插入端子孔内，用压接钳进行压接。铝接线端子装接，也可采用冷压接。压接工艺尺寸如图 5-60 和表 5-34。

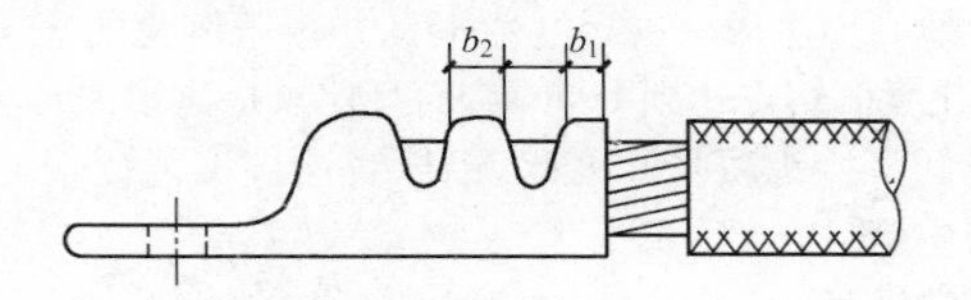


**图 5-60　铝接线端子压接工艺尺寸图**

**表 5-34　　铝芯点压法压接工艺尺寸**

| 适用电缆截面 ($mm^2$) | $b_2$ (mm) | $b_1$ (mm) | 适用电缆截面 ($mm^2$) | $b_2$ (mm) | $b_1$ (mm) |
|---|---|---|---|---|---|
| 16 | 5.4 | 4.6 | 95 | 11.4 | 9.6 |
| 25 | 5.9 | 6.1 | 120 | 12.5 | 10.5 |
| 35 | 7.0 | 7.0 | 150 | 12.8 | 12.2 |
| 50 | 8.3 | 7.7 | 185 | 13.7 | 14.3 |
| 70 | 9.2 | 8.8 | 240 | 16.1 | 14.9 |

2. 导线与平压式接线桩连接

导线与平压式接线桩连接时，可根据芯线的规格采用不同的操作方法：

(1)单芯线连接。用螺钉或螺帽压接时，导线要顺着螺钉旋进方向紧绕一周后再旋紧(反方向旋绕在螺钉上，旋紧时导线会松出)，如图 5-61 所示。

现场施工中，最好的方法是将导线绝缘层剥去后，芯线顺着螺钉旋紧方向紧绕一周，再旋紧螺钉，用手捏住导线头部(全线长度不宜小于 40～60mm)，顺时针方向旋转，线头即断开。

(2)多芯铜软线连接。多股铜芯软线与螺钉连接时，可先将软线芯线做成羊眼圈状，挂锡后再与螺钉固定。也可将导线芯线挂锡后，将芯线顺着螺钉旋进方向紧绕一周，再围绕芯线根部绕将近一周后，拧紧螺钉，如图 5-62 所示。

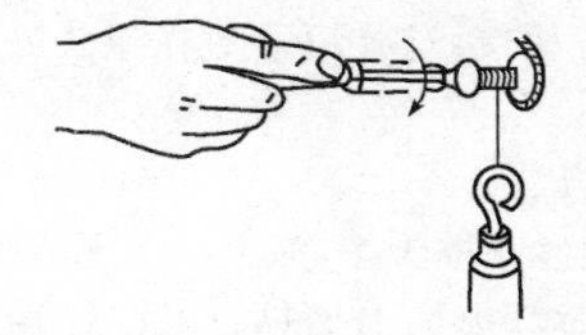

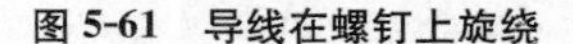

**图 5-61　导线在螺钉上旋绕**

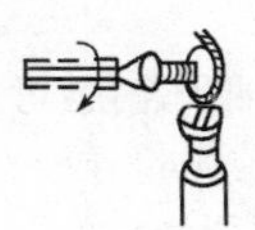

**图 5-62　软线与螺钉连接**

无论采用哪种方法，都要注意导线线芯根部无绝缘层的长度不能太长，根据导线粗细以 1～3mm 为宜。

3. 导线与针孔式接线桩连接

当导线与针孔式接线桩连接时，应把要连接的芯线插入接线桩头针孔内，线头露出针孔 1～2mm。如果针孔允许插入双根芯线时，可把芯线折成双股后再插入针孔，如图 5-63 所示。如果针孔较大，可在连接单芯线的针孔内加垫铜皮，或在多股线芯线上缠绕一层导线，以扩大芯线直径，使芯线与针孔直径相适应，如图 5-64 所示。

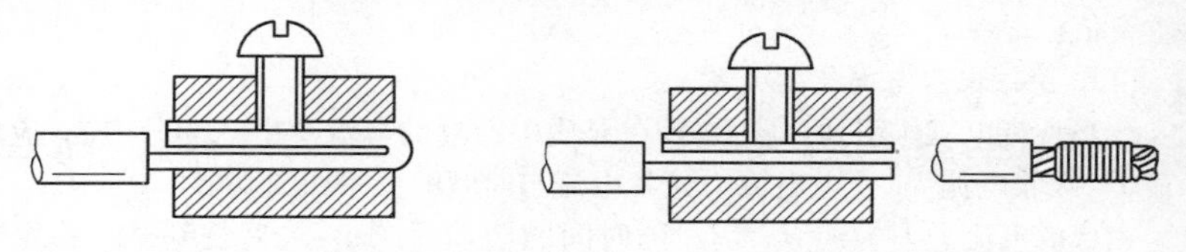

**图 5-63　芯线折成双股的连接方法**　　　　**图 5-64　针孔过大的连接方法**

导线与针孔式接线桩头连接时，应使螺钉顶压更加平稳、牢固且不伤芯线。如用两根螺钉顶压的，则芯线线头必须插到底，使两个螺钉都能压住芯线。并应先拧牢前端的螺钉，后拧另一个螺钉。

4. 单芯导线与器具连接

单芯导线与专用开关、插座可采用插接法接线。单芯导线剥切时露出芯线长度为12～15mm，由接线桩头的针孔中插入后，压线弹簧片将导线芯线压紧，即完成接线的过程。

需要拔出芯线时，用小螺钉旋具插入器具开孔中，把导线拔出，芯线即可脱离，如图 5-65 所示。

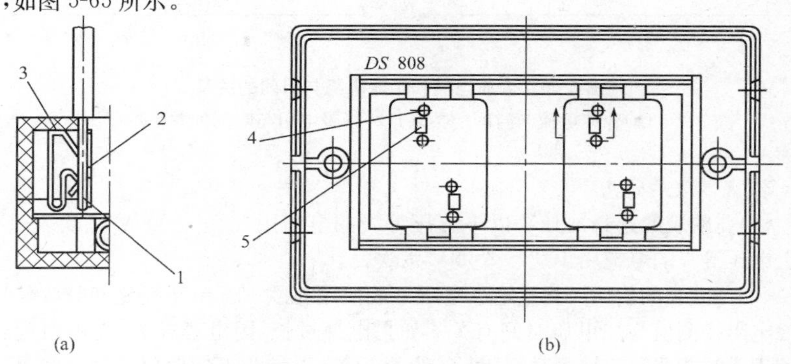


**图 5-65　单芯线与器具连接**

(a)芯线连接；(b)器具背面图

1—塑料单芯线；2—导电金属片；3—压线弹簧片；4—导线连接孔；5—螺钉旋具插入孔

## 十、绝缘电阻测量

绝缘电阻是反映电力电缆绝缘特性的重要指标，它与电缆能够承受电击穿或热击穿的能力、绝缘中的介质损耗和绝缘材料在工作状态下的逐步劣化等，存在极为密切的关系。

测量绝缘电阻是检查电缆线路绝缘状况最简单、最基本的方法。通过测量绝缘电阻可以发现工艺中的缺陷，如绝缘干燥不透或护套损伤受潮、绝缘受到污染和有导电杂质混入等。对于已投入运行的电缆，绝缘电阻是判断电缆性能变化的重要依据之一。

1. 绝缘电阻与电流的关系

当直流电压作用到介质上时，在介质中通过的电流 $\dot{I}$ 由三部分组成：泄漏电流 $\dot{I}_1$、吸收电流 $\dot{I}_2$、充电电流 $\dot{I}_3$。各电流与时间的关系如图 5-66(a)所示。

合成电流 $\dot{I}$($\dot{I}=\dot{I}_1+\dot{I}_2+\dot{I}_3$)随时间的增加而减小，最后达到某一稳定电流值。同时，介质的绝缘电阻由零增加到某一稳定值。绝缘电阻随时间变化的曲线称为吸收曲线，如图 5-66(b)所示。绝缘电阻受潮后，泄漏电流增大，绝缘电阻降低而且很快达到稳定值。绝缘电阻达到稳定值的时间越长，说明绝缘状况越好。

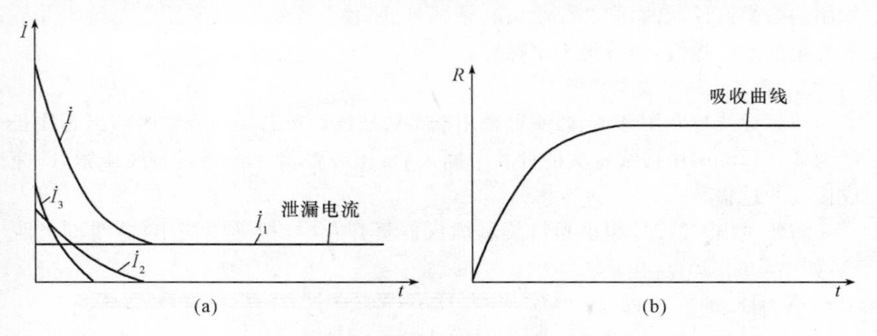


**图 5-66 介质电流和绝缘电阻与时间的关系**

(a)介质电流与时间的关系；(b)绝缘电阻与时间的关系

2. 兆欧表的选用

(1)兆欧表的选择。1kV 以下电压等级的电缆用 500～1000V 兆欧表；1kV 以上电压等级的电缆用 1000～2500V 兆欧表。

(2)兆欧表的使用。测量绝缘电阻一般使用兆欧表。由于极化和吸收作用，绝缘电阻读测值与加电压时间有关。如果电缆过长，因电容较大，充电时间长。当使用手摇式兆欧表摇测时，时间长，人易疲劳，不易测得准确值，故此种测量绝缘电阻的方法适用于不太长的电缆，测量时兆欧表的额定转速为 120r/min。

新型兆欧表为非手摇式，内装电池，测试方便，不受电缆长度的限制。测量过程中，应读取加电压 15s 和 60s 时的绝缘电阻值 $R_{15}$ 和 $R_{60}$，而 $R_{60}/R_{15}$ 的比值称为吸收比。在同样测试条件下，电缆绝缘越好，吸收比值越大。

3. 绝缘电阻的测量

测量绝缘电阻的步骤及注意事项如下：

(1)试验前电缆要充分放电并接地，方法是将电缆导体及电缆金属护套接地。

(2)根据被试电缆的额定电压选择适当的兆欧表。

(3)若使用手摇式兆欧表，应将兆欧表放置在平稳的地方，不接线空测，在额定转速下指针应指到"∞"；再慢摇兆欧表，将兆欧表用引线短路，兆欧表指针应指零。这样说明兆欧表工作正常。

(4)测试前应将电缆终端套管表面擦净。兆欧表有三个接线端子：接地端子E、屏蔽端子G、线路端子L。为了减小表面泄漏可这样接线：用电缆另一导体作为屏蔽回路，将该导体两端用金属软线连接到被测试的套管或绝缘上并缠绕几圈，再引接到兆欧表的屏蔽端子上，如图5-67所示。应注意线路端子上引出的软线处于高压状态，不可拖放在地上，应悬空。

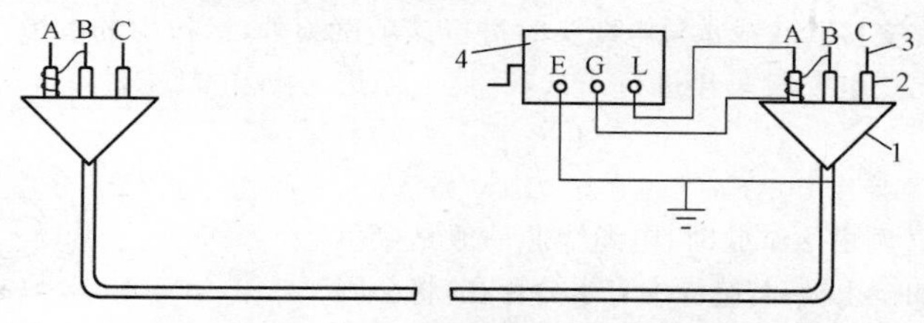


**图5-67　测量绝缘电阻接线方法**

1—电缆终端；2—套管或绕包的绝缘；3—导体；4—500～2500V兆欧表

(5)手摇兆欧表到达额定转速后，再搭接到被测导体上。一般在测量绝缘电阻的同时测定吸收比，故应读取15s和60s时的绝缘电阻值。

(6)每次测完绝缘电阻后都要将电缆放电、接地。电缆线路越长、绝缘状况越好，则接地时间越要长些，一般不少于1min。

4. 对绝缘电阻值的要求

对电缆的绝缘电阻值一般不作具体规定，判断电缆绝缘情况应与原始记录进行比较，一般三相不平衡系数不应大于2.50。当手中无资料时，可参考表5-35中的数值。

**表5-35　　　　　　　　绝缘电阻试验参考值**

| 额定电压(kV) | 1 | 3 | 6～10 |
|---|---|---|---|
| 绝缘电阻值(MΩ) | 10 | 200 | 400 |

由于温度对电缆绝缘电阻值有所影响，在做电缆绝缘测试时，应将气温、湿度

等天气情况做好记录，以备比较时参考。该项试验宜在交接时或耐压试验前后进行。

**十一、直流耐压试验及泄漏电流测量**

直流耐压试验是电缆工程交接试验的最基本试验，也是判断电缆线路能否投入运行的最基本手段。在进行直流耐压试验的同时，要测量泄漏电流。

1. 试验方法

耐压试验有交流和直流两种。电缆出厂时多进行交流耐压试验；而电缆线路的预防性试验和交接试验，多采用直流耐压试验。其基本方法是在电缆绝缘上加上高于工作电压一定倍数的电压值，保持一定的时间，而不被击穿。耐压试验可以考核电缆产品在工作电压下运行的可靠程度和发现绝缘中的严重缺陷。

在进行直流耐压试验的同时，还应进行泄漏电流测量，其试验方法与直流耐压试验是一致的。泄漏电流试验也是直流耐压试验的一部分。

2. 试验时间

除了在交接验收或重包电缆头时进行该项试验外，运行中的电缆，对发、变、配电所的出线电缆段每年进行1次，其他三年进行1次。

3. 试验接线与电压

采用直流耐压试验时，电缆线芯一般是接负极。因为如接正极，若绝缘中有水分存在，将会因渗性作用使水分移向电缆护层，结果使缺陷不易发现。当线芯接正极时，击穿电压较接负极时约高10%，这与绝缘厚度、温度及电压作用时间都有关系。

进行电缆直流耐压试验时，其试验接线如图5-68所示，试验电压标准见表5-36。

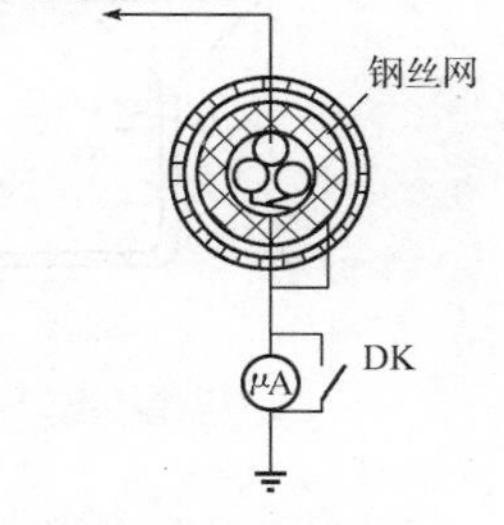


**图5-68 电缆直流耐压和直流泄漏试验接线**

**表5-36 电缆直流耐压试验表**

| 标准 \ 电缆类型及额定电压(kV) | 粘油纸绝缘 | 不滴流油浸纸绝缘 | | 橡胶、塑料绝缘 | |
|---|---|---|---|---|---|
| | 3～10 | 6 | 10 | 6 | 10 |
| 试验电压(V) | 6 | 5 | 3.5 | 4 | 3.5 |
| 试验时间(min) | 10 | 5 | 5 | 15 | 15 |

4. 试验设备的选取

电缆进行直流耐压和泄漏试验时，应根据线路的试验电压，选用适当的试验设备。有条件时应优先采用成套的直流高压试验设备，进行直流耐压和泄漏试验。

成套设备可选用JGS型晶体管直流高压试验器，该试验器体积小，重量较轻，适用于现场试验应用。JGS型试验器在使用前，应先检验操作箱和倍压箱是否完好和清洁，连接插销和导线不应有断线和短路现象。然后将操作箱和倍压箱间用专用插销线牢固连接好，在操作箱背部红色接线柱上接好接地线；把操作箱的电压、电流表挡位扳到所需位置，调节电压旋钮旋至零位，电源开关和启动按钮均应在关断位置，过电压保护整定旋钮顺时针拧到最大位置。检查好交流电源电压确认为220V以后，插上电源插销，准备进行试验。

5. 试验操作

在实际操作中，直流耐压试验和直流泄漏试验可以同时进行。

(1)做直流耐压和测量泄漏电流时，应断开电缆与其他设备的一切连接线，并将各电缆线芯短路接地，充分放电1～2min。

(2)在电缆线路的其他端头处应加挂警告牌或派人看守，以防他人接近，在试验地点的周围做好防止闲人接近的措施。

(3)试验时，试验电压可分4～6段均匀升压，每段停留1min，并读取泄漏电流值，然后逐渐降低电压，断开电源，用放电棒对被试电缆芯进行放电。

试验完一相后，依上述步骤对其余两相缆芯进行试验。

(4)泄漏电流对黏性油浸纸绝缘电缆，其三相不平衡系数不大于2。当10kV及其以上电缆的泄漏电流小于20μA及6kV及其以下电缆泄漏电流小于10μA时，其不平衡系数可不作规定。橡胶、塑料绝缘电缆的不平衡系数也可不作要求。

(5)电力电缆直流耐压试验应符合表5-36的要求。表中V为标准电压等级的电压。

(6)试验时，如发现泄漏电流很不稳定，或泄漏电流随试验电压升高而急剧上升；泄漏电流随试验时间延长有上升等现象，表明电缆绝缘可能有缺陷，应找出缺陷部位，并予以处理。

**十二、电缆相位检查**

电缆敷设后两端相位应一致，特别是并联运行中的电缆更为重要。

在电力系统中，相序与并列运行、电机旋转方向等直接相关。若相位不符，会产生以下几种结果，严重时送电运行即发生短路，造成事故。

(1)当通过电缆线路联络两个电源时，相位不符合会导致无法合环运行。

(2)由电缆线路送电至用户时，如两相相位不对会使用户的电动机倒转。三相相位接错会使有双路电源的用户无法并用双电源；对只有一个电源的用户，在申请备用电源后，会产生无法作备用的后果。

(3)用电缆线路送电至电网变压器时，会使低压电网无法合环并列运行。

(4)两条及以上电缆线路并列运行时，若其中有一条电缆相位接错，会产生推不上开关的恶果。

电力电缆线路在敷设完毕与电力系统接通之前，必须按照电力系统上的相位标志进行核对。电缆线路的两端相位应一致并与电网相位相符合。

检查相位可用图 5-69 所示的方法，其中图 5-69(a)是用绝缘电阻表测试。当绝缘电阻表接通时，则表示是同一相，否则就另换一相再试。每相都要试一次，做好标记。图 5-69(b)是用 12～220V 单相交流电的火线接到电灯处，灯亮表示同相；不亮则另换一相再试，也是每相都要测试。

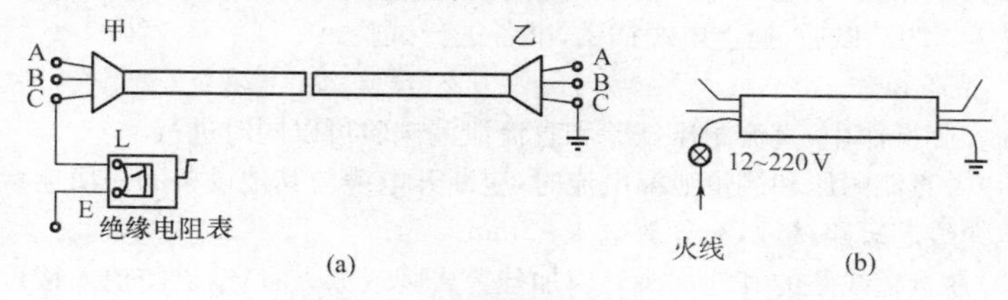


**图 5-69　电缆相位检查方法**

(a)用绝缘电阻表；(b)用灯泡

## 十三、施工工序质量控制点

施工工序质量控制点见表 5-37。

**表 5-37　　电缆头制作、接线和绝缘测试施工工序质量控制点**

<table>
<tr><th>序号</th><th>控制点名称</th><th>执行人员</th><th colspan="2">标　准</th></tr>
<tr><td>1</td><td>高压电力电缆直流耐压试验</td><td rowspan="2">施工员<br>技术员</td><td colspan="2">高压电力电缆直流耐压试验必须交接试验合格</td></tr>
<tr><td>2</td><td>低压电线和电缆绝缘电阻测试</td><td colspan="2">低压电线和电缆，线间和线对地间的绝缘电阻值必须大于 0.5MΩ</td></tr>
<tr><td rowspan="5">3</td><td rowspan="5">铠装电力电缆头的接地线</td><td rowspan="6">施工员<br>技术员<br>质量员</td><td colspan="2">铠装电力电缆头的接地线应采用铜绞线或镀锡铜编织线，截面积不应小于下表的规定</td></tr>
<tr><td>电缆芯线截面积($mm^2$)</td><td>接地线截面积($mm^2$)</td></tr>
<tr><td>120 及以下</td><td>16</td></tr>
<tr><td>150 及以上</td><td>25</td></tr>
<tr><td colspan="2">注：电缆芯线截面积在 $16mm^2$ 及以下，接地线截面积与电缆芯线截面积相等</td></tr>
<tr><td>4</td><td>电线、电缆接线</td><td colspan="2">电线、电缆接线必须正确，并联运行电线或电缆的型号、规格、长度、相位应一致</td></tr>
</table>

续表

| 序号 | 控制点名称 | 执行人员 | 标　准 |
| --- | --- | --- | --- |
| 5 | 芯线与电器设备的连接 | 施工员<br>技术员<br>质量员 | (1)截面积在 $10mm^2$ 及以下的单股铜芯线和单股铝芯线直接与设备、器具的端子连接。<br>(2)截面积在 $2.5mm^2$ 及以下的多股铜芯线拧紧搪锡或接续端子后与设备、器具的端子连接。<br>(3)截面积大于 $2.5mm^2$ 的多股铜芯线,除设备自带插接式端子外,接续端子后与设备或器具的端子连接;多股铜芯线与插接式端子连接前,端部拧紧搪锡。<br>(4)多股铝芯线接续端子后与设备、器具的端子连接。<br>(5)每个设备和器具的端子接线不多于2根电线 |
| 6 | 电线、电缆的芯线连接金具 | 质量员 | 电线、电缆的芯线连接金具(连接管和端子),规格应与芯线的规格适配,且不得采用开口端子 |
| 7 | 电线、电缆回路标记、编号 | 质量员 | 电线、电缆的回路标记应清晰,编号准确 |

# 第七节　母线安装

## 一、施工准备

(1)母线装置安装前,应具备下列条件。

1)基础、构架符合电气设备的设计要求。

2)屋顶、楼板施工完毕,不得渗漏。

3)室内地面基层施工完毕,并在墙上标出抹平标高。

4)基础、构架达到允许安装的强度,焊接构件的质量符合要求,高层构架的走道板、栏杆、平台齐全牢固。

5)有可能损坏已安装母线装置或安装后不能再进行的装饰工程全部结束。

6)门窗安装完毕,施工用道路通畅。

7)母线装置的预留孔、预埋铁件应符合设计的要求。

(2)施工图纸齐备,并经过图纸会审、设计交底,且安装施工方案也已编制,并经审批。

(3)配电屏、柜安装完毕。

(4)母线桥架、支架、吊架应安装完毕,并符合设计和规范要求。

(5)母线、绝缘子及穿墙套管的瓷件等的材质查核后符合设计要求和相关规定，并具备出厂合格证。

(6)主材应基本到齐，辅材应能满足连续施工需要，常用机具应基本齐备。

**二、母线下料**

母线下料有手工下料和机械下料两种方法。手工下料可用钢锯；机械下料可用锯床、电动冲剪机等。下料时应注意以下几点：

(1)根据母线来料长度合理切割，以免浪费。

(2)为便于日久检修拆卸，长母线应在适当的部位分段，并用螺栓连接，但接头不宜过多。

(3)下料时母线要留适当裕量，避免弯曲时产生误差，造成整根母线报废。

(4)下料时，母线的切断面应平整。

**三、母线矫直**

运到施工现场的母线往往不是很平直的，因此，安装前必须矫正平直。矫直的方法有手工矫直和机械矫直两种。

1. 机械矫直

对于大截面短型母线多用机械矫直。矫正施工时，可将母线的不平整部分放在矫正机的平台上，然后转动操作圆盘，利用丝杠的压力将母线矫正平直。机械矫直较手工矫直更为简单便捷。

2. 手工矫直

手工矫直时，可将母线放在平台或平直的型钢上。对于铜、铝母线应用硬质木锤直接敲打，而不能用铁锤直接敲打。如母线弯曲过大，可用木锤或垫块(铝、铜、木板)垫在母线上，再用铁锤间接敲打平直。敲打时，用力要适当，不能过猛，否则会引起母线再次变形。

对于棒型母线，矫直时应先锤击弯曲部位，再沿长度轻轻地一面转动一面锤击，依靠视力来检查，直至成直线为止。

**四、母线弯曲**

将母线加工弯制成一定的形状，叫做弯曲。母线一般宜进行冷弯，但应尽量减少弯曲。如需热弯，对铜加热温度不宜超过350℃，铝不宜超过250℃，钢不宜超过600℃。对于矩形母线，宜采用专用工具和各种规格的母线冷弯机进行冷弯，不得进行热弯；弯出圆角后，也不得进行热煨。

1. 弯曲要求

母线弯曲前，应按测好的尺寸，将矫正好的母线下料切断后，按测出的弯曲部位进行弯曲，其要求如下：

(1)母线开始弯曲处距最近绝缘子的母线支持夹板边缘不应大于0.25$L$，但不得小于50mm。

(2)母线开始弯曲处距母线连接位置不应小于50mm。

(3)矩形母线应减少直角弯曲，弯曲处不得有裂纹及显著的起皱，母线的最小弯曲半径应符合表5-38的规定。

(4)多片母线的弯曲度应一致。

**表5-38　　母线最小弯曲半径(*R*)值**

| 母线种类 | 弯曲方式 | 母线断面尺寸(mm) | 最小弯曲半径(mm) | | |
|---|---|---|---|---|---|
| | | | 铜 | 铝 | 钢 |
| 矩形母线 | 平弯 | 50×5及其以下 | $2a$ | $2a$ | $2a$ |
| | | 125×10及其以下 | $2a$ | $2.5a$ | $2a$ |
| | 立弯 | 50×5及其以下 | $1b$ | $1.5b$ | $0.5b$ |
| | | 125×10及其以下 | $1.5b$ | $2b$ | $1b$ |
| 棒形母线 | | 直径为16及其以下 | 50 | 70 | 50 |
| | | 直径为30及其以下 | 150 | 150 | 150 |

2. 弯曲形式

母线弯曲有以下4种形式:平弯(宽面方向弯曲)、立弯(窄面方向弯曲)、扭弯(麻花弯)、折弯(灯叉弯),如图5-70所示。

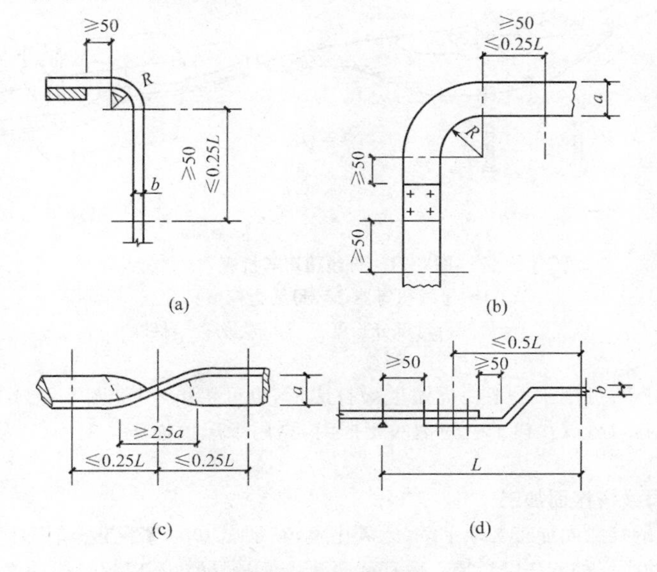


**图5-70　母线弯曲图**

(a)平弯;(b)立弯;(c)扭弯;(d)折弯

$a$—母线宽度;$b$—母线厚度;$L$—母线两支持点间的距离

(1)平弯:先在母线要弯曲的部位划上记号,再将母线插入平弯机的滚轮内,需弯曲的部位放在滚轮下,校正无误后,拧紧压力丝杠,慢慢压下平弯机的手柄,使母线逐渐弯曲。

对于小型母线的弯曲,可用台虎钳弯曲,但大型母线则需用母线弯曲机进行弯制。弯制时,先将母线扭弯部分的一端夹在台虎钳上,为避免钳口夹伤母线,钳口与母线接触处应垫以铝板或硬木。母线的另一端用扭弯器夹住,然后双手用力转动扭弯器的手柄,使母线弯曲达到需要形状为止。

(2)立弯:将母线需要弯曲的部位套在立弯机的夹板上,再装上弯头,拧紧夹板螺钉,校正无误后,操作千斤顶,使母线弯曲。

(3)扭弯:将母线扭弯部位的一端夹在虎钳上,钳口部分垫上薄铝皮或硬木片。在距钳口大于母线宽度 2.5 倍处,用母线扭弯器[图 5-71(a)]夹住母线,用力扭转扭弯器手柄,使母线弯曲达到所需要的形状为止。这种方法适用于弯曲 100mm×8mm 以下的铝母线。超过这个范围就需将母线弯曲部分加热再行弯曲。

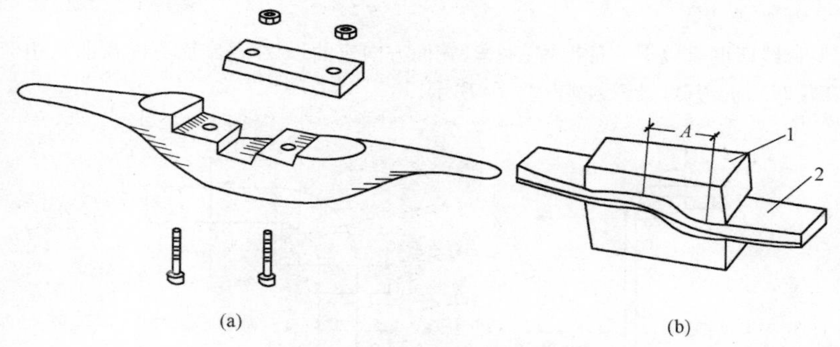


**图 5-71　母线扭弯与折弯**

(a)母线扭弯器;(b)母线折弯模具

*A*—母线折弯部分长度;1—折弯模;2—母线

(4)折弯:可用于手工在虎钳上敲打成形,也可用折弯模[图 5-71(b)]压成。方法是先将母线放在模子中间槽的钢框内,再用千斤顶加压。图中 *A* 为母线厚度的 3 倍。

**五、母线搭接面加工**

母线的接触面加工必须平整,无氧化膜,其加工方法有手工锉削和使用机械铣、刨和冲压三种方法。经加工后其截面减少值:铜母线不应超过原截面的 3%;铝母线不应超过原截面的 5%。接触面应保持洁净,并涂以电力复合脂。具有镀银层的母线搭接面,不得任意锉磨。

对不同金属的母线搭接，除铝—铝之间可直接连接外，其他类型的搭接，表面需进行处理。对铜—铝搭接，在干燥室内安装，铜导体表面应搪锡，在室外或特别潮湿的室内安装，应采用铜—铝过渡段。对铜—铜搭接，在室外或者在有腐蚀气体、高温且潮湿的室内安装时，铜导体表面必须搪锡；在干燥的室内，铜—铜也可直接连接。钢—钢搭接，表面应搪锡或镀锌。钢—铜或铝搭接，钢、铜搭接面必须搪锡。对铜—铝搭接，在干燥的室内，铜导体应搪锡，室外或空气相对湿度接近100%的室内，应采用铜铝过渡板，铜端应搪锡。封闭母线螺栓固定搭接面应镀银。

### 六、铝合金管母线的加工制作

（1）切断的管口应平整，且与轴线垂直。

（2）管子的坡口应用机械加工，坡口应光滑、均匀、无毛刺。

（3）母线对接焊口距母线支持器支板边缘距离不应小于50mm。

（4）按制造长度供应的铝合金管，其弯曲度不应超过表5-39的规定。

表5-39　铝合金管允许弯曲度值

| 管子规格（mm） | 单位长度内的弯度（mm） | 全长内的弯度（mm） |
|---|---|---|
| 直径为150以下冷拔管 | <2.0 | <2.0×$L$ |
| 直径为150以下热挤压管 | <3.0 | <3.0×$L$ |
| 直径为150～250热挤压管 | <4.0 | <4.0×$L$ |

注：$L$为管子的制造长度（m）。

### 七、放线检查

（1）进入现场首先依照图纸进行检查，根据母线沿墙、跨柱、沿梁至屋架敷设的不同情况，核对是否与图纸相符。

（2）放线检查对母线敷设全方向有无障碍物，有无与建筑结构或设备、管道、通风等工程各安装部件交叉矛盾的现象。

（3）检查预留孔洞、预埋铁件的尺寸、标高、方位，是否符合要求。

（4）检查脚手架是否安全及符合操作要求。

### 八、支架安装

支架可以根据用户要求由厂家配套供应，也可以自制。安装支架前，应根据母线路径的走向测量出较准确的支架位置。支架安装时，应注意以下几点：

（1）支架架设安装应符合设计规定。在墙上安装固定时，宜与土建施工密切配合，埋入墙内或事先预留安装孔，尽量避免临时凿洞。

（2）支架安装的距离应均匀一致，两支架间距离偏差不得大于5cm。当裸母线为水平敷设时，不超过3m，垂直敷设时，不超过2m。

(3)支架埋入墙内部分必须开叉成燕尾状，埋入墙内深度应大于150mm，当采用螺栓固定时，要使用M12×150mm开尾螺栓，孔洞要用混凝土填实，灌注牢固。

(4)支架跨柱、沿梁或屋架安装时，所用抱箍、螺栓、撑架等要紧固，并应避免将支架直接焊接在建筑物结构上。

(5)遇有混凝土板墙、梁、柱、屋架等无预留孔洞时，允许采用锚固螺栓方式安装固定支架；有条件时，也可采用射钉枪。

(6)封闭插接母线的拐弯处以及与箱(盘)连接处必须加支架。直段插接母线支架的距离不应大于2m。

(7)封闭插接式母线支架有以下两种装形式。埋注支架用水泥砂浆的灰砂比为1：3，所用的水泥为42.5级及其以上的水泥。埋注时，应注意灰浆饱满、严实、不高出墙面，埋深不少于80mm。

1)母线支架与预埋铁件采用焊接固定时，焊缝应饱满；

2)采用膨胀螺栓固定时，选用的螺栓应适配，连接应固定。同时，固定母线支架的膨胀螺栓不少于两个。

(8)封闭插接式母线的吊装有单吊杆和双吊杆之分，一个吊架应用两根吊杆，固定牢固，螺扣外露2～4扣，膨胀螺栓应加平垫圈和弹簧垫，吊架应用双螺母夹紧。

(9)支架及支架与埋件焊接处刷防腐油漆应均匀，无漏刷，不污染建筑物。

**九、绝缘子安装**

(1)绝缘子夹板、卡板的安装要紧固。夹板、卡板的制作规格要与母线的规格相适配。

(2)无底座和顶帽的内胶装式的低压绝缘子与金属固定件的接触面之间应垫以厚度不小于1.5mm的橡胶或石棉板等缓冲垫圈。

(3)支柱绝缘子的底座、套管的法兰及保护罩(网)等不带电的金属构件，均应接地。

(4)母线在支柱绝缘子上的固定点应位于母线全长或两个母线补偿器的中心处。

(5)悬式绝缘子串的安装应符合下列要求：

1)除设计原因外，悬式绝缘子串应与地面垂直，当受条件限制不能满足要求时，可有不超过5°的倾斜角。

2)多串绝缘子并联时，每串所受的张力应均匀。

3)绝缘子串组合时，连接金具的螺栓、销钉及锁紧销等必须符合现行国家标准，且应完整，其穿向应一致，耐张绝缘子串的碗口应向上，绝缘子串的球头挂环、碗头挂板及锁紧销等应互相匹配。

4)弹簧销应有足够弹性，闭口销必须分开，并不得有折断或裂纹，严禁用线材代替。

5)均压环、屏蔽环等保护金具应安装牢固,位置应正确。

6)绝缘子串吊装前应清擦干净。

(6)三角锥形组合支柱绝缘子的安装,除应符合上述规定外,还应符合产品的技术要求。

**十、裸母线安装**

对矩形母线在支持绝缘子上固定的技术要求,是为了保证母线通电后,在负荷电流下不发生短路环涡流效应,使母线可自由伸缩,防止局部过热及产生热膨胀后应力增大而影响母线安全运行。裸母线安装应符合以下规定:

(1)首先在支柱绝缘子上安装母线固定金具。母线在支柱绝缘子上的固定方式有:螺栓固定、卡板固定(图5-72)、夹板固定。螺栓固定直接用螺柱将母线固定在瓷瓶上。

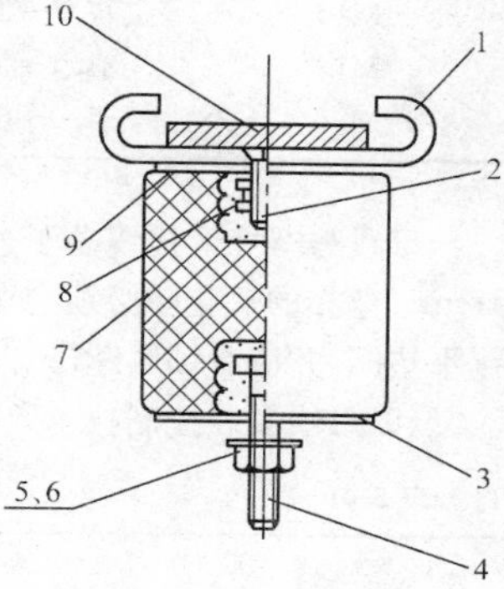

**图5-72　卡板固定母线**

1—卡板;2—埋头螺栓;3—红钢纸垫片;4—螺栓;5、6—螺母、垫圈;7—瓷瓶;8—螺母;9—红钢纸垫片;10—母线

管形母线安装在滑动式支持器上时,支持器的轴座与管形母线之间应有1~2mm的间隙。

多片矩形母线间,应保持不小于母线厚度的间隙;相邻的间隔垫边缘间距离应大于5mm。

(2)母线敷设应按设计规定装设补偿器(伸缩节),设计未规定时,宜每隔下列长度设一个:

1)铝母线:20~30m;

2)铜母线:30~50m;

3)钢母线:35~60m。

母线补偿器由厚度为0.2~0.5mm的薄片叠合而成,不得有裂纹、断股和折皱现象;其组装后的总截面应不小于母线截面的1.2倍。

(3)硬母线跨柱、梁或跨屋架敷设时,母线在终端及中间分段处应分别采用终端及中间拉紧装置。终端或中间拉紧固定支架宜装有调节螺栓的拉线,拉线的固定点应能承受拉线张力。且同一挡距内,母线的各相弛度最大偏差应小于10%。

母线长度超过300~400m而需换位时,换位不应小于一个循环。槽形母线换位段处可用矩形母线连接,换位段内各相母线的弯曲程度应对称一致。

(4)母线与母线或母线与电器接线端子的螺栓搭接面的安装,应符合下列要求:

1)母线接触面加工后必须保持清洁,并涂以电力复合脂。

2)母线平置时,贯穿螺栓应由下往上穿,其余情况下,螺母应置于维护侧,螺栓长度宜露出螺母2~3扣。

3)贯穿螺栓连接的母线两外侧均应有平垫圈，相邻螺栓垫圈间应有3mm以上的净距，螺母侧应装有弹簧垫圈或锁紧螺母。

4)螺栓受力应均匀，不应使电器的接线端子受到额外应力。

5)母线的接触面应连接紧密，连接螺栓应用力矩扳手紧固，其紧固力矩值应符合表5-40的规定。

表5-40　　钢制螺栓的紧固力矩值

| 螺栓规格(mm) | 力矩值(N·m) | 螺栓规格(mm) | 力矩值(N·m) |
|---|---|---|---|
| M8<br>M10<br>M12<br>M14 | 8.8～10.8<br>17.7～22.6<br>31.4～39.2<br>51.0～60.8 | M16<br>M18<br>M20<br>M24 | 78.5～98.1<br>98.0～127.4<br>156.9～196.2<br>274.6～343.2 |

母线与螺杆形接线端子连接时，母线的孔径不应大于螺杆形接线端子直径1mm。丝扣的氧化膜必须刷净，螺母接触面必须平整，螺母与母线间应加铜质搪锡平垫圈，并应有锁紧螺母，但不得加弹簧垫。

(5)母线安装控制技术数据见表5-41。

表5-41　　母线安装控制技术数据

| 项　目 | 控制技术数据 |
|---|---|
| 夹板和母线之间的间隙 | 同一垂直部分其余的夹板和母线之间应留有1.5～2mm的间隙 |
| 最小安全距离 | 符合设计要求及相关规定 |
| 支持点的间距 | 对低压母线不得大于900mm<br>对高压母线不得大于1200mm |
| 支持点误差 | 1)水平段：二支持点高度误差不大于3mm，全长不大于10mm<br>2)垂直段：二支持点垂直误差不大于2mm，全长不大于5mm<br>3)间距：平行部分间距应均匀一致，误差不大于5mm |
| 螺栓垫圈间距离 | 相邻螺栓垫圈间应有3mm以上的距离 |

## 十一、裸母线的相序排列及涂色

为了鉴别相位而规定的母线相序的统一排列方式和涂色规定，是方便维护检修和扩建结线及有助于运行操作及保证人员的安全。

裸母线的相序排列及涂色，当设计无要求时应符合下列规定：

(1)上、下布置的交流母线，由上至下排列为$L_1$、$L_2$、$L_3$相；直流母线正极在上，负极在下。

(2)水平布置的交流母线，由盘后向盘前排列为 $L_1$、$L_2$、$L_3$ 相；直流母线正极在后，负极在前。

(3)面对引下线的交流母线，由左至右排列为 $L_1$、$L_2$、$L_3$ 相；直流母线正极在左，负极在右。

(4)母线的涂色：交流，$L_1$ 相为黄色、$L_2$ 相为绿色、$L_3$ 相为红色；直流，正极为赭色，负极为蓝色；在连接处或支持件边缘两侧 10mm 以内不涂色。

裸母线的相序排列，如图 5-73 所示。

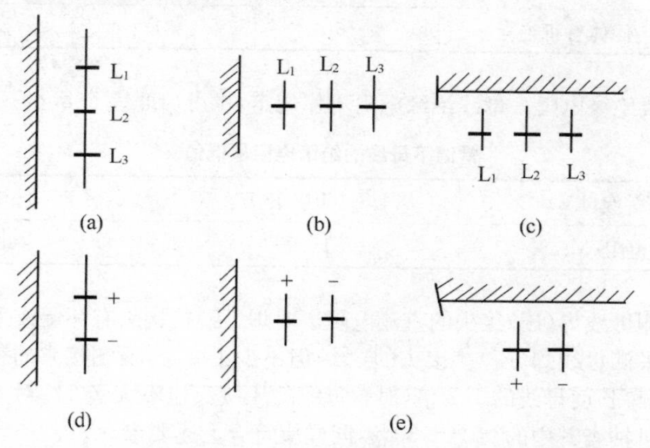


**图 5-73　裸母线的相序排列**

(a)交流上下布置；(b)交流水平布置；(c)引下线交流母线；
(d)直流上下布置；(e)直流水平布置

**十二、裸母线的接地保护**

母线是供电主干线，凡与其相关的可接近的裸露导体要接地或接零的理由主要是：发生漏电可导入接地装置，确保接触电压不危及人身安全，同时也给具有保护或讯号的控制回路正确发出讯号提供可能。

母线绝缘子的底座、套管的法兰、保护网(罩)及母线支架等可接近裸露导体应与 PE 线或 PEN 线连接可靠。为防止保护线线间的串联连接，不应将其作为 PE 线或 PEN 线的接续导体。

**十三、母线试验与试运行**

1. 母线试验

母线和其他供电线路一样，安装完毕后，要做电气交接试验。必须注意，6kV 以上(含 6kV)的硬母线试验时与穿墙套管要断开，因为有时两者的试验电压是不同的。

(1)穿墙套管、支柱绝缘子和母线的工频耐压试验，其试验电压标准如下：

35kV 及以下的支柱绝缘子，可在母线安装完毕后一起进行。试验电压应符合表 5-42 的规定。

表 5-42 穿墙套管、支柱绝缘子及母线的工频耐压试验电压标准[1min 工频耐受电压(kv)有效值] (单位:kV)

| 额定电压(kV) | | 3 | 6 | 10 |
|---|---|---|---|---|
| 支柱绝缘子 | | 25 | 32 | 42 |
| 穿墙套管 | 纯瓷和纯瓷充油绝缘 | 18 | 23 | 30 |
| | 固体有机绝缘 | 16 | 21 | 27 |

(2)母线绝缘电阻。母线绝缘电阻不作规定，也可参照表 5-43 的规定。

表 5-43 常温下母线的绝缘电阻最低值

| 电压等级(kV) | 1 以下 | 3～10 |
|---|---|---|
| 绝缘电阻(MΩ) | 1/1000 | >10 |

(3)抽测母线焊(压)接头的直流电阻。对焊(压)接接头有怀疑或采用新施工工艺时，可抽测母线焊(压)接接头的 2%，但不少于 2 个，所测接头的直流电阻值应不大于同等长度母线的 1.2 倍(对软母线的压接头应不大于 1)；对大型铸铝焊接母线，则可抽查其中的 20%～30%，同样应符合上述要求。

(4)高压母线交流工频耐压试验必须按现行国家标准《电气装置工程　电气设备交接试验标准》(GB 50150—2006)的规定交接试验合格。

(5)低压母线的交接试验应符合下列规定：

1)规格、型号应符合设计要求。

2)相间和相对地间的绝缘电阻值应大于 0.5MΩ。

3)母线的交流工频耐压试验电压为 1kV，当绝缘电阻值大于 10MΩ 时，可采用 2500V 兆欧表摇测替代，试验持续时间 1min，无击穿闪络现象。

2. 母线试运行

(1)试运行条件。变配电室已达到送电条件，土建及装饰工程及其他工程全部完工，并清理干净。与插接式母线连接设备及联线安装完毕，绝缘良好。

(2)通电准备。对封闭式母线进行全面的整理，清扫干净，接头连接紧密，相序正确，外壳接地(PE)或接零(PEN)良好。绝缘摇测和交流工频耐压试验合格才能通电。

(3)试验要求。低压母线的交流耐压试验电压为 1kV，当绝缘电阻值大于 10MΩ 时，可用 2500V 绝缘电阻表摇测替代，试验持续时间 1min，无闪络现象；高压母线的交接耐压试验，必须符合现行国家标准《电气装置安装工程　电气设备交接试验标准》(GB 50150—2006)的规定。

(4)结果判定。送电空载运行24h无异常现象,办理验收手续,交建设单位使用,同时提交验收资料。

**十四、施工工序质量控制点**

施工工序质量控制点见表5-44。

表5-44　　裸母线、封闭母线、插接式母线安装质量控制点

| 序号 | 控制点名称 | 执行人员 | 标　　准 |
|---|---|---|---|
| 1 | 可接近裸露导体的接地或接零 | 施工员<br>技术员<br>质量员 | 绝缘子的底座、套管的法兰、保护网(罩)及母线支架等可接近裸露导体应接地(PE)或接零(PEN)可靠。不应作为接地(PE)或接零(PEN)的接续导体 |
| 2 | 母线与母线、母线与电器接线端子的螺栓搭接 | 施工员<br>技术员<br>质量员 | 母线与母线或母线与电器接线端子,当采用螺栓搭接连时,应符合下列规定:<br>(1)母线的各类搭接连接的钻孔直径和搭接长度符合《建筑电气工程施工质量验收规范》(GB 50303—2002)附录C的规定,用力矩扳手拧紧钢制连接螺栓的力矩值符合《建筑电气工程施工质量验收规范》(GB 50303—2002)附录D的规定。<br>(2)母线接触面保持清洁,涂电力复合脂,螺栓孔周边无毛刺。<br>(3)连接螺栓两侧有平垫圈,相邻垫圈间有大于3mm的间隙,螺母侧装有弹簧垫圈或锁紧螺母。<br>(4)螺栓受力均匀,不使电器的接线端子受额外应力 |
| 3 | 封闭、插接式母线的组对连接 | | 封闭、插接式母线安装应符合下列规定:<br>(1)母线与外壳同心,允许偏差为±5mm。<br>(2)当段与段连接时,两相邻段母线及外壳对准,连接后不使母线及外壳受额外应力。<br>(3)母线的连接方法符合产品技术文件要求 |
| 4 | 室内裸母线的最小安全净距 | | 室内裸母线的最小安全净距应符合《建筑电气工程施工质量验收规范》(GB 50303—2002)附录E的规定 |
| 5 | 高压母线交流工频耐压试验 | 施工员<br>技术员 | 高压母线交流工频耐压试验必须按《建筑电气工程施工质量验收规范》(GB 50303—2002)第3.1.8条的规定交接试验合格 |
| 6 | 低压母线交接试验 | | 低压母线交接试验应符合《建筑电气工程施工质量验收规范》(GB 50303—2002)第4.1.5条的规定 |

续表

| 序号 | 控制点名称 | 执行人员 | 标　准 |
| --- | --- | --- | --- |
| 7 | 母线支架的固定 | 施工员<br>质量员 | 母线的支架与预埋铁件采用焊接固定时，焊缝应饱满；采用膨胀螺栓固定时，选用的螺栓应适配，连接应牢固 |
| 8 | 母线与母线、母线与电器接线端子搭接面处理 | | 母线与母线、母线与电器接线端子搭接，搭接面的处理应符合下列规定：<br>(1)铜与铜：室外、高温且潮湿的室内，搭接面搪锡；干燥的室内，不搪锡。<br>(2)铝与铝：搭接面不做涂层处理。<br>(3)钢与钢：搭接面搪锡或镀锌。<br>(4)铜与铝：在干燥的室内，铜导体搭接面搪锡；在潮湿场所，铜导体搭接面搪锡，且采用铜铝过渡板与铝导体连接。<br>(5)钢与铜或铝：钢搭接面搪锡 |
| 9 | 母线的相序排列及涂色 | | 母线的相序排列及涂色，当设计无要求时应符合下列规定：<br>(1)上、下布置的交流母线，由上至下排列为 A、B、C 相；直流母线正极在上，负极在下。<br>(2)水平布置的交流母线，由盘后向盘前排列为 A、B、C 相；直流母线正极在后，负极在前。<br>(3)面对引下线的交流母线，由左至右排列为 A、B、C 相；直流母线正极在左，负极在右。<br>(4)母线的涂色：交流，A 相为黄色、B 相为绿色、C 相为红色；直流，正极为赭色、负极为蓝色；在连接处或支持件边缘两侧 10mm 以内不涂色 |
| 10 | 母线在绝缘子上的固定 | 质量员 | 母线在绝缘子上安装应符合下列规定：<br>(1)金具与绝缘子间的固定平整牢固，不使母线受额外应力。<br>(2)交流母线的固定金具或其他支持金具不形成闭合铁磁回路。<br>(3)除固定点外，当母线平置时，母线支持夹板的上部压板与母线间有 1～1.5mm 的间隙；当母线立置时，上部压板与母线间有 1.5～2mm 的间隙。<br>(4)母线的固定点，每段设置 1 个，设置于全长或两母线伸缩节的中点。<br>(5)母线采用螺栓搭接时，连接处距绝缘子的支持夹板边缘不小于 50mm |
| 11 | 封闭、插接式母线的组装和固定 | | 封闭、插接式母线组装和固定位置应正确，外壳与底座间、外壳各连接部位和母线的连接螺栓应按产品技术文件要求选择正确，连接紧固 |

# 第六章　受电设备安装

## 第一节　低压电机

### 一、安装作业条件

（1）与旋转电机安装有关的建筑物、构筑物的质量应符合国家现行的建筑工程施工质量验收规范中的有关规定。

（2）应具备如下条件：

1）结束屋顶、楼板工作，不得有渗漏现象。

2）混凝土基础达到允许安装的强度。

3）现场模板、杂物清理完毕。

4）预留孔符合设计要求，预埋件牢固。

（3）在具有爆炸或火灾危险性的场所装设旋转电机时，还应符合有关规定。

（4）旋转电机的安装按已批准的设计进行施工。

（5）施工方案已编制并经审批。

### 二、基础验收及处理

1. 基础验收

对基础轴线、标高、地脚螺孔位置、外形几何尺寸进行测量验收（标准按设计和相应的设备标准要求）；沟槽、孔洞及电缆管位置应符合设计及土建工程本身的质量要求；混凝土强度等级一定要符合设计要求，一般基础承重量不小于电机重量的3倍；基础各边应超出电机底座边缘100～150mm。通过检测，要填写“设备基础验收记录”。

2. 基础处理

基础处理包括放线、铲麻面、配制垫铁和地脚螺栓等工作。

（1）放线。清理基础表面，扫净表面的尘土和混凝土残渣。进行定位测量，定出其中心线和标高。大型基础，用经纬仪测量，放出纵横中心线。用墨线在基础面上标出纵横中心线。小型基础用钢尺和墨线画出中心线。根据中心线放出地脚螺栓的中心线。

（2）铲麻面。按电机底座和地脚螺栓的位置，确定垫铁放置位置，在基础表面画出垫铁大小范围。在垫铁放置的位置铲麻面，麻面面积必须大于垫铁面积。用专用锤敲击或用手铲铲平，铲后的混凝土表面呈麻点状，凹凸要分布均匀，并用水平尺检查麻面的水平度。铲凿时要防止混凝土表面的大块卵石整块被铲出。其余的基础表面也要铲平，以利二次灌浆。

(3)配制垫铁。按铲完的麻面标高配制垫铁,每一组垫铁总数一般不超过三块,其中包含一组斜垫铁。对垫铁要求要清除气割垫铁的氧化铁及毛刺,接触面上无凸点;斜垫铁必须斜度相同才能成对。将垫铁配制完后要编组作标记,以便对号入座。

(4)地脚螺栓。螺栓的螺纹质量、长度应符合规定,与螺帽配合良好,螺栓头部要符合设计图纸要求。在放入预留孔中前,要洗净防锈油脂。

**三、安装检查与抽芯检查**

1. 安装检查

电机安装时,应对其进行必要的检查,并应符合下列要求:

(1)盘动转子不得有磁卡声。

(2)润滑脂情况应正常,无变色、变质及硬化等现象。其性能应符合电机工作条件。

(3)测量滑动轴承电机的空气间隙,其不均匀度应符合产品的规定;若无规定时,各点空气间隙的相互差值不应超过10%。

(4)电机的引出线接线端子焊接或压接良好,且编号齐全。

(5)绕线式电机需检查电刷的提升装置,提升装置应标有“起动”、“运行”的标志。动作顺序应是先短路集电环,然后提升电刷。

(6)电机的换向器或滑环检查下列项目:

1)换向器或滑环表面应光滑,并无毛刺、黑斑、油垢等,换向器的表面平整度达到0.2mm时应进行车光;

2)换向器片间绝缘应凹下0.5～1.5mm,整流片与线圈的焊接应良好。

2. 抽芯检查

通常,当电机出厂日期超过制造厂保证期限,或没有保证期限,但已超过一年的,应进行抽芯检查。若在进行外观检查或电气试验时,质量可疑的,也应进行抽芯检查。此外,电机试运转时,若有异常声音或其他情况,同样需要进行抽芯检查。

电机拆卸抽芯检查前,应编制抽芯工艺,并应注意以下几点:

(1)工作场应保持清洁,拆卸抽芯应在室内操作。工作温度在5℃以上,湿度在75%以下,不得在尘土飞扬等不良环境下操作。

(2)抽芯前应在大小盖、刷架等部位上做好标记,防止错位。直流电机应取出碳刷,绕线型感应电动机应将碳刷提起,用绳扎牢或将刷架拆除。

(3)拆除轴承套应使用抓具,不得使用手锤敲打。除特殊情况,对热压配合或紧密配合的轴承套,一般不要拆卸,如必须拆卸时,应采取加热等措施。

(4)风扇拆除应注意首先取出销子或拧松顶丝,用抓具或撬棍两边同时撬动取下,防止损坏风扇的圆孔。

(5)在绕线型感应电动机滑环和短路装置的机壳外部时,应先拆除短路装置,然后拆除端盖。必须使用抓具滑环内套时，不得破坏云母绝缘层。

(6)滚珠轴承一般不需要从轴上取下，如必须取下时，应采用100℃热机油将滚珠浇烫，然后用抓具抓下。

(7)轴承工作面应光滑清洁，无麻点、裂纹或锈蚀；轴承的滚动体与外圈接触良好，无松动、转动灵活无卡涩，间隙符合规定；轴承内填入同一牌号的润滑脂应填满其空隙的2/3。

(8)转子抽出时，注意不要碰伤定子线圈，转子重量不大的可以用手抽出；重量较大的就应该用起重机械平吊住，如图6-1(a)所示。先在转子轴上套上起重用钢丝绳，用起重吊住转子[图6-1(b)]慢慢移出，注意防止碰坏线圈。再在轴的一端套上一根钢管(如有假轴，可使用假轴)，为了不使钢管刮伤轴颈，可在钢管内衬一层厚纸板。继续将转子移出，待转子的重心移到定子外面时，在转子轴端下垫一支架，将钢丝绳套在转子中间，如图6-1(c)所示，即可将转子全部抽出。

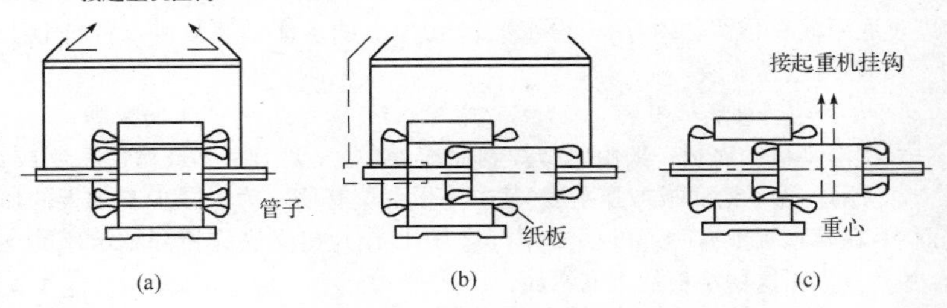


**图6-1　转子由定子内抽出的工序**

## 四、电机整体安装

1. 安装顺序

电机整体安装时，其安装顺序大致如下：

(1)基础检查：外部观察，应没有裂纹、气泡、外露钢筋以及其他外部缺陷，然后用铁锤敲打，声音应清脆，不应瘖哑，不发“叮当叮”声。再经试凿检查，水泥应无崩塌或散落现象。然后检查基础中心线的正确性，地脚螺栓孔的位置、大小及深度，孔内是否清洁，基础标高、装定子用凹坑尺寸等是否正确。

(2)在基础上放上楔形垫铁和平垫铁，安放位置应沿地脚螺栓的边沿和集中负载的地方，应尽可能放在电机底板支撑筋的下面。

(3)将电机吊到垫铁上，并调节楔形垫铁使电机达到所需的位置、标高及水平度。电机水平面的找正可用水平仪。

(4)调整电机与连接机器的轴线，此两轴的中心线必须严格在一条直线上。

(5)通过上述(3)、(4)项内容的反复调整后，将其与传动装置连接起来。

(6)二次灌浆，5～6日后拧紧地脚螺栓。

2. 中小型电动机底板安装

中小型电动机一般都用螺栓安装在金属底板或导轨上，也有些电动机直接装在混凝土基础上，通过事先埋入混凝土中的地脚螺栓将电动机紧固。

(1)混凝土基础。混凝土基础的尺寸一般按底板或电动机底座尺寸外加100mm～150mm，当然，还应考虑当地的土壤条件。基础的深度一般按地脚螺栓长度的1.5～2倍选取，并且应大于当地土壤的冻结深度。在容易遭受震动的地方，基础还应做成锯齿状，以增强抗震性能。

(2)地脚螺栓与螺栓孔。制作10kW以下的小型电动机的基础，一般先将地脚螺栓按电动机机座尺寸或底板尺寸固定在木板上，然后将木板放在浇制混凝土的木框架上进行浇灌。浇灌时，注意不要碰歪地脚螺栓，这样，在紧固电动机时，可避免螺母倾斜和负荷不均。地脚螺栓根部通常做成人字形和弯钩形，具体尺寸按设计要求而定。

10kW以上的电动机，一般先在基础上预留100mm×100mm地脚螺栓孔，螺栓孔的中心必须与电动机机座或底脚板的地脚孔中心相符。安装时，再将地脚螺栓穿过底板放在预留孔内，用1份水泥、1份净砂的水泥砂浆填满，待凝固后(约10～15d)，再进行安装。

3. 大型电动机底板安装

大型电动机的底板一般由钢板焊制而成，或由大型工字钢或槽形钢制成，如图6-2所示。为了给底板加强刚度，其主壁板上焊有筋。为了减少基础板的加工表面积，在其顶板上有时焊以小板(图6-2中1)作为机壳底脚板和轴承座的支承面，并且只加工这些小板的上支承面。

(a)

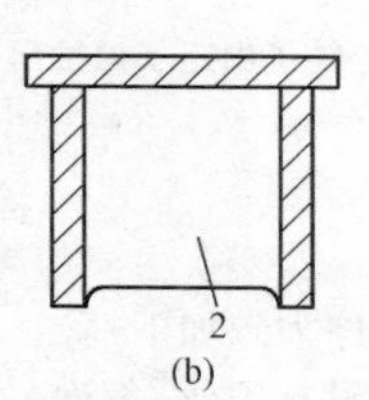

(b)

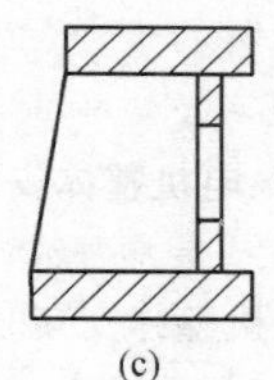
(c)

**图6-2　焊接电动机底板的不同断面形状**

1—支承板；2—筋

(1)当电机有两个轴承时，基础板可做成闭合的长方形，如图6-3所示。当电机有一个轴承时可做成π字形。π形的开口部分接向另一电机的基础板上。

(2)定子与转子间气隙较大的大型电机(同步电机和直流电机)没有共用的基础板，其机壳底脚板和轴承座有各自的基础板(底板)，这样，可以方便地调整定子和转子的气隙—以预先调整好的和找好中心的转子来移动定子(连同固定于底脚板上的底板一起移动)。底板借助于地脚螺栓1、锚板2和螺帽3紧固于基础上，如图6-4所示。

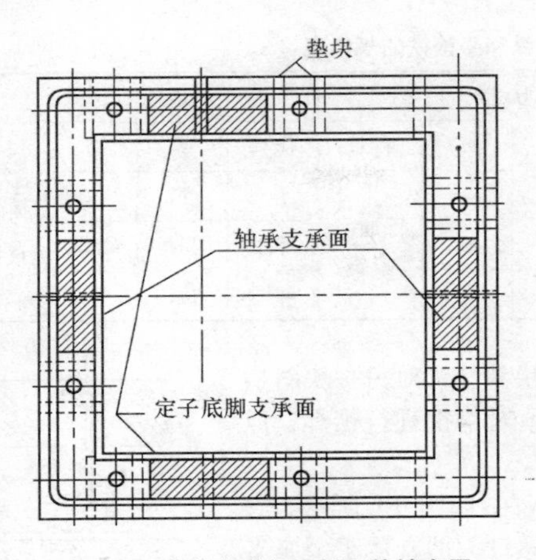


图 6-3　感应电动机底板下垫铁布置

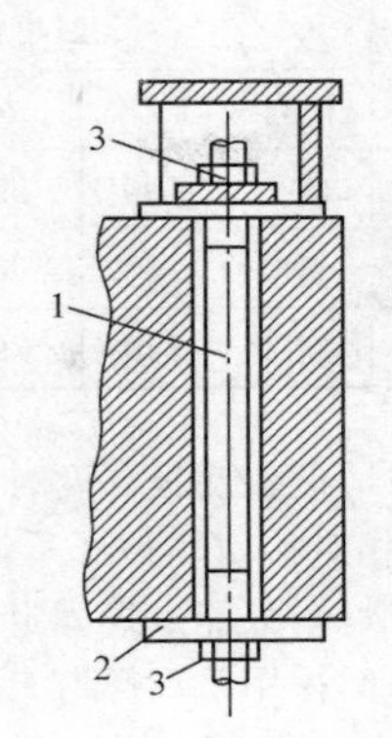


图 6-4　底板紧固于基础上
1—地脚螺杆；
2—地脚锚板；3—螺帽

(3)地脚螺杆的直径通常由电机制造厂规定，而其长度由基础设计单位规定。通常在水泥或钢筋混凝土基础中的螺杆，其长度不小于螺杆直径的 30～40 倍。

(4)电机底板安装于金属垫铁上，垫铁一般不超过三块(其中有一块平垫铁，若使用两块则均采用斜垫铁)。

垫铁的厚度 $h$ 可按实际需要和材料情况决定；斜垫铁斜度宜为 1/10～1/20；铸铁平垫铁的厚度，最小为 20mm。三块垫铁时，斜垫铁应与同号平垫铁配合使用："斜 1"配"平 1"，"斜 2"配"平 2"，"斜 3"配"平 3"；如有特殊要求，可采用其他加工精度和规格的垫铁。大型电机一般自带垫铁。

斜垫铁和平垫铁的规格见图 6-5 及表 6-1。

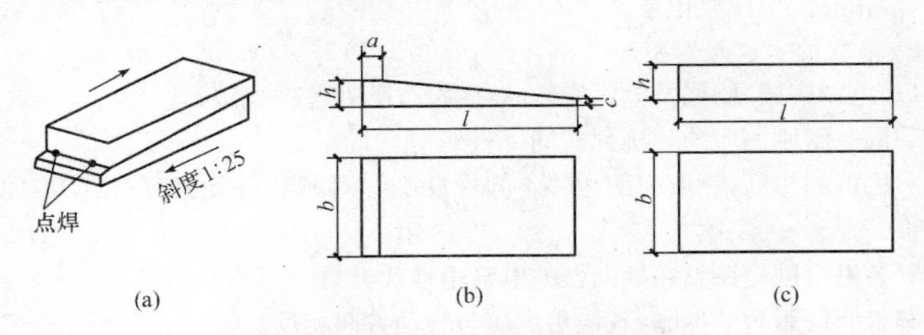


图 6-5　垫铁规格外形及安装图
(a)垫铁安装；(b)斜垫铁；(c)平垫铁

表 6-1　　斜垫铁和平垫铁的规格表　　(单位:mm)

| 项次 | 斜垫铁[图 6-5(b)] | | | | | | 平垫铁[图 6-5(c)] | | | |
|---|---|---|---|---|---|---|---|---|---|---|
| | 代号 | $l$ | $b$ | $c$ | $a$ | 材料 | 代号 | $l$ | $b$ | 材料 |
| 1 | 斜 1 | 100 | 50 | 3 | 4 | 普通碳素钢 | 平 1 | 90 | 60 | 铸铁或普通碳素钢 |
| 2 | 斜 2 | 120 | 60 | 4 | 6 | | 平 2 | 110 | 70 | |
| 3 | 斜 3 | 140 | 70 | 4 | 8 | | 平 3 | 125 | 85 | |

(5)调整底板高度时,可将一块斜垫铁对另一块斜垫铁做相对移动(图 6-5),调整好后,对垫铁进行锁焊。但不能满焊,只能点焊固定。

(6)采用千斤螺钉来安装底板的,如图 6-6 所示。底板上有螺孔,其中旋千斤螺钉 2,螺钉头部支承于金属支承板 3 上。最后调整好后,千斤螺钉也被浇入混凝土中。

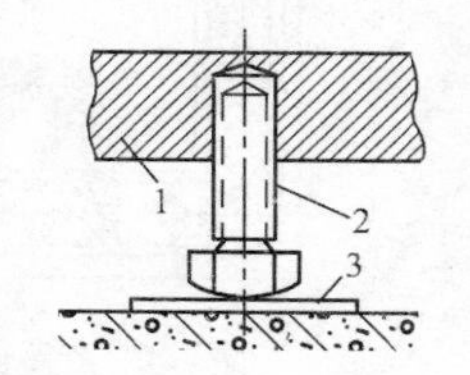


图 6-6　将底板安装于千斤螺钉上
1—底板;2—千斤螺钉;3—垫板

4. 二次灌浆

(1)地脚螺栓的二次灌浆配合比由现场施工人员根据设计的强度等级确定,其强度等级应高于基础强度等级一个等级。

(2)灌浆前检查和处理好基础预留孔,孔内不能有杂物,地脚螺栓与孔壁距离须大于 15mm。用水刷洗孔壁使之干净湿润;地脚螺栓杆不能有油污。

(3)浇灌的混凝土宜用碎石料,不准使用大块石料。

(4)浇灌时用人工捣固,捣固时地脚螺栓四周要均匀捣实,并随时扶正地脚螺栓。捣固后要保持地脚螺栓垂直,并位于地脚螺栓孔中心,其垂直度不超过 10/1000。

(5)混凝土二次灌浆后做好养护工作。

(6)作好二次灌浆记录。

5. 电刷的安装与调整

(1)电刷刷架、刷握及电刷安装时,应符合下列各项规定:

1)同一组刷握应均匀排列在同一直线上。

2)刷握的排列,一般应使相邻不同极性的一对刷架彼此错开,以使换向器均匀磨损。

3)各组电刷应调整在换向器的电气中性线上。

4)带有倾斜角的电刷,其锐角尖应与转动方向相反。

5)滑环应与轴同心,其摆度应符合产品的规定,一般不大于 0.05mm。滑环表面应光滑,无损伤及油垢。

6)接至滑环的电缆,其金属护层不应触及带有绝缘垫的轴承。

7)电刷架及其横杆应固定紧固,绝缘衬管和绝缘垫应无损伤、污垢,并应测量其绝缘电阻。

8)刷握与滑环表面间隙应调整为 2～4mm。

(2)电刷安装调整应符合下列规定:

1)同一电机上必须使用同一型号、同一制造厂的电刷;

2)电刷的编织带应连接牢固,接触良好,不得与转动部分或弹簧片相碰触,具有绝缘垫的电刷,绝缘垫应完好;

3)电刷在刷握内应能上下自由移动,电刷与刷握的间隙应符合制造厂规定,一般为 0.10～0.20mm;

4)恒压弹簧应完整无机械损伤,其型号及压力要求应符合产品规定;

5)电刷接触面应与滑环的弧度相吻合,接触面积不应小于单个电刷截面的75%;研磨后,应将炭粉清扫干净;

6)非恒压的电刷弹簧,其压力应符合制造厂规定。若无规定时,应调整到不使电刷冒火的最低压力,同一刷架上每个电刷的压力应力求均匀,一般应保持在0.015～0.025MPa;

7)运行时,电刷应在滑环的整个表面内工作,不得靠近滑环的边缘。

**五、电机解体安装**

1. 安装顺序

电机解体安装时,应按下列顺序进行:

(1)按要求作好基础上的工作。

(2)将电机的底板先吊到垫铁上,用线坠找好中心线位置,用水平仪找正水平面。

(3)安装轴承座于电机底板上,若轴承座下面装有绝缘垫板时,应注意保护此绝缘垫板及轴承座地脚螺栓的绝缘垫圈,轴承座与底板接触处必须清洁。

(4)将轴瓦清洗后装入轴承座内,并加润滑油,然后在轴瓦上放上电机的转子。

(5)调整电机与连接机器的转轴,使其处在一条水平直线上。

(6)用手锤敲击底板,了解底板下垫铁位置,以及底板和基础是否紧密,然后将地脚螺栓旋紧。

(7)吊开转子,在基础和底板内灌浆,待水泥收缩后,再开始电机的装配工作。

(8)装配:

1)将转子装入定子内;

2)采用油环式润滑的轴承和复合式润滑的轴承,将轴承套筒上半部装上;

3)旋好轴承套筒上下两半合键的固定螺钉和定位销钉;

4)盖上轴承上盖,旋入轴承盖上的螺钉;

5)如电机为采用压力加润滑油者，接好进出油管；

6)有通风管道的电机将通风管道安装好；

7)安装集电环上电刷架的电缆；

8)如励磁机的电枢系套于同步电机的转轴上，励磁机定子固定于同步电机的底板上时，装上励磁机的定子；

9)安装连接机器的联轴节(包括用弹性联轴节连接的励磁机)；

10)连接与外面相接的电缆。

2. 底板安装

(1)纵横中心线的偏差应小于 1mm；

(2)标高误差应小于±1mm；

(3)宜采用坐浆法或流动灌浆混凝土墩法安装；

(4)采用的垫铁应设在负荷集中的地方，一般在地脚螺栓两侧 250mm 处，其他部位距离宜为 400～700mm；

(5)垫板与设备基础接触面积不得小于 70%，每组垫铁的总数宜不超过 5 块，垫铁的总厚度以 70～100mm 为宜，应放置平稳，紧压接触良好，点焊成一体；

(6)基础螺栓与锚板应相互垂直，锚板与基础面接触紧密；

(7)基础螺栓应均匀拧紧，背帽应露出 2～5 螺距；

(8)基础螺栓拧紧后，底板的水平误差每米应不大于 0.15mm。

3. 轴承座安装

(1)轴承座应按转子的准确中心线安装；

(2)安装在同一轴线上的轴承座应在同一水平面上，两轴承座中心线偏差不应超过 0.5mm；

(3)轴承座与底板应结合紧固，以不能塞入 0.05mm×10mm 塞尺为宜；

(4)有绝缘的轴承座与底板(基础板)间的绝缘电阻应不低于 1MΩ；

(5)轴承油面计、观察孔应清洗干净。

4. 电机本体安装

(1)定子为两半者，其结合面应研磨、合拢并用螺栓拧紧，其结合处用塞尺检查应无间隙。

(2)定子定位后，应装定位销钉，与孔壁的接触面积不应小于 65%。

(3)穿转子时，定子内孔应加垫保护。

(4)联轴节的安装应符合下列要求：

1)联轴节应加热装配，其内径受热膨胀比轴径大 0.5～1.0mm 为宜，位置应准确；

2)弹性联接的联轴节，其橡胶栓应能顺利地插入联轴节的孔内，并不得妨碍轴的轴向窜动；

3)刚性联接的联轴节,互相连接的联轴节各螺栓孔应一致,并使孔与连接螺栓精确配合,螺帽上应有防松装置;

4)齿轮传动的联轴节,其轴心距离为 50～100mm 时,其咬合间隙不大于 0.10～0.30mm;齿的接触部分应不小于齿宽的 2/3;

5)联轴节端面的跳动允许值一般应为:刚性联轴节:0.02～0.03mm;半刚性联轴节:0.04～0.05mm。

(5)转子轴向窜动,制造厂无规定时,应符合表 6-2 的规定。

表 6-2　　转子轴向窜动范围　　(单位:mm)

| 电机容量(kW) | 轴向窜动范围 | |
|---|---|---|
| | 向一侧 | 向两侧 |
| 10 以下 | 0.5 | 1.00 |
| 10～30 | 0.75 | 1.50 |
| 31～70 | 1.00 | 2.00 |
| 71～125 | 1.50 | 3.00 |
| 125 以上 | 2.00 | 4.00 |

向两侧轴向窜动根据磁场中心位置确定。

(6)转子径向摆动应为:

1)轴颈为 100～200mm 时,不超过 0.02mm;

2)轴颈大于 200mm 时,不超过 0.03mm。

(7)滑动轴承电机定子、转子气隙最大值、最小值与平均值的差,同平均值之比,不应超过表 6-3 的数值。

表 6-3　　电机定子、转子气隙

| 电　机　种　类 | 气隙最大值、最小值与平均值的差,同平均值的比值(%) |
|---|---|
| 感应电动机 | ±10 |
| 同步电动机(快速) | ±5 |
| 同步电动机(慢速) | ±10 |
| 直流电动机气隙小于 3mm 时 | ±20 |
| 直流电动机气隙大于 3mm 时 | ±10 |

注:调整气隙时,下部气隙应比上部气隙大 5%;电机两端气隙之差不得超过平均气隙的 5%。

(8)大型直流电机主极与主极间、主极与换向极间的极距，当制造厂无规定时，其误差值可遵循下列要求：

1)铁芯总长小于700mm时，主极与主极间极距应不大于±1.5mm；主极与换向极间的极距应不大于±0.8mm；

2)铁芯总长大于700mm时，主极与主极间距应不大于±0.2mm；主极与换向极的极距应不大于±1.0mm。

(9)强制通风的电机、密封围带与电机壳应紧密连接，并应有防松装置；应检查与风道的连接处是否密封，风口与风道应清洁、干净。

5. 滑动轴承与轴颈的配合

(1)轴颈与轴瓦间隙允许值，应符合制造厂的规定，无规定时，应符合表6-4的数值。

**表 6-4　　轴瓦与轴颈间隙允许值**　　(单位:mm)

| 间隙<br>轴径 | 上间隙的允许值 | | |
|---|---|---|---|
| | 1000r/min 以下 | 1000～1500r/min | 1500r/min 以上 |
| 18～30 | 0.040～0.093 | 0.060～0.130 | 0.140～0.280 |
| 30～50 | 0.050～0.112 | 0.075～0.160 | 0.170～0.340 |
| 50～80 | 0.065～0.135 | 0.095～0.195 | 0.200～0.400 |
| 80～120 | 0.08～0.160 | 0.120～0.235 | 0.230～0.460 |
| 120～180 | 0.100～0.195 | 0.150～0.285 | 0.260～0.530 |
| 180～260 | 0.120～0.225 | 0.180～0.330 | 0.300～0.600 |
| 260～360 | 0.140～0.250 | 0.210～0.380 | 0.340～0.680 |
| 360 以上 | 0.170～0.305 | 0.250～0.440 | 0.380～0.760 |

(2)轴承盖与上瓦间隙：圆柱型轴瓦为－0.05～－0.15mm；环型轴瓦为±0.03mm。

(3)轴颈与轴瓦的侧面间隙：每侧为轴颈直径的0.75‰～1.00‰。

(4)接触弧面应为60°～90°；接触面上的接触点数，每平方厘米内至少有两点。

(5)轴承下瓦瓦枕垫块与轴瓦的接触面大于60%；轴承座和轴瓦瓦背的接合面间隙不大于0.05mm。

(6)双向推力瓦的止推面间隙应不大于0.40mm。

(7)单向推力瓦的止推面间隙应不大于1.5～2.0mm。

(8)轴与轴承挡油板间隙:上部为0.20～0.25mm;下部为0.05～0.10mm;两侧为0.10～0.20mm。

(9)轴承盖与轴承座接合面间隙应不大于0.03mm。

(10)轴与端盖轴封圈的间隙每侧为0.25～0.75mm。

(11)端盖与风扇的间隙每侧为2.4～3.0mm。

6. 滚动轴承的安装

(1)滚动轴承内套与轴配合,一般应采用基孔制二级精度过渡配合。

(2)轴伸端轴承与轴承盖间应留有单边为0.5mm的间隙。

(3)滚动轴承表面无伤痕,机构灵活,与内、外套接触应良好。

(4)应将轴承出厂时填充的防锈脂清洗干净;填充的润滑脂应符合生产环境的要求;同一轴承内不得填入两种不同的润滑脂。

(5)润滑脂应填充轴承内空间的2/3。

7. 电机定心

(1)电机定心工作必须在两轴相对转动的条件下进行,分0°、90°、180°、270°的4个位置测量径向和轴向间隙,取得平均值,其允许偏差见表6-5的规定。

**表6-5　　电机定心允许偏差**　　(单位:mm)

| 联轴节 | | 允许偏差值 | |
|---|---|---|---|
| 形式 | 直径 $\phi$ | 径向间隙 | 轴向间隙 |
| 刚性 | 400以下 | 0.03 | 0.02 |
| | 400～600 | 0.04 | 0.03 |
| | 600～1000 | 0.05 | 0.04 |
| 齿轮 | 150以下 | 0.08 | 0.08 |
| | 150以上 | $0.08+\frac{\phi-150}{100}\times0.01$ | $0.08\times\frac{\phi-150}{100}\times0.01$ |
| 弹性 | 200以下 | 0.05 | 0.05 |
| | 200以上 | $0.05+\frac{\phi-150}{100}\times0.01$ | $0.05\times\frac{\phi-150}{100}\times0.01$ |

(2)单轴承转子的定心,一般宜留下张口0.02～0.04mm。

(3)对多联轴节的定心,应考虑转子自重的影响。

8. 二次灌浆

(1)有锚板的地脚螺栓,应在螺栓孔内先灌入少量灰浆后再灌砂,在砂层上再灌混凝土,其厚度以200mm为宜;

(2)灌浆一般应用细碎石混凝土,底板下应填实;

(3)二次灌浆达到强度后,应进行检查,再次定心。

9. 对换向器、滑环的要求

(1)换向器表面应平整光滑,外圆径向跳动不超过表 6-6 的规定。

表 6-6　换向器允许径向跳动　(单位:mm)

| 换向器直径 | 外圆径向跳动 |
| --- | --- |
| 250 以下 | 0.02 |
| 251～550 | 0.03 |
| >550 | 0.04 |

(2)换向器或滑环应与轴同心,其摆度应不超过 0.05mm。

(3)低速直流电机换向器表面圆度允许为 0.1mm。

10. 电刷检查与调整

(1)电刷中性线位置,一般应在主磁极几何中心线上。

(2)各极下电刷在换向器圆周上应分布均匀合理,其极距容许偏差一般为 1.0mm。

(3)刷盒至换向器或滑环表面距离应为 2.5mm±0.5mm,刷盒与滑环表面距离宜为 3～4mm。

(4)电刷接触面应与换向器或滑环的弧度相吻合,其面积应大于 70%。

(5)电刷的弹簧最低压力,以电刷不冒火为宜,一般应保持在 0.015MPa。

(6)带有倾斜角的电刷,其锐角尖应与转动方向相反。

(7)双倾斜电刷不应使两侧顶触,宜有 1～2mm 的间隙。

(8)电刷在换向器表面上工作,升高片与刷盒的距离:一般中小型电机为 5～17mm,大电机为 35mm。

(9)同一电机上不应同时使用两种不同牌号或不同制造厂的电刷。

**六、电机接线**

(1)电机配管管口应在电机接线盒附近,从管口到电动机接线盒的导线应用塑料管或金属软管保护;在易受机械损伤及高温车间,导线必须用金属软管保护,软管可用尼龙接头连接。

(2)室外露天电动机进线,管子要做防水弯头,进电动机导线应由下向上翻,要做滴水弯。

(3)三相电源线要穿在一根保护管内。同一电机的电源线、控制线、信号线可穿在同一根保护管内。

(4)多股铜芯线在 $10mm^2$ 以上应焊铜接头或冷压焊接头,多股铝芯线 $10mm^2$ 以上应用铝接头与电机端头连接,电机引出线编号应齐全。

(5)裸露的不同相导线间和导线对地间最小距离应符合下列规定：

1)额定电压在500～1200V之间时，最小净距应为14mm；

2)额定电压小于500V时，最小净距应为10mm。

(6)电动机外壳应可靠接地(接零)，接地线应接在电动机指定标志处。

接地线截面通常按电源线截面的1/3选择，但最小铜芯线不小于1.5mm²；铝芯线不小于2.5mm²，最大铜芯线不大于25mm²，铝芯线不大于35mm²。

**七、电机电阻测量**

测量直流电阻的目的是检查线圈的接头连接是否牢固，有无虚焊和接触不良现象，线圈本身是否有匝间短路、断线等缺陷。测量方法一般用电压降法或电桥法。

1. 电压降法

如图6-7所示接线，被测电阻大于电流表内阻的200倍者算大电阻，由电流表和电压表测得的读数，根据欧姆定律可求出直流电阻值。

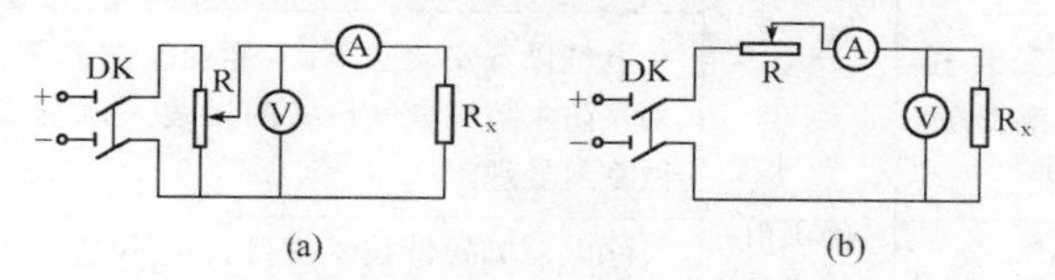


**图6-7 用电压降法测量直流电阻的原理图**

(a)大电阻；(b)小电阻

2. 电桥法

用电桥测量直流电阻的原理图如图6-8所示。这种方法有较高的灵敏度。

测电动机直流电阻应在电动机接线盒的接线端子上进行。出厂的电机都按△或Y形接好线，测量时要把它们都打开，找出每相绕组的始端和末端，再做测量。测出的三相绕组的电阻值要做分析，对容量为100kW或电压1kV以上的电动机，各相绕组的直流电阻之间的差别不应超过最小值的2%。有的电机没有中性点接头，测出的线间电阻差别不应超过1%，小容量电动机不做统一规定，但做好记录，供以后测量比较。

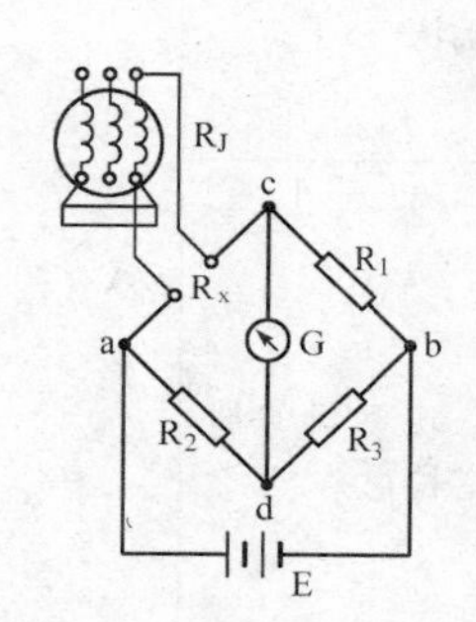


**图6-8 用直流电桥测电机线圈电阻的原理图**

G—检流计；$R_1$、$R_2$、$R_3$—标准电阻；E—直流电源；$R_J$—被测电阻

如果各相绕组直流电阻差别太大，就要对电机进行检查。在没有查明原因之前，绝对不能通电。

## 八、施工工序质量控制点

低压电动机和低压电器的质量控制点，如表 6-7 所示。

表 6-7 低压电动机和低压电器的质量控制点

| 序号 | 控制点名称 | 执行人员 | 标准 |
|---|---|---|---|
| 1 | 可接近的裸露导体接地或接零 | 施工员<br>技术员<br>质量员 | 电动机、电加热器及电动执行机构的可接近裸露导体必须接地（PE）或接零（PEN） |
| 2 | 绝缘电阻值测试 | | 电动机、电加热器及电动执行机构绝缘电阻值应大于 0.5MΩ |
| 3 | 100kW 以上的电动机直流电阻测试 | | 100kW 以上的电动机，应测量各相直流电阻值，相互差不应大于最小值的 2%；无中性点引出的电动机，测量线间直流电阻值，相互差不应大于最小值的 1% |
| 4 | 设备安装和防水防潮处理检查情况 | | 电气设备安装应牢固，螺栓及防松零件齐全，不松动。防水防潮电气设备的接线入口及接线盒盖等应做密封处理 |
| 5 | 电动机抽芯检查前的条件确认 | | 除电动机随带技术文件说明不允许在施工现场抽芯检查外，有下列情况之一的电动机，应抽芯检查：<br>(1)出厂时间已超过制造厂保证期限，无保证期限的已超过出厂时间一年以上。<br>(2)外观检查、电气试验、手动盘转和试运转，有异常情况 |
| 6 | 电动机的抽芯检查 | | 电动机抽芯检查应符合下列规定：<br>(1)线圈绝缘层完好、无伤痕，端部绑线不松动，槽楔固定、无断裂，引线焊接饱满，内部清洁，通风孔道无堵塞。<br>(2)轴承无锈斑，注油（脂）的型号、规格和数量正确，转子平衡块紧固，平衡螺丝锁紧，风扇叶片无裂纹。<br>(3)连接用紧固件的防松零件齐全完整。<br>(4)其他指标符合产品技术文件的特有要求 |
| 7 | 接线盒内裸露导线的距离、防护措施 | 质量员 | 在设备接线盒内裸露的不同相导线间和导线对地间最小距离应大于 8mm，否则应采取绝缘防护措施 |

## 九、现场安全常见问题

(1)电机干燥过程中应有专人看护，配备灭电火的防火器材，严格注意防火。

(2)电机抽芯检查施工中应严格控制噪声污染,注意保护环境。

(3)电气设备外露导体必须可靠接地,防止设备漏电或运行中产生静电火花伤人。

# 第二节　低压电器

## 一、安装作业条件

(1)低压电器安装应按已批准的设计进行施工。

(2)低压电器安装前,土建工程应具备下列条件:

1)拆除对电器安装有防碍的模板、脚手架等,场地清理干净。

2)室内地面基层施工完毕,并在墙上标出抹灰(面)标高。

3)设备基础和构架达到允许安装的强度;焊接构件的机械强度符合设计要求。

4)预埋件、预留孔的位置和尺寸应符合设计要求,预埋件牢固。

(3)设计图纸齐全,并且经过设计技术交底。施工方案已编制审定。

(4)设备、材料按施工方案的要求已组织进场,并经过检查、清点,符合设计要求,附件、备件齐全;电器技术文件齐全。

(5)室外安装的低压电器应有防止雨、雪、风沙侵入的措施。

## 二、质量检查

设备开箱检查应符合下列要求:

(1)部件完整,瓷件应清洁,不应有裂纹和伤痕。制动部分动作灵活、准确。电器与支架应接触紧密。

(2)控制器及主令控制器应转动灵活,触头有足够的压力。

(3)接触器、磁力起动器及自动开关的接触面应平整,触头应有足够的压力,接触良好。

(4)刀开关及熔断器的固定触头的钳口应有足够的压力。刀开关合闸时,各刀片的动作应一致。熔断器的熔丝或熔片应压紧,不应有损伤。

(5)变阻器的传动装置、终端开关及信号联锁接点的动作应灵活、准确。滑动触头与固定触头间应有足够的压力,接触良好。充油式变阻器油位应正确。

(6)电磁铁。制动电磁铁的铁芯表面应洁净,无锈蚀。铁芯吸至最终端时,不应有剧烈的冲击。交流电磁铁在带电时应无异常的响声。滚动式分离器的进线碳刷与集电环应接触良好。

(7)低压电器与母线连接应紧密。

## 三、安装施工

1. 安装要求

低压电器及其操作机构的安装高度、固定方式,如设计无规定,可按下列要求进行:

(1)用支架或垫板(木板无绝缘板)固定在墙或柱子上;

(2)落地安装的电器设备,其底面一般应高出地面 50～100mm;

(3)操作手柄中心距离地面一般为 1200～1500mm;侧面操作的手柄距离建筑物或其他设备不宜小于 200mm。

(4)成排或集中安装的低压电器应排列整齐,便于操作和维护。

(5)紧固的螺栓规格应选配适当,电器固定要牢固,不得采用焊接。

(6)电器内部不应受到额外应力。

(7)有防振要求的电器要加设减振装置,紧固螺栓应有防松措施,如加装锁紧螺母、锁钉等。

2. 刀开关安装

(1)刀开关应垂直安装在开关板上(或控制屏、箱上),并要使夹座位于上方。如夹座位于下方,则在刀开关打开的时候,如果支座松动,闸刀在自重作用下向下掉落而发生误动作,会造成严重事故。

(2)刀开关用作隔离开关时,合闸顺序为先合上刀开关,再合上其他用以控制负载的开关;分闸顺序则相反。

(3)严格按照产品说明书规定的分断能力来分断负荷,无灭弧罩的刀开关一般不允许分断负载,否则,有可能导致稳定持续燃弧,使刀开关寿命缩短,严重时还会造成电源短路,开关烧毁,甚至发生火灾。

(4)刀片与固定触头的接触良好,大电流的触头或刀片可适量加润滑油(脂);有消弧触头的刀开关,各相的分闸动作应迅速一致。

(5)双投刀开关在分闸位置时,刀片应能可靠地接地固定,不得使刀片有自行合闸的可能。

(6)直流母线隔离开关安装。

1)开关无论垂直或水平安装,刀片应垂直板面上;在混凝土基础上时,刀片底部与基础间应有不小于 50mm 的距离。

2)开关动触片与两侧压板的距离应调整均匀。合闸后,接触面应充分压紧,刀片不得摆动。

3)刀片与母线直接连接时,母线固定端必须牢固。

3. 自动开关安装

(1)自动开关一般应垂直安装,其上下端导线接点必须使用规定截面的导线或母线连接。

(2)裸露在箱体外部,且易触及的导线端子应加绝缘保护。

(3)自动开关与熔断器配合使用时,熔断器应尽可能装于自动开关之前,以保证使用安全。

(4)自动开关使用前应将脱扣器电磁铁工作面的防锈油脂擦去,以免影响电磁机构的动作值。电磁脱扣器的整定值一经调好就不允许随意更动,而且使用日久后要检查其弹簧是否生锈卡住，以免影响其动作。

(5)自动开关操作机构安装时，应符合下列规定：

1)操作手柄或传动杠杆的开、合位置应正确，操作力不应大于产品允许规定值。

2)电动操作机构的接线正确。在合闸过程中开关不应跳跃；开关合闸后，限制电动机或电磁铁通电时间的联锁装置应及时动作，使电磁铁或电动机通电时间不超过产品允许规定值。

3)触头接触面应平整，合闸后接触应紧密。

4)触头在闭合、断开过程中，可动部分与灭弧室的零件不应有卡阻现象。

5)有半导体脱扣装置的自动开关，其接线应符合相序要求，脱扣装置动作应可靠。

(6)直流快速自动开关安装时，应符合下列规定：

1)开关极间中心距离及开关与相邻设备或建筑物的距离均不应小于500mm，小于500mm时，应加装隔弧板，隔弧板高度不小于单极开关的总高度。

在灭弧量上方应留有不小于1000mm的空间；无法达到时，应按开关容量在灭弧室上部200～500mm高度处装设隔弧板。

2)灭弧室内绝缘衬件应完好，电弧通道应畅通。

3)有极性快速开关的触头及线圈，其接线端应标出正、负极性，接线时应与主回路极性一致。

4)触头的压力、开距及分断时间等应进行检查，并符合出厂技术条件。

5)开关应按产品技术文件进行交流工频耐压试验，不得有击穿、闪络现象。

6)脱扣装置必须按设计整定值校验，动作应准确、可靠。在短路(或模拟短路)情况下合闸时，脱扣装置应能立即自由脱扣。

7)试验后，触头表面如有灼痕，可进行修整。

4. 熔断器安装

(1)熔断器及熔体的容量应符合设计要求：

1)对于变压器、电炉和照明等负载，熔体的额定电流应略大于或等于负载电流。

2)对于输配电线路，熔体的额定电流应略小于或等于线路的安全电流。

3)对电动机负载，因为起动电流较大，一般可按下列公式计算：

对于一台电动机负载的短路保护：

$$I_{熔体额定电流} \geqslant (1.5\sim2.5)电机额定电流$$

式中 (1.5～2.5)——系数，视负载性质和起动方式不同而选取；对轻载起动、起动次数少、时间短或降压起动时，取小值；对重载起动，起动频繁、起动时间长或全压起动时，取大值。

对于多台电动机负载的短路保护：

$$I_{熔体额定电流} \geqslant (1.5\sim2.5)最大电机额定电流+其余电动机的计算负荷电流$$

4)熔断器的选择:额定电压应大于或等于线路工作电压;额定电流应大于或等于所装熔体的额定电流。

(2)安装位置及相互间距应便于更换熔体;更换熔丝时,应切断电源,不允许带负荷换熔丝,并应换上相同额定电流的熔丝。

(3)有熔断指示的熔芯,其指示器的方向应装在便于观察侧。

(4)瓷质熔断器在金属底板上安装时,其底座应垫软绝缘衬垫。安装螺旋式熔断器时,应将电源线接至瓷底座的接线端,以保证安全。如是管式熔断器应垂直安装。

(5)安装应保证熔体和插刀以及插刀和刀座接触良好,以免因熔体温度升高发生误动作。安装熔体时,必须注意不要使它受机械损伤,以免减少熔体截面积,产生局部发热而造成误动作。

5. 接触器与起动器安装

(1)安装前,应对接触器和起动器的质量进行检查,并应符合下列规定:

1)电磁铁的铁芯表面应无锈斑及油垢,将铁芯板面上的防锈油擦净,以免油垢粘住造成接触器断电不释放。触头的接触面应平整、清洁。

2)接触器、起动器的活动部件动作灵活,无卡阻;衔铁吸合后应无异常响声,触头接触紧密,断电后应能迅速脱开。

3)检查接触器铭牌及线圈上的额定电压、额定电流等技术数据是否符合使用要求;电磁起动器热元件的规格应按电动机的保护特性选配;热继电器的电流调节指示位置,应调整在电机的额定电流值上,如设计有要求时,尚应按整定值进行校验。

(2)安装时,接触器的底面与地面垂直,倾斜度不超过5°。CJ0系列接触器安装时,应使有孔的两面放在上下位置,以利散热,降低线圈的温度。

(3)自耦减压起动器安装时,应符合下列规定:

1)起动器应垂直安装;

2)油浸式起动器的油面不得低于标定的油面线;

3)减压抽头(65%~80%额定电压)应按负荷的要求进行调整,但起动时间不得超过自耦减压起动器的最大允许起动时间;

4)连续起动累计或一次起动时间接近最大允许起动时间时,应待其充分冷却后方能再起动。

(4)可逆电磁起动器防止同时吸合的联锁装置动作正确、可靠。

(5)星—三角起动器应在电动机转速接近运行转速时进行切换;自动转换的应按电动机负荷要求正确调节延时装置。

6. 控制器安装

控制器可用于改变主电路或激磁电路的接线,也可用于变换接在电路中的电阻值,控制电动机的起动、调速和反向。根据控制器转换位置的形状,控制器可分为平面控制器、鼓形控制器、凸轮控制器三种，其安装要求如下：

(1)控制器操作应灵活，挡位准确。

(2)操作手柄或手轮的动作方向应尽量与机械装置的动作方向一致。

(3)操作手柄或手轮在各个不同位置时，触头分、合的顺序均应符合控制器的接线图。

(4)控制器触头压力均匀，触头超行程不小于产品技术文件规定。凸轮控制器主触头的灭弧装置应完好。

(5)控制器的转动部分及齿轮减速机构应润滑良好。

(6)凸轮控制器及主令控制器应装在便于操作和观察的位置上；操作手柄或手轮安装高度一般为 1～1.2m。

7. 变阻器安装

(1)变阻器安装时，变阻器滑动触头与固定触头的接触应良好；触头间应有足够压力；在滑动过程中不得开路。

(2)变阻器转换装置的移动应均匀平滑，无卡阻，并有与移动方向对应的指示阻值变化标志。

1)电动传动的转换装置，其限位开关及信号联锁接点动作应准确、可靠。

2)齿链传动的转换装置，允许有半个节距的窜动范围。

(3)对于频敏变阻器的安装，在调整抽头及气隙时，应使电动机起动特性符合机械装置的要求。而对用于短时间起动的频敏变阻器在电动机起动完毕后应短接切除。

8. 电磁铁安装

(1)电磁铁的铁芯表面应洁净无锈蚀，通电前应除去防护油脂。

(2)电磁铁的衔铁及其传动机构的动作应迅速、准确、无阻滞现象。直流电磁铁的衔铁上应有隔磁措施，以清除剩磁影响。

(3)制动电磁铁的衔铁吸合时，铁芯的接触面应紧密地与其固定部分接触，且不得有异常响声。

(4)有缓冲装置的制动电磁铁，应调节其缓冲器气道孔的螺钉，使衔铁动作至最终位置时平稳，无剧烈冲击。

(5)牵引电磁铁固定位置应与阀门推杆准确配合，使动作行程符合设备要求。

9. 按钮安装

(1)安装前，应对按钮进行必要的选择，其选择要求如下：

1)根据使用场合、所需触头数及颜色来进行选择。

2)电动葫芦不宜选用 LA18 和 LA19 系列按钮，最好采用 LA2 系列按钮。

3)铸工车间灰尘较多，也不宜选用 LA18 和 LA19 系列按钮，最好选用 LA14－1系列按钮。

(2)按钮及按钮箱安装时，间距应为 50～100mm；倾斜安装时，与水平面的倾角不宜小于 30°。

(3)按钮操作应灵活、可靠,无卡阻。

(4)集中在一处安装的按钮应有编号或不同的识别标志,“紧急”按钮应有鲜明的标记。

10. 电铃安装

(1)电铃经过试验合格后,方能进行安装。

(2)室内的电铃应安装在厚度不小于 10mm 的木板上,室外的电铃要装设在防雨箱内(棚下)。电铃防雨箱应用干燥木材制作。板或箱的背面与墙的接触部分应做防腐处理。

(3)电铃在室内安装时,距顶棚不得小于 0.2m,底边距地面不应低于 1.8m;在室外安装时,电铃的底边距地不低于 3m,电铃安装应端正牢固。

(4)电铃的按钮应装在相线上,使电铃不响时不带电。

(5)电铃安装完成后,应将其调节到最响,以对其进行调校。当采用延时开关控制电铃时,应整定延时值。

(6)电铃及哑铃(又叫做“蜂鸣器”)的安装见图 6-9 及表 6-8。

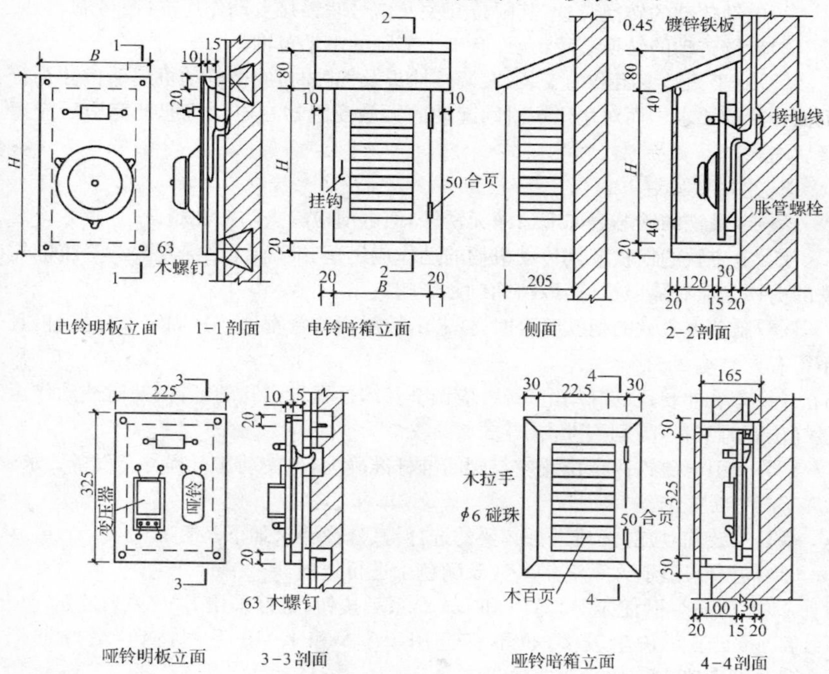


图 6-9　电铃安装做法图

表 6-8　　电铃安装盘板尺寸

| 型　号（交流 220V） | 铃碗直径（mm） | 盘板尺寸(mm) | | 板　厚（mm） |
|---|---|---|---|---|
| | | *B* | *H* | |
| UC 4—1 | 50 | 200 | 300 | 10 |
| UC 4—2 | 75 | 225 | 325 | 10 |
| UC 4—3 | 100 | 250 | 350 | 10 |
| UC 4—4 | 150 | 300 | 400 | 15 |
| UC 4—5 | 200 | 350 | 450 | 15 |
| UC 4—6 | 250 | 400 | 500 | 15 |
| UC 4—7 | 300 | 450 | 550 | 15 |

注：1. 电铃箱用干燥松木制作，板及箱的背面均作防腐处理，外表涂油漆，颜色由设计决定。

2. 箱高一般距屋顶 200mm，箱底距地不低于 1800mm。

3. 哑铃（又称“蜂鸣器”）的变压器为 220/6、8、10V。

11. 风扇安装

常用的风扇有吊扇和壁扇两种，吊扇有三叶吊扇及三叶带指示灯吊扇和四叶带指示灯吊扇等。

(1)吊扇安装要求。吊扇安装时，应符合以下要求：

1)吊杆上的悬挂销钉必须装设防振橡胶垫及防松装置；

2)扇叶距地面高度不应低于 2.5m；

3)吊扇挂钩安装牢固，吊扇挂钩的直径不小于吊扇挂销直径，且不小于 8mm；

4)吊扇组装不改变扇叶角度，扇叶固定螺栓防松零件齐全；

吊杆之间，吊杆与电机之间，螺纹连接的啮合长度不得小于 20mm，且必须有防松装置。

5)吊扇接线正确，当运转时扇叶无明显颤动和异常声响；

6)涂层完整，表面无划痕，无污染，吊杆上下扣碗安装牢固到位；

7)同一室内并列安装的吊扇开关高度一致，且控制有序不错位。

(2)对吊钩的质量要求。吊扇的挂钩不应小于悬挂销钉的直径，且不得小于 10mm，预埋混凝土中的挂钩应与主筋焊接。如无条件焊接时，可将挂钩末端部分弯曲后与主筋绑扎，固定牢固。吊钩挂上吊扇后，一定要使吊扇的重心和吊钩的直线部分处在同一条直线上，如图 6-10 所示。

吊钩伸出建筑物的长度应以盖上风扇吊杆护罩后，能将整个吊钩全部遮没为宜。

(3)在木结构梁上安装。木梁有圆形和方形截面梁。在圆梁上安装吊钩时，吊钩要对准梁的中心；在方梁上，吊钩要尽量装在梁的中间位置。如需要偏装，与梁的边缘距离是：轻型吊钩不得小于 10mm，重型吊钩不得小于 25mm。

(4)在现浇混凝土楼板(梁)上安装。吊钩应采用预埋的施工方法，一般采用圆钢(T 形或 Γ 形)。

预埋时，将圆钢的上端横挡绑扎在楼板或梁的钢筋上，待模板拆除后，用气焊把圆钢露出部分加热弯成吊钩(加热时，应用薄钢板与混凝土楼板隔离，防止污染顶棚和烤坏楼板)，如图 6-11 所示。

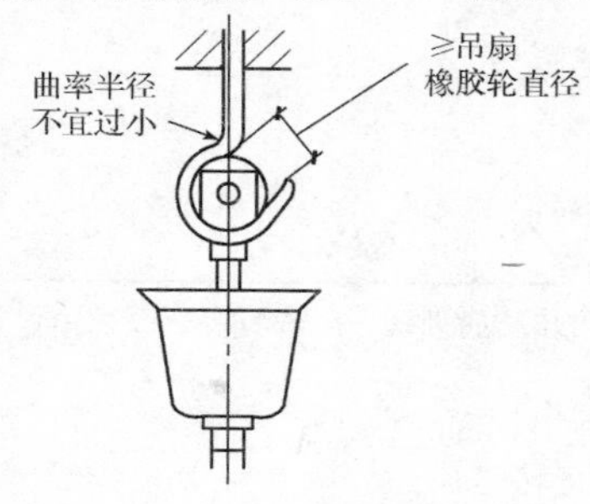


图 6-10　吊扇吊钩安装

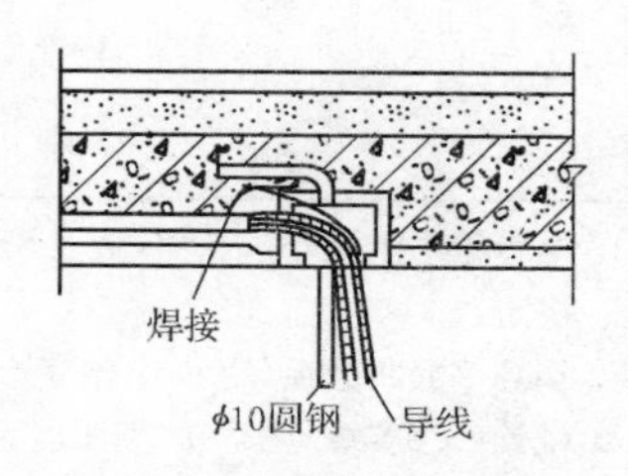


图 6-11　现浇楼板预制吊扇钩安装

在制作 T 形圆钢时，需特别注意焊接方法，如图 6-12 所示。

(5)在空心或槽形混凝土预制楼板上安装。所用吊钩，宜先预制好，采用预埋的方式。其方法有以下两种：

1)预埋在两块预制板的接缝中。当铺好预制板楼面，做水泥地坪前，把 T 形圆钢的横挡跨在两块预制板上，等水泥地坪做好后就可以固定在水泥地坪内。

2)在所需安装部位，将预制板凿一个洞，在洞的上方横置一根圆钢做横挡，再将吊钩的上部做成一个挂钩钩在横挡上，横挡可以和预埋的电线管绑扎或焊接在一起。如图 6-13 所示。

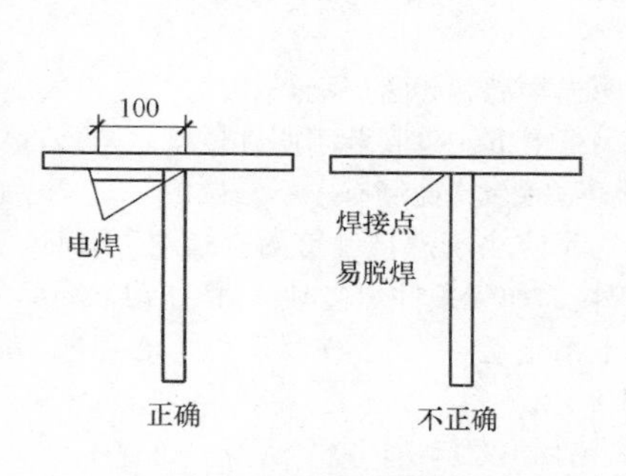


图 6-12　T 形圆钢焊接方法

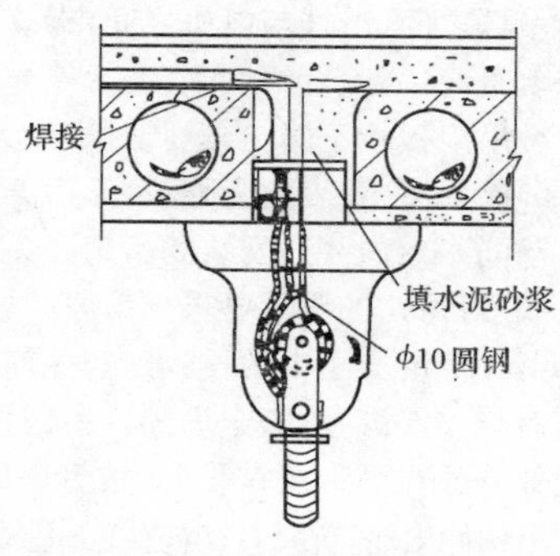


图 6-13　预制楼板中预埋吊扇钩

3)漏埋或增设吊扇安装,如图 6-14 所示。测量空心楼板的孔径 $d$,按此制作一块中间套有螺纹的 8～10mm 厚的钢板,其长度 $A$ 可以自定,宽度取 $3/5d$。然后在空心楼板有孔的部位凿一条比钢板厚度稍大的缝,使钢板能侧向置入即可。再将钢板侧着由此缝塞进预制板的孔洞内,让长度的方向顺孔道方向放置,把钢板的螺孔调整到能旋入螺钉的位置。最后把螺母、弹簧垫圈、垫圈依次旋套在吊钩上,把吊钩拧进空心板内的钢板螺孔内,插进Ⅱ形座板,拧紧螺母即可。

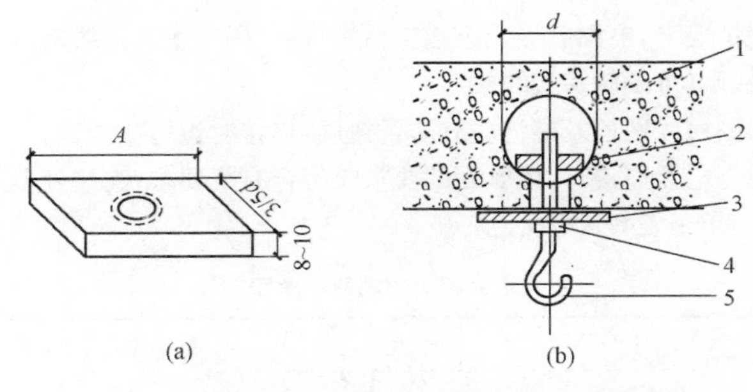


**图 6-14　空心楼板施工完成后设置风扇吊钩方法**

(a)孔洞内放置钢板尺寸;(b)埋设吊钩方法

1—混凝土空心楼板;2—钢板;3—Ⅱ形座板;4—垫圈;5—吊钩

(6)在混凝土梁上安装。该种安装可采用钢吊架方法。

钢吊架可用两根扁钢(或角钢),两根 $\phi15$ 的钢管,一根与梁宽相同,焊有吊攀,如图 6-15 所示,装在吊架的下面;另一根比梁宽窄 10mm,装在紧靠梁的下面。这两根钢管用穿心螺栓固定于吊架上面,吊架用两个螺钉固定在梁的下方。

这种方法是依靠中间螺钉上的螺母拧紧,把吊架紧箍在梁上,所以在梁上打洞的深度,必须长于螺钉。

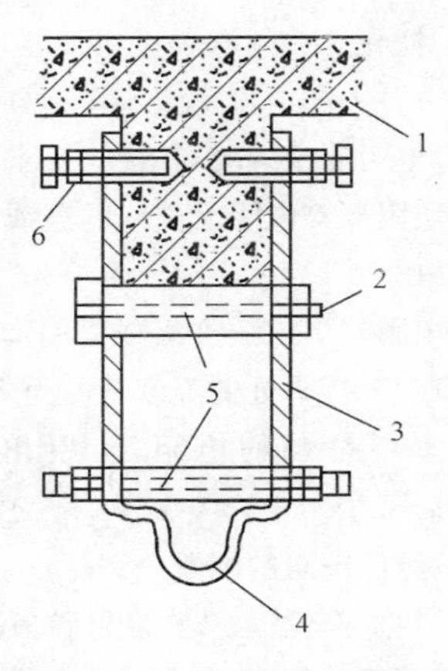


**图 6-15　在混凝土梁上安装吊扇方法**

1—梁;2—穿心螺栓;3—吊杆(扁钢或角钢);4—吊攀;5—钢管;6—防松螺母

(7)壁扇安装。壁扇底座在墙上安装固定,通常在产品设计中已提出要求。

1)壁扇底座采用尼龙塞或膨胀螺栓固定;尼龙塞或膨胀螺栓的数量不

少于 2 个，且直径不小 8mm，固定牢固可靠。

2)壁扇下侧边缘距地面高度不小于 1.8m。

3)壁扇防护罩扣紧，固定可靠，当运转时扇叶和防护罩无明显颤动和异常声响。

4)壁扇应涂层完整，表面无划痕、无污染，防护罩无变形。

**四、电器接线**

(1)按电器的接线端头标志接线。

(2)一般情况下，电源侧导线应连接在进线端(固定触头接线端)，负荷侧的导线应接在出线端(可动触头接线端)。

(3)电器的接线螺栓及螺钉应有防锈镀层，连接时螺钉应拧紧。

(4)母线与电器连接时，接触面的要求应符合有关要求；连接处不同相母线的最小净距应不小于表 6-9 的规定。

**表 6-9　不同相母线的最小净距**

| 额定电压 $U$(V) | 最小净距(mm) |
| --- | --- |
| $U \leqslant 500$ | 10 |
| $500 < U \leqslant 1200$ | 14 |

(5)胶壳闸刀开关接线时，电源进线与出线不能接反，否则更换熔丝时易发生触电事故。

(6)铁壳开关的电源进出线不能接反，60A 以上开关的电源进线座在上方，60A 以下开关的电源进线座在下方。外壳必须有可靠的接地。

(7)电阻器接线时，其接线要求如下：

1)电阻器与电阻元件间的连线应用裸导线，在电阻元件允许发热条件下，能可靠接触。

2)电阻器引出线夹板或螺钉有与设备接线图相应的标号；与绝缘导线连接时，不应由于接头处的温度升高而降低导线的绝缘强度。

3)多层叠装的电阻箱，引出导线应用支架固定，但不可妨碍更换电阻元件。

**五、绝缘电阻的测量**

(1)测量部位：触头在断开位置时，同极的进线与出线端之间；触头在闭合位置时，不同极的带电部件之间；各带电部分与金属外壳之间。

(2)测量绝缘电阻使用的绝缘电阻表电压等级及所测的绝缘电阻应符合《电气装置安装工程　电气设备交接试验标准》(GB 50150—2006)的规定。

# 第三节　低压电气动力设备试验和试运行

## 一、试验要求

在调整试验工作之前，应进行充分的技术准备，特别是试运行方案应根据工程或设备的具体内容和验收规范的有关规定认真编制，并应严格按试运方案、操作规程和有关规定进行操作。

(1)低压电气动力设备试验和试运行的作业程序符合《建筑电气工程施工质量验收规范》(GB 50303—2002)的要求。

1)设备的可接近裸露导体接地或接零连接完成，经检查合格，才能进行电气测试、试验。

2)规定先试验，合格后通电，是重要的、合理的工作顺序。电气设备的动作方向是否正确是关键，尤其是不可逆向动作的设备，方向错了会造成损失。

3)经过了各继电保护装置的整组试验和自动控制线路及计量回路的通电试验，均认为保护动作可靠和接线无误后，方可进行系统试运行。

(2)采取的检查和试验方法要合理、正确。由于完成某些试验项目所进行的试验可以采用各种方法和不同的仪器。因此要求试验人员所采取的检查和试验方法要合理、正确。如绝缘检查试验所采取的某一种试验方法(绝缘电阻表检查)是有条件的，而不能全面如实地反映绝缘状态，因此，有时需要进行多种试验后，加以综合分析，才能得出正确的结论。

(3)合理选择测量仪器并正确使用。

1)安装作调试用各类计量器具，应检定合格，使用时应在有效期内。

2)要根据被测对象的种类，对测量值的大小和精度要求等来决定所选择的仪表的种类、量程、准确度及其他各项指标。

3)要根据测量仪器的自身要求，正确接线。

4)测量仪器放置应符合仪器说明书的要求，否则将带来附加误差。

仪器放置的位置应无明显的振动。工作环境应干燥、清洁，不得有干扰仪器正常工作的强磁场及各种腐蚀性气体，环境温度应符合仪器的使用要求。

## 二、电气设备检查

1. 操动机构的检查

(1)自动开关操作机构的操作手柄或传动杠杆的开、合位置应正确，操作力不应大于产品允许的规定值；

(2)电动操作机构的接线应正确，在合闸过程中开关不应跳跃，开关合闸后，限制电动机或电磁铁通电时间的联锁装置应及时动作，使电磁铁或电动机通电时间不超过产品允许规定值；

(3)触头接触面应平整，合闸后接触应紧密，在闭合、断开过程中，可动部分与灭弧室的零件不应有卡阻现象；

(4)有脱扣装置的自动开关，脱扣装置动作应可靠；

(5)铁芯表面应无锈斑及油垢，衔铁吸合后无异常响声。

2. 二次接线的检查

电气设备试验试运行前，应对设备二次接线情况进行检查，其检查试验项目如下：

(1)柜内检查。应依据施工设计图纸及变更文件，核对柜内的元件规格、型号，并检查安装位置是否正确。柜内两侧的端子排不能缺少，并检查各导线的截面是否符合图纸的规定。

同时，还应逐线检查柜内各设备间的连线及由柜内设备引至端子排的连线是否正确。为了防止因并联回路而造成错误，接线时可根据实际情况，将被查部分的一端解开然后检查。检查控制开关时，应将开关转动至各个位置逐一检查。

(2)柜间联络电缆检查(通路试验)。柜与柜之间的联络电缆需逐一校对。通常使用查线电话或电池灯泡、电铃、绝缘电阻表等校线方法。

(3)操作装置的检查。回路中所有操作装置都应进行检查，主要检查接线是否正确，操作是否灵活，辅助触点动作是否准确。一般用导通法进行分段检查和整体检查。

检查时应使用万用表，不宜用绝缘电阻表检查，因为绝缘电阻表检查不易发现接触不良或电阻变值。另外，检查时应注意拔去柜内熔丝，并将与被测电路并联的回路断开。

(4)电流回路和电压回路的检查。电流互感器接线、极性应正确。二次测不准开路(而电压互感器二次侧不准短路)，准确度符合要求，二次测有 1 点接地。

3. 接地或接零的检查

(1)逐一复查各接地处选点是否正确，接触是否牢固可靠，是否正确无误地连接到接地网上。

1)设备的可接近裸露导体接地或接零连接完成。

2)接地点应与接地网连接，不可将设备的机身或电机的外壳代地使用。

3)各设备接地点应接触良好，牢固可靠且标识明显。要接在专为接地而设的螺栓上，不可用管卡子等附属物作为接地点。

4)接地线路走向合理，不要置于易碰伤和砸断之处。

5)禁止用一根导线做各处的串联接地。

6)不允许将一部分电气设备金属外壳采用保护接地，将另一部分电气设备金属外壳采用保护接零。

(2)柜(屏、台、箱、盘)接地或接零检查。

1)装有电器的可开启门,门和框架的接地端子应用裸编织铜线连接,且有标识。

2)柜(屏、台、箱、盘)内保护导体应有裸露的连接外部保护导体的端子。

3)照明箱(盘)内,应分别设置零线和保护地线汇流排,零线和保护地线经汇流排配出。

(3)明敷接地干线,沿长度方向,每段为 15～100mm,分别涂以黄色和绿色相间的条纹。

(4)测试接地装置的接地电阻值必须符合设计要求。

**三、线路绝缘电阻测试**

用仪表测试线路绝缘良好的多股软线时,两根线不能绞合在一起,否则造成测试数据不准确。

(1)测试前,应检查仪器是否工作正常。把表水平放置,转动摇把,查看指针是否指在"∞"处;慢慢转动摇把,短接两个测试棒(线),看指针是否指在"0"处。若能指在"0"处,说明表是好的,否则不能使用。

(2)在测试时,按顺时针转动摇把,摇把的转数应由慢而快。待调速器发生滑动后,要保持均匀稳定,不要时慢时快。一般来讲转速每分钟 120 转左右时,发电机应达到额定输出电压。当发电机转速稳定后,表盘上的指针也稳定下来,这时表针指示的数值,就是所测得的绝缘电阻值。

(3)测试线路绝缘电阻时,需切断电源,所测的线路上应无人工作,并需卸下电路里所有用电器,合上各用电器的开关(也可保留用电器,断开用电器开关),然后用绝缘电阻表两根测试棒(线),接触在分回路或总回路开关负荷侧接线桩头上。

1)若接触在两相线接线桩头上,测出的是相线与相线间的绝缘电阻,即 $L_1$、$L_2$;$L_2$、$L_3$;$L_3$、$L_1$ 之间的绝缘电阻。

2)如果接触在某相线与中性线的接线桩头上,测出的是相线对中性线间的绝缘电阻,即 $L_1$、N;$L_2$、N;$L_3$、N 之间的绝缘电阻。

3)若一测试棒(线)接触在相线接线桩头上,另一测试棒(线)接触在接地体(线)(或与接地体连接的用电器的金属外壳)上,测出的是相线对地的绝缘电阻。

需指出的是中性线重复接地和保护接地(零),共同一组接地体时,不需再测试相线对地的绝缘电阻。但需测试工作零线与保护线间的绝缘电阻。如果是在中性线不接地系统中,尚需测量中性线对地的绝缘电阻。

测试时,测试棒(线)与测试点要保持良好接触,否则测出的是接触电阻和绝缘电阻之和,不能真实反映线路绝缘电阻的情况。

(4)测试的线路绝缘电阻值,不应低于 0.5MΩ,否则需要寻找原因。由于查找影响绝缘电阻的原因较为困难,所以安装时就应加强注意。

## 四、电机试验

1. 电机耐压试验

交流电动机的交流耐压试验如下：

(1)定子绕组在交接或大修后进行此项试验，试验前线圈绝缘电阻在满足要求后方可进行。试验方法如图6-16所示。试验电压标准见表6-10。

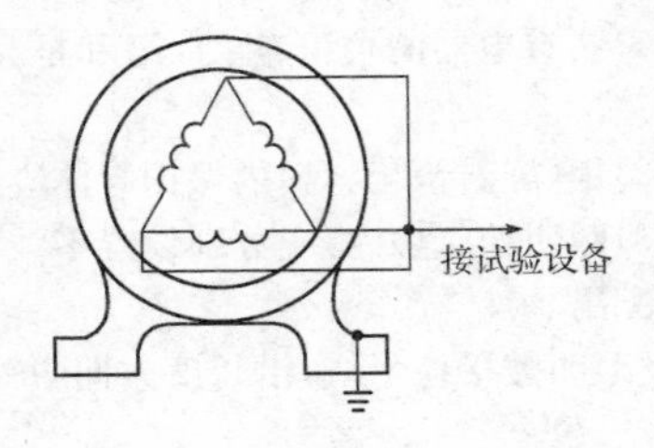


图6-16　电机定子绕组交流耐压试验接线图

表6-10　电动机定子线圈交流耐压试验电压标准　(单位:kV)

| 额定电压 | 3 | 6 | 10 |
| --- | --- | --- | --- |
| 试验电压 | 5 | 10 | 16 |

(2)绕线式电动机的转子绕组，其交流耐压试验电压标准见表6-11。表中$U_K$为转子静止时，在定子线圈上施加额定电压，转子线圈开路时测得的电压值。

表6-11　线绕式电动机转子线圈交流耐压试验电压标准

| | |
| --- | --- |
| 不可逆的 | $0.75(2U_K+1000)$ |
| 可逆的 | $0.75(4U_K+1000)$ |

(3)同步电动机转子线圈的交流耐压试验：试验电压为额定电压的7.5倍，但应不低于1200V，不高于出厂试验电压的75%。

2. 电动机空载试验

(1)电动机应试通电，检查转向和机械转动有无异常情况，可空载试运行的电动机，时间一般为2h，记录空载电流，且检查机身和轴承的温升。

电动机的空载电流一般为额定电流的30%(指异步电动机)以下，机身的温升经2h空载试运行不会太高，重点是考核机械装配质量，尤其要注意噪声是否太大或有异常撞击声响，此外要检验轴承的温度是否正常，如滚动轴承润滑脂填充量过多，会导致轴承温度过高，且试运行中温度上升急剧。

(2)电动机起动瞬时电流要比额定电流大，有的达6～8倍，虽然空载(设备不投料)无负荷，但因被拖动的设备转动惯量大(如风机等)，起动电流衰减的速度慢、时间长。

为防止因起动频繁造成电动机线圈过热，交流电动机在空载状态下(不投料)可起动次数及间隔时间应符合产品技术条件的要求；无要求时，连续起动2次的时间间隔不应少于5min，再次起动应在电动机冷却至常温下。

空载状态(不投料)运行应记录电流、电压、温度、运行时间等有关数据，且应符合建筑设备或工艺装置的空载状态运行(不投料)要求。

(3)调频调速起动的电动机要按产品技术文件的规定确定起动的间隔时间。

**五、低压电器试验**

1. 试验项目

低压电器的试验项目，应包括下列内容：

(1)测量低压电器连同所连接电缆及二次回路的绝缘电阻。

(2)电压线圈动作值校验。

(3)低压电器动作情况检查。

(4)低压电器采用的脱扣器整定。

(5)测量电阻器和变阻器直流电阻。

(6)低压电器连同所连接电缆及二次回路的交流耐压试验。

2. 低压电器交接试验

低压电器产品出厂时都经过检查并合格，故在安装前一般只作外观检验。但在试运前，要对相关的现场单独安装的各类低压电器进行单体的试验和检测，符合表6-12的规定才具备试运行的必备条件。

表6-12　低压电器交接试验表

| 序号 | 试验内容 | 试验标准或条件 |
|---|---|---|
| 1 | 绝缘电阻 | 用500V绝缘电阻表摇测，绝缘电阻值≥1MΩ；潮湿场所绝缘电阻值≥0.5MΩ |
| 2 | 低压电器动作情况 | 除产品另有规定外，电压、液压或气压在额定值的85%～110%范围内能可靠动作 |
| 3 | 脱扣器的整定值 | 整定值误差不得超过产品技术条件的规定 |
| 4 | 电阻器和变阻器的直流电阻差值 | 符合产品技术条件规定 |

3. 控制回路模拟动作试验

控制回路模拟动作试验是指电气线路的主回路开关出线处断开，电动机等电气设备不受电动作；但是控制电路是通电的，可以模拟合闸、分闸，也可以将各个联锁接点(包括电信号和非电信号)，进行人工模拟动作而控制主回路开关的动作。

(1)断开电气线路的主回路开关出线处，电动机等电气设备不受电；接通控制电源，检查各部的电压是否符合规定，信号灯、零压继电器等工作是否正常。

(2)操作各按钮或开关，相应的各继电器、接触器的吸合和释放都应迅速，无黏滞现象和不正常噪声。各相关信号灯指示要符合图纸的规定。

(3)用人工模拟的方法试动各保护元件，应能实现迅速、准确、可靠的保护功能。如模拟合闸、分闸，也可将各个联锁接点(包括电信号和非电信号)，进行人工模拟动作而控制主回路开关的动作。

检查无功功率补偿手动投切是否正常。如果几台柜子之间有联系，还要进行联屏试验(如有的无功补偿柜有主柜和副柜之分)。

(4)手动各行程开关，检查其限位作用的方向性及可靠性。

(5)对设有电气联锁环节的设备，应根据电气原理图检查联锁功能是否准确可靠。

4. 断路器操作机构试验

(1)合闸操作。当断路器进行合闸操作时，其操作电压、液压应在表 6-13 范围内。操动机械应动作可靠。对于弹簧、液压操动机构的合闸线圈以及电磁操动机构的合闸接触器，其动作要求均应符合规定。

表 6-13　　断路器操动机合闸操作试验电压、液压范围

| 电　压 | | 液　压 |
|---|---|---|
| 直　流 | 交　流 | |
| (85～110)%$U_n$ | (85～110)%$U_n$ | 按产品规定的最低及最高值 |

注：对电磁机构，当断路器关合电流峰值小于 50kA 时，直流操作电压范围为(80～110)%$U_n$。$U_n$ 为额定电源电压。

(2)脱扣操作。直流或交流的分闸电磁铁，在其线圈端钮处测得的电压大于额定值的 65%时，应可靠地分闸；当此电压小于额定值的 30%时，不应分闸。

1)附装失压脱扣器的，其动作特性应符合表 6-14 的规定。

表 6-14　　附装失压脱扣器的脱扣试验

| 电源电压与额定电源电压的比值 | 小于 35%* | 大于 65% | 大于 85% |
|---|---|---|---|
| 失压脱扣器的工作状态 | 铁芯应可靠地释放 | 铁芯不得释放 | 铁芯应可靠地吸合 |

注：* 当电压缓慢下降至规定比值时，铁芯应可靠地释放。

2)附装过流脱扣器的，其额定电流规定不小于 2.5A 脱扣电流的等级范围及其准确度，应符合表 6-15 的规定。

表 6-15　　附装过流脱扣器的脱扣试验

| 过流脱扣器的种类 | 延时动作的 | 瞬时动作的 |
|---|---|---|
| 脱扣电流等级范围(A) | 2.5～10 | 2.5～15 |
| 每级脱扣电流的准确度 | ±10% | |
| 同脱扣器各级脱扣电流准确度 | ±5% | |

注：对于延时动作的过流脱扣器，应按制造厂提供的脱扣电流与动作延时的关系曲线进行核对，另外还应检查在预定时延终了前主回路电流降至返回值时，脱扣器不应动作。

（3）模拟操作试验。当具有可调电源时，可在不同电压、液压条件下，对断路器进行就地或远控操作，每次操作断路器均应正确，可靠地动作，其联锁及闭锁装置回路的动作应符合产品及设计要求；当无可调电源时，只在额定电压下进行试验。

1）直流电磁或弹簧机构的操作试验，应按表 6-16 的规定进行。

**表 6-16　　直流电磁或弹簧机构的操作试验**

| 操作类别 | 操作线圈端钮电压与额定电源电压的比值（%） | 操作次数 |
| --- | --- | --- |
| 合、分 | 110 | 3 |
| 合闸 | 85(80) | 3 |
| 分闸 | 65 | 3 |
| 合、分、重合 | 100 | 3 |

注：括号内数字适用于装有自动重合闸装置的断路器及表 6-15“注”的情况。

2）液压机构的操作试验，应按表 6-17 的规定进行。

**表 6-17　　液压机构的操作试验**

| 操作类别 | 操作线圈端电压与额定电源电压的比值（%） | 操作液压 | 操作次数 |
| --- | --- | --- | --- |
| 合、分 | 110 | 产品规定的最高操作压力 | 3 |
| 合、分 | 100 | 额定操作压力 | 3 |
| 合 | 85(80) | 产品规定的最低操作压力 | 3 |
| 分 | 65 | 产品规定的最低操作压力 |  |
| 合、分、重合 | 100 | 产品规定的最低操作压力 |  |

注：1. 括号内数字适用于装有自动重合闸装置的断路器。
2. 模拟操作试验应在液压自动控制回路能准确、可靠动作状态进行。
3. 操动时，液压的压降允许值应符合产品技术条件的规定。

5. 低压电器电力负荷试验

（1）电压线圈动作值校验：

1）吸合电压不大于 85%$U$，释放电压不小于 5%$U$；

2）短时工作的合闸线圈应在（85%～110%）$U$ 范围内，分励线圈应在（75%～110%）$U$ 范围内均能可靠工作（$U$—额定工作电压）。

（2）用电动机或液压、气压传动方式操作的电器，除产品另有规定外，当电压、液压或气压在 85%～110%额定值范围内，电器应可靠工作。

（3）各类过电流脱扣器、失压和分励脱扣器、延时装置等，应按设计要求进行整定，其整定值误差（%）不得超过产品的标准误差值。

6. 主回路试验

低压电器主回路试验时，应首先做好设备各运动摩擦面的清洁工作，并涂上润滑油，手摇各传动机构于适中位置，然后恢复各电动机主回路的接线，开动油泵，检查油压及各部位润滑是否正常。同时采用点动方法检查各辅助传动电动机的旋转方向是否正确。

试验时，应依次开动各辅助传动电动机，并检查以下各项内容：

(1)起、制动是否正常，运动速度是否符合设计要求。

(2)电动机及被传动机构声音是否正常。

(3)空载电流(机械挂空挡)是否正常，满载(或负载)电流是否在额定电流以下。

(4)在不同挡位(速度)工作是否正常。

(5)再次验证各行程开关在正式机动时是否能可靠发挥作用。

电动机主回路试验时，应先点动，后正式开动主传动电动机，然后按先空载，后负载，先低速，后高速的原则进行。

**六、电机试运行**

对安装好的电动机试运转，是安装工作的最后一道工序，是对安装质量的检查。

1. 电机试运行前检查

(1)土建工程全部结束，并符合建筑工程施工及验收规范中的规定；

(2)电机本体安装检查结束，现场清扫整理完毕；

(3)冷却、调速、润滑等附属系统安装完毕，验收合格，分部试运行情况良好；

(4)电机的保护、控制、测量、信号励磁等回路的调试完毕，运行正常；

(5)测定电机定子线圈、转子线圈及励磁回路的绝缘电阻，应符合要求；对有绝缘的轴承座，其绝缘板、轴承座及台板的接触面应清洁干燥，用1000V绝缘电阻表测量，绝缘电阻值不小于0.5MΩ；

(6)电刷与换向器或集电环的接触应良好；

(7)盘动电机转子时应转动灵活，无碰卡现象；

(8)电机引出线应相位正确，固定牢固，连接紧密；

(9)电机外壳油漆完整，接地良好；

(10)照明、通讯、消防装置应齐全。

2. 电机起动

电机开始转动至并入系统保持铭牌出力连续运行72h所经历的全部过程，称发电机和调相机的起动运行，如非电机本身原因，不能达到额定负荷时，则允许按最大可能负荷进行72h运行。

水内冷电机应在水质符合起动要求，水回路系统正常通水情况下，才允许进行试行。氢气直接冷却的电机在充空气状态下不得带励磁运行。

3. 电动机在试运行中

(1)电机的旋转方向符合要求，无异声。

(2)换向器、集电环及电刷的工作情况正常。

(3)检查电机各部温度，不应超过产品技术条件的规定。

(4)电机振动的双倍振幅值不应大于表 6-18 的规定。

(5)滑动轴承温升不应超过 80℃，滚动轴承温升不应超过 95℃。

**表 6-18 电机的振动标准**

| 同步转速(r/min) | 3000 | 1500 | 1000 | 750 及以下 |
|---|---|---|---|---|
| 双倍振幅值(mm) | 0.05 | 0.085 | 0.10 | 0.12 |

4. 交流电动机带负荷连续起动

交流电动机的带负荷连续起动次数，如无产品规定时，可按下列要求进行：

(1)在冷态时，可起动 2 次。每次间隔时间不得小于 5min。

(2)在热态时，可起动 1 次。当在处理事故以及电动机起动时间不超过 2～3s 时，可再起动 1 次。

## 七、低压电气动力设备试验和试运行

低压电气动力设备试验和试运行见表 6-19。

**表 6-19 低压电气动力设备试验和试运行**

<table>
<tr><th>序号</th><th>控制点名称</th><th>执行人员</th><th>标准</th></tr>
<tr><td>1</td><td>试运行前，相关电气设备和线路的试验</td><td rowspan="2">施工员<br>技术员</td><td>试运行前，相关电气设备和线路应按《建筑电气工程施工质量验收规范》(GB 50303—2002)的规定试验合格</td></tr>
<tr><td>2</td><td>现场单独安装的低压电器交接试验</td><td>现场单独安装的低压电器交接试验项目应符合下表规定
<table>
<tr><th>序号</th><th>试验内容</th><th>试验标准或条件</th></tr>
<tr><td>1</td><td>绝缘电阻</td><td>用 500V 兆欧表摇测，绝缘电阻值≥1MΩ；潮湿场所，绝缘电阻值≥0.5MΩ</td></tr>
<tr><td>2</td><td>低压电器动作情况</td><td>除产品另有规定外，电压、液压或气压在额定值的 85%～110%范围内能可靠动作</td></tr>
<tr><td>3</td><td>脱扣器的整定值</td><td>整定值误差不得超过产品技术条件的规定</td></tr>
<tr><td>4</td><td>电阻器和变阻器的直流电阻差值</td><td>符合产品技术条件规定</td></tr>
</table></td></tr>
</table>

续表

| 序号 | 控制点名称 | 执行人员 | 标　准 |
|---|---|---|---|
| 3 | 运行电压、电流及其指示仪表检查 | 施工员<br>质量员 | 成套配电(控制)柜、台、箱、盘的运行电压、电流应正常,各种仪表指示正常 |
| 4 | 电动机试通电检查 | | 电动机应试通电,检查转向和机械转动有无异常情况;可空载试运行的电动机,时间一般为2h,记录空载电流,且检查机身和轴承的温升 |
| 5 | 交流电动机空载起动及运行状态记录 | | 交流电动机在空载状态下(不投料)可启动次数及间隔时间应符合产品技术条件的要求;无要求时,连续启动2次的时间间隔不应小于5min,再次启动应在电动机冷却至常温下。空载状态(不投料)运行,应记录电流、电压、温度、运行时间等有关数据,且应符合建筑设备或工艺装置的空载状态运行(不投料)要求 |
| 6 | 电动执行机构的动作方向及指示检查 | | 电动执行机构的动作方向及指示,应与工艺装置的设计要求保持一致 |

**八、现场安全常见问题**

(1)凡从事高速试验和送电试运行人员,均应戴手套、穿绝缘鞋。但在用围速表测试电机转速时,不可戴线手套;推力不可过大或过小。

(2)试运通电区域应设围栏或警告指示牌,非操作人员禁止入内。

(3)对即将送电或送电后的变配电室,应派人看守或上锁。

(4)带电的配电箱、开关柜应挂上"有电"的指示牌;在停电的线路或设备上工作时,应在断开的电源开关、盘柜或按钮上挂上"有人工作"、"禁止合闸"等指示牌(电力传动装置系统及各类开关调试时,应将有关的开关手柄取下或锁上)。

(5)凡在架空线上或变电所引出的电缆线路上工作时,必须在工作前挂上地线,工作结束后撤除。

(6)凡临时使用的各种线路(短路线、电源线)、绝缘物和隔离物,在调整试验或试运行后应立即清除,恢复原状。

(7)合理选择仪器、仪表设备的量程和容量,不允许超容量、超量程使用。

(8)试运的安全防护用品未准备好时,不得进行试运。参加试运的指挥人员和操作人员,应严格按试运方案、操作规程和有关规定进行操作,操作及监护人员不得随意改变操作命令。

# 第七章　室内外照明设备安装

## 第一节　灯 具 安 装

### 一、施工准备

1. 进场验收

(1)检查合格证:各类灯具应具有产品合格证,设备应有铭牌表明制造厂、型号和规格。型号、规格必须符合设计要求,附件、备件应齐全完好,无机械损伤,变形、灯罩破裂、灯箱歪翘等现象。

(2)外观检查:灯具涂层完整,无损伤,附件齐全。普通灯具有安全认证标志。

(3)对成套灯具的绝缘电阻、内部接线等性能进行现场抽样检测。灯具的绝缘电阻值不小于2MΩ,内部接线为铜芯绝缘电线,芯线截面积不小于0.5mm²,橡胶或聚氯乙烯(PVC)绝缘电阻的绝缘层厚度不小于0.6mm。

2. 工序交接确认

(1)安装灯具的预埋螺栓、吊杆和吊顶上嵌入式灯具安装专用骨架等完成,大型花灯按设计要求做过载试验合格,才能安装灯具。安装灯具的预埋件和嵌入式灯具安装专用骨架通常由施工设计出图,要注意的是有的可能在土建施工图上,也有的可能在电气安装施工图上,这就要求做好协调分工,特别是应在图纸会审时给以明确。

(2)影响灯具安装的模板、脚手架拆除;室内装修和地面清理工作基本完成后,电线绝缘测试合格,才能安装灯具和灯具接线。

(3)高空安装的灯具,在地面通、断电试验合格才能安装。

3. 施工作业条件

(1)照明装置的安装应按已批准的设计进行施工。

(2)与照明装置安装有关的建筑物和构筑物的土建工程质量,应符合现行建筑工程施工的有关规定。

(3)土建工程应具备下列条件:

1)对灯具安装有妨碍的模板、脚手架应拆除;

2)顶棚、墙面等的抹灰工作及表面装饰工程已完成,并结束场地清理工作。

### 二、电气照明分类

在建筑电气工程中,电气照明可分为正常照明、事故照明、值班照明、警卫照明和障碍照明五种类型。

1. 正常照明

正常照明是指在正常工作时使用的室内、外照明。它一般可单独使用，也可与事故照明、值班照明同时使用，但控制线路必须分开。

2. 事故照明

事故照明是指在正常照明因故障熄灭后，供事故情况下暂时继续工作或疏散人员的照明。在由于工作中断或误操作容易引起爆炸、火灾和人身事故或将造成严重政治后果和经济损失的场所，应设置事故照明。事故照明宜布置在可能引起事故的工作场所以及主要通道和出入口。

事故照明必须采用能瞬时点燃的可靠光源，一般采用白炽灯或卤钨灯。当事故照明经常点燃，且正常照明一部分发生故障不需要切换时，也可用气体放电灯。

暂时继续工作用的事故照明，其工作面上的照度不低于一般照明照度的10%；疏散人员用的事故照明，主要通道上的照度不应低于0.5lx。

3. 值班照明

值班照明是指在非工作时间内供值班人员用的照明。在非三班制生产的重要车间、仓库或非营业时间的大型商店、银行等处，通常宜设置值班照明。值班照明可利用正常照明中能单独控制的一部分或利用事故照明的一部分或全部。

4. 警卫照明

警卫照明是指用于警卫地区周围的照明。可根据警戒任务的需要，在厂区或仓库区等警卫范围内装设。

5. 障碍照明

障碍照明是指装设在飞机场四周的高建筑上或有船舶航行的河流两岸建筑上表示障碍标志用的照明。可按民航和交通部门的有关规定装设。

**三、普通灯具安装**

照明器具的安装应在室内土建装饰工作全面完成，并且房门可以关锁的情况下进行；下班时要及时关锁。照明器具的运输、保管应符合国家有关物资的运输、保管规定。

1. 安装要求

(1)每一接线盒应供应一个灯具。门口第一个开关应开门口的第一只灯具，灯具与开关应相对应。事故照明灯具应有特殊标志，并有专用供电电源。每个照明回路均应通电校正，做到灯亮、开启自如。

(2)一般灯具的安装高度应高于2.5m。当设计无要求时，对于一般敞开式灯具，灯头对地面距离不小于下列数值(采用安全电压时除外)：室外(室外墙上安装)2.5m；厂房：2.5m；室内：2m；软吊线带升降器的灯具在吊线展开后：0.8m。也可根据表7-1确定照明灯具距地面的最低悬挂高度。

表 7-1　　　　　　　　照明灯具距地面最低悬挂高度的规定

| 光源种类 | 灯具形式 | 光源功率(W) | 最低悬挂高度(m) |
|---|---|---|---|
| 白炽灯 | 有反射罩 | ≤60 | 2.0 |
| | | 100～150 | 2.5 |
| | | 200～300 | 3.5 |
| | | ≥500 | 4.0 |
| | 有乳白玻璃漫反射罩 | ≤100 | 2.0 |
| | | 150～200 | 2.5 |
| | | 300～500 | 3.0 |
| 卤钨灯 | 有反射罩 | ≤500 | 6.0 |
| | | 1000～2000 | 7.0 |
| 荧光灯 | 无反射罩 | <40 | 2.0 |
| | | >40 | 3.0 |
| | 有反射罩 | ≥40 | 2.0 |
| 荧光高压汞灯 | 有反射罩 | ≤125 | 3.5 |
| | | 250 | 5.0 |
| | | ≥400 | 6.0 |
| 高压汞灯 | 有反射罩 | ≤125 | 4.0 |
| | | 250 | 5.5 |
| | | ≥400 | 6.5 |
| 金属卤化物灯 | 搪瓷反射罩 | 400 | 6 |
| | 铝抛光反射罩 | 1000 | 4.0 |
| 高压钠灯 | 搪瓷反射罩 | 250 | 6.0 |
| | 铝抛光反射罩 | 400 | 7.0 |

注：1. 表中规定的灯具最低悬挂高度在下列情况下可降低 0.5m，但不应低于 2m。

(1)一般照明的照度小于 30lx 时；

(2)房间的长度不超过灯具悬挂高度的 2 倍；

(3)人员短暂停留的房间。

2. 金属卤化物灯为铝抛光反射罩时，当有紫外线防护措施的情况下，悬挂高度可以适当地降低。

(3)当灯具距地面高度小于 2.4m 时，灯具的可接近裸露导体必须接地(PE)或接零(PEN)可靠，并应有专用接地螺栓，且有标识。

在危险性较大及特殊危险场所，当灯具距地面高度小于2.4m时，使用额定电压为36V及以下的照明灯具，或有专用保护措施。

(4)变电所内高、低压盘及母线的正上方，不得安装灯具(不包括采用封闭母线、封闭式盘柜的变电所)。

(5)灯具的接线盒、木台及电扇的吊钩等承重结构，一定要按要求安装，确保器具的牢固性。安装过程中，要注意保护顶棚、墙壁、地面不污染、不损伤。

(6)灯具的固定应符合下列规定：

1)灯具重量大于3kg时，固定在螺栓或预埋吊钩上；

2)软线吊灯，灯具重量在0.5kg及以下时，采用软电线自身吊装；大于0.5kg的灯具采用吊链，且软电线编叉在吊链内，使电线不受力；

3)灯具固定牢固可靠，不使用木楔，每个灯具固定用螺钉或螺栓不少于2个；当绝缘台直径在75mm及以下时，采用1个螺钉或螺栓固定。

4)固定灯具带电部件的绝缘材料以及提供防触电保护的绝缘材料，应耐燃烧和防明火。

5)灯具通过木台与墙面或楼面固定时，可采用木螺钉，但螺钉进木榫长度不应少于20～25mm。如楼板为现浇混凝土楼板，则应采用尼龙膨胀栓，灯具应装在木台中心，偏差不超过1.5mm。

(7)各种转、接线箱、盒的口边最好用水泥砂浆抹口。如盒、箱口离墙面较深时，可在箱口和贴脸(门头线)之间嵌上木条，或抹水泥砂浆补齐，使贴脸与墙面平齐。对于暗开关、插座盒子沉入墙面较深时，常用的办法是垫上弓子(即以$\phi$1.2～$\phi$1.6的钢丝绕一长弹簧)，然后根据盒子的不同深度，随用随剪。

(8)花灯吊钩圆钢直径不应小于灯具挂销直径，且不应小于6mm。大型花灯的固定及悬吊装置，应按灯具重的2倍做过载试验。

(9)装有白炽灯泡的吸顶灯具，灯泡不应紧贴灯罩；当灯泡与绝缘台间距离小于5mm时，灯泡与绝缘台间应采取隔热措施。

(10)大型灯具安装时，应先以5倍以上的灯具重量进行过载起吊试验，如果需要人站在灯具上，还要另外加上200kg，做好记录进入竣工验收资料归档。

1)大型灯具的挂钩不应小于悬挂销钉的直径，且不得小于10mm。

2)预埋在混凝土中的挂钩应与主筋相焊接；如无条件焊接时，也需将挂钩末端部分弯曲后与主筋绑扎。

3)固定牢固；吊钩的弯曲直径为$\phi$50，预埋长度离平顶为80～90mm，其安装高度离地坪不得低于2.5m。

4)吊杆上的悬挂销钉必须装设防振橡胶垫及防松装置。

(11)投光灯的底座及支架应固定牢固，枢轴应沿需要的光轴方向拧紧固定。

(12)安装在室外的壁灯应有泄水孔，绝缘台与墙面之间应有防水措施。

2. 灯具配线

灯具配线应符合施工验收规范的规定。照明灯具使用的导线应能保证灯具能承受一定的机械应力和可靠的安全运行，其工作电压等级一般不应低于交流250V。根据不同的安装场所及用途，照明灯具使用的导线最小线芯截面应符合表7-2的规定。

表7-2　　　　线芯最小允许截面

| 安装场所及用途 | | 线芯最小截面($mm^2$) | | |
|---|---|---|---|---|
| | | 铜芯敷线 | 铜　线 | 铝　线 |
| 照明用灯头线 | 1. 民用建筑室内 | 0.4 | 0.5 | 1.5 |
| | 2. 工业建筑室内 | 0.5 | 0.8 | 2.5 |
| | 3. 室外 | 1.0 | 1.0 | 2.5 |
| 移动式用电设备 | 1. 生活用 | 0.2 | — | — |
| | 2. 生产用 | 1.0 | | |

灯具导线应绝缘良好，无漏电现象。灯具内配线应采用不小于0.4$mm^2$的导线，并严禁外露。灯具软线的两端在接入灯口之前，均应压扁并涮锡，使软线端与螺钉接触良好。穿入灯箱内的导线在分支连接处不得承受额外应力和磨损，不应过于靠近热源，并应采取措施；多股软线的端头需盘圈、挂锡。

软线吊灯的吊灯线应选用双股编织花线，若采用0.5mm软塑料线时，应穿软塑料管，并将该线双股并列挽保险扣。吊灯软线与灯头压线螺钉连接应将软线裸铜芯线挽成圈，再涮锡后进行安装。吊链灯的软线则应编叉在链环内。

3. 木台安装

(1)安装木台前先检查导线回路是否正确及选择木台是否合适。木台的厚度一般不小于12mm，木质不腐朽。槽板配线的木台厚32mm。安装木台时应先在木台的出线孔钻好，锯好进线槽，然后将电线从木孔中穿出后再固定木台。

(2)普通软线吊灯及座灯头的木台直径75mm，可用一个螺钉固定；直敷球灯等较重灯具的木台至少用两个螺钉固定；安装在铁制灯头盒上的木台要用机械螺钉固定。

(3)在潮湿及有腐蚀性气体的地方安装木台时，应加设橡胶垫圈。木台四周应先刷一道防水漆，再刷两道白漆，以保持木质干燥。

(4)木槽板布线中用32mm厚的高桩木台，并应按木槽板的宽度、厚度，将木台边挖一个豁口，然后将木槽板压入木台豁口下面，压入部分不少于10mm。

(5)瓷夹板及瓷瓶布线中的木台不能压线装设，导线应从木台上面引入。

(6)铅皮线和塑料护套线配线中的木台应按护套线外径挖槽，将护套线压在槽下，压入部分护套不要剥掉。

(7)在砖或混凝土结构上安装木台时，应预埋吊钩、螺栓(或螺钉)或采用膨胀螺栓、尼龙塞。

4. 白炽灯安装

白炽灯主要由封闭的球形玻璃壳和灯头组成。当电流通过钨制灯丝时，把灯丝加热到白炽程度而发光。白炽灯泡分为真空泡和充气泡（氩气和氮气）两种，40W以下一般为真空泡，40W以上的为充气泡。灯泡充气后能提高发光效率和增快散热速度。白炽灯的功率一般以输入功率的瓦（W）数来表示。它的寿命与使用电压有关。

白炽灯的安装方法，常用于吊灯、壁灯、吸顶灯等灯具，并安装成许多花型的灯（组）。

(1)吊灯安装。安装吊灯需使用木台和吊线盒两种配件。

1)安装要求。吊灯安装时，应符合下列规定：

①当吊灯灯具的重量超过3kg时，应预埋吊钩或螺栓；软线吊灯仅限于1kg以下，超过者应加吊链或用钢管来悬吊灯具。

②在振动场所的灯具应有防震措施，并应符合设计要求。

③当采用钢管作灯具吊杆时，钢管内径一般不小于10mm。

④吊链灯的灯具不应受拉力，灯线宜与吊链编叉在一起。

2)木台安装。木台一般为圆形，其规格大小按吊线盒或灯具的法兰选取。电线套上保护用塑料软管从木台出线孔穿出，再将木台固定好，最后将吊线盒固定在木台上。

木台的固定要因地制宜，如果吊灯在木梁上或木结构楼板上，则可用木螺钉直接固定。如果为混凝土楼板，则应根据楼板结构型式预埋木砖或钢丝榫。空心楼板则可用弓板固定木台，如图7-1所示。

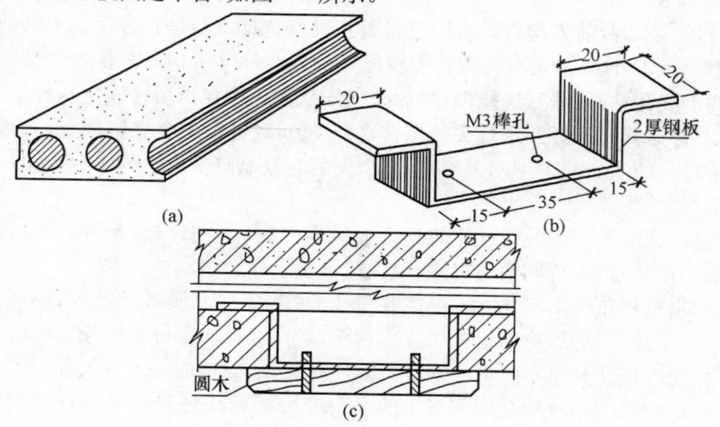


**图7-1　空心钢筋混凝土楼板木台安装**

(a)弓型板位置示意图；(b)弓板示意；(c)空心楼板用弓板安木台

3)吊线盒安装。吊线盒要安装在木台中心,要用不少于两个螺钉固定,线吊灯一般采用胶质或塑料吊线盒,在潮湿处应采用瓷质吊线盒。由于吊线盒的接线螺钉不能承受灯具的重量,因此从接线螺钉引出的电线两端应打好结扣,使结扣处在吊线盒和灯座的出线孔处。如图 7-2 所示。

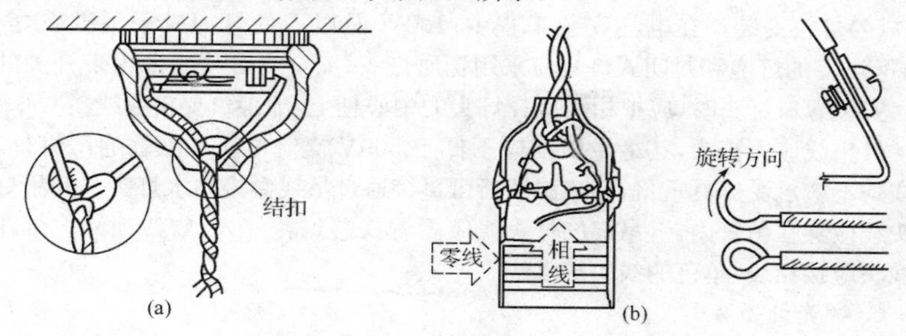


**图 7-2　电线在吊灯两头打结的方法**

(a)吊线盒内电线的打结方法;(b)灯座内电线的打结方法

(2)壁灯安装。壁灯一般安装在墙上或柱子上。当装在砖墙上,一般在砌墙时应预埋木砖,但是禁止用木楔代替木砖。当然也可用预埋金属件或打膨胀螺栓的办法来解决。当采用梯形木砖固定壁灯灯具时,木砖须随墙砌入。木砖的尺寸如图 7-3所示。

在柱子上安装壁灯,可以在柱子上预埋金属构件或用抱箍将灯具固定在柱子上,也可以用膨胀螺栓固定的方法。壁灯的安装如图 7-4 所示。

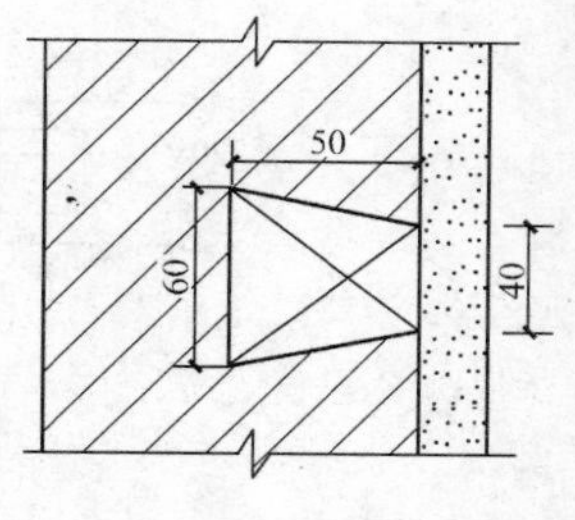


**图 7-3　木砖尺寸示意图**

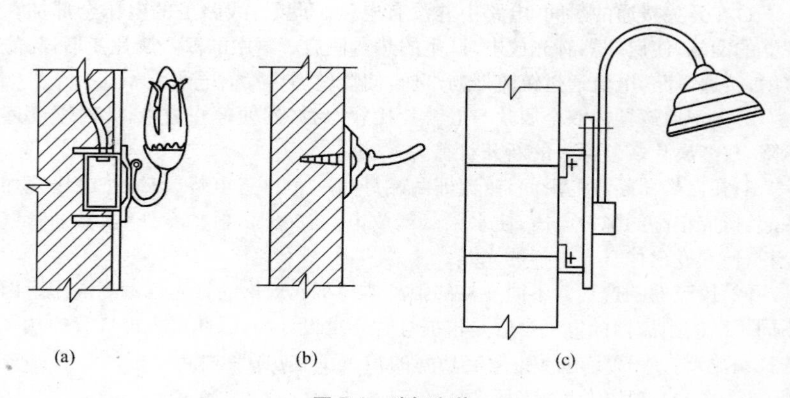


**图 7-4　壁灯安装**

(3)吸顶灯安装。安装吸顶灯时，一般直接将木台固定在天花板的木砖上。在固定之前，还需在灯具的底座与木台之间铺垫石棉板或石棉布。

装有白炽灯泡及吸顶灯具时，若灯泡与木台过近(如半扁罩灯)，在灯泡与木台间应有隔热措施。

(4)灯头安装。在电气安装工程中，100W及以下的灯泡应采用胶质灯头；100W以上的灯泡和封闭式灯具应采用瓷质灯头；安全行灯禁止采用带开关的灯头。安装螺口灯头时，应把相线接在灯头的中心柱上，即螺口要接零线。

灯头线应无接头，其绝缘强度应不低于500V交流电压。除普通吊灯外，灯头线均不应承受灯具重量，在潮湿场所可直接通过吊线盒接防水灯头。杆吊灯的灯头线应穿在吊管内，链吊灯的灯头线应围着铁链编花穿入；软线棉纱上带花纹的线头应接相线，单色的线头接零线。

5. 荧光灯安装

荧光灯也叫日光灯，是由灯管、启辉器、镇流器和电容器组成。

(1)荧光灯电气原理。荧光灯的电气原理如图7-5所示，其工作步骤如下：

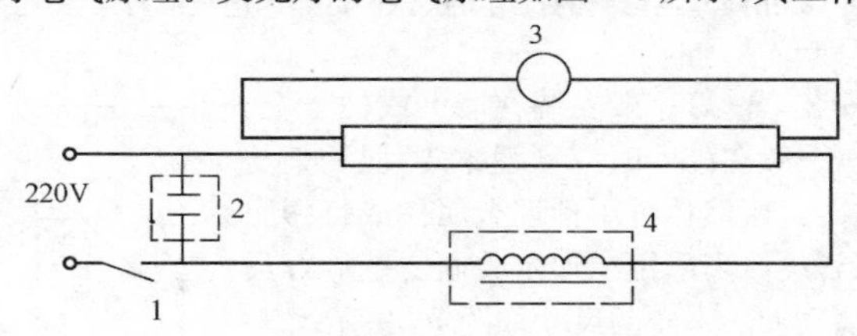


**图7-5 日光灯电气原理图**

1—开关；2—电容器；3—启辉器；4—镇流器

1)在开关接通的瞬间，电路中并没有电流。此时，线路上的电压全部加在启辉器的两端，使启辉器辉光放电，产生的热量使启辉器中的双金属片变形，与静片接触，接通电路，电流通过镇流器与灯丝，使灯丝加热发射电子。

2)由于启辉器内双金属片与静触片接触，启辉器便停止放电，此时温度逐渐下降，双金属片恢复原来的断开状态。

3)在启辉器断开的瞬间，镇流器两端产生一个自感电势，与线路电压叠加在一起，形成很高的脉冲电压，使水银蒸气放电。放电时，射出紫外线，激励管壁荧光粉，使它发出像日光一样的光线。

(2)镇流器的选用。不同规格的镇流器与不同规格的日光灯不能混用。因为不同规格的镇流器的电气参数是根据灯管要求设计的，因此可根据灯管的功率来选择镇流器。在额定电压和额定功率的情况下，应选择相同功率的灯管和镇流器，见表7-3。

表 7-3　　镇流器与灯管的功率配套情况

| 镇流器功率(W) \ 电流值(mA) \ 灯管功率(W) | 15 | 20 | 30 | 40 |
|---|---|---|---|---|
| 15 | 320 | 280 | 240 | 200 以下（起动困难） |
| 20 | 385 | 350 | 290 | 215 |
| 30 | 460 | 420 | 350 | 265 |
| 40 | 590 | 555 | 500 | 410 |

由表 7-3 可知，瓦数相同的灯管和镇流器配套使用时，灯管的工作电流值正好符合灯管的要求，因此应选择相同功率的灯管和镇流器配套使用，才能达到最理想的效果。

(3)荧光灯安装。荧光灯一般采用吸顶式安装、链吊式安装、钢管式安装、嵌入式安装等方法。

1)吸顶式安装时镇流器不能放在日光灯的架子上，否则散热困难；安装时日光灯的架子与天花板之间要留 15mm 的空隙，以便通风。

2)在采用钢管或吊链安装时，镇流器可放在灯架上。如为木制灯架，在镇流器下应放置耐火绝缘物，通常垫以瓷夹板隔热。

3)为防止灯管掉下，应选用带弹簧的灯座，或在灯管的两端，加管卡或尼龙绳扎牢。

4)对于吊式日光灯安装，在三盏以上时，安装前应弹好十字中线，按中心线定位。如果日光灯超过十盏，可增加尺寸调节板，这时将吊线盒改用法兰盘，尺寸调节板如图 7-6 所示。

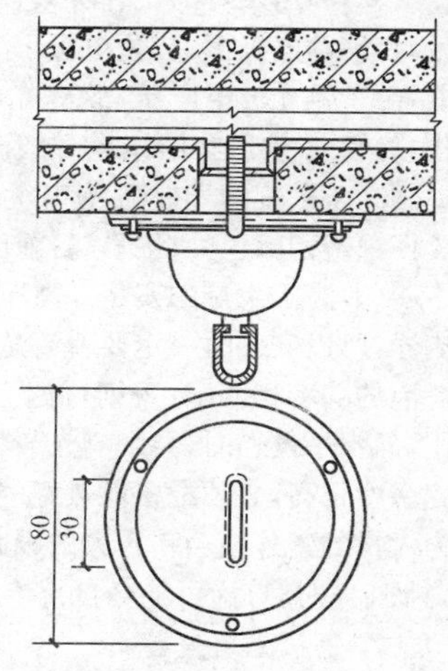

图 7-6　灯位调节板

5)在装接镇流器时，要按镇流器的接线图施工，特别是带有附加线圈的镇流器，不能接错，否则会损坏灯管。选用的镇流器、启辉器与灯管要匹配，不能随便代用。由于镇流器是一个电感元件，功率因数很低，为了改善功率因数，一般还需加装电容器。

6. 高压汞灯安装

(1)高压汞灯的构造。高压汞灯有两个玻壳。内玻壳是一个管状石英管，管内充有水银和氩气。管的两端有两个主电极 $E_1$ 和 $E_2$，如图 7-7 所示，这两个电极都是用钍钨丝制成的。在电极 $E_1$ 的旁边有一个 4000Ω 电阻串联的辅助电极 $E_3$，它的作用是帮助启辉放电。外玻壳的内壁涂有荧光粉，它能将水银蒸气放电时所辐射的紫外线转变为可见光。在内外玻壳之间充有二氧化碳气体，以防止电极与荧光粉氧化。

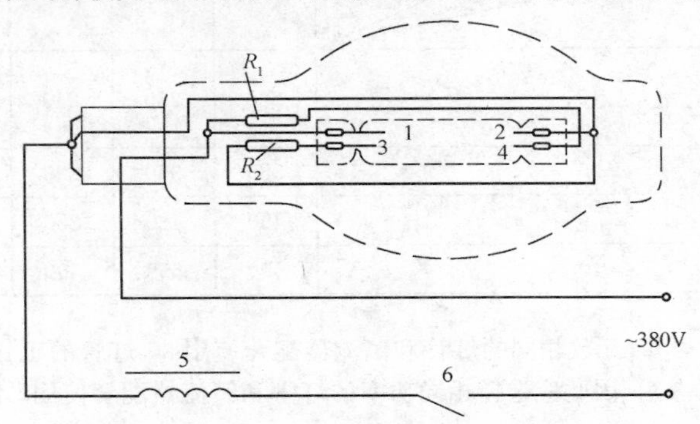


**图 7-7 高压汞灯的接线图**

1—主电极 $E_1$；2—主电极 $E_2$；3—辅助电极 $E_3$；4—电阻；5—镇流器；6—开关

自镇流式高压汞灯的结构与普通的高压汞灯类似，只是在石英管的外面绕上一根钨丝，这根钨丝与放电管串联，利用它起镇流作用。

(2)高压汞灯的工作原理。高压汞灯的发光原理类似于荧光灯。开关接通后，在辅助电极 $E_3$ 与主电极 $E_1$ 之间辉光放电，接着在主电极 $E_1$ 与 $E_2$ 间弧光放电，由于弧光放电电压，故辉光放电停止。随着主电极的弧光放电，水银逐渐气化，灯管就稳定地工作，紫外线激励荧光粉，就发出可见光。

高压汞灯的光效高，使用寿命长，但功率因数较低，适用于道路、广场等不需要仔细辨别颜色的场所。目前已逐渐被高压钠灯和钪钠灯所取代。

(3)高压汞灯的安装。高压汞灯有两种，一种需要配镇流器，一种不需要配镇流器，所以安装时一定要看清楚。需配镇流器的高压汞灯一定要使镇流器功率与灯泡的功率相匹配，否则灯泡会损坏或者起动困难。高压汞灯可在任意位置使用，但水平点燃时，会影响光通量的输出，而且容易自灭。高压汞灯工作时，外玻壳温度很高，必须配备散热好的灯具。外玻壳破碎后的高压汞灯应立即换下，因为大量的紫外线会伤害人的眼睛。高压汞灯的线路电压应尽量保持稳定，当电压降低 5%时，灯泡可能会自行熄灭，所以必要时应考虑调压措施。

7. 高压钠灯安装

高压钠灯的光效比高压汞灯高，寿命长达 2500～5000h，紫外线辐射少，光线透过雾和水蒸气的能力强，但显色指数都比较低，适用于道路、车站、码头、广场等大面积的照明。

(1)高压钠灯的构造。高压钠灯是一种气体放电光源，其结构如图 7-8 所示。

放电管细长,管壁温度达 700℃以上,因钠对石英玻璃具有较强的腐蚀作用,所以放电管管体由多晶氧化铝陶瓷制成。用化学性能稳定而膨胀系数与陶瓷相接近的铌做成端帽,使得电极与管体之间具有良好的密封。电极间连接着双金属片,用来产生起动脉冲。灯泡外壳由硬玻璃制成,灯头与高压汞灯一样,制成螺口型。

(2)高压钠灯的工作原理。高压钠灯是利用高压钠蒸气放电的原理进行工作的。由于它的发光管(放电管)既细又长,不能采用类似高压汞灯通过辅助电极启辉发光的办法,而采用荧光灯的起动原理,但是启辉器被组合在灯泡内部(即双金属片),其起动原理如图 7-9 所示。接通电源后,电流通过双金属片 b 和加热线圈 H,b 受热后发生变形使触头打开,镇流器 L 产生脉冲高压使灯泡点燃。

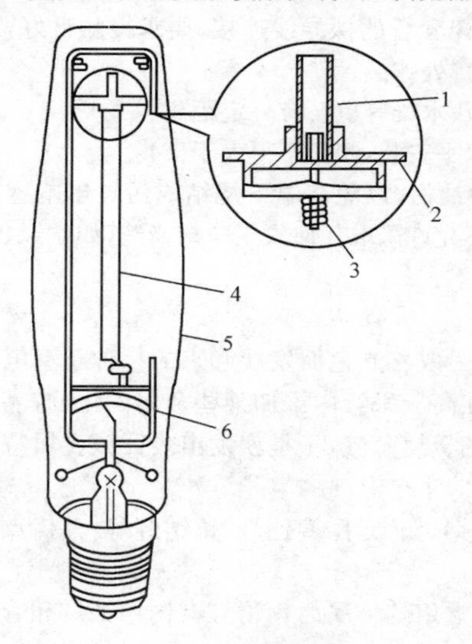


**图 7-8　高压钠灯的外形和结构**

1—金属排气管;2—铌帽;3—电极;
4—放电管;5—玻璃泡体;6—双金属片

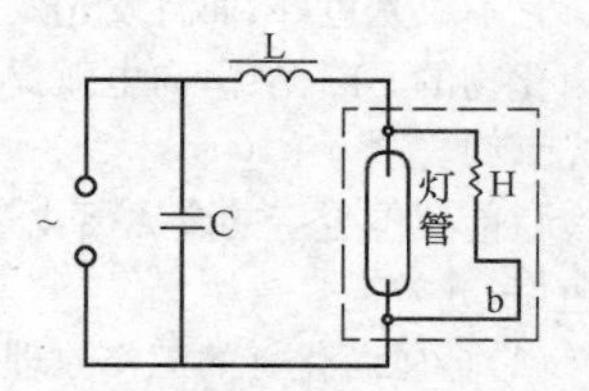


**图 7-9　高压钠灯启动原理**

(3)高压钠灯的安装。灯的型号规格有 NG－110、NG－215、NG－250、NG－360 和 NG－400 等多种,型号后面的数字表示功率大小的瓦数。例如 NG－400 型,其功率为 400W。灯泡的工作电压为 100V 左右,因此安装时要配用瓷质螺口灯座和带有反射罩的灯具。最低悬挂高度 NG－400 型为 7m,NG－250 型为 6m。

8. 碘钨灯的安装

碘钨灯的抗震性差,不宜用作移动光线或用于振动较大的场合。电源电压的变化对灯管的寿命影响也很大,当电压增大 5%时,寿命将缩短一年。

(1)碘钨灯的工作原理。碘钨灯也是由电流加热灯丝至白炽状态而发光的。工作温度越高,发光效率也越高,但钨丝的蒸发腐蚀加剧,灯丝的寿命缩短,碘钨灯管内充有适量的碘,其作用就是解决这一矛盾。利用碘的循环作用,使灯丝蒸发的一部分钨重新附着于灯丝上,延长了灯丝的寿命,又提高了发光效率。

(2)碘钨灯安装。碘钨灯安装时应符合下列各项规定:

1)碘钨灯接线不需要任何附件,只要将电源引线直接接到碘钨灯的瓷座上。

2)碘钨灯正常工作温度很高,管壁温度约为 600℃,因此灯脚引线必须采用耐高温的导线。

3)灯座与灯脚一般用穿有耐高温小瓷套管的裸导线连接,要求接触良好,以免灯脚在高温下严重氧化并引起灯管封接处炸裂。

4)碘钨灯不能与易燃物接近,和木板、木梁等也要有一定距离。

5)为保证碘钨正常循环,要求灯管水平安装,倾角不得大于±4°。

6)使用前应用酒精除去灯管表面的油污,以免高温下烧结成污点影响透明度。使用时应装好散热罩以便散热,但不允许采取任何人工冷却措施(如吹风、雨淋等),保证碘钨正常循环。

9. 金属卤化灯安装

金属卤化灯是在高压汞灯的基础上为改善光色而发展起来的一种新型电光源。它不仅光色好,而且发光效率高。在高压汞灯内添加某些金属卤化物,靠金属卤化物的不断循环,向电弧提供相应的金属蒸气,于是就发出表征该金属特征的光谱线。

目前我国生产的金属卤化灯有钠铊铟灯、镝灯、镝钍灯、钪钠灯等,其优点是光色好,光效高。

(1)金属卤化灯的工作原理。目前,常用的金属卤化物灯有钠铊铟灯和管形镝灯,其工作原理如下:

1)钠铊铟灯的接线和工作原理:图 7-10 所示为 400W 钠铊铟灯工作原理图。电源接通后,电流流经加热线圈 1 和双金属片 2 受热弯曲而断开,产生高压脉冲,使灯管放电点燃;点燃后,放电的热量使双金属片一直保持断开状态,钠灯进入稳定的工作状态。1000W 钠铊铟灯工作线路比较复杂,必须加专门的触发器。

2)管形镝灯的接线及原理:因在管内加了碘化镝,所以起动电压和工作电压就升高了。这种镝灯必须接在 380V 线路中,而且要增加两个辅助电极(引燃极)3 和 4,如图 7-11 所示,使得接通电源后,首先在 1、3 与 2、4 之间放电,再过渡到主电极 1、2 间的放电。

(2)金属卤化物灯安装。金属卤化物灯安装时,要求电源电压比较稳定,电源电压的变化不宜大于±5%。电压的降低不仅影响发光效率及管压的变化,而且会造成光色的变化，以致熄灭。

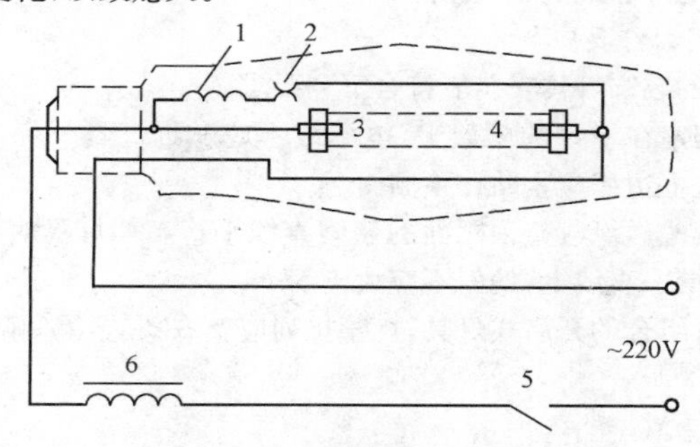


**图 7-10　钠铊铟灯工作原理图**

1—加热线圈；2—双金属片；3、4—主电极；5—开关；6—镇流器

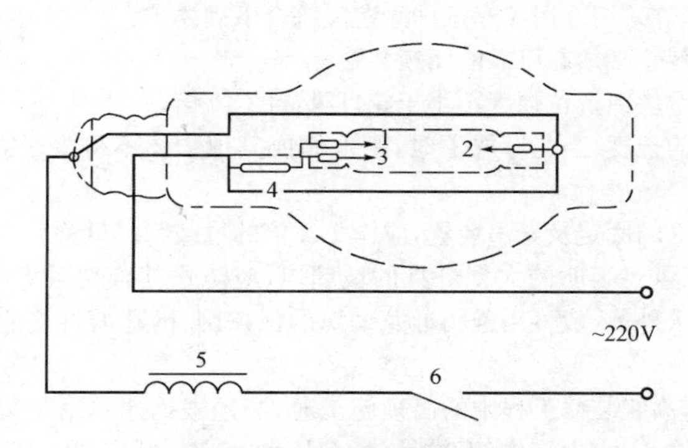


**图 7-11　管形镝灯原理图**

1、2—主电极；3、4—辅助电极；5—镇流器；6—开关

金属卤化物灯安装应符合下列要求：

1)电源线应经接线柱连接，并不得使电源线靠近灯具表面。

2)灯管必须与触发器和限流器配套使用。

3)灯具安装高度宜在 5m 以上。

无外玻璃壳的金属卤化物灯紫外线辐射较强，灯具应加玻璃罩，或悬挂在高度 14m 以上，以保护眼睛和皮肤。

4)管形镝灯的结构有水平点燃、灯头在上的垂直点燃和灯头在下的垂直点燃三种，安装时必须认清方向标记，正确使用。

垂直点燃的灯安装成水平方向时，灯管有爆裂的危险。灯头上、下方向调错，光色会偏绿。

5)由于温度较高，配用灯具必须考虑散热，而且镇流器必须与灯管匹配使用。

否则会影响灯管的寿命或造成起动困难。

10. 嵌入顶棚内灯具安装

嵌入顶棚内的装饰灯具安装应符合下列要求：

(1)灯具应固定在专设的框架上，电源线不应贴近灯具外壳，灯线应留有余量，固定灯罩的边框边缘应紧贴在顶棚面上。

(2)矩形灯具的边缘应与顶棚面的装修直线平行。如灯具对称安装时，其纵横中心轴线应在同一直线上，偏斜不应大于 5mm。

(3)日光灯管组合的开启式灯具，灯管排列应整齐；其金属间隔片不应有弯曲扭斜等缺陷。

11. 花灯安装

(1)固定花灯的吊钩，其圆钢直径不应小于灯具吊挂销钉的直径，且不得小于 6mm。

(2)大型花灯采用专用绞车悬挂固定应符合下列要求：

1)绞车的棘轮必须有可靠的闭锁装置；

2)绞车的钢丝绳抗拉强度不小于花灯重量的 10 倍；

3)钢丝绳的长度：当花灯放下时，距地面或其他物体不得少于 200mm，且灯线不应拉紧；

4)吊装花灯的固定及悬吊装置，应作 1.2 倍的过载起吊试验。

(3)安装在重要场所的大型灯具的玻璃罩，应防止其碎裂后向下溅落措施。除设计另有要求外，一般可用透明尼龙编织的保护网，网孔的规格应根据实际情况决定。

(4)在配合高级装修工程中的吊顶施工时，必须根据建筑吊顶装修图核实具体尺寸和分格中心，定出灯位，下准吊钩。对大的宾馆、饭店、艺术厅、剧场、外事工程等的花灯安装，要加强图纸会审，密切配合施工。

(5)在吊顶夹板上开灯位孔洞时，应先选用木钻钻成小孔，小孔对准灯头盒，待吊顶夹板钉上后，再根据花灯法兰盘大小，扩大吊顶夹板眼孔，使法兰盘能盖住夹板孔洞，保证法兰、吊杆在分格中心位置。

(6)凡是在木结构上安装吸顶组合灯、面包灯、半圆球灯和日光灯具时，应在灯爪子与吊顶直接接触的部位，垫上 3mm 厚的石棉布(纸)隔热，防止火灾事故发生。

(7)在顶棚上安装灯群及吊式花灯时，应先拉好灯位中心线，按十字线定位。

(8)一切花饰灯具的金属构件，都应做良好的保护接地或保护接零。

(9)花灯吊钩应采用镀锌件，并需能承受花灯自重 6 倍的重力。特别重要的场所和大厅中的花灯吊钩，安装前应对其牢固程度作出技术鉴定，做到安全可靠。一般情况下，如采用型钢做吊钩时，圆钢最小规格不小于 $\phi12$；扁钢不小于 50mm×5mm。

### 四、专用灯具的安装

1. 一般规定

(1)根据设计要求，比照灯具底座画好安装孔的位置，打出膨胀螺栓孔，装入膨胀螺栓。

固定手术无影灯底座的螺栓应预先根据产品提供的尺寸预埋，其螺栓应与楼板结构主筋焊接。

(2)安装在专用吊件构架上的舞台灯具应根据灯具安装孔的尺寸制作卡具，以固定灯具。

(3)防爆灯具的安装位置应离开释放源，且不在各种管道的泄压口及排放口上下方安装灯具。

(4)对于温度大于 60℃ 的灯具，当靠近可燃物时应采取隔热、散热等防火措施。

当采用白炽灯、卤钨灯等光源时，不得直接安装在可燃装修材料或可燃物件上。

(5)重要灯具如手术台无影灯、大型舞台灯具等的固定螺栓应采用双螺母锁固。分置式灯具变压器的安装应避开易燃物品，通风散热良好。

2. 灯具接线

专用灯具安装接线应符合下列要求：

(1)多股芯线接头应搪锡，与接线端子连接应可靠牢固。

(2)行灯变压器外壳、铁芯和低压侧的任意一端或中性点接地(PE)或接零(PEN)应可靠。

(3)水下灯具电源进线应采用绝缘导管与灯具连接，严禁采用金属或有金属护层的导管，电源线、绝缘导管与灯具连接处应密封良好，如有可能应涂抹防水密封胶，以确保防水效果。

(4)水下灯及防水灯具应进行等电位联结，连接应可靠。

(5)防爆灯具开关与接线盒螺纹啮合扣数不少于 5 扣，并应在螺纹上涂以电力复合脂。

(6)灯具内接线完毕后，应用尼龙扎带整理固定，以避开有可能的热源等危险位置。

3. 行灯安装

在建筑电气工程中，除在有些特殊场所，如电梯井道底坑、技术层的某些部位为检修安全而设置固定的低压照明电源外，大都是作工具用的移动便携式低压电源和灯具。

36V 及以下行灯变压器和行灯安装必须符合下列规定：

(1)行灯电压不大于 36V，在特殊潮湿场所或导电良好的地面上以及工作地点狭窄、行动不便的场所行灯电压不大于 12V。

(2)行灯变压器为双圈变压器,其电源侧和负荷侧有熔断器保护,熔丝额定电流分别不应大于变压器一次、二次的额定电流。

双圈的行灯变压器次级线圈只要有一点接地或接零即可钳制电压,在任何情况下不会超过安全电压,即使初级线圈因漏电而窜入次级线圈时也能得到有效保护。

(3)行灯变压器的固定支架牢固,油漆完整。

(4)变压器外壳、铁芯和低压侧的任意一端或中性点,与 PE 或 PEN 连接可靠。

(5)行灯灯体及手柄绝缘良好,坚固耐热耐潮湿;灯头与灯体结合紧固,灯头无开关,灯泡外部有金属保护网、反光罩及悬吊挂钩,挂钩固定在灯具的绝缘手柄上。

(6)携带式局部照明灯电线采用橡套软线。

4. 低压照明灯安装

在触电危险性较大及工作条件恶劣的场所,局部照明应采用电压不高于 24V 的低压安全灯。

低压照明灯的电源必须用专用的照明变压器供给,并且必须是双绕组变压器,不能使用自耦变压器进行降压。变压器的高压侧必须接近变压器的额定电流。低压侧也应有熔丝保护,并且低压一端需接地或接零。

对于钳工、电工及其他工种用的手提照明灯也应采用 24V 以下的低压照明灯具。在工作地点狭窄、行动不便、接触有良好接地的大块金属面上工作时(如在锅炉内或金属容器内工作),则触电的危险增大,手提照明灯的电压不应高于 12V。

手提式低压安全灯安装时必须符合下列要求:

(1)灯体及手柄必须用坚固的耐热及耐湿绝缘材料制成。

(2)灯座应牢固地装在灯体上,不能让灯座转动。灯泡的金属部分不应外露。

(3)为防止机械损伤,灯泡应有可靠的机械保护。当采用保护网时,其上端应固定在灯具的绝缘部分上,保护网不应有小门或开口,保护网应只能使用专用工具方可取下。

(4)不许使用带开关灯头。

(5)安装灯体引入线时,不应过于拉紧,同时应避免导线在引出处被磨伤。

(6)金属保护网、反光罩及悬吊用的挂钩应固定于灯具的绝缘部分。

(7)电源导线应采用软线,并应使用插销控制。

5. 手术台无影灯安装

手术台上无影灯重量较大,使用中根据需要经常调节移动,子母式的无影灯更是如此,所以必须注意其固定和防松。

(1)固定灯座的螺栓数量不少于灯具法兰底座上的固定孔数,且螺栓直径与底座孔径相适配;螺栓采用双螺母锁固。

(2)在混凝土结构上螺栓与主筋相焊接或将螺栓末端弯曲与主筋绑扎锚固。

(3)手术台上无影灯的供电方式由设计选定,通常由双回路引向灯具。其专用控制箱由多个电源供电，以确保供电绝对可靠。配电箱内装有专用的总开关及分路开关，电源分别接在两条专用的回路上，开关至灯具的电线采用额定电压不低于750V的铜芯多股绝缘电线。施工中要注意多电源的识别和连接，如有应急直流供电的话要区别标识。

(4)手术台无影灯安装应底座紧贴顶板，四周无缝隙。

(5)手术台无影灯表面应保持整洁、无污染，灯具镀、涂层完整无划伤。

6. 应急灯安装

应急照明是现代大型建筑物中保障人身安全和减少财产损失的安全设施。对于应急照明灯，其电源除正常电源外，还需另有一路电源供电。这路电源可以由独立于正常电源的柴油发电机组供电，也可由蓄电池柜供电或选用自带电源型应急灯具。在正常电源断电后，电源转换时间为：疏散照明≤15s，备用照明≤15s(金融商店交易所≤1.5s)，安全照明≤0.5s。

应急照明线路在敷设时，在每个防火分区应有独立的应急照明回路，穿越不同防火分区的线路应有防火隔堵措施。

在建筑电气工程中，应急照明包括备用照明(供继续和暂时继续工作的照明)、疏散照明和安全照明。

(1)备用照明安装。备用照明是指正常照明出现故障而工作和活动仍需继续进行时设置的应急照明。备用照明的照度往往利用部分或全部正常照明灯具来提供。备用照明宜安装在墙面或顶棚部位。

(2)疏散照明安装。疏散照明系在紧急情况下将人安全地从室内撤离所使用的应急照明。疏散照明按安装的位置又分为应急出口(安全出口)照明和疏散走道照明。

疏散照明多采用荧光灯或白炽灯，由安全出口标志灯和疏散标志灯组成。安全出口标志灯和疏散标志灯应装有玻璃或非燃材料的保护罩，面板亮度均匀度为1∶10(最低∶最高)，保护罩应完整、无裂纹。

1)安全出口标志灯。安全出口标志灯宜安装在疏散门口的上方，在首层的疏散楼梯应安装于楼梯口的里侧上方。安全出口标志灯距地高度宜不低于2m。

疏散走道上的安全出口标志灯可明装，而厅室内宜采用暗装。安全出口标志灯应有图形和文字符号，左右无障碍设计要求时，宜同时设有音响指示信号。

可调光型安全出口标志灯宜用于影剧院的观众厅。在正常情况下减光使用，火灾事故时应自动接通至全亮状态。

2)疏散标志灯。疏散照明要求沿走道提供足够的照明，能看见所有的障碍物，清晰无误地沿指明的疏散路线，迅速找到应急出口，并能容易地找到沿疏散路线设的消防报警按钮、消防设备和配电箱。

疏散标志灯的设置应不影响正常通行，且不能在其周围设置容易混同疏散标志灯的其他标志牌等。

疏散照明宜设在安全出口的顶部、疏散走道及其转角处距地 1m 以下的墙面上。当交叉口处墙面下侧安装难以明确表示疏散方向时，也可将疏散标志灯安装在顶部。疏散走道上的标志灯应有指示疏散方向的箭头标志。疏散走道上的标志灯间距不宜大于 20m(人防工程不宜大于 10m)。

楼梯间内的疏散标志灯宜安装在休息平台板上方的墙角处或壁装，并应用箭头及阿拉伯数字清楚标明上、下层层号。疏散标志灯的设置原则如图 7-12 所示。

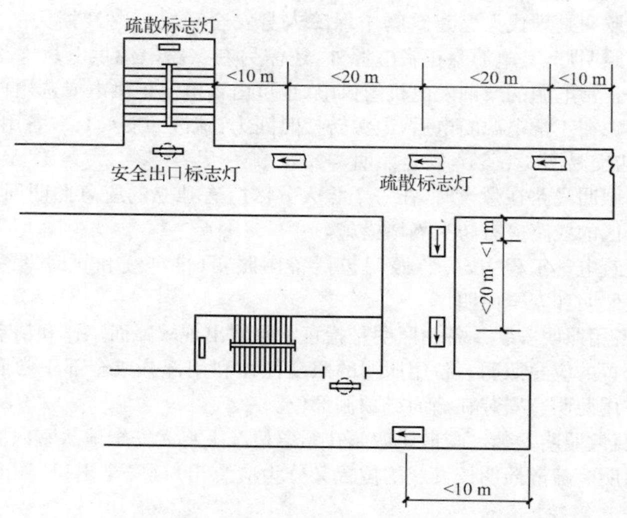


**图 7-12　疏散标志灯设置原则示例**

疏散照明线路采用耐火电线、电缆，穿管明敷或在非燃烧体内穿刚性导管暗敷，暗敷保护层厚度不小于 30mm。电线采用额定电压不低于 750V 的铜芯绝缘电线。

(3)安全照明安装。安全照明是指在正常照明故障时，能使操作人员或其他人员处于危险之中而设的应急照明。这种场合一般还必须设疏散应急照明。安全照明多采用卤钨灯或采用瞬时可靠点燃的荧光灯。

7. 防爆灯具安装

防爆灯具安装时要严格按图纸规定选用规格型号，且不混淆，更不能用非防爆产品替代。

防爆灯具安装应符合下列规定：

(1)灯具的防爆标志、外壳防护等级和温度组别与爆炸危险环境相适配。

(2)灯具及开关的外壳完整，无损伤、无凹陷或沟槽，灯罩无裂纹，金属护网无扭曲变形，防爆标志清晰。

(3)灯具及开关的紧固螺栓无松动、锈蚀,密封垫圈完好。

(4)灯具配套齐全,不用非防爆零件替代灯具配件(金属护网、灯罩、接线盒等)。

(5)灯具的安装位置离开释放源,且不在各种管道的泄压口及排放口上下方安装灯具。

(6)灯具及开关安装牢固可靠,灯具吊管及开关与接线盒螺纹啮合扣数不少于5扣,螺纹加工光滑、完整、无锈蚀,并在螺纹上涂以电力复合酯或导电性防锈酯。

(7)开关安装位置便于操作,安装高度1.3m。

8. 游泳池和类似场所灯具安装

游泳池和类似场所灯具采用何种安全防护措施,由施工设计确定,但施工时要依据确定的防护措施执行。

游泳池和类似场所灯具(水下灯及防水灯具)等电位联结应可靠,且有明显标识,其电源的专用漏电保护装置应全部检测合格。自电源引入灯具的导管必须采用绝缘导管,严禁采用金属或有金属护层的导管。

**五、接地与安全防护**

危险性场所、照明设备布线中的钢铁件、支架、配件等材料均应镀锌,或涂上一道防锈漆、两道颜色适合环境的油漆。涂防锈漆前应作防锈处理。在安装配件中,应配合主件的要求,装卸灵活,安装牢固,严禁凑合使用。

1. 照明设备的接地

危险性场所内安装照明设备等金属外壳,必须有可靠的接地装置,除按电力设备有关要求安装外,尚应符合下列要求:

(1)该接地可与电力设备专用接地装置共用。

(3)采用电力设备的接地装置时,严禁与电力设备串联,应直接与专用接地干线连接。灯具安装于电气设备上且同时使用同一电源者除外。

(3)不得采用单相二线式中的零线作为保护接地线。

(4)如以上要求达不到,应另设专用接地装置。

2. 照明灯具的安全防护

(1)灯具安装前,检查和试验布线的联接和绝缘状况。当确认接线正确和绝缘良好时,方可安装灯具等设备,并做书面记录,作为移交资料。

(2)管盒的缩口盖板,应只留通过绝缘导线孔和固定盖板的螺孔,其他无用孔均应用铁、铅或铅铆钉铆固严密。

(3)为保持管盒密封,缩口盖或接线盒与管盒间,应加石棉垫。

(4)绝缘导线穿过盖板时,应套软绝缘管保护,该绝缘管进入盒内10～15mm,露出盒外至照明设备或灯具光源口内为止。

(5)直接安装于顶棚或墙、柱上的灯具设备等,应在建筑物与照明设备之间,加垫厚度不小于2mm的石棉垫或橡胶板垫。

(6)灯具组装完后应作通电亮灯试验。

## 六、施工工序质量控制点

1. 普通灯具安装施工工序质量控制点

普通灯具安装施工工序质量控制点见表7-4。

表7-4　　普通灯具安装施工工序质量控制点

| 序号 | 控制点名称 | 执行人员 | 标　准 |
|---|---|---|---|
| 1 | 灯具的固定 | 施工员<br>质量员 | 灯具的固定应符合下列规定：<br>(1)灯具质量大于3kg时，固定在螺栓或预埋吊钩上。<br>(2)软线吊灯，灯具质量在0.5kg及以下时，采用软电线自身吊装；大于0.5kg的灯具采用吊链，且软电线编叉在吊链内，使电线不受力。<br>(3)灯具固定牢固可靠，不使用木楔。每个灯具固定用螺钉或螺栓不少于2个；当绝缘台直径在75mm及以下时，采用1个螺钉或螺栓固定 |
| 2 | 花灯吊钩选用、固定及悬吊装置的过载试验 | 施工员<br>技术员 | 花灯吊钩圆钢直径不应小于灯具挂销直径，且不应小于6mm。大型花灯的固定及悬吊装置，应按灯具质量的2倍做过载试验 |
| 3 | 钢管吊灯灯杆检查 | 施工员<br>质量员<br>材料员 | 当钢管做灯杆时，钢管内径不应小于10mm，钢管厚度不应小于1.5mm |
| 4 | 灯具的绝缘材料耐火检查 | | 固定灯具带电部件的绝缘材料以及提供防触电保护的绝缘材料，应耐燃烧和防明火 |
| 5 | 灯具的安装高度和使用电压等级 | | 当设计无要求时，灯具的安装高度和使用电压等级应符合下列规定：<br>(1)一般敞开式灯具，灯头对地面距离不小于下列数值(采用安全电压时除外)：<br>1)室外：2.5m(室外墙上安装)；<br>2)厂房：2.5m；<br>3)室内：2m；<br>4)软吊线带升降器的灯具在吊线展开后：0.8m。<br>(2)危险性较大及特殊危险场所，当灯具距地面高度小于2.4m时，使用额定电压为36V及以下的照明灯具，或有专用保护措施 |
| 6 | 距地高度小于2.4m的灯具金属外壳的接地或接零 | | 当灯具距地面高度小于2.4m时，灯具的可接近裸露导体必须接地(PE)或接零(PEN)可靠，并应有专用接地螺栓，且有标识 |

续表

<table>
<tr><th>序号</th><th>控制点名称</th><th>执行人员</th><th>标　准</th></tr>
<tr><td>7</td><td>引向每个灯具的电线线芯最小截面积</td><td rowspan="2">施工员<br>技术员<br>质量员</td><td>引向每个灯具的导线线芯最小截面积应符合下表的规定<br>
<table>
<tr><td colspan="2" rowspan="2">灯具安装的场所及用途</td><td colspan="3">线芯最小截面积(mm²)</td></tr>
<tr><td>铜芯软线</td><td>铜线</td><td>铝线</td></tr>
<tr><td rowspan="3">灯头线</td><td>民用建筑室内</td><td>0.5</td><td>0.5</td><td>2.5</td></tr>
<tr><td>工业建筑室内</td><td>0.5</td><td>1.0</td><td>2.5</td></tr>
<tr><td>室外</td><td>1.0</td><td>1.0</td><td>2.5</td></tr>
</table></td></tr>
<tr><td>8</td><td>灯具的外形、灯头及其接线检查</td><td>灯具的外形、灯火及其接线检查应符合以下规定：<br>(1)灯具及其配件齐全，无机械损伤、变形、涂层剥落和灯罩破裂等缺陷。<br>(2)软线吊灯的软线两端做保护扣，两端芯线搪锡；当装升降器时，套塑料软管，采用安全灯头。<br>(3)除敞开式灯具外，其他各类灯具灯泡容量在100W及以上者采用瓷质灯头。<br>(4)连接灯具的软线盘扣、搪锡压线，当采用螺口灯头时，相线接于螺口灯头中间的端子上。<br>(5)灯头的绝缘外壳不破损和漏电；带有开关的灯头，开关手柄无裸露的金属部分</td></tr>
<tr><td>9</td><td>变电所内灯具的安装位置</td><td rowspan="5">施工员<br>质量员</td><td>变电所内，高低压配电设备及裸母线的正上方不应安装灯具</td></tr>
<tr><td>10</td><td>装有白炽灯泡的吸顶灯具隔热检查</td><td>装有白炽灯泡的吸顶灯具，灯泡不应紧贴灯罩；当灯泡与绝缘台间距离小于5mm时，灯泡与绝缘台间应采取隔热措施</td></tr>
<tr><td>11</td><td>在重要场所的大型灯具的玻璃罩安全措施</td><td>安装在重要场所的大型灯具的玻璃罩，应采取防止玻璃罩碎裂后向下溅落的措施</td></tr>
<tr><td>12</td><td>投光灯的固定检查</td><td>投光灯的底座及支架应固定牢固，枢轴应沿需要的光轴方向拧紧固定</td></tr>
<tr><td>13</td><td>室外壁灯的防水检查</td><td>安装在室外的壁灯应有泄水孔，绝缘台与墙面之间应有防水措施</td></tr>
</table>

2. 专用灯具安装施工工序质量控制点

专用灯具安装施工工序质量控制点见表 7-5。

表 7-5　　专用灯具安装施工工序质量控制点

| 序号 | 控制点名称 | 执行人员 | 标　准 |
|---|---|---|---|
| 1 | 36V 及以下行灯变压器和行灯安装 | 施工员<br>技术员<br>质量员 | 36V 及以下行灯变压器和行灯安装必须符合下列规定：<br>(1)行灯电压不大于 36V，在特殊潮湿场所或导电良好的地面上以及工作地点狭窄、行动不便的场所行灯电压不大于 12V。<br>(2)变压器外壳、铁芯和低压侧的任意一端或中性点，接地(PE)或接零(PEN)可靠。<br>(3)行灯变压器为双圈变压器，其电源侧和负荷侧有熔断器保护，熔丝额定电流分别不应大于变压器一次、二次的额定电流。<br>(4)行灯灯体及手柄绝缘良好，坚固耐热耐潮湿；灯头与灯体结合紧固，灯头无开关，灯泡外部有金属保护网、反光罩及悬吊挂钩，挂钩固定在灯具的绝缘手柄上 |
| 2 | 游泳池和类似场所灯具的等电位联结，电源的专用漏电保护装置 | | 游泳池和类似场所灯具(水下灯及防水灯具)的等电位联结应可靠，且有明显标识，其电源的专用漏电保护装置应全部检测合格。自电源引入灯具的导管必须采用绝缘导管，严禁采用金属或有金属护层的导管 |
| 3 | 应急照明灯具的安装 | | 应急照明灯具安装应符合下列规定：<br>(1)应急照明灯的电源除正常电源外，另有一路电源供电；或者是独立于正常电源的柴油发电机组供电；或由蓄电池柜供电或选用自带电源型应急灯具。<br>(2)应急照明在正常电源断电后，电源转换时间为：疏散照明≤15s；备用照明≤15s(金融商店交易所≤1.5s)；安全照明≤0.5s。<br>(3)疏散照明由安全出口标志灯和疏散标志灯组成。安全出口标志灯距地高度不低于 2m，且安装在疏散出口和楼梯口里侧的上方。<br>(4)疏散标志灯安装在安全出口的顶部，楼梯间、疏散走道及其转角处应安装在 1m 以下的墙面上。不易安装的部位可安装在上部。疏散通道上的标志灯间距不大于 20m(人防工程不大于 10m)。<br>(5)疏散标志灯的设置，不影响正常通行，且不在其周围设置容易混同疏散标志灯的其他标志牌等 |

续表

<table>
<tr><th>序号</th><th>控制点名称</th><th>执行人员</th><th>标　准</th></tr>
<tr><td>3</td><td>应急照明灯具的安装</td><td rowspan="3">施工员<br>技术员<br>质量员</td><td>(6)应急照明灯具、运行中温度大于60℃的灯具,当靠近可燃物时,采取隔热、散热等防火措施。当采用白炽灯,卤钨灯等光源时,不直接安装在可燃装修材料或可燃物件上。<br>(7)应急照明线路在每个防火分区有独立的应急照明回路,穿越不同防火分区的线路有防火隔堵措施。<br>(8)疏散照明线路采用耐火电线、电缆,穿管明敷或在非燃烧体内穿刚性导管暗敷,暗敷保护层厚度不小于30mm。电线采用额定电压不低于750V的铜芯绝缘电线</td></tr>
<tr><td>4</td><td>手术台无影灯的固定、供电电源和电线选用</td><td>手术台无影灯安装应符合下列规定:<br>(1)固定灯座的螺栓数量不少于灯具法兰底座上的固定孔数,且螺栓直径与底座孔径相适配;螺栓采用双螺母锁固。<br>(2)在混凝土结构上螺栓与主筋相焊接或将螺栓末端弯曲与主筋绑扎锚固。<br>(3)配电箱内装有专用的总开关及分路开关,电源分别接在两条专用的回路上,开关至灯具的电线采用额定电压不低于750V的铜芯多股绝缘电线</td></tr>
<tr><td>5</td><td>防爆灯具的选型及其开关的位置和高度</td><td>(1)灯具的防爆标志、外壳防护等级和温度组别与爆炸危险环境相适配。当设计无要求时,灯具种类和防爆结构的选型应符合下表的规定:
<table>
<tr><th rowspan="2">爆炸危险区域及防爆结构 / 照明设备种类</th><th colspan="2">Ⅰ区</th><th colspan="2">Ⅱ区</th></tr>
<tr><th>隔爆型<br>d</th><th>增安型<br>e</th><th>隔爆型<br>d</th><th>增安型<br>e</th></tr>
<tr><td>固定式灯</td><td>○</td><td>×</td><td>○</td><td>○</td></tr>
<tr><td>移动式灯</td><td>△</td><td>—</td><td>○</td><td>—</td></tr>
<tr><td>携带式电池灯</td><td>○</td><td>—</td><td>○</td><td>—</td></tr>
<tr><td>镇流器</td><td>○</td><td>△</td><td>○</td><td>○</td></tr>
</table>
注:○为适用;△为慎用;×为不适用。<br>(2)灯具配套齐全,不用非防爆零件替代灯具配件(金属护网、灯罩、接线盒等)。<br>(3)灯具的安装位置离开释放源,且不在各种管道的泄压口及排放口上下方安装灯具。<br>(4)灯具及开关安装牢固可靠,灯具吊管及开关与接线盒螺纹啮合扣数不少于5扣,螺纹加工光滑、完整、无锈蚀,并在螺纹上涂以电力复合酯或导电性防锈酯。<br>(5)开关安装位置便于操作,安装高度1.3m</td></tr>
</table>

**七、现场安全常见问题**

(1)登高作业应注意安全,正确佩戴个人防护用品。

(2)人字梯应有防滑链。

(3)严禁两人在同一梯子上作业。

(4)施工场地应做到工完料清,灯具外包装及保护用泡沫塑料应收集后集中处理,严禁焚烧。

# 第二节　景观照明灯、航空障碍标志灯安装

**一、施工准备**

(1)对照明灯具及附件要查验合格证;气体放电灯具通常接线比普通灯具复杂,且附件多,有防高温要求,尤其是新型气体放电灯,功率也大,因而厂家提供随带技术文件。对新型气体放电灯,要查看随带技术文件,以利灯具的正确安装。

(2)外观检查灯具时,涂层完整,无损伤,附件齐全。普通灯具有安全认证标志。

(3)钢制灯柱要按批查验合格证。

**二、霓虹灯安装**

霓虹灯是一种艺术和装饰用的灯光,可在夜空显示多种字形,又可在橱窗里显示各种各样的图案或彩色画面,广泛用于广告、宣传。

1. 霓虹灯的组成

霓虹灯是由霓虹灯管和高压变压器两大部分组成的。

霓虹灯管由直径 10～20mm 的玻璃管弯制作成。灯管两端各装一个电极,玻璃管内抽成真空后,再充入氖、氦等惰性气体作为发光的介质,在电极的两端加上高压,电极发射电子激发管内惰性气体,使电流导通灯管发出红、绿、蓝、黄、白等不同颜色的光束。

2. 安装要点

(1)霓虹灯变压器的安装位置宜在不易被人触及的地方。紧靠灯管的金属支架上固定,有密封的防水小箱保护,与建筑物间距不小于 50mm。与易燃物的距离不得小于 300mm。

(2)霓虹灯灯管应采用专用的绝缘支架固定,且牢固可靠,灯管与建筑物、构筑物表面的净距离不得小于 20mm。

(3)霓虹灯专用变压器应采用双圈式,所供灯管长度不大于其允许负载长度,露天安装应有防雨措施。

(4)霓虹灯专用变压器的二次导线和灯管间的连接线采用额定电压大于 15kV 的高压绝缘导线。二次导线应使用耐高压导线,如不使用耐高压导线,也可采用独股裸铜线穿玻璃管或瓷管敷设。敷设时尽量减少弯曲,弯曲部位应缓慢,

以免玻璃管擦伤铜线。

二次导线应采用绝缘支持件固定，距附着面的距离应≥20mm，固定点间距离以不大于 600mm 为宜，线间距离不宜小于 60mm，二次导线距其他管线应在 150mm 以上，并用绝缘物隔离；过墙时应采用瓷管保护。

(5)对于一次导线，当变压器电源为 220V/380V 电压时，可采用绝缘导线敷设。敷设方法可穿管明敷设或暗敷设，也可采用瓷瓶配线。变压器电源线应远离建筑物的门、窗和阳台，以人不易触及为准。导线明敷设高度宜在 2.5m 以上，垂直敷设时 2m 以下应穿管保护，线间距离不得小于 100mm，固定点间距离不得小于 1.5m，距建筑物和其他非带电体的间距不得小于 50mm。

(6)室外绝缘导线在建筑物、构筑物上敷设与其最小间距见表 7-6。

**表 7-6　　室外绝缘导线与建筑物、构筑物之间的最小距离**

| 敷设方式 | | 最小距离(mm) |
|---|---|---|
| 水平敷设的垂直距离 | 距阳台、平台、屋顶 | 2500 |
| | 距下方窗户上口 | 300 |
| | 距上方窗户下口 | 800 |
| 垂直敷设时至阳台窗户的水平距离 | | 750 |
| 导线至墙壁和构架的距离(挑檐下除外) | | 50 |

(7)霓虹灯管路、变压器的中性点及金属外壳要与专用保护线 PE 可靠地相焊接。为了防潮及防尘，变压器应放在耐燃材料作的箱内。

3. 灯管安装

由于霓虹灯管本身容易破碎，管端部还有高电压，因此应安装在人不易触及的地方，并不应和建筑物直接接触。

(1)安装霓虹灯灯管时，一般用角钢做成框架。框架既要美观又要牢固，在室外安装时还要经得起风吹雨淋。

(2)安装时，应在固定霓虹灯管的基面上(如立体文字、图案、广告牌和牌匾的面板等)，确定霓虹灯每个单元(如一个文字)的位置。

(3)灯体组装时，要根据字体和图案的每个组成件(每段霓虹灯管)所在位置安设灯管支持件(也称灯架)。

灯管支持件要采用绝缘材料制品(如玻璃、陶瓷、塑料等)，其高度不应低于 4mm，支持件的灯管卡接口要和灯管的外径相匹配。

支持件宜用一个螺钉固定，以便调节卡接口与灯管的衔接位置。

(4)灯管和支持件要用绑线绑扎牢靠，每段霓虹灯管其固定点不得少于 2 处，在灯管的较大弯曲处(不含端头的工艺弯折)应加设支持件。

霓虹灯管在支持件上装设不应承受应力。

(5)霓虹灯管要远离可燃性物质，其距离至少应在30cm以上；和其他管线应有150mm以上的间距，并应设绝缘物隔离。

(6)霓虹灯管出线端与导线连接应紧密可靠以防打火或断路。

(7)安装灯管时应用各种玻璃或瓷制、塑料制的绝缘支持件固定。有的支持件可以将灯管直接卡入，有的则可用 $\phi0.5$ 的裸细铜线扎紧，如图7-13所示。

安装灯管时且不可用力过猛，可用螺钉将灯管支持件固定在木板或塑料板上。

(8)室内或橱窗里的小型霓虹灯管安装时，在框架上拉紧已套上透明玻璃管的镀锌钢丝，组成200～300mm间距的网格，然后将霓虹灯管用 $\phi0.5$ 的裸铜丝或弦线等与玻璃管绞紧即可，如图7-14所示。

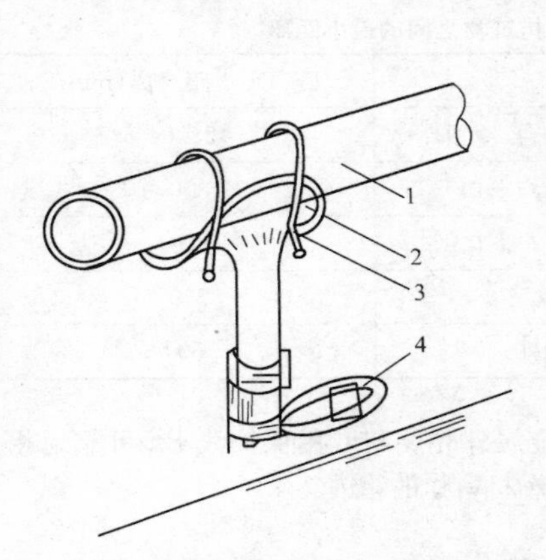


**图7-13　霓虹灯管支持件固定**

1—霓虹灯管；2—绝缘支持件；3—$\phi0.5$ 裸铜丝扎紧；4—螺钉固定

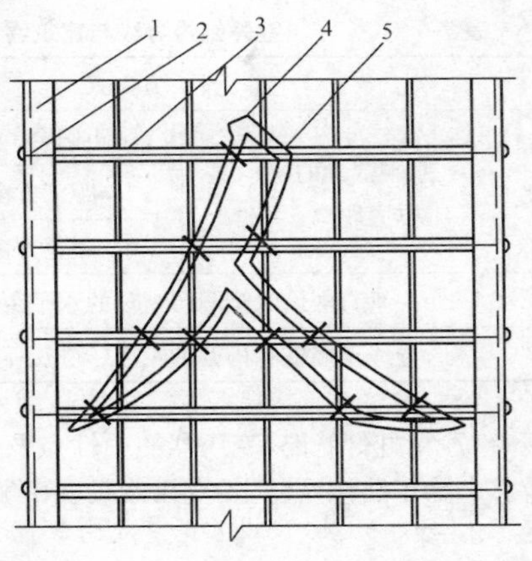


**图7-14　霓虹灯管绑扎固定**

1—型钢框架；2—$\phi1.0$ 镀锌钢丝；3—玻璃套管；4—霓虹灯管；5—$\phi0.5$ 铜丝扎紧

(9)固定后的灯管与建筑物、构筑物表面的最小距离不宜小于20mm。

4. 变压器安装

霓虹灯变压器的选用要根据设计要求而定，变压器的安装位置应安全可靠，以免触电。

(1)变压器应安装在角钢支架上，其支架宜设在牌匾、广告牌的后面或旁侧的墙面上。支架如埋入固定，埋入深度不得少于120mm；如用胀管螺栓固定，螺栓规格不得小于M10。

(2)变压器要用螺栓紧固在支架上，或用扁钢抱箍固定。变压器外皮及支架要做接零(地)保护。

(3)变压器在室外明装其高度应在 3m 以上,距离建筑物窗口或阳台也应以人不能触及为准。

如上述安全距离不足或将变压器明装于屋面、女儿墙、雨棚等人易触及的地方,均应设置围栏并覆盖金属网进行隔离、防护,确保安全。

(4)为防雨、雪和尘埃的侵蚀可将变压器装于不燃或难燃材料制作的箱内加以保护,金属箱要做保护接零(地)处理。

(5)霓虹灯变压器应紧靠灯管安装,一般隐蔽在霓虹灯板之后,可以减短高压接线,但要注意切不可安装在易燃品周围。安装在室外的变压器,离地高度不宜低于 3m,离阳台、架空线路等距离不应小于 1m。

(6)霓虹灯变压器的铁芯、金属外壳、输出端的一端以及保护箱等均应进行可靠的接地。

5. 低压电路安装

对于容量不超过 4kW 的霓虹灯,可采用单相供电;对超过 4kW 的大型霓虹灯,需要提供三相电源,霓虹灯变压器要均匀分配在各相上。

在霓虹灯控制箱内一般装设有电源开关、定时开关和控制接触器。

控制箱一般装设在邻近霓虹灯的房间内。为防止在检修霓虹灯时触及高压,在霓虹灯与控制箱之间应加装电源控制开关和熔断器。在检修灯管时,先断开控制箱开关再断开现场的控制开关,以防止造成误合闸而使霓虹灯管带电的危险。霓虹灯控制器严禁受潮,应安装在室内,高压控制器应有隔离和其他可靠防护措施。

霓虹灯通电后,灯管内会产生高频噪声电波,它将辐射到霓虹灯的周围,会严重干扰电视机和收音机的正常使用。为了避免这种情况发生,只要在低压回路上接装一个电容器就可以了,如图 7-15 所示。

6. 高压线连接

霓虹灯专用变压器的二次导线和灯管间的连接线,应采用额定电压不低于 15kV 的高压尼龙绝缘线。霓虹灯专用变压器的二次导线与建筑物、构筑物表面之间的距离均不应大于 20mm。

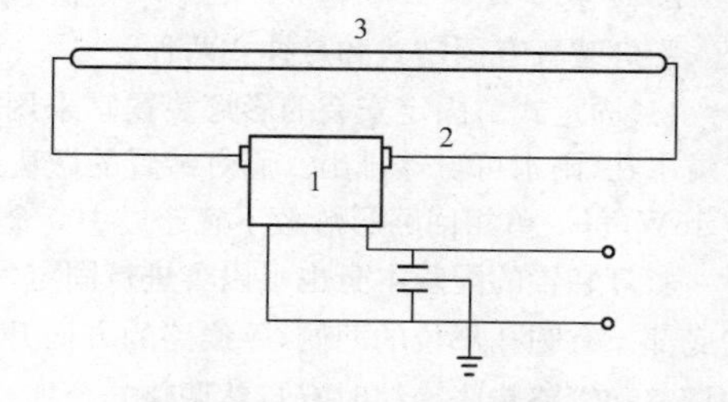


**图 7-15　低压回路接装电容器图**

1—霓虹灯变压器;2—高压导线;3—霓虹灯管

高压导线支持点间的距离,在水平敷设时为 0.5m;垂直敷设时,支持点间的距离为 0.75m。

高压导线在穿越建筑物时,应穿双层玻璃管加强绝缘,玻璃管两端须露出建筑物两侧,长度各为 50～80mm。

## 三、建筑物彩灯安装

在临街的大型建筑物上，常沿建筑物轮廓装设彩灯，以便晚上或节日期间使建筑物显得更为壮观，以供人欣赏。但是，安装在建筑物轮廓线上的彩灯要考虑防风、防雷以及维修、更换等因素。

### 1. 安装要求

(1)垂直彩灯悬挂挑臂采用的槽钢不应小于 10 号，端部吊挂钢索用的开口吊钩螺栓直径不小于 10mm，槽钢上的螺栓固定应两侧有螺母，且防松装置齐全，螺栓紧固。

(2)悬挂钢丝绳直径不得小于 4.5mm，底把圆钢直径不小于 16mm。地锚采用架空外线用拉线盘，埋设深度应大于 1.5m。

(3)建筑物顶部彩灯应采用有防雨性能的专用灯具，灯罩应拧紧；垂直彩灯采用防水吊线灯头，下端灯头距地面高于 3m。

(4)彩灯的配线管道应按明配管要求敷设，且应有防雨功能，管路与管路间，管路与灯头盒间采用螺纹连接，金属导管及彩灯构架、钢索等应接地(PE)或接零(PEN)可靠。

(5)彩灯电源用镀锌钢管从室内引出屋面，引出屋面的电源管应设防水弯头。防水弯头出线要搣防水弯。

(6)彩灯应单独控制，不可与室外其他照明灯同设一回路。

(7)较高的建筑物彩灯照明器的间距不能超过 500mm，较低的建筑物以不超过 400mm 为宜。建筑物垂直安装的彩灯，因视觉向上，有重叠感，彩灯间距可取 600mm 左右。彩灯灯具安装距离要适当，间距过大则无连续性不能成“线”，效果不好。

### 2. 安装方式

彩灯装置有固定式和悬挂式两种。

(1)固定式。固定安装的彩灯装置宜采用定型的彩灯灯具，灯具的底座应留有溢水孔，雨水可自然排出。彩灯装置的做法见图 7-16。彩灯灯泡的功率不宜超过 15W，每一单相回路彩灯数不宜超过 100 个。

彩灯装置的配管本身也可以不进行固定，而固定彩灯灯具底座。在彩灯灯座的底部原有圆孔部位的两侧，顺线路的方向开一长孔，以便安装时进行固定位置的调整和管路热胀冷缩时有自然调整的余地。

(2)悬挂式。悬挂式彩灯多用于建筑物的四角无法装设固定式的部位。对于较高的主体建筑一般采用悬挂方法，但对于不高的楼房、塔楼、水箱间等垂直墙面也可采用镀锌管沿墙垂直敷设的方法。

彩灯悬挂敷设需要制作悬具。悬具制作较繁复，主要材料是钢丝绳、拉紧螺栓及其附件，导线和彩灯设在悬具上。彩灯是防水灯头和彩色白炽灯泡。

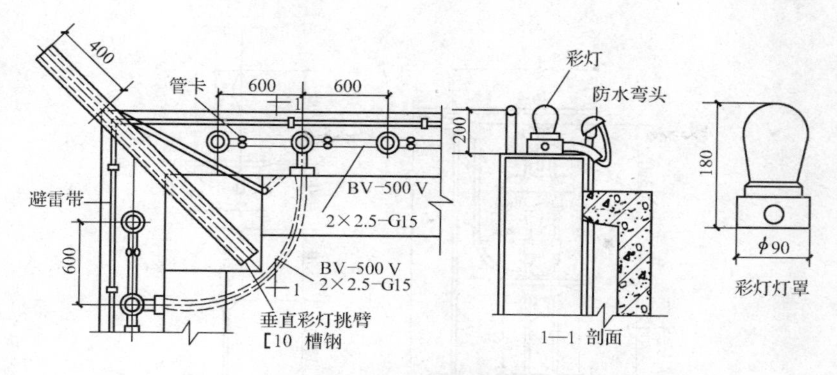


**图 7-16　固定式彩灯装置做法**

3. 安装工艺

(1)安装彩灯时,应使用钢管敷设,严禁使用非金属管作敷设支架。

(2)管路安装时,应先按尺寸将镀锌钢管(厚壁)切割成段,端头套丝,缠上油麻,将电线管拧紧在彩灯灯具底座的丝孔上,勿使漏水,然后再将彩灯一段一段连接起来。

按画出的安装位置线就位,然后用镀锌金属管卡将其固定。固定位置是距灯位边缘 100mm 处,且每管设一卡即可。

(3)连接彩灯具的每段管路应用管卡子和塑料膨胀螺栓固定,管路之间(即灯具两旁)应用不小于 $\phi6$ 的镀锌圆钢进行跨接连接。

(4)土建施工完成后,在彩灯安装部位,顺线路的敷设方向拉通线定位。根据灯具位置及间距要求,沿线打孔埋入塑料胀管。把组装好的灯底座及连接钢管一起放到安装位置(也可边固定边组装),用膨胀螺钉将灯座固定。

(5)对于悬挂式彩灯,当采用防水吊线灯头连同线路一起悬挂于钢丝绳上时,悬挂式彩灯导线应采用绝缘强度不低于 500V 的橡胶铜导线,截面不应小于 $4mm^2$。灯头线与干线的连接应牢固,绝缘包扎紧密。导线所载有灯具重量的拉力不应超过该导线的允许机械强度。灯的间距一般为 700mm,距地面 3m 以下的位置上不允许装设灯头,见图 7-17。

(6)彩灯穿管导线应使用橡胶铜导线敷设。

(7)彩灯装置的钢管应与避雷带(网)进行连接,并应在建筑物上部将彩灯线路线芯与接地管路之间接以避雷器或放电间隙,借以控制放电部位,减少线路损失。

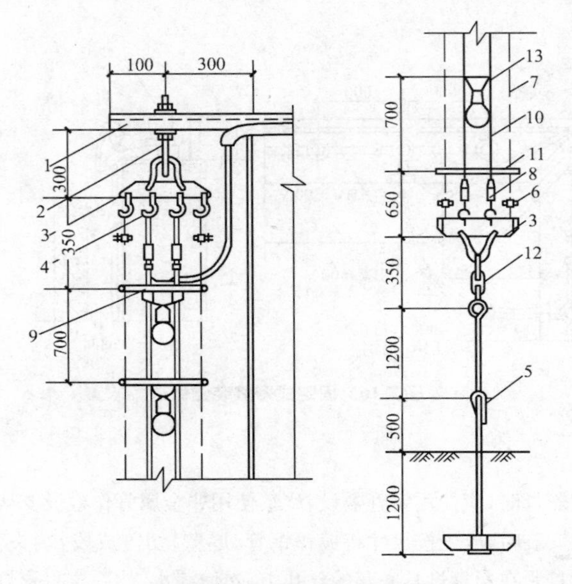


图 7-17 垂直彩灯安装做法

1—角钢；2—拉索；3—拉板；4—拉钩；5—地锚环；6—钢丝绳扎头；7—钢丝绳；8—绝缘子；9—绑扎线；10—铜导线；11—硬塑管；12—花篮螺钉；13—接头

## 四、建筑物景观照明灯安装

景观照明灯通常采用泛光灯。其设置和安装应符合下列规定：

(1)选择泛光灯安装位置时，要注意建筑物本身所具有的特点，如有纪念性建筑物或有观赏价值的风景区重要建筑，有条件时可在投光灯离开建筑物一定距离处设置。如果被照的建筑物地处比较狭窄的街道，则泛光灯可在建筑物本体上安装。

(2)在离开建筑物的地面安装泛光灯时，为了能得到较均匀的亮度，灯与建筑物的距离 $D$ 与建筑物高度 $H$ 之比不应小于 1/10，即 $D/H>1/10$。

(3)在建筑物本体上安装泛光灯时，投光灯凸出建筑物的长度应在 0.7～1m 处。低于 0.7m 时会使被照射的建筑物的照明亮度不均匀，而超过 1m 时又会在投光灯的附近出现暗角，使建筑物周边形成阴影。

(4)设置景观照明尽量不要在顶层设向下的投光照明，因为投光灯要伸出墙一段距离，不但难安装、难维护，而且有碍建筑物外表美观。

建筑物景观照明要求有比较均匀的照度，能够形成适当的阴影和亮度对比，因此必须正确地确定投光灯的安装位置。

(5)景观照明灯控制电源箱可安装在所在楼层竖井内的配电小间内，控制起闭应由控制室或中央计算机统一管理。

(6)在建筑物本体上安装投光灯的间隔,可参考表 7-7 推荐的数值选取。

**表 7-7 在建筑物本体上安装泛光灯的间隔(推荐值)**

| 建筑物高度(m) | 照明器所形成的光束类型 | 灯具伸出建筑物 1m 时的安装间隔(m) | 灯具伸出建筑物 0.7m 时的安装间隔(m) |
|---|---|---|---|
| 25 | 狭光束 | 0.6～0.7 | 0.5～0.6 |
| 30 | 狭光束或中光束 | 0.6～0.9 | 0.6～0.7 |
| 15 | 狭光束或中光束 | 0.7～1.2 | 0.6～0.9 |
| 10 | 狭、中、宽光束均可 | 0.7～1.2 | 0.7～1.2 |

注:狭光束—30°以下;

中光束—30°～70°;

宽光束—70°～90°及以上。

**五、航空障碍标志灯安装**

高空障碍灯设备是为了防止飞机在航行中与建筑物或构筑物相撞的标志灯。一般应装设在建筑物或构筑物凸起的顶端(避雷针除外)。当制高点平面面积较大或是建筑群,除在最高端处装设障碍灯以外,还应在其外侧转角的顶端分别装设。

高空障碍灯应为红色。为了使空中任何方向航行的飞机均能识别出该物体,因此需要装设一盏以上。最高端的障碍灯,其光源不宜少于 2 个。每盏灯的容量不小于 100W。有条件时宜用闪光照明灯。

(1)高层建筑航空障碍灯设置的位置,不但要考虑不被其他物体遮挡,使远处能够容易看见,而且要考虑维修方便。

(2)在顶端设置高空障碍灯时,应设在避雷针的保护范围内,灯具的金属部分要与钢构架等施行电气连接。

(3)建筑物或构筑物中间部位安装的高空障碍灯,需采用金属网罩加以保护,并与灯具的金属部分作接地处理。

(4)烟囱高度在 100m 以上者装设障碍灯时,为减少其对灯具的污染,宜装设在低于烟囱口 4～6m 的部位。同时还应在其高度的 1/2 处装设障碍灯。烟囱上的障碍灯宜装设 3 盏并呈三角形排列。

(5)高空障碍灯采用单独的供电回路,最好能设置备用电源。其配电设备应有明显标志。电源配线应采取防火保护措施。高空障碍灯的配线要穿过防水层,因此要注意封闭,使之不漏水为好。

(6)在距地面 60m 以上装设标志灯时,应采用恒定光强的红色低光强障碍标志灯。距地面 90m 以上装设时,应采用红色光的中光强障碍标志灯,其有效光强应大于 1600cd。距地面 150m 以上应为白色光的高光强障碍标志灯,其有效光强随背景亮度而定。

(7)障碍标志灯电源应按主体建筑中最高负荷等级要求供电，且宜采用自动通断其电源的控制装置。

(8)障碍标志灯的起闭一般可使用露天安放的光电自动控制器进行控制，它以室外自然环境照度为参量来控制光电元件的动作起闭障碍标志灯；也可以通过建筑物的管理电脑，以时间程序来启闭障碍标志灯。为了有可靠的供电电源，两路电源的切换最好在障碍标志灯控制盘处进行。

如图 7-18 所示为航空障碍标志灯接线系统图，双电源供电，电源自动切换，每处装两只灯，由室外光电控制器控制灯的开闭。也可由大厦管理电脑按时间程序控制开闭。

如图 7-19 所示为屋顶障碍标志灯安装大样，安装金属支架一定要与建筑物防雷装置进行焊接。

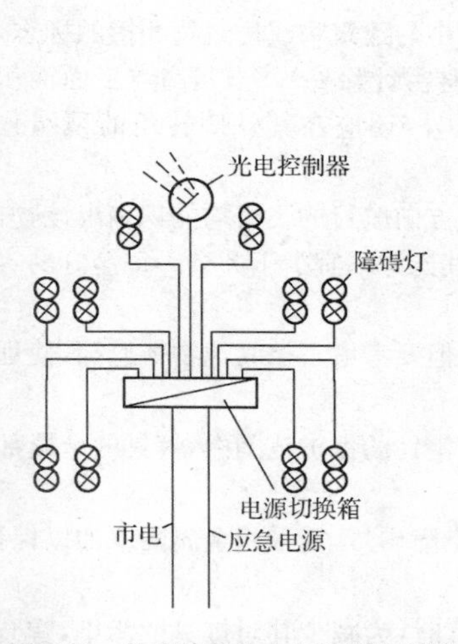


图 7-18　航空障碍标志灯接线系统图

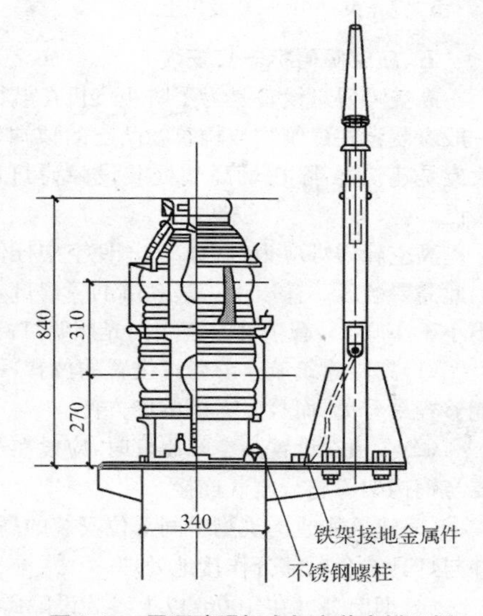


图 7-19　屋顶障碍标志灯安装大样示例

## 六、庭院灯安装

为了节约用电，庭院灯和杆上路灯通常根据自然光和亮度而自动启闭，所以要进行调试，不像以前只要装好以后，用人工开断试亮。

由于庭院灯除了给人们照亮使行动方便和点缀园艺之外，还在夜间起安全警卫作用，所以每套灯具的熔丝要适配，否则某套灯具的故障都会造成整个回路停电。较大面积没有照明，对人们的行动和安全不利。

1. 常用照明器

室外庭院照明，主要是运用光线照射的强弱变化和色彩搭配，形成光彩夺目、和谐统一的灯光环境。常用室外庭院照明器的种类和特征见表 7-8。

表 7-8　庭院中使用的照明器及其特征

| 照明器的种类 | 特　征 |
| --- | --- |
| 投光器（包括反射型灯座） | 用于白炽灯、高强度放电灯，从一个方向照射树木、草坪、纪念碑等。安装挡板或百叶板以使光源绝对不致进入眼内。在白天最好放在不碍观瞻的茂密树阴内或用箱覆盖起来 |
| 杆头式照明器 | 布置在园路或庭院的一隅，适于全面照射路面、树木、草坪。必须注意不要在树林上面突出照明器 |
| 低照明器 | 有固定式、直立移动式、柱式照明器。光源低于眼睛时，完全遮挡上方光通量会有效果。由于设计照明器的关系，露出光源时必须尽可能降低它的亮度 |

2. 安装要求

(1)每套灯具的导电部位对地绝缘电阻值大于 2MΩ。

(2)立柱式路灯、落地式路灯、特种庭院灯等灯具与基础固定可靠，地脚螺栓备帽齐全。灯具的接线盒或熔断器盒，盒盖的防水密封垫完整。

(3)金属立柱及灯具可接近裸露导体接地(PE)或接零(PEN)可靠，接地线单设干线，干线沿庭院灯布置位置形成环网状，且不少于 2 处与接地装置引出线连接。由干线引出支线与金属灯柱及灯具的接地端子连接，且有标识。

(4)灯具的自动通、断电源控制装置动作准确，每套灯具熔断器盒内熔丝齐全，规格与灯具适配。

(5)架空线路电杆上的路灯，固定可靠，紧固件齐全、拧紧，灯位正确；每套灯具配有熔断器保护。

3. 灯架、灯具安装

(1)按设计要求测出灯具(灯架)安装高度，在电杆上划出标记。

(2)将灯架、灯具吊上电杆(较重的灯架、灯具可使用滑轮，大绳吊上电杆)，穿好抱箍或螺栓，按设计要求找好照射角度，调好平正度后，将灯架紧固好。

(3)成排安装的灯具其仰角应保持一致，排列整齐。

4. 配接引下线

(1)将针式绝缘子固定在灯架上，将导线的一端在绝缘子上绑好回头，并分别与灯头线、熔断器进行连接。将接头用橡胶布和黑胶布半幅重叠各包扎一层。然后将导线的另一端拉紧，并与路灯干线背扣后进行缠绕连接。

(2)每套灯具的相线应装有熔断器,且相线应接螺口灯头的中心端子。

(3)引下线与路灯干线连接点距杆中心应为400～600mm,且两侧对称一致。

(4)引下线凌空段不应有接头,长度不应超过4m,超过时应加装固定点或使用钢管引线。

(5)导线进出灯架处应套软塑料管,并做防水弯。

## 七、施工工序质量控制点

建筑物景观照明灯、航空障碍标志灯和庭院灯安装施工工序质量控制点见表7-9。

表7-9　建筑物景观照明灯、航空障碍标志灯和庭院灯安装施工工序质量控制点

| 序号 | 控制点名称 | 执行人员 | 标　准 |
|---|---|---|---|
| 1 | 建筑物彩灯灯具、配管及固定 | 施工员<br>技术员<br>质量员 | 建筑物彩灯安装应符合下列规定:<br>(1)建筑物顶部彩灯采用有防雨性能的专用灯具,灯罩要拧紧。<br>(2)彩灯配线管路按明配管敷设,且有防雨功能。管路间、管路与灯头盒间螺纹连接,金属导管及彩灯的构架、钢索等可接近裸露导体接地(PE)或接零(PEN)可靠。<br>(3)垂直彩灯悬挂挑臂采用不小于10号的槽钢。端部吊挂钢索用的吊钩螺栓直径不小于10mm,螺栓在槽钢上固定,两侧有螺帽,且加平垫及弹簧垫圈紧固。<br>(4)悬挂钢丝绳直径不小于4.5mm,底把圆钢直径不小于16mm,地锚采用架空外线用拉线盘,埋设深度大于1.5m。<br>(5)垂直彩灯采用防水吊线灯头,下端灯头距离地面高于3m |
| 2 | 霓虹灯灯管、专用变压器、导线的检查及固定 | | 霓虹灯安装应符合下列规定:<br>(1)霓虹灯管完好,无破裂。<br>(2)灯管采用专用的绝缘支架固定,且牢固可靠。灯管固定后,与建筑物、构筑物表面的距离不小于20mm。<br>(3)霓虹灯专用变压器采用双圈式,所供灯管长度不大于允许负载长度,露天安装的有防雨措施。<br>(4)霓虹灯专用变压器的二次电线和灯管间的连接线采用额定电压大于15kV的高压绝缘电线。二次电线与建筑物、构筑物表面的距离不小于20mm |

续表

| 序号 | 控制点名称 | 执行人员 | 标　准 |
| --- | --- | --- | --- |
| 3 | 建筑物景观照明灯的绝缘、固定、接地或接零 | 施工员<br>技术员<br>质量员 | 建筑物景观照明灯具安装应符合下列规定：<br>(1)每套灯具的导电部分对地绝缘电阻值大于2MΩ。<br>(2)在人行道等人员来往密集场所安装的落地式灯具，无围栏防护，安装高度距地面2.5m以上。<br>(3)金属构架和灯具的可接近裸露导体及金属软管的接地(PE)或接零(PEN)可靠，且有标识 |
| 4 | 航空障碍标志灯的位置、固定及供电电源 | | 航空障碍标志灯安装应符合下列规定：<br>(1)灯具装设在建筑物或构筑物的最高部位。当最高部位平面面积较大或为建筑群时，除在最高端装设外，还在其外侧转角的顶端分别装设灯具。<br>(2)当灯具在烟囱顶上装设时，安装在低于烟囱口1.5～3m的部位且呈正三角形水平排列。<br>(3)灯具的选型根据安装高度决定；低光强的(距地面60m以下装设时采用)为红色光，其有效光强大于1600cd。高光强的(距地面150m以上装设时采用)为白色光，有效光强随背景亮度而定。<br>(4)灯具的电源按主体建筑中最高负荷等级要求供电。<br>(5)灯具安装牢固可靠，且设置维修和更换光源的措施 |
| 5 | 庭院灯安装、绝缘、固定、防水密封及接地或接零 | | 庭院灯安装应符合下列规定：<br>(1)每套灯具的导电部分对地绝缘电阻值大于2MΩ。<br>(2)立柱式路灯、落地式路灯、特种园艺灯等灯具与基础固定可靠，地脚螺栓备帽齐全。灯具的接线盒或熔断器盒，盒盖的防水密封垫完整。<br>(3)金属立柱及灯具可接近裸露导体接地(PE)或接零(PEN)可靠。接地线单设干线，干线沿庭院灯布置位置形成环网状，且不少于2处与接地装置引出线连接。由干线引出支线与金属灯柱及灯具的接地端子连接，且有标识 |

# 第三节　照明开关及插座安装

在建筑电气工程中，照明灯具的安装离不开照明开关及插座的布置和安装，两者往往一并进行。

**一、照明开关安装**

照明的电气控制方式有两种：一种是单灯或数灯控制；另一种是回路控制。单灯控制或数灯控制采用室内照明开关，即通常的灯开关。灯开关的品种、型号很多。为方便实用，同一建筑物、构筑物的开关采用同一系列的产品，也可利于维修和管理。

1. 质量要求

(1)开关通过1.25倍额定电流时，其导电部分的温升不应超过40℃；

(2)开关的绝缘能承受2000V(50Hz)历时1min的耐压试验，而不发生击穿和闪络现象；

(3)开关在通以试验电压220V、试验1倍额定电流、功率因数cos$\varphi$为0.8，操作10000次(开关额定电流为1～4A)、15000次(开关额定电流为6～10A)后，零件不应出现妨碍正常使用的损伤(紧固零件松动、弹性零件失效、绝缘零件碎裂等)，以1500V(50Hz)的电压试验1min不发生击穿或闪络，通以额定电流时其导电部分的温升不超过50℃；

(4)开关的操作机构应灵活轻巧，触头的接通与断开动作应由瞬时转换机构来完成；

(5)开关的接线端子应能可靠地连接一根与两根1～2.5mm$^2$截面的导线；

(6)开关的塑料零件表面应无气泡、裂纹、铁粉、肿胀、明显的擦伤和毛刺等缺陷，并应具有良好的光泽等。

2. 安装位置

开关的安装位置应便于操作，还应考虑门的开启方向，开关不应设在门后，否则很不方便使用。对住宅楼的进户门开关位置不但要考虑外开门的开启方向，还要考虑用户在装修时，后安装的内开门的开启方向，以防开关被挡在内开门的门后。

《建筑电气工程施工质量验收规范》(GB 50303—2002)规定：开关边缘距门框边缘的距离0.15～0.2m，开关距地面高度1.3m。

开关的安装位置应区别不同的使用场所选择恰当的安装地点，以利美观协调和方便操作。

3. 接线盒检查清理

用錾子轻轻地将盒子内部残留的水泥、灰块等杂物剔除，用小号油漆刷将接线盒内杂物清理干净。清理时注意检查有无接线盒预埋安装位置错位(即螺钉安装孔错位 90°)、螺钉安装孔耳缺失、相邻接线盒高差超标等现象,如果有应及时修整。如接线盒埋入较深,超过 1.5cm 时,应加装套盒。

4. 开关接线

(1)先将盒内导线留出维修长度后剪除余线,用剥线钳剥出适宜长度,以刚好能完全插入接线孔的长度为宜。

(2)对于多联开关需分支连接的应采用安全型压接帽压接分支。

(3)应注意区分相线、零线及保护地线,不得混乱。

(4)开关的相线应经开关关断。

5. 明开关安装

明开关的安装方法如图 7-20 所示。一般适用于拉线开关的同样配线条件,安装位置应距地面 1.3m,距门框 0.15～0.2m。拉线开关相邻间距一般不小于 20mm,室外需用防水拉线开关。

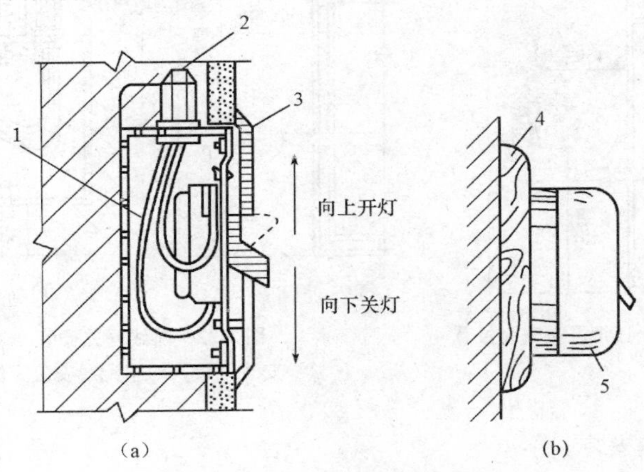


**图 7-20　单极明开关安装**

(a)暗开关;(b)明开关

1—开关盒;2—电线管;3—开关面板;4—木台;5—开关

6. 暗开关安装

暗开关有扳把开关(如图 7-21)、跷板开关、卧式开关、延时开关等等。与暗开关相同安装方法还有拉线式暗开关。根据不同布置需要有单联、双联、三联、四联等形式。

照明开关要安装在相线(火线)上,使开关断开时电灯不带电。扳把开关位置应为上合(开灯)下分(关灯)。安装位置一般离地面为 1.3m,距门框为 0.15～0.2m。单极开关安装方法如图 7-20 所示,二极、三极等多极暗开关安装方法按图 7-20(a)的断面形式,只在水平方向增加安装长度(按所设计开关极数增加而延长)。

安装时，先将开关盒预埋在墙内，但要注意平正，不能偏斜；盒口面要与墙面一致。待穿完导线后，即可接线，接好线后装开关面板，使面板紧贴墙面。扳把开关安装位置如图 7-21 所示。

7. 拉线开关安装

槽板配线和护套配线及瓷珠、瓷夹板配线的电气照明用拉线开关，其安装位置离地面一般在 2～3m，离顶棚 200mm 以上，距门框为 0.15～0.2m，如图 7-22(a)所示。拉线的出口朝下，用木螺钉固定在圆木台上。但有些地方为了需要，暗配线也采用拉线开关，如图 7-22(b)所示。

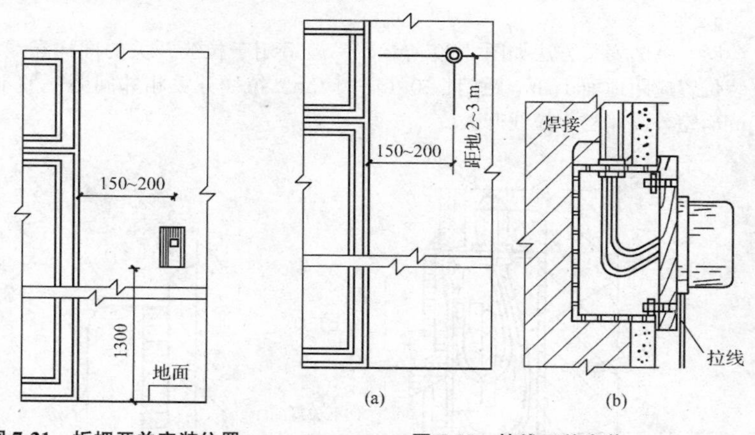


**图 7-21　扳把开关安装位置**

**图 7-22　拉线开关安装**
(a)安装位置；(b)暗配线安装方法

## 二、插座安装

插座是长期带电的电器，是各种移动电器的电源接取口，如台灯、电视机、计算机、洗衣机和壁扇等，也是线路中最容易发生故障的地方。插座的接线孔都有一定的排列位置，不能接错，尤其是单相带保护接地插孔的三孔插座，一旦接错，就容易发生触电伤亡事故。插座接线时，应仔细辨认识别盒内分色导线，正确地与插座进行连接。

在电气工程中，插座宜由单独的回路配电，并且一个房间内的插座宜由同一回路配电。当灯具和插座混为一回路时，其中插座数量不宜超过 5 个(组)；当插座为单独回路时，数量不宜超过 10 个(组)。但住宅可不受上述规定限制。

1. 技术要求

插座的型式、基本参数与尺寸应符合设计的规定。其技术要求为：

(1)插座的绝缘应能承受 2000V(50Hz)历时 1min 的耐压试验，而不发生击穿或闪络现象；

(2)插头从插座中拔出时，6A 插座每一极的拔出力不应小于 3N(二、三极的总拔出力不大于 30N)；10A 插座每一极的拔出力不应小于 5N(二、三、四极的总拔出力分别不大于 40N、50N、70N)；15A 插座每一极的拔出力不应小于 6N(三、四极的总拔出力分别不大于 70N、90N)；25A 插座每一极的拔出力不应小于 10N(四极总拔出力不小于 120N)；

(3)插座通过 1.25 倍额定电流时，其导电部分的温升不应超过 40℃；

(4)插座的塑料零件表面应无气泡、裂纹、铁粉、肿胀、明显的擦伤和毛刺等缺陷，并应具有良好的光泽；

(5)插座的接线端子应能可靠地连接一根与两根 1～2.5mm²(插座额定电流 6、10A)、1.5～4mm²(插座额定电流 15A)、2.5～6mm²(插座额定电流 25A)的导线；

(6)带接地的三极插座从其顶面看时，以接地极为起点，按顺时针方向依次为"相"、"中"线极。

2. 安装要求

(1)当交流、直流或不同电压等级的插座安装在同一场所时，应有明显的区别，且必须选择不同结构、不同规格和不能互换的插座；配套的插头应按交流、直流或不同电压等级区别使用。

(2)住宅内插座的安装数量，不应少于《住宅设计规范(2003 年版)》(GB 50096—1999)电源插座的设置数量，见表 7-10 中的规定。

表 7-10　　　　　　　　　　住宅插座设置数量表

| 部　　位 | 设 置 数 量 |
| --- | --- |
| 卧室、起居室(厅) | 一个单相三线和一个单相二线的组合插座两组 |
| 厨房、卫生间 | 防溅水型一个单相三线和一个单相二线的组合插座一组 |
| 布置洗衣机、冰箱、排气机械和空调器等处 | 专用单相三线插座各一个 |

(3)暗装的插座面板紧贴墙面，四周无缝隙，安装牢固，表面光滑整洁，无碎裂、划伤，装饰帽齐全。

(4)舞台上的落地插座应有保护盖板。

(5)接地(PE)或接零(PEN)线在插座间不串联连接。

(6)地插座面板与地面齐平或紧贴地面，盖板固定牢固，密封良好。

3. 安装位置

(1)一般距地高度为 1.3m，在托儿所、幼儿园、住宅及小学校等不低于 1.8m；同一场所安装的插座高度应尽量一致。

(2)车间及试验室的明、暗插座一般距地不低于0.3m，特殊场所暗装插座，如图 7-23 所示，一般不低于 0.15m；同一室内安装的插座不应大于 5mm；并列安装不大于 0.5mm。暗设的插座应有专用盒，盖板应紧贴墙面。

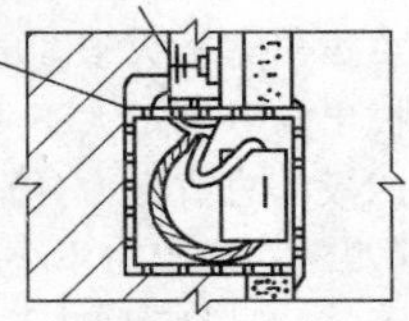

焊接
接地线

图 7-23　暗插座安装

(3)特殊情况下，当接插座有触电危险家用电器的电源时，采用能断开电源的带开关插座，开关断开相线；潮湿场所采用密封型并带保护地线触头的保护型插座，安装高度不低于 1.5m。

(4)为安全使用，插座盒(箱)不应设在水池、水槽(盆)及散热器的上方，更不能被挡在散热器的背后。

(5)插座如设在窗口两侧时，应对照采暖图，插座盒应设在与采暖立管相对应的窗口另一侧墙垛上。

(6)插座盒不应设在室内墙裙或踢脚板的上皮线上，也不应设在室内最上皮瓷砖的上口线上。

(7)插座盒也不宜设在小于 370mm 墙垛(或混凝土柱)上。如墙垛或柱为 370mm 时，应设在中心处，以求美观大方。

(8)住宅厨房内设置供排油烟机使用的插座，应设在煤气台板的侧上方。

(9)插座的设置还应考虑躲开煤气管、表的位置，插座边缘距煤气管、表边缘不应小于 0.15m。

(10)插座与给、排水管的距离不应小于 0.2m；插座与热水管的距离不应小于 0.3m。

4. 插座接线

插座接线时可参照图 7-24 进行，同时还应符合下列各项规定：

(1)插座接线的线色应正确，盒内出线除末端外应做并接头，分支接至插座，不允许拱头(不断线)连接。

(2)单相两孔插座，面对插座的右孔(或上孔)与相线(L)连接，左孔(或下孔)与中性线(N)连接。

(3)单相三孔插座，面对插座的右孔与相线(L)连接，左孔与中性线(N)连接，PE 或 PEN 线接在上孔。

(4)三相四孔及三相五孔插座的 PE 或 PEN 线接在上孔，同一场所的三相插座，接线相序应一致。

(5)插座的接地端子(E)不与中性线(N)端子连接；PE 或 PEN 线在插座间不串联连接，插座的 L 线和 N 线在插座间也不应串接，插座的 N 线不与 PE 线混同。

(6)照明与插座分回路敷设时，插座与照明或插座与插座各回路之间，均不能混同。

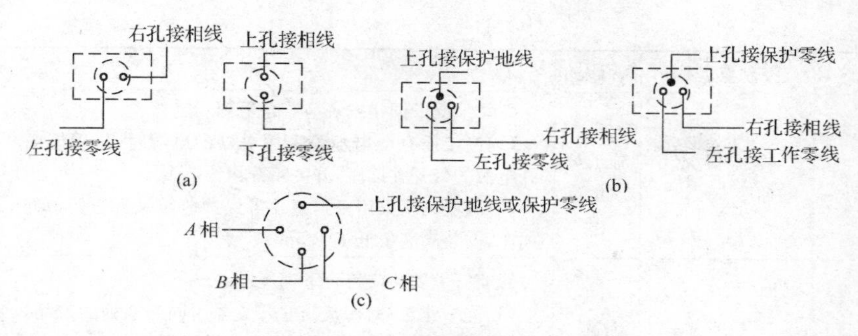


**图 7-24　插座的接线图**

(a)两孔插座；(b)三孔插座；(c)四孔插座

## 三、施工工序质量控制点

开关、插座、风扇安装施工工序质量控制点见表 7-11。

**表 7-11　　开关、插座、风扇安装施工工序质量控制点**

| 序号 | 控制点名称 | 执行人员 | 标　　准 |
| --- | --- | --- | --- |
| 1 | 交流、直流或不同电压等级在同一场所的插座安装 | 施工员<br>技术员 | 当交流、直流或不同电压等级的插座安装在同一场所时，应有明显的区别，且必须选择不同结构、不同规格和不能互换的插座；配套的插头应按交流、直流或不同电压等级区别使用 |
| 2 | 插座的接线 | 施工员<br>技术员<br>质量员 | 插座接线应符合下列规定：<br>(1)单相两孔插座，面对插座的右孔或上孔与相线连接，左孔或下孔与零线连接；单相三孔插座，面对插座的右孔与相线连接，左孔与零线连接。<br>(2)单相三孔、三相四孔及三相五孔插座的接地(PE)或接零(PEN)线接在上孔。插座的接地端子不与零线端子连接。同一场所的三相插座，接线的相序一致。<br>(3)接地(PE)或接零(PEN)线在插座间不串联连接 |
| 3 | 插座安装和外观检查 | 施工员<br>质量员<br>技术员 | 插座安装应符合下列规定：<br>(1)当不采用安全型插座时，托儿所、幼儿园及小学等儿童活动场所安装高度不小于 1.8m。<br>(2)暗装的插座面板紧贴墙面，四周无缝隙，安装牢固，表面光滑整洁、无碎裂、划伤，装饰帽齐全。<br>(3)车间及试(实)验室的插座安装高度距地面不小于 0.3m；特殊场所暗装的插座不小于 0.15m；同一室内插座安装高度一致。<br>(4)地插座面板与地面齐平或紧贴地面，盖板固定牢固，密封良好 |

续表

| 序号 | 控制点名称 | 执行人员 | 标　准 |
|---|---|---|---|
| 4 | 特殊情况下的插座安装 | 施工员<br>质量员 | 特殊情况下插座安装应符合下列规定：<br>(1)当接插有触电危险家用电器的电源时，采用能断开电源的带开关插座，开关断开相线。<br>(2)潮湿场所采用密封型并带保护地线触头的保护型插座，安装高度不低于1.5m |
| 5 | 照明开关的选用、开关的通断位置 | 施工员<br>技术员<br>质量员 | 照明开关安装应符合下列规定：<br>(1)同一建筑物、构筑物的开关采用同一系列的产品，开关的通断位置一致，操作灵活、接触可靠。<br>(2)相线经开关控制；民用住宅无软线引至床边的床头开关。<br>(3)开关安装位置便于操作，开关边缘距门框边缘的距离0.15～0.2m，开关距地面高度1.3m；拉线开关距地面高度2～3m，层高小于3m时，拉线开关距顶板不小于100mm，拉线出口垂直向下。<br>(4)相同型号并列安装及同一室内开关安装高度一致，且控制有序不错位。并列安装的拉线开关的相邻间距不小于20mm。<br>(5)暗装的开关面板应紧贴墙面，四周无缝隙，安装牢固，表面光滑整洁、无碎裂、划伤，装饰帽齐全 |
| 6 | 吊扇的安装高度、挂钩选用和吊扇的组装及试运转 | 施工员<br>技术员<br>质量员 | 吊扇安装应符合下列规定：<br>(1)吊扇挂钩安装牢固，吊扇挂钩的直径不小于吊扇挂销直径，且不小于8mm；有防振橡胶垫；挂销的防松零件齐全、可靠。<br>(2)吊扇扇叶距地高度不小于2.5m。<br>(3)吊扇组装不改变扇叶角度，扇叶固定螺栓防松零件齐全。<br>(4)吊杆间、吊杆与电机间螺纹连接，啮合长度不小于20mm，且防松零件齐全紧固。<br>(5)吊扇接线正确，当运转时扇叶无明显颤动和异常声响 |
| 7 | 壁扇防护罩的固定及试运转 | 施工员<br>技术员<br>质量员 | 壁扇安装应符合下列规定：<br>(1)壁扇底座采用尼龙塞或膨胀螺栓固定；尼龙塞或膨胀螺栓的数量不少于2个，且直径不小于8mm。固定牢固可靠。<br>(2)壁扇防护罩扣紧，固定可靠，当运转时扇叶和防护罩无明显颤动和异常声响 |

# 第八章　应急电源安装

## 第一节　柴油发电机

**一、施工作业条件**

(1)施工图和技术资料齐全。

(2)土建工程基本施工完毕、门窗封闭好。

(3)在室外安装的柴油发电机组应有防雨措施。

(4)柴油发电机组的基础、地脚螺栓孔、沟道、电缆管线的位置应符合设计要求。

(5)柴油发电机组的安装场地清理干净、道路畅通。

(6)柴油发电机组应有出厂合格证、生产许可证和试验记录。(实行生产许可证的产品必须在技术文件中加以说明,产品上应有认证标识,许可证编号应出现在技术文件中或铭牌上)。

**二、柴油发电机组的运行方式**

柴油发电机组的运行方式主要有两种,即单机运行和并联运行,可根据不同的要求选择使用。

1. 单机运行

由于输入转矩周期性、变化性,柴油发电机的转速和输出电压是不均匀的。柴油发电机转速不均匀度 $d$ 应小于等于 1/200～1/300,此时照明时才察觉不到灯光闪烁。

柴油发电机无闪烁运行时所加的最小飞轮力矩 $GD^2$,可由下式确定:

$$GD^2_{min}=\frac{K_p P}{dn^3}\times 10^6 \quad (N\cdot m^2)$$

式中　$n$——柴油机转速(r/min);

$P$——柴油机的 12h 功率或持续功率(kW);

$K_p$——系数,见表 8-1。

**表 8-1**　　**系数 $K_p$**

| 汽缸数 | 冲程 | |
|---|---|---|
| | 4 | 2 |
| 2 | 330～400 | 128 |
| 3 | 160～170 | 54 |
| 4 | 40～54 | 24 |
| 6 | 27～31 | 5.4 |

2. 并联运行

在柴油发电机并联运行时，任一机组的负载或运行状态的变化，都将影响其他机组和电网的平衡状态。为了保证当系统负荷增减时，避免因负载分配不当引起过大的环流或机组转速振荡，参与并联的各发电机组承担有功功率的比例与各发电机额定功率的比例应相同。

(1)各台柴油机的调速特性曲线的形状和斜率应基本一致，并呈下降趋势；

(2)在发电机的自动电压调节器内有无功补偿单元，以保证各机组的无功功率的分配比例和各发电机的额定无功功率的比例相同。对具有不可控相复励励磁系统的发电机，推荐使用同功率、同规格的机组并联，并应采取相应技术措施。

(3)投入并联的各台发电机的最大功率与最小功率之比应不超过 3∶1。当负荷的总功率约为并联运行发电机总功率的 20%～100%时，各发电机实际承担的有功和无功功率比例分配值之差应不大于各台发电机中最大额定有功和无功功率的±10%及最小额定有功和无功功率的±25%。

(4)发电机应装有阻尼绕组，以提高并联运行的稳定性。柴油机调速器应很快使机组达到稳定运行，不会因转速振荡造成发电机组间负荷转移而引起电压波动。

**三、柴油发电机组的容量选择**

在初步设计时，柴油发电机组的容量通常按变压器容量的 10%～20%考虑，但实际上能否满足使用要求却很难肯定。经实践经验证明，按自备柴油发电机组的计算负荷选择，同时用大功率笼型异步电动机的起动条件进行校核。

1. 用电负荷的类型

智能建筑的用电负荷大致可分为以下三种类型：

(1)保安型负荷，即保证大楼人身安全及大楼内智能化设备安全、可靠运行的负荷，有消防水泵、消防电梯、防排烟设备、应急照明及大楼设备的管理计算机监控系统设备、通信系统设备、从事业务用的计算机及相关设备等。

(2)保障型负荷，即保障大楼运行的基本设备负荷，也是大楼运行的基本条件，主要有工作区域的照明、部分电梯、通道照明等。

(3)一般负荷，除上述负荷外的负荷，例如空调、水泵及其他一般照明、电力设备等。

2. 发电机组的容量计算

计算自备发电机容量时，保安型负荷必须考虑在内，保障型负荷是否考虑，应视城市电网情况及大楼的功能而定，若城市电网很稳定，能保证两路独立的电源供电，且大楼的功能要求不太高，则保障型负荷可以不计算在内。虽然城市电网稳定，能保证两路独立的电源供电，但大楼的功能要求很高或级别相当高，那么应将保障型负荷计算在内，或部分计算在内。例如：银行、证券大楼的营业大厅的照明，主要职能部门房间的照明等。

若将保安型负荷和部分保障型负荷相叠加，选择发电机容量将偏大。因此，在初步设计时自备发电机容量可以取变压器总装机容量的10%～20%左右。

设备容量统计出来后，根据实际情况选择需要系数(一般取0.8～0.9)，计算出计算容量 $P_j$，自备发电机的功率按下式计算：

$$P=\frac{KP_j}{\eta}$$

式中　$P$——自备发电机组的功率(kW)；

$P_j$——负荷设备的计算容量(kW)；

$\eta$——发电机并联运行不均匀系统，一般取0.9，单台取1；

$K$——可靠系统，一般取1.1。

3. 发电机组容量的校核

一般来讲，电动机功率越大，自备发电机组的容量选择也越大，否则会造成电动机起动困难，电动机绕组温升过高或者发电机母线电压过低使其保护开关动作。因此，按电动机的容量来检验自备发电机容量，实质上就是检验起动电动机时自备发电机母线上的电压降。

常用的校核方法就是利用大功率笼型异步电动机的起动条件进行校核。因为在笼型异步电动机起动时，柴油发电机出线端将引起很大的电压降，按相关规范要求，此时柴油发电机配电屏母线上的电压不应低于额定电压的80%，否则将引起其他用电设备"跳闸"。如果电动机的功率过大，为了降低电压降，应首先采用降压起动的方法，而不应先增大自备发电机的功率。

不同起动方式下，柴油发电机功率为被起动笼型异步电动机功率的最小倍数，表8-2所提供的数据可供参考。

**表8-2　　不同起动方式下柴油发电机功率为被起动笼型异步电动机功率的最小倍数**

| 起动方式 | | 全压起动 | Y－△起动 | 自耦变压器 | | 延边三角形 | | |
|---|---|---|---|---|---|---|---|---|
| | | | | $0.65U_e$ | $0.8U_e$ | $0.71U_e$ | $0.66U_e$ | |
| 母线允许 | 20% | 5.5 | 1.9 | 2.4 | 3.6 | 3.4 | 3.8 | 2.5 |
| 电压降 | 10% | 7.8 | 2.6 | 3.3 | 5.0 | 4.7 | 3.9 | 3.4 |

## 四、柴油发电机组的台数确定与选择

1. 柴油发电机组台数的确定

根据上面电动机起动容量的检验，发电机台数不能多，多了单机容量小，起动电动机的能力差。根据工程实践经验，当容量不超过800kW时，宜选用单机，当容量在800kW以上时，宜选择两台机组，两台机组各种物理参数最好相同，便于运行时并车。

2. 柴油发电机组的选择

(1)起动装置。由于自备发电机组均为应急所用,因此首先要选有自起动装置的机组,一旦城市电网中断,应在15s内起动且供电。机组在市电停后延时3s后开始起动发电机,起动时间约10s(总计不大于15s,若第一次起动失败,第二次再起动,共有三次自起动功能,总计不大于30s),发电机输出主开关合闸供电。

当市电恢复后,机组延时2~15min(可调)不卸载运行,5min后,主开关自动跳闸,机组再空载冷却运行约10min后自动停车。

(2)外形尺寸。机组的外形尺寸要小,结构要紧凑,重量要轻,辅助设备也要尽量减小,以缩小机房的面积和层高。

(3)自起动方式。自起动方式尽量用电起动,起动电压为直流24V,若用压缩空气起动时,设一套压缩空气装置比较麻烦,应尽量避免采用。

(4)冷却方式。在有足够的进风、排风通道情况下,尽量采用闭式水循环及风冷的整体机组。这样耗水量很少,只要每年更换几次水并加少量防锈剂就可以了。

在没有足够进、排风通道的情况下,可将排风机、散热管与柴油机主体分开,单独放在室外,用水管将室外的散热管与室内地下层的柴油主机相连接。发电机宜选用无刷型自动励磁的方式。

**五、安装程序**

柴油发电机组的安装应遵照下列程序进行:

(1)基础验收合格才能安装机组;

(2)地脚螺栓固定的机组经初平、螺栓孔灌浆、精平、紧固地脚螺栓、二次灌浆等机械安装程序;安放式的机组将底部垫平、垫实;

(3)油、气、水冷、风冷、烟气排放等系统和隔振防噪声设施安装完成;按设计要求配置的消防器材齐全到位;发电机静态试验、随机配电盘控制柜接线检查合格才能空载试运行;

(4)发电机空载试运行和试验调整合格,才能负荷试运行;

(5)在规定时间内,连续无故障负荷试运行合格才能投入备用状态。

**六、工序交接确认**

(1)基础验收合格后,才能安装机组。

(2)地脚螺栓固定的机组经初平、螺栓孔灌浆、精平、紧固地脚螺栓、二次灌浆等机械安装程序;安放式的机组将底部垫平、垫实。

(3)油、气、水冷、风冷、烟气排放等系统和隔振防噪声设施安装完成,经检查无油、不泄漏,且机构运转平稳、转速自动或手动控制符合要求。为了防止空载试运行时发生意外,燃油外漏,引发火灾事故,所以要按设计要求或消防规定配齐灭火器材,同时还应做好消防灭火预案。柴油发电机组安装工作当发电机的静态试验、随机的配电盘、控制柜接线检查合格才具备条件做下一步的发电机空载试验。

(4)柴油机空载试运行和试验调整合格,才能做发电机空载试验,否则盲目地带上发电机负荷是不安全的。

(5)一幢建筑物配有柴油发电机等备用电源,目的是当市电因故中断供电时,建筑物内的重要用电负荷仍能够得到电能,可以持续运行。正因为备用电源的重要性和提供人们安全感的需要,所以在投入备用状态前,要在规定时间内,连续无故障负荷试运行合格,然后才能投入备用状态。

## 七、安装准备工作

1. 安装材料准备

(1)各种规格的型钢:型钢应符合设计要求、无明显的锈蚀,并有材质证明。

(2)螺栓:均采用镀锌螺栓,并配有相应的镀锌平垫圈、弹簧垫。

(3)导线与电缆:各种规格的导线与电缆,要有出厂合格证。

(4)其他材料:绝缘带、电焊条、防锈漆、调和漆、变压器油、润滑油、清洗剂、氧气、乙炔。

2. 柴油机组检查

(1)设备开箱点件应有安装单位、供货单位、建设单位、工程监理共同进行,并做好记录。

(2)依据装箱单,核对主机、附件、专用工具、备品备件和随带技术文件,查验合格证和出厂试运行记录,发电机及其控制柜有出厂试验记录。

(3)外观检查,有铭牌,机身无缺件,涂层完整。

(4)柴油发电机组及其附属设备均应符合设计要求。

(5)发电机组随带的控制柜接线应正确,紧固件紧固状态良好,无遗漏脱落。开关、保护装置的型号、规格正确,验证出厂试验的锁定标记应无位移,有位移应重新按制造厂要求试验标定。

3. 施工作业条件

(1)施工图和技术资料齐全。

(2)土建工程基本施工完毕、门窗封闭好。

(3)在室外安装的柴油发电机组应有防雨措施。

(4)柴油发电机组的基础、地脚螺栓孔、沟道、电缆管线的位置应符合设计要求。

(5)柴油发电机组的安装场地应清理干净、道路畅通。

## 八、机组安装施工

1. 机组布置

机房内主要设备有柴油发电机组、操作台、控制屏、电力及照明配电柜、起动蓄电池、存油箱、冷却系统,进、排风系统等,机房设备布置应符合机组运行要求,力求紧凑、经济合理、保证安全及便于维护。

(1)机房宜靠近大容量的应急负荷或与变电所的低压配电室毗邻。

(2)机房应有良好的自然通风和采光,若机房设在地下设备层时须注意通风、防潮及机组的散热和冷却,并结合当地消防部门要求做好消防措施。

(3)机房的布置要根据机组容量大小和台数而定,机组容量较大,可把机房和控制室分开布置;对于小容量机组一般机电一体,不用设控制室。

1)机组宜横向布置,当受建筑场地限制时,也可纵向布置。

2)机房与控制及配电室毗邻布置时,发电机出线端及电缆沟宜布置在靠控制及配电室侧。

3)机组之间、机组外廓至墙的距离应满足搬运设备、就地操作、维护检修或布置辅助设备的需要,机房内有关尺寸不应小于表 8-3 中规定的数值。

**表 8-3　机组外廓与墙壁的净距最小尺寸**　(单位:m)

| 项目＼容量(kW) | | 64 以下 | 75～150 | 200～400 | 500～800 |
|---|---|---|---|---|---|
| 机组操作面 | *a* | 1.60 | 1.70 | 1.80 | 2.20 |
| 机组背面 | *b* | 1.50 | 1.60 | 1.70 | 2.00 |
| 柴油机端[1] | *c* | 1.00 | 1.00 | 1.20 | 1.50 |
| 机组间距 | *d* | 1.70 | 2.00 | 2.30 | 2.60 |
| 发电机端 | *e* | 1.60 | 1.80 | 2.00 | 2.40 |
| 机房净高 | *h* | 3.50 | 3.50 | 4.00～4.30 | 4.30～5.00 |

注:①表中柴油机距排风口百叶窗间距,是根据国产封闭式自循环水冷却方式机组而定,当机组冷却方式与本表不同时,其间距应按实际情况选定。若机组设在地下层,其间距可适当加大。

2. 主体安装

(1)如果安装现场允许起重机作业时,用起重机将机组整体吊起,把随机配的减振器装在机组的底下。

(2)在柴油发电机组施工完成的基础上,放置好机组。一般情况下,减振器无须固定,只需在减振器下垫一层薄薄的橡胶板。如果需要固定,应确定减振器的地脚孔的位置,吊起机组,埋好螺栓后,放好机组,最后拧紧螺栓。

(3)现场不允许吊车作业,可将机组放在滚杠上,滚至选定位置。

(4)用千斤顶(千斤顶规格根据机组重量选定)将机组一端抬高,注意机组两边的升高一致,直至底座下的间隙能安装抬高一端的减振器。

(5)释放千斤顶,再抬机组另一端,装好剩余的减振器,撤出滚杠,释放千斤顶。

3. 机组接线

机组接线时,必须核对导线的相序。核对相序是两个电源向同一供电系统供电的必经手续,虽然不出现并列运行,但相序一致才能确保用电设备的性能和安全。

(1)柴油发电机馈电线路连接后,两端的相序必须与原供电系统的相序一致。

(2)发电机中性线(N线)应与接地干线直接连接,螺栓防松零件齐全,且有标识。

(3)发电机本体和机械部分的可接触裸露导体应与PE线或PEN线连接可靠，且有标识。

(4)根据厂家提供的随机资料，检查和校验随机控制屏的接线是否与图纸一致。

4. 减振安装

柴油发电机组的减振是减少机件的磨损和防止机组因振动而产生的故障，从而保障机组正常地、不间断地运行的必要措施。

(1)机组基础的振幅允许值与机组的转速关系如下：

| 机组的转速(r/min) | 基础顶面允许振幅(mm) |
|---|---|
| 200～400 | 0.20 |
| >400 | 0.15 |

(2)机组减振工作的好坏与基础重量有一定的关系。实践表明，基础的重量大约为柴油发电机组重量的2倍或2.5倍时较为合适。

柴油发电机组基础的容积$V$可以用下式来估算：

$$V=CG\sqrt{n} \qquad (m^3)$$

式中　$G$——柴油发电机组重量(t)；

$n$——柴油机组的额定转速(r/min)；

$C$——与柴油机组型式及气缸数有关的系数，见表8-4。

**表8-4　　系数$C$值**

| 气缸数 | 3 | 4 | 5 | 6 | 8及以上 |
|---|---|---|---|---|---|
| 系数$C$值 | 0.1 | 0.082 | 0.074 | 0.071 | 0.065 |

(3)对每1kW柴油机的容量可以采用下列配有钢筋的重混凝土基础体积：

1)未经平衡、三气缸以下小容量(75kW以下)的柴油机0.5～0.6$m^3$；

2)容量为75～300kW的柴油机0.4～0.5$m^3$；

3)容量为400kW及以上的，$n \geqslant 375$r/min，气缸数多于4个的柴油机0.1～0.3$m^3$；

4)有着6个及更多气缸的柴油机，$n>500$r/min为0.05～0.10$m^3$。

(4)柴油发电机组位于楼板上，不宜采用重混凝土基础，以免基础过重而增加楼板荷载，机组采用高效隔振减振装置，一般由厂家提供整体底座，机房楼板仅需考虑静荷载。

(5)当建筑物邻近对振动干扰有严格要求时，不允许振动发生，可采用弹簧避振器和钢与橡胶避振器等多种形式。

5. 测量仪表安装

柴油发电机组应按下列要求装设测量仪表以保证机组的正常运行和设备的安全。

(1)发电机控制屏上电气测量仪表的装设应符合下列规定：

1)交流电流表3只，交流电压表、频率表、有功功率表、功率因数表、有功电能表和直流电流表各1只，其准确度等级均不低于1.5级。

2)测量仪表及电能表与继电保护装置应分开装设电流互感器。

3)并列运行的发电机应装设组合式整步表1只。

(2)柴油机附属管道系统装设监视运行的温度计、压力表和保护装置(随机配套的仪表和保护除外)应符合下列要求：

1)温度计应能对冷却水温度、各气缸排气温度、润滑油进机和出机温度进行监测。

2)装设的压力表应能对润滑油进机压力进行监测。

3)当出现冷却水温度过高、冷却水进水压力过低或中断、润滑油出机温度过高或进机压力过低、柴油机转速过高或日用燃油箱油面(位)过低等情况之一时，保护装置应可靠，动作于声光信号。

(3)测量表计的安装和工作条件，应符合仪表技术条件的要求。

(4)对于母管制燃油系统的计量装置，应设在每台柴油机的进油管路上；对于单元制燃油系统的计量装置，应设在燃油罐与日用燃油箱之间的燃油管路上。

**九、机组试验**

1. 交接试验

由柴油发电机至配电室或经配套的控制柜至配电室的馈电线路，应使用绝缘电线或电力电缆，通电前应按规定进行试验；如馈电线路是封闭母线，则应按封闭母线的验收规定进行检查和试验。柴油发电机在安装后应按表8-5所示的内容做交接试验。

**表8-5　发电机交接试验**

| 序号 | 部位 \ 内容 | | 试验内容 | 试验结果 |
|---|---|---|---|---|
| 1 | 静态试验 | 定子电路 | 测量定子绕组的绝缘电阻和吸收比 | 绝缘电阻值大于0.5MΩ。<br>沥青浸胶及烘卷云母绝缘吸收比大于1.3。<br>环氧粉云母绝缘吸收比大于1.6 |
| 2 | 静态试验 | 定子电路 | 在常温下，绕组表面温度与空气温度差在±3℃范围内测量各相直流电阻 | 各相直流电阻值相互间差值不大于最小值2%，与出厂值在同温度下比差值不大于2% |
| 3 | 静态试验 | 定子电路 | 交流工频耐压试验1min | 试验电压为$1.5U_n+750V$，无闪络击穿现象，$U_n$为发电机额定电压 |

续表

| 序号 | 部位 | | 试验内容 | 试验结果 |
|---|---|---|---|---|
| 4 | 静态试验 | 转子电路 | 用1000V绝缘电阻表测量转子绝缘电阻 | 绝缘电阻值大于0.5MΩ |
| 5 | | | 在常温下，绕组表面温度与空气温度差在±3℃范围内测量绕组直流电阻 | 数值与出厂值在同温度下比差值不大于2% |
| 6 | | | 交流工频耐压试验1min | 用2500V绝缘电阻表测量绝缘电阻替代 |
| 7 | | 励磁电路 | 退出励磁电路电子器件后，测量励磁电路的线路设备的绝缘电阻 | 绝缘电阻值大于0.5MΩ |
| 8 | | | 退出励磁电路电子器件后，进行交流工频耐压试验1min | 试验电压1000V，无击穿闪络现象 |
| 9 | | 其他 | 有绝缘轴承的用1000V绝缘电阻表测量轴承绝缘电阻 | 绝缘电阻值大于0.5MΩ |
| 10 | | | 测量检温计(埋入式)绝缘电阻，校验检温计精度 | 用250V绝缘电阻表检测不短路，精度符合出厂规定 |
| 11 | | | 测量灭磁电阻，自同步电阻器的直流电阻 | 与铭牌相比较，其差值为±10% |
| 12 | 运转试验 | | 发电机空载特性试验 | 按设备说明书比对，符合要求 |
| 13 | | | 测量相序 | 相序与出线标识相符 |
| 14 | | | 测量空载和负荷后轴电压 | 按设备说明书比对，符合要求 |

2. 空载试运行

(1)断开柴油发电机组负载侧的断路器或ATS。

(2)将机组控制屏的控制开关设定到“手动”位置，按起动按钮。

(3)检查机组电压、电池电压、频率是否在误差范围内，否则进行适当调整。

(4)检查机油压力表。

(5)以上一切正常，可接着完成正常停车与紧急停车试验。

3. 机组负载试验

(1)发电机组空载运行合格以后，切断负载“市电”电源，按“机组加载”按钮，由机组向负载供电。

(2)检查发电机运行是否稳定，频率、电压、电流、功率是否保持在正常允许范围。

(3)按设计预案，使柴油发电机带上预定负荷，经 12h 连续运转，无机械和电气故障，无漏油、漏水、漏气等不正常现象方可认为这个备用电源是可靠的。发电机停机，控制屏的控制开关打到“自动”状态。

**十、施工工序质量控制点**

柴油发电机组安装质量控制点见表 8-6。

**表 8-6　　　　　　　　柴油发电机组安装质量控制点**

| 序号 | 控制点名称 | 执行人员 | 标　　准 |
|---|---|---|---|
| 1 | 电气交接试验 | 施工员<br>技术员 | 发电机交接试验必须符合表 8-5 的规定 |
| 2 | 馈电线路的绝缘电阻值测试和耐压试验 | | 发电机组至低压配电柜馈电线路的相间、相对地间的绝缘电阻值应大于 0.5MΩ；塑料绝缘电缆馈电线路直流耐压试验为 2.4kV，时间 15min，泄漏电流稳定，无击穿现象 |
| 3 | 相序检验 | 施工员<br>质量员 | 柴油发电机馈电线路连接后，两端的相序必须与原供电系统的相序一致 |
| 4 | 中性线与接地干线的连接 | | 发电机中性线(工作零线)应与接地干线直接连接，螺栓防松零件齐全，且有标识 |
| 5 | 随带控制柜的检查 | 技术员<br>材料员 | 发电机组随带的控制柜接线应正确，紧固件紧固状态良好，无遗漏脱落。开关、保护装置的型号、规格正确，验证出厂试验的锁定标记应无位移，有位移应重新按制造厂要求试验标定 |
| 6 | 可接近裸露导体的接地或接零 | 施工员<br>技术员<br>质量员 | 发电机本体和机械部分的可接近裸露导体应接地(PE)或接零(PEN)可靠，且有标识 |
| 7 | 受电侧低压配电柜的试验和机组整体负荷试验 | | 受电侧低压配电柜的开关设备、自动或手动切换装置和保护装置等试验合格，应按设计的自备电源使用分配预案进行负荷试验，机组连续运行 12h 无故障 |

**十一、现场安全常见问题**

(1)柴油发电机组对人体有危险部分必须贴危险标志。

(2)维修人员必须经过培训,不要独自一人在机器旁维修。

(3)维修时禁止启动机器,可以按下紧急按钮或拆下启动电瓶。

(4)在燃油系统施工和运行期间,不允许有明火、看烟、机油、火星或其他易燃物接近柴油发电机组和油箱。

(5)燃油和润滑油碰到皮肤会引起皮肤过敏(或手部都有伤者),因此要带上防护手套。

(6)如果蓄电池使用的是铅酸电池,若要与蓄电池的电解液接触,一定要戴防护手套和特别的眼罩。

(7)蓄电池中的稀硫酸具有毒性和腐蚀性,接触后会烧伤皮肤和眼睛。如果硫酸溅到皮肤上,用大量的清水清洗;如果电解液进入眼睛,用大量的清水清洗并立即去医院就诊。

(8)制作电触液时,先把蒸馏水或离子水倒入容器,然后加入酸,缓缓地不断搅动,每次只能加入少量酸。不要往酸中加水。制作时要穿上防护衣、防护鞋,戴上防护手套,蓄电池使用前电解液要冷却到室温。

(9)三氯乙烯等除油剂有毒性,使用时注意不要吸进它的气体,也不要溅到皮肤和眼睛里,在通风良好的地方使用。要穿戴劳保用品保护手眼和呼吸道。

(10)如果在机组附近工作,耳朵一定要采取保护措施,如果柴油发电机组外有罩壳,则在罩壳外不需要采取保护措施,但进入罩壳内则需采取措施。在需要耳部保护的地区标上记号,并尽量少去这些地区。若必须要去,则一定要使用护耳器。一定要对使用护耳器的人员讲明使用规则。

(11)不能用湿手,或站在水中和潮湿地面上,触摸电线和设备。

(12)不要将发电机组与建筑物的电力系统直接连接。电流从发电机组进入公用线路是很危险的,这将导致人员触电死亡和财产损失。

## 第二节　不间断电源

**一、施工准备**

(1)施工图纸及技术资料齐全。

(2)屋顶、楼板施工完毕,无渗漏。

(3)机房室内地面完成,门窗齐全。

(4)预埋件及预留孔符合设计要求。

(5)有可能损坏已安装设备或设备安装后不能再进行施工的装饰工作应全部结束。

(6)系统的预埋管线、盒、箱均已敷设和安装完毕。

(7)大型机柜的基础槽钢设置完成,所处位置正确,具有利于设备散热及维修保养的工作间距。

(8)由接地装置引来的接地干线敷设到位。

(9)相关回路管线、电缆桥架或线槽敷设到位。

**二、不间断电源的分类**

在我国,不间断电源的发展较为迅速,其应用的类型大致有以下三种。

1. 简单不间断电源系统

简单不间断电源系统就是在正常情况下,将市电变成直流电后,一方面给蓄电池充电,同时向逆变器供电,由逆变器将直流电变换成交流电后提供给负载。当市电出现故障或突然中断后,蓄电池提供的储能通过逆变器继续对负载供电,如图 8-1 所示。

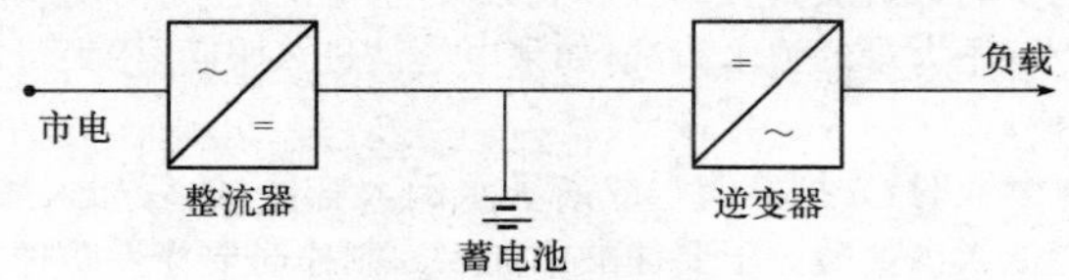


**图 8-1　简单不间断电源系统示意图**

由于该系统无论在何种情况下均是通过逆变器向负载供电,所以其频率和幅值均比市电稳定,可以称为恒压恒频电源。但该系统的可靠性取决于逆变器的平均故障周期(约半年左右)。

2. 有静态开关的不间断电源系统

有静态开关的不间断电源系统有两种类型,即在线式和后备式不间断电源。

(1)在线式不间断电源。在此系统中,当逆变器出现故障时,市电可通过静态开关直接向负载供电。待逆变器正常后,可重新切换由逆变器供电。有静态开关的在线式不间断电源系统如图 8-2 所示。

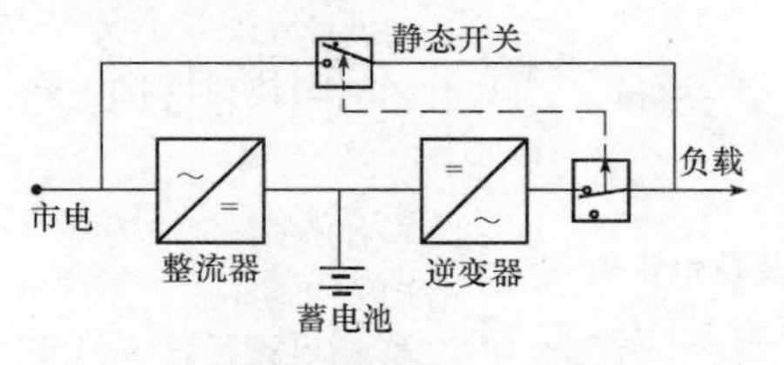


**图 8-2　有静态开关在线式不间断电源**

(2)后备式不间断电源。通常由于在线式不间断电源系统易于实现稳压稳频供电,明显优越于后备式不间断电源系统。但后者有效率高、噪声小及价格低等优点。在工程中可根据实际情况对这两种产品予以选用。有静态开关的后备式不间断电源系统如图 8-3 所示。

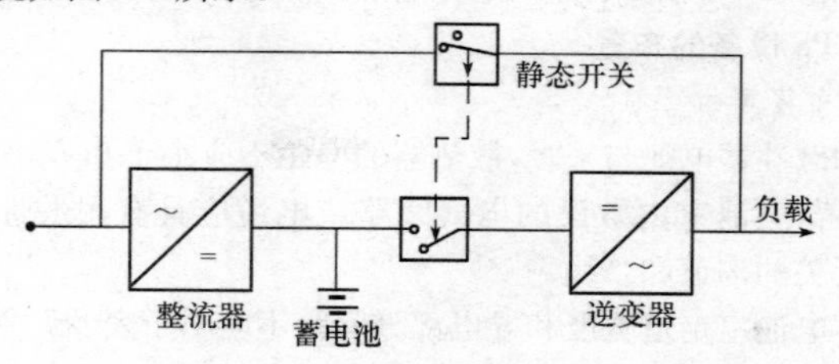


图 8-3　有静态开关的后备式不间断电源

3. 并联式不间断电源系统

为了解决切换过程中引发的电压波动或短暂的供电中断现象，可采用如图 8-4所示的两台不间断电源系统并联运行方式，以提高供电的可靠性。

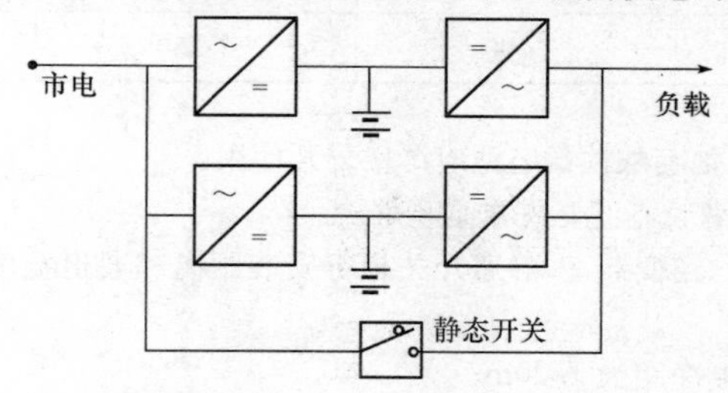


图 8-4　并联式不间断电源系统

## 三、不间断电源的选择

不间断电源装置的选择，应按负荷大小、运行方式、电压及频率波动范围、允许中断供电时间、波形畸变系数及切换波形是否连续等各项指标确定。

对于 UPS 电源中的逆变器，不是简单地将直流变成交流，必须符合下列要求：

(1)实现输出电压的自动调节；

(2)输出为工频正弦波，对非线性失真要小，输出电压波形的谐波成分应尽量小。

(3)输出的工频能与市电或另一台逆变器的工频锁相同步，便于进行同步切换或并机运行。

(4)逆变器的效率要高，动态特性要好。选择不间断电源装置时，还应考虑到 UPS 的输出容量。目前，UPS 的输出容量有大、中、小三种，其中逆变器所用的电力电子器件已从晶闸管过渡为晶体管，对于 10kV · A 以下的小容量，主要以 MOSFET 为主；对于中容量 20～150kV · A，其电力电子器件为 MOSFET 或

BJT;对于大容量 75～1000kV · A,电力电子器件为 BJT、IGBT。

**四、大型 UPS 设备的布置**

1. 电池室布置要求

(1)酸性和碱性蓄电池与采暖、散热器的净距不应小于 0.75m。

(2)在酸性蓄电池室内敷设的电气线路或电缆应具有耐酸性能。室内地面下,不宜通过无关的沟道和管线。

(3)酸性蓄电池室走道宽度和导电部分间距不应小于表 8-7 中所列数据。

**表 8-7　　酸性蓄电池室走道和导电部分间距**

| 走道宽度 | | 导电部分间距 | |
|---|---|---|---|
| 布置方式 | 宽　度(m) | 正常电压(V) | 间　距(m) |
| 一侧有蓄电池 | 0.80 | 65～250 | 0.80 |
| 二侧有蓄电池 | 1.00 | >250 | 1.00 |

(4)碱性蓄电池与酸性蓄电池应严格分开使用。

2. 不间断电源设备装置室布置要求

(1)整流器柜、逆变器室、静态开关柜等安装距离和通道宽度,不宜小于下列数值:

1)柜顶距顶棚净距为 1.20m;

2)离墙安装时,柜后维护通道为 1m;

3)柜前巡视通道为 1.5m。

(2)不间断电源装置室与蓄电池室应分开设置,在不间断电源装置附近应设有检修电源。

(3)整流器柜、逆变器柜、静态开关柜宜布置在下面有电缆沟或电缆夹层的楼板上。底部周围应采取防止鼠、蛇类小动物进入柜中的措施。

(4)不间断电源装置室的控制电缆应与主回路电缆分开敷设。如有困难时,控制线应采用屏蔽线或穿钢管敷设。

(5)不间断电源装置室宜接近负荷中心,进出线方便。

**五、铅蓄电池安装**

1. 安装要求

固定式铅蓄电池安装时,其基本要求应符合下列规定:

(1)蓄电池须设在专用室内,室内的门窗、墙、木架、通风设备等须涂有耐酸油漆保护,地面须铺耐酸砖,并保持一定温度。室内应有上、下水道。

(2)电池室内应保持严密,门窗上的玻璃应为毛玻璃或涂以白色油漆。

(3)照明灯具的装设位置,需考虑维修方便,所用导线或电缆应具有耐酸性能。采用防爆型灯具和开关。

(4)取暖设备在室内不准有法兰连接和气门，距离电池不得小于750mm。

(5)风道口应设有过滤网，并有独立的通风道。

(6)充电设备不准设在电池室内。

(7)固定型开口式铅蓄电池木台架的安装应符合下列要求：

1)台架应由干燥、平直、无大木节及贯穿裂缝的多树脂木材(如红松)制成，台架的连接不得用金属固定；

2)台架应涂耐酸漆或焦油沥青；

3)台架应与地面绝缘，可采用绝缘子或绝缘垫；

4)台架的安装应平直，不得歪斜。

2. 防酸隔爆型铅蓄电池安装

(1)安装前检查。防酸隔爆型铅蓄电池安装前，应对其进行必要的检查，其要求如下：

1)蓄电池槽应无裂纹、损伤，槽盖应密封良好。

2)蓄电池的正、负端柱应极性正确，并应无变形。

3)防酸隔爆栓等部件和零配件应齐全，无损伤。防酸隔爆栓的孔应无堵塞。

4)对透明的蓄电池槽，应检查极板有无严重受潮和变形现象，槽内部件应齐全，无损伤。

5)连接条、螺栓及螺母应齐全。

(2)安装就位。蓄电池槽就位于台架上的绝缘瓷瓶上，槽和瓷瓶之间要加橡胶垫或铅垫。安装蓄电池时，应使内部装有温度计和比重计的一面朝向便于观察的一方。

(3)电池连接。蓄电池安装间距应按制造厂的说明书规定，一般为25mm。正负极用连接条、连接螺栓串联时，应在连接的螺栓上涂以中性凡士林油；螺栓连接应紧固。

(4)圆铜母线连接。圆铜母线与蓄电池连接时，可在母线端部焊一块铜接线板，用螺栓连接。铜接线板应搪锡。

(5)电缆敷设。蓄电池引出线采用电缆时，除应符合电缆敷设的有关条款外，尚应满足下列要求：

1)宜采用塑料外护套电缆；当采用裸铠装电缆时，其室内部分应剥掉铠装；

2)电缆的引出线应用塑料相色带表明正、负极的相色；

3)电缆穿出蓄电池室的孔洞及保护管的管口处，应用耐酸材料密封。

(6)蓄电池槽。由合成树脂制作的槽，不得沾有芳香烃、煤油等有机溶剂。如需去除槽壁污垢时，可用脂肪烃、酒精等擦拭。

3. 固定型开口式铅蓄电池安装

(1)安装前检查。开口式铅蓄电池的玻璃槽应透明，厚度均匀，无裂纹及直径

5mm 以上的气泡，并应无渗漏现象；蓄电池的极板应平直，无弯曲、受潮及剥落现象；隔板及隔棒应完整无破裂，销钉应齐全。

(2)安装要求。固定型开口式铅蓄电池的安装要求如下：

1)蓄电池槽与台架之间应用绝缘子隔开，并在槽与绝缘子之间垫有铅质或耐酸材料的软质垫片；

2)绝缘子应按台架中心线对称安置，并尽可能靠近槽的四角；

3)极板的焊接不得有虚焊、气孔；焊接后不得有弯曲、歪斜及破损现象；

4)极板之间的距离应相等，并相互平行，边缘对齐；

5)隔板上端应高出极板，下端应低于极板；

6)蓄电池极板组两侧的铅弹簧(或耐酸的弹性物)的弹力应充足，以便压紧极板；

7)组装极板时，每只电池的正、负极片数，应符合产品的技术要求；

8)注酸前应彻底清除槽内的污垢、焊渣等杂物；

9)每个蓄电池均应有略小于槽顶面的磨砂玻璃盖板。

(3)母线安装。蓄电池室内裸硬母线的安装，除应符合"硬母线安装"的有关条款外，还应符合下列要求：

1)母线支持点的间距不应大于 2m。

2)母线的连接应用焊接；母线和电池正、负柱连接时，接触应平整紧密；母线端头应搪锡；母线表面应涂以中性凡士林。

3)当母线用绑线与绝缘子固定时，铜母线应用铜绑线，绑线截面不应小于 $2.5mm^2$；钢母线应用铁绑线，绑线截面不宜小于 $14^{\#}$ 铁线。绑扎应牢固，绑线应涂以耐酸漆。

4)母线应排列整齐平直，弯曲度应一致；母线间、母线与建筑物或其他接地部分之间的净距不应小于 50mm。

5)母线应沿其全长涂以耐酸相色油漆，正极为赭色，负极为蓝色；钢母线尚应在耐酸涂料外再涂一层凡士林；穿墙接线板上应有注明"+"极的标号。

(4)电缆敷设。同"防酸隔爆型铅蓄电池安装"要求。

4. 碱性镉镍蓄电池安装

(1)安装前检查。电池槽表面应无损坏、裂缝和变形，并应检查气塞橡胶套管的弹性。电池正、负柱应无松动，端柱接触面应擦拭干净，并涂上中性凡士林油。注液孔上的自动阀或螺塞应完好，孔道应畅通无堵塞。

(2)电池安装。电池安装前应将槽体擦拭干净。安装在台架上的电池要排列整齐，两电池间的距离不小于 50mm，并应注意相邻电池正负极交替的正确性。电池槽下应垫以瓷垫。

(3)母线连接。母线与电池极柱连接时接触应平整紧密，母线接触面应涂中性凡士林。

## 六、注液

1. 酸性蓄电池

向蓄电池灌注电解液时，应遵守下列规定：

(1)电解液温度不宜高于30℃。

(2)注入蓄电池的电解液面高度：防酸隔爆式蓄电池液面应在高低液面标志线之间。

(3)全部灌注工作应在2h内完成。

2. 碱性蓄电池

(1)配制好的电解液应静置4h，使其澄清后使用。

(2)往电池槽中灌注电解液时，电解液温度不得超过＋30℃。注入电池后的液面应高出极板5～12mm。为防止二氧化碳进入电解液内，应在每只蓄电池中加入数滴液态石蜡，使电解液表面形成保护层。蓄电池静置2h后检查每只蓄电池的电压，若无电压，可再静置10h，如仍无电压，则该蓄电池应换掉。

## 七、不间断电源配线

(1)为防止运行中的相互干扰，确保屏蔽可靠，引入或引出不间断电源装置的主回路电线、电缆和控制电线、电缆应分别穿保护导管敷设，在电缆支架上平行敷设应保持150mm的距离；电线、电缆的屏蔽护套接地连接可靠，与接地干线就近连接，紧固件齐全。

(2)不间断电源输出端的中性线(N极)，必须与由接地装置直接引来的接地干线相连接，做重复接地。

注：1. 水泥面台架上应涂过氯乙烯地面涂料；

2. 台架应保持平整；

3. 台架的详细做法应将尺寸提交土建专业另出详图。

不间断电源输出端的中性线(N极)通过接地装置引入干线做重复接地，有利于遏制中性点漂移，使三相电压均衡度提高。同时，当引向不间断电源供电侧的中性线意外断开时，可确保不间断电源输出端不会引起电压升高而损坏由其供电的重要用电设备，以保证整幢建筑物的安全使用。

(3)不间断电源装置的可接近裸露导体应与PE线或PEN线连接可靠，且有标识。

## 八、蓄电池组试验

1. 充电和浮充电装置检查

(1)检查充电用的晶闸管整流装置或其他直流电源装置，应符合有关规定。

(2)检查充电和浮充电系统的接线和极性应正确，在充电或浮充电时，有关仪表和继电器的接线、指示和动作正确。

2. 电压切换器检查

(1)检查蓄电池组各抽头与切换器的连接应正确，切换器的可动触头与固定端的接触在全范围内应良好，且移动灵活，有足够的压力。

(2)检查切换器的放电电阻，应在切换时接入；切换器进行切换时，应无短路和开路现象。

3. 绝缘电阻及绝缘监测装置检查

(1)绝缘电阻应不小于以下数值：

48V 蓄电池组：0.1MΩ；

110V 蓄电池组：0.1MΩ；

220V 蓄电池组：0.2MΩ。

(2)检查绝缘监测装置，在正常和故障情况下，其指示均应符合要求。

4. 蓄电池组的维护和浮充电

(1)蓄电池组的初充电与放电工作，一般由电气安装人员进行，电调人员配合；在充放电过程中，应核对其放电容量是否符合设计。

(2)在充放电后和调试工作中，调试人员应经常注意维护，及时检测各瓶的电压、相对密度与液面，必要时进行调配和补充充电，使之符合产品规定要求。

(3)一般在使用中应经常对蓄电池组进行浮充电，不应有过放电现象，浮充电电流应符合产品规定。

**九、运行中蓄电池检查**

(1)检查直流母线电压是否正常，浮充电流是否适当，有无过充电或欠充电现象。

(2)测量电池的电压、电解液的相对密度及液温。

(3)检查极板的颜色是否正常，有无断裂、弯曲、短路、生盐及有效物脱落等现象。

(4)木隔板、铅卡子应完整，无脱落。

(5)液面应高于极板 10～20mm。

(6)电池外壳应完整，无倾斜，表面应清洁。

(7)各接头应紧固，无腐蚀现象，并涂以凡士林。

(8)室内无强烈气味，通风设备及其他附属设备应完好。

(9)对碱性蓄电池应检查瓶盖是否拧好，出气孔应畅通。

**十、不间断电源测试**

(1)不间断电源的整流、逆变、静态开关各个功能单元都要单独试验合格，才能进行整个不间断电源试验。

(2)不间断电源的输入、输出各级保护系统和输出的电压稳定性、波形畸变系数、频率、相位、静态开关的动作等各项技术性能指标试验调整必须符合产品技术文件要求，且符合设计文件要求。

(3)不间断电源试验，根据供货协议可以在工厂或安装现场进行，以安装现场试验为最佳选择，因为如无特殊说明，在制造厂试验一般使用的是电阻性负载。

无论采用何种方式，都必须符合工程设计文件和产品技术条件的要求。

(4)不间断电源装置间连线的线间、线对地间绝缘电阻值应大于 0.5MΩ。

(5)不间断电源正常运行时产生的 A 声级噪声，不应大于 45dB；输出额定电流为 5A 及以下的小型不间断电源噪声，不应大于 30dB。对噪声的规定，既考核产品制造质量，又维护了环境质量，有利于保护有人值班的变配电室工作人员的身体健康。

## 十一、施工工序质量控制点

不间断电源安装质量控制点见表 8-8。

**表 8-8　　不间断电源安装质量控制点**

| 序号 | 控制点名称 | 执行人员 | 标　准 |
|---|---|---|---|
| 1 | 核对规格、型号和接线检查 | 施工员<br>技术员<br>材料员 | 不间断电源的整流装置、逆变装置和静态开关装置的规格、型号必须符合设计要求。内部结线连接正确，紧固件齐全，可靠不松动，焊接连接无脱落现象 |
| 2 | 电气交接试验及调整 | 施工员<br>技术员 | 不间断电源的输入、输出各级保护系统和输出的电压稳定性、波形畸变系数、频率、相位、静态开关的动作等各项技术性能指标试验调整必须符合产品技术文件要求，且符合设计文件要求 |
| 3 | 装置间的连线绝缘电阻值测试 | | 不间断电源装置间连线的线间、线对地间绝缘电阻值应大于 0.5MΩ |
| 4 | 输出端中性线的重复接地 | 施工员<br>技术员<br>质量员 | 不间断电源输出端的中性线(N 极)，必须与由接地装置直接引来的接地干线相连接，做重复接地 |
| 5 | 机架组装 | 施工员<br>质量员 | 安放不间断电源的机架组装应横平竖直，水平度、垂直度允许偏差不应大于 1.5‰，紧固件齐全 |
| 6 | 主回路和控制电线、电缆敷设及连接 | | 引入或引出不间断电源装置的主回路电线、电缆和控制电线、电缆应分别穿保护管敷设，在电缆支架上平行敷设应保持 150mm 的距离；电线、电缆的屏蔽护套接地连接可靠，与接地干线就近连接，紧固件齐全 |
| 7 | 可接近裸露导体的接地或接零 | | 不间断电源装置的可接近裸露导体应接地(PE)或接零(PEN)可靠，且有标识 |
| 8 | 运行时噪声的检查 | | 不间断电源正常运行时产生的 A 声级噪声，不应大于 45dB；输出额定电流为 5A 及以下的小型不间断电源噪声，不应大于 30dB |

# 第九章 防雷接地

## 第一节 接地装置安装

### 一、一般规定

(1)交流电气设备的接地,可利用直接埋入地中或水中的自然接地体,可以利用的自然接地体如下:

1)埋设在地下的金属管道,但不包括有可燃或有爆炸物质的管道;

2)金属井管;

3)与大地有可靠连接的建筑物的金属结构;

4)水工构筑物及其类似的构筑物的金属管、桩。

(2)交流电气设备的接地线可利用下列自然接地体接地:

1)建筑物的金属结构(梁、柱等)及设计规定的混凝土结构内部的钢筋;

2)生产用的起重机的轨道、走廊、平台、电梯竖井、起重机与升降机的构架、运输皮带的钢梁、电除尘器的构架等金属结构;

3)配线的钢管。

(3)人工接地网的敷设应符合以下规定:

1)人工接地网的外缘应闭合,外缘各角应做成圆弧形,圆弧的半径不宜小于均压带间距的一半;

2)接地网内应敷设水平均压带,按等间距或不等间距布置;

3)35kV 及以上变电站接地网边缘经常有人出入的走道处,应铺设碎石、沥青路面或在地下装设 2 条与接地网相连的均压带。

(4)除临时接地装置外,接地装置应采用热镀锌钢材,水平敷设的可采用圆钢和扁钢,垂直敷设的可采用角钢和钢管。腐蚀比较严重地区的接地装置,应适当加大截面,或采用阴极保护等措施。

不得采用铝导体作为接地或接地线。当采用扁铜带、铜绞线、铜棒、铜包钢、铜包钢绞线、钢镀铜、铅包铜等材料作接地装置时,其连接应符合以下规定:

1)接地装置的人工接地体,导体截面应符合热稳定、均压和机械强度的要求,还应考虑腐蚀的影响,一般不小于表 9-1、表 9-2 所列规格。

表 9-1　　钢接地体的最小规格

| 种类、规格及单位 | | 地上 | | 地下 | |
|---|---|---|---|---|---|
| | | 室内 | 室外 | 交流电流回路 | 直流电流回路 |
| 圆钢直径(mm) | | 6 | 8 | 10 | 12 |
| 扁钢 | 截面($mm^2$) | 60 | 100 | 100 | 100 |
| | 厚度(mm) | 3 | 4 | 4 | 6 |
| 角钢厚度(mm) | | 2 | 2.5 | 4 | 6 |
| 钢管管壁厚度(mm) | | 2.5 | 2.5 | 3.5 | 4.5 |

注:电力线路杆塔的接地体引出线的截面不应小于 $50mm^2$,引出线应热镀锌。

表 9-2　　铜接地体的最小规格

| 种类、规格及单位 | 地上 | 地下 |
|---|---|---|
| 铜棒直径(mm) | 4 | 6 |
| 铜排截面($mm^2$) | 10 | 30 |
| 铜管管壁厚度(mm) | 2 | 3 |

注:裸铜绞线一般不作为小型接地装置的接地体用,当作为接地网的接地体时,截面应满足设计要求。

2)低压电气设备地面上外露的铜接地线的最小截面应符合表 9-3 的规定。

表 9-3　　低压电气设备地面上外露的铜接地线的最小截面　　(单位:$mm^2$)

| 名称 | 铜 |
|---|---|
| 明敷的裸导体 | 4 |
| 绝缘导体 | 1.5 |
| 电缆的接地芯或与相线包在同一保护外壳内的多芯导线的接地芯 | 1 |

3)不要求敷设专用接地引下线的电气设备,它的接地线可利用金属构件、普通钢筋混凝土构件的钢筋、穿线的钢管等。利用以上设施作接地线时,应保证其全长为完好的电气通路。

**二、电气设备接地**

1. 电气装置接地的范围

(1)电气装置的下列金属部分,均应接地或接零:

1)电机、变压器、电气、携带式或移动式用电器具等的金属底座和外壳;

2)电气设备的传动装置;

3)屋内外配电装置的金属或钢筋混凝土构架以及靠近带电部分的金属遮栏和金属门;

4)配电、控制、保护用的屏(柜、箱)及操作台等的金属框架和底座;

5)交、直流电力电缆的接头盒、终端头和膨胀器的金属外壳和可触及的电缆金属护层和穿线的钢管。穿线的钢管之间或钢管和电气设备之间有金属软管过渡的,应保证金属软管段接地畅通;

6)电缆桥架、支架和井架;

7)装有避雷线的电力线路杆塔;

8)装在配电线路杆上的电力设备;

9)在非沥青地面的居民区内,不接地、消弧线圈接地和高电阻接地系统中无避雷线的架空电力线路的金属杆塔和钢筋混凝土杆塔;

10)承载电气设备的构架和金属外壳;

11)发电机中性点柜外壳、发电机出线柜、封闭母线的外壳及其他裸露的金属部分;

12)气体绝缘全封闭组合电器(GIS)的外壳接地端子和箱式变电站的金属箱体;

13)电热设备的金属外壳;

14)铠装控制电缆的金属护层;

15)互感器的二次绕组。

(2)电气装置的下列金属部分可不接地或不接零:

1)在木质、沥青等不良导电地面的干燥房间内,交流额定电压为400V及以下或直流额定电压为440V及以下的电气设备的外壳;但当有可能同时触及上述电气设备外壳和已接地的其他物体时,则仍应接地;

2)在干燥场所,交流额定电压为127V及以下或直流额定电压为110V及以下的电气设备的外壳;

3)安装在配电屏、控制屏和配电装置上的电气测量仪表、继电器和其他低压电器等的外壳,以及当发生绝缘损坏时,在支持物上不会引起危险电压的绝缘子的金属底座等;

4)安装在已接地金属构架上的设备,如穿墙套管等;

5)额定电压为220V及以下的蓄电池室内的金属支架;

6)由发电厂、变电所和工业、企业区域内引出的铁路轨道;

7)与已接地的机床、机座之间有可靠电气接触的电动机和电器的外壳。

(3)需要接地的直流系统的接地装置应符合下列要求:

1)能与地构成闭合回路且经常流过电流的接地线应沿绝缘垫板敷设,不得与金属管道、建筑物和设备的构件有金属的连接;

2)在土壤中含有在电解时能产生腐蚀性物质的地方,不宜敷设接地装置,必要时可采取外引式接地装置或改良土壤的措施;

3)直流电力回路专用的中性线和直流两线制正极的接地体、接地线不得与自然接地体有金属连接；当无绝缘隔离装置时，相互间的距离不应小于 1m；

4）三线制直流回路的中性线宜直接接地。

2. 架空线路接地

（1）架空线路重复接地。

1）接零系统在接户线处重复接地。做法如图 9-1 所示。

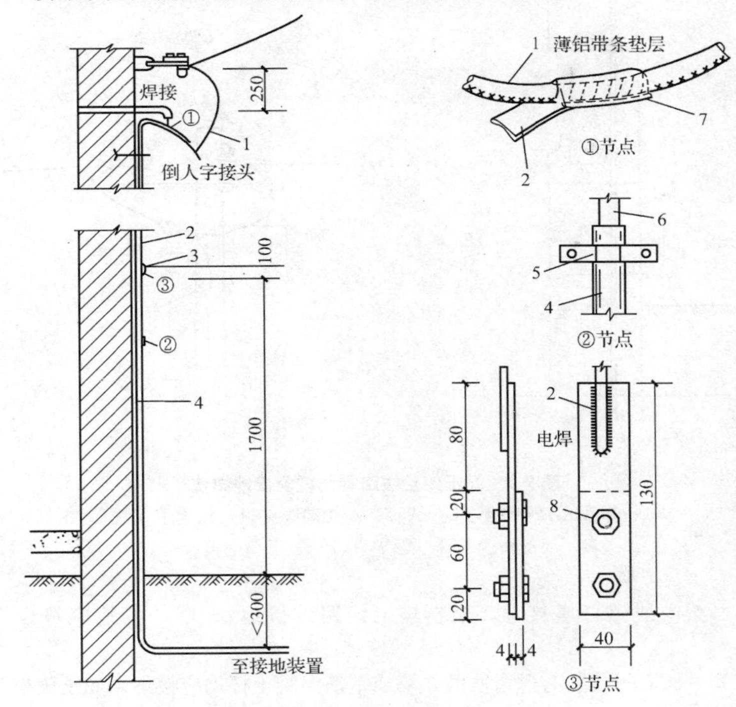


**图 9-1　接零系统在接户线处重复接地**

1—接户线；2—接地引下线；3—断线卡；4—保护管；

5—管卡子；6—接地线；7—接地卡子；8—镀锌螺栓（M10）

2）低压架空线路零线重复接地。做法如图 9-2 所示。

3）在架空线干线和分支线终端，长度超过 200m 的架空线分支处应重复接地。

4）在干线没有分支的直线段中，每隔 1km 的零线应重复接地。

5）高、低压线路共杆架设时，在共杆架设段的两终端杆上，低压线路的零线应重复接地。

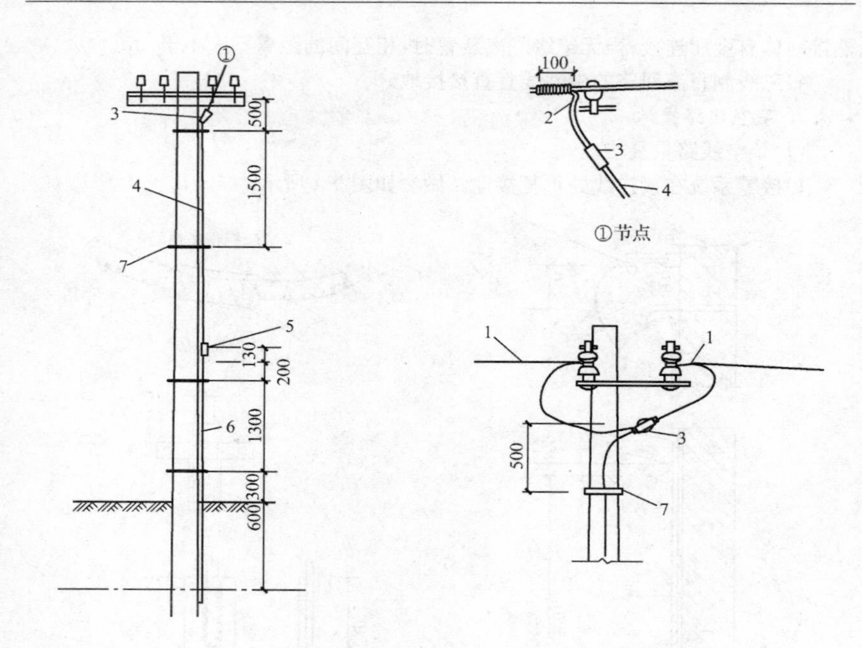


**图 9-2　低压架空线路零线重复接地做法**

1—零线；2—铝绞线（LJ—25）；3—并沟线夹；4—接地引下线；5—断线卡；6—保护管；7—引下线抱箍

（2）架空线路杆塔接地。架空输电线路的接地，杆塔的接地应符合下列规定：

1）3～35kV 线路：有避雷线的铁塔或钢筋混凝土杆均应接地。如土壤电阻率较高，接地电阻不小于 30Ω。

2）3～10kV 线路：在居民区无避雷线的铁塔和钢筋混凝土杆的应接地。

3）接地杆塔上的避雷线：金属横担、绝缘子底座均应接地。

3. 电气设备接地

（1）变压器中性点与外壳接地。

1）总容量为 100kV · A 以上的变压器，其低压侧零线、外壳应接地，电阻值不应大于 4Ω，每个重复接地装置的接地电阻值不应大于 10Ω。

2）总容量为 100kV · A 以下的变压器，其低压侧零线、外壳的接地电阻不应大于 10Ω；重复接地不少于三处，每个重复接地装置的接地电阻不应大于 30Ω。

变压器的接地做法如图 9-3 所示。

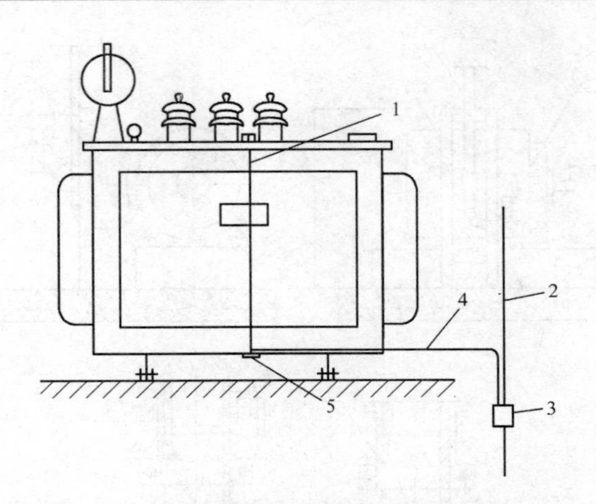


**图 9-3　变压器中性点与外壳接地示意图**

1—接地连线(LJ－25);2—接地干线;3—并沟线夹;4—接地线(LJ－25);5—接地螺栓

(2)电机外壳接地。利用钢管作接地线时,其做法如图 9-4 所示,其接地线连接在机壳的螺栓上。

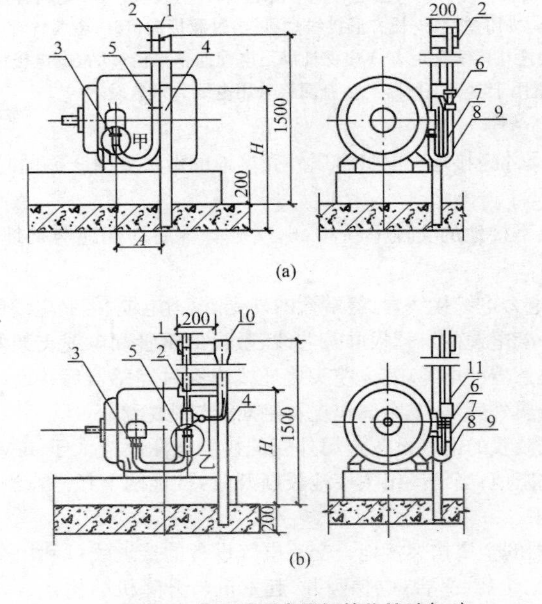


**图 9-4　电机利用穿线钢管作接地(一)**

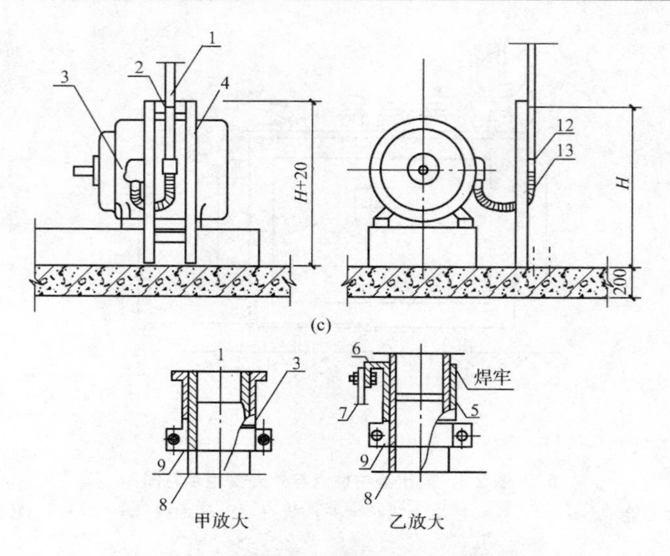


**图 9-4　电机利用穿线钢管作接地(二)**

1—钢管或电线管；2—管卡；3—外螺纹软管接头；4—角钢架柱；
5—内螺纹软管接头；6—接地环；7—接地线；8—塑料管；9—塑料管衬管；
10—按钮盒；11—长方形接线盒；12—过渡接头；13—金属软管

注：1. 角钢架柱与接线盒距离 $A$ 应保证满足电缆曲率半径；$H$ 根据电机尺寸确定。
2. (b)图适用于电机主回路与控制回路采用电线共管敷设。

(3)电气金属外壳接地。电气金属外壳接地的做法见图 9-5，同时还应符合下列规定：

1)在中性点不接地的交流系统中，电气设备金属外壳应与接地装置作金属连接。

2)交、直流电力电缆接线盒、终端盒的外壳、电力电缆、控制电缆的金属护套、非铠装和金属护套电缆的1～2根屏蔽芯线、敷设的钢管和电缆支架等均应接地。穿过零序电流互感器的电缆，其电缆头接地线应穿过互感器后接地；并应将接地点前的电缆头金属外壳、电缆金属包皮及接地线与地绝缘。

3)井下电气装置的电气设备金属外壳的接触电压不应大于 40V。接地网对地和接地线的电阻值：当任一组主接地极断开时，接地网上任一点测得的对地电阻值不应大于 2Ω。

(4)装有电器的金属构架接地。交流电气设备的接地线可利用金属结构，包括起重机的钢轨、走廊、平台、电梯竖井、起重机与升降机的构架、运输皮带的钢梁等。接地做法如图 9-6 所示。

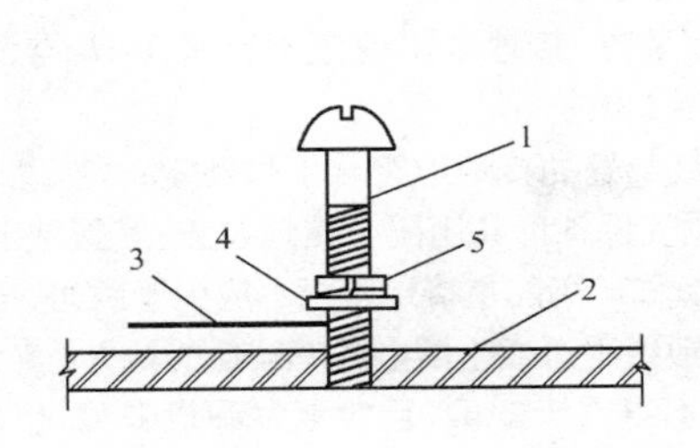


**图 9-5　电器金属外壳接地做法**

1—连接螺栓；2—电器金属外壳；
3—接地线；4—镀锌垫圈；5—弹簧垫图

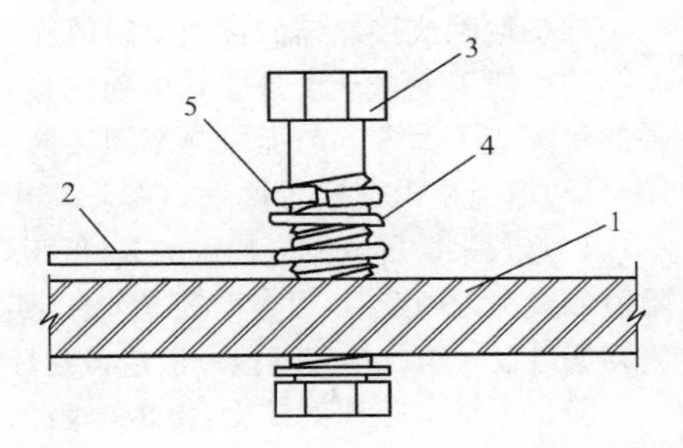


**图 9-6　金属构架接地做法**

1—金属构架；2—接地线；3—M8 螺栓；
4—镀锌垫圈；5—弹簧垫圈

(5)多台设备接地。当多台设备安装在一起时，电气装置的每个接地部分应以单独的接地线与接地干线相连接，不得在一个接地线上串接几个需要接地部分。

(6)携带式电力设备接地。

1)携带式电力设备如手电钻、手提照明灯等，应选用截面不小于 $1.5mm^2$ 的多股铜芯线作专用接地线，单独与接地网相连接，且不可利用其他用电设备的零线接地，也不允许用此芯线通过工作电流。

2)由固定的电源或由移动式发电设备供电的移动式机械，应和这些供电源的接地装置有金属的连接。在中性点不接地的电网中，可在移动式机械附近装设若干接地体，以代替敷设接地线，并应首先利用附近所有的自然接地体。

3)携带式用电设备严禁利用其他用电设备的零线接地，零线和接地线应分别与接地网相连接。

4)移动式电力设备和机械的接地应符合固定式电气设备的要求，但下列情况一般可不接地：

①移动式机械自用的发电设备直接放在机械的同一金属框架上，又不供给其他设备用电；

②当机械由专用的移动式发电设备供电，机械数量不超过两台，机械距移动式发电设备不超过 50m，且发电设备和机械的外壳之间有可靠的金属连接。

(7)电子设备接地。电子设备的逻辑地、功率地、安全地、信号地等的设置除应符合设计规定外，还应符合下述规定：

1)接地母线的固定应与盘、柜体绝缘；

2)大中型计算机应采用铜芯绝缘导线，其截面按设计施工；

3)高出地坪 2m 的一段设备，应用合成树脂管或具有相同绝缘性能和强度的管子加以保护；

4)接地网或接地体的接地电阻值应不大于 4Ω;

5)一般工业电子设备应有单独的接地装置,接地电阻值应不超过 10Ω,与设备的距离应不大于 5m;但可与车间接地干线相连。

(8)露天矿电气装置接地。露天矿电气装置的接地应符合下列规定:

1)露天采矿场或排废物场的高、低压电气设备可共用同一接地装置;其接地电阻值如设计无规定时,可参照表 9-4 的规定;采矿场的主接地电极不应少于两组;排废物场可设一组。主接地极一般应设在环形线附近或土壤电阻率较低的地方。

2)高土壤电阻率的矿山,接地电阻值不得大于 30Ω,且接地线和设备的金属外壳的接地电压不得大于 50V。

3)架空接地线应采用截面不小于 35mm² 的钢绞线或钢芯铝绞线,并且与导线的垂直距离不应小于 0.5m。

4)每台设备不得串联接地,必须备有单独引线,连接处应设断接卡板。

**表 9-4　　电气接地装置的接地电阻值**

| 序号 | 接地装置名称 | 接地电阻值(Ω) |
| --- | --- | --- |
| 1 | 大接地短路电流(500A 以上)的电气设备 | $R\leqslant 0.5$ |
| 2 | 小接地短路电流(500A 以下)的电气设备 | $R\leqslant 10$ |
| 3 | 露天配电装置用避雷针的集中接地装置 | $R\leqslant 10$ |
| 4 | 高压架空电力线路电杆 $\rho\leqslant 10^4$<br>$10^4<\rho<5\times 10^4$<br>$5\times 10^4<\rho<10\times 10^4$<br>$10\times 10^4<\rho<20\times 10^4$ | $R\leqslant 10$<br>$R\leqslant 15$<br>$R\leqslant 20$<br>$R\leqslant 30$ |
| 5 | 户外柱上电气设备 | $R\leqslant 10$ |
| 6 | 100kV·A 以上的变压器低压中性点直接接地系统 | $R\leqslant 4$ |
| 7 | 100kV·A 以下的变压器低压中性点直接接地系统 | $R\leqslant 10$ |
| 8 | 静电接地<br>但为了防止设备漏电或雷击危险,其接地电阻值宜在 | 4~10 之间 |
| 9 | 电话 | $R\leqslant 100$ |
| 10 | 电弧炉 | $R\leqslant 4$ |
| 11 | 火药库,油库及精苯车间避雷针 | $R\leqslant 5$ |
| 12 | 高频电热设备(如高频电炉) | $R\leqslant 4$ |
| 13 | 医疗设备,X 光设备 | $R\leqslant 4$ |

续表

| 序号 | 接地装置名称 | 接地电阻值(Ω) |
|---|---|---|
| 14 | 晶闸管装置 | $R\leqslant4$ |
| 15 | 屏蔽接地 | $R\leqslant4$ |
| 16 | 电除尘(整流柜室和电除尘器连在一起) | $R\leqslant1$ |
| 17 | 工业电子设备 | $R\leqslant4$ |
| 18 | 微波站,电视台的天线防雷接地<br>机房防雷 | $R\leqslant5$<br>$R\leqslant1$ |
| 19 | 电气试验设备接地 | $R\leqslant4$ |
| 20 | 矿山 1kV 以上牵引变电所<br>1kV 以下变电所<br>土壤电阻率高于 $5\times10^4\Omega\cdot$cm 时,1kV 以上变电所<br>土壤电阻率高于 $5\times10^4\Omega\cdot$cm 时,1kV 以下变电所<br>井下牵引变电所<br>移动式设备与架空接地线之间 | $R\leqslant0.5$<br>$R\leqslant4$<br>$R\leqslant5$<br>$R\leqslant15$<br>$R\leqslant2$<br>$R\leqslant1$ |
| 21 | 烟囱与水塔的防雷线 | $R\leqslant30$ |
| 22 | 仪表接地 | $R\leqslant100$ |
| 23 | 电流互感器二次绕组 | $R\leqslant10$ |

注:表中 $\rho$ 为土壤电阻率,其单位为 $\Omega\cdot$cm。

(9)爆炸和火灾危险场所电气设备接地。

1)电气设备的金属外壳和金属管道、容器设备及建筑物金属结构均应可靠的接地或接零;管道接头处应作跨接线;

2)爆炸危险场所内电气设备的专用接地线应符合下列规定:

①引向接地干线的接地线应是铜芯导线,其截面要求见表 9-5。

**表 9-5　电动机容量与绝缘铜芯接地线截面对照表**

| 电动机容量(kW) | ≤1 | ≤5 | ≤10 | ≤15 | ≤20 | ≤50 | ≤200 | ≤500 | ≤750 | ≤750 |
|---|---|---|---|---|---|---|---|---|---|---|
| 接地线截面(mm²) | 2.5 | 4 | 6 | 10 | 16 | 25 | 35 | 50 | 70 | 95 |
| 接地螺栓规格 | M8 | | M10 | M12 | | | | | | |

若采用裸铜线时，其截面不应小于 $4mm^2$。

②接地线是多股铜芯时，与接地端子的连接宜采用压接，压接端子的规格与被压接的导线截面相符合。

3)在爆炸危险场所内的不同方向上，接地和接零干线与接地装置相连应不少于两处；一般应在建筑物两端分别与接地体相连。

①接地连接板应用不锈钢板、镀锌板或接触面搪锡、覆铜的钢板制成；连接面应平整、无污物、有金属光泽并应涂电力脂。

②连接用螺栓应是镀锌螺栓，弹簧垫圈及两侧的平垫圈应齐全，拧紧后弹簧垫圈应被压平。

4)在爆炸危险场所内，中性点直接接地的低压电力网中，所有的电气装置的接零保护，不得接在工作零线上，应接在专用的接零线上。

5)爆炸危险场所防静电接地的接地体、接地线、接地连接板的设置除应符合设计要求外，还应符合下述规定：

①防静电接地线应单独与接地干线相连，不得相互串联接地；

②接地线在引出地面处，应有防损伤、防腐蚀措施；铜芯绝缘导线应有硬塑料管保护；镀锌扁钢宜有角钢保护；若该处是耐酸地坪时，则表面应涂耐酸油漆。

4. 特殊电气设备接地

(1)高频电热设备接地。

1)电源滤波器处应进行一点接地。

2)设专用接地体，接地电阻值不大于 4Ω。

(2)电弧炉设备接地。

1)由中性点不接地系统供电时，设备外壳和炉壳均应接地，接地电阻值不大于 4Ω。

2)由中性点接零系统供电时，则设备外壳和炉壳应接零。

3)接地线应用软铜线，其截面不小于 $16mm^2$。

(3)六氟化硫组合电器接地。

1)各接口法兰之间应用铜带跨接接地线。

2)其底座、支架应接地。

(4)电除尘设备接地。

1)两台以上的电除尘设备，其接地线严禁串联，必须每台接地线单独引向接地装置。

2)在酸碱盐腐蚀比较严重的地方，其接地装置应做防腐处理。

3)接地电阻值应符合设计规定，如设计无规定时，一般应小于表 9-4 的数值。

(5)调试用电子仪器接地。

1)调试时，试验用的电子电路和电子仪器应接零。

2)测量高频电源波形及参数的工业电子设备,宜用独立接地装置,不应与车间接地干线相连,二者之间应离开2.5m以上。

3)直流信号地应与交流地分开。

(6)高压试验设备接地。

1)对于10kV以下便携式高压试验电气设备,在工作台上也应可靠接地。

2)接地电阻值应小于4Ω。

(7)X光机等高压电子设备接地。

1)X光机、心电图机、脑电图等电子器械元件、电子电路应有统一的基准电位,然后从机壳上接地。

2)X光机的高压电子管的金属外壳、操作台、高压电缆金属护套、电动床、管式立柱等的铁壳均应接地,可与电气设备、管道接地相连接;也可与水箱连接作辅助接地。

3)应单独设立接地装置,接地电阻值应小于10Ω。

5. 屏蔽接地

(1)屏蔽电缆在屏蔽体入口处,其屏蔽层应接地;

(2)若用屏蔽线或屏蔽电缆接仪器时,则屏蔽层应有一点接地或同一接地点附近多点接地;屏蔽的双绞线、同轴电缆在工作频率小于1MHz时,屏蔽层应采用单端接地(两端接地,可能造成感应电压短路环流,烧坏屏蔽层);

(3)接地电阻不应大于4Ω。

6. 防静电接地

(1)车间内每个系统的设备和管道应作可靠的金属连接,并至少要有两处接地点;

(2)接地线一般采用绝缘线,其最小截面为6～8mm$^2$;

(3)输送油的软橡胶管的金属管口,与装油用的金属槽必须进行金属连接;

(4)从一个金属容器往另一个金属容器移注油液时,事先应将两个容器进行金属连接并接地;

(5)油罐车在车上,用金属链子从车体起直接垂到路面上进行接地;

(6)构造物(如烟囱、油槽、房屋、煤气管道、氧气管道、煤气罐等)的接地应按设计要求施工,接地应牢靠。

## 三、接地体

### (一)接地装置的选择

1. 自然接地体与接地线

(1)交流电气设备可利用的自然接地体主要有以下几种:

1)埋设在地下的金属管道(有易燃或易爆物质的管道除外);

2)金属井管;

3)与大地有可靠连接的建筑物的金属结构;

4)水工构筑物及其类似的构筑物的金属管、桩。

(2)交流电气设备可利用的接地线主要有以下几种：

1)建筑物的金属结构(梁、桩等)及设计规定的混凝土结构内部的结构钢筋；

2)生产用的起重机轨道、配电装置的外壳、走廊、平台、电气竖井、起重机与升降机的构架、运输皮带的钢架、电除尘器的构架等金属结构；

3)配线的钢管。

(3)交流电气设备不能采用的接地体和接地线主要有：

1)地下裸铝导体；

2)蛇皮管(金属软管)、管道保温层的金属外皮或金属网以及电缆金属护层。

2. 人工接地体与接地线

为节约金属，接地装置宜采用钢材。接地装置的导体截面应符合热稳定和机械强度的要求，但不应小于表 9-1 所列规格。

由于铜接地体(线)耐受腐蚀能力差，钢材镀锌后耐腐蚀性能提高 1 倍左右，而热镀锌防腐蚀效果好。因此，大中型发电厂、110kV 及以上变电所或腐蚀性较强场所的接地装置应采用热镀锌钢材、或适当加大截面。

低压电气设备地面上外露的铜接地线的最小截面应符合表 9-2 的规定。

(二)接地体加工

接地体安装前，应按设计所提供的数量和规格进行加工。一般接地体多采用镀锌角钢或镀锌钢管制作。

(1)当接地体采用钢管时，应选用直径为 38～50mm、壁厚不小于 3.5mm 的钢管。然后按设计的长度切割(一般为 2.5m)。钢管打入地下的一端加工成一定的形状，如为一般松软土壤时，可切成斜面形。为了避免打入时受力不均使管子歪斜，也可以加工成扁尖形；如土质很硬，可将尖端加工成锥形，如图 9-7 所示。

(2)采用角钢时，一般选用 50mm×50mm×5mm 的角钢，切割长度一般也是 2.3m。角钢的一端加工成尖头形状，如图 9-8 所示。

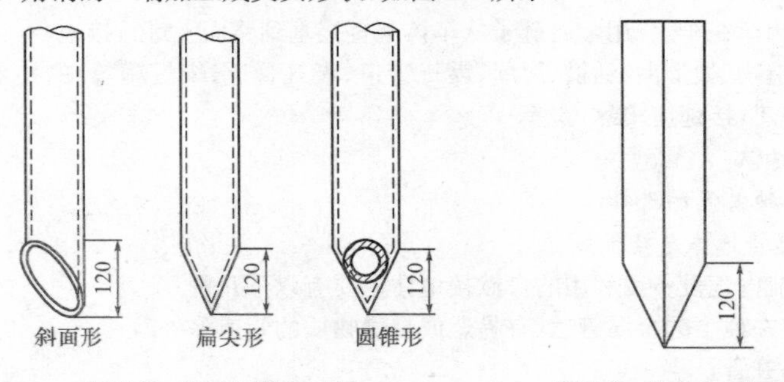


图 9-7 接地钢管加工图

图 9-8 接地角钢加工图

(三)安装施工

1. 安装要求

(1)接地体打入地中，一般采用锤打入。打入时，可按设计位置将接地体打在沟的中心线上。

当接地体露在地面上的长度约为150～200mm(沟深0.8～1m)时，可停止打入，使接地体最高点离施工完毕后的地面有600mm的距离。

(2)敷设的管子或角钢及连接扁钢应避开其他地下管路、电缆等设施。一般与电缆及管道等交叉时，相距不小于100mm，与电缆及管道平行时不小于300～350mm。

(3)敷设接地时，接地体应与地面保持垂直。如果泥土很干很硬，可浇上一些水使其疏松，以易于打入。

(4)利用自然接地体和外引接地装置时，应用不少于两根导体在不同地点与人工接地体相连接，但对电力线路除外。

(5)直流电力回路中，不应利用自然接地体作为电流回路的零线、接地线或接地体。直流电力回路专用的中性线、接地体以及接地线不应与自然接地体连接。

自然接地体的接地电阻值符合要求时，一般不敷设人工接地体，但发电厂、变电所和有爆炸危险场所除外。当自然接地体在运行时连接不可靠以及阻抗较大不能满足接地要求时，应采用人工接地体。

当利用自然、人工两种接地体时，应设置将自然接地体与人工接地体分开的测量点。

(6)电力线路杆塔的接地引出线，其截面不应小于$50mm^2$，并应热镀锌。敷设在腐蚀性较强的场所或$\rho \leqslant 100\Omega \cdot m$的潮湿土壤中的接地装置，应适当加大截面或热镀锌。

(7)为了减少相邻接地体的屏蔽作用，垂直接地体的间距不宜小于其长度的2倍，水平接地体的相互间距可根据具体情况确定，但宜小于5m。

2. 垂直接地体

(1)垂直接地体的间距在垂直接地体长度为2.5m时，一般不小于5m。直流电力回路专用的中线、接地体以及接地线不得与自然接地体有金属连接；如无绝缘隔离装置时，相互间的距离不应小于1m。

(2)垂直接地体一般使用2.5m长的钢管或角钢，其端部按图9-9加工。埋设沟挖好后应立即安装接地体和敷设接地扁钢，以防止土方侧坍。接地体一般采用手锤将接地体垂直打入土中，如图9-10所示。

接地体顶面埋设深度不应小于0.6m。角钢及钢管接地体应垂直配置。接地体与建筑物的距离不宜小于1.5m。

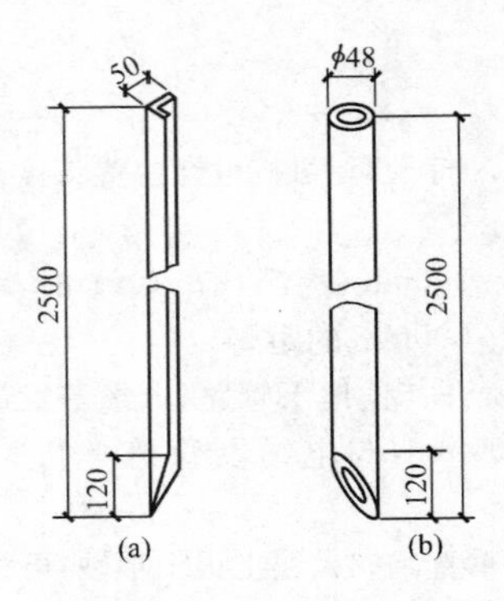


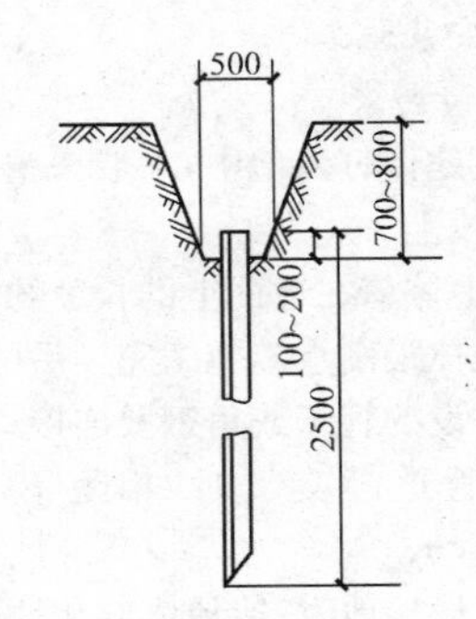


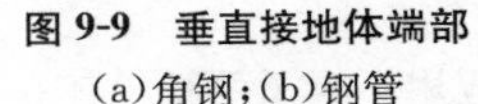

**图 9-9　垂直接地体端部**

(a)角钢;(b)钢管

**图 9-10　接地体的埋设**

(3)接地体一般使用扁钢或圆钢。接地体的连接应采用焊接(搭接焊),其焊接长度必须为:

1)扁钢宽度的 2 倍(且至少有三个棱边焊接);

2)圆钢直径的 6 倍;

3)圆钢与扁钢连接时,为了达到连接可靠,除应在其接触部位两侧进行焊接外,并应焊以由钢带弯成的弧形或直角形卡子,或直接由钢带本身弯成弧形(或直角形)与钢管(或角钢)焊接。如图 9-11 所示。

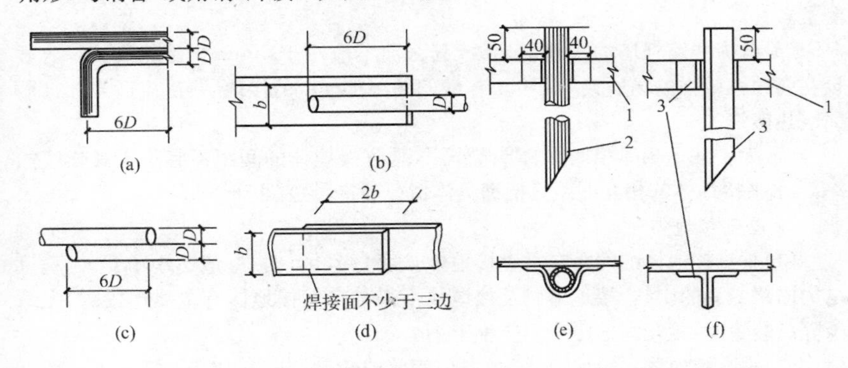


**图 9-11　接地体连接**

(a)圆钢直角搭接;(b)圆钢与扁钢搭接;(c)圆钢直线搭接;(d)扁钢与扁钢搭接;

(e)垂直接地体为钢管与水平接地体扁钢连接;

(f)垂直接地体为角钢与水平接地体扁钢连接($D$ 为直径)

1—扁钢;2—钢管;3—角钢

3. 水平接地体

水平接地体多用于环绕建筑四周的联合接地，常用－40mm×40mm 镀锌扁钢，要求最小截面不应小于 100mm²，厚度不应小于 4mm，由于接地体垂直放置时，散流电阻较小。因此，当接地体沟挖好后，应垂直敷设在地沟内(不应平放)。顶部埋设深度距地面不小于 0.6m，如图 9-12所示。水平接地体多根平行敷设时水平间距不小于 5m。

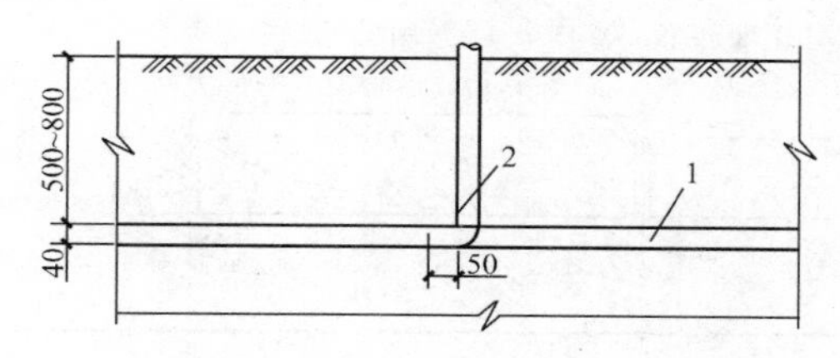


**图 9-12　水平接地体安装**

1—接地体；2—接地线

对于沿建筑物外面四周敷设成闭合环状的水平接地体，可埋设在建筑物散水及灰土基础以外的基础槽边。

**四、接闪器安装**

(一)接闪器的构成

接闪器是由独立避雷针、架空避雷线、架空避雷网及直接装设在建筑物上的避雷针、避雷带或避雷网中的一种或多种组成的。

(1)避雷针采用圆钢或钢管制成时其直径不应小于下列数值：

1)独立避雷针一般采用直径为 19mm 镀锌圆钢。

2)屋面上的避雷针一般采用直径 25mm 镀锌钢管。

3)水塔顶部避雷针采用直径 25mm 或 40mm 镀锌钢管。

4)烟囱顶上避雷针采用直径 25mm 镀锌圆钢或直径 40mm 镀锌钢管。

5)避雷环用直径 12mm 镀锌圆钢或截面为 100mm² 镀锌扁钢，其厚度为 4mm。

(2)避雷线如用扁钢，截面不得小于 48mm²，如为圆钢直径不得小于 8mm。

(3)除第一类防雷建筑物外，对于金属屋面的建筑物，通常利用屋面自身作为接闪器，并应符合下列要求：

1)金属板之间采用搭接连接时，其搭接长度不应小于 100mm；

2)金属板下面无易燃物品时，其厚度不应小于 0.5mm；

3)金属板下面有易燃物品时，其厚度，铁板不应小于 4mm，铜板不应小于 5mm，铝板不应小于 7mm；

4)金属板无绝缘被覆层。薄的油漆保护层或 0.5mm 厚沥青层或 1mm 厚聚氯乙烯层均不属于绝缘被覆层。

（二）避雷针安装施工

1. 在屋面上安装

(1)保护范围的确定。对于单支避雷针，其保护角 $\alpha$ 可按 45°或 60°考虑。两支避雷针外侧的保护范围按单支避雷针确定，两针之间的保护范围，对民用建筑可简化两针间的距离不小于避雷针的有效高度（避雷针突出建筑物的高度）的 15 倍，且不宜大于 30m 来布置，如图 9-13 所示。

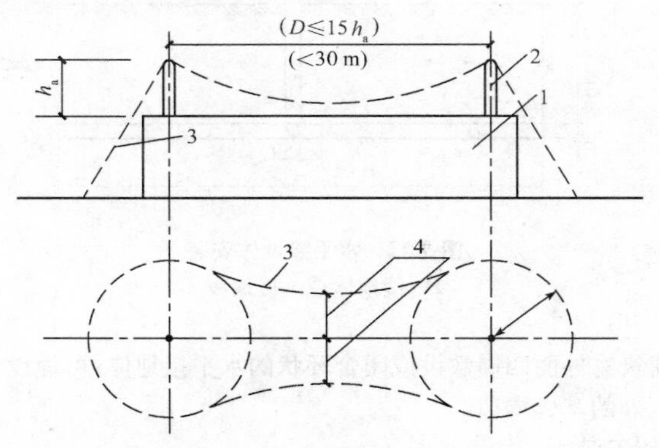


**图 9-13　双支避雷针简化保护范围示意图**

1—建筑物；2—避雷针；3—保护范围；4—保护宽度

(2)安装施工。在屋面安装避雷针，混凝土支座应与屋面同时浇灌。支座应设在墙或梁上，否则应进行校验。地脚螺栓应预埋在支座内，并且至少要有 2 根与屋面、墙体或梁内钢筋焊接。在屋面施工时，可由土建人员预先浇灌好。待混凝土强度满足施工要求后，再安装避雷针，连接引下线。

施工前，先组装好避雷针，在避雷针支座底板上相应的位置，焊上一块肋板，再将避雷针立起，找直、找正后进行点焊，最后加以校正，焊上其他三块肋板。

避雷针要求安装牢固，并与引下线焊接牢固，屋面上有避雷带（网）的还要与其焊成一个整体，如图 9-14 所示。

2. 在墙上安装

避雷针是建筑物防雷最早采用的方法之一。《全国通用电气装置标准图集》(D562)中规定避雷针在建筑物墙上的安装方法如图 9-15 所示。避雷针下覆盖的一定空间范围内的建筑物都可受到防雷保护。图中的避雷针（即接闪器）就是受雷装置，其制作方法如图 9-16 所示。针尖采用圆钢制成，针管采用焊接钢管，均应热镀锌。镀锌有困难时，可刷红丹一度，防腐漆二度，以防锈蚀；针管连接处应将穿钉安好后，再行焊接。

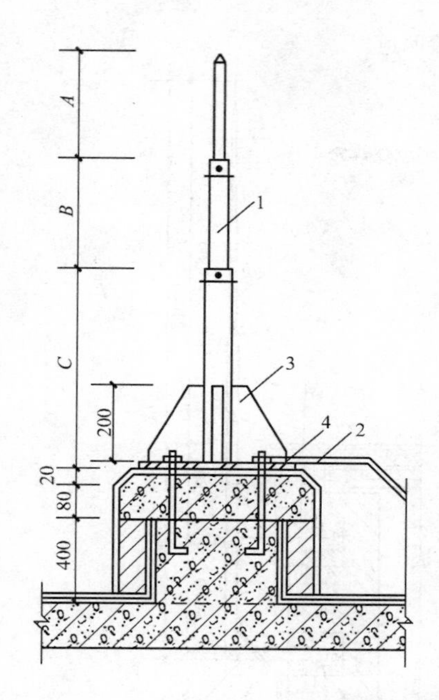


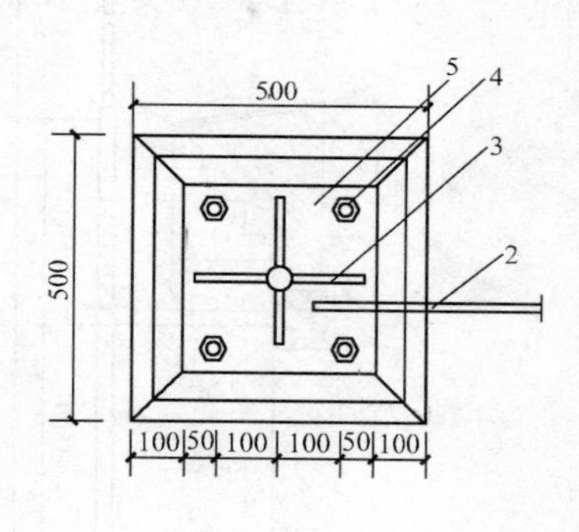


**图 9-14　避雷针在屋面上安装**

1—避雷针；2—引下线；3— －100×8，$L$=200 筋板；
4—M25×350mm 地脚螺栓；5— －300×8，$L$=300mm 底板

避雷针安装应位置正确，焊接固定的焊缝饱满无遗漏，螺栓固定的应备帽等防松零件齐全，焊接部分补刷的防腐油漆完整。

3. 独立避雷针安装

独立避雷针施工时应注意下列问题：

(1)制作要符合设计(或标准图)的要求。垂直度误差不得超过总长度的0.2%，固定针塔或针体的螺母均应采用双螺母。

(2)独立避雷针接地装置的接地体应离开人行道、出入口等经常有人通过停留的地方，且不得少于 3m，有条件时越远越好。达不到时可用下列方法补救：

1)水平接地体局部区段埋深大于 1m。

2)接地带通过人行道时，可包敷绝缘物，使雷电流不从这段接地线流散入地，或者流散的电流大大减少。

3)在接地体上面敷设一层 50～80mm 的沥青层或者采用沥青、碎石及其他电阻率高的地面。

(3)用塔身作接地引下线时，为保证良好的电气通路，紧固件及金属支持件一

律热镀锌，无条件时，应刷红丹一道、防腐漆两道。

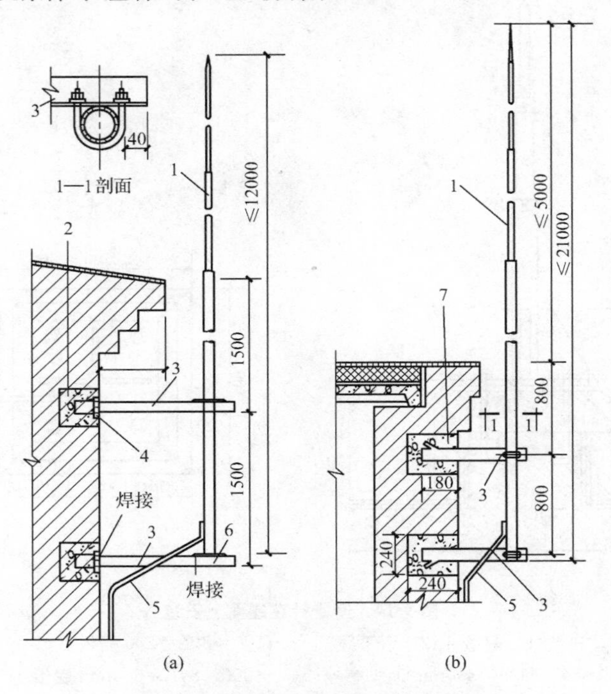


**图 9-15　避雷针在建筑物墙上安装图**

(a)在侧墙；(b)在山墙

1—接闪器；2—钢筋混凝土梁 240mm×240mm×2500mm，当避雷针高<1m 时，改为 240mm×240mm×370mm 预制混凝土块；

3—支架(∟63×6)；4—预埋铁板(100mm×100mm×4mm)；5—接地引下线；

6—支持板($\delta$=6mm)；7—预制混凝土块(240mm×240mm×37mm)

(4)独立避雷针宜设独立接地装置，如接地电阻不合要求，该接地装置可与其他电气设备的主接地网相连，如图 9-17 所示，但地中连线长度不得小于 15m，即 $BD'$ 不足 15m 时，可沿 $ABCD$ 连线。

(5)装在独立避雷针塔上照明灯的电源引入线，必须采用直埋地下的带金属护层的电缆或钢管配线，电缆护层或金属管必须接地，且埋地长度应在 10m 以上才能与配电装置接地网相连，或与电源线、低压配电装置相连接。

(三)明装避雷带(网)安装

1. 支座、支架的制作与安装

明装避雷带(网)时，应根据敷设部位选择支持件的形式。敷设部位不同，其

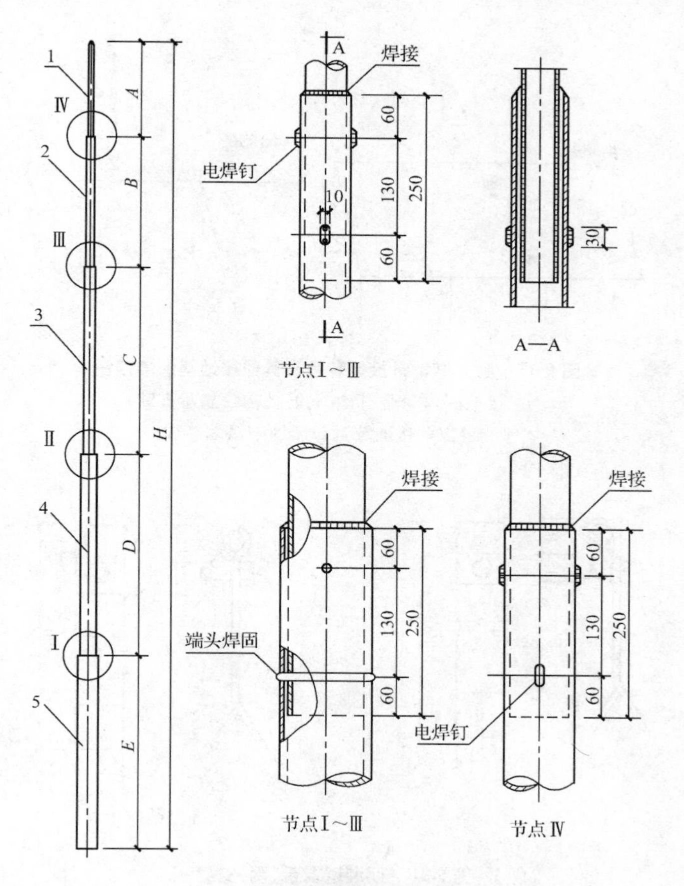


**图 9-16　避雷针制作图**

1—针尖（$\phi$20 圆钢制作，尖端 70mm 长呈圆锥形）；2—管针（G25mm 钢管）；
3—针管（G40mm 钢管）；4—针管（G50mm 钢管）；5—针管（G70mm 钢管）

支持件的形式也不相同。明装避雷带（网）支架一般采用圆钢或扁钢制作而成，其形式有多种，如图 9-18 所示。

（1）避雷带（网）沿屋面安装时，一般沿混凝土支座固定。在施工前，应预制混凝土支座。支座的安装位置应由避雷带（网）的安装位置决定。

支座可以在建筑物屋面面层施工过程中现场浇制，也可预制砌牢或与屋面防水层进行固定。避雷带（网）距屋面边缘不应大于 500mm，在避雷带（网）转角中心严禁设置避雷带（网）支座。

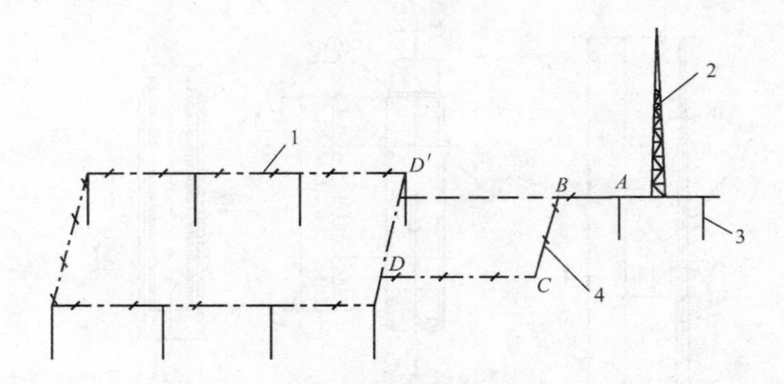


**图 9-17　独立避雷针接地装置与其他接地网的连接图**

1—主接地网；2—避雷针（钢筋结构独立避雷针）；
3—避雷针接地装置；4—地中接地连线

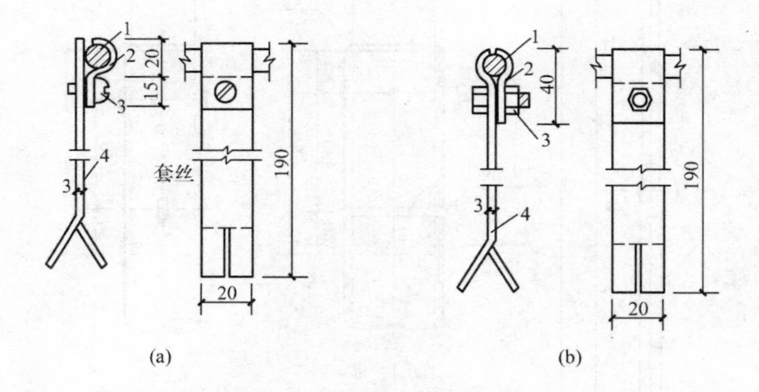


**图 9-18　明装避雷带(网)支架**

(a)支座内支架一；(b)支座内支架二

1—避雷带（网）；2—扁钢卡子；3—M5 机螺栓；4— －20×3 支架；

1)在屋面上制作或安装支座时，应在直线段两端点拉通线，确定好中间支座位置。中间支座间距为 1～1.5m，相互间距离应均匀分布，在转弯处支座间距为 0.5m（距转弯中点距离 0.25m）。

2)支座在防水层上安装时，需待屋面防水工程结束后，将混凝土支座分挡摆好，在支座位置上烫好沥青，把支座与屋面固定牢固，再安装避雷带（网）。

(2)避雷带（网）沿女儿墙安装时，应使用支架固定，并应尽量随结构施工预埋支架。支架应与墙顶面垂直。

1)在预留孔洞内埋设支架时，应先用素水泥浆湿润；放置好支架后，再用水泥砂浆注牢。支架支起的高度应不小于150mm，待达到强度后再敷设避雷带（网）。

2）避雷带（网）在建筑物天沟上安装使用固定时，应随土建施工先设置好预埋件。支架与预埋件应进行焊接固定。

（3）避雷带在建筑物屋脊和檐口上安装时，可使用混凝土支座或支架固定。

1）使用支座固定避雷带时，应配合土建施工，现场浇制支座。浇制时，先将脊瓦敲去一角，使支座与脊瓦内的砂浆连成一体。

2）使用支架固定避雷带时，需用电钻将脊瓦钻孔，再将支架插入孔内，并用水泥砂浆填塞牢固。

在屋脊上固定支座和支架，水平间距为1～1.5m，转弯处为0.25～0.5m。

2. 避雷带（网）安装施工

（1）明装避雷带（网）应采用镀锌圆钢或扁钢制成。镀锌圆钢直径应为$\phi12$。镀锌扁钢－25×4或－40×4。在使用前，应对圆钢或扁钢进行调直加工，对调直的圆钢或扁钢，顺直沿支座或支架的路径进行敷设，如图9-19所示。

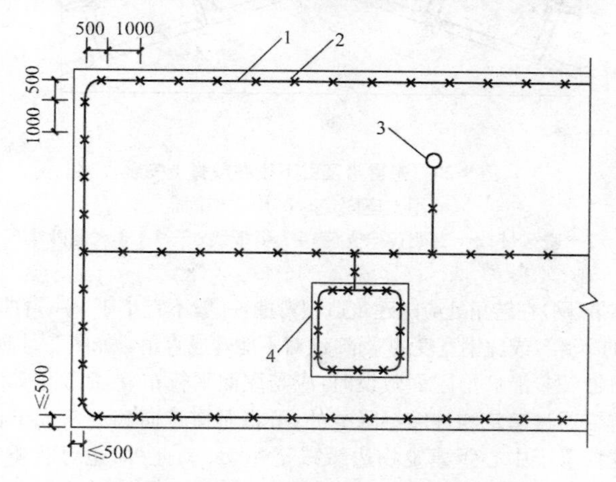


**图9-19　避雷带在挑檐板上安装平面示意图**

1—避雷带；2—支架；3—凸出屋面的金属管道；4—建筑物凸出物

（2）在避雷带（网）敷设的同时，应与支座或支架进行卡固或焊接连成一体，并同防雷引下线焊接好。其引下线的上端与避雷带（网）的交接处，应弯曲成弧形。

（3）当避雷带沿女儿墙及电梯机房或水池顶部四周敷设时，不同平面的避雷带（网）至少应有两处互相连接，连接应采用焊接。

（4）避雷带在屋脊上安装，如图9-20所示。

建筑物屋顶上的突出金属物体，如旗杆、透气管、铁栏杆、爬梯、冷却水塔、电视天线杆等，都必须与避雷带（网）焊接成一体。

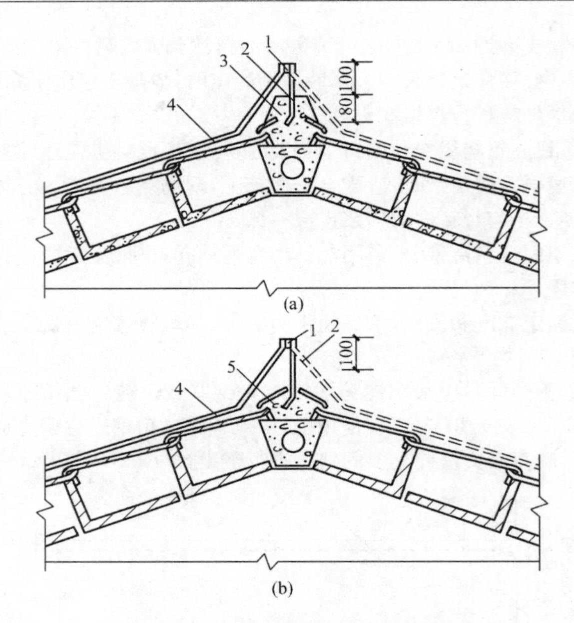


**图 9-20　避雷带及引下线在屋脊上安装**

(a)用支座固定；(b)用支架固定

1—避雷带；2—支架；3—支座；4—引下线；5—1∶3 水泥砂浆

(5)避雷带(网)在转角处应随建筑造型弯曲，一般不宜小于 90°，弯曲半径不宜小于圆钢直径的 10 倍，或扁钢宽度的 6 倍，绝对不能弯成直角。如图 9-21 所示。

(6)避雷带(网)沿坡形屋面敷设时，应与屋面平行布置，如图 9-22所示。

(7)避雷带通过建筑物伸缩沉降缝处，可将避雷带向侧面弯成半径为 100mm 的弧形，且支持卡子中心距建筑物边缘减至 400mm；此外，也可将避雷带向下部弯曲，或用裸铜绞线连接避雷带。

(8)避雷带(网)安装完成后，应平直牢固，不应有高低起伏和弯曲现象，平直度每 2m 检查段允许偏差值不宜大于 3%，全长不宜超过 10mm。

(四)暗装避雷带(网)的安装

暗装避雷网是利用建筑物内的钢筋做避雷网，以达到建筑物防雷击的目的。因其比明装避雷网美观，因此被广泛应用。

1. 用建筑物 V 形折板内钢筋作避雷网

建筑物有防雷要求时，可利用 V 形折板内钢筋作避雷网。施工时，折板插筋与吊环和网筋绑扎，通长筋和插筋、吊环绑扎。折板接头部位的通长筋在端部预留钢筋头，长度不少于 100mm，便于与引下线连接。引下线的位置由工程设计决定。

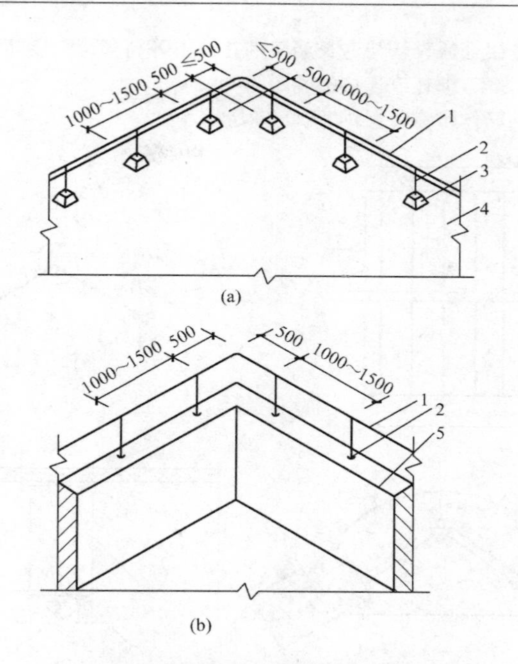


**图 9-21　避雷带(网)在转弯处的做法**

(a)在平屋顶上安装；(b)在女儿墙上安装

1—避雷带；2—支架；3—支座；4—平屋面；5—女儿墙

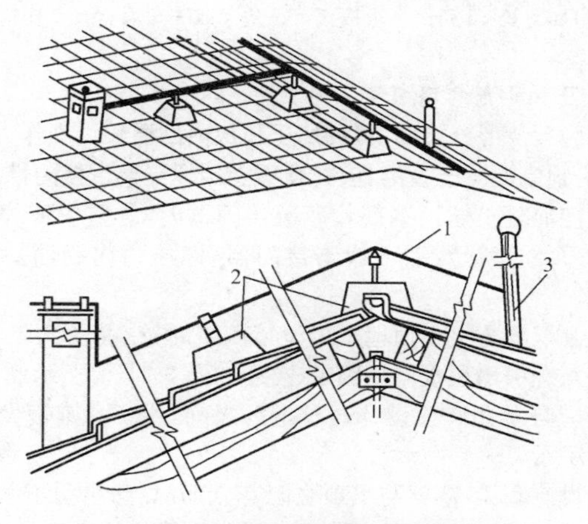


**图 9-22　坡形屋面敷设避雷带**

1—避雷带；2—混凝土支座；3—凸出屋面的金属物体

等高多跨搭接处通长筋与通长筋应绑扎。不等高多跨交接处，通长筋之间应用 $\phi8$ 圆钢连接焊牢，绑扎或连接的间距为 6m。

V 形折板钢筋作防雷装置，如图 9-23 所示。

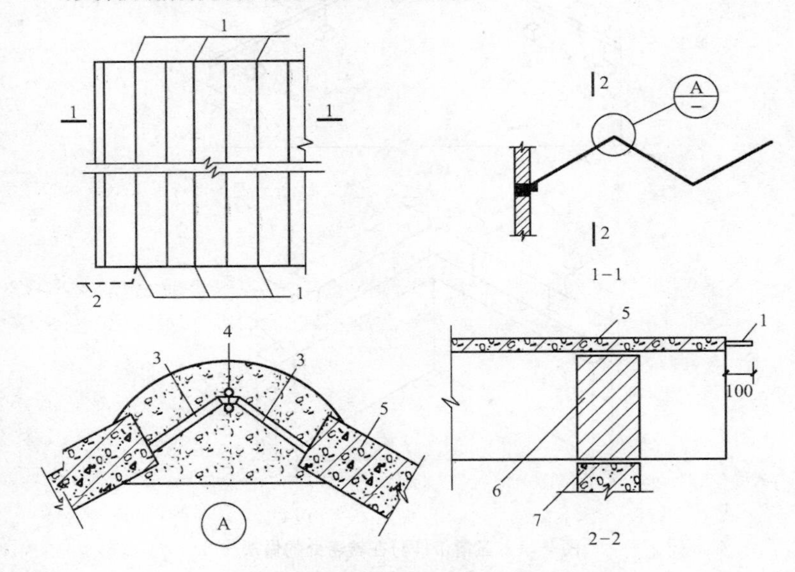


**图 9-23　V 形折板钢筋作防雷装置示意图**

1—通长筋预留钢筋头；2—引下线；3—吊环(插筋)；
4—附加通长 $\phi6$ 筋；5—折板；6—三角架或三角墙；7—支托构件

2. 用女儿墙压顶钢筋作暗装避雷带

女儿墙压顶为现浇混凝土的，可利用压顶板内的通长钢筋作为暗装防雷接闪器；女儿墙压顶为预制混凝土板的，应在顶板上预埋支架设接闪带。

用女儿墙现浇混凝土压顶钢筋作暗装接闪器时，防雷引下线可采用不小于 $\phi10$ 圆钢，如图 9-24(a)所示，引下线与接闪器(即压顶内钢筋)的焊接连接，如图 9-24(b)所示。

在女儿墙预制混凝土板上预埋支架设接闪带时，或在女儿墙上有铁栏杆时，防雷引下线应由板缝引出顶板与接闪带连接，如图 9-24(a)所示的虚线部分，引下线在压顶处同时应与女儿墙顶设计通长钢筋之间，用 $\phi10$ 圆钢做连接线进行连接，如图 9-24(c)所示。

女儿墙一般设有圈梁，圈梁与压顶之间有立筋时，防雷引下线可以利用在女儿墙中相距 500mm 的 2 根 $\phi8$ 或 1 根 $\phi10$ 立筋，把立筋与圈梁内通长钢筋全部绑扎为一体更好，女儿墙不需再另设引下线，如图 9-24(d)所示。采用此种做法时，

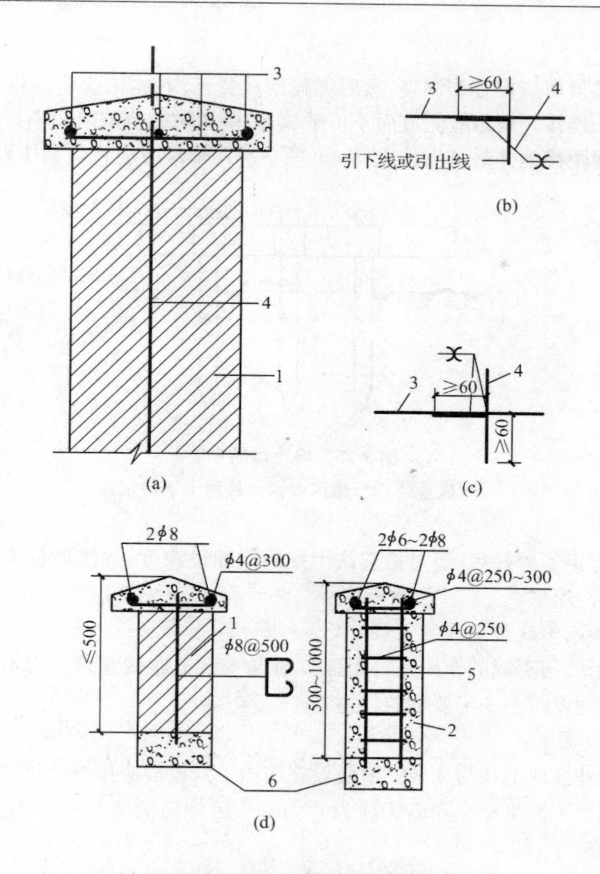


**图 9-24　女儿墙及暗装避雷带的做法**

(a)压顶内暗装避雷带做法；(b)压顶内钢筋引下线(或引出线)连接做法；(c)压顶上有明装接闪带时引下线与压顶内钢筋连接做法；(d)女儿墙结构图

1—砖砌体女儿墙；2—现浇混凝土女儿墙；3—女儿墙压顶内钢筋；4—防雷引下线；5—4ϕ10 圆钢连接线；6—圈梁

女儿墙内引下线的下端需要焊到圈梁立筋上(圈梁立筋再与柱主筋连接)。引下线也可以直接焊到女儿墙下的柱顶预埋件上(或钢屋架上)。圈梁主筋如能够与柱主筋连接,建筑物则不必再另设专用接地线。

**五、接地线敷设**

(一)接地扁钢的敷设

当接地体打入地中后,即可沿沟敷设扁钢。扁钢敷设位置、数量和规格应符合设计规定。

扁钢敷设前应检查和调查，然后将扁钢放置于沟内，依次将扁钢与接地体用焊接的方法连接。扁钢应侧放而不可平放，因侧放时散流电阻较小。扁钢与钢管连接的位置距接地体最高点约 100mm（图 9-25）。焊接时应将扁钢拉直。

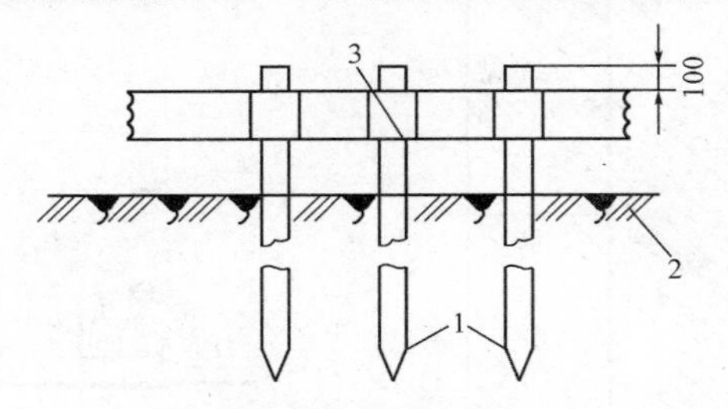


**图 9-25　接地体的安装**

1—接地体；2—地沟面；3—接地卡子焊接处

扁钢与钢管焊好后，经过检查认为接地体埋设深度、焊接质量等均符合要求时，即可将沟填平。

（二）接地干线与支线的敷设

接地干线与支线的作用是将接地体与电气设备连接起来。它不起接地散流作用，因此埋设时不一定要侧放。

1. 敷设要求

（1）室外接地干线与支线一般敷设在沟内。敷设前应按设计规定的位置先挖沟，沟的深度不得小于 0.5m，宽约为 0.5m，然后将扁钢埋入。回填土应压实，但不需要打夯。

（2）接地干线和接地体的连接，接地支线与接地干线的连接应采用焊接。

（3）接地干线支线末端露出地面应大于 0.5m，以便接引地线。

（4）室内的接地线多为明设，但一部分设备连接的支线需经过地面，也可以埋设在混凝土内。明敷设的接地线大多数是纵横敷设在墙壁上，或敷设在母线架和电缆架的构架上。

2. 预留孔与埋设保护套

接地扁钢沿墙壁敷设时，有时要穿过墙壁和楼板，为了保护接地线和易于检查，可在穿墙的一段加装保护套和预留孔。

（1）预留孔。当土建浇制板或砌墙时，按设计的位置预留出穿接地线的孔，预留孔的大小应比敷设接地线的厚度、宽度各大出 6mm 以上。施工时按此尺寸截一段扁钢预埋在墙壁内，当混凝土还没有凝固时抽动扁钢，以便将来完全凝固后易于抽出。也可以在扁钢上包一层油毛毡或几层牛皮纸埋设在墙壁内。预留孔距墙壁表面应为15～20mm，以便敷设接地线时整齐美观（图9-26）。

（2）保护套。如用保护套时，应将保护套埋设好。保护套可用厚1mm以上铁皮做成方形或圆形，大小应使接地线穿入时，每边有6mm以上的空隙，其安装方式如图9-26所示。

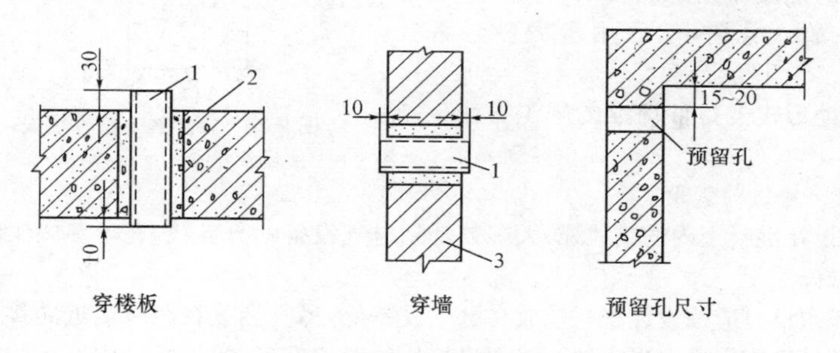


**图9-26　保护套安装和预留尺寸图**

1—保护套；2—楼板；3—砖墙

3. 埋设支持件

明敷设在墙上的接地线应分段固定，固定方法是在墙上埋设支持件，将接地扁钢固定在支持件上。图9-27为常用的一种支持件（支持件形式一般由设计提出）。

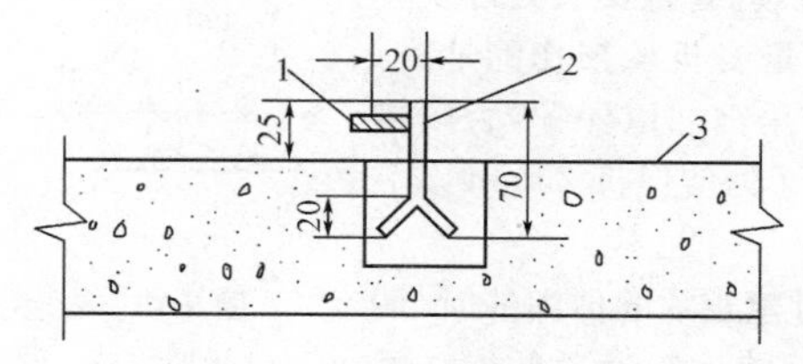


**图9-27　接地线支持件**

1—接地线；2—支持件；3—墙壁

（1）施工前，用40mm×4mm的扁钢按图所示的尺寸将件作好。

（2）为了使支持件埋设整齐，在墙壁浇捣前先埋入一块方木预留小孔，砖墙可在砌砖时直接埋入。

（3）埋设方木时应拉线或划线，孔的深度和宽度各为50mm，孔之间的距离（即支持件的距离）一般为1～1.5m，转弯部分为1mm。

（4）明敷设的接地线应垂直或水平敷设，当建筑物的表面为倾斜时，也可沿建筑物表面平行敷设。与地面平行的接地干线一般距地面为200～300mm。

(5)墙壁抹灰后，即可埋设支持件。为了保证接地线全长与墙壁保持相同的距离和加快埋设速度，埋设支持件时，可用一方木制成的样板，其施工如图 9-28 所示。先将支持件放入孔内，然后用水泥砂浆将孔填满。

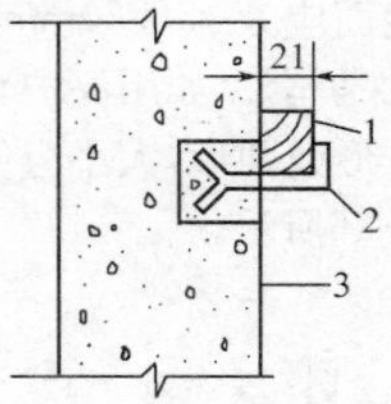

其他形式支持件埋设的施工方法也基本相同。

**图 9-28　接地线支持件埋设**

1—方木样板；2—支持件；3—墙壁

4. 接地线的敷设

敷设在混凝土内的接地线，大多数是到电气设备的分支线，在土建施工时就应敷设好。

(1)敷设时应按设计将一端放在电气设备处，另一端放在距离最近的接地干线上，两端都应露出混凝土地面。露出端的位置应准确，接地线的中部可焊在钢筋上加以固定。

(2)所有电气设备都需单独地埋设接地分支线，不可将电气设备串联接地。

(3)当支持件埋设完毕，水泥砂浆完全凝固以后，即可敷设在墙上的接地线。将扁钢放在支持件内，不得放在支持件外。经过墙壁的地方应穿过预留孔，然后焊接固定。

敷设的扁钢应事先调直，不应有明显的起伏弯曲。

(4)接地线与电缆、管道交叉处以及其他有可能使接地线遭受机械损伤的地方，接地线应用钢管或角钢加以保护，否则接地线与上述设施交叉处应保持 25mm 以上的距离。

(5)接地线经过建筑物的伸缩缝时，如采用焊接固定，应将接地线通过伸缩缝的一段作为弧形，如图 9-29 所示。

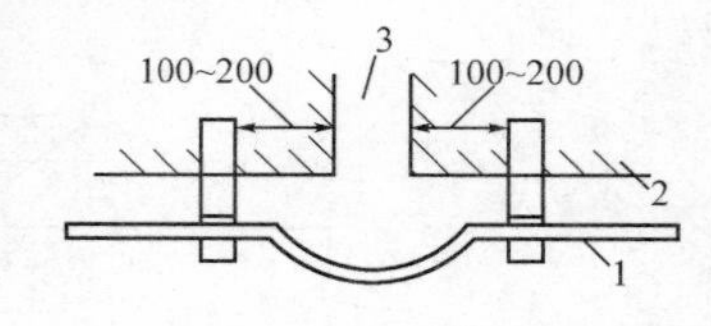

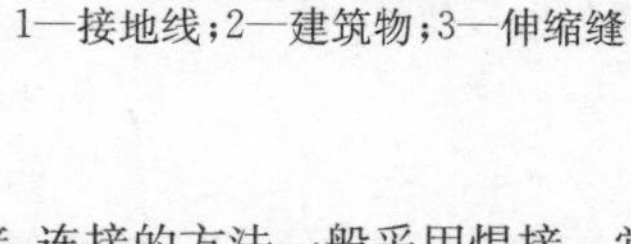

**图 9-29　接地线经过伸缩缝**

1—接地线；2—建筑物；3—伸缩缝

(三)接地导体的焊接

接地导体互相间应保证有可靠的电气连接，连接的方法一般采用焊接。常用的接地导体的连接方式如图 9-30 所示。

(1)接地线互相间的连接及接地线与电气装置的连接，应采用搭焊。搭焊的长度：扁钢或角钢应不小于其宽度的两倍；圆钢应不小于其直径的 6 倍，而且应有三边以上的焊接。

(2)扁钢与钢管(或角钢)焊接时，为了连接可靠，除应在其接触两侧进行焊接外，并应焊上由钢带弯成的弧形(或直角形)与钢管(或角钢)焊接；钢带距钢管(或角钢)顶部应有 100mm 的距离。

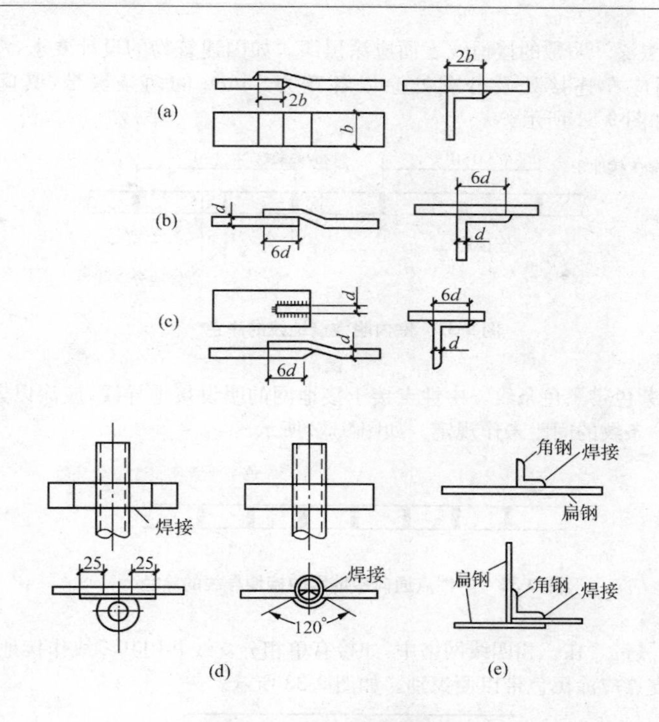


**图 9-30　接地导体的连接方式**

(a)扁钢的连接；(b)圆钢的连接；(c)圆钢与扁钢的连接；
(d)扁钢与钢管的连接(e)扁钢与角钢的连接

(3)当利用建筑物内的钢管、钢筋及吊车轨道等自然导体作为接地导体时，连接处应保证有可靠的接触，全长不能中断。金属结构的连接处应以截面不大于 100mm$^2$ 的钢带焊连接起来。金属结构物之间的接头及其焊口，焊接完毕后应涂樟丹。

(4)采用钢管作接地线时应有可靠的接头。在暗敷情况下或中性点接地的电网中的明敷情况下，应在钢管管接头的两侧点焊两点。

(5)如接地线和伸长接地(例如管道)相连接时，应在靠近建筑物的进口处焊接。若接地线与管道之间的连接不能焊接时，应用卡箍连接，卡箍的接触面应镀锡，并将管子连接处擦干净。管道上的水表、法兰、阀门等处应用裸铜线将其跨接。

(四)接地装置(接地线)涂漆

明敷接地线一为标志，二为防腐，应按下列规定涂漆。

(1)涂黑漆。明敷的接地线表面应涂黑漆。如因建筑物的设计要求,需涂其他颜色,则应在连接处及分支处涂以各宽为 15mm 的两条黑带,其间距为150mm。如图 9-31 所示。

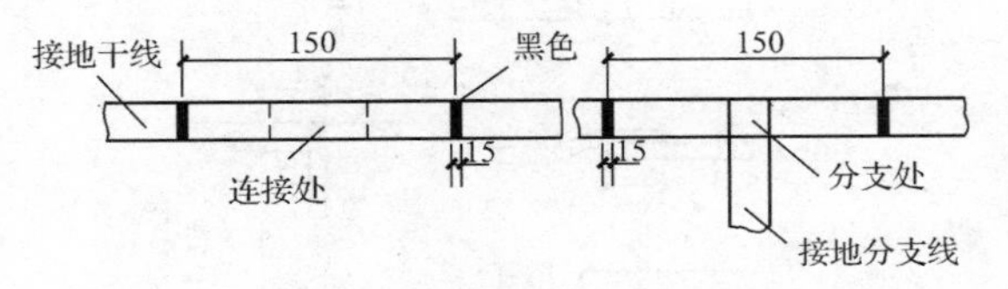


图 9-31 室内明敷接地线的涂色

(2)涂紫色带黑色条纹。中性点接于接地网的明设接地导线,应涂以紫色带黑色条纹。条纹的间距未作规定。如图 9-32 所示。

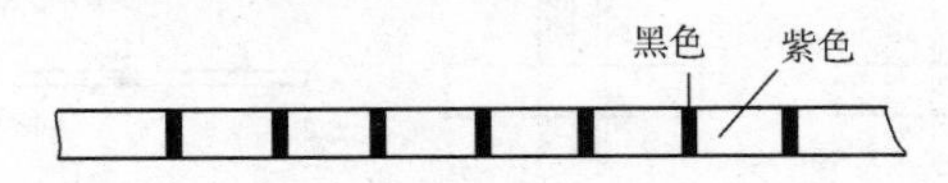


图 9-32 中性点通向接地网的接地导线的涂色

(3)涂黑带。在三相四线网络中,如接有单相分支线并用其零线作接地线时,零线在分支点应涂黑色带以便识别。如图 9-33 所示。

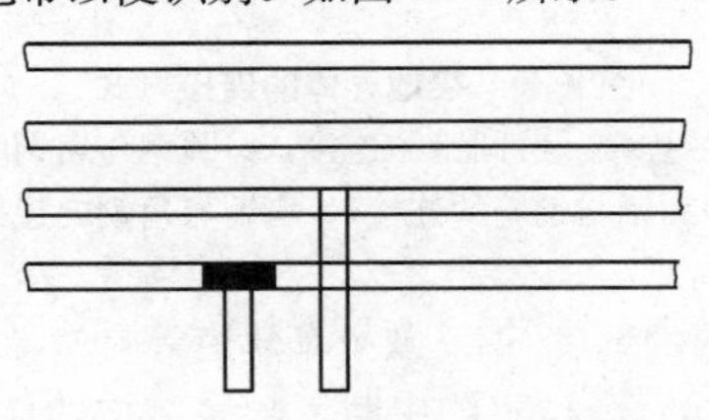

图 9-33 单相分支点涂黑带

(4)标黑色接地记号。在接地线引向建筑物内的入口处,一般应标以黑色接地记号“≑”,标在建筑物的外墙上。

(5)刷白底漆后标黑色接地记号。室内干线专门备有检修用临时接地点处,应刷白色底漆后标以黑色接地记号“≑”。

(6)涂樟丹两道再涂黑漆。接地引下线垂直地面的上、下侧各300～500mm段,应涂刷樟丹两道,然后再涂黑漆。涂刷前要将引线表面的锈污等擦刷干净。

## 六、接地电阻测试

### (一)对接地电阻的要求

(1)低压电力网的电力装置对接地电阻的要求如下:

1)低压电力网中,电力装置的接地电阻不宜超过 4Ω。

2)由单台容量在 1000kV·A 的变压器供电的低压电力网中,电力装置的接地电阻不宜大于 10Ω。

3)使用同一接地装置并联运行的变压器,总容量不超过 100kV·A 的低压电力网中,电力装置的接地电阻不宜超过 10Ω。

4)在土壤电阻率高的地区,要达到以上接地电阻值有困难时,低压电力设备的接地电阻允许提高到 30Ω。

(2)重复接地的接地电阻一般不超过 10Ω。

(3)测量接地装置的接地电阻,如设计无规定时,可参照表 9-5 的规定。

(4)测量企业的建筑物及构筑物防雷接地装置的接地电阻,如设计无要求时可参照下列要求检查:

1)管道进入有爆炸危险厂房时,距厂房最近支柱的接地电阻,第一根应不大于 5Ω,第二根应不大于 10Ω,第三根应不大于 30Ω。

2)当管道与有爆炸危险的厂房平行,且二者之间的距离小于 10m 时,应沿管道每隔 30～40m(靠近厂房的一段)接地一次,其接地电阻值应不大于 20Ω。

3)在其他场合,管道的接地电阻均应不大于 30Ω。

4)储存易燃液体并带有呼吸阀,且壁厚小于 4mm 的密闭储罐(如汽油、氢气、煤气的储存罐),接地电阻应不大于 10Ω,壁厚大于 4mm 的密闭储罐,接地电阻应不大于 30Ω。

5)高炉、煤气洗涤塔、煤气管道的煤气放散管、氧气管道,可以用作防雷接地装置,但必须可靠接地,且接地电阻应不大于 10Ω。

(5)在土壤电阻率 $\rho$ 大于 $15\times10^4\Omega\cdot cm$ 的地区,小接地短路电流系统以及低压系统电气设备的接地装置,如要求达到规定值确有困难时,允许将规定的接地电阻值提高为 $\frac{\rho}{5\times10^4}$ 倍,但其值应不超过 20Ω。而对大接地短路电流系统则不应超过 5Ω。

(二)接地电阻的测量

测量接地电阻常采用绝缘电阻表。现以使用 ZC－8 型绝缘电阻表为例,介绍如下的测量原理和使用方法。

1. 测量原理

绝缘电阻表的工作线路原理如图 9-34 所示。使用时,摇把以 120r/min 以上速度转动时,产生110～115Hz 的交流电流。仪表的接线端钮 $E$ 与接地极 $E'$ 相连,另外两个端钮 $P$ 和 $C$ 连接于相应的接地测针 $P'$(电位探测针)和 $C'$(电流探测针)。电流 $I_1$ 从发电机经过电流互感器 $LH$ 的一次绕组、接地极 $E'$、大地和电

流探测针 $C'$ 而回到发电机，如图 9-35 所示。

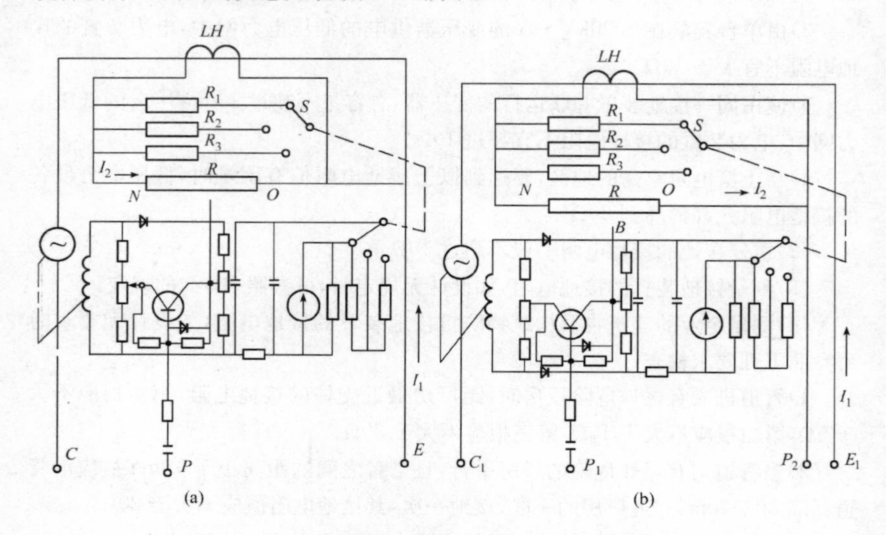


**图 9-34　ZC－8 型绝缘电阻表工作线路原理图**

(a)3 个端钮的仪表线路；(b)4 个端钮的仪表线路

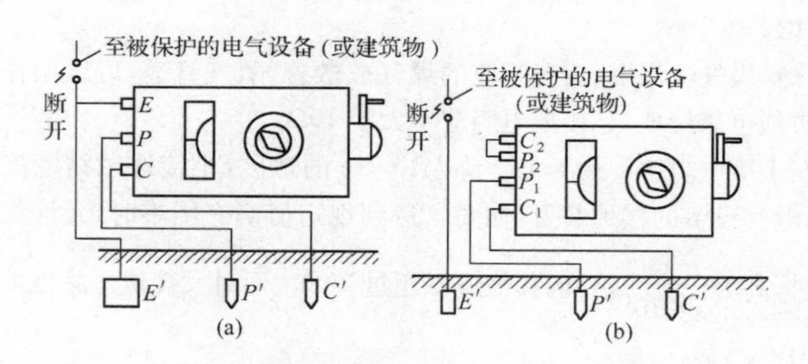


**图 9-35　ZC－8 型绝缘电阻表使用时的接线图**

(a)3 个端钮的测量接地线路；(b)4 个端钮的绝缘电阻表接地测量电阻线路

由电流互感器二次侧产生电流 $I_2$ 接于电位器 $R$，检流计前为晶体管相敏放大器，使不平衡电位经过放大后再到检流计，从而使检流计灵敏度得到提高。

$R_1 \sim R_3$ 为分流电阻，借助开关 $S$ 改变分流电阻从而改变 $I_2$，可得到三个不同电阻量程，即：0～1000Ω；0～100Ω；0～10Ω。

2. 测量方法

用这种测量仪测量接地电阻的方法为：

(1)把电位探测针 $P'$插在被测接地 $E'$和电流探测针 $C'$之间，依直线布置彼此相距 20m。如果检流计的灵敏度过高，可把电位探测针插浅一些；如果检流计灵敏度不够，可沿电位探测针和电流探测针注水使土壤湿润。

(2)用导线把 $E'$、$P'$、$C'$联于仪表相应的端钮 $E$、$P$、$C$。

(3)将仪表放置于水平位置，检查检流计的指针是否指于中心线上，可调整零位调整器校正。

(4)将“倍率标度”置于最大倍数，慢慢转动发电机的摇把，同时转动“测量标度盘”，使检流计的指针处于中心线。

(5)当检流计的指针接近平衡时，加快发电机摇把的转速，使其达到120r/min以上，调整“测量标度盘”使指针指于中心线上。

(6)如“测量标度盘”的读数小于 1 时，应将“倍率标度”置于较小的倍数，再重新调整“测量标度盘”以得到正确读数。

在使用小量程绝缘电阻表测量小于 1Ω 的接地电阻时，应将 $C_2$、$P_2$ 间连接片打开，分别用导线连接到被测接地体上，这样可以消除测量时连接导线电阻附加的误差。

**七、施工工序质量控制点**

接地装置安装施工工序质量控制点见表 9-6。

**表 9-6　　接地装置安装施工工序质量控制点**

| 序号 | 控制点名称 | 执行人员 | 标　准 |
|---|---|---|---|
| 1 | 接地装置测试点的设置 | 施工员<br>技术员 | 人工接地装置或利用建筑物基础钢筋的接地装置必须在地面以上按设计要求位置设测试点 |
| 2 | 接地电阻值测试 | | 测试接地装置的接地电阻值必须符合设计要求 |
| 3 | 防雷接地的人工接地装置的接地干线埋设 | 施工员<br>技术员<br>质量员 | 防雷接地的人工接地装置的接地干线埋设，经人行通道处埋地深度不应小于 1m，且应采取均压措施或在其上方铺设卵石或沥青地面 |
| 4 | 接地模块的埋设深度、间距和基坑尺寸 | | 接地模块顶面埋深不应小于 0.6m，接地模块间距不应小于模块长度的 3～5 倍。接地模块埋设基坑，一般为模块外形尺寸的 1.2～1.4 倍，且在开挖深度内详细记录地层情况 |
| 5 | 接地模块设置应垂直或水平就位 | | 接地模块应垂直或水平就位，不应倾斜设置，保持与原土层接触良好 |

续表

| 序号 | 控制点名称 | 执行人员 | 标准 |
|---|---|---|---|
| 6 | 接地装置埋设深度、间距和搭接长度 | 施工员<br>质量员 | 当设计无要求时，接地装置顶面埋设深度不应小于0.6m。圆钢、角钢及钢管接地极应垂直埋入地下，间距不应小于5m。接地装置的焊接应采用搭接焊，搭接长度应符合下列规定：<br>(1)扁钢与扁钢搭接为扁钢宽度的2倍，不少于三面施焊。<br>(2)圆钢与圆钢搭接为圆钢直径的6倍，双面施焊。<br>(3)圆钢与扁钢搭接为圆钢直径的6倍，双面施焊。<br>(4)扁钢与钢管，扁钢与角钢焊接，紧贴角钢外侧两面，或紧贴3/4钢管表面，上下两侧施焊。<br>(5)除埋设在混凝土中的焊接接头外，有防腐措施 |
| 7 | 接地装置的材质和最小允许规格 | 施工员<br>质量员<br>材料员 | 当设计无要求时，接地装置的材料采用钢材，热浸镀锌处理，最小允许规格、尺寸应符合下表的规定 |

| 种类、规格及单位 | | 敷设位置及使用类别 | | | |
|---|---|---|---|---|---|
| | | 地上 | | 地下 | |
| | | 室内 | 室外 | 交流电流回路 | 直流电流回路 |
| 圆钢直径(mm) | | 6 | 8 | 10 | 12 |
| 扁钢 | 截面($mm^2$) | 60 | 100 | 100 | 100 |
| 扁钢 | 厚度(mm) | 3 | 4 | 4 | 6 |
| 角钢厚度(mm) | | 2 | 2.5 | 4 | 6 |
| 钢管管壁厚度(mm) | | 2.5 | 2.5 | 3.5 | 4.5 |

| 序号 | 控制点名称 | 执行人员 | 标准 |
|---|---|---|---|
| 8 | 接地模块与干线的连接和干线材质选用 | 施工员<br>质量员<br>材料员 | 接地模块应集中引线，用干线把接地模块并联焊接成一个环路，干线的材质与接地模块焊接点的材质应相同，钢制的采用热浸镀锌扁钢，引出线不少于两处 |
| 9 | 引下线的敷设、明敷引下线焊接处的防腐 | 施工员<br>技术员 | 暗敷在建筑物抹灰层内的引下线应有卡钉分段固定；明敷的引下线应平直、无急弯，与支架焊接处，应刷防腐油漆，且无遗漏 |

续表

| 序号 | 控制点名称 | 执行人员 | 标　准 |
| --- | --- | --- | --- |
| 10 | 变配电室内接地干线与接地装置引出线的连接 | 施工员<br>技术员 | 变压器室、高低压开关室内的接地干线应有不少于两处与接地装置引出干线连接 |
| 11 | 利用金属构件、金属管道作接地线时与接地干线的连接 | | 当利用金属构件、金属管道作接地线时，应在构件或管道与接地干线间焊接金属跨接线 |
| 12 | 钢制接地线的连接和材料规格、尺寸 | 施工员<br>材料员 | 钢制接地线的焊接连接应符合《建筑电气工程施工质量验收规范》(GB 50303—2002)第 24.2.1 条的规定，材料采用及最小允许规格、尺寸应符合《建筑电气工程施工质量验收规范》(GB 50303—2002)第 24.2.2 条的规定 |
| 13 | 明敷接地引下线支持件的设置 | 施工员<br>质量员 | 明敷接地引下线及室内接地干线的支持件间距应均匀，水平直线部分 0.5～1.5m；垂直直线部分 1.5～3m；弯曲部分 0.3～0.5m |
| 14 | 接地线穿越墙壁、楼板和地坪处的保护 | | 接地线在穿越墙壁、楼板和地坪处应加套钢管或其他坚固的保护套管，钢套管应与接地线做电气连通 |
| 15 | 变配电室内明敷接地干线敷设 | | (1)便于检查，敷设位置不妨碍设备的拆卸与检修。<br>(2)当沿建筑物墙壁水平敷设时，距地面高度 250～300mm；与建筑物墙壁间的间隙 10～15mm。<br>(3)当接地线跨越建筑物变形缝时，设补偿装置。<br>(4)接地线表面沿长度方向，每段为 15～100mm，分别涂以黄色和绿色相间的条纹。<br>(5)变压器室、高压配电室的接地干线上应设置不少于 2 个供临时接地用的接地柱或接地螺栓 |
| 16 | 电缆穿过零序电流互感器时，电缆头的接地线检查 | 施工员<br>技术员 | 当电缆穿过零序电流互感器时，电缆头的接地线应通过零序电流互感器后接地；由电缆头至穿过零序电流互感器的一段电缆金属护层和接地线应对地绝缘 |

续表

| 序号 | 控制点名称 | 执行人员 | 标　　准 |
|---|---|---|---|
| 17 | 配电间的棚栏门、金属门铰链的接地连接及避雷器接地 | 质量员 | 配电间隔和静止补偿装置的栅栏门及变配电室金属门铰链处的接地连接，应采用编织铜线。变配电室的避雷器应用最短的接地线与接地干线连接 |
| 18 | 幕墙金属框架和建筑物金属门窗与接地干线的连接 | | 设计要求接地的幕墙金属框架和建筑物的金属门窗，应就近与接地干线连接可靠，连接处不同金属间应有防电化腐蚀措施 |
| 19 | 避雷针、带与顶部外露的其他金属物体的连接 | 施工员<br>技术员<br>质量员 | 建筑物顶部的避雷针、避雷带等必须与顶部外露的其他金属物体连成一个整体的电气通路，且与避雷引下线连接可靠 |
| 20 | 避雷针、带的位置及固定 | | 避雷针、避雷带应位置正确，焊接固定的焊缝饱满无遗漏，螺栓固定的应备帽等防松零件齐全，焊接部分补刷的防腐油漆完整 |
| 21 | 避雷带的支持件间距、固定及承受力检查 | | 避雷带应平正顺直，固定点支持件间距均匀、固定可靠，每个支持件应能承受大于49N(5kg)的垂直拉力。当设计无要求时，支持件间距符合《建筑电气工程施工质量验收规范》(GB 50303—2002)第25.2.2条的规定 |

### 八、现场安全注意事项

(1)进行接地装置施工时，如位于较深的基槽内应注意高空坠物并做好防坡等处理。

(2)进行电焊作业时，电焊机应符合相关规定并使用专用闸箱，必须做到持证上岗，施工前清理易燃易爆物品，设专门看火人及相应灭火器具。

(3)进行气焊作业时，氧气、乙炔瓶放置间距应大于5m，设有检测合格氧气表、乙炔表并设防回火装置，同时必须做到持证上岗，设专门看火人及相应灭火器具。

(4)雨雪天气，禁止在室外进行电焊作业。

(5)接地极、接地网埋设结束后，应对所有沟、坑等及时回填，如作业时间较长，应注意保持开挖土方湿润，避免扬尘污染。

(6)凡在居民稠密区进行强噪声作业的，必须严格控制作业时间，一般不得超过22h。

(7)在高空进行避雷引下线施工时,必须配戴安全带。

(8)进行大型避雷针安装时,应制定相应方案,防止倾斜倒塌。

(9)油漆作业结束后,应及时回收油漆包装材料。

(10)电气焊作业时应采取相应防护措施,避免弧光伤害。

# 第二节 等电位联结

## 一、作业准备

(1)等电位端子板(箱)施工前,土建墙面应刮白结束。

(2)进行厨卫间、手术室等房间的等电位联结施工时,金属管道、厨卫设备等安装结束。

(3)进行金属门窗等电位联接应在门窗框定位后,墙面装饰层或抹灰层施工之前进行。

(4)对等电位联结所选用的管夹、端子板、联结线、有关接头、截面和整个路径要作一次全面的检查和检验。

(5)等电位的有效性必须通过测试来证实。

(6)SPD 的选择。直接安装在需要保护设备的输入端的 SPD 与该设备本身,这两者必须对它们的特性进行配合。这种配合必须是这样,即对任何有关的参量需要保护设备的抗损坏性都将不会被超过。

(7)SPD 的安装位置。即使有了正确的能量配合,如果 SPD 不是安装在需要保护设备处或其邻近,在设备的端头仍可能会出现故障。其原因是,在 SPD 与需要保护设备之间的导体上有反射现象,结果可能使 $U_{res}$ 加倍。

## 二、等电位联结的类型

建筑物等电位联结大致可分为三类,即总等电位联结、辅助等电位联结和局部等电位联结。

1. 总等电位联结

总等电位联结能够降低建筑物内的间接接触电压和不同金属部件之间的电位差,消除建筑物外部经电气线路和各种金属管道引入的危害故障电压的危害。

建筑物总等电位联结通常是通过进线配电箱近旁的总等电位联结端子板(也称接地母排)将下列导电部位互相连通:

(1)进线配电箱的 PE 或 PEN 母排。

(2)公用设施的金属管道,如上、下水,热力、煤气等管道。

(3)如果可能应包括建筑物金属结构。

(4)当有人工接地装置,也包括其接地极引线(接地母线)。

建筑物每一电源进线都应做等电位联结,各个总等电位联结端子板应互相连通。

2. 辅助等电位联结

辅助等电位联结就是将两导电部分用电线直接作成等电位联结，使故障接触电压降至接触电压限值以下。

以下各情况通常需要作辅助等电位联结：

(1)电源网络阻抗过大，使自动切断电源时间过长，不能满足防电击要求时。

(2)自 TN 系统同一配电箱供给固定式和移动式两种电气设备，而固定式设备保护电器切断电源时间不能满足移动式设备防电击要求时。

(3)为满足浴室、游泳池、医院手术室等场所对防电击的特殊要求时。

3. 局部等电位联结

当需要在一局部场所范围内作多个辅助等电位联结时，可通过局部等电位联结端子板将下列部分互相连通，以简便地实现该局部范围内的多个辅助等电位联结，被称作局部等电位联结。

(1)PE 母线或 PE 干线。

(2)公用设施的金属管道。

(3)如果可能，包括建筑物金属结构。

**三、等电位联结位置**

在建筑电气工程中，实行等电位联结的主体应为：设备所在建筑物的主要金属构件和进入建筑物的金属管道；供电线路含外露可导电部分；防雷装置；由电子设备构成的信息系统。

建筑物等电位网宜采用 M 形网络，各设备的直流接地中以最短的距离与等电位网相连接。如因条件需要，建筑物采用电涌保护器(SPD)做等电位联结时，如图 9-36 所示，图中的接地线也应做等电位联结。

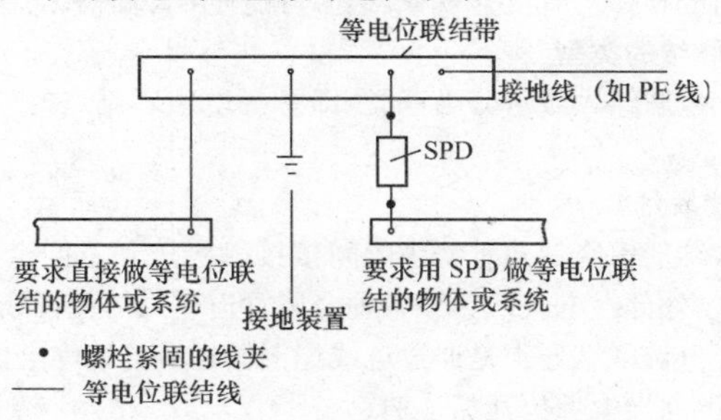


**图 9-36 采用 SPP 做等电位联结**

(1)所有进出建筑物的金属装置、外来导电物、电力线路、通信线路及其他电缆均应与总汇流排做好等电位金属连接。

(2)穿过各防雷区交界处的金属物和系统，以及一防雷区内部的金属物和系统都应在防雷区交界处做等电位联结。

(3)计算机机房应敷设等电位均压网,并应和大楼的接地系统相连接。

有条件的计算机房六面应敷设金属蔽网,屏蔽网应与机房内环形接地母线均匀多点相连,机房内的电力电缆(线)、通信电缆(线)宜尽量采用屏蔽电缆。

(4)装有金属外壳排风机、空调器的金属门、窗框或靠近电源插座的金属门、窗框以及距外露可导电部分伸臂范围内的金属栏杆、顶棚龙骨等金属体需做等电位联结。

(5)除水表外,金属管道的连接处一般不需加设跨接线。因连接处即使缠有麻丝或聚乙烯薄膜,其接头也仍然是导通的。但施工完毕后必须进行上述检测,对导电不良的接头需作跨接处理。

一般给水系统的水表需加装跨接线,以保证水管的等电位联结和接地的有效。

(6)为避免用煤气管道作接地极,煤气管入户后应插入一绝缘段,以与户外埋地的煤气管隔离。为防雷电流在煤气管道内产生电火花,在此绝缘两端应跨接火花放电间隙。

(7)架空电力线由终端杆引下后应更换为屏蔽电缆,进入大楼前应水平直埋50m以上,埋地深度应大于0.6m,屏蔽层两端接地,非屏蔽电缆应穿镀锌铁管并水平直埋50m以上,铁管两端接地。

(8)门框、窗框如不靠近电器设备或电源插座不一定联结,反之应作联结。离地面20m以上的高层建筑的窗框,如果防雷需要也应联结。

(9)离地面2.5m的金属部件因位于伸臂范围以外不需作联结。

(10)浴室被列为电击危险大的特殊场所。由于人在沐浴时遍体湿透,人体阻抗大大下降,沿金属管道导入浴室的一二十伏电压即足以使人发生心室纤维性颤动而死亡。因此,在浴室范围内还需要用铜线和铜板作一次局部等电位联结。

**四、工序交接确认**

(1)总等电位联结。对可作导电接地体的金属管道入户处和供总等电位联结的接地干线的位置检查确认,才能安装焊接总等电位联结端子板,按设计要求做总等电位联结。

(2)辅助等电位联结。对供辅助等电位联结的接地母线位置检查确认,才能安装焊接辅助等电位联结端子板,按设计要求做辅助等电位联结。

(3)对特殊要求的建筑金属屏蔽网箱,网箱施工完成,经检查确认,才能与接地线连接。

**五、等电位联结施工**

不论是总等电位联结还是局部等电位联结,每一电气装置外的其他系统可只连接一次,并未规定必须作多次连接。

等电位联结只限于大型金属部件,孤立的接触面积小的(如放水按钮)就不必联结,因它不足以引起电击事故,而以手持握的金属部件,因电击危险大必须纳入等电位联结内。

1. 施工要求

(1)当等电位联结线采用搭接焊时,其搭接长度应符合下列要求:

1)采用搭接焊时,扁钢的搭接长度应不小于其宽度的2倍,三面施焊(扁钢宽度不同时,搭接长度以宽的为准);

2)圆钢的搭接长度应不小于其直径的6倍,双面施焊(直径不同时,搭接长度以直径大的为准);

3)圆钢与扁钢连接时,其搭接长度应不小于圆钢直径的6倍;

4)扁钢与钢管(或角钢)焊接时,除应在其接触部位两侧进行焊接外,并应焊接以由扁钢弯成的弧形面(或直角形)与钢管(或角钢)焊接。

(2)等电位联结线采用不同材质的导体连接时,可采用熔接法进行连接,也可采用压接法,压接时压接处应进行热搪锡处理。

(3)等电位联结内各联结导体间的连接可采用焊接,焊接处不应有夹渣、咬边、气孔及未焊透现象,也可采用熔焊,在腐蚀性场所应采取防腐措施。

2. 等电位防雷联结

对于穿过各防雷区交界的金属部件和系统,以及在一防雷区内部的金属部件和系统,当在防雷区交界处做等电位联结时,应采用等电位联结线和螺栓紧固的线夹在等电位联结带做等电位联结。当需要时,也可采用避雷器做暂态等电位联结。

(1)在防雷的区交界处做等电位联结时,应考虑建筑物内部的信息系统,在那些对雷电电磁脉冲效应要求最小的地方,等电位联结带最好采用金属板,并多次连接到钢筋或其他屏蔽物件上。

对于信息系统的外露导电物应建立等位联结网,原则上一个电位联结网不需要直接连在大地,但实际上所有等电位联结网都有通大地的连接。

(2)当外来导电物、电力线、通信线是在不同位置进入该建筑物时,则需要设若干等电位联结带,它们应就近连到环形接地体,以及连到钢筋和金属立面如图9-37所示。

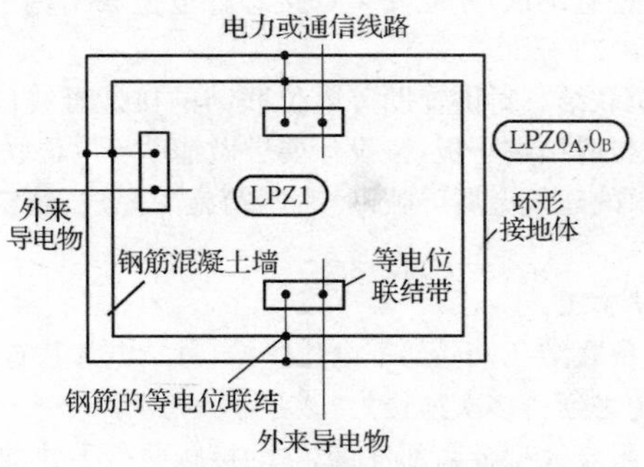


**图9-37 采用环形接地体时外来导电物在地面多点进入的等电位联结**

如果没有安装环形接地体，这些等电位联结带应连至各自的接地体并用一内部环形导体将其互相连起来，如图 9-38 所示。

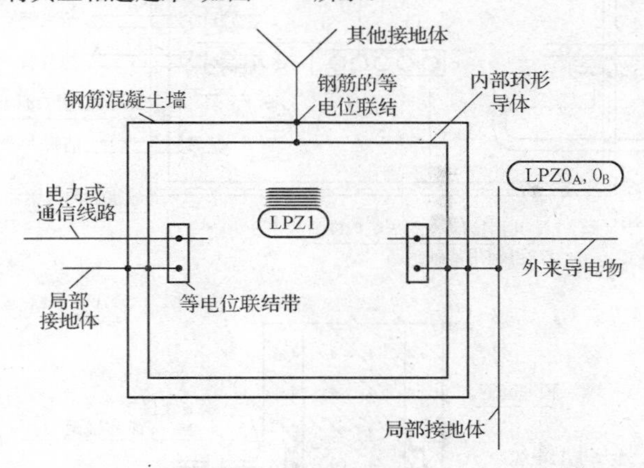


**图 9-38　采用一内部环形导体时外来导电物在地面多点进入的等电位联结**

(3)对在地面以上进入的导电物，等电位联结带应连到设于墙内或墙外的水平环形导体上，当有引下线和钢筋时该水平环形导体要连到引下线和钢筋上如图 9-39 所示。

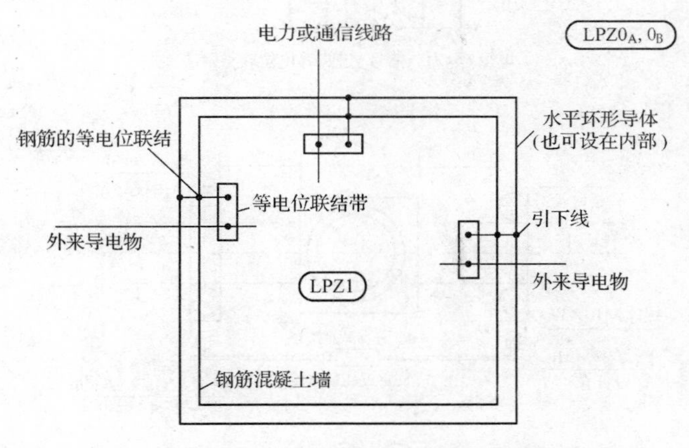


**图 9-39　外来导电物在地面以上多点进入的等电位联结**

(4)防雷等电位联结如图 9-40 所示。

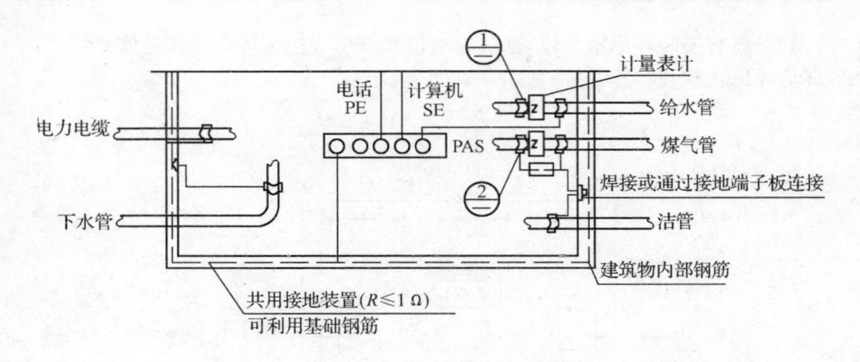


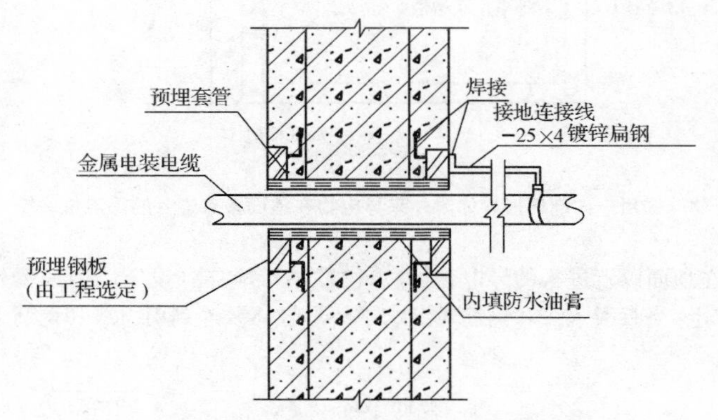


电缆(电力、信号)进户等电位联结做法

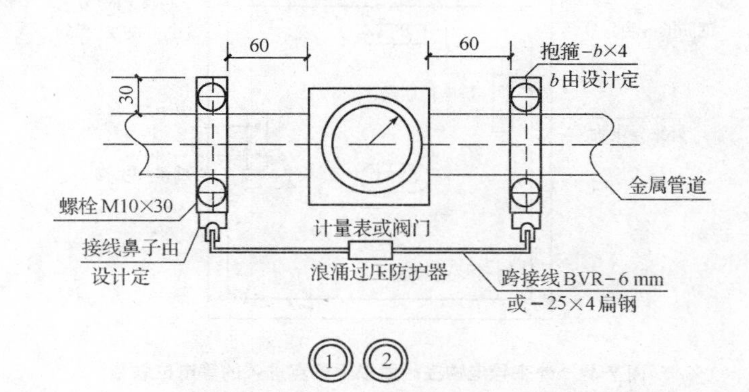


① ②

**图 9-40 防雷等电位联结示意图**

3. 等电位过电压保护联结

过电压保护器的等电位联结如图 9-41 所示。

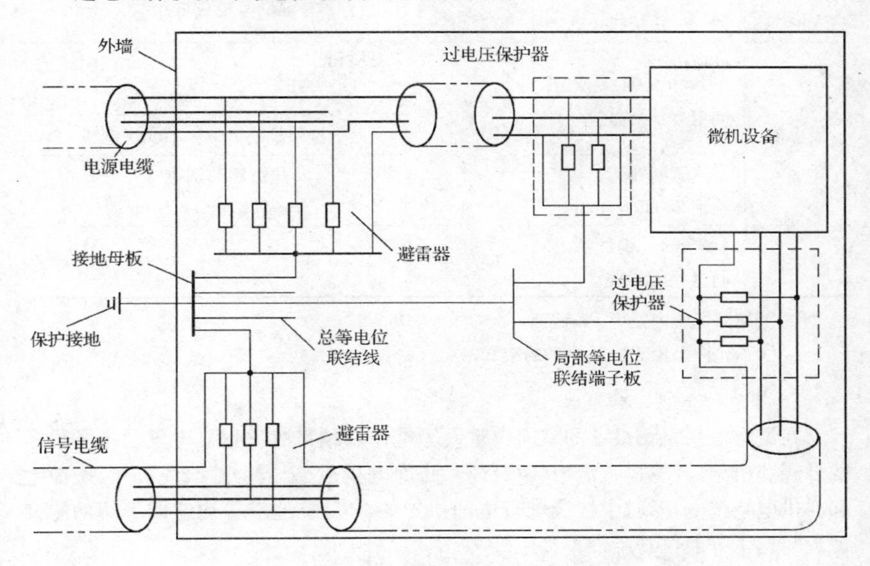


图 9-41　过电压保护器的等电位联结图

4. 等电位内部导电体联结

所有大尺寸的内部导电物(如电梯导轨、吊车、金属地面、金属门框、服务性管子、电缆桥架)的等电位联结应以最短的路线连到最近的等电位联结带或其他已做了等电位联结的金属物。各导电物之间的附加多次互相联结是有益处的。

等电位联结线的截面按表 9-7 选取。在等电位联结的各部件中,预期仅流过较小部分的雷电流。

表 9-7　等电位联结线截面要求

| 类别 / 取值 | 总等电位联结线 | 局部等电位联结线 | 辅助等电位联结线 | |
|---|---|---|---|---|
| 一般值 | 不小于 0.5$x$ 进线 PE(PEN)线截面 | 不小于 0.5$x$PE 线截面[①] | 两电气设备外露导电部分间 | 1$x$ 较小 PE 线截面 |
| | | | 电气设备与装置外可导电部分间 | 0.5$x$PE 线截面 |

续表

| 类别<br>取值 | 总等电位联结线 | 局部等电位联结线 | 辅助等电位联结线 | |
|---|---|---|---|---|
| 最小值 | 6mm² 铜线或相同电导值导线② | 同　右 | 有机械保护时 | 2.5mm² 铜线或 4mm² 铝线 |
| | | | 无机械保护时 | 4mm² 铜线 |
| | 热镀钢锌圆钢 $\phi 10$ 扁钢 25mm×4mm | | 热镀钢锌圆钢 $\phi 8$ 扁钢 20mm×4mm | |
| 最大值 | 25mm² 铜线或相同电导值导线② | 同　左 | — | |

注：①局部场所内最大 PE 截面；

②不允许采用无机械保护的铝线。

5. 等电位信息系统联结

在设有信息系统设备的室内应敷设等电位联结带时，机柜、电气及电子设备的外壳和机架、计算机直流地（逻辑地）、防静电接地、金属屏蔽线缆外层、交流地和对供电系统的相线、中性线进行电涌保护的 SPD 接地端等均应以最短的距离就近与这个等电位联结带直接连接。

联结的基本方法应采用网型(M)结构或星型(S)结构。小型计算机网络采用 S 型联结，中、大型计算机网络采用 M 型网络。在复杂系统中，两种型式（M 型和 S 型）的优点可组合在一起。星形结构与网状结构等电位联结带应每隔 5m 经建筑物墙内钢盘、金属立面与接地系统联结，如图 9-42 所示。

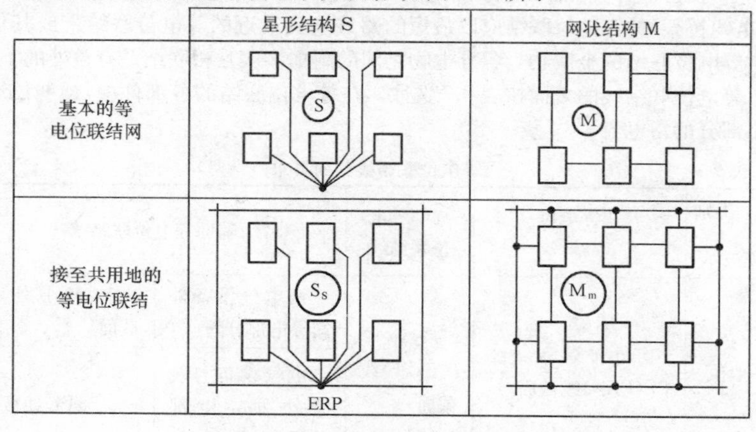


图 9-42　信息系统等电位联结的基本方法

6. 金属门窗电位联结

金属门窗等电联结时，其要求如下：

(1)连接导体宜暗敷，并应在窗框定位后，墙面装饰层或抹灰层施工之前进行。

(2)当柱体采用钢柱时，将连接导体的一端直接焊于钢柱上。

(3)根据具体情况选用图 9-43 中所示三种方法之一进行窗框的连接。

(4)$\phi$10 的圆钢与钢筋或窗框等建筑物金属构件焊接长度不小于 100mm。

(5)搭接板应预埋，具体部位由设计确定其与窗框门框可螺栓连接或焊接。

金属门窗等电位联结示意图如图 9-43 所示。

## 六、施工工序质量控制点

建筑物等电位联结施工工序质量控制点见表 9-8。

**表 9-8　　建筑物等电位联结施工工序质量控制点**

<table>
<tr><th>序号</th><th>控制点名称</th><th>执行人员</th><th>标　　准</th></tr>
<tr><td>1</td><td>建筑物等电位联结干线的连接及局部等电位箱间的连接</td><td>施工员<br>技术员</td><td>建筑物等电位联结干线应从与接地装置有不小于两处直接连接的接地干线或总等电位箱引出，等电位联结干线或局部等电位箱间的连接线形成环形网路，环形网路应就近与等电位联结干线或局部等电位箱连接。支线间不应串联连接</td></tr>
<tr><td>2</td><td>等电位联结的线路最小允许截面积</td><td>材料员<br>质量员</td><td>等电位联结的线路最小允许截面极应符合下表的规定
<table>
<tr><th rowspan="2">材　料</th><th colspan="2">截面(mm²)</th></tr>
<tr><th>干　线</th><th>支　线</th></tr>
<tr><td>铜</td><td>16</td><td>6</td></tr>
<tr><td>钢</td><td>50</td><td>16</td></tr>
</table></td></tr>
<tr><td>3</td><td>等电位联结的可接近裸露导体或其他金属部件、构件与支线的连接可靠，导通正常</td><td rowspan="2">施工员<br>质量员</td><td>等电位联结的可接近裸露导体或其他金属部件、构件与支线连接应可靠，熔焊、钎焊或机械紧固应导通正常</td></tr>
<tr><td>4</td><td>需等电位联结的高级装修金属部件或零件等电位联结的连接</td><td>需等电位联结的高级装修金属部件或零件，应有专用接线螺栓与等电位联结支线连接，且有标识；连接处螺帽紧固、防松零件齐全</td></tr>
</table>

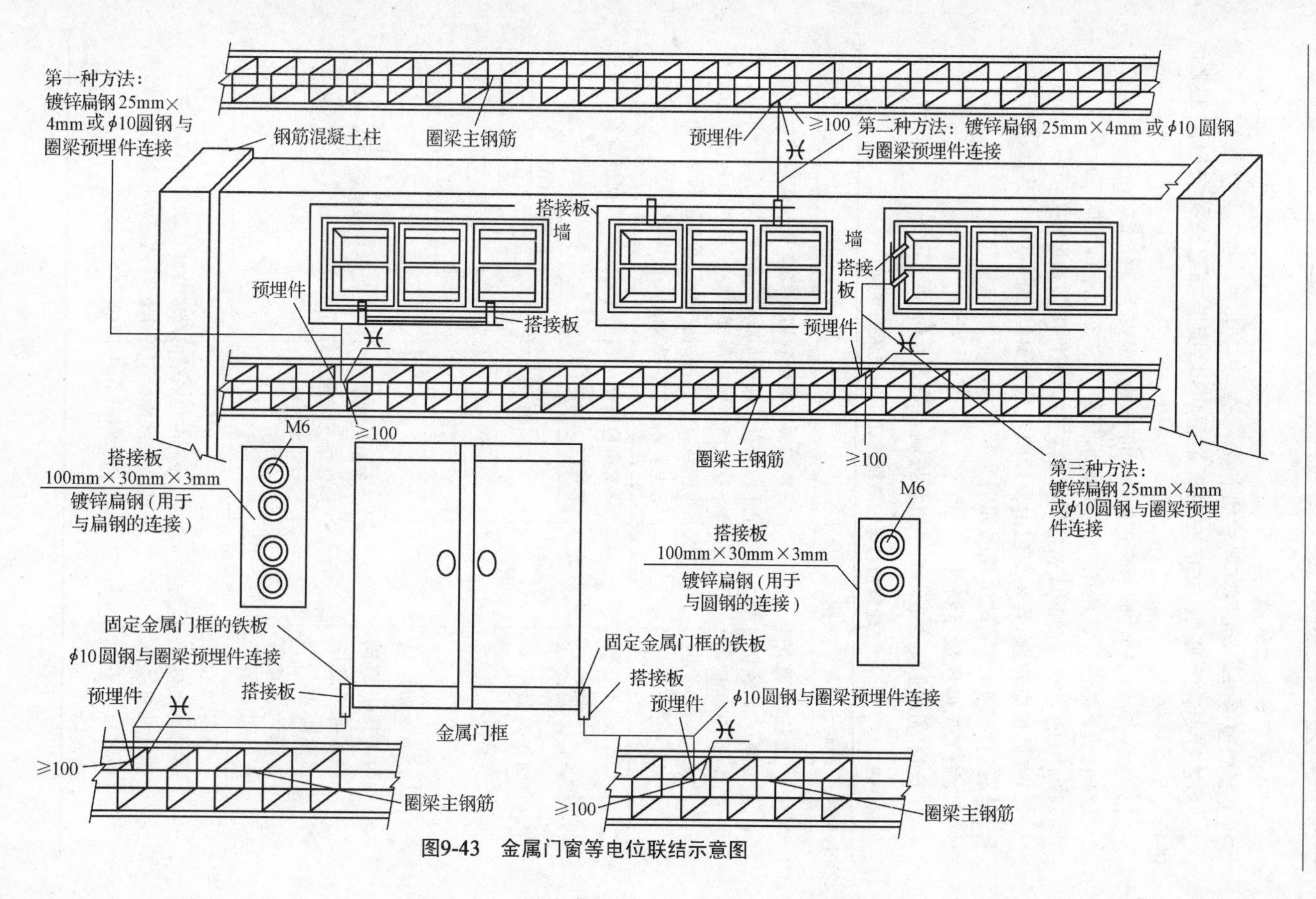


图9-43 金属门窗等电位联结示意图

# 第十章　消防系统电气安装

## 第一节　消防系统电气安装概述

**一、施工准备**

(1)安装单位应按设计图纸施工，如需修改应征得原设计单位同意，并有文字批准手续。

(2)施工单位在施工前应具有设备布置平面图、系统图、安装尺寸图、接线图、设备技术资料等一些必要的技术文件。

(3)火灾自动报警系统的施工安装专业性很强。为了确保施工安装质量，确保安装后能投入正常运行，施工安装必须经有批准权限的公安消防监督机构批准，并由具有许可证的安装单位承担。

(4)设备安装前土建工作应具备下列条件：

1)屋顶、楼板施工完毕，不得有渗漏；

2)结束室内地面工作；

3)预埋件及预留孔符合设计要求，预埋件应牢固；

4)门窗安装完毕；

5)凡进行装饰工作时间有可能损坏已安装设备或设备安装后不能再进行施工的装饰工作全部结束。

**二、火灾报警区域和探测区域的划分**

1. 火灾报警区域的划分

报警区域应根据防火分区或楼层划分。一个报警区域宜由一个或同层相邻几个防火分区组成。

2. 火灾探测区域的划分

(1)探测区域的划分应符合下列规定：

1)探测区域应按独立房(套)间划分。一个探测区域的面积不宜超过 $500m^2$；从主要入口能看清其内部，且面积不超过 $1000m^2$ 的房间，也可划为一个探测区域。

2)红外光束线型感烟火灾探测器的探测区域长度不宜超过 100m，缆式感温火灾探测器的探测区域的长度不宜超过 200m；空气管差温火灾探测器的探测区域长度宜在 20～100m 之间。

(2)符合下列条件之一的二级保护对象，可将几个房间划为一个探测区域。

1)相邻房间不超过 5 间，总面积不超过 $400m^2$，并在门口设有灯光显示装置。

2)相邻房间不超过 10 间，总面积不超过 $1000m^2$，在每个房间门口均能看清其内部，并在门口设有灯光显示装置。

(3)下列场所应分别单独划分探测区域：

1)敞开或封闭楼梯间。

2)防烟楼梯间前室、消防电梯前室、消防电梯与防烟楼梯间合用的前室。

3)走道、坡道、管道井、电缆隧道。

4)建筑物闷顶、夹层。

控制中心报警系统组成见图 10-1。

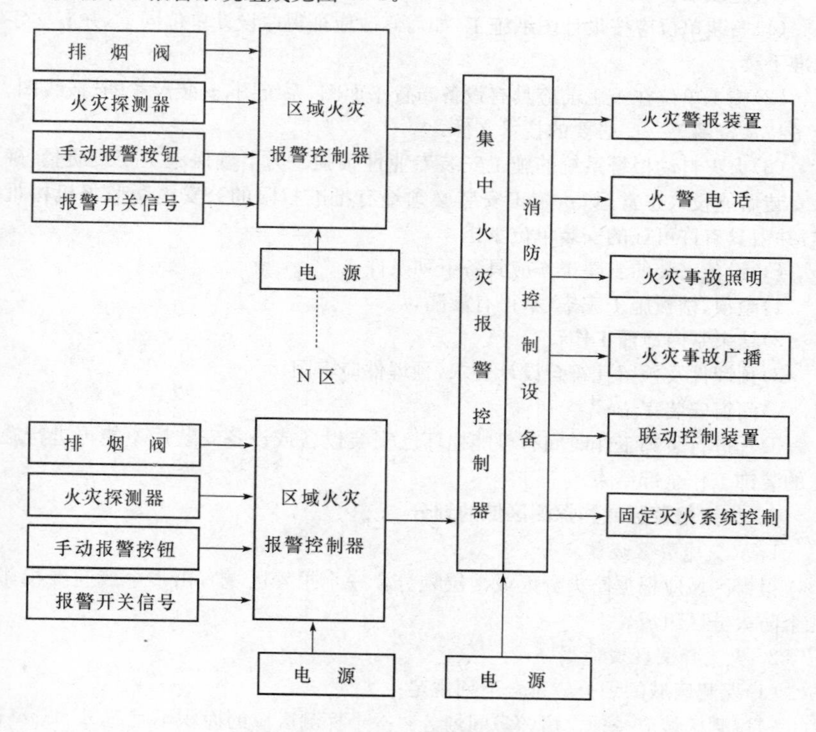


图 10-1　控制中心报警系统组成

## 三、火灾自动报警系统的设置

火灾报警系统包括火警自动检测(即火灾报警)和自动灭火控制两个联动的子系统。当发生火灾时，在楼层或在区域内通过探测器监视现场的烟雾浓度、温度等，反馈给报警控制器，当确认发生火灾在控制器上首先发出声光报警。消防人员根据报警情况，采取消防措施。而自动灭火系统则能在火灾报警控制器的作用下，自动联动有关灭火设备，在发生火灾处自动喷洒，进行消防灭火。

1. 高层住宅自动报警系统的设置

高层住宅，楼内人员多，发生火灾危害大，宜设置自动报警系统。

一般楼内设消火栓灭火系统，在电梯前室、楼梯前室及公共通道设火灾探测器和手动报警按钮，各层设火警声光报警器、火警电话和事故广播、楼梯间设防排烟系统。在一层值班室设区域报警器，各楼层楼梯口设楼层指示灯，如图 10-2 所示。

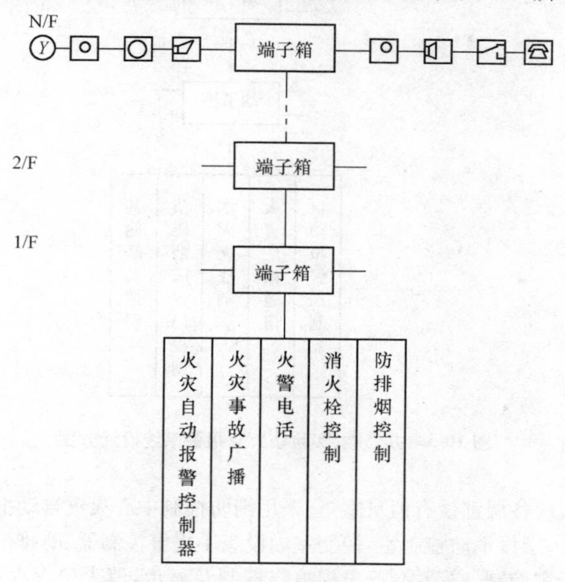


**图 10-2　高层住宅火灾报警系统设计方案**

2. 办公楼、实验楼火灾自动报警系统的设置

办公楼、实验楼，根据其重要程度和火灾危险性的大小确定火灾自动报警系统的组成。

一般情况下，在大楼的一层设消防值班室，在值班室内设自动报警控制器、事故广播、火警电话、防火门控制、排烟阀控制、消火栓控制、水灭火控制。各房间设火灾探测器，各层在电梯前室、楼梯前室设手动报警按钮，各层楼梯口设楼层指示灯，封闭楼梯间设排烟阀，重要房间设水灭火系统，公共通道设事故疏散指示灯，各层设声光报警器，方案如图 10-3 所示。

3. 宾馆、饭店火灾自动报警系统的设置

高层宾馆、饭店，人员集中、装修豪华，火灾危险性大，因此火灾自动报警系统设计考虑应周全。

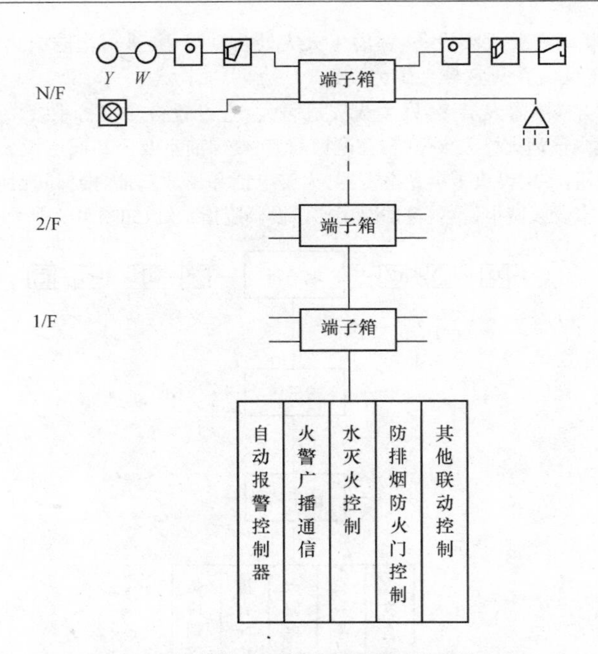


图 10-3　办公楼、实验楼火灾报警系统设计方案

宾馆、饭店各层都设有值班室，宜采用消防控制中心火灾自动报警系统。

大楼的一层设消防控制室，控制室内设集中报警控制器、防排烟风机控制、防火门、防火卷帘控制、空调控制、电梯迫降控制及显示，消火栓灭火系统消防水泵控制、自动喷水灭火系统消防水泵控制、事故广播、火警电话、事故照明及诱导灯控制等；各层值班室设区域报警器；各客房、公共走道等处设火灾探测器，电梯前室等适当位置设手动报警按钮，楼梯口、走道等处设事故诱导灯，各层设声光警报器，楼梯间设排烟阀，由各层区域报警器联动，其方案如图 10-4 所示。

4. 大型公共建筑火灾自动报警系统的设置

大型公共建筑属综合型建筑，集商业、宾馆、娱乐、办公、公寓为一体，火灾危险性大，危害严重，应设置消防控制中心，采用消防控制中心报警系统。商业、宾馆有值班室的楼层设区域报警器或楼层复示器，出租公寓、出租办公室的管理室设区域报警器，消防控制中心设集中报警器。宜选计算机管理自动报警系统，采用 CRT 显示整座大楼的报警情况，根据消防设施配置的情况，配置各种消防设备的控制设备。火灾探测器、手动报警按钮、事故广播、火警电话、事故照明、疏散诱导灯等均按有关规范要求设置，其设计方案如图 10-5 所示。

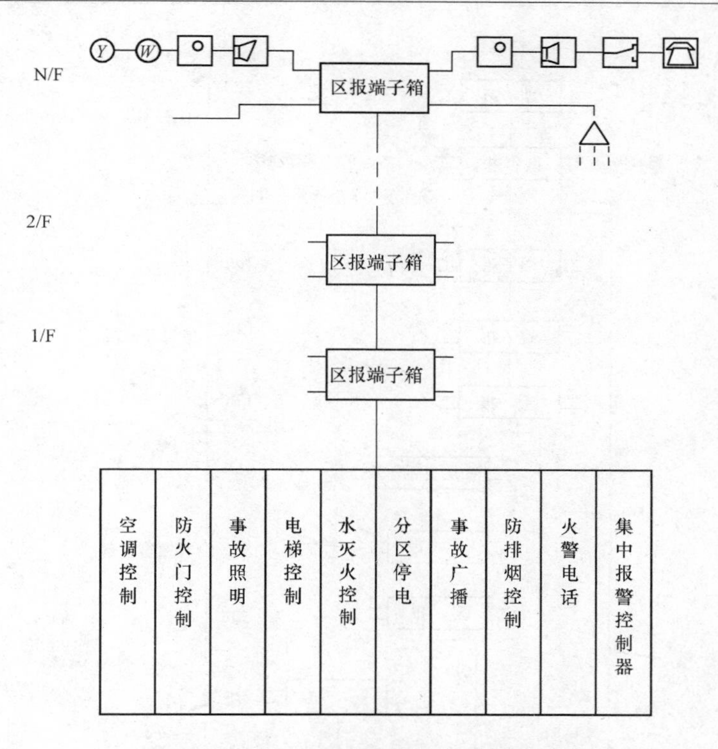


**图 10-4　宾馆、饭店火灾自动报警系统设计方案**

## 四、火灾探测器的选择

在火灾自动探测系统中，探测器的选择非常重要，应根据探测区域内可能发生火灾的特点、空间高度、气流状况等选择其合适的探测器或几种探测器的组合。

一般情况下，应根据火灾的特点选择合适的火灾探测器。

(1)火灾初期有阴燃阶段，产生大量的烟和少量的热，很少或没有火焰辐射，应选用感烟探测器；

(2)火灾发展迅速，产生大量的热、烟和火焰辐射，可选用感温探测器、感烟探测器、火焰探测器或其组合；

(3)火灾发展迅速，有强烈的火焰辐射和少量的烟、热，应选用火焰探测器；

(4)火灾形成特点不可预料，可进行模拟试验，根据试验结果选择探测器；

(5)在散发可燃气体和可燃蒸汽的场所，宜选用可燃气体探测器。

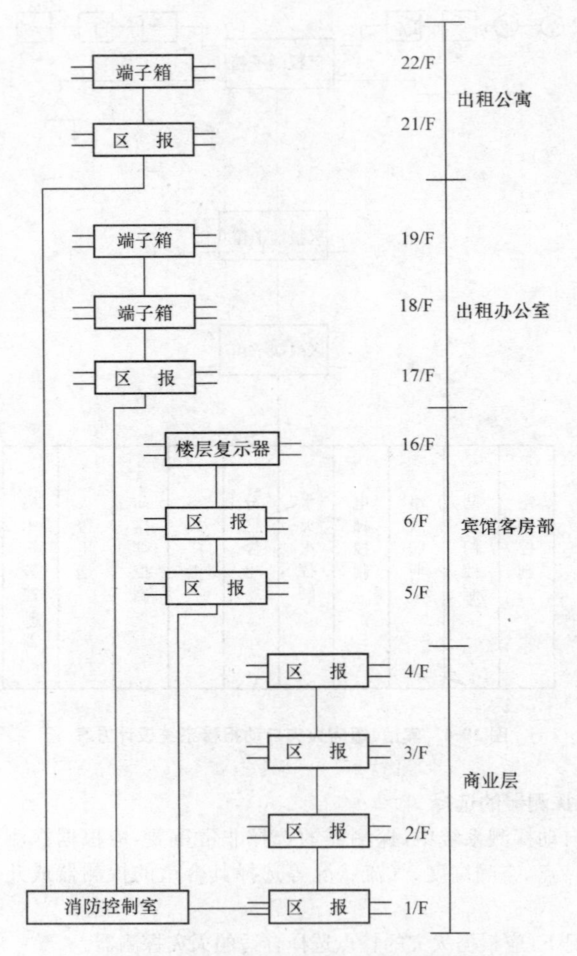


**图 10-5 大型综合楼火灾自动报警系统设计方案**

# 第二节 火灾探测器安装

## 一、火灾探测器的定位

1. 保护范围

在火灾探测器定位前，首先应划分火灾探测区域和确定探测器的保护范围。对于感烟、感温探测器，其保护面积和保护半径，可根据表 10-1 确定。

表 10-1　　感烟、感温探测器的保护面积和保护半径

| 火灾探测器的种类 | 地面面积 $S$ ($m^2$) | 房间高度 $h$ (m) | 探测器的保护面积 $A$ 和保护半径 $R$ | | | | | |
|---|---|---|---|---|---|---|---|---|
| | | | 屋顶坡度 $\theta$ | | | | | |
| | | | $\theta\leqslant15°$ | | $15°<\theta\leqslant30°$ | | $\theta>30°$ | |
| | | | $A$ ($m^2$) | $R$ (m) | $A$ ($m^2$) | $R$ (m) | $A$ ($m^2$) | $R$ (m) |
| 感烟探测器 | $S\leqslant80$ | $h\leqslant12$ | 80 | 6.7 | 80 | 7.2 | 80 | 8.0 |
| | $S>80$ | $6<h\leqslant12$ | 80 | 6.7 | 100 | 8.0 | 120 | 9.9 |
| | | $h\leqslant6$ | 60 | 5.8 | 80 | 7.2 | 100 | 9.0 |
| 感温探测器 | $S\leqslant30$ | $h\leqslant8$ | 30 | 4.4 | 30 | 4.9 | 30 | 5.5 |
| | $S>30$ | $h\leqslant8$ | 20 | 3.6 | 30 | 4.9 | 40 | 6.3 |

2. 设置位置

(1)在火灾探测区域内，每个房间至少应设置一只火灾探测器。感温、感光探测器距光源距离应大于 1m。

(2)探测器一般安装在室内顶棚上。

1)当顶棚上有梁时，梁的间距净距小于 1m 时，视为平顶棚。在梁突出顶棚的高度小于 200mm 的顶棚上设置感烟、感温探测器时，可不考虑梁对探测器保护面积的影响。

2)当梁突出顶棚的高度在 200～600mm 时，应按规定图、表确定探测器的安装位置。

3)当梁突出顶棚的高度超过 600mm 时，被梁隔断的每个梁间区域应至少设置一只探测器。

当被梁隔断的区域面积超过一只探测器的保护面积时，则应将被隔断的区域视为一个探测区域，并应按有关规定计算探测器的设置数量。

(3)在宽度小于 3m 的内走道顶棚上设置探测器时，宜居中布置。感温探测器的安装间距不应超过 10m，感烟探测器的安装间距不应超过 15m。探测器至端墙的距离，不应大于探测器安装间距的一半。

(4)房间被书架、设备或隔断等分隔，其顶部至顶棚或梁的距离小于房间净高的 5%时，则每个被隔开的部分应至少安装一只探测器。

(5)在电梯井、升降机井及管道井设置探测器时，其位置宜在井道上方的机房顶棚上。未按每层封闭的管道井(竖井)安装火灾报警器时，应以最上层顶部安装。隔层楼板高度在三层以下且完全处于水平警戒范围内的管道井(竖井)可以不安装。

3. 安装间距

(1)探测器宜水平安装，如必须倾斜安装时，倾斜角度不应大于45°，且探测器周围0.5m内不应有遮挡物。

(2)探测器在顶棚安装时，探测器与各个设施的水平间距应符合下列规定：

1)与照明灯具的水平净距不应小于0.2m；

2)感温探测器距高温光源灯具(如碘钨灯、容量大于100W的白炽灯等)的净距不应小于0.5m；

3)距电风扇的净距不应小于1.5m；

4)距不突出的扬声器净距不应小于0.1m；

5)与各种自动喷水灭火喷头净距不应小于0.3m；

6)距多孔送风顶棚孔口的净距不应小于0.5m；

7)与防火门、防火卷帘的间距，一般在1～2m的适当位置；

8)探测器至空调送风口边的水平距离不应小于1.5m。

(3)在厨房、开水房、浴室等房间连接的走廊安装探测器时，应避开其入口边缘1.5m安装。

(4)探测器至墙壁、梁边的水平距离，不应小于0.5m，如图10-6所示。

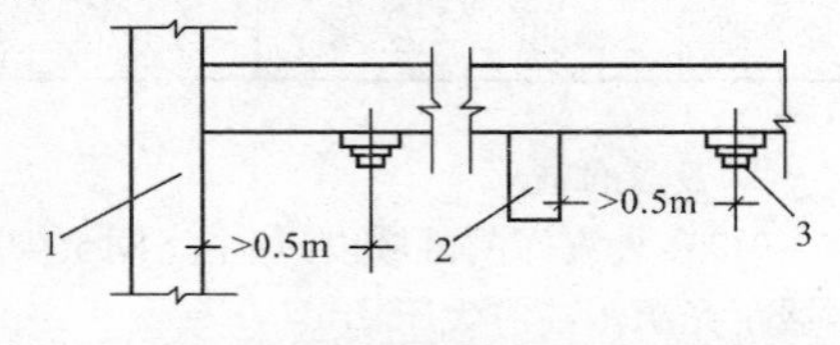


**图10-6 探测器至墙、梁水平距离示意图**

1—墙；2—梁；3—探测器

(5)当房屋顶部有热屏障时，感烟探测器下表面至顶棚的距离，应符合表10-2的规定。

**表10-2 感烟探测器下表面距顶棚(或屋顶)的距离**

| 探测器的安装高度 $h$(m) | 感烟探测器下表面距顶棚(或屋顶)的距离 $d$(mm) | | | | | |
|---|---|---|---|---|---|---|
| | 顶棚(或屋顶)坡度 $\theta$ | | | | | |
| | $\theta \leqslant 15°$ | | $15° < \theta \leqslant 30°$ | | $\theta > 30°$ | |
| | 最小 | 最大 | 最小 | 最大 | 最小 | 最大 |
| $h \leqslant 6$ | 30 | 200 | 200 | 300 | 300 | 500 |
| $6 < h \leqslant 8$ | 70 | 250 | 250 | 400 | 400 | 600 |
| $8 < h \leqslant 10$ | 100 | 300 | 300 | 500 | 500 | 700 |
| $10 < h \leqslant 12$ | 150 | 350 | 350 | 600 | 600 | 800 |

4. 设置位置的改变

火灾探测器安装时，一般需按照施工图选定的位置，现场定位划线。但是由于火灾报警施工图一般只提供探测器的数量和大致位置，在现场施工时，往往会遇到风管、风口、排风机、工业管道、行车和照明灯具等各种障碍，这样就要对探测器设计的位置作必要的移位。如果取消探测器或经过移位后，超出了探测器的保护范围；则应和设计单位联系，进行设计修改变更。

变更后的火灾探测器，其安装要求和保护范围仍应符合相关规定。

5. 瓦斯探测器的定位

瓦斯探测器分墙壁式和吸顶式安装。

(1)墙壁式瓦斯探测器应装在距煤气灶 4m 以内，距地面高度为 0.3m，如图 10-7(a)所示；

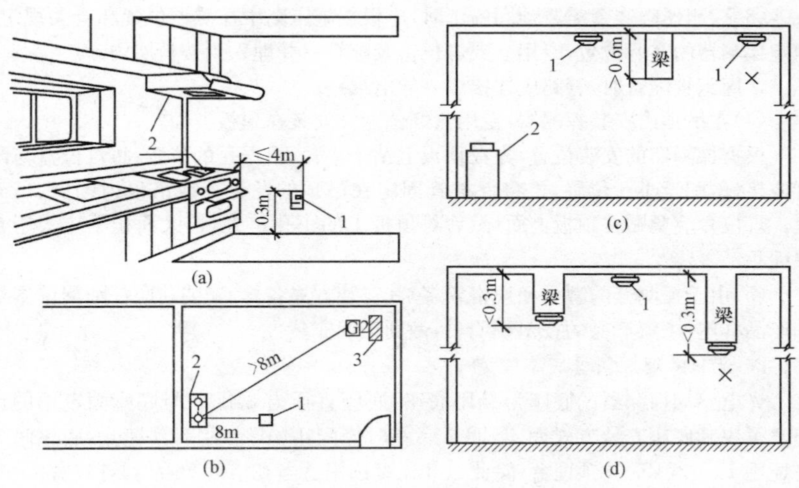


**图 10-7　有煤气灶房间内探测器安装位置**

(a)安装位置一；(b)安装位置二；(c)安装位置三；(d)安装位置四

1—瓦斯探测器；2—煤气灶；3—排气口

(2)探测器吸顶安装时，应装在距煤气灶 8m 以内的屋顶板上，当屋内有排气口，瓦斯探测器允许装在排气口附近，但位置应距煤气灶 8m 以上，如图 10-7(b)所示；

(3)如果房间内有梁时，且高度大于 0.6m，探测器应装在有煤气灶的梁的一侧，如图 10-7(c)所示；

(4)探测器在梁上安装时，距屋顶不应大于 0.3m，如图 10-7(d)所示。

**二、火灾探测器的固定**

探测器是由底座和探头两部分组成的，可以说探测器的固定主要是底座的固定。在安装探测器时，应先安装探测器底座，待整个火灾报警系统全部安装完毕后，再安装探头，并进行必要的调整工作。

1. 安装要求

常用探测器的底座就其结构形式有普通底座和编码型底座、防爆底座、防水底座等专用底座。探测器底座按其安装方法有明装和暗装两种，底座又可分成直接安装和用预埋盒安装。其安装要求如下：

(1)探测器底座与各种预埋盒，一般是用两个螺钉进行固定的。尤其是使用灯位盒安装时，应根据探测器底座固定螺钉的间距和螺钉的直径，选择相配套的灯位盒。

(2)探测器或底座的报警确认灯，应面向便于人员观察的主要入口方向。

(3)探测器暗装盒需要预埋施工时，应根据施工图中探测器位置和有关规定，确定探测器的实际位置，专用盒或灯位盒及配管一并埋入到楼板层内。

使用钢管配管时，管路应连接成一导电通路。

(4)在吊顶内安装探测器，专用盒灯位盒应安装在顶板上面。

根据探测器的安装位置，先在顶板上钻个小孔，根据孔的位置，将灯位盒与配管连接好，配至小孔位置，再将保护管固定在吊顶的龙骨上或吊顶内的支、吊架上。灯位盒应紧贴在顶板上面，然后对顶板上的小孔扩大，扩大面积不应大于盒口面积。

(5)由于探测器的型号和规格繁多，其安装方式各异，安装前应仔细阅读图纸和产品样本，了解产品的技术说明书，做到正确安装。

2. 光电感烟探测器底座安装

光电感烟探测器的底座为专用底座，底座直径为 $\phi$120。与底座固定用的预埋盒可视其底座安装方式而定，明装底座时应配用MH－F732预埋盒，底座暗装时配用 FJ—2715/70 预埋盒，除此以外还可选用适当规格的 86 系列灯位盒。

(1)探测器预埋盒应配合土建施工，敷设在恰当的位置处。

(2)探测器底座与 MH－F732 预埋盒固定时，用 2 根 M4×20mm圆柱头螺钉固定，如图 10-8(a)所示。

(3)探测器底座与 FJ－2715/70 预埋盒固定时，可使用 2 根 M4×15mm 圆柱头螺钉固定。为了使探测器底座和建筑物表面美观，还可安装 FJ－2715/20 装饰边，如图 10-8(b)所示。

**三、火灾探测器的接线与安装**

探测器的接线实质上就是探测器底座的接线。在实际施工中，底座的安装和接线是同时进行的。

1. 施工要求

(1)火灾探测器的规格与型号繁多，故接线方法也有所不同，在接线和安装时，应详细参照产品说明书进行接线。

(2)探测器底座在安装时，先将预留在盒内的导线用钢丝钳或剥线钳剥去绝缘层，露出线芯 10～15mm，剥线时，注意不要碰掉编号套管。

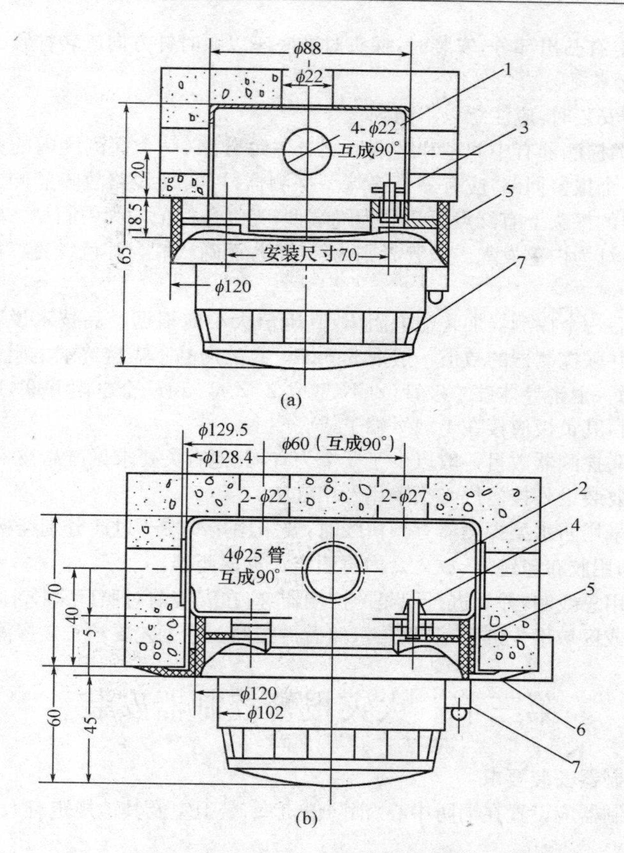


**图 10-8　JTY—GD—2700/001 型光电感烟探测器安装**

(a)探测器底座明装；(b)探测器底座暗装

1—MTH—F732 预埋盒；2—FJ—2715/70 预埋盒；3—M4mm×20mm 螺钉

5—底座；6—FJ—2715/20 装饰边；7—探测器

(3)将剥好的线芯顺时针连接在探测器底座的各级相对应的接线端子上，需要焊接连接时，导线剥头应焊接焊片，通过焊板接于探测器底座接线端子上。

(4)探测器根据型号的不同，输出的导线数也有所不同。探测器的输出导线数应和型号对应。

(5)接线完毕后，将底座用配套的机螺栓固定在预埋盒上，并上好防潮罩。最后按设计图纸要求检查无误，再拧上探测器的探头。

(6)探测器探头通常是通过接插旋卡式装入底座中，探测器底座上有缺口或凹槽，探头上有凸出部分，安装时，探头对准底座以顺时针方向旋转拧紧。

2. 注意事项

探测器安装时，应注意以下问题：

(1)各类探测器有中间型和终端型之分。每分路(一个探测区内的火灾探测器组成的一个报警回路)应有一个终端型探测器，以实现线路故障监测。一般的感温探测器的探头上有红点标记的为终端型，无红色标记的为中间型。感烟探测器上的确认灯为白色发光二极管者则为终端型，而确认灯为红色发光二极管者则为中间型。

(2)最后一个探测器加终端电阻 $R$，其阻值大小应根据产品技术说明书中的规定取值，并联探测器的数值一般取 5.6kΩ。有的产品不需接终端电阻。但是有的终端器为一个半导体硅二极管(ZCK 型或 ZCZ 型)和一个电阻并联，应注意安装二极管时，其负极应接在＋24V 端子或底座上。

(3)并联探测器数目一般以少于 5 个为宜，其他有关要求见产品技术说明书。

(4)如要装设外接门灯必须采用专用底座。

(5)当采用防水型探测器有预留线时，要采用接线端子过渡分别连接，接好后的端子必须用胶布包缠好，放入盒内再固定火灾探测器。

(6)采用总线制，并要进行编码的探测器，应在安装前对照厂家技术说明书的规定，按层或区域事先进行编码分类，然后再按照上述工艺要求安装探测器。

# 第三节　火灾报警控制器安装

## 一、控制器安装要求

(1)控制器应设置在消防中心、消防值班室、警卫室及其他规定有人值班和房间或场所。

(2)控制器的显示操作面板应避开阳光直射，房间内无高温、高温、尘土、腐蚀性气体；不受振动、冲击等影响。

(3)控制器在墙上安装时，其底边距地(楼)面高度不应小于 1.5m，落地安装时，其底宜高出地坪 0.1～0.2m。

(4)区域报警控制器安装在墙上时，靠近其门轴的侧面距墙不应小于 0.5m；正面操作距离不应小于 1.2m。

(5)集中报警控制器需从后面检修时，其后面板距墙不应小于 1m；当其一侧靠墙安装时，另一侧距墙不应小于 1m。

正面操作距离，当设备单列布置时不应小于 1.5m，双列布置时不应小于 2m；在值班人员经常工作的一面，控制盘距墙不应小于 3m。

(6)控制器应安装牢固，不得倾斜；安装在轻质墙上时，应采取加固措施。

(7)消防控制设备在安装前，应进行功能检查，不合格者，不得安装。

(8)消防控制设备盘(柜)内不同电压等级、不同电流类别的端子应分开,并有明显标志。

(9)消防控制室接地电阻值应符合下列要求:

1)工作接地电阻值应小于4Ω;

2)采用联合接地时,接地电阻值应小于1Ω。

## 二、区域火灾报警控制器安装

区域火灾报警控制器是一种能直接接收火灾探测器或中继器发来的报警信号的多路火灾控制器。

区域报警器是由输入回路、光报警单元、声报警单元、自动监控单元、手动检查试验单元、输出回路和稳压电源、备用电源等电路组成。它的作用是将所监视区域探测器送来的电压信号转换为声、光报警,并在显示板上以光的形式显示出着火部位。它还为探测器提供24V直流稳压电源,并输出火灾报警信号给集中报警器。同时,还备有操作其他设备的输出接点。

为了记忆第一次报警时间,在区域报警器上设置有记时单元。当有火灾信号输入时,电子钟停走,记下报警时间,为调查起火原因提供时间依据。

区域火灾报警控制器基本容量是50路,每路接一个探测器。安装时,应符合下列规定:

(1)安装时,首先根据施工图位置,确定好控制器的具体位置。量好箱体的孔眼尺寸,在墙上划好孔眼位置,然后进行钻孔,孔应垂直墙面,使螺栓间的距离与控器上孔眼位置相同。

(2)安装控制器时应平直端正,否则应调整箱体上的孔眼位置。

(3)控制器安装在墙面上可采用膨胀螺栓固定。如果控制器重量小于30kg,则使用$\phi 8\times120$mm膨胀螺栓,如果重量大于30kg,则采用$\phi 10\times120$mm的膨胀螺栓固定。

(4)区域火灾报警控制器一般为壁挂式,可以直接安装在墙上,也可以安装在支架上,如图10-9所示。

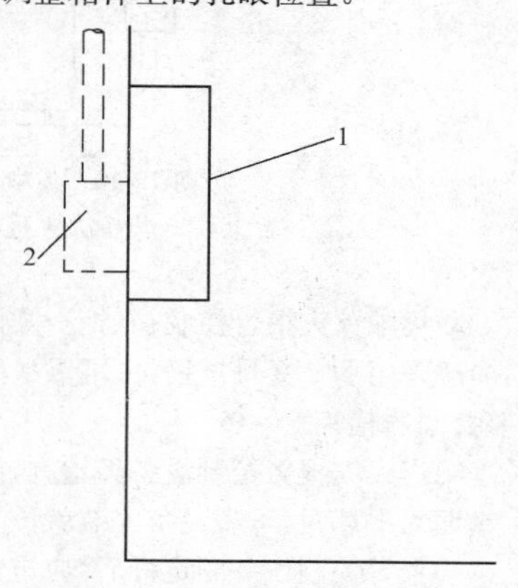


**图10-9　区域火灾报警控制器安装**

1—区域火灾报警控制器;2—分线箱

如果报警控器安装在支架上,应先将支架加工好,并进行防腐处理,支架上钻好固定螺栓的孔眼,然后将支架装在墙上,控制箱装在支架上,安装方法基本与上述相同。

## 三、集中火灾报警控制器安装

集中火灾报警控制器是一种能接收

区域火灾报警控制器(包括相当于区域火灾报警控制器的其他装置)发来的报警信号的多路火灾报警控制器。

集中火灾报警器的工作原理与区域火灾报警器类似,由若干个电路单元组成,主要有声报警单元、光报警单元、巡回检测单元、记时单元、电源单元等。它能将被监视区域内探测器输送来的输入火灾信号(电压信号)转换为声报警并以光报警的形式显示火灾部位(火灾发生的区域以数字形式由荧光数码管显示)。

为了减少区域报警至集中报警间的连线,各区域报警器上的同一位置号的输出采用并联方式,由一条导线接至集中报警器的光报警单元上。而火灾区域的确定,由巡回检查单元来完成,即采用巡层不巡点的方式,因此,使工程配线大大减少。

(1)集中火灾报警控制器一般为落地式安装,柜下面有进出线地沟,如图 10-10所示。

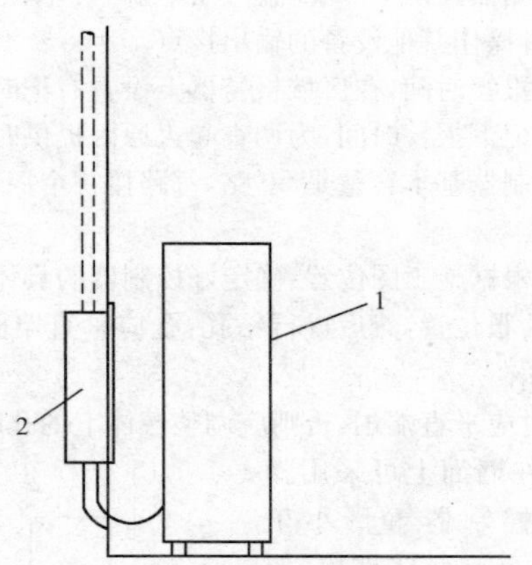


**图 10-10 集中火灾报警控制器安装**

1—集中火灾报警控制器;2—分线箱

(2)集中火灾报警控制箱(柜)、操作台的安装,应将设备安装在型钢基础底座上,一般采用 8～10 号槽钢,也可以采用相应的角钢。型钢的底座制作尺寸,应与报警控制器相等。

(3)当火灾报警控制设备经检查,内部器件完好、清洁整齐、各种技术文件齐全、盘面无损坏时,可将设备安装就位。

(4)报警控制设备固定好后,应进行内部清扫,用抹布将各种设备擦干净,柜内水应有杂物,同时应检查机械活动部分是否灵活,导线连接是否紧固。

**四、火灾报警控制器接线**

(1)引入控制器的电缆或导线,应符合下列要求:

1)配线应整齐,避免交叉,并应固定牢靠;

2)电缆芯线和所配导线的端部,均应标明编号,并与图纸一致,字迹清晰,不易褪色;

3)与控制器的端子板连接应使控制器的显示操作规则、有序;

4)端子板的每个接线端,接线不得超过二根;

5)电缆芯和导线,应留有不小于 20cm 的余量;

6)导线应绑扎成束;

7)导线引入线穿线后,在进线管处应封堵。

(2)控制器的主电源引入线,应直接与消防电源连接,严禁使用电源插头,主电源应有明显标志。

(3)消防控制设备的外接导线,当采用金属软管作套管时,其长度不宜大于 2m,且应采用管卡固定,其固定点间距不应大于 0.5m。金属软管与消防控制设备的接线盒(箱),应采用锁母固定,并应根据配管规定接地。

(4)消防控制设备外接导线的端部,应有明显标志。

(5)当采用联合接地时,应用专用接地干线由消防控制室引至接地体。专用接地干线应用铜芯绝缘电线或电缆,其线芯截面积不应小于 $16mm^2$。工作接地线应采用铜芯绝缘导线或电缆,不得利用镀锌扁钢或金属软管。

(6)由消防控制室接地板引至各消防设备的接地线应选用铜芯绝缘软线,其线芯截面积不应小于 $4mm^2$。

(7)由消防控制室引至接地体的工作接地线在通过墙壁时,应穿入钢管或其他坚固的保护管。接地线跨越建筑物伸缩缝、沉降缝处时应加设补偿器,补偿器可用接地线本身弯成弧状代替。

(8)工作接地线与保护接地线必须分开,保护接地导体不得利用金属软管。

(9)控制器的接地应牢固,并有明显标志。接地装置施工完毕后,应及时作隐蔽工程验收。

(10)一般设有集中火灾报警器的火灾自动报警系统的规模都较大。竖向的传输线路应采用竖井敷设,每层竖井分线处应设端子箱,端子箱内最少有 7 个分线端子,分别作为电源负线、故障信号线、火警信号线、自检线、区域号线、备用 1 和备用 2 分线端子。

## 第四节 警铃、报警按钮及门灯安装

### 一、警铃安装

警铃是火灾报警的一种迅响设备,一般应安装在门口、走廊和楼梯等人员众多的场所,每个火灾监测区域内应至少安装一个,应安装在明显的位置,能在防火分区任何一处都能听见响声。

警铃应安装在室内墙上距楼(地)面 2.5m 以上。警铃是振动性很强的迅响设备,固定螺钉上要加弹簧垫片。

## 二、报警按钮安装

手动火灾报警按钮具有确认火情和人工发出火警信号的作用。在报警区域内,每个防火分区至少应设置一个手动火灾报警按钮。为防止误报警,手动火灾报警按钮一般为打破玻璃按钮。有的火警电话插孔也设置在报警按钮上。

(1)手动火灾报警按钮的安装基本上与火灾探测器相同,需采用相配套的灯位盒安装。

(2)手动火灾报警按钮应设置在明显和便于操作的部位,安装在墙上距楼(地)面高度 1.5m 处,且应有明显的标志。

(3)从一个防火分区内的任何位置到最邻近的一个手动火灾报警按钮的步行距离,不应大于 30m。

(4)手动火灾报警按钮并联安装时,终端按钮内应加装监控电阻,其阻值由生产厂家提供。

FJ－2712 型手动火灾报警按钮安装时,其并联接线图如图 10-11 所示。

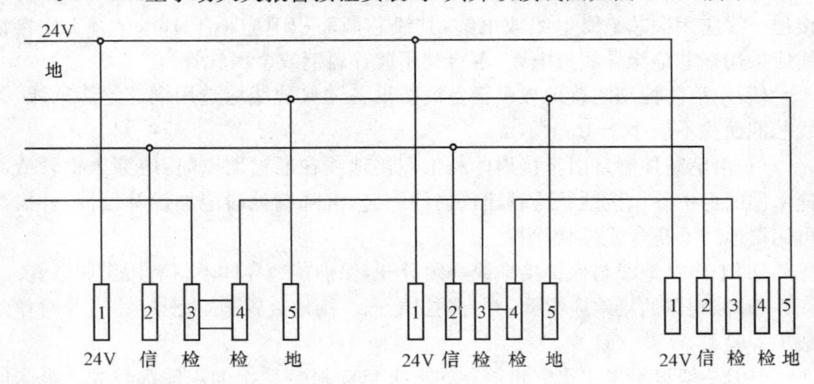


图 10-11　FJ－2712 型手动火灾报警按钮并联接线

## 三、门灯安装

当多个探测器并联时,可以在房门上方或建筑物其他明显部位安装门灯显示器,用于探测器或者探测器报警时的重复显示,在接有门灯的并联回路中,任何一个探测器报警时,门灯都可以发出报警指示。

门灯安装仍需选用相配套的灯位盒或相应的接线盒,预埋在门上方墙内,且不应凸出墙体装饰面。门灯的接线可根据厂家的接线示意图进行。MD91 门灯的外形和接线图如图 10-12、图 10-13 所示。

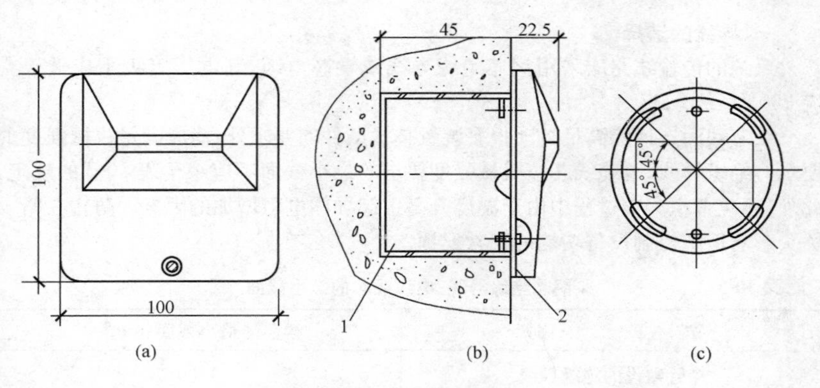


**图 10-12　MD91 型门灯**

(a)外形;(b)安装做法;(c)连接板

1—接线盒;2—连接板

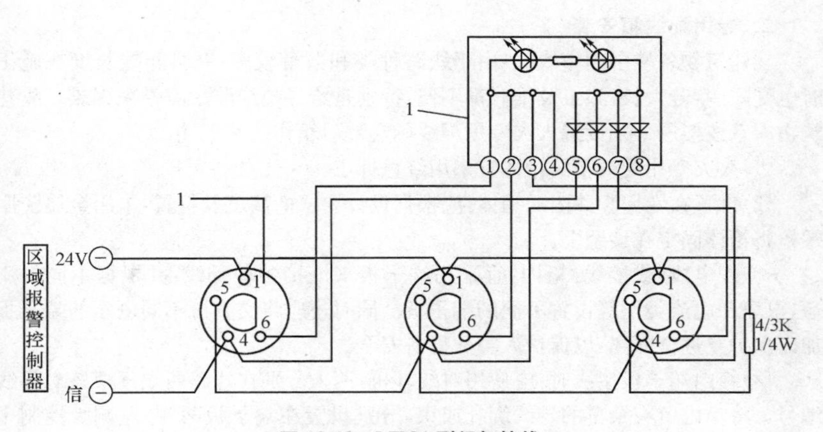


**图 10-13　MD91 型门灯接线**

1—Z74A 底座;2—MD91 型门灯

# 第五节　火灾自动报警系统接线与调试

火灾自动报警系统的布线,应符合现行国家标准《电气装置工程施工及验收规范》、《火灾自动报警系统设计规范》、《火灾自动报警系统施工验收规范》等的规定。

## 一、导线的选择

系统的传输线路应采用铜芯绝缘导线或铜芯电缆，其电压等级不应低于交流 250V。

线芯截面选择除满足自动报警装置技术条件的要求外，尚应满足机械强度的要求。绝缘导线、电缆线芯按机械强度要求的最小截面不应小于表 10-3 的规定。此外，还应考虑火灾过程中由于温度升高引起导体电阻增加的因素。防止在紧要关头影响消防控制设备功能的正常发挥。

**表 10-3　铜芯绝缘导线、电缆线芯的最小截面**

| 类　　别 | 线芯的最小截面($mm^2$) |
|---|---|
| 穿管敷设的绝缘导线 | 1.00 |
| 线槽内敷设的绝缘导线 | 0.75 |
| 多芯电缆 | 0.50 |

## 二、专用配线箱安装

在建筑物各楼层内布线时，由于线路种类和数量较多，并且布线长度在施工时也受限制，若太长，施工及维修都不便，特别是给寻找线路故障带来困难。故建筑物内宜按楼层分别设置火灾专用配线（或接线）箱作线路汇接。

(1)火灾专用配线箱的箱体宜采用红色标志。

(2)设置在专用竖井内的箱体，应根据设计要求的高度及位置，采用金属膨胀螺栓将箱体固定在墙壁上。

(3)配电线（或接线）箱内，宜采用端子板来汇接各种导线，并根据不同的用途、电压和电流类别等设置不同的端子板。同时还应将交直流不同电压的端子板加以保护罩进行隔离，以保护人身和设备安全。

(4)箱内端子板接线时，应使用对线耳机，两人分别在线路两端逐根核对导线编号。将箱内留有余量的导线绑扎成束，分别设置在端子板两侧，左侧为控制中心引来的干线，右侧为火灾探测器及其他设备的控制线路，在连接前应再次摇测绝缘电阻值。每一回路线间的绝缘电阻值应不小于 10MΩ。

(5)单芯铜导线剥去绝缘层后，可以直接接入接线端子板，剥削绝缘层的长度，一般比端子插入孔深度长 1mm 为宜。对于多芯铜线，剥去绝缘层后应挂锡再接入接线端子。

## 三、系统布线

对于火灾自动报警系统的传输线路，布线时应做到路线短捷、安全可靠，尽量减少与其他管线交叉跨越和避开环境条件恶劣的场所，同时，还要注意避开火灾时有可能形成“烟囱效应”的部位。施工时，须遵守下列规定：

(1)传输线路采用绝缘导线时，应采取穿金属管、硬质塑料管、半硬质塑料管或封闭式线槽保护方式布线。

(2)布线使用的非金属管材、线槽及其附件应采用不燃或非延燃性材料制成。

(3)消防控制(如控制消防水泵、消防电梯、防排烟设施、事故照明、疏散指示灯、自动灭火装置和电动防火卷帘、防火门等),通讯和警报线路,应采取穿金属管保护,并宜暗敷在非燃烧体结构内,其保护层厚度不应小于3cm;当必须明敷时,应在金属管上采取防火措施(一般可采用壁厚大于25mm的硅酸钙筒或石棉、玻璃纤维保持筒。但在使用耐热保护材料时,导线的允许载流量将减少。对硅酸钙保护筒,电流减少系数为0.7;对石棉或玻璃纤维保护筒,电流减少系数为0.6)。

采用绝缘和护套为非延燃性材料的电缆时,可不穿金属管保护,但应敷设在电缆井内。

(4)穿管绝缘导线或电缆的总截面积不应超过管内截面积的40%。敷设于封闭式线槽内的绝缘导线或电缆的总截面积不应大于线槽的净截面积的50%。

(5)不同系统、不同电压等级、不同电流类别的线路,不应穿在同一管内或线槽的同一槽孔内。

(6)弱电线路的电缆竖井宜与强电线路的电缆竖井分别设置,如受条件限制必须合用时,弱电与强电线路应分别布置在竖井两侧。

(7)管内或线槽的穿线,应在建筑抹灰及地面工程结束后进行,在穿线前,应将管内或线槽内的积水及杂物清除干净,管内无铁屑及毛刺,切断口应锉平,管口应刮光。

(8)导线在管内或线槽内,不应有接头或扭结,导线的接头,应在接线盒内焊接或用端子连接。小截面导线连接时,可绞接,绞接匝数应在5匝以上,如图10-14所示,然后搪锡,用绝缘胶带包扎。

(9)敷设在多尘或潮湿场所管路的管口和管子连接处,均应作密封处理(加橡胶垫等)。

(10)管路超过下列长度时,应在便于接线处装设接线盒:

1)管子长度每超过45m,无弯曲时;

2)管子长度每超过30m,有一个弯曲时;

3)管子长度每超过20m,有两个弯曲时;

4)管子长度每超过12m,有三个弯曲时。

(11)管子入盒时,盒外侧应套锁母,内侧应装护口。在吊顶内敷设时,盒的内外侧均应套锁母。

(12)在吊顶内敷设各类管路和线槽时,宜采用单独的卡具吊装或支撑物固定。

(13)线槽的直线段应每隔1.0～1.5m设置吊点或支点,在下列部位也应设置吊点或支点:

1)线槽接头处;

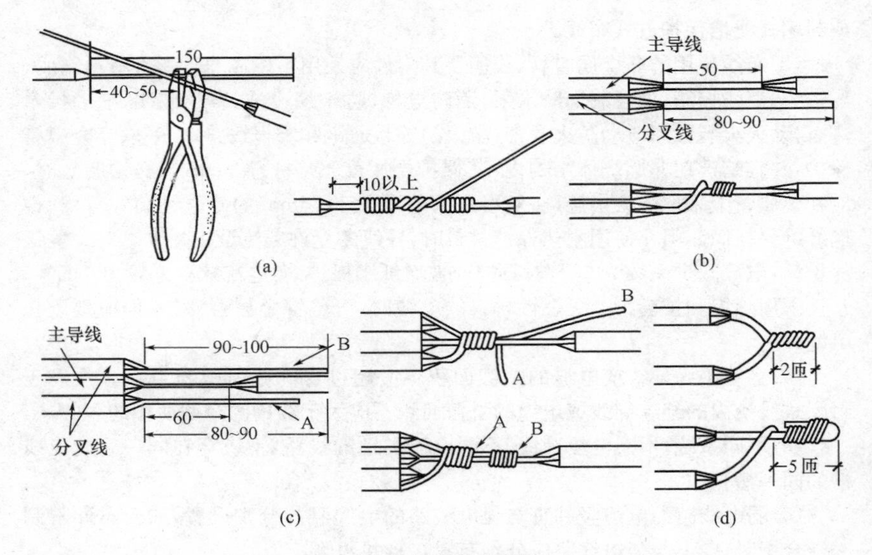


**图 10-14　小截面导线连接法**

(a)二导线连接法；(b)主导线与一分叉线连接法；
(c)主导线与二分叉线连接法；(d)二导线末端连接法

2)距接线盒 0.2m 处；

3)线槽走向改变或转角处；

吊装线槽的吊杆直径，不应小于 6mm。

(14)管线经过建筑物的变形缝(包括沉降缝、伸缩缝、抗震缝等)处，应采取补偿措施，导线跨越变形缝的两侧应固定，并留有适当余量。

(15)导线敷设后，应对每回路的导线用 500V 的绝缘电阻表测量绝缘电阻，其对地绝缘电阻值不应小于 20MΩ。

**四、系统接地**

(1)消防控制室专设工作接地装置时，接地电阻值不应大于 4Ω。采用共同接地时，接地电阻值不应大于 1Ω。

(2)当采用共同接地时，应用专用接地干线由消防控制室接地板引至接地体。专用接地干线应选用截面积不小于 $25mm^2$ 的塑料绝缘铜芯电线或电缆两根。

(3)由消防控制室接地板引至各消防设备的接地线，应选用铜芯绝缘软线，其线芯截面积不应小于 $4mm^2$。

(4)各种火灾报警控制器、防盗报警控制器和消防控制设备等电子设备的接地及外露可导电部分的接地，均应符合接地及安全的有关规定。

(5)接地装置施工完毕后，应及时作隐蔽工程验收。

### 五、系统调试

为了保证新安装的火灾报警与自动灭火系统能安全可靠地投入运行，性能达到设计的技术要求，在系统安装施工过程中和投入运行前，要进行一系列的调整试验工作。调整试验的主要内容包括线路测试、火灾报警与自动灭火设备的单体功能试验、系统的接地测试和整个系统的开通调试。

调试人员在系统调试前，认真阅读施工布线图、系统原理图，了解火警设备的性能及技术指标，对有关数据的整定值、调整技术标准必须做到心中有数，方可进行调整试验工作。

在各种设备系统联接与试运转过程中，应由有关厂家参加协调，进行统一系统调试，发现问题及时解决，并做好详细的调试记录。

经过调试无误后，再请有关监督部门进行验收，确认合格，办理交接手续，交付使用。

## 第六节　施工工序质量控制

消防系统电气安装施工工序质量控制见表10-4。

**表10-4　　消防系统电气安装施工工序质量控制**

| 序号 | 控制点名称 | 执行人员 | 标准 |
|---|---|---|---|
| 1 | 火灾报警控制器 | 施工员<br>技术员 | 检测火灾报警控制器的汉化图形显示界面及中文屏幕菜单等功能，并进行操作试验 |
| 2 | 接口和通信 | | 检测消防控制室向建筑设备监控系统传输、显示火灾报警信息的一致性和可靠性，检测与建筑设备监控系统的接口、建筑设备监控系统对火灾报警的响应及其火灾运行模式，应采用在现场模拟发出火灾报警信号的方式进行 |
| | | | 检测消防控制室与安全防范系统等其他子系统的接口和通信功能 |
| 3 | 火灾探测器 | | 检测智能型火灾探测器的数量、性能及安装位置，普通型火灾探测器的数量及安装位置 |
| 4 | 新型消防设施 | | 新型消防设施的设置情况及功能检测应包括：<br>(1)早期烟雾探测火灾报警系统。<br>(2)大空间早期火灾智能检测系统、大空间红外图像矩阵火灾报警及灭火系统。<br>(3)可燃气体泄漏报警及联动控制系统 |

续表

| 序号 | 控制点名称 | 执行人员 | 标　　准 |
|---|---|---|---|
| 5 | 紧急广播系统 | 施工员<br>技术员 | 公共广播与紧急广播系统共用时，应符合《火灾自动报警系统设计规范》(GB 50116—1998)的要求，并执行《智能建筑工程质量验收规范》(GB 50339—2003)第4.2.10条的规定 |
| | | | 公共广播与紧急广播系统检测应符合下列要求：<br>(1)系统的输入输出不平衡度、音频线的敷设、接地形式及安装质量应符合设计要求，设备之间阻抗匹配合理。<br>(2)放声系统应分布合理，符合设计要求。<br>(3)最高输出电平、输出信噪比、声压级和频宽的技术指标应符合设计要求。<br>(4)通过对响度、音色和音质的主观评价，评定系统的音响效果。<br>(5)功能检测应包括：<br>1)业务宣传、背景音乐和公共寻呼插播。<br>2)紧急广播与公共广播共用设备时，其紧急广播由消防分机控制，具有最高优先权，在火灾和突发事故发生时，应能强制切换为紧急广播并以最大音量播出；紧急广播功能检测按有关规定执行。<br>3)功率放大器应冗余配置，并在主机故障时，按设计要求备用机自动投入运行。<br>4)公共广播系统应分区控制，分区的划分不得与消防分区的划分产生矛盾 |
| 6 | 其他系统对火灾报警的协调 | | 安全防范系统中相应的视频安防监控(录像、录音)系统、门禁系统、停车场(库)管理系统等对火灾报警的响应及火灾模式操作等功能的检测，应采用在现场模拟发出火灾报警信号的方式进行。<br>当火灾自动报警及消防联动系统与其他系统合用控制室时，应满足《火灾自动报警系统设计规范》(GB 50116—1998)和《智能建筑设计标准》(GB/T 50314—2006)的相应规定，但消防控制系统应单独设置，其他系统也应合理布置 |

# 第十一章　电气工程施工现场管理

## 第一节　工程施工组织设计

### 一、施工组织设计概念和任务

施工组织设计是指导一个拟建工程进行施工准备和组织实施施工的基本的技术经济文件。它的任务是要对具体的拟建工程(建筑群或单个建筑物)的施工准备工作和整个的施工过程,在人力和物力、时间和空间、技术和组织上,做出一个全面而合理且符合好、快、省、安全要求的计划安排。

### 二、施工组织设计作用

施工组织设计就是针对施工安装过程的复杂性,用系统的思想并遵循技术经济规律,对拟建工程的各阶段、各环节以及所需的各种资源进行统筹安排的计划管理行为。它努力使复杂的生产过程,通过科学、经济、合理的规划安排,达到建设项目能够连续、均衡、协调地进行施工的目的,满足建设项目对工期、质量及投资方面的各项要求。又由于建筑产品的单件性,没有固定不变的施工组织设计适用于任何建设项目,所以,如何根据不同工程的特点编制相应的施工组织设计则成为施工组织管理中的重要一环。

施工组织设计的作用是为拟建工程施工的全过程实行科学管理提供重要手段。通过施工组织设计的编制,可以全面考虑拟建工程的各种具体条件,扬长避短地拟定合理的施工方案,确定施工顺序、施工方法、劳动组织和技术经济的组织措施,合理地统筹安排拟定施工进度计划,保证拟建工程按期投产或交付使用;也为拟建工程的设计方案在经济上的合理性、在技术上的科学性和在实施工程上的可能性进行论证提供依据;还为建设单位编制基本建设计划和施工企业编制施工计划提供依据。依据施工组织设计,施工企业可以提前掌握人力、材料和机具使用上的先后顺序,全面安排资源的供应与消耗;可以合理地确定临时设施的数量、规模和用途,以及临时设施、材料和机具在施工场地上的布置方案。具体表现在:

(1)施工组织设计是施工准备工作的一项重要内容,同时又是指导各项施工准备工作的依据。

(2)施工组织设计可体现实现基本建设计划和设计的要求,可进一步验证设计方案的合理性与可行性。

(3)施工组织设计为拟建工程所确定的施工方案、施工进度和施工顺序等,是指导开展紧凑、有秩序的施工活动的技术依据。

(4)施工组织设计所提出的各项资源需要量计划,直接为物资供应工作提供数据。

(5)施工组织设计对现场所作的规划与布置,为现场的文明施工创造了条件,并为现场平面管理提供了依据。

(6)施工组织设计对施工企业的施工计划起决定性和控制性的作用。施工计划是根据施工企业对建筑市场所进行科学预测和中标的结果,结合本企业的具体情况,制定出的企业不同时期应完成的生产计划和各项技术经济指标。而施工组织设计是按具体的拟建工程的开、竣工时间编制的指导施工的文件。因此,施工组织设计与施工企业的施工计划两者之间有着极为密切、不可分割的关系。施工组织设计是编制施工企业施工计划的基础,反过来,制定施工组织设计又应服从企业的施工计划,两者是相辅相成、互为依据的。

(7)施工组织设计是统筹安排施工企业生产的投入与产出过程的关键和依据。建筑产品的生产和其他工业产品的生产一样,都是按要求投入生产要素,通过一定的生产过程生产出成品,而中间转换的过程离不开管理。建筑施工企业也是如此,从承担工程任务开始到竣工验收交付使用为止的全部施工过程的计划、组织和控制的基础就是科学的施工组织设计。

(8)通过编制施工组织设计,可充分考虑施工中可能遇到的困难与障碍,主动调整施工中的薄弱环节,事先予以解决或排除,从而提高施工的预见性,减少盲目性,使管理者和生产者做到心中有数,为实现建设目标提供技术保证。

总之,通过施工组织设计,可把施工生产合理地组织起来,规定有关施工活动的基本内容,保证具体工程的施工得以顺利进行和完成。因此,施工组织设计的编制,是具体工程施工准备阶段中各项工作的核心,在施工组织与管理工作中占有十分重要的地位。

一个工程如果施工组织设计编制得好,能反映客观实际,能符合国家的全面要求,并且认真地贯彻执行,施工就可以有条不紊地进行,使施工组织与管理工作经常处于主动地位,取得好、快、省、安全的效果。若没有施工组织设计,或者施工组织设计脱离实际,或者虽有质量优良的施工组织设计而未得到很好的贯彻执行,就很难正确地组织具体工程的施工,使工作经常处于被动状态,造成不良的后果,难以完成施工任务及其预定目标。

**三、施工组织设计分类**

施工组织设计是一个总的概念,根据建设项目的类别、工程规模、编制阶段、编制对象和范围的不同,在编制的深度和广度上也有所不同。

1. 按编制阶段的不同分类

设计阶段
- 初步设计阶段→施工组织规划设计
- 技术设计阶段→施工组织总设计
- 施工图设计阶段→单位工程施工组织设计

施工阶段{投　标　阶　段→综合指导性施工组织设计<br>　　　　　中标后施工阶段→实施性施工组织设计

2. 按编制对象范围的不同分类

施工组织设计按编制对象范围的不同可分为施工组织总设计、单位工程施工组织设计、分部分项工程施工组织设计三种。

(1)施工组织总设计。施工组织总设计是以一个建设项目或建筑群为编制对象,规划其施工全过程的全局性、控制性施工组织文件,是编制单位施工组织设计的依据。它一般由承包单位的总工程师主持,会同建设、设计和分包单位的工程师共同编制。

施工组织总设计的主要内容包括工程概况、施工部署与施工方案、施工总进度计划、施工准备工作及各项资源需要量计划、施工总平面图、主要技术组织措施及主要技术经济指标等。

(2)单位工程施工组织设计。单位工程施工组织设计是以一个单位工程(一个建筑物或构筑物、一个交工系统)为编制对象,用以指导其施工全过程的各项施工活动的综合性技术经济文件。单位工程施工组织设计一般在施工图设计完成后,在拟建工程开工之前,由工程处的技术负责人主持进行编制。

单位工程施工组织设计的主要内容包括工程概况、施工方案与施工方法、施工进度计划、施工准备工作及各项资源需要量计划、施工平面图、主要技术组织措施及主要技术经济指标等。

(3)分部(分项)工程施工组织设计。分部(分项)工程施工组织设计也叫分部(分项)工程作业设计。它是以分部(分项)工程为编制对象,由单位工程的技术人员负责编制,用以具体实施其分部(分项)工程施工全过程的各项施工活动的技术、经济和组织的综合性文件。

分部(分项)工程施工设计的主要内容包括工程概况、施工方案、施工进度表、施工平面图以及技术组织措施等。

施工组织总设计、单位工程施工组织设计和分部(分项)工程施工组织设计之间有以下关系:施工组织总设计是对整个建设项目的全局性战略部署,其内容和范围比较概括;单位工程施工组织设计是在施工组织总设计的控制下,以施工组织总设计和企业施工计划为依据编制的,针对具体的单位工程,把施工组织总设计的内容具体化;分部(分项)工程施工组织设计是以施工组织总设计、单位工程施工组织设计和工程施工计划为依据编制的,针对具体的分部(分项)工程,把单位工程施工组织设计进一步具体化,它是专业工程具体的组织施工的设计。

在编制施工组织总设计时,可能对某些因素和条件尚未预见到,而这些因素或条件的改变可能影响整个部署。所以,在编制了各个局部的施工设计之后，有时还需要对全局性的施工组织总设计作必要的修正和调整。当然，在贯彻执行施工组织设计的过程中，也应随着工程施工的发展变化，及时给予修正和调整。

## 四、施工组织设计基本内容

施工组织设计的内容，就是根据不同工程的特点和要求，根据现有的和可能创造的施工条件，从实际出发，决定各种生产要素（材料、机械、资金、劳动力和施工方法等）的结合方式。

在不同设计阶段编制的施工组织设计文件，内容和深度不尽相同，其作用也不一样。一般来说施工组织条件设计是概略的施工条件分析，提出创造施工条件和建筑生产能力配备的规划；施工组织总设计是对施工进行总体部署的战略性施工纲领；单位工程施工组织设计则是详尽的实施性的施工计划，用以具体指导现场施工活动。

任何施工组织设计都必须具有以下相应的基本内容：

(1)施工方法与相应的技术组织措施，即施工方案；

(2)施工进度计划；

(3)施工现场平面布置；

(4)各种资源需要量及其供应。

## 五、施工组织设计编制原则

由于施工组织设计是指导建筑施工的纲领性文件，对搞好建筑施工起巨大的作用，所以必须十分重视并作好此项工作。根据我国几十年的经验，施工组织设计编制应遵循以下几项原则：

(1)认真贯彻国家工程建设的法律、法规、规程、方针和政策。

(2)严格执行工程建设程序，坚持合理的施工程序、施工顺序和施工工艺。

(3)采用现代建筑管理原理、流水施工方法和网络计划技术，组织有节奏、均衡和连续的施工。

用流水作业方法组织施工，可以使工程施工连续地、均衡地、有节奏地进行，能够合理地使用人力、物力和财力，能多、快、好、省、安全地完成工程建设任务。

用网络计划技术编制施工进度计划，逻辑严密，主要矛盾突出，有利于应用电子计算机进行计划优化和及时调整，能对施工进度计划进行动态的管理。

(4)优先选用先进施工技术，科学确定施工方案；认真编制各项实施计划，严格控制工程质量、工程进度、工程成本和安全施工。

先进的施工技术是提高劳动生产率、改善工程质量、加快施工速度、降低工程成本的重要源泉。因此，在编制施工组织设计时，必须注意结合具体的施工条件，广泛地采用国内外的先进的施工技术，吸收先进工地和先进工作者的施工方法和劳动组织等方面所创造的经验。

拟定合理的施工方案，是保证施工组织设计贯彻上述各项原则和充分采用先进经验的关键。施工方案的优劣，在很大程度上决定着施工组织设计的质量。

拟定施工方案通常包括确定施工方法、选择施工机具、安排施工顺序和组织流水施工等方面内容。每项工程的施工都可能存在多种可能的方案供选择，在选择时要注意从实际条件出发，在确保工程质量和生产安全的前提下，使方案在技术上是先进的，在经济上是合理的。

(5)充分利用施工机械和设备，提高施工机械化、自动化程度，改善劳动条件，提高生产率。

建筑施工是消耗巨大社会劳动的物质生产部门之一。以机械化代替手工劳动，特别是大面积场地平整，大量土方，装卸、运输、吊装和混凝土制作等繁重劳动的施工过程实行机械化，可以减轻劳动强度、提高劳动生产率，有利于加快施工速度。

(6)扩大预制装配范围，提高建筑工业化程度；科学安排冬期和雨期施工，保证全年施工的均衡性和连续性。

(7)坚持“安全第一，预防为主”原则，确保安全生产和文明施工；认真做好生态环境和历史文物保护，严防建筑振动、噪声、粉尘和垃圾污染。

(8)合理布置施工平面图，尽量减少临时工程，减少施工用地，降低工程成本。尽量利用正式工程，原有或就近已有设施，做到暂设工程与既有设施相结合、与正式工程相结合。同时，要注意因地制宜，就地取材以求尽量减少消耗，降低生产成本。

(9)优化现场物资储存量，合理确定物资储存方式，尽量减少库存量和物资损耗。

**六、施工组织设计编制依据**

(1)国家计划或合同规定的进度要求。

(2)工程设计文件，包括说明书、设计图纸、工程数量表、施工组织方案意见、总概算等。

(3)调查研究资料(包括工程项目所在地区自然经济资料，施工中可配备劳力、机械及其他条件)。

(4)有关定额(劳动定额、物资消耗定额、机械台班定额等)及参考指标。

(5)现行有关技术标准、施工规范、规则及地方性规定等。

(6)本单位的施工能力、技术水平及企业生产计划。

(7)有关其他单位的协议、上级指示等。

## 七、施工组织设计编制步骤及程序

1. 施工组织设计编制一般步骤

(1)计算工程量。通常可以利用工程预算中的工程量。工程量计算准确,才能保证劳动力和资源需要量计算得正确和分层分段流水作业的合理的组织,故工程量必须根据图纸和较为准确的定额资料进行计算。如工程的分层分段按流水作业方法施工时,工程量也应相应地分层分段计算。同时,许多工程量在确定了方法以后可能还需修改,比如土方工程的施工由利用挡土板改为放坡以后,土方工程量即相应增加,而支撑工料就将全部取消。这种修改可在施工方法确定后一次进行。

(2)确定施工方案。如果施工组织总设计已有原则规定,则该项工作的任务就是进一步具体化,否则应全面加以考虑。需要特别加以研究的是主要分部分项工程的施工方法和施工机械的选择,因为它对整个单位工程的施工具有决定性的作用。具体施工顺序的安排和流水段的划分,也是需要考虑的重点。与此同时,还要很好地研究和决定保证质量与安全和缩短技术性中断的各种技术组织措施。这些都是单位工程施工中的关键,对施工能否做到好、快、省安全有重大的影响。

(3)组织流水作业,排定施工进度。根据流水作业的基本原理,按照工期要求、工作面的情况、工程结构对分层分段的影响以及其他因素,组织流水作业,决定劳动力和机械的具体需要量以及各工序的作业时间,编制网络计划,并按工作日排出施工进度。

(4)计算各种资源的需要量和确定供应计划。依据采用的劳动定额和工程量及进度可以决定劳动量(以工日为单位)和每日的工人需要量。依据有关定额和工程量及进度,就可以计算确定材料和加工预制品的主要种类和数量及其供应计划。

(5)平衡劳动力、材料物资和施工机械的需要量并修正进度计划。根据对劳动力和材料物资的计算就可绘制出相应的曲线以检查其平衡状况。如果发现有过大的高峰或低谷,即应将进度计划作适当的调整与修改,使其尽可能趋于平衡,以便使劳动力的利用和物资的供应更为合理。

(6)设计施工平面图使生产要素在空间上的位置合理、互不干扰,加快施工进度。

2. 编制程序

(1)施工组织总设计的编制程序如图 11-1 所示。

(2)单位工程施工组织设计的编制程序如图 11-2 所示。

(3)分部(项)工程施工组织设计的编制程序如图 11-3 所示。

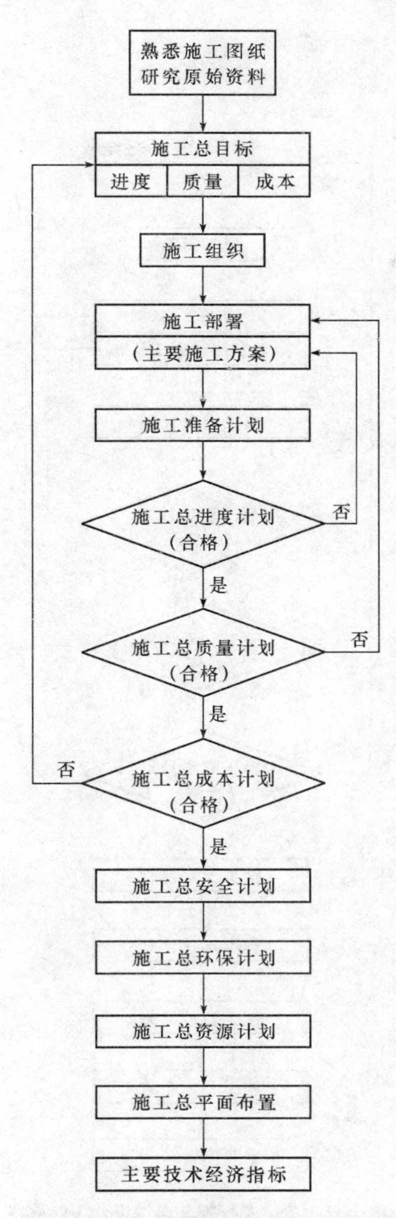


**图 11-1　施工组织总设计编制程序**

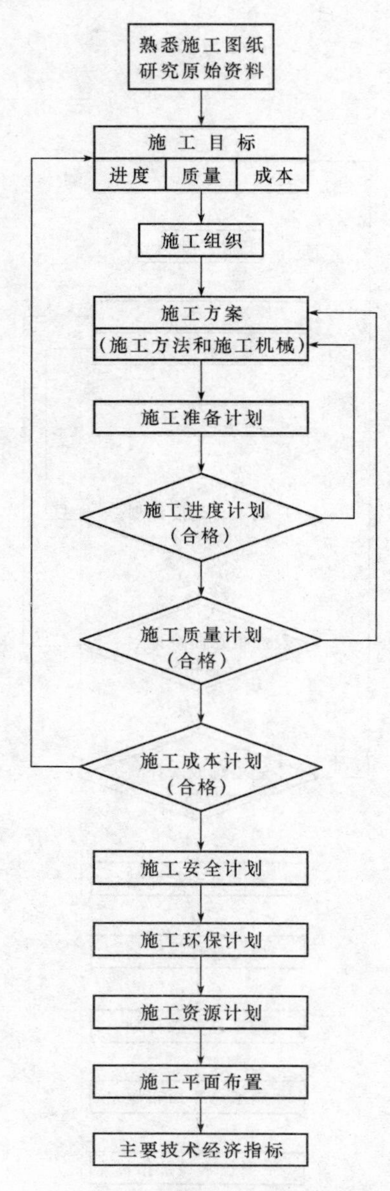


图 11-2　单位工程施工组织设计编制程序

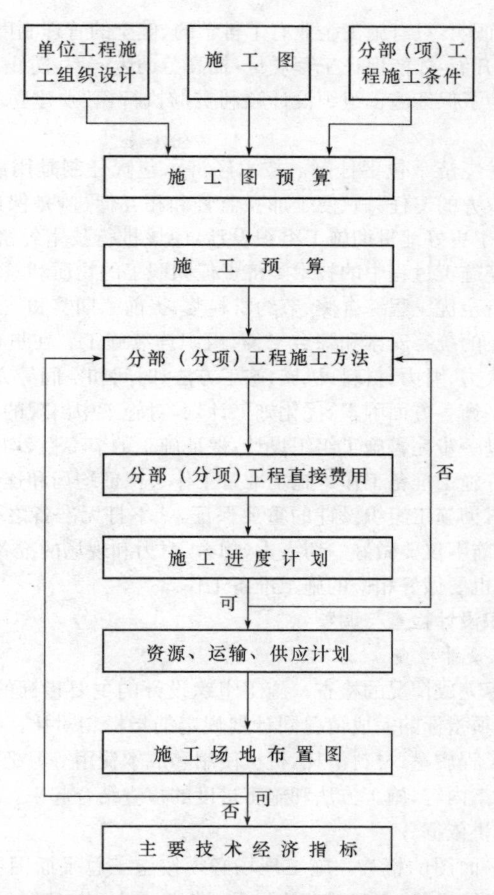


图 11-3　分部(分项)工程施工组织设计的编制程序

**八、施工组织设计贯彻**

(1)做好施工组织设计的技术交底。经过批准的施工组织设计，在开工前，一定要召开各级生产、技术会议并逐级执行交底，详细地讲解其意图、内容、要求、目标和施工的关键与保证措施，组织施工人员广泛讨论，拟定完成任务的技术组织措施，作出相应的决策。同时责成计划部门，制定出切实可行的和严密的施工计划；责成技术部门，拟定科学合理的具体技术实施细则，以保证施工组织设计的贯彻执行。

(2)制定各项管理制度。施工组织设计能否顺利贯彻，还取决于施工企业的技术水平和管理水平。体现企业管理水平的标志，在于企业各项管理制度健全与否。施工的实践证明，只有施工企业有了科学的、健全的管理制度，企业的正常生产秩序才能顺利开展，才能保证工程质量，提高劳动生产率，防止可能出现的漏洞或事故。因此，为了保证施工组织设计顺利贯彻执行，必须建立和健全各项管理规章制度。

(3)实行技术经济承包责任制。技术经济承包责任制是用经济的手段和方法，明确承发包双方的责任。它便于加强监督和相互促进，是保证承包目标实现的重要手段。为了更好地贯彻施工组织设计，应该推行技术经济承包责任制度，开展劳动竞赛，把施工过程中的技术经济责任同职工的物质利益结合起来。如开展评比先进，推行全优工程综合奖、节约材料奖、提前工期奖和技术进步奖等。

(4)搞好施工的统筹安排和综合平衡，组织连续施工。在贯彻施工组织设计时，一定要搞好人力、财力、材料、机械、施工方法、时间和空间等方面的统筹兼顾、合理安排，综合平衡各方面因素，优化施工计划，对施工中出现的不平衡因素应及时分析和研究，进一步完善施工组织设计，保证施工的节奏性、均衡性和连续性。

(5)切实做好施工准备工作。施工准备工作是保证均衡和连续施工的重要前提，也是顺利地贯彻施工组织设计的重要保证。“不打无准备之仗”，不搞无准备之工程。开工之前不仅要做好一切人力、物力、财力和现场的准备，而且在施工过程中的不同阶段也要做好相应的施工准备工作。

**九、施工组织设计检查与调整**

1. 施工组织设计检查

(1)主要指标完成情况的检查。施工组织设计的主要指标的检查，一般采用比较法。即把各项指标的完成情况同计划规定的指标相对比。检查的内容应该包括工程进度、工程质量、材料消耗、机械使用和成本费用等。把主要指标数额检查同其相应的施工内容、施工方法和施工进度的检查结合起来，发现其问题，为进一步分析原因提供依据。

(2)施工总平面图的检查。施工现场必须按施工总平面图要求建造临时设施，敷设管网和运输道路，合理地存放机具，堆放材料；施工现场要符合文明施工的要求；施工现场的局部断电、断水、断路等，必须事先得到有关部门批准；施工的每个阶段都要有相应的施工总平面图；施工总平面图的任何改变都必须由有关部门批准。如果发现施工总平面图存在不合理性，要及时制定改进方案，报请有关部门批准，不断地满足施工进展的需要。施工总平面图的检查应按建筑主管部门的规定执行。

2. 施工组织设计调整

施工组织设计的调整就是针对检查中发现的问题，通过分析其原因，拟定其改进措施或修定方案；对实际进度偏离计划进度的情况，在分析其影响工期和后续工作的基础上，调整原计划以保证工期；对施工（总）平面图中的不合理地方进行修改。通过调整，使施工组织设计更切合实际，更趋合理，以实现在新的施工条件下，达到施工组织设计的目标。

应当指出，施工组织设计的贯彻、检查和调整是贯穿工程施工全过程始终的经常性工作。

## 第二节　施工准备工作

### 一、施工准备工作概述

1. 施工准备工作的任务

施工准备工作是指施工前为了保证整个工程能够按计划顺利施工，在事先必须做好的各项准备工作。它是施工程序中的重要环节。

施工准备工作的基本任务是：调查研究各种有关工程施工的原始资料、施工条件以及业主要求，全面合理地部署施工力量，从计划、技术、物资、资金、劳力、设备、组织、现场以及外部施工环境等方面为拟建工程的顺利施工建立一切必要的条件，并对施工中可能发生的各种变化做好应变准备。

不管是整个的建设项目，或单项工程，或者是其中的任何一个单位工程，甚至单位工程中的分部、分项工程，在开工之前，都必须进行施工准备。施工准备工作是施工阶段的一个重要环节，是施工管理的重要内容。

2. 施工准备工作分类

(1)按施工准备工作范围分类。按施工项目施工准备工作的范围不同，一般可分为全场性施工准备、单位工程施工条件准备和分部分项工程作业条件准备三种。

1)全场性施工准备是以一个施工工地为对象而进行的各项施工准备。其特点是施工准备工作的目的、内容都是为全场性施工服务的，它不仅要为全场性的施工活动创造有利条件，而且要兼顾单位工程施工条件的准备。

2)单位工程施工条件准备是以一个建筑物为对象而进行的施工条件准备工作。其特点是施工准备工作的目的、内容都是为单位工程施工服务的，它不仅为该单位工程的施工做好一切准备，而且要为分部分项工程做好施工准备工作。

3)分部分项工程作业条件的准备是以一个分部分项工程或冬雨期施工项目为对象而进行的作业条件准备。

(2)按施工准备工作所处施工阶段分类。施工准备按拟建工程的不同施工阶段，可分为开工前的施工准备和各分部分项工程施工前的准备等两种。

1)开工前施工准备：它是在拟建工程正式开工之前所进行的一切施工准备工作。其目的是为拟建工程正式开工创造必要的施工条件。它既可能是全场性的施工准备，也可能是单位工程施工条件准备。

2)各施工阶段前的施工准备：它是在施工项目开工之后，每个施工阶段正式开工之前所进行的一切施工准备工作。其目的是为施工阶段正式开工创造必要的施工条件。

由上可知，施工准备工作不仅在开工前的准备期进行，它还贯穿于整个过程中，随着工程的进展，在各个分部分项工程施工之前，都要做好施工准备工作。施工准备工作既要有阶段性，又要有连贯性。因此，施工准备工作必须有计划、有步骤、分阶段地进行，它贯穿于整个工程项目建设的始终。

(3)按施工准备工作性质和内容分类。施工项目施工准备工作按其性质和内容，通常分为技术准备、物资准备、劳动组织准备、施工现场准备和施工场外准备。

**二、施工准备工作内容**

每项工程施工准备工作的内容，视该工程本身及其具体的条件而异。有的比较简单，有的却十分复杂。如只有一个单项工程的施工项目和包含多个单项工程的群体项目；一般小型项目和规模庞大的大中型项目；新建项目和改扩建项目，在未开发地区兴建的项目和在已开拓因而所需各种条件大多已具备的地区的项目等，都因工程的特殊需要和特殊条件而对施工准备提出各不相同的具体要求。因此，需根据具体工程的需要和条件，按照施工项目的规划来确定准备工作的内容，并拟订具体的、分阶段的施工准备工作实施计划，才能充分地而又恰如其分地为施工创造一切必要条件。

1.调查与施工资料收集

为做好施工准备工作，除掌握有关施工项目的书面资料外，还应该进行施工项目的实地勘察和调查分析，获得有关数据的第一手资料，这对于编制一个科学的、先进合理的、切合实际的施工组织设计或称施工项目管理实施规划是非常必要的，因此，应做好以下方面的调查。

(1)调查有关工程项目特征与要求的资料。

1)向建设单位和主体设计单位了解并取得可行性研究报告、工程地址选择、扩大初步设计等方面的资料，以便了解建设目的、任务、设计意图。

2)弄清设计规模、工程特点。

3)了解生产工艺流程与工艺设备特点及来源。

4)摸清对工程分期、分批施工、配套交付使用的顺序要求，图纸交付的时间，以及工程施工的质量要求和技术难点等。

(2)调查施工场地及附近地区自然条件方面的资料。

主要调查以下内容：

1)地形和环境条件；

2)地质条件；

3)地震烈度；

4)工程水文地质情况；

5)气候条件。

(3)施工区域的技术经济条件调查。

建筑施工对外部条件的依赖性很强，各种必要技术、经济条件中的任何一种，在时间、规格、数量上出现差错或疏漏，都将打破施工正常秩序。一切外部劳动力提供、资源供应，与市政、环境相互关系的确定（如电管线和道路的临时截断、改线等），都必须在开工前办理好申请、审批或签订合同、协议等手续，因此，它们应逐项列入施工准备工作计划之中。

（4）参考资料的收集。在编制施工组织设计时，除施工图纸及调查所得的原始资料外，还可收集相关的参考资料作为编制的依据。如施工定额、施工手册、施工组织设计实例及平时收集的实际施工资料等。此外，还应向建设单位和设计单位收集本建设项目的建设安排及设计等方面的资料，这有助于准确、迅速地掌握本建设项目的许多有关信息。

2. 劳动组织准备

（1）确立拟建工程项目的领导机构。施工组织领导机构的建立应根据施工项目的规模、结构特点和复杂程度，确定项目施工的领导机构人选和名额，坚持合理分工与密切协作相组合，把有施工经验、有创新精神、有工作效率的人选入领导机构，认真执行因事设职、因职选人的原则。

（2）建立精干的施工队伍。施工队组的建立要认真考虑专业、工种的合理配合，技工、普工的比例要满足合理的劳动组织，要符合流水施工组织方式的要求，确定建立施工队组（是专业施工队组，或是混合施工队组），要坚持合理、精干高效的原则；人员配置要从严控制二、三线管理人员，力求一专多能、一人多职，同时制定出该工程的劳动力需要量计划。

（3）集结施工力量、组织劳动力进场。工地领导机构确定之后，按照开工日期和劳动力需要量计划，组织劳动力进场。同时要进行安全、防火和文明施工等方面的教育，并安排好职工的生活。

（4）向施工队组、工人进行施工组织设计、计划、技术交底。施工组织设计、计划和技术交底的时间在单位工程或分部分项工程开工前及时进行，以保证工程严格地按照设计图纸，施工组织设计、安全操作规程和施工验收规范等要求进行施工。

（5）建立健全各项管理制度。工地的各项管理制度是否建立、健全，直接影响其各项施工活动的顺利进行。有章不循其后果是严重的，而无章可循更是危险的。为此必须建立、健全工地的各项管理制度。通常内容有：工程质量检查与验收制度；工程技术档案管理制度；建筑材料（构件、配件、制品）的检查验收制度；技术责任制度；施工图纸学习与会审制度；技术交底制度；职工考勤、考核制度；工地及班组经济核算制度；材料出入库制度；安全操作制度；机具使用保养制度。

3. 技术准备

（1）熟悉、审查施工图纸和有关设计资料。

（2）编制施工组织设计。

（3）编制施工图预算和施工预算。

4. 物资准备

施工管理人员需尽早计算出各施工阶段对材料,施工机械、设备、工具等的需用量,并说明供应单位、交货地点、运输方法等。

物资准备工作的程序是搞好物资准备的重要手段。通常按如下程序进行:

(1)根据施工预算、分部(项)工程施工方法和施工进度的安排,拟定构(配)件及制品、施工机具和工艺设备等物资的需要量计划。

(2)根据各种物资需要量计划,组织货源,确定加工、供应地点和供应方式,签订物资供应合同。

(3)根据各种物资的需要量计划和合同,拟定运输计划和运输方案。

(4)按照施工总平面图的要求,组织物资按计划时间进场,在指定地点,按规定方式进行储存或堆放。

5. 施工现场准备

根据各种施工机械用电量及照明用电量,计算选择配电变压器,并与供电部门联系,按施工组织设计的要求,架设好连接电力干线的工地内外临时供电线路及通信线路。应注意对建筑红线内及现场周围不准拆迁的电线、电缆加以妥善保护。此外,还应考虑到因供电系统供电不足或不能供电时,为满足施工工地的连续供电要求,适当考虑备用发电机。

## 第三节　施工技术管理

### 一、施工技术管理的基本内容

(1)健全现场管理机构和岗位职责。

(2)参与图纸会审,明确技术要求。

(3)技术交底,使施工人员明白工程技术要求。

(4)验收材料,保障施工顺利进行。

(5)工程质量检查和验收,保证工程质量。

### 二、项目管理组织的设置

施工员有责任帮助项目总经理完善项目管理组织,并明确各岗位责任。

(一)项目管理组织的概念

"组织"有两种含义:第一种含义是作为名词出现的,指组织机构。它是按一定的领导体制、部门设置、层次划分、职责分工、规章制度和信息系统等构成的有机整体,是社会人的结合形式,可以完成一定的任务。第二种含义是作为动词出现的,即组织行为(活动),指通过一定的权力和影响力,为达到一定目标,对所需资源进行合理配置,处理人和人、人和事、人和物等各种关系的活动过程。组织的管理职能是通过两种含义的有机结合而实现的。

建设工程项目管理组织,是指为实现项目职能而进行的组织系统的设计、建立、运行和调整。组织系统的设计与建立是经过筹划与设计，建成一个可以完成项目管理任务的组织机构，建立必要的规章制度，划分并明确岗位、层次和部门的责任和权力，并通过一定岗位和部门人员的规范化的活动和信息流通，实现组织目标。

（二）项目管理组织的形式

建设项目管理组织的形式应根据项目规模及特点、项目承包模式、项目管理单位自身情况等确定。常见的建设工程项目管理组织形式参考（表 11-1）。

**表 11-1　　选择项目管理组织机构形式参考因素**

| 项目组织形式 | 项目性质 | 施工企业类型 | 企业人员素质 | 企业管理水平 |
|---|---|---|---|---|
| 工作队式 | 大型项目、复杂项目、工期紧的项目 | 大型综合建筑企业，项目经理能力较强 | 人员素质较高、专业人才多、职工技术素质较高 | 管理水平较高，基础工作较强，管理经验丰富 |
| 部门控制式 | 小型项目、简单项目、只涉及个别少数部门的项目 | 小型建筑企业，任务单一的企业，大中型基本保持直线职能制的企业 | 素质较差，力量薄弱，人员构成单一 | 管理水平较低，基础工作较差，缺乏有经验的项目经理 |
| 矩阵式 | 多工种、多部门、多技术配合的项目，管理效率要求很高的项目 | 大型综合建筑企业，经营范围很宽、实力很强的建筑企业 | 文化素质、管理素质、技术素质很高，管理人才多，人员一专多能 | 管理水平很高，管理渠道畅通，信息沟通灵敏，管理经验丰富 |
| 事业部式 | 大型项目，远离企业基地项目，事业部制企业承揽的项目 | 大型综合建筑企业，经营能力很强的企业，海外承包企业，跨地区承包企业 | 人员素质高，项目经理能力强，专业人才多 | 经营能力强，信息手段强，管理经验丰富，资金实力雄厚 |

（三）项目管理组织的建立

建设工程项目管理组织的建立，应遵循表 11-2 所列的六项基本原则。

**表 11-2　　建设工程项目管理组织的建立原则**

| 原　　则 | 说　　明 |
|---|---|
| 目的性 | （1）明确工程项目管理总目标，并以此为基本出发点和依据，将其分解为各项分目标、各级子目标，建立一套完整的目标体系。<br>（2）各部门、层次、岗位的设置，各级关系的安排，各项责任制和规章制度的建立，信息交流系统的设计，必须服从各自的目标和总目标，做到与目标相一致，与任务相统一 |

续表

| 原　则 | 说　　明 |
| --- | --- |
| 效率性 | (1)尽量简化机构,各部门、层次、岗位的职责分明,分工协作。<br>(2)要避免业务量不足、人浮于事或相互推诿的现象发生。<br>(3)通过考核选聘素质高、能力强、称职敬业的各种工作人员。<br>(4)领导班子要有团队精神,减少内耗;力求工作人员精干,一专多能、一人多职,工作效率高 |
| 管理跨度与管理层次的统一 | (1)根据工程项目的规模确定合理的管理跨度和管理层次,设计切实可行的组织机构系统。<br>(2)使整个组织机构的管理层次适中,减少设施,节约经费,提高信息传递速度和效率。<br>(3)使各级管理者都拥有适当的管理范围,能在职责范围内集中精力、有效领导,同时还能调动下级人员的积极性、主动性 |
| 业务系统化管理 | (1)依据项目施工活动中,各不同单位工程,不同组织、工种、作业活动,不同职能部门、作业班组,以及和外部单位、环境之间的纵横交错、相互衔接、相互制约的业务关系,设置工程项目管理组织机构。<br>(2)应使管理组织机构的层次、部门划分、岗位设置、职责权限、人员配备、信息沟通等方面,适应项目施工活动的特点,有利于各项工作的进行,充分体现责、权、利的统一。<br>(3)使管理组织机构与工程项目施工活动,与生产业务、经营管理相匹配,形成上下一致、分工协作的,严密、完整的组织系统 |
| 弹性和流动性 | (1)工程项目管理组织机构应能适应工程项目生产活动单件性、阶段性、流动性的特点,具有弹性和流动性。<br>(2)在施工的不同阶段,当生产对象数量、要求、地点等条件发生改变时,在资源配置的品种、数量发生变化时,工程项目管理组织机构都能及时做出相应调整和变动。<br>(3)工程项目管理组织机构要适应工程任务的变化,使部门设置增减、人员安排合理流动,始终保持在精干、高效、合理的水平上 |
| 与企业组织一体化 | (1)工程项目组织机构是企业组织的有机组成部分,企业是工程项目组织机构的上级领导。<br>(2)企业组织是项目组织机构的母体,项目组织形式、结构应与企业母体相协调、相适应,体现一体化的原则,以便于企业对其进行领导和管理。<br>(3)在组建工程项目组织机构,以及调整、解散项目组织时,项目经理由企业任免,人员一般都是来自企业内部的职能部门等,并根据需要在企业组织与项目组织之间流动。<br>(4)在管理业务上,工程项目组织机构接受企业有关部门的指导 |

### 三、图纸会审制度

由监理单位(或建设单位)主持,先由设计单位介绍设计意图和图纸、设计特点、对施工的要求。然后,由施工单位提出图纸中存在的问题和对设计单位的要求,通过三方讨论与协商,解决存在的问题,写出会议纪要,交给设计人员,设计人员将纪要中提出的问题通过书面的形式进行解释或提交设计变更通知书。

(一)图纸审查的内容

(1)是否是无证设计或越级设计,图纸是否经设计单位正式签署。

(2)地质勘探资料是否齐全。

(3)设计图纸与说明是否齐全。

(4)几个单位共同设计的,相互之间有无矛盾;专业之间,平、立、剖面图之间是否有矛盾;标高是否有遗漏。

(5)总平面与施工图的几何尺寸、平面位置、标高等是否一致。

(6)防火要求是否满足。

(7)建筑结构与电气专业图纸本身是否有差错及矛盾;是否符合制图标准;预埋件是否表示清楚。

(8)施工图中所列各种标准图册施工单位是否具备,如无,如何取得。

(9)建筑材料来源是否有保证。

(10)工艺管道、电气线种、运输道路与建筑物之间有无矛盾,管线之间的关系是否合理。

(11)施工安全是否有保证。

(12)图纸是否符合监理规划中提出的设计目标。

(二)相关规定与要求

(1)监理、施工单位应将各自提出的图纸问题及意见,按专业整理、汇总后报建设单位,由建设单位提交设计单位做交底准备。

(2)图纸会审应由建设单位组织设计、监理和施工单位技术负责及有关人员参加。设计单位对各专业问题进行交底,施工单位负责将设计交底内容按专业汇总、整理,形成图纸会审记录。

(3)图纸会审记录应由建设、设计、监理、和施工单位的项目相关负责人签认,形成正式图纸会审记录。不得擅自在会审记录上涂改或变更其内容。

### 四、施工技术交底

技术交底是根据施工规范、规程、工艺标准、质量验收标准和建设单位的合理要求,以书面形式将整个工程施工、各分部分项工程、特殊和隐蔽工程、易发生质量事故与工伤事故的工程部位对下一级进行解释说明。

施工员应按工程分部、分项进行交底,内容包括:设计图纸具体要求;施工方案实施的具体技术措施及施工方法;土建与电气专业交叉作业的协作关系及注意事项;各工种之间协作与工序交接质量检查;设计要求;规范、规程、工艺标准;施工质量标准及检验方法；隐蔽工程记录、验收时间及标准；成品保护项目、办法与制度、施工安全技术措施。在现场操作中向班组长交底，可以利用下达施工任务书的方式进行分项工程操作交底。

**五、施工检查验收**

根据《建筑工程施工质量验收统一标准》(GB 50300—2001)的要求，建筑工程质量验收应划分为单位(子单位)工程、分部(子分部)工程、分项工程和检验批。现代化的办公环境，要求建筑物内部设施越来越多样，按建筑物的重要部位和安装专业划分的分部工程已不适应要求，为此，建筑工程的质量验收又增设了子分部工程。实践表明：工程质量验收划分愈加明细，愈有利于正确评价工程质量。电气工程分项内容见表11-3。

**表11-3　　电气工程分项表**

| 子分部工程 | 分项工程 |
| --- | --- |
| 室外电气 | 架空线路及杆上电气设备安装，变压器、箱式变电所安装，成套配电柜、控制柜(屏、台)和动力、照明配电箱(盘)及控制柜安装，电线、电缆导管和线槽敷设，电线、电缆穿管和线槽敷设，电缆头制作、导线连接和线路电气试验，建筑物外部装饰灯具、航空障碍标志灯和庭院路灯安装，建筑照明通电试运行，接地装置安装 |
| 变配电室 | 变压器、箱式变电所安装，成套配电柜、控制柜(屏、台)、动力、照明配电箱(盘)安装，裸母线、封闭母线、插接式母线安装，电缆沟内和电缆竖井内电缆敷设，电缆头制作、导线连接和线路电气试验，接地装置安装，避雷引下线和变配电室接地干线敷设 |
| 供电干线 | 裸母线、封闭母线、插接式母线安装，桥架安装和桥架内电缆敷设，电缆沟内和电缆竖井内电缆敷设，电线、电缆导管和线槽敷设，电线、电缆穿管和线槽敷线，电缆头制作、导线连接和线路电气试验 |
| 电气动力 | 成套配电柜、控制柜(屏、台)和动力、照明配电箱(盘)安装，低压电动机、电加热器及电动执行机构检查、接线，低压电气动力设备检测、试验和空载试运行，桥架安装和桥架内电缆敷设，电线、电缆导管和线槽敷设，电线、电缆穿管和线槽敷线，电缆头制作、导线连接和线路电气试验，插座、开关、风扇安装 |
| 电气照明安装 | 成套配电柜、控制柜(屏、台)和动力、照明配电箱(盘)安装，电线、电缆穿管和线槽敷设，电线、电缆导管和线槽敷线，槽板配线、钢索配线，电缆头制作、导线连接和线路电气试验，普通灯具安装，专用灯具安装，插座、开关、风扇安装，建筑照明通电试运行 |

续表

| 子分部工程 | 分项工程 |
| --- | --- |
| 备用和不间断电源安装 | 成套配电柜、控制柜(屏、台)和动力、照明配电箱(盘)安装,柴油发电机组安装,不间断电源的其他功能单元安装,裸母线、封闭母线、插接式母线安装,电线、电缆导管和线槽敷设,电线、电缆穿管和线槽敷线,电缆头制作、导线连接和线路电气试验,接地装置安装 |
| 防雷及接地安装 | 接地装置安装,避雷引下线和变配电室接地干线敷设,建筑物等电位联结,接闪器安装 |

# 第四节 施工合同管理

施工项目合同履行过程中经常遇到不可抗力问题、施工合同的变更、违约、索赔、争议、终止与评价等问题。施工员作为现场的管理者,应该能够充分准备,及时反应。

## 一、合同履行中的问题

### (一)发生不可抗力

在订立合同时,应明确不可抗力的范围,双方应承担的责任。在合同履行中加强管理和防范措施。当事人一方因不可抗力不能履行合同时,有义务及时通知对方,以减轻可能给对方造成的损失,并应当在合理期限内提供证明。

不可抗力发生后,承包人应在力所能及的条件下迅速采取措施,尽量减少损失,并在不可抗力事件发生过程中,每隔 7 天向工程师报告一次受害情况;不可抗力事件结束后 48 小时内向工程师通报受害情况和损失情况,及预计清理和修复的费用;14 天内向工程师提交清理和修复费用的正式报告。

因不可抗力事件导致的费用及延误的工期由合同双方承担责任:

(1)工程本身的损失、因工程损害导致第三方人员伤亡和财产损失以及运至施工现场用于施工的材料和待安装的设备的损害,由发包人承担。

(2)发包方承包方人员伤亡由其所在单位负责,并承担相应费用。

(3)承包人机械设备损坏及停工损失,由承包人承担。

(4)停工期间,承包人应工程师要求留在施工场地的必要的管理人员及保卫人员的费用由发包人承担。

(5)工程所需清理、修复费用,由发包人承担。

(6)延误的工期相应顺延。

因合同一方迟延履行合同后发生不可抗力的,不能免除迟延履行方的相应责任。

（二）合同变更

合同变更是指依法对原来合同进行的修改和补充，即在履行合同项目的过程中，由于实施条件或相关因素的变化，而不得不对原合同的某些条款做出修改、订正、删除或补充。合同变更一经成立，原合同中的相应条款就应解除。

1. 合同变更的起因

合同内容频繁的变更是工程合同的特点之一。一个工程，合同变更的次数、范围和影响的大小与该工程招标文件（特别是合同条件）的完备性、技术设计的正确性，以及实施方案和实施计划的科学性直接相关。合同变更一般主要有以下几方面的原因：

（1）发包人有新的意图，发包人修改项目总计划，削减预算，发包人要求变化。

（2）由于设计人员、工程师、承包商事先没能很好地理解发包人的意图，或设计的错误，导致的图纸修改。

（3）由于工程环境的变化或预定工程条件的改变而改变原设计、实施方案或实施计划，或由于发包人指令及发包人责任的原因造成承包商施工方案的变更。

（4）由于产生新的技术和知识，有必要改变原设计、实施方案或实施计划，或由于发包人指令、发包人的原因造成承包商施工方案的变更。

（5）政府部门对工程新的要求，如国家计划变化、环境保护要求、城市规划变动等。

（6）由于合同实施出现问题，必须调整合同目标，或修改合同条款。

（7）合同双方当事人由于倒闭或其他原因转让合同，造成合同当事人的变化。这通常是比较少的。

2. 合同变更的影响

合同的变更通常不能免除或改变承包商的合同责任，但对合同实施影响很大，主要表现在如下几方面：

（1）导致设计图纸、成本计划和支付计划、工期计划、施工方案、技术说明和适用的规范等定义工程目标和工程实施情况的各种文件作相应的修改和变更。当然，相关的其他计划也应作相应调整，如材料采购计划、劳动力安排、机械使用计划等。它不仅引起与承包合同平行的其他合同的变化，而且会引起所属的各个分合同，如供应合同、租赁合同、分包合同的变更。有些重大的变更会打乱整个施工部署。

（2）引起合同双方、承包商的工程小组之间、总承包商和分包商之间合同责任的变化。如工程量增加，则增加了承包商的工程责任，增加了费用开支和延长了工期。

（3）有些工程变更还会引起已完工程的返工、现场工程施工的停滞，施工秩序打乱、已购材料的损失等。

3. 合同变更程序

(1)合同变更的提出。

1)承包商提出合同变更。承包商在提出合同变更时,一般情况是工程遇到不能预见的地质条件或地下障碍。如原设计的某大厦基础为钻孔灌注桩,承包商根据开工后钻探的地质条件和施工经验,认为改成沉井基础较好。另一种情况是承包商为了节约工程成本或加快工程施工进度,提出合同变更。

2)发包人提出变更。发包人一般可通过工程师提出合同变更。但如发包人方提出的合同变更内容超出合同限定的范围,则属于新增工程,只能另签合同处理,除非承包方同意作为变更。

3)工程师提出合同变更。工程师往往根据工地现场的工程进展的具体情况,认为确有必要时,可提出合同变更。工程承包合同施工中,因设计考虑不周,或施工时环境发生变化,工程师本着节约工程成本和加快工程与保证工程质量的原则,提出合同变更。只要提出的合同变更在原合同规定的范围内,一般是切实可行的。若超出原合同,新增了很多工程内容和项目,则属于不合理的合同变更请求,工程师应和承包商协商后酌情处理。

(2)合同变更的批准。由承包商提出的合同变更,应交与工程师审查并批准。由发包人提出的合同变更,为便于工程的统一管理,一般由工程师代为发出。

而工程师发出合同变更通知的权力,一般由工程施工合同明确约定。当然该权力也可约定为发包人所有,然后,发包人通过书面授权的方式使工程师拥有该权力。如果合同对工程师提出合同变更的权力作了具体限制,而约定其余均应由发包人批准,则工程师就超出其权限范围的合同变更发出指令时,应附上发包人的书面批准文件,否则承包商可拒绝执行。但在紧急情况下,不应限制工程师向承包商发布他认为必要的变更指示。

合同变更审批的一般原则应为:首先考虑合同变更对工程进展是否有利;第二要考虑合同变更是否可以节约工程成本;第三应考虑合同变更更是否兼顾发包人、承包商或工程项目之外其他第三方的利益,不能因合同变更而损害任何一方的正当权益;第四必须保证变更项目符合本工程的技术标准;最后一种情况为工程受阻,如遇到特殊风险、人为阻碍、合同一方当事人违约等不得不变更工程。

(3)合同变更指令的发出及执行。为了避免耽误工作,工程师在和承包商就变更价格达成一致意见之前,有必要先行发布变更指示,即分两个阶段发布变更指示:第一阶段是在没有规定价格和费率的情况下直接指示承包商继续工作;第二阶段是在通过进一步的协商之后,发布确定变更工程费率和价格的指示。

合同变更指示的发出有两种形式:书面形式和口头形式。

1)一般情况要求工程师签发书面变更通知令。当工程师书面通知承包商工程变更时,承包商才执行变更的工程。

2)当工程师发出口头指令要求合同变更时,要求工程师事后一定要补签一份书面的合同变更指示。如果工程师口头指示后忘了补书面指示，承包商(须7天内)以书面形式证实此项指示，交与工程师签字，工程师若在14天之内没有提出反对意见，应视为认可。

所有合同变更必须用书面或一定规格写明。对于要取消的任何一项分部工程，合同变更应在该部分工程还未施工之前进行，以免造成人力、物力、财力的浪费，避免造成发包人多支付工程款项。

根据通常的工程惯例，除非工程师明显超越合同赋予其的权限，承包商应该无条件地行其合同变更的指示。如果工程师根据合同约定发布了进行合同变更的书面指令，则不论承包商对此是否有异议，不论合同变更的价款是否已经确定，也不论监理方或发包人答应给予付款的金额是否令承包商满意，承包商都必须无条件地执行此种指令。即使承包商有意见，也只能是一边进行变更工作，一边根据合同规定寻求索赔或仲裁解决。在争议处理期间，承包商有义务继续进行正常的工程施工和有争议的变更工程施工，否则可能会构成承包商违约。

合同变更的程序示意图见图11-4所示。

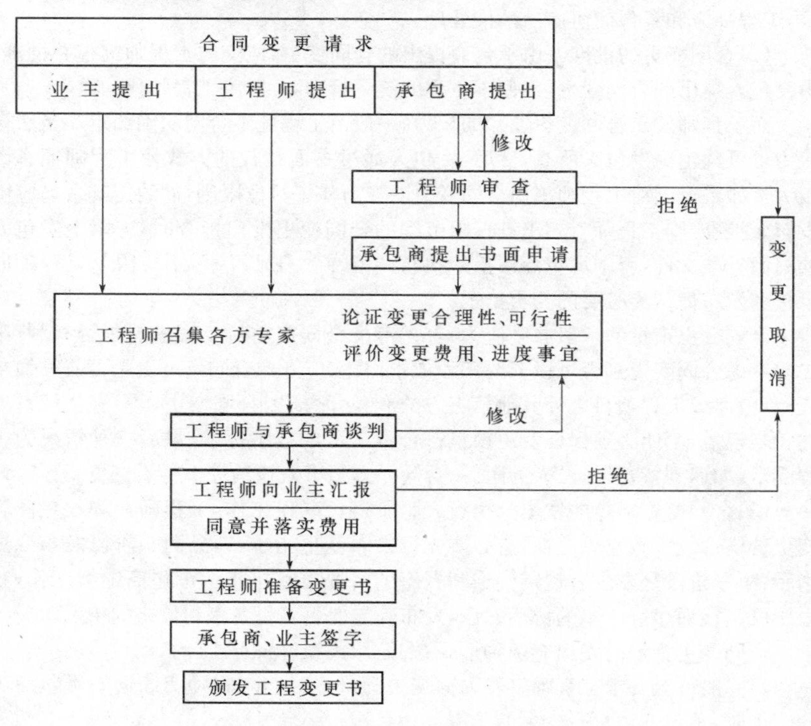


图11-4 合同变更程序示意图

4. 工程变更

在合同变更中，量最大、最频繁的是工程变更。它在工程索赔中所占的份额也最大。工程变更的责任分析是工程变更起因与工程变更问题处理，即确定赔偿问题的桥梁。工程变更中有两大类变更。

(1)设计变更。设计变更会引起工程量的增加、减少，新增或删除工程分项，工程质量和进度的变化，实施方案的变化。一般工程施工合同赋予发包人(工程师)这方面的变更权力，可以直接通过下达指令，重新发布图纸或规范实现变更。

(2)施工方案变更。施工方案变更的责任分析有时比较复杂。

1)在投标文件中，承包商就在施工组织设计中提出比较完备的施工方案，但施工组织设计不作为合同文件的一部分。对此有如下问题应注意：

①施工方案虽不是合同文件，但它也有约束力。发包人向承包商授标就表示对这个方案的认可。当然在授标前，在澄清会议上，发包人也可以要求承包商对施工方案作出说明，甚至可以要求修改方案，以符合发包人的目标、发包人的配合和供应能力(如图纸、场地、资金等)。此时一般承包商会积极迎合发包人的要求，以争取中标。

②施工合同规定，承包商应对所有现场作业和施工方法的完备、安全、稳定负全部责任。这一责任表示在通常情况下由于承包商自身原因(如失误或风险)修改施工方案所造成的损失由承包商负责。

③在它作为承包商责任的同时，又隐含着承包商对决定和修改施工方案具有相应的权利，即发包人不能随便干预承包商的施工方案；为了更好地完成合同目标(如缩短工期)，或在不影响合同目标的前提下承包商有权采用更为科学和经济合理的施工方案，发包人也不得随便干预。当然承包商承担重新选择施工方案的风险和机会收益。

④在工程中承包商采用或修改实施方案都要经过工程师的批准或同意。

2)重大的设计变更常常会导致施工方案的变更。如果设计变更由发包人承担责任，则相应的施工方案的变更也由发包人负责；反之，则由承包商负责。

3)对不利的异常的地质条件所引起的施工方案的变更，一般作为发包人的责任。一方面这是一个有经验的承包商无法预料现场气候条件除外的障碍或条件，另一方面发包人负责地质勘察和提供地质报告，则他应对报告的正确性和完备性承担责任。

4)施工进度的变更。施工进度的变更是十分频繁的：在招标文件中，发包人给出工程的总工期目标；承包商在投标书中有一个总进度计划(一般以横道图形式表示)；中标后承包商还要提出详细的进度计划，由工程师批准(或同意)；在工程开工后，每月都可能有进度的调整。通常只要工程师(或发包人)批准(或同意)

承包商的进度计划(或调整后的进度计划),则新进度计划就成为有约束力的。如果发包人不能按照新进度计划完成按合同应由发包人完成的责任,如及时提供图纸、施工场地、水电等,则属发包人的违约,应承担责任。

5. 工程变更的管理

(1)注意对工程变更条款的合同分析。对工程变更条款的合同分析应特别注意:工程变更不能超过合同规定的工程范围,如果超过这个范围,承包商有权不执行变更或坚持先商定价格后再进行变更。发包人和工程师的认可权必须限制。发包人常常通过工程师对材料的认可权提高材料的质量标准、对设计的认可权提高设计质量标准、对施工工艺的认可权提高施工质量标准。如果合同条文规定比较含糊或设计不详细,则容易产生争执。但是,如果这种认可权超过合同明确规定的范围和标准,承包商应争取发包人或工程师的书面确认,进而提出工期和费用索赔。

此外,与发包人、与总(分)包之间的任何书面信件、报告、指令等都应经合同管理人员进行技术和法律方面的审查,这样才能保证任何变更都在控制中,不会出现合同问题。

(2)促成工程师提前作出工程变更。在实际工作中,变更决策时间过长和变更程序太慢会造成很大的损失。常有两种现象:一种现象是施工停止,承包商等待变更指令或变更会谈决议;另一种现象是变更指令不能迅速作出,而现场继续施工,造成更大的返工损失。这就要求变更程序尽量快捷,故即使仅从自身出发,承包商也应尽早发现可能导致工程变更的种种迹象,尽可能促使工程师提前作出工程变更。

施工中发现图纸错误或其他问题,需进行变更,首先应通知工程师,经工程师同意或通过变更程序再进行变更。否则,承包商可能不仅得不到应有的补偿,而且会带来麻烦。

(3)对工程师发出的工程变更应进行识别。特别在国际工程中,工程变更不能免去承包商的合同责任。对已收到的变更指令,特别对重大的变更指令或在图纸上作出的修改意见,应予以核实。对超出工程师权限范围的变更,应要求工程师出具发包人的书面批准文件。对涉及双方责权利关系的重大变更,必须有发包人的书面指令、认可或双方签署的变更协议。

(4)迅速、全面落实变更指令。变更指令作出后,承包商应迅速、全面、系统地落实变更指令。承包商应全面修改相关的各种文件,例如有关图纸、规范、施工计划、采购计划等,使它们始终反映和包容最新的变更。承包商应在相关的各工程小组和分包商的工作中落实变更指令,并提出相应的措施,对新出现的问题作解释和对策,同时又要协调好各方面工作。

(5)分析工程变更的影响。工程变更是索赔机会,应在合同规定的索赔有效期内完成对它的索赔处理。在合同变更过程中就应记录、收集、整理所涉及的各种文件，如图纸、各种计划、技术说明、规范和发包人或工程师的变更指令，以作为进一步分析的依据和索赔的证据。

在工程变更中，特别应注意因变更造成返工、停工、窝工、修改计划等引起的损失，注意这方面证据的收集。在变更谈判中应对此进行商谈，保留索赔权。在实际工程中，人们常常会忽视这些损失证据的收集，而最后提出索赔报告时往往因举证和验证困难而被对方否决。

（三）合同解除

1. 合同解除的理由

合同解除是在合同依法成立之后的合同规定的有效期内，合同当事人的一方有充足的理由，提出终止合同的要求，并同时出具包括终止合同理由和具体内容的申请，合同双方经过协商，就提前终止合同达成书面协议，宣布解除双方由合同确定的经济承包关系。

合同解除的理由主要有：

(1)施工合同当事双方协商，一致同意解除合同关系。

(2)因为不可抗力或者是非合同当事人的原因，造成工程停建或缓建，致使合同无法履行。

(3)由于当事人一方违约致使合同无法履行。违约的主要表现有：

1)发包人不按合同约定支付工程款（进度款），双方又未达成延期付款协议，导致施工无法进行，承包人停止施工超过 56 天，发包人仍不支付工程款（进度款），承包人有权解除合同。

2)承包人发生将其承包的全部工程、或将其肢解以后以分包的名义分别转包给他人，或将工程的主要部分、或群体工程的半数以上的单位工程倒手转包给其他施工单位等转包行为，发包人有权解除合同。

3)合同当事人一方的其他违约行为致使合同无法履行，合同双方可以解除合同。

当合同当事一方主张解除合同时，应向对方发出解除合同的书面通知，并在发出通知前 7 天告知对方。通知到达对方时合同解除。对解除合同有异议时，按照解决合同争议程序处理。

2. 合同解除的善后处理

(1)合同解除后，当事人双方约定的结算和清理条款仍然有效。

(2)承包人应当按照发包人要求妥善做好已完工程和已购材料、设备的保护和移交工作，按照发包人要求将自有机械设备和人员撤出施工现场。发包人应为承包人撤出提供必要条件，支付以上所发生的费用，并按合同约定支付已完工程款。

(3)已订货的材料、设备由订货方负责退货或解除订货合同,不能退还的货款和退货、解除订货合同发生的费用,由发包人承担。

(四)违背合同

违背合同又称违约,是指当事人在执行合同的过程中,没有履行合同所规定的义务的行为。项目经理在违约责任的管理方面,首先要管好己方的履约行为,避免承担违约责任。如果发包人违约,应当督促发包人按照约定履行合同,并与之协商违约责任的承担。特别应当注意收集和整理对方违约的证据,以在必要时以此作为依据、证据来维护自己的合法权益。

(1)违约行为和责任。在履行施工合同过程中,主要的违约行为和责任是:

1)发包人违约:

①发包人不按合同约定支付各项价款,或工程师不能及时给出必要的指令、确认,致使合同无法履行,发包人承担违约责任,赔偿因其违约给承包人造成的直接损失,延误的工期相应顺延。

②未按合同规定的时间和要求提供材料、场地、设备、资金、技术资料等,除竣工日期得以顺延外,还应赔偿承包方因此而发生的实际损失。

③工程中途停建、缓建或由于设计变更或设计错误造成的返工,应采取措施弥补或减少损失。同时应赔偿承包方因停工、窝工、返工和倒运、人员、机械设备调迁、材料和构件积压等实际损失。

④工程未经竣工验收,发包单位提前使用或擅自动用,由此发生的质量问题或其他问题,由发包方自己负责。

⑤超过承包合同规定的日期验收,按合同的违约责任条款的规定,应偿付逾期违约金。

2)承包人违约:

①承包工程质量不符合合同规定,负责无偿修理和返工。由于修理和返工造成逾期交付的,应偿付逾期违约金。

②承包工程的交工时间不符合合同规定的期限,应按合同中违约责任条款,偿付逾期违约金。

③由于承包方的责任,造成发包方提供的材料、设备等丢失或损坏,应承担赔偿责任。

(2)违约责任处理原则:

1)承担违约责任应按“严格责任原则”处理,无论合同当事人主观上是否有过错,只要合同当事人有违约事实,特别是有违约行为并造成损失的,就要承担违约责任。

2)在订立合同时,双方应当在专用条款内约定发(承)包人赔偿承(发)包人损失的计算方法或者发(承)包人应当支付违约金的数额和计算方法。

3)当事人一方违约后,另一方可按双方约定的担保条款,要求提供担保的第三方承担相应责任。

4)当事人一方违约后,另一方要求违约方继续履行合同时,违约方承担继续履行合同、采取补救措施或者赔偿损失等责任。

5)当事人一方违约后,对方应当采取适当措施防止损失的扩大,否则不得就扩大的损失要求赔偿。

6)当事人一方因不可抗力不能履行合同时,应对不可抗力的影响部分(或者全部)免除责任,但法律另有规定的除外。当事人延迟履行后发生不可抗力的,不能免除责任。

**二、施工索赔**

1. 索赔的分类

索赔从不同的角度、按不同的方法和不同的标准,可以有多种分类的方法,见表 11-4 所示。

**表 11-4　索赔的分类**

| 分类标准 | 索赔类别 | 说　明 |
| --- | --- | --- |
| 按索赔的目的分类 | 工期索赔 | 由于非承包人责任的原因而导致施工进程延误,要求批准顺延合同工期的索赔,称之为工期索赔。工期索赔形式上是对权利的要求,以避免在原定合同竣工日不能完工时,被发包人追究拖期违约责任。一旦获得批准合同工期顺延后,承包人不仅免除了承担拖期违约赔偿费的严重风险,而且可能提前工期得到奖励,最终仍反映在经济收益上 |
| | 费用索赔 | 费用索赔的目的是要求经济补偿。当施工的客观条件改变导致承包人增加开支,要求对超出计划成本的附加开支给予补偿,以挽回不应由他承担的经济损失 |
| 按索赔当事人分类 | 承包商与发包人间索赔 | 这类索赔大都是有关工程量计算、变更、工期、质量和价格方面的争议,也有中断或终止合同等其他违约行为的索赔 |
| | 承包商与分包商间索赔 | 其内容与前一种大致相似,但大多数是分包商向总包商索要付款和赔偿及承包商向分包商罚款或扣留支付款等 |
| | 承包商与供货商间索赔 | 其内容多系商贸方面的争议,如货品质量不符合技术要求、数量短缺、交货拖延、运输损坏等 |
| 按索赔的原因分类 | 工程延误索赔 | 因发包人未按合同要求提供施工条件,如未及时交付设计图纸、施工现场、道路等,或因发包人指令工程暂停或不可抗力事件等原因造成工期拖延的,承包商对此提出索赔 |

续表

| 分类标准 | 索赔类别 | 说　明 |
| --- | --- | --- |
| 按索赔的原因分类 | 工作范围变更索赔 | 工作范围的索赔是指发包人和承包商对合同中规定工作理解的不同而引起的索赔。其责任和损失不如延误索赔那么容易确定,如某分项工程所包含的详细工作内容和技术要求,施工要求很难在合同文件中用语言描述清楚,设计图纸也很难对每一个施工细节的要求都说得清清楚楚。另外设计的错误和遗漏,或发包人和设计者主观意志的改变都会向承包商发布变更设计的命令。<br>工作范围的索赔很少能独立于其他类型的索赔,例如,工作范围的索赔通常导致延期索赔。如设计变更引起的工作量和技术要求的变化都可能被认为是工作范围的变化,为完成此变更可能增加时间,并影响原计划工作的执行,从而可能导致随之而来的延期索赔 |
| | 施工加速索赔 | 施工加速索赔经常是延期或工作范围索赔的结果,有时也被称为“赶工索赔”。而加速施工索赔与劳动生产率的降低关系极大,因此又可称为劳动生产率损失索赔。<br>如果发包人要求承包商比合同规定的工期提前,或者因工程前段的承包商的工程拖期,要后一阶段工程的另一位承包商弥补已经损失的工期,使整个工程按期完工。这样,承包商可以因施工加速成本超过原计划的成本而提出索赔,其索赔的费用一般应考虑加班工资,雇用额外劳动力、采用额外设备、改变施工方法,提供额外监督管理人员和由于拥挤而干扰加班引起的疲劳造成的劳动生产率损失等所引起的费用的增加。在国外的许多索赔案例中对劳动生产率损失通常数量很大,但一般不易被发包人接受。这就要求承包商在提交施工加速索赔报告中提供施工加速对劳动生产率的消极影响的证据 |
| | 不利现场条件索赔 | 不利的现场条件是指合同的图纸和技术规范中所描述的条件与实际情况有实质性的不同,或虽合同中未作描述,是一个有经验的承包商无法预料的。一般是地下的水文地质条件,但也包括某些隐藏着的不可知的地面条件。<br>不利现场条件索赔近似于工作范围索赔,然而又不大像大多数工作范围索赔。不利现场条件索赔应归咎于确实不易预知的某个事实。如现场的水文、地质条件在设计时全部弄得一清二楚几乎是不可能的,只能根据某些地质钻孔和土样试验资料来分析和判断。要对现场进行彻底全面的调查将会耗费大量的成本和时间,一般发包人不会这样做,承包商在短短投标报价的时间内更不可能做这种现场调查工作。这种不利现场条件的风险由发包人来承担是合理的 |

续表

| 分类标准 | 索赔类别 | 说明 |
| --- | --- | --- |
| 按索赔的合同依据分类 | 合同内索赔 | 此种索赔是以合同条款为依据，在合同中有明文规定的索赔，如工期延误、工程变更、工程师提供的放线数据有误、发包人不按合同规定支付进度款等。这种索赔由于在合同中有明文规定，往往容易成功 |
| | 合同外索赔 | 此种索赔在合同文件中没有明确的叙述，但可以根据合同文件的某些内容合理推断出可以进行此类索赔，而且此索赔并不违反合同文件的其他任何内容。例如在国际工程承包中，当地货币贬值可能给承包商造成损失，对于合同工期较短的，合同条件中可能没有规定如何处理。当由于发包人原因使工期拖延，而又出现汇率大幅度下跌时，承包商可以提出这方面的补偿要求 |
| | 道义索赔（又称额外支付） | 道义索赔是指承包商在合同内或合同外都找不到可以索赔的合同依据或法律根据，因而没有提出索赔的条件和理由，但承包商认为自己有要求补偿的道义基础，而对其遭受的损失提出具有优惠性质的补偿要求，即道义索赔。道义索赔的主动权在发包人手中，发包人在下面四种情况下，可能会同意并接受这种索赔：第一，若另找其他承包商，费用会更大；第二，为了树立自己的形象；第三，出于对承包商的同情和信任；第四，谋求与承包商更理解或更长久的合作 |
| 按索赔处理方式分类 | 单项索赔 | 单项索赔是针对某一干扰事件提出的，在影响原合同正常运行的干扰事件发生时或发生后，由合同管理人员立即处理，并在合同规定的索赔有效期内向发包人或监理工程师提交索赔要求和报告。单项索赔通常原因单一，责任单一，分析起来相对容易，由于涉及的金额一般较小，双方容易达成协议，处理起来也比较简单。因此合同双方应尽可能地用此种方式来处理索赔 |
| | 综合索赔 | 综合索赔又称一揽子索赔，一般在工程竣工前和工程移交前，承包商将工程实施过程中因各种原因未能及时解决的单项索赔集中起来进行综合考虑，提出一份综合索赔报告，由合同双方在工程交付前后进行最终谈判，以一揽子方案解决索赔问题。在合同实施过程中，有些单项索赔问题比较复杂，不能立即解决，为不影响工程进度，经双方协商同意后留待以后解决。有的是发包人或监理工程师对索赔采用拖延办法，迟迟不作答复，使索赔谈判旷日持久。还有的是承包商因自身原因，未能及时采用单项索赔方式等，都有可能出现一揽子索赔。由于在一揽子索赔中许多干扰事件交织在一起，影响因素比较复杂而且相互交叉，责任分析和索赔值计算都很困难，索赔涉及的金额往往又很大，双方都不愿或不容易作出让步，使索赔的谈判和处理都很困难。因此综合索赔的成功率比单项索赔要低得多 |

2. 索赔的程序

承包人的索赔程序通常如图 11-5 所示的几个步骤。

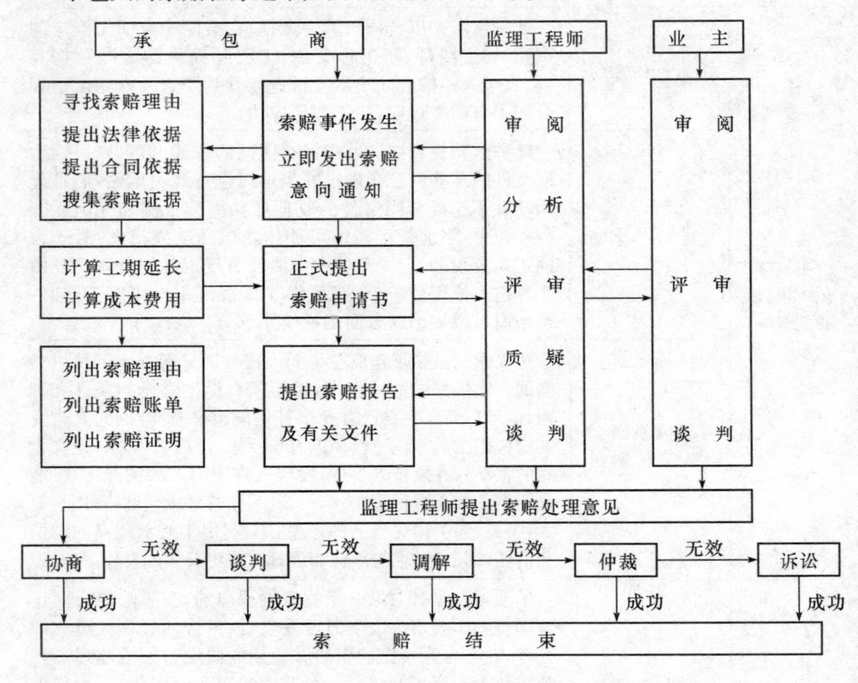


图 11-5　施工索赔程序示意图

3. 施工员在索赔中的职责

施工员在索赔中的主要职责是资料收集，高水平的资料管理对索赔的证据提供极为重要。

(1)施工日志。施工员及其他有关人员现场记录施工中发生的各种情况，包括天气、出工人数、设备数量及使用情况、进度情况、质量情况、安全情况、监理工程师在现场有什么指示、进行了什么试验、有无特殊干扰施工的情况、遇到了什么不利的现场条件、多少人员参观了现场等。这种现场记录和日志有利于及时发现和正确分析索赔，可能成为索赔的重要证明材料。

(2)来往信件。对与监理工程师、发包人和有关政府部门、银行、保险公司的来往信函，必须认真保存，并注明发送和收到的详细时间。

(3)气象资料。在分析进度安排和施工条件时，天气是应考虑的重要因素之一，因此，要保存一份真实、完整、详细的天气情况记录，包括气温、风力、湿度、降雨量、暴风雪、冰雹等。

(4)备忘录。承包商对监理工程师和发包人的口头指示和电话应随时用书面记录,并请其签字给予书面确认。事件发生和持续过程中的重要情况都应有记录。

(5)会议纪要。承包商、发包人和监理工程师举行会议时要做好详细记录,对其主要问题形成会议纪要,并由会议各方签字确认。

(6)工程照片和工程声像资料。这些资料都是反映工程客观情况的真实写照,也是法律承认的有效证据,对重要工程部位应拍摄有关资料并妥善保存。

(7)工程进度计划。承包商编制的经监理工程师或发包人批准同意的所有工程总进度、年进度、季进度、月进度计划都必须妥善保管,任何有关工期延误的索赔中,进度计划都是非常重要的证据。

(8)工程核算资料。所有人工、材料、机械设备使用台账,工程成本分析资料,会计报表,财务报表,货币汇率,现金流量,物价指数,收付款票据,都应分类装订成册,这些都是进行索赔费用计算的基础。

(9)工程报告。包括工程试验报告、检查报告、施工报告、进度报告、特别事件报告等。

(10)工程图纸。工程师和发包人签发的各种图纸,包括设计图、施工图、竣工图及其相应的修改图,承包商应注意对照检查和妥善保存。对于设计变更索赔,原设计图和修改图的差异是索赔最有力的证据。

(11)招投标阶段有关现场考察和编标的资料,各种原始单据(工资单、材料设备采购单),各种法规文件、证书证明等,都应积累保存,它们都有可能是某项索赔的有力证据。

由此可见,高水平的文档管理信息系统,对索赔的资料准备和证据提供是极为重要的。

## 第五节　施工材料管理

### 一、材料管理

材料管理就是项目对施工生产过程中所需要的各种材料的计划、订购、运输、储备、发放和使用所进行的一系列组织与管理工作。做好这些物资管理工作,有利于企业合理使用和节约材料,加速资金周转,降低工程成本,增加企业的盈利,保证并提高建设工程产品质量。

对工程项目材料的管理,主要是指在材料计划的基础上,对材料的采购、供应、保管和使用进行组织和管理,其具体内容包括材料定额的制定管理、材料计划的编制、材料的库存管理、材料的订货采购、材料的组织运输、材料的仓库管理、材料的现场管理、材料的成本管理等方面。

## 二、材料管理系统

材料管理系统的主要任务是对施工的工程项目按计划保质、保量、按时地供应所需的各种材料设备，并负责加工订货。在我国社会主义市场经济的初级阶段，除国外和外埠的工程项目外，项目经理部一般不宜有材料采购权，而应以签订合同的方式，委托专门的材料设备公司负责采购供应。

## 三、项目材料管理计划

项目材料管理计划是对建设工程项目所需要材料的预测、部署和安排，是指导与组织施工项目材料的订货、采购、加工、储备和供应的依据，是降低成本、加速资金周转、节约资金的一个重要因素，对促进生产具有十分重要的作用。

### 1. 材料需求计划

材料需求计划是根据工程项目设计文件及施工组织设计编制的，反映完成施工项目所需的各种材料的品种、规格、数量和时间要求，是编制其他各项计划的基础。

材料需求计划一般包括整个工程项目的需求计划和各计划期的需求计划，准确确定材料需用量是编制材料计划的关键。它反映整个施工项目及各分部、分项工程材料的需用量，亦称施工项目材料分析。

材料需求计划是编制其他各类材料计划的基础，是控制供应量和供应时间的依据。但是，材料往往不是一次性采购齐的，需分期分次进行，因此，材料需用计划也相应地划分为材料总需求量计划和材料计划期(季、月)需求计划。

根据不同的情况，可分别采用直接计算法或间接计算法确定材料需用量。

(1)直接计算法。对于工程任务明确、施工图纸齐全的情况，可直接按施工图纸计算出分部分项工程实物工程量，套用相应的材料消耗定额，逐条逐项计算各种材料的需用量，然后汇总编制材料需用计划。然后，再按施工进度计划分期编制各期材料需用计划。

直接计算法的公式如下：

某种材料计划需用量＝建筑安装工程实物工程量×某种材料消耗定额

式中，材料消耗定额的选用要视计划的用途而定，如计划需用量用于向建设单位结算或编制订货、采购计划，则应采用概算定额计算材料需用量；如计划需用量用于向单位工程承包人和班组实行定额供料，作为承包核算基础，则要采用施工定额计算材料需用量。

(2)间接计算法。对于工程任务已经落实、但设计尚未完成、技术资料不全、不具备直接计算需用量条件的情况，为了事前做好备料工作，便可采用间接计算法。当设计图纸等技术资料具备后，应按直接计算法进行计算调整。间接计算法主要有以下几种：

1)概算指标法。即利用概算指标计算材料需用量的方法。

当已知某工程的结构类型和建筑面积时，可采用下式概算工程主要材料的需用量：

$$\text{某种材料计划需用量}=\text{建筑面积}\times\frac{\text{同类型工程每平方米建筑面积}}{\text{某种材料消耗定额}}\times\text{调整系数}$$

当某项工程的类型不具体，只知道计划总投资额的情况时，可采用下式计算工程材料的需用量。但是，由于该方法只考虑了工程的投资报价，而未考虑不同结构类型工程之间材料消耗的区别，故其准确度差。

$$\text{某种材料计划需用量}=\text{工程项目计划总投资}\times\frac{\text{每万元产值}}{\text{某种材料消耗定额}}\times\text{调整系数}$$

2)比例计算法。多用来确定无消耗定额，但有历史消耗数据，以有关比例关系为基础来确定材料需用量。其计算公式如下：

$$\text{材料需用量}=\text{对比期材料实际耗用量}\times\frac{\text{计划期工程量}}{\text{对比期实际完成工程量}}\times\text{调整系数}$$

式中，调整系数一般可根据计划期与对比期生产技术组织条件的对比分析、降低材料消耗的要求、采取节约措施后的效果等来确定。

3)类比计算法。多用于计算新产品对某些材料的需用量。它是以参考类似产品的材料消耗定额，来确定该产品或该工艺的材料需用量的一种方法。其计算公式如下：

$$\text{材料需用量}=\text{工程量}\times\text{类似产品的材料消耗定额}\times\text{调整系数}$$

式中，调整系数可根据该种产品与类似产品在质量、结构、工艺等方面的对比分析来确定。

4)经验估计法。根据计划人员以往的经验来估算材料需用量的一种方法。此种方法科学性差，只限于不能或不值得用其他方法的情况。

2. 材料使用计划

材料使用计划是组织、指导材料供应与管理业务活动的具体行动计划，主要反映施工项目所需材料的来源，如需向国家申请调拨，还是需向市场购买等。

材料使用计划即各类材料的实际进场计划，是项目材料管理部门组织材料采购、加工订货、运输、仓储等材料管理工作的行动指南，是根据施工进度和材料的现场加工周期所提出的最晚进场计划。

(1)材料供应量计算。材料供应量计划是在确定计划期需用量的基础上，预计各种材料的期初储存量、期末储备量，经过综合平衡后，计算出材料的供应量，然后再进行编制。

材料供应量的计算公式如下：

$$\text{材料供应量}=\text{材料需用量}+\text{期末储备量}-\text{期初库存量}$$

其中，期末储备量主要是由供应方式和现场条件决定的，在一般情况下也可按下列公式计算：

某项材料储备量＝某项材料的日需用量×(该项材料的供应间隔天数＋运输天数＋入库检验天数＋生产前准备天数)

(2)材料使用计划编制原则。

1)材料使用计划的编制,只是计划工作的开始,更重要的是组织计划的实施。而实施的关键问题是实行配套供应,即对各分部、分项工程所需的材料品种、数量、规格、时间及地点,组织配套供应,不能缺项,不能颠倒。

2)要实行承包责任制,明确供求双方的责任与义务,以及奖惩规定,签订供应合同,以确保施工项目顺利进行。

3)材料使用计划在执行过程中,如遇到设计修改、生产或施工工艺变更时,应作相应的调整和修订,但必须有书面依据,要制订相应的措施,并及时通告有关部门,要妥善处理并积极解决材料的余缺,以避免和减少损失。

(3)材料使用计划编制内容。材料使用计划的编制,要注意从数量、品种、时间等方面进行平衡,以达到配套供应、均衡施工。计划中要明确物资的类别、名称、品种(型号)规格、数量、进场时间、交货地点、验收人和编制日期、编制依据、送达日期、编制人、审核人、审批人。

在材料使用计划执行过程中,应定期或不定期地进行检查。主要内容是:供应计划落实的情况、材料采购情况、订货合同执行情况、主要材料的消耗情况、主要材料的储备及周转情况等,以便及时发现问题及时处理解决。

材料使用计划的表格形式见表11-5。

**表11-5　材料使用计划**

编制单位________

工程名称________　　　　编制日期________

| 材料名称 | 规格型号 | 计量单位 | 期初预计库存 | 计划需用量 | | | | 期末库存量 | 计划供应量 | | | | | 供应时间 | | | |
|---|---|---|---|---|---|---|---|---|---|---|---|---|---|---|---|---|---|
| | | | | 合计 | 其中 | | | | 合计 | 市场采购 | 挖潜代用 | 加工自制 | 其他 | 第一次 | 第二次 | … | … |
| | | | | | 工程用料 | 周转材料 | 其他 | | | | | | | | | | |
| | | | | | | | | | | | | | | | | | |
| | | | | | | | | | | | | | | | | | |

## 四、使用管理

1. 材料领发

施工现场材料领发包括两个方面:即材料领发和材料耗用。控制材料的领发,监督材料的耗用,是实现工程节约,防止超耗的重要保证。

(1)材料领发步骤。材料领发要本着先进先出的原则,准确、及时地为生产服务,保证生产顺利进行。其步骤如下:

1)发放准备。材料出库前,应做好计量工具、装卸运输设备、人力以及随货发出的有关证件的准备,提高材料出库效率。

2)核对凭证。材料调拨单、限额领料单是材料出库的凭证,发料时要认真审核材料发放的规格、品种、数量,并核对签发人的签章及单据的有效印章,非正式的凭证或有涂改的凭证一律不得发放材料。

3)备料。凭证经审核无误后,按凭证所列品种、规格、数量准备材料。

4)复核。为防止差错,备料后要检查所备材料是否与出库单所列相吻合。

5)点交。发料人与领取人应当面点交清楚,分清责任。

(2)材料领发中应注意的问题。

1)提高材料人员的业务素质和管理水平。

2)严格执行材料进场及发放的计量检测制度。

3)认真执行限额用料制度。

4)严格执行材料管理制度。

5)对价值较高及易损、易坏、易丢的材料,领发双方应当面点清,签字认证,做好领发记录,并实行承包责任制。

(3)材料耗用中应注意的问题。现场耗料是保证施工生产、降低材料消耗的重要环节,为此应做好以下工作:

1)加强材料管理制度,建立、健全各种台账,严格执行限额领料和料具管理规定。

2)分清耗料对象,记入相应成本,对分不清对象的,按定额和进度适当分解。

3)建立、健全相应的考核制度。

4)严格保管原始凭证,不得任意涂改。

5)加强材料使用过程中的管理,认真进行材料核算。

2. 限额领料

限额领料,是指在施工阶段对施工人员所使用物资的消耗量控制在一定的消耗范围内。它是企业内开展定额供应、提高材料的使用效果和企业经济效益、降低材料成本的基础和手段。

(1)限额领料的依据。限额用料的依据一般有三个:一是施工材料消耗定额,二是用料者所承担的工程量或工作量,三是施工中必须采取的技术措施。由于定额是在一般条件下确定的,在实际操作中应根据具体的施工方法、技术措施及不同材料的试配翻样资料来确定限额用量。

(2)限额领料的程序。

1)签发限额领料单。工程施工前,应根据工程的分包形式与使用单位确定限额领料的形式,然后根据有关部门编制的施工预算和施工组织设计,将所需材料数量汇总后编制材料限额数量,经双方确认后下发。

通常,限额领料单为一式三份。一份交保管员作为控制发料的依据,一份交使用单位，作为领料的依据，一份由签发单位留存作为考核的依据。

2)下达。将限额领料单下达到用料者手中，并进行用料交底，应讲清用料措施、要求及注意事项。

3)应用。用料者凭限额领料单到指定部门领料，材料部门在限额内发料。每次领发数量、时间要做好记录，并互相签认。

4)检查。在用料过程中，对影响用料因素进行检查，帮助用料者正确执行定额，合理使用材料。检查的内容包括施工项目与定额项目的一致性、验收工程量与定额工程量的一致性、操作是否符合规程、技术措施是否落实、工作完成是否料净。

5)验收。完成任务后，由有关人员对实际完成工程量和用料情况进行测定和验收，作为结算用工、用料的依据。

6)结算与分析。限额领料是在多年的实践中不断总结出的控制现场使用材料的行之有效的方法。工程完工后，双方应及时办理结算手续，检查限额领料的执行情况，并根据实际完成的工程量核对和调整应用材料量，与实耗量进行对比，结算出用料的节约或超耗，然后进行分析，查找用料节超原因，总结经验，吸取教训。

(3)领料限额量的调整。在限额领料的执行过程中，会有许多因素影响材料的使用，如工程量的变更、设计更改、环境因素的影响等。限额领料的主管部门在限额领料的执行过程中深入施工现场，了解用料情况，根据实际情况及时调整限额数量，以保证施工生产的顺利进行和限额领料制度的连续性、完整性。

3. 专用工具管理

专用工具是指班组或个人经常使用，及宜于配备到班组或个人保管的工具，一般是小型低值、易耗工具和消耗性工具。其特点是品种多、数量大、更新快、容易丢失、便于携带等。在管理上，适宜采用工具费用定额承包的管理方法。

(1)专用工具分类。

1)对班组专用工具，应由工程项目根据不同工种的工具费定额，按照班组作业定额工日，计算出班组工具费并发放给班组，由班组自行租用、购买、保管和使用，盈亏由班组自负。

2)对个人专用工具，由工程项目根据不同工种的工具费定额，按照个人定额工日，计算出个人工具费并发给个人，由操作者自行采购、使用和保管，盈亏自负。

(2)管理工作。

实行工具费用定额承包管理，必须做好以下工作：

1)由企业统一制定实行工具费用定额承包标准和办法，测定分工种的队组和个人作业工日工具费用水平，明确工具费用发放、使用、结算和奖惩办法及责任要求。

2)根据队组和个人定额工日，由工程项目按照相应的工具费用定额计算出工具费承包总额，发给限额卡或代用券，预控预拨。

3)队组在预控预拨总额内控制使用，持卡或代用券到项目指定的部门租用或购买，通过注销限额卡或回收代用券的方法，控制工具费用支出。

4)队组及个人购买或租用的工具，由班组或个人自行保管和使用，盈亏自负。

5)工程项目应加强对队组和个人工具使用过程的监督，对违反工具管理规定的作法应追究责任并予以处理。

6)工程项目要建立工具费用发放、使用台账，及时反映队组及个人定额工日及工具费预拨情况，定期进行工具费用分析，降低工具费成本。

4. 材料使用监督

材料使用监督就是为了保证材料在使用过程中能合理地消耗，充分发挥其最大效用。

(1)材料使用监督的内容。

1)监督材料在使用中是否按照材料的使用说明和材料做法的规定操作。

2)监督材料在使用中是否按技术部门制定的施工方案和工艺进行。

3)监督材料在使用中操作人员有无浪费现象。

4)监督材料在使用中操作人员是否做到工完场清、活完脚下清。

(2)材料使用监督的手段。

1)定额供料，限额领料，控制现场消耗。

2)采用“跟踪管理”方法，将物资从出库到运输到消耗全过程跟踪管理，保证材料在各个阶段都处于受控状态。

3)中间检查，查看操作者在使用过程中的使用效果，进行奖罚。

**五、项目材料管理考核**

材料管理考核工作应对材料计划、使用、回收以及相关制度进行效果评价。材料管理考核应坚持计划管理、跟踪检查、总量控制、节奖超罚的原则。

1. 材料管理评价

材料管理评价就是对企业的材料管理情况进行分析，发现材料供应、库存、使用中存在的问题，找出原因，采取相应的措施对策，以达到改进材料管理工作的目的。

材料供应动态控制就是按照全面物资管理的原理，严格控制现场供应全过程的每一个环节，建立健全各种原始记录及相应的报表、账册，以便能及时反映动态变化情况。

对项目材料进行动态控制分析，可以了解项目材料的使用情况和周转速度，搞清影响项目材料供应管理的内因和外因，发现问题，找出差距，促使其注意和改进。

(1)物资供应保证程度分析。

1)物资收入量分析：

$$物资计划收入量完成率=\frac{本期实际收入量}{本期计划收入量}\times 100\%$$

2)物资计划准确率分析：

实际消耗小于计划需要量时：

$$计划准确率=\frac{本期或单位工程实际消耗量}{本期或单位工程计划需要量}\times 100\%$$

实际消耗大于计划需要量时：

$$计划准确率=(1-\frac{本期或单位工程实际消耗量-计划需用量}{本期或单位工程计划需用量})\times 100\%$$

(2)储备资金利用情况分析。

1)储备资金占用情况分析：

$$库存物资资金占用率=\frac{物资平均库存总量}{年度建安工作量}\times 100\%$$

2)物资库存周转情况分析：

$$周转次数=\frac{消耗量}{平均库存量}$$

$$每日周转次数=\frac{计划量}{周转次数}$$

(3)物资成本情况分析。

1)物资成本降低额：

物资成本降低额＝物资预算成本－物资实际成本

＝按预算定额计算的物资需要量×预算单价

－物资实际使用量×物资实际单价

2)物资成本降低率分析：

$$物资成本降低率=1-(\frac{物资实际成本}{物资预算成本}\times 100\%)$$

(4)物资消耗与利用分析。

1)物资定额执行情况分析：

$$定额完成率=\frac{预算定额\times 实际完成建安工作量}{实际消耗量}\times 100\%$$

$$定额执行率=\frac{实际执行预算定额的预算种类}{有预算定额的物资种类}\times 100\%$$

2)原材料利用率分析：

$$原材料利用率=\frac{单位建安工程实际工程量中包括的物资数量}{完成单位建安实物工程量中的物资总消耗量}\times 100\%$$

2. 材料管理考核指标

材料管理常用的考核指标有：

(1)材料管理指标考核。材料管理指标，俗称软指标，是指在材料供应管理过程中，将定性的管理工作以量化的方式对物资部门进行的考核。具体考核内容应包括以下几方面：

1)材料供应兑现率：

$$材料供应兑现率=\frac{材料实际供应量}{材料计划量}\times 100\%$$

2)材料验收合格率：

$$材料验收合格率=\frac{材料验收合格入库量}{材料进场验收数量}\times 100\%$$

3)限额领料执行面：

$$限额领料执行面=\frac{实行限额领料材料品种数}{项目使用材料全部品种数}\times 100\%$$

4)重大环境因素控制率：

$$重大环境因素控制率=\frac{实际控制的重大环境因素项}{全部所识别的重大因素项}\times 100\%$$

(2)材料经济指标考核。材料经济指标，俗称硬指标，它反映了材料在实际供应过程中为企业所带来的经济效益，也是管理人最关心的一种考核指标。其考核内容主要包括以下两个方面：

1)采购成本降低率：

$$某材料采购成本降低率=\frac{该种材料采购成本降低额}{该种材料工程预算收入额}\times 100\%$$

$$采购成本降低额=工程材料预算收入(与业主结算)单价\times 采购数量-实际采购单价\times 采购数量$$

$$工程预算收入额=与业主结算单价\times 采购量$$

2)工程材料成本降低率：

$$工程材料成本降低率=\frac{工程实际材料成本降低额}{工程实际材料收入成本}\times 100\%$$

工程实际材料成本降低额＝工程实际材料收入成本－工程实际材料发生成本

$$工程实际材料收入成本=与业主结算材料单价\times 与业主结算量$$

$$工程实际材料发生成本=实际采购价\times 实际使用量$$

# 第六节　施工机械管理

## 一、机械设备管理

随着建设行业的发展，建设工业化、机械化的水平正在不断地提高，以机械设备施工代替繁重的体力劳动已经日益显著，而且机械、设备的数量、型号、种类还在不断增多，在施工中所起的作用也越来越大，因此加强对施工机械设备的管理也日益重要。

机械设备管理的内容，主要包括机械设备的合理装备、选择、使用、维护和修理等。对机械设备的合理装备应以"技术上先进、经济上合理、生产上适用"为原则，既要保证施工的需要，又要使每台机械设备能发挥最大效率，以获得更高的经济效益。选择机械设备时，应进行技术和经济条件的对比和分析，以确保选择的合理性。

项目施工过程中，应当正确、合理地使用机械设备，保持其良好的工作性能，减轻机械磨损，延长机械使用寿命，如机械设备出现磨损或损坏，应及时修理。此外，还应注意机械设备的保养和更新。

**二、机械设备管理系统**

该系统的任务是负责对项目施工所需的大、中、小型机械设备及时供应，并保证使用、配合、服务良好。项目经理部对各种施工机械设备的需求，通常是根据需求计划，以租赁合同的方式，同机械设备租赁公司发生联系的。

**三、项目机械设备管理计划**

1. 机械设备需求计划

施工机械设备需求计划主要用于确定施工机具设备的类型、数量、进场时间，可据此落实施工机具设备来源，组织进场。其编制方法为：将工程施工进度计划表中的每一个施工过程每天所需的机具设备类型、数量和施工日期进行汇总，即得出施工机具设备需要量计划。其表格形式见表 11-6。

**表 11-6　　施工机具需要量计划表**

| 序号 | 施工机具名称 | 型号 | 规格 | 电功率(kV·A) | 需要量(台) | 使用时间 | 备　注 |
|---|---|---|---|---|---|---|---|
| | | | | | | | |
| | | | | | | | |
| | | | | | | | |
| | | | | | | | |
| | | | | | | | |

2. 机械设备使用计划

项目经理部应根据工程需要编制机械设备使用计划，报组织领导或组织有关部门审批，其编制依据是根据工程施工组织设计。施工组织设计包括工程的施工方案、方法、措施等。同样的工程采用不同的施工方法、生产工艺及技术安全措施，选配的机械设备也不同。因此编制施工组织设计，应在考虑合理的施工方法、工艺、技术安全措施时，同时考虑用什么设备去组织生产，才能最合理、最有效地保证工期和质量，降低生产成本。

机械设备使用计划一般由项目经理部机械管理员或施工准备员负责编制。

中、小型设备机械一般由项目经理部主管经理审批。大型设备经主管项目经理审批后，报组织有关职能部门审批，方可实施运作。租赁大型起重机械设备，主要考虑机械设备配置的合理性(是否符合使用、安全要求)以及是否符合资质要求(包括租赁企业、安装设备组织的资质要求，设备本身在本地区的注册情况及年检情况、操作设备人员的资格情况等)。

3. 机械设备保养计划

机械设备保养的目的是为了保持机械设备的良好技术状态，提高设备运转的可靠性和安全性，减少零件的磨损，延长使用寿命，降低消耗，提高经济效益。

(1)例行保养。例行保养属于正常使用管理工作，不占用设备的运转时间，由操作人员在机械运转间隙进行。其主要内容是：保持机械的清洁、检查运转情况、补充燃油与润滑油、补充冷却水、防止机械腐蚀、按技术要求润滑、检查转向与制动系统是否灵活可靠等。

(2)强制保养。强制保养是隔一定的周期，需要占用机械设备正常运转时间而停工进行的保养。强制保养是按照一定周期和内容分级进行，保养周期根据各类机械设备的磨损规律、作业条件、维护水平及经济性四个主要因素确定。强制保养根据工作和复杂程度分为一级保养、二级保养、三级保养和四级保养，级数越高，保养工作量越大。

机械设备的修理，是对机械设备的自然损耗进行修复，排除机械运行的故障，对损坏的零部件进行更换、修复，可以保证机械的使用效率，延长使用寿命。可以分为大修、中修和零星小修。大修和中修要列入修理计划，并由组织负责安排机械设备预检修计划对机械设备进行检修。

**四、项目机械设备管理控制**

机械设备管理控制应包括机械设备购置与租赁管理、使用管理、操作人员管理、报废和出场管理等。机械设备管理控制的任务主要包括：正确选择机械；保证机械在使用中处于良好状态；减少闲置、损坏；提高使用效率及产出水平；机械设备的维护和保养。

1. 机械设备购置管理

当实施项目需要新购机械设备时，大型机械以及特殊设备应在调研的基础上，写出经济技术可行性分析报告，经有关领导和专业管理部门审批后，方可购买。中、小型机械应在调研的基础上，选择性价比较好的产品。

由于工程的施工要求，施工环境及机械设备的性能并不相同，机械设备的使用效率和产出能力也各有高低，因此，在选择施工机械设备时，应本着切合需要，实际可能，经济合理的原则进行。

(1)影响机械设备选择的因素。如果有多种机械的技术性能可以满足施工要求，还应对各种机械的下列特性进行综合考虑：工作效率，工作质量，使用费和维修费，能源耗费量，占用的操作人员和辅助工作人员，安全性、稳定性、运输、安装、拆卸及操作的难易程度和灵活性，在同一现场服务项目的多少，机械的完好性和维修的难易程度，对汽修条件的适应性，对环境保护的影响程度等。

当项目较多，在综合考虑时如果优劣倾向性不明显，则可用合适的方法求出综合指标，再加以比较。方法是较多的，可以用简单评分法，也可以用加权评分法。

例如，设有 3 台机械的技术性能均可满足施工需要，假如在上述各种特性中，前三项满分均为 10 分，其余各项满分均为 8 分，每项指标又分成三级，评定结果见表 11-7，将各机械的分值相加，高者为优。本方案最后应选用乙机。

**表 11-7　　加权评分法**

| 序号 | 特性 | 等级 | 标准分 | 甲机 | 乙机 | 丙机 |
|---|---|---|---|---|---|---|
| 1 | 工作效率 | A<br>B<br>C | 10<br>8<br>6 | 10 | 10 | 8 |
| 2 | 工作质量 | A<br>B<br>C | 10<br>8<br>6 | 8 | 8 | 8 |
| 3 | 使用费和维修费 | A<br>B<br>C | 10<br>8<br>6 | 8 | 10 | 6 |
| 4 | 能源耗费量 | A<br>B<br>C | 8<br>6<br>4 | 8 | 6 | 4 |
| 5 | 占用人员 | A<br>B<br>C | 8<br>6<br>4 | 6 | 8 | 8 |
| 6 | 安全性 | A<br>B<br>C | 8<br>6<br>4 | 8 | 6 | 8 |
| 7 | 稳定性 | A<br>B<br>C | 8<br>6<br>4 | 6 | 6 | 8 |

续表

| 序号 | 特性 | 等级 | 标准分 | 甲机 | 乙机 | 丙机 |
|---|---|---|---|---|---|---|
| 8 | 服务项目多少 | A | 8 | | | 8 |
| | | B | 6 | 6 | 6 | |
| | | C | 4 | | | |
| 9 | 完好性和维修难易 | A | 8 | | 8 | |
| | | B | 6 | 6 | | |
| | | C | 4 | | | 4 |
| 10 | 安、拆、用的难易和灵活性 | A | 8 | 8 | 8 | |
| | | B | 6 | | | 6 |
| | | C | 4 | | | |
| 11 | 对气候适应性 | A | 8 | | | |
| | | B | 6 | 6 | 6 | 6 |
| | | C | 4 | | | |
| 12 | 对环境影响 | A | 8 | | | 8 |
| | | B | 6 | | 6 | |
| | | C | 4 | 4 | | |
| 总计分数 | | | | 84 | 88 | 82 |

(2)机械性能评估。评估机械性能需要经验。根据现场试验可以确定在指定的场地条件下机械完成指派任务的能力，也可以根据过去类似场地条件下机械的性能记录，来评估机械生产能力。但在设备选择阶段进行现场试验可能并不现实，而过去性能记录不可能总能得到，或者随地点及项目的不同场地条件也不同，过去数据可能并不合适。在缺乏可靠数据的情况下，设备产出标准可以从厂家设备手册中给出的性能数据推出。这些手册描述了在理想条件下完成规定任务的小时产出。通过计算机械性能系数，可以对理想产出标准加以修正以符合现场条件。

机械小时产出定额 = 每小时理想产出 × 性能效率系数 × 修正系数

现场机械性能取决于许多影响产出的环境因素。这些环境因素包括：机械工作条件、地形影响、工作现场交通条件、工作空间限制、天气条件、工作条件(时机、后勤、设备供应商支持)以及像操作人员、机械租赁服务、电力及水力供应、汽油及润滑油等这些资源在当地的可获取程度。对所有这些环境条件的影响进行评价既是不现实也是不值得的，为了简化评估，除了那些在计算机械性能标准时需要考虑的因素外，重要的环境因素大体可分成两类，即可控因素和不可控因素。

1)可控因素。可控因素产生的效果可以由现场管理来控制。重要的影响因素包括设备运行价值、操作人员操纵机械有效完成指定任务的技能、设备维修及保养服务易于获取程度、计划及监督效果、激励水平等。

2)不可控因素。不可控因素是指现场管理无法控制的环境因素。这些因素包括地形、天气和温度等。这些因素造成的预期性能效率可以进行评估,根据这些评估结果可以把工作环境分成"有利"或"不利"两种。

3)性能效率系数。在各种可控及不可控因素作用下的性能效率系数可以按下式确定:

$$性能效率系数 = 可控系数 \times 不可控系数$$

表 11-8 列举了性能效率系数近似值。

表 11-8 性能效率系数矩阵

| 不可控因素 | | 可控因素 | | | |
|---|---|---|---|---|---|
| | | 优 良 | 良 好 | 一 般 | 差 |
| 环境系数 | | 0.90 | 0.75 | 0.65 | 0.55 |
| 有 利 | 0.90 | 0.80 | 0.70 | 0.60 | 0.50 |
| 一 般 | 0.70 | 0.65 | 0.55 | 0.45 | 0.40 |
| 不 利 | 0.50 | 0.45 | 0.40 | 0.35 | 0.30 |

这样确定的机械效率既可以用小数或百分比形式来表示,也可以用每小时有效工作分钟数来表示。例如,效率系数 0.6 可以说成 60%或在最优生产效率下每小时有 36min 的有效产出。

应注意,机械并不是孤立运转的,通常要按一定的次序运转,也就是说一台机械要紧跟着另一台机械或相关活动运行。这样,每台机械的性能会影响它后面的机械或活动的产出。由于在相关活动中的任何不平衡都会严重影响系统总体产出,每台机械产出定额必须根据整个系统来考虑,并根据需要来调整。

(3)机械设备的选择方法。

1)单位工程量成本选择法。使用机械时总要消费一定的费用,这些费用可分为两类:一类为操作费(也称可变费用),它随着机械的工作时间而变化,如操作人员的工资、燃料动力费、小修理费、直接材料费等;另一类是按一定施工期限分摊的费用,称为固定费,如折旧费、大修理费、机械管理费、投资应付利息、固定资产占用率等。那么,单位工程量成本的计算式如下:

$$单位工程量成本 = \frac{操作时间固定费用 + 操作时间 \times 单位时间操作费}{操作时间 \times 单位时间产量}$$

2)折算费用选择法。当机械在一项工程中使用时间较长,甚至涉及购置费时，在选择时往往涉及机械的原值（投资）；利用银行贷款时又涉及利息，甚至复利计息。这时，可采用折算费用法（又称等值成本法）进行选择。

所谓折算费用是首先预计机械的使用时间，然后按年或按月摊入成本的机械费用，常涉及机械原值、年使用费、残值和复利利息。其计算公式如下：

年折算费用 ＝ 每年按等值分摊的机械投资 ＋ 每年的机械使用费

如需考虑复利和残值，则为：

年折算费用＝（原值－残值）×资金回收系数＋残值×利率＋年度机械使用费

$$资金回收系数=\frac{i(1+i)^n}{(1+i)^n-1}$$

式中　$i$——复利率；

$n$——计利期。

（4）机械设备生产率控制。在建设工程项目施工中，往往需要综合使用劳动力和机械设备，并根据机械设备生产率控制求出机械设备在工地上的利用时间、完成的产量和它的生产率。设备生产率控制的主要目的是使设备利用的浪费减到最少。

1）影响机械设备生产率的因素。通常，工地上机械设备生产率与标准生产率不同。在初始阶段，实际生产率比标准生产率低；若设备处于可用的条件下，生产率会逐渐改进。机械设备的表现主要取决于很多内在因素，其中包括设备的可用条件、地形的影响、进入工地的道路情况、工作空间限制、气候条件、工作条件、工作时限、后勤以及设备卖方的支持等。

此外，还有一些可控制的，不利的影响机械设备生产率的因素，如准备工作不足，任务缺乏连续性，操作工的技术熟练程度不足，缺乏有效的监督指导，保养、修理设施和备件的不可得到性，设备管理糟糕（特别是缺乏预防性保养措施）和一些施工事故等。

2）机械设备生产率的计算。在机械设备生产率计算中，应着重跟踪每项主要设备的使用时间、费用和相应完成的工作量。这种计算方法可将一个承包商计算的每项设备的费用作为直接费，并且估算它的生产率和利润率，然后做出是购买还是租用设备的决策。

①每日设备利用计算。设备的计时卡是计算每台设备利用时间和相应的工作表现的基本文件。对于每台设备，时间卡格式一般按照劳动力计时卡的布置，并且每种卡可按需要适当地修改，以满足信息需要。典型的每日设备利用卡样品见表 11-9。这个时间卡由此设备的操作工携带，由在工作中使用此设备的工长和监督者分别填写。

对于周期时间计算，如果需要的话，可修改计时卡，或另外单独适当地设计一个计时台账，用于收集周期时间数据。

**表 11-9　典型的每日设备利用卡**

设备号________　操作工________　日期

类　型________　商标和型号________

| 工作时间 | | | | | 总雇用时间 | 非生产性时间(小时) | | |
|---|---|---|---|---|---|---|---|---|
| 从 | 至 | 工作性质 | 数　量 | 小　时 | | 等候时间 | 修理时间 | 杂项时间 |
| | | | | | | | | |

1. 发动机运转小时　读数开始________　结束________

2. 本日期收到的　燃料________　油________　润滑油________
(L)

3. 进行修理

每日设备计时卡，在每个工作班结束，由此设备的操作工移交给设备费用中心。应特别指出，燃料消耗一般通过测量需灌满燃料箱的数量来计算。如果设备开始工作时燃料箱是满的，则：

燃料消耗 = 需要填满燃料箱的额外燃料 = 燃料箱容积 − 箱内剩余燃料

②每周设备生产率台账。设备生产率台账，见表 11-10，可提供关于给定工作的每台设备实际生产率的信息。它显示设备的细节、已完工作的性质、预定时间、等候时间、修理时间和设备的适用条件。在工地上，设备未被利用时所损失的时间，显示在可用设备的等候时间项下，和设备产生故障的情况下在修理项下。等候时间可再进一步细分为可避免的等候时间和不可避免的等候时间，并且等候的理由可写在计时卡的背面。这样，在每周末，可按每周设备生产率台账的形式总结设备生产率。

**表 11-10　每周设备生产率报告**

| 序号 | 设备细节 | | 工作细节 | | 生产率(数量/小时) | 时间计算 | | | | |
|---|---|---|---|---|---|---|---|---|---|---|
| | 编　号 | 类　型 | 工作性质 | 数　量 | | 总小时 | 工作(小时) | 等候(小时) | 修理(小时) | 杂项(小时) |
| | | | | | | | | | | |

工地上使用设备的费用计算时，应考虑每台设备的持有费用和运转费用。这

些费用可以工作保养日志的形式保存每台设备的这些记录：

①设备所有权数据，包括编号、商标、型号和购买细节（例如时间、购买费用和主要部件的替换费用）。

②设备的主要修理历史台账。

③设备的定期保养记录。

④自购买以来，设备的使用历史、月度运转小时和燃料消耗记录。

⑤操作工的记录。

⑥设备操作注意事项。

需要强调的是，设备生产率计算和它的费用计算不需要对所有设备进行。小件设备像焊机、压缩机、甚至小容量发电机，在估计持有费用时都不必计算，所有这些设备作预算时考虑其寿命为项目的工期时间，它们的持有费用在项目寿命周期内按比例分配。仅对寿命长的主要设备的每小时设备运转费用进行估价。

3）提高设备生产率的方法。设备生产率可以通过以下方法来提高：给工作合理地配备机器；雇用有经验的操作工和能胜任的保养职员；采取正确的工作实施方法；使用好用的机器；强化正确保养措施；雇用一个高效的设备经理。

(5)选择机械设备的经济评价。在选择机械设备时，除定性分析外，还必须进行经济评价，其评价方法有投资回收期评价法、年费用评价法和综合评价法三种。

1）投资回收期法。采用投资回收期法评价时，常采用的公式如下：

$$\text{机械设备投资回收期(年)} = \frac{\text{投资额(元)}}{\text{采用新设备后的年节约额(元 / 年)}}$$

2）年费用法。采用年费用法进行机械设备评价时，常采用的公式如下：

$$\text{机械设备年费用} = \text{一次投资额} \times \text{资本回收系数} + \text{年维持费}$$

例如，市场上有两种型号的机械设备可供选择，其费用支出见表 11-11，试问采用何种型号设备为佳？

**表 11-11　　不同型号的机械设备费用支出**

| 设备型号 | A | B |
| --- | --- | --- |
| 一次投资（元） | 70000 | 100000 |
| 设备寿命期（年） | 10 | 10 |
| 年维持费（元） | 25000 | 20000 |
| 年利率($i$) | 6% | 6% |

$$\text{资本回收系数} = \frac{1(1+i)^n}{(1+i)^n-1} = \frac{0.06(1+0.06)^{10}}{(1+0.06)^{10}-1} = 0.13587$$

A 型设备每年总费用：

$$70000 \times 0.13587 + 25000 = 34510\ \text{元}$$

B型设备每年总费用：

$$100000 \times 0.13587 + 20000 = 33590 \text{ 元}$$

计算结果表明B型设备的年总费用比A型设备少，故应选B型设备。

3)综合评价法。机械设备的综合性评价可采用等级评分法进行。

例如，某建筑企业需购置一台施工机械，现有两种型号的机械可供选择，其资料数据见表11-12中第(3)、(6)栏内，试问采用何种设备为佳?

**表11-12　　机械设备综合评价表**

| 项　　目 | 等级系数 | 甲型机械 | | | 乙型机械 | | |
|---|---|---|---|---|---|---|---|
| | | 资料数据 | 计分或评分 | 得分 | 资料数据 | 计分或评分 | 得分 |
| (1) | (2) | (3) | (4) | (5)=(2)×(4) | (6) | (7) | (8)=(2)×(7) |
| 生产效率($m^3$/台班) | 10 | 40 | 6.7 | 67 | 60 | 10 | 100 |
| 价格(元) | 10 | 25000 | 10 | 100 | 32000 | 7.2 | 72 |
| 年使用费(元) | 9 | 1400 | 3.5 | 33.5 | 8500 | 10 | 90 |
| 使用年限(年) | 7 | 10 | 10 | 70 | 8 | 8 | 56 |
| 可靠性 | 7 | 较好 | 8 | 56 | 较好 | 8 | 56 |
| 维修难易 | 6 | 较易 | 8 | 48 | 较复杂 | 4 | 24 |
| 安全性能 | 8 | 一般 | 6 | 48 | 较好 | 8 | 64 |
| 环保性 | 7 | 一般 | 6 | 42 | 一般 | 6 | 42 |
| 灵活性 | 6 | 较好 | 8 | 48 | 一般 | 6 | 36 |
| 节能性 | 8 | 较好 | 8 | 64 | 一般 | 6 | 48 |
| 方案得分 | | | | 574.5 | | | 588 |

①根据各项目指标的重要程度，用1～10分表示其等级系数。10分表示该项目指标最重要，1分表示不重要。本案例各项的等级系数见表11-12(2)栏。

②对各项目指标，分别进行计分和评分。

a. 对于定量指标采用计分法。计分法是两个对比的定量指标相互对比而确定的相对分值。如“生产效率”项目的计分，乙型机械生产效率高，计10分，甲型机械生产效率低，计$\frac{40}{60}\times 10 = 6.7$分；再如，“价格”项目的计分，甲型机械便宜，计10分，乙型机械价格贵，计$10-\frac{32000-25000}{2500}=7.2$分。其他“年使用费”使用年限项目可按同样办法计分。

b. 对定性指标。可参照表11-13所列标准评分。

**表11-13　　定性指标评分标准**

| 好 | 较好、容易 | 一般 | 较差、较复杂 | 差 |
|---|---|---|---|---|
| 10 | 8 | 6 | 4 | 2 |

根据以上计分和评分方法，本例各项目的分值即可确定下来。见表 11-13 中第(4)栏。

③计算各项目得分：项目得分＝项目等级系数×项目的计分或评分。

④计算两种机械方案的得分：方案得分＝∑项目得分。

⑤根据方案得分多少，选择最优设备。本例甲型机械得分 574.5，乙型机械得分 588 分，故应选择乙型机械。

2. 机械设备租赁管理

机械设备租赁是企业利用广阔社会机械设备资源装备自己，迅速提高自身形象，增强施工能力，减小投资包袱，尽快武装的有力手段。其租赁形式有内部租赁和社会租赁两种：

(1)内部租赁。指由施工企业所属的机械经营单位与施工单位之间的机械租赁。作为出租方的机械经营单位，承担着提供机械、保证施工生产需要的职责，并按企业规定的租赁办法签订租赁合同，收取租赁费用。

(2)社会租赁。指社会化的租赁企业对施工企业的机械租赁。社会租赁有以下两种形式：

1)融资性租赁。指租赁公司为解决施工企业在发展生产中需要增添机械设备而又资金不足的困难，而融通资金、购置企业所选定的机械设备并租赁给施工企业，施工企业按租赁合同的规定分期交纳租金，合同期满后，施工企业留购并办理产权移交手续。

2)服务性租赁。指施工企业为解决企业在生产过程中对某些大、中型机械设备的短期需要而向租赁公司租赁机械设备。在租赁期间，施工企业不负责机械设备的维修、操作，施工企业只是使用机械设备，并按台班、小时或施工实物量支付租赁费，机械设备用完后退还给租赁公司，不存在产权移交的问题。

3. 机械设备使用管理

机械设备的使用管理是机械设备管理的基本环节，只有正确、合理地使用机械，才能减轻少械磨损，保持机械的良好工作性能，充分发挥机械的效率，延长机械使用寿命，提高机械使用的经济效益。

(1)对进入施工现场机械设备的要求。在施工现场使用的机械设备，主要有施工单位自有或其租赁的设备等。对进入施工现场的机械设备应当检查其相关的技术文件，如设备安装、调试、使用、拆除及试验图标程序和详细文字说明书，各种安全保险装置及行程限位器装置调试和使用说明书，维护保养及运输说明书，安全操作规程，产品鉴定证书、合格证书，配件及配套工具目录，其他重要的注意事项等。

(2)机械设备验收。

1)企业的设备验收：企业要建立健全设备购置验收制度，对于企业新购置的设备，尤其是大型施工机械设备和进口的机械设备，相关部门和人员要认真进行检查验收，及时安装、调试、移交使用，以便在索赔期内发现问题，及时办理索赔手续。同时要按照国家档案管理要求，及时建立设备技术档案。

2)工程项目的设备验收：工程项目要严格设备进场验收工作，一般中小型机械设备由施工员（工长）会同专业技术管理人员和使用人员共同验收；大型设备、成套设备需在项目经理部自检自查基础上报请公司有关部门组织技术负责人及有关部门及人员验收；对于重点设备要组织第三方具有人证或相关验收资质单位进行验收，如塔式起重机、电动吊篮、外用施工电梯、垂直卷扬提升架等。

(3)施工现场设备管理机构。施工现场机械设备的使用管理，包括施工现场、生产加工车间和一切有机械设备作业场所的设备管理，重点是施工现场的设备管理。由于施工项目总承包企业对进入施工现场的机械设备安装、调试、验收、使用、管理、拆除退场等负有全面管理的责任，所以对无论是施工项目总承包企业自身的设备单位或租用、外借的设备单位、还是分承包单位自带的设备单位，都要负责对其执行国家有关设备管理标准、管理规定情况进行监督检查。

1)对于大型施工现场，项目经理部应设置相应的设备管理机构和配备专职的设备管理人员，设备出租单位也应派驻设备管理人员和设备维修人员。

2)对于中小型施工现场，项目经理部也应配备兼职的设备管理人员，设备出租单位要定期检查和不定期巡回检修。

3)对于分承包单位自带的设备单位，也应配备相应的设备管理人员，配合施工项目总承包企业加强对施工现场机械设备的管理，确保机械设备的正常运行。

(4)项目经理部机械设备部门业务管理。

1)坚持实行操作制度，无证不准上岗。设备操作和维护人员，都必须经过相关专业技术培训，考试合格取得相应的操作证后，持证上岗。专机的专门操作人员必须经过培训和统一考试，确认合格，发给驾驶证。这是保证机械设备得到合理使用的必要条件。

2)遵守机械使用规定，这样，可以防止机件早期磨损，延长机械使用寿命和修理周期。操作人员必须坚持搞好机械设备的例行保养。

3)建立设备档案制度，这样就能了解设备的情况，便于使用与维修。施工项目要在设备验收的基础上，建立健全设备技术原始资料、使用、运行、维修台账，其验收资料要分专业归档。

4)要努力组织好机械设备的流水施工。当施工的推进主要靠机械而不是人力的时候，划分施工段的大小必须考虑机械的服务能力，把机械作为分段的决定因素。要使机械连续作业、不停歇，必要时“歇人不歇马”，使机械三班作业。一个施工项目有多个单位工程时，应使机械在单位工程之间流水，减少进出场时间和装卸费用。

5)机械设备安全作业。项目经理部在机械作业前应向操作人员进行安全操作交底，使操作人员对施工要求、场地环境、气候等安全生产要素有清楚的了解。

项目经理部按机械设备的安全操作要求安排工作和进行指挥，不得要求操作人员违章作业，也不得强令机械带病操作，更不得指挥和允许操作人员野蛮施工。

6)为机械设备的施工创造良好条件。现场环境、施工平面布置图应适合机械作业要求，交通道路畅通无障碍，夜间施工安排好照明。协助机械部门落实现场机械标准化。

(5)机械设备使用中的“三定”制度。“三定”制度是指定机、定人、定岗位责任。实行“三定”制度，有利于操作人员熟悉机械设备特性，熟练掌握操作技术，合理和正确地使用、维护机械设备，提高机械效率；有利于大型设备的单机经济核算和考评操作人员使用机械设备的经济效果；也有利于定员管理，工资管理。具体做法如下：

1)多班作业或多人操作的机械设备，实行机长负责制，从操作人员中任命一名骨干能手为机长。

2)一人管理一台或多台机械设备，该人即为机长或机械设备的保管人员。

3)中小型机械设备，在没有绝对固定操作者情况下，可任命机组长。

**五、项目机械设备管理考核**

项目机械设备管理考核应对机械设备的配置、使用、维护及技术安全措施，设备使用率和使用成本等进行分析和评价。

## 第七节　生产成本控制

**一、生产成本的概念**

生产成本是指完成某工程项目所必需消耗的费用。施工项目部进行施工生产，必然要消耗各种材料和物资，使用的施工机械和生产设备也必然会发生磨损，同时还要向从事施工生产的职工支付工资，以及支付必要的管理费用等，这些耗费和支出，就是施工项目的生产成本。

本节主要介绍施工员在现场对人、材、机消耗的控制。

**二、施工员在成本控制中的责任**

施工员对岗位成本责任负责，是项目施工成本管理的基础。项目管理层将本工程的施工成本指标分解时，要按岗位进行分解，然后落实到岗位，落实到人。

(1)遵守公司及项目制定的各项成本管理制度、办法，自觉接受公司和项目的监督、指导。

(2)根据岗位成本目标，制定具体的落实措施和相应的成本降低措施。

(3)按施工部位或按月对岗位成本责任的完成及时总结并上报。发现问题要及时汇报。

(4)按时报送有关报表和资料。其中包括月度用工计划、月材料需求计划、月度工具及设备计划、限额领料单等。

## 三、施工生产成本控制的原则

1. 全面控制原则

(1)生产成本的全员控制。生产成本的全员控制,并不是抽象的概念,而应该有一个系统的实质性内容,其中包括各部门、各单位的责任网络和班组经济核算等,防止成本控制人人有责又都人人不管。

(2)生产成本的全过程控制。施工生产成本的全过程控制,是指在工程项目确定以后,自施工准备开始,经过工程施工,到竣工交付使用后的保修期结束,其中每一项经济业务,都要纳入成本控制的轨道。

2. 动态控制原则

(1)生产施工是一次性行为,其成本控制应更重视事前、事中控制。

(2)在施工开始之前进行成本预测,确定目标成本,编制成本计划,制订或修订各种消耗定额和费用开支标准。

(3)施工阶段重在执行成本计划,落实降低成本措施,实行成本目标管理。

(4)成本控制随施工过程连续进行,与施工进度同步不能时紧时松,不能拖延。

(5)建立灵敏的成本信息反馈系统,使成本责任部门(人员)能及时获得信息、纠正不利成本偏差。

(6)制止不合理开支,把可能导致损失和浪费的苗头消灭在萌芽状态。

(7)竣工阶段成本盈亏已成定局,主要进行整个项目的成本核算、分析、考评。

3. 开源与节流相结合原则

降低项目成本,需要一面增加收入,一面节约支出。因此,每发生一笔金额较大的成本费用,都要查一查有无与其相对应的预算收入,是否支大于收。

4. 目标管理原则

目标管理是贯彻执行计划的一种方法,它把计划的方针、任务、目的和措施等逐一加以分解,提出进一步的具体要求,并分别落实到执行计划的部门、单位甚至个人。

5. 节约原则

(1)施工生产既是消耗资财人力的过程,也是创造财富增加收入的过程,其成本控制也应坚持增收与节约相结合的原则。

(2)作为合同签约依据,编制工程预算时,应“以支定收”,保证预算收入;在施工过程中,要“以收定支”,控制资源消耗和费用支出。

(3)每发生一笔成本费用,都要核查是否合理。

(4)经常性的成本核算时,要进行实际成本与预算收入的对比分析。

(5)抓住索赔时机,搞好索赔,力争甲方给予经济补偿。

(6)严格控制成本开支范围、费用开支标准和有关财务制度,对各项成本费用的支出进行限制和监督。

(7)提高施工项目的科学管理水平,优化施工方案,提高生产效率,节约人、财、物的消耗。

(8)采取预防成本失控的技术组织措施,制止可能发生的浪费。

(9)施工的质量、进度、安全都对工程成本有很大的影响,因而成本控制必须与质量控制、进度控制、安全控制等工作相结合、相协调,避免返工(修)损失、降低质量成本,减少并杜绝工程延期违约罚款、安全事故损失等费用支出发生。

(10)坚持现场管理标准化,堵塞浪费的漏洞。

6. 责、权、利相结合原则

要使成本控制真正发挥及时有效的作用,必须严格按照经济责任制的要求,贯彻责、权、利相结合。实践证明,只有责、权、利相结合的成本控制,才是名实相符的项目成本控制。

**四、施工生产成本控制的程序**

由于成本发生和形成过程的动态性,决定了成本的过程控制必然是一个动态的过程。根据成本过程控制的原则和内容,重点控制的是进行成本控制的管理行为是否符合要求,作为成本管理业绩体现的成本指标是否在预期范围之内,因此,要搞好成本的过程控制,就必须有标准化、规范化的过程控制程序。一般控制程序如图 11-6 所示。

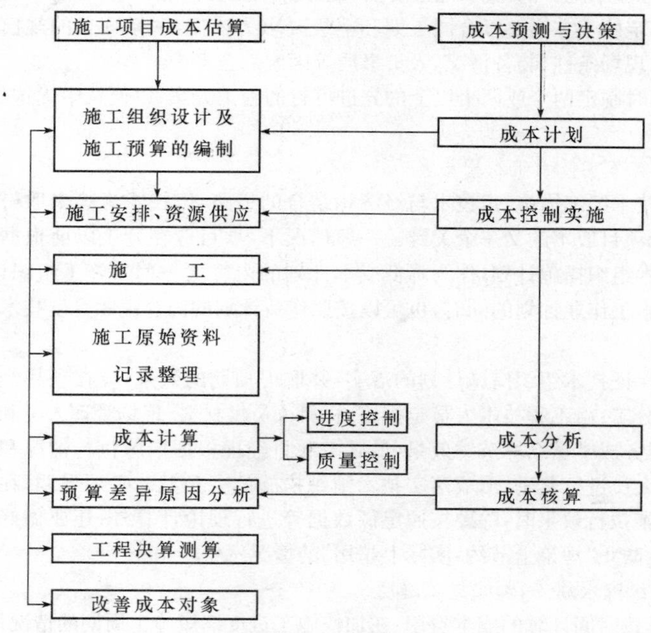


图 11-6　施工生产成本控制一般程序

## 五、降低施工生产成本的直接途径和措施

1. 认真审核图纸,积极提出修改意见

在项目实施过程中,施工单位必须按图施工。但是,图纸是由设计单位按照用户要求和项目所在地的自然地理条件(如水文地质情况等)设计的,其中起决定作用的是设计人员的主观意图,很少考虑为施工单位提供方便,有时还可能给施工单位出些难题。因此,施工单位应该在满足用户要求和保证工程质量的前提下,联系项目施工的主客观条件,对设计图纸进行认真的会审,并提出积极的修改意见,在取得用户和设计单位的同意后,修改设计图纸,同时办理增减账手续。

在会审图纸的时候,对于结构复杂、施工难度高的项目,更要加倍认真,并且要从方便施工,有利于加快工程进度和保证工程质量,又能降低资源消耗、增加工程收入等方面综合考虑,提出有科学根据的合理化建议,争取建设单位和设计单位的认同。

2. 制定先进合理、经济实用的施工方案

(1)施工方案主要包括四项内容:施工方法的确定、施工机具的选择、施工顺序的安排和流水施工的组织。正确选择施工方案是降低成本的关键所在。

(2)制定施工方案要以合同工期和上级要求为依据,联系项目的规模、性质、复杂程度、现场条件、装备情况、人员素质等因素综合考虑。

(3)同时制定两个或两个以上的先进可行的施工方案,以便从中优选最合理、最经济的一个。

3. 切实落实技术组织措施

落实技术组织措施,走技术与经济相结合的道路,以技术优势来取得经济效益,是降低项目成本的又一个关键。一般情况下,项目应在开工以前根据工程情况制定技术组织措施计划,作为降低成本计划的内容之一列入施工组织设计,在编制月度施工作业计划的同时,也可以按照作业计划的内容编制月度技术组织措施计划。

为了保证技术组织措施计划的落实,并取得预期的效果,应在项目经理的领导下明确分工:由工程技术人员定措施,材料人员供材料,现场管理人员和班组负责执行,财务成本员结算节约效果,最后由项目经理根据措施执行情况和节约效果对有关人员进行奖励,形成落实技术组织措施的一条龙。必须强调,在结算技术组织措施执行效果时,除要按照定额数据等进行理论计算外,还要做好节约实物的验收,防止"理论上节约,实际上超用"的情况发生。

4. 组织流水施工,加快施工进度

(1)凡按时间计算的成本费用,在加快施工进度缩短施工周期的情况下,都会有明显的节约。除此之外,还可从用户那里得到一笔提前竣工奖。

(2)为加快施工进度,将会增加一定的成本支出。因此在签订合同时,应根据用户和赶工的要求,将赶工费列入施工图预算。如果事先并未明确,而由用户在

施工中临时提出要求，则应该请用户签字，费用按实计算。

(3)在加快施工进度的同时，必须根据实际情况，组织均衡施工，确实做到快而不乱，以免发生不必要的损失。

5. 降低材料成本

(1)加强材料采购、运输、收发、保管等工作，减少各环节的损耗，节约采购费用。

(2)加强现场材料管理，组织分批进场，减少搬运。

(3)对进场材料的数量、质量要严格签收，实行材料的限额领料。

(4)推广使用新技术、新工艺、新材料。

(5)制定并贯彻节约材料措施，合理使用材料，扩大代用材料、修旧利废和废料回收。

6. 降低机械使用费

(1)结合施工方案的制定，从机械性能、操作运行和台班成本等因素综合考虑，选择最适合项目施工特点的施工机械，要求做到既实用又经济。

(2)做好工序、工种机械施工的组织工作，最大限度地发挥机械效能；同时，对机械操作人员的技能也要有一定的要求，防止因不规范操作或操作不熟练影响正常施工，降低机械利用率。

(3)做好平时的机械维修保养工作，使机械始终保持完好状态，随时都能正常运转。严禁在机械维修时将零部件拆东补西，人为地损坏机械。

7. 以激励机制调动职工增产节约的积极性

(1)对关键工序施工的关键班组要实行重奖。如高层建筑的每一层结构施工结束后，应对在进度和质量起主要保证作用的班组实行重奖，而且要说到做到，立即兑现。这对激励职工的生产积极性，促进项目建设的高速、优质、低耗有明显的效果。

(2)对材料操作损耗特别大的工序，可由生产班组直接承包。例如：玻璃易碎，脱胶，在采购、保管和施工等过程中，往往会超过定额规定的损耗系数，甚至超过很多。如果将采购来的玻璃、直接交生产班组验收、保管和使用，并按规定的损耗率由班组承包，所发奖金有限，节约效果相当可观。

(3)实行钢模零件和脚手螺栓有偿回收。项目施工需要大量的钢模零件和脚手螺栓，有时多达几万只，甚至几十万只。如果任意丢弃，回收率很低，由此而造成的经济损失也很大。假如对这些零件实行有偿回收，班组就会在拆除钢模和钢管脚手时，自觉地将这些零件收集起来，也就会减少浪费。

(4)实行班组落手清承包。施工现场的落手清，一直是现场管理的老大难问题。它不仅带来材料的浪费，还影响场容的整洁。如果把落手清工作交给班组承包，落手清问题就会有很大的改观。具体方法可以采用：经验收做到了落手清，按定额用工增加 10%；如果没有做到落手清，按定额用工倒扣 10%。如此奖罚，必然引起班组对落手清的重视,从而可使建筑垃圾减少到最低限度。

8. 加强合同管理,增创工程收入

(1)深入研究招标文件和投标策略,正确编制施工图概预算,在此基础上,充分考虑可能发生的成本费用,正确编制施工图概预算。凡是政策规定允许的,要做到不少算、不漏项,以保证项目的预算收入。但不能将项目管理不善造成的损失也列入施工图概预算,更不允许违反政策向业主高估冒算或乱收费。

(2)加强合同管理,及时办理增减账和进行索赔。由于设计、施工和业主使用要求等各种原因,在施工项目中会经常发生工程、材料选用变更,也必然会带来工程内容的增减和施工工序的改变,从而影响成本费用的支出。这就要求项目承包方要加强合同的管理,要利用合同赋予的权力,开展索赔工作,及时办理增减账手续,通过工程款结算从业主那里得到补偿。

## 第八节　施工现场临时用电管理

### 一、临时用电组织设计

1. 施工组织设计要求

(1)按照《施工现场临时用电安全技术规范》(JGJ 46—2005)的规定,临时用电设备在5台及5台以上或设备总容量在50kW及50kW以上者,应编制临时用电施工组织设计,临时用电设备在5台以下和设备总容量在50kW以下者,应制定安全用电技术措施及电气防火措施。以上是施工现场临时用电管理应当遵循的第一项技术原则。

(2)施工现场临时用电组织设计的主要内容:

1)现场勘测。

2)确定电源进线、变电所或配电室、配电装置、用电设备位置及线路走向。

3)进行负荷计算。

4)选择变压器。

5)设计配电系统:

①设计配电线路,选择导线或电缆。

②设计配电装置,选择电器。

③设计接地装置。

④绘制临时用电工程图纸,主要包括用电工程总平面图、配电装置布置图、配电系统接线图、接地装置设计图。

6)设计防雷装置。

7)确定防护措施。

8)制定安全用电措施和电气防火措施。

(3)临时用电工程图纸应单独绘制,临时用电工程应按图施工。

(4)临时用电组织设计及变更时，必须履行“编制、审核、批准”程序，由电气工程技术人员组织编制，经相关部门审核及具有法人资格企业的技术负责人批准后实施。变更用电组织设计时应补充有关图纸资料。

(5)临时用电工程必须经编制、审核、批准部门和使用单位共同验收，合格后方可投入使用。

(6)临时用电施工组织设计审批手续：

1)施工现场临时用电施工组织设计必须由施工单位的电气工程技术人员编制，技术负责人审核。封面上要注明工程名称、施工单位、编制人并加盖单位公章。

2)施工单位所编制的施工组织设计，必须符合《施工现场临时用电安全技术规范》(JGJ 46—2005)中的有关规定。

3)临时用电施工组织设计必须在开工前15d内报上级主管部门审核、批准后方可进行临时用电施工。施工时要严格执行审核后的施工组织设计，按图施工。当需要变更施工组织设计时，应补充有关图纸资料，同样需要上报主管部门批准，待批准后，按照修改前、后的临时用电施工组织设计对照施工。

2. 施工组织设计编写要点

依据建筑施工用电组织设计的主要安全技术条件和安全技术原则，一个完整的建筑施工用电组织设计应包括现场勘测、负荷计算、变电所设计、配电线路设计、配电装置设计、接地设计、防雷设计、安全用电与电气防火措施、施工用电工程设计施工图等，内容很多，且各项编写要点不同。

(1)施工现场勘测。进行现场勘测，是为了编制临时用电施工组织设计而进行第一个步骤的调查研究工作。现场的勘测也可以和建筑施工组织设计的现场勘测工作同时进行或直接借用其勘测的资料。

现场勘测工作包括调查、测绘施工现场的地形、地貌、地质结构、正式工程位置、电源位置、地上与地下管线和沟道位置以及周围环境、用电设备等。通过现场勘测可确定电源进线、变电所、配电室、总配电箱、分配电箱、固定开关箱、物料和器具堆放位置以及办公、加工与生活设施、消防器材位置和线路走向等。

现场勘测时最主要的就是既要符合供电的基本要求，又要注意到临时性的特点。

结合建筑施工组织设计中所确定的用电设备、机械的布置情况和照明供电等总容量，合理调整用电设备的现场平面及立面的配电线路；调查施工地区的气象情况，土壤的电阻率多少和土壤的土质是否具有腐蚀性等。

(2)负荷计算。对现场用电设备的总用电负荷计算的目的，对低压用户来说，可以依照总用电负荷来选择总开关、主干线的规格。通过对分路电流的计算，确定分路导线的型号、规格和分配电箱的设置个数。总之负荷计算要和变、配电室，总、分配电箱及配电线路、接地装置的设计结合起来进行计算。

负荷计算时要注意以下几点：

1)各用电设备不可能同时运行。

2)各用电设备不可能同时满载运行。

3)性质不同的用电设备，其运行特征各不相同。

4)各用电设备运行时都伴随着功率损耗。

5)用电设备的供电线路在输送功率时伴随有线路功率损耗。

(3)变电所设计。变电所设计主要是选择和确定变电气的位置、变压器容量、相关配电室位置与配电装置布置、防护措施、接地措施、进线与出线方式以及与自备电源(发电机组)的联络方法等。

变电所的选址应考虑以下问题：

1)接近用电负荷中心。

2)不被不同现场施工触及。

3)进、出线方便。

4)运输方便。

5)其他，如多尘、地势低洼、振动、易燃易爆、高温等场所不宜设置。

(4)配电线路设计。配电线路设计主要是选择和确定线路走向、配线种类(绝缘线或电缆)、敷设方式(架空或埋地)、线路排列、导线或电缆规格以及周围防护措施等。

线路走向设计时，应根据现场设备的布置、施工现场车辆、人员的流动、物料的堆放以及地下情况来确定线路的走向与敷设方法。一般线路设计应尽量考虑架设在道路的一侧，不妨碍现场道路通畅和其他施工机械的运行、装拆与运输。同时又要考虑与建筑物和构筑物、起重机械、构架保持一定的安全距离和怎样防护问题。采用地下埋设电缆的方式，应考虑地下情况，同时做好过路及进入地下和从地下引出处等处安全防护。

配电线路必须按照三级配电两级保护进行设计，同时因为是临时性布线，设计时应考虑架设迅速和便于拆除，线路走向尽量短捷。

(5)配电装置设计。配电装置设计主要是选择和确定配电装置(配电柜、总配电箱、分配电箱、开关箱)的结构、电器配置、电器规格、电气接线方式和电气保护措施等。

确定变配电室位置时应考虑变压器与其他电气设备的安装、拆卸的搬运通道问题。进线与出线方便无障碍。尽量远离施工现场震动场所、周围无爆炸、易燃物品、腐蚀性气体的场所。地势选择不要设在低洼区和可能积水处。

总配电箱、分配电箱在设置时要靠近电源的地方，分配电箱应设置在用电设备或负荷相对集中的地方。分配电箱与开关箱距离不应超过 30m。开关箱应装设在用电设备附近便于操作处，与所操作使用的用电设备水平距离不宜大于 3m。总分配电箱的设置地方，应考虑有两人同时操作的空间和通道，周围不得堆放任何妨碍操作、维修及易燃、易爆的物品，不得有杂草和灌木丛。

(6)接地设计。接地设计主要是选择和确定接地类别、接地位置以及根据对接地电阻值的要求选择自然接地体或设计人工接地体(计算确定接地体结构、材料、制作工艺和敷设要求等)。

(7)防雷设计。防雷设计主要是依据施工现场地域位置和其邻近设施防雷装置设置情况确定施工现场防直击雷装置的设置位置，包括避雷针、防雷引下线、防雷接地确定。在设有专用变电所的施工现场内，除应确定设置避雷针防直击雷外，还应确定设置避雷器，以防感应雷电波侵入变电所内。

(8)安全用电与电气防火措施。安全用电措施包括施工现场各类作业人员相关的安全用电知识教育和培训，可靠的外电线路防护，完备的接地接零保护系统和漏电保护系统，配电装置合理的电器配置、装设和操作以及定期检查维修，配电线路的规范化敷设等。

电气防火措施包括针对电气火灾的电气防火教育，依据负荷性质、种类大小合理选择导线和开关电器，电气设备与易燃、易爆物的安全隔离以及配备灭火器材、建立防火制度和防火队伍等，具体措施如下：

1)施工组织设计时，根据电气设备的用电量正确选择导线截面，从理论上杜绝线路过负荷使用，保护装置要认真选择，当线路上出现长期过负荷时，能在规定时间内动作保护线路。

2)导线架空敷设时，其安全间距必须满足规范要求，当配电线路采用熔断器作短路保护时，熔断额定电流一定要小于电缆线或穿管绝缘导线允许载流量的2.5倍，或明敷绝缘导线允许载流量的1.5倍。

3)经常教育用电人员正确执行安全操作规程，避免作业不当造成火灾。

4)电气操作人员认真执行规范，正确连接导线，接线柱压牢、压实。各种开关触头压接牢固，铜铝连接时有过渡端子，多股导线用端子或涮锡后再与设备安装以防加大电阻引起火灾。

5)配电室的耐火等级大于三级，室内装置砂箱和绝缘灭火器，严格执行变压器的运行检修制度，按季每年进行不少于四次的停电清扫和检查。现场中电动机严禁超负荷使用。电机周围无易燃物，发现问题及时解决，保证设备正常运行。

6)施工现场内严禁使用电炉子。使用碘钨灯时，灯与易燃物间距大于300mm。室内不准使用功率超过100W的灯泡，严禁使用床头灯。

7)使用焊机时严格执行用火证制度，并有专人监护，施焊点周围不存有易燃物体，并备齐防火设备。电焊机存放在通风良好的地方，防止机温过高引起火灾。

8)现场内高大设备(塔吊、电梯等)和有可能产生静电的电气设备做好防雷接地和防静电接地，以免雷电及触电火花引起火灾。

9)存放易燃气体、易燃物仓库内的照明装置，采用防爆型设备，导线敷设、灯具安装、导线与设备连接均符合临时用电规范要求。

10)配电箱、开关箱内严禁存放杂物及易燃物体,并派专人负责定期清扫。

11)消防泵的电源由总箱中引出专用回路供电,此回路不设漏电保护器,并设两个电源供电,供电线路设在末端切换。

12)现场建立防火检查制度,强化电气防火领导体制,建立电气防火义务消防队。

13)现场一旦发生电气火灾时,扑灭电气火灾,按以下方法扑救:

①迅速切断电源,以免事态扩大;切断电源人员戴绝缘手套,使用带绝缘柄的工具。当火灾现场离开关较远需剪断电线时,火线和零线分开错位剪断,以防在钳口处造成短路,并防止电源线掉在地上造成短路使人员触电。

②当电源线因其他原因不能及时切断时,一方面派人去供电端拉闸;另一方面灭火时,人体的各部位与带电体保持安全距离,同时穿绝缘用品。

③扑灭电气火灾用绝缘性能好的灭火剂(干粉、二氧化碳、1211 灭火器)或干燥的黄砂。严禁使用导电灭火剂进行扑救。

(9)建筑施工用电工程设计施工图。施工用电工程设计施工图主要包括用电工程总平面图、变配电装置布置图、配电系统接线图、接地装置设计图等。

编制施工现场临时用电施工组织设计的主要依据是《施工现场临时用电安全技术规范》以及其他的相关标准、规程等。

编制施工现场临时用电施工组织设计必须由专业电气工程技术人员来完成。

3. 负荷计算

施工现场用电量是由两大部分组成:第一部分是建筑施工现场的动力设备用电;第二部分是照明设备用电。用电量就是这两部分的负荷总和。负荷的大小不但是选择变压器容量的依据,而且是供配电线路导线截面、控制及保护电器选择的依据。负荷计算的是否正确,直接影响到变压器、导线截面和保护电器选择的是否合理,它关系到供电系统能否经济合理、可靠安全地运行。

目前较常用的负荷计算方法有:需要系数法和二项式法,施工现场通常采用估算法。在这里仅介绍需要系数法和估算法。

(1)需要系数法。

1)设备功率的确定。进行负荷计算时,需将用电设备按其性质分为不同的用电设备组,然后确定设备功率。

用电设备的额定功率 $P_e$ 或额定容量 $S_e$ 是指铭牌上的数据。对于不同负荷持续率下的额定功率或额定容量,应换算为统一负荷持续率下的有功功率,即设备功率 $P_s$。

①连续工作制电动机的设备功率 $P_s$ 等于其铭牌上的额定功率 $P_e$。

②断续或短时工作制电动机(如起重用电动机等)的设备功率是指将额定功率换算为统一负荷持续下的有功功率。

当采用需要系数法或二项式法时,应统一换算到负荷持续率为 $FC=25\%$ 下

的有功功率(kW),其换算关系如下:

$$P_s = P_e\sqrt{\frac{FC_e}{0.25}} = 2P_e\ \sqrt{FC_e}$$

当采用需要系数法时,应统一换算到负荷持续率为 $FC=100\%$下的有功功率(kW):

$$P_s = P_e\ \sqrt{C_e}$$

式中　$P_e$——电动机额定功率(kW);

$FC_e$——电动机额定负荷持续率。

③电焊机的设备功率是指将额定容量换算到负荷持续率为 $FC=100\%$时的有功功率(kW),其换算公式为

$$P_s = S_e\ \sqrt{JC_e}\cos\varphi_e$$

式中　$S_e$——电焊机的额定容量(kVA);

$JC_e$——电焊机的额定负荷持续率;

$\cos\varphi_e$——额定功率因数。

④整流器的设备功率是指额定直流功率。

⑤成组用电设备的设备功率是指不包括备用设备在内的所有单个用电设备的设备功率之和。

⑥照明设备功率是指灯泡上标出的设备功率,对于荧光灯及高压汞灯等还应计入镇流器的功率损耗,即灯管的额定功率应分别增加 20%及 8%。

2)照明负荷的计算。在选择导线截面积、照明变压器及其他开关容量时,是以照明装置的计算负荷为依据,照明线路的计算负荷,根据该线路连接的照明灯具安装容量(kW)计入需要系数而求得。

关于白炽灯、卤钨灯:

$$P_{js} = K_x P_d$$

对于有镇流器的电光源:

$$P_{js} = K_x P_d(1+\alpha)$$

式中　$P_{js}$——照明计算负荷(kW);

$P_d$——线路装灯容量(kW);

$K_x$——需要系数,对于照明支线等于 1,对于供电干线,取 0.9～0.95;

$\alpha$——镇流器的功率损耗系数,各种气体放电光源的镇流器功率损耗系数参见表 11-14。

照明线路工作电流是影响导线温度的重要因素。

对于白炽灯和卤钨灯的照明配电线路,其计算电流(A)由下式确定:

$$\left.\begin{aligned} &\text{单相线路}\quad I_{js} = \frac{K_x P_d}{U_{xg}} \\ &\text{三相线路}\quad I_{js} = \frac{K_x P_d}{3U_{xg}} \end{aligned}\right\}$$

表 11-14　　气体放电光源镇流器功率损耗系数参考值

| 光源种类 | 损耗系数 $\alpha$ |
|---|---|
| 荧光灯 | 0.2 |
| 荧光高压汞灯 | 0.07～0.3 |
| 金属卤化物灯 | 0.14～0.22 |
| 涂荧光质的金属卤化物灯 | 0.14 |
| 低压钠灯 | 0.2～0.8 |
| 高压钠灯 | 0.12～0.2 |

荧光灯及其他带有镇流器的放电灯配电线路，计算电流(A)由下式确定：

$$\left.\begin{aligned}\text{单相线路}\quad I_{js}&=\frac{K_x P_d(1+\alpha)}{U_{xg}\cos\varphi}\\ \text{三相线路}\quad I_{js}&=\frac{K_x P_d(1+\alpha)}{3U_{xg}\cos\varphi}\end{aligned}\right\}$$

白炽灯(卤钨灯)与放电灯混合的线路，其计算电流(A)由下式确定：

$$I_{js}=\sqrt{(I_{js1}+I_{js2}\cos\varphi)^2+(I_{js2}\sin\varphi)^2}$$

式中　$P_d$——照明装置的连接容量(W)；

$U_{xg}$——照明配电线路额定相电压(V)；

$K_x$——照明负荷需要系数(表 11-15)；

$\alpha$——镇流元件损耗系数(表 11-14)；

$I_{js}$——照明配电线路计算电流(A)；

$I_{js1}$——混合照明线路中白炽灯(卤钨灯)负荷电流(A)；

$I_{js2}$——混合照明线路中放电灯负荷电流(A)；

$\cos\varphi$——照明负荷的功率因数，见表 11-16。

表 11-15　　照明负荷需要系数 $K_x$ 值

| 建筑类别 | 需要系数 $K_x$ | 备　注 |
|---|---|---|
| 住宅楼 | 0.4～0.6 | 单元式住房每户两室，6～8 个插座，装电表 |
| 单宿楼 | 0.6～0.7 | 标准单间，1 或 2 灯，2 或 3 个插座 |
| 办公楼 | 0.7～0.8 | 标准单间，2 灯，2 或 3 个插座 |
| 科研楼 | 0.8～0.9 | 标准单间，2 灯，2 或 3 个插座 |
| 教学楼 | 0.8～0.9 | 标准教室，6 或 8 灯，1 或 2 个插座 |
| 商　店 | 0.8～0.95 | |
| 餐　厅 | 0.8～0.9 | 有举办展销会可能时 |

续表

| 建筑类别 | 需要系数 $K_x$ | 备　　注 |
| --- | --- | --- |
| 社会旅馆 | 0.7～0.8<br>0.8～0.9 | 标准客房,1灯,2或3个插座附有对外营业餐厅时 |
| 旅游旅馆 | 0.35～0.45 | 标准客房,4或5灯,4或6个插座 |
| 门诊部 | 0.6～0.7 | |
| 病房楼 | 0.5～0.6 | |
| 电影院 | 0.7～0.8 | |
| 剧　院 | 0.6～0.7 | |
| 体育馆 | 0.65～0.75 | |

表 11-16　　照明负荷的 cosφ 及 tanφ

| 光源类别 | cosφ | tanφ |
| --- | --- | --- |
| 白炽灯、卤钨灯 | 1 | 0 |
| 荧光灯(无补偿) | 0.55 | 1.52 |
| 荧光灯(有补偿) | 0.9 | 0.48 |
| 高压汞灯 | 0.45～0.65 | 1.98～1.16 |
| 高压钠灯 | 0.45 | 1.98 |
| 金属卤化物灯 | 0.4～0.61 | 2.20～1.29 |
| 镝　灯 | 0.52 | 1.6 |
| 氙　灯 | 0.9 | 0.48 |

3)单相负荷计算。有些设备是单相的,如电焊机、对焊机等。单相用电设备的接入应尽可能使三相电力变压器的三相负荷均衡。但有些较大的单相用电设备接于一相时(或接于线电压时),往往会造成三相负荷的不平衡。在单相负荷与三相负荷同时存在时,应将单相负荷换算为三相负荷,再与三相负荷相加。

①单相负荷换算为等效三相负荷的一般方法。对于既有线间负荷又有相负荷的情况,计算步骤如下:

a. 先将线间负荷换算为相负荷,各相负荷分别为

a 相:
$$P_a = P_{ab}p_{(ab)a} + P_{ca}p_{(ca)a}$$
$$Q_a = P_{ab}q_{(ab)a} + P_{ca}q_{(ca)a}$$

b 相:
$$P_b = P_{ab}p_{(ab)b} + P_{bc}p_{(bc)b}$$
$$Q_b = P_{ab}q_{(ab)b} + P_{bc}q_{(bc)b}$$

c 相：
$$P_c = P_{bc} p_{(bc)c} + P_{ca} p_{(ca)c}$$
$$Q_c = P_{bc} q_{(bc)c} + P_{ca} q_{(ca)c}$$

式中 $P_{ab}$、$P_{bc}$、$P_{ca}$——接于 ab、bc、ca 线间负荷(kW)；

$P_a$、$P_b$、$P_c$——换算 a、b、c 相有功负荷(kW)；

$Q_a$、$Q_b$、$Q_c$——换算 a、b、c 相无功负荷(kvar)；

$p_{(ab)a}$，$q_{(ab)a}$……——接于 ab、…线间负荷换算为 a、…相负荷的有功及无功换算系数，见表 11-17。

**表 11-17 线间负荷换算为相负荷的有功及无功换算系数**

| 换算系数 | 负荷功率因数 | | | | | | | | |
|---|---|---|---|---|---|---|---|---|---|
| | 0.35 | 0.4 | 0.5 | 0.6 | 0.65 | 0.7 | 0.8 | 0.9 | 1.0 |
| $p_{(ab)a}$，$p_{(bc)b}$，$p_{(ca)c}$ | 1.27 | 1.17 | 1.0 | 0.89 | 0.84 | 0.8 | 0.72 | 0.64 | 0.5 |
| $p_{(ab)b}$，$p_{(bc)c}$，$p_{(ca)a}$ | −0.27 | −0.17 | 0 | 0.11 | 0.16 | 0.2 | 0.28 | 0.36 | 0.5 |
| $q_{(ab)a}$，$q_{(bc)b}$，$q_{(ca)c}$ | 1.05 | 0.86 | 0.58 | 0.38 | 0.3 | 0.22 | 0.09 | −0.05 | −0.29 |
| $q_{(ab)b}$，$q_{(bc)c}$，$q_{(ca)a}$ | 1.63 | 1.44 | 1.16 | 0.96 | 0.88 | 0.8 | 0.67 | 0.53 | 0.29 |

b. 各相负荷分别相加，选出最大相负荷，取其 3 倍作为等效三相负荷。

②单相负荷换算为等效三相负荷的简化方法：

a. 只有线间负荷时，将各线间负荷相加，选取较大两相数据进行计算。现以 $P_{ab} \geqslant P_{bc} \geqslant P_{ca}$ 为例：

当 $P_{bc} > 0.15P_{ab}$ 时
$$P_d = 1.5(P_{ab} + P_{bc})$$

当 $P_{bc} \leqslant 0.15P_{ab}$ 时
$$P_d = \sqrt{3} P_{ab}$$

当只有 $P_{ab}$ 时
$$P_d = \sqrt{3} P_{ab}$$

式中 $P_{ab}$、$P_{bc}$、$P_{ca}$——接于 ab、bc、ca 线间负荷(kW)；

$P_d$——等效三相负荷(kW)。

b. 只有相负荷时，等效三相负荷取最大相负荷的 3 倍。

c. 当多台单相用电设备的设备功率小于计算范围内三相负荷设备功率的 15%时，按三相平衡负荷计算，不必换算。

4)用需要系数法确定计算负荷。

①用电设备组的计算负荷：

有功功率(kW)
$$P_{js} = K_x P_s$$

无功功率(kvar)

$$Q_{js}=P_{js}tg\varphi$$

视在功率(kVA)

$$S_{js}=\sqrt{p_{js}^2+Q_{js}^2}$$

②配电干线或配电变电所的计算负荷：

有功功率(kW)

$$P_{js}=K_{\Sigma p}\sum(K_x P_s)$$

无功功率(kvar)

$$Q_{js}=K_{\Sigma q}\sum(K_x P_s tan\varphi)$$

视在功率(kVA)

$$S_{js}=\sqrt{P_{js}^2+Q_{js}^2}$$

式中　$P_s$——用电设备组的设备功率(kW)；

$K_x$——需要系数，见表 11-18；

$\cos\varphi$，$\tan\varphi$——用电设备的功率因数及功率因数角的正切值；

$K_{\Sigma p}$、$K_{\Sigma q}$——有功、无功同时系数，分别取 0.8～0.9 及 0.93～0.97。

**表 11-18　部分建筑工程用电设备的需要系数及功率因数**

| 序号 | 用电设备名称 | 需要系数 $K_x$ | 功率因数 $\cos\varphi$ |
|---|---|---|---|
| 1 | 大批生产热加工电动机 | 0.3～0.35 | 0.65 |
| 2 | 大批生产冷加工电动机 | 0.18～0.25 | 0.5 |
| 3 | 小批生产热加工电动机 | 0.25～0.3 | 0.6 |
| 4 | 小批生产冷加工电动机 | 0.16～0.2 | 0.5 |
| 5 | 生产用通风机 | 0.7～0.75 | 0.8～0.85 |
| 6 | 卫生用通风机 | 0.65～0.7 | 0.8 |
| 7 | 单头焊接变压器 | 0.35 | 0.35 |
| 8 | 卷扬机 | 0.3 | 0.65 |
| 9 | 起重机、掘土机、升降机 | 0.25 | 0.6 |
| 10 | 吊车电葫芦 | 0.25 | 0.5 |
| 11 | 混凝土及砂浆搅拌机 | 0.65 | 0.65 |
| 12 | 锤式破碎机 | 0.7 | 0.75 |
| 13 | 振捣器 | 0.7 | 0.7 |
| 14 | 球磨机、筛砂机、碾砂机和洗砂机、电动打夯机 | 0.75 | 0.8 |

续表

| 序号 | 用电设备名称 | 需要系数 $K_x$ | 功率因素 $\cos\varphi$ |
|---|---|---|---|
| 15 | 工业企业建筑室内照明 | 0.85～0.95 | — |
| 16 | 仓库 | 0.65～0.75 | — |
| 17 | 滤灰机 | 0.75 | 0.65 |
| 18 | 塔式起重机 | 0.7 | 0.65 |
| 19 | 室外照明 | 1 | 1 |

(2)估算法。根据施工现场用电设备的组成状况及用电量的大小等，进行电力负荷的估算。一般采用下列经验公式

$$S_{\Sigma}=K_{\Sigma1}\frac{\sum P_1}{\eta\cos\varphi}+K_{\Sigma2}\sum S_2+K_{\Sigma3}\frac{\sum P_3}{\cos\varphi_3}$$

式中 $S_{\Sigma}$——施工现场电力总负荷(kVA)；

$P_1$、$\sum P_1$——分别为动力设备上电动机的额定功率及所有动力设备上电动机的额定功率之和(kW)；

$S_2$、$\sum S_2$——分别为电焊机的额定功率及所有电焊机的额定容量之和(kVA)；

$\sum P_3$——所有照明电器的总功率(kW)；

$\cos\varphi_1$、$\cos\varphi_3$——分别为电动机及照明负荷的平均功率因素，其中 $\cos\varphi_1$ 与同时使用的电动机的数量有关，$\cos\varphi_3$ 与照明光源的种类有关；在白炽灯占绝大多数时，可取 1.0；

$\eta$——电动机的平均效率，一般为 0.75～0.93；

$K_{\Sigma1}$、$K_{\Sigma2}$、$K_{\Sigma3}$——同时系数，考虑到各用电设备不同时运行的可能性和不满载运行的可能所设的系数。

在使用上面公式进行建筑工程施工现场负荷计算时，还可参考表 11-19 施工现场照明用电量估算参考值。在施工现场，往往是在动力负荷的基础上再加 10%作为照明负荷。

**表 11-19 施工现场照明用电量估算参考表**

| 序号 | 用电名称 | 容量($W/m^2$) | 序号 | 用电名称 | 容量($W/m^2$) |
|---|---|---|---|---|---|
| 1 | 混凝土及灰浆搅拌站 | 5 | 10 | 混凝土浇灌工程 | 1.0 |
| 2 | 钢筋加工 | 8～10 | 11 | 砖石工程 | 1.2 |
| 3 | 木材加工 | 5～7 | 12 | 打桩工程 | 0.6 |
| 4 | 木材模板加工 | 3 | 13 | 安装和铆焊工程 | 3.0 |
| 5 | 仓库及棚仓库 | 2 | 14 | 主要干道 | 2000W/km |

续表

| 序号 | 用电名称 | 容量(W/m²) | 序号 | 用电名称 | 容量(W/m²) |
|---|---|---|---|---|---|
| 6 | 工地宿舍 | 3 | 15 | 非主要干道 | 1000W/km |
| 7 | 变配电所 | 10 | 16 | 夜间运输、夜间不运输 | 1.0、0.5 |
| 8 | 人工挖土工程 | 0.8 | 17 | 金属结构和机电修配等 | 12 |
| 9 | 机械挖土工程 | 1.0 | 18 | 警卫照明 | 1000W/km |

## 二、施工现场用电设备巡查

1. 定期巡查内容

(1)各种电气设施应定期进行巡视检查,并将每次巡视检查的情况和发现的问题记入运行日志内。

1)低压配电装置、低压电器和变压器,有人值班时,每班应巡视检查一次。无人值班时,至少每周巡视检查一次。

2)配电盘应每班巡视检查一次。

3)架空线路的巡视检查,每季不应少于一次。

4)工地设置的1kV以下的分配电盘和配电箱,每季度应进行一次停电检查和清扫。

5)500V以下的封闭式负荷开关及其他不能直接看到的开关触点,应每月检查一次。

(2)室外施工现场供用电设施除应经常维护外,遇到大风、暴雨、冰雹、雪、霜、雾等恶劣天气时,应加强对电气设备的巡视检查。

(3)新投入运行或大修后投入运行的电气设备,在72h内应加强巡视,无异常情况后,才能按正常周期进行巡视检查。

(4)供用电设施的检修和清扫,必须采取各项安全措施后进行。每年不宜少于两次,其时间应安排在雨期和冬期到来之前。

2. 安全措施

(1)在进行事故巡视检查时,应始终认为该线路处在带电状态,即使该线路确已停电,也应认为该线路随时有送电的可能。

(2)巡视检查配电装置时,进出配电室必须随手关门。配电箱巡视检查完毕需加锁。

(3)在巡视检查中,若发现有威胁人身安全的缺陷时,应采取全部停电、部分停电和其他临时性安全措施。

(4)巡视检查设备时,不得越过遮栏或围墙,严禁攀登电杆或配电变压器台架,也不得进行其他工作。

(5)在室外施工现场巡视检查时,必须穿绝缘靴,并不得靠近避雷器和避雷针。夜间巡视检查时，应沿线路的外侧行进；遇到大风时，应沿线路的上风侧行进，以免触及断落的导线。发生倒杆、断线，应立即设法阻止行人。当高压线路或设备发生接地时，室外在 8m 以内不得接近故障点，室内在 4m 以内不得接近故障点。进入上述范围必须穿绝缘靴，接触设备的外壳和构架时，应戴绝缘手套。现场应派人看守，同时应尽快将故障点的电源切断。

3. 电气设备及线路的停电检修操作

(1)一次设备完全停电，并切断变压器和电压互感器二次侧的开关及熔断器。

(2)设备或线路切断电源后，且经验电确无电压(必要时要进行放电)后，才能装设临时接地线，然后进行操作。

(3)操作地点和送电柜上应悬挂相应的标志牌，必要时应有专人看护。

(4)带电操作或接近带电部位操作时应有专人监护，且遵守安全距离的有关规定。

**三、施工现场用电安全技术档案**

1. 安全技术档案的内容

(1)现场临时用电施工组织设计的全部资料：从现场勘测得到的全部资料；用电设备负荷的计算资料；变配电所设计资料；配电线路；配电箱及工地接地装置设计的内容；防雷设计；电气设计的施工图等重要资料。

(2)修改后实施的临时用电施工组织设计的资料，包括补充的图纸、计算资料。

(3)技术交底资料：

1)当施工用电组织设计被审核批准后，应向临时用电工程施工人员进行技术交底，交底人与被交底人双方要履行签字手续。

2)对外电线路的防护，应编写防护方案。

3)对于自备发电机，应写出安全保护技术措施，绘制联锁装置的接线系统图。

(4)临时用电工程检查与验收。当临时用电工程安装完毕后，应进行验收。临时用电工程分阶段安装的，应实施分阶段验收，验收一般由项目经理、项目工程师、工长组织电气技术人员、安全员和电工共同进行。对查出的问题、整改意见都要记录下来，并填写“临时用电工程检查验收表”。对存在的问题，限期整改完成以后，再组织验收。合格后，填写验收意见和验收结论，参加验收者应签字。

(5)电气设备的调试、测试、检验资料：

1)现场有高压设备时，变压器的各种试验结果；油开关、贫油开关的试验结果；高压绝缘子的试验报告以及高压工具的试验结果等资料。

2)自备发电机时，发电机的试验结果。

3)各种电气设备的绝缘电阻测定记录。

4)漏电保护器的定期试验记录。

(6)接地电阻测定记录。

(7)定期检查表。可采用《建筑施工安全检查评分标准》(JGJ 59—99)中的

“施工用电检查评分表”及“施工用电检查记录表”。

(8)电工维修工作记录。电工在对临电工程进行维修工作后,应及时认真做好记录,注明日期、部位和维修的内容,并妥善保管好所有的维修记录。临电工程拆除后交负责人统一归档。

2. 安全技术档案记录

(1)施工现场电气、导线材料登记记录。

**电气、导线材料登记表**

工程名称　　　　　　　　　　　　　　　　　　　　　　　　________年度

| 序号 | 器材名称 | 规格型号 | 生产厂家、日期 | 检验状态 | 进场日期 | 备注 |
|---|---|---|---|---|---|---|
| | | | | | | |
| | | | | | | |
| | | | | | | |
| | | | | | | |
| | | | | | | |
| | | | | | | |
| | | | | | | |
| | | | | | | |
| | | | | | | |
| | | | | | | |
| | | | | | | |
| | | | | | | |
| | | | | | | |
| | | | | | | |
| | | | | | | |

制表人:________

(2)现场临时用电施工组织设计变更记录。

**临时用电施工组织设计变更表**

| 单位名称 | | 工程名称 | | 日期 | 年　月　日 |
|---|---|---|---|---|---|
| 更改原因 | | | | | |
| 更改内容 | | | | | |
| 设计变更人 | | 审核人 | | 接收人 | |

(3)现场临时用电安全技术交底记录。

**临时用电安全技术交底记录**

<table>
<tr><td>施工单位</td><td></td><td>建设单位</td><td></td></tr>
<tr><td>工程名称</td><td></td><td>分项工程名称</td><td></td></tr>
<tr><td colspan="4">交底内容：</td></tr>
</table>

<table>
<tr><td>工地负责人</td><td></td><td>交底人</td><td></td><td>班组名称</td><td></td></tr>
<tr><td>安全负责人</td><td></td><td>被交底人</td><td></td><td>日期</td><td></td></tr>
</table>

(4)现场电气设备维修记录。

**电气设备维修记录**

工程名称:________　　　　维修日期:________

<table>
<tr><td colspan="2">维修项目</td><td></td><td>维修人员</td><td></td></tr>
<tr><td rowspan="4">维<br>修<br>情<br>况<br>记<br>载</td><td colspan="4">故障或损坏情况：</td></tr>
<tr><td colspan="4">检修措施：</td></tr>
<tr><td colspan="4">检修结果：</td></tr>
<tr><td colspan="4"></td></tr>
<tr><td>备<br>注</td><td colspan="4"></td></tr>
</table>

电气负责人:________　　　　记录:________

(5)现场临时用电设备调试记录。

**临时用电设备调试记录**

<table>
<tr><td>单位名称</td><td></td><td>工程名称</td><td></td><td>日期</td><td>年　月　日</td></tr>
<tr><td>设备名称</td><td></td><td>设备型号</td><td></td><td>安装地点</td><td></td></tr>
<tr><td colspan="6">主要调试过程：</td></tr>
<tr><td colspan="6">结论及处理意见：</td></tr>
<tr><td>填表人</td><td></td><td>调试人</td><td></td><td>验收人</td><td></td></tr>
</table>

(6)现场临时用电工程检查验收记录。

**临时用电工程检查验收表**

工程名称：________ 年 月 日

<table>
<tr><td>检查验收项目</td><td colspan="2">照明装置</td><td colspan="2">部位</td><td colspan="2"></td></tr>
<tr><td>检查验收内容</td><td colspan="6">1. 有金属外壳的灯具做保护接零，配件使用镀锌件；<br>2. 室外灯具距地面3m，室内灯具距地面2.4m，插座接线符合规范要求；<br>3. 螺口灯头及接线：<br>(1)相接线在与中心接头边一端，零线接在螺纹口相连一端；<br>(2)灯头的绝缘外壳无损伤和漏电；<br>(3)灯具相线经拉线开关控制，拉线开关距地面2.5m，与门口水平距离0.2m，拉线出口向下。</td></tr>
<tr><td>验收结果</td><td colspan="6"></td></tr>
<tr><td rowspan="2">验收人员会签</td><td>技术经理</td><td>临电设计人</td><td>安设部</td><td>项目安全员</td><td>电气工长</td><td>电气班长</td></tr>
<tr><td></td><td></td><td></td><td></td><td></td><td></td></tr>
</table>

(7)现场临时用电定期检查记录。

临时用电定期检查记录

| 单位名称 | | 工程名称 | | 日期 | 年 月 日 |
|---|---|---|---|---|---|
| 检查单位： | | | | | |
| 检查项目或部位： | | | | | |
| 参加检查人员： | | | | | |
| 检查记录： | | | | | |
| 检查结论及整改措施： | | | | | |
| 检查负责人 | | | 被检查负责人 | | |

(8)现场临时用电复查验收记录。

**临时用电复查验收表**

<table>
<tr><td>单位名称</td><td></td><td>工程名称</td><td></td><td>日期</td><td>年　月　日</td></tr>
<tr><td>检查单位</td><td></td><td>参加人员</td><td colspan="3"></td></tr>
<tr><td colspan="6">复查内容：</td></tr>
<tr><td colspan="6">实际整改措施：</td></tr>
<tr><td colspan="6">复查结论：</td></tr>
<tr><td>复查负责人</td><td colspan="2"></td><td colspan="2">被复查负责人</td><td></td></tr>
</table>

(9)现场临时用电检查、整改记录。

**现场临时用电检查、整改记录**

______工程项目部　　　　　　　　　　　　　　　　　　年　　月　　日

| 参加检查人员： |
| --- |
| 存在问题(隐患)： |
| 整改措施：<br><br>落实人： |
| 复查结论：<br><br>复查人： |

记录：______

(10)现场临时用电安装巡检维修拆除记录。

临时用电安装巡检维修拆除工作记录

<table>
<tr><td>单位名称</td><td></td><td>工程名称</td><td></td><td>日期</td><td colspan="2">年　月　日</td></tr>
<tr><td colspan="7">安装巡检维修拆除原因：</td></tr>
<tr><td colspan="7">安装巡检维修拆除措施：</td></tr>
<tr><td colspan="7">结论意见：</td></tr>
<tr><td>记录人</td><td></td><td>安装维修拆除负责人</td><td></td><td>验收人</td><td colspan="2"></td></tr>
</table>

(11)现场临时用电安全检查评分记录。

**施工现场检查评分记录表**

(临时用电安全部位)

施工单位：　　　　　　工程名称：　　　　　　年　　月　　日

| 序号 | 检查项目 | | 检查情况 | 标准分值 | 评定分值 |
|---|---|---|---|---|---|
| 1 | 线路照明 | 施工区、生活区架设配电线路应符合有关规范 | | 5 | |
| 2 | | 施区、生活区按规范装设照明设备 | | 5 | |
| 3 | | 照明灯具和低压变压器的安装使用符合规定 | | 5 | |
| 4 | | 特殊部位的内外电线路按规范采取安全防护 | | 5 | |
| 5 | 配电箱 | 施工区实行分级配电,配电箱、开关箱位置合理 | | 5 | |
| 6 | | 配电箱、开关箱和内部设置符合规定 | | 5 | |
| 7 | | 箱内电气完好,选型定值合理,标明用途 | | 5 | |
| 8 | | 箱体牢固、防雨、内无杂物、整洁、编号,停电后断电加锁 | | 5 | |
| 9 | 保护 | 配电系统按规范采用接零或接地保护系统 | | 5 | |
| 10 | | 电气施工机具做可靠接零或接地 | | 5 | |
| 11 | | 现场的高大设施按规范要求装设避雨装置 | | 5 | |
| 12 | | 配电箱、开关箱设两极漏电保护、选型符合规定 | | 5 | |
| 13 | | 值班电工人防保护用品穿戴齐全,持证上岗 | | 5 | |
| 14 | 机具 | 施工机具电源线压接牢固整齐,无乱拉、扯、压砸现象 | | 5 | |
| 15 | | 手持电动工具绝缘完好,电源线无接头损坏 | | 5 | |
| 16 | | 电焊机及一二次线防护齐全,焊把线双线到位,无破损 | | 8 | |
| 17 | 资料 | 临时用电有设计书(方案)和管理制度 | | 5 | |
| 18 | | 配电系统有线路走向、配电箱分布及接线图 | | 5 | |
| 19 | | 电工值班室有值班、设备检测、验收、维修记录 | | 5 | |
| 应得分：　　实得分：　　得分率：　　折合标准分值： | | | | | |

检查员签字：

## 四、临时用电安全技术交底

(一)安全用电自我防护技术交底

施工现场用电人员应加强自我保护意识,特别是电动建筑机械的操作人员必须掌握安全用电的基本知识,以减少触电事故的发生。对于现场中一些固定机械设备的防护和操作人员应进行如下交底:

(1)开机前,认真检查开关箱内的控制开关设备是否齐全有效,漏电保护器是否可靠,发现问题应及时向工长汇报,工长应派电工处理。

(2)开机前,仔细检查电气设备的接零保护线端子有无松动,严禁赤手触摸一切带电绝缘导线。

(3)严格执行安全用电规范,凡一切属于电气维修、安装的工作,必须由电工来操作,严禁非电工进行电工作业。

1. 电工安全技术交底

(1)电气操作人员严格执行电工安全操作规程,对电气设备工具要进行定期检查和试验,凡不合格的电气设备、工具要停止使用。

(2)电工人员严禁带电操作,线路上禁止带负荷接线,正确使用电工器具。

(3)电气设备的金属外壳必须做接地或接零保护,在总箱、分开关箱内必须安装漏电保护器,实行两级漏电保护。

(4)电气设备所用保险丝,禁止用其他金属丝代替,并且需与设备容量相匹配。

(5)施工现场内严禁使用塑料线,所用绝缘导线型号及截面必须符合临电设计。

(6)电工必须持证上岗,操作时必须穿戴好各种绝缘防护用品,不得违章操作。

(7)当发生电气火灾时应立即切断电源,用干砂灭火,或用干粉灭火机灭火,严禁使用导电的灭火剂灭火。

(8)凡移动式照明,必须采用安全电压。

(9)施工现场临时用电施工,必须执行施工组织设计和安全操作规程。

2. 起重机械安全技术交底

(1)塔式起重机的电气设备应符合现行国家标准《塔式起重机安全规程》(GB 5144—2006)中的要求。

(2)塔式起重机应按《施工现场临时用电安全技术规范》(JGJ 46—2005)第5.4.7条要求做重复接地和防雷接地。轨道式塔式起重机接地装置的设置应符合下列要求:

1)轨道两端各设一组接地装置。

2)轨道的接头处做电气连接,两条轨道端部做环形电气连接。

3)较长轨道每隔不大于30m加一组接地装置。

(3)塔式起重机与外电线路的安全距离应符合《施工现场临时用电安全技术规范》(JGJ 46—2005)第4.1.4条的规定。

(4)轨道式、塔式起重机的电缆不得拖地行走。

(5)需要夜间工作的塔式起重机,应设置正对工作面的投光灯。

(6)塔身高于30m的塔式起重机,应在塔顶和臂架端部设红色信号灯。

(7)在强电磁波源附近工作的塔式起重机,操作人员应戴绝缘手套和穿绝缘鞋,并应在吊钩与机体间采取绝缘隔离措施,或在吊钩吊装地面物体时,在吊钩上挂接临时接地装置。

(8)外用电梯梯笼内、外均应安装紧急停止开关。

(9)外用电梯和物料提升机的上、下极限位置应设置限位开关。

(10)外用电梯和物料提升机在每日工作前必须对行程开关、限位开关、紧急停止开关、驱动机构和制动器等进行空载检查,正常后方可使用。检查时必须有防坠落措施。

3. 桩工机械安全技术交底

(1)潜水式钻孔机电机的密封性能应符合现行国家标准《外壳防护等级(IP代码)》(GB 4208—2008)中的IP68级的规定。

(2)潜水电机的负荷线应采用防水橡皮护套铜芯软电缆,长度不应小于1.5m,且不得承受外力。

(3)配电箱、开关箱内的电器配置和接线严禁随意改动。

熔断器的熔体更换时,严禁采用不符合原规格的熔体代替。漏电保护器每天使用前应启动漏电试验按钮试跳一次,试跳不正常时严禁继续使用。

4. 夯土机械安全技术交底

(1)夯土机械开关箱中的漏电保护器必须符合对潮湿场所选用漏电保护器的要求。

(2)夯土机械PE线的连接点不得少于2处。

(3)夯土机械的负荷线应采用耐气候型橡皮护套铜芯软电缆。

(4)使用夯土机械必须按规定穿戴绝缘用品,使用过程应有专人调整电缆,电缆长度不应大于50m。电缆严禁缠绕、扭结和被夯土机械跨越。

(5)多台夯土机械并列工作时,其间距不得小于5m;前后工作时,其间距不得小于10m。

(6)夯土机械的操作扶手必须绝缘。

5. 焊接机械安全技术交底

(1)电焊机械应放置在防雨、干燥和通风良好的地方。焊接现场不得有易燃、易爆物品。

(2)交流弧焊机变压器的一次侧电源线长度不应大于5m,其电源进线处必须设置防护罩。发电机式直流电焊机的换向器应经常检查和维护,应消除可能产生的异常电火花。

(3)电焊机械开关箱中的漏电保护器必须符合相关要求。交流电焊机械应配装防二次侧触电保护器。

(4)电焊机械的二次线应采用防水橡皮护套铜芯软电缆,电缆长度不应大于30m,不得采用金属构件或结构钢筋代替二次线的地线。

(5)使用电焊机械焊接时必须穿戴防护用品。严禁露天冒雨从事电焊作业。

(二)手持式电动工具安全技术交底

(1)空气湿度小于75%的一般场所可选用Ⅰ类或Ⅱ类手持式电动工具,其金属外壳与PE线的连接点不得少于两处;除塑料外壳Ⅱ类工具外,相关开关箱中漏电保护器的额定漏电动作电流不应大于15mA,额定漏电动作时间不应大于0.1s,其负荷线插头应具备专用的保护触头。所用插座和插头在结构上应保持一致,避免导电触头和保护触头混用。

(2)在潮湿场所或金属构架上操作时,必须选用Ⅱ类或由安全隔离变压器供电的Ⅲ类手持式电动工具。金属外壳Ⅱ类手持式电动工具使用时,必须符合《施工现场临时用电安全技术规范》(JGJ 46—2005)第9.6.1条的要求;其开关箱和控制箱应设置在作业场所外面。在潮湿场所或金属构架上严禁使用Ⅰ类手持式电动工具。

(3)狭窄场所必须选用由安全隔离变压器供电的Ⅲ类手持式电动工具,其开关箱和安全隔离变压器均应设置在狭窄场所外面,并连接PE线。漏电保护器的选择应符合《施工现场临时用电安全技术规范》(JGJ 46—2005)第8.2.10条使用于潮湿或有腐蚀介质场所漏电保护器的要求。操作过程中,应有人在外面监护。

(4)手持式电动工具的负荷线应采用耐气候型的橡皮护套铜芯软电缆,并不得有接头。

(5)手持式电动工具的外壳、手柄、插头、开关、负荷线等必须完好无损,使用前必须做绝缘检查和空载检查,在绝缘合格、空载运转正常后方可使用。绝缘电阻不应小于表11-20规定的数值。

**表11-20　手持式电动工具绝缘电阻限值**

| 测量部位 | 绝缘电阻(MΩ) | | |
|---|---|---|---|
| | Ⅰ类 | Ⅱ类 | Ⅲ类 |
| 带电零件与外壳之间 | 2 | 7 | 1 |

注:绝缘电阻用500V兆欧表测量。

(6)使用手持式电动工具时,必须按规定穿、戴绝缘防护用品。

(三)其他电动建筑机械安全技术交底

(1)混凝土搅拌机、插入式振动器、平板振动器、地面抹光机、水磨石机、钢筋加工机械、木工机械、盾构机械、水泵等设备的漏电保护应符合《施工现场临时用电安全技术规范》(JGJ 46—2005)第 8.2.10 条的要求。

(2)混凝土搅拌机、插入式振动器、平板振动器、地面抹光机、水磨石机、钢筋加工机械、木工机械、盾构机械的负荷线必须采用耐候型橡皮护套铜芯软电缆，并不得有任何破损和接头。

水泵的负荷线必须采用防水橡皮护套铜芯软电缆，严禁有任何破损和接头，并不得承受任何外力。

盾构机械的负荷线必须固定牢固，距地高度不得小于 2.5m。

(3)对混凝土搅拌机、钢筋加工机械、木工机械、盾构机械等设备进行清理、检查、维修时，必须首先将其开关箱分闸断电，呈现可见电源分断点，并关门上锁。

# 参考文献


[1] 中华人民共和国国家标准. GB 50303—2002 建筑电气工程施工质量验收规范[S]. 北京：中国建筑工业出版社，2002.

[2] 中华人民共和国国家标准. GB 50194—1993 建设工程施工现场供用电安全规范[S]. 北京：中国计划出版社，1993.

[3] 中华人民共和国国家标准. GB 50168—1992 电气装置安装工程电缆线路施工及验收规范[S]. 北京：中国计划出版社，1992.

[4] 中华人民共和国国家标准. GB 50169—1996 电气装置安装工程接地装置施工及验收规范[S]. 北京：中国计划出版社，1996.

[5] 中华人民共和国国家标准. GB 50150—2006 电气装置工程　电气设备交接试验标准[S]. 北京：中国计划出版社，2006.

[6] 行业标准. JGJ 46—2005 施工现场临时用电安全技术规范[S]. 北京：中国建筑工业出版社，2005.

[7] 唐定曾，崔顺芝，唐海. 现代建筑电气安装[M]. 北京：中国电力出版社，2001.

[8] 北京建工集团总公司. 建筑设备安装分项工程施工工艺标准[M]. 2 版. 北京：中国建筑工业出版社，1999.

[9] 刘宝珊. 建筑电气安装工程实用技术手册[M]. 北京：中国建筑工业出版社，1998.

[10] 建设部标准定额司. 工程建设标准强制性条文(房屋建筑部分)辅导教材[M]. 北京：中国计划出版社，2000.

[11]《建筑施工手册》(第四版)编写组. 建筑施工手册[M]. 4 版. 北京：中国建筑工业出版社，2002.

[12] 陈一才. 现代建筑电气设计与禁忌手册[M]. 北京：机械工业出版社，2002.

[13] 杨香昌，李东明. 实用电气安装大全[M]. 北京：中国建材工业出版社，1998.